AF395707

Werner Fuchs, Jan Hofmann (Hg.)

Befestigungstechnik
Bewehrungstechnik
und . . . II

Rolf Eligehausen zum 70. Geburtstag

Werner Fuchs, Jan Hofmann (Hg.)

BEFESTIGUNGSTECHNIK BEWEHRUNGSTECHNIK UND . . . II

Rolf Eligehausen zum 70. Geburtstag

ibidem-Verlag
Stuttgart

Bibliografische Information der Deutschen Nationalbibliothek
Die Deutsche Nationalbibliothek verzeichnet diese Publikation in der Deutschen Nationalbibliografie; detaillierte bibliografische Daten sind im Internet über http://dnb.d-nb.de abrufbar.

Bibliographic information published by the Deutsche Nationalbibliothek
Die Deutsche Nationalbibliothek lists this publication in the Deutsche Nationalbibliografie; detailed bibliographic data are available in the Internet at http://dnb.d-nb.de.

∞

Gedruckt auf alterungsbeständigem, säurefreien Papier
Printed on acid-free paper

ISBN-13: 978-3-8382-0397-3

© *ibidem*-Verlag
Stuttgart 2012

Vorwort

Prof. Dr.-Ing. Rolf Eligehausen feiert am 13. September 2012 seinen 70. Geburtstag. Aus diesem Anlass freuen sich alle Beteiligten, ihn und seine Arbeit wie auch schon zu seinem 60. Geburtstag mit einer Festschrift zu würdigen. Für zahlreiche Fachkollegen aus Forschung und Praxis sowie ehemalige Mitarbeiter war es selbstverständlich, mit einem Beitrag zum Gelingen der vorliegenden Festschrift beizutragen und Prof. Eligehausen auf diesem Wege einen besonderen Glückwunsch auszusprechen.

Die Festschrift *Befestigungstechnik, Bewehrungstechnik und.... II* beinhaltet über 50 Beiträge von mehr als 80 Autoren aus aller Welt. Die Bandbreite der Aufsätze spiegelt die Vielseitigkeit von Prof. Eligehausen's Schaffensgebieten wieder.

Wir möchten uns ganz herzlich bei den Autoren für ihre Arbeiten bedanken. Sie haben es trotz ihrer hohen Arbeitsbelastung geschafft, hervorragende Aufsätze zu verfassen. Dies zeigt die große Wertschätzung, die Prof. Eligehausen in seinem Umfeld genießt.

Besonderer Dank gilt den großzügigen Sponsoren, die mit ihrer finanziellen Unterstützung das Entstehen dieser Festschrift erst ermöglicht haben:

Deutsche Kahneisen Gesellschaft, Berlin
Fischerwerke, Waldachtal-Tumlingen
Halfen, Langenfeld
Hilti AG, Schaan
Köster, Ennepetal
MKT Metall-Kunststoff-Technik, Weilerbach
Nelson Bolzenschweiss-Technik, Gevelsberg
Peikko Deutschland, Waldeck
Pfeifer, Memmingen
Würth, Künzelsau

Weiterer Dank gebührt Frau Monika Werner für das Redigieren dieses Buchs und Herrn Cenk Köse für die Unterstützung beim Formatieren der Beiträge.

Zu seinem 70. Geburtstag wünschen wir gemeinsam mit allen Autoren und Förderern Herrn Prof. Rolf Eligehausen von ganzem Herzen Gesundheit, Freude und weiterhin viel Erfolg!

Stuttgart, im September 2012

Werner Fuchs
Jan Hofmann

INHALT

GREETINGS

John E. Breen*
*Ferguson Structural Engineering Laboratory, University of Texas at Austin, USA

Dear Rolf:

In the 1960's, the very informal co-ordination between ACI and CEB began in a personal friendship between two legendary giants, Professor Phil M. Ferguson of The University of Texas and Professor Hubert Rusch of the Technical University –Munich. Their informal communications kept a spirit of liaison alive between the somewhat competing institutions. With their passage from active roles, this liaison badly floundered.

Your emergence as a constant visitor to ACI meetings and your very active participation in several important ACI Committees brought this cooperation to a new and much higher level. We in North America learned a great deal from you that led to both Code improvements and harmonization between ACI and CEB and its successor fib. Your role has been a willing service as a facilitator that we have greatly appreciated on this side of the Atlantic.

On the more personal level, I had the great good fortune for the opportunity to work very closely with you on the arduous process of introducing provisions for Fastening to Concrete into the ACI Building Code. As the Chair of the Special Task Group of ACI 318 Sub B on Anchorage to Concrete, I can state unequivocally that we would never had succeeded in the monumental effort to bring a modern and rigorous approach like Concrete Capacity Design (CCD) into our Building Code without your intensive cooperation.

You were always ready with advice, backup data and common sense explanations to effectively defuse critics. It was a great pleasure to work with you and Werner Fuchs on this effort. More than any other single thing, your release of the extensive data bank of European tests during Werner's fellowship studies in Austin and our joint ACI Journal article on CCD Design won over the vociferous and Xenophobic critics in ACI committees.

Furthermore, your deep understanding of ACI politics lead to your vigorous support of the modification of the Stuttgart "kappa" approach into the quadratic design model now so much of a base for the ACI CCD design model. I was greatly appreciative of your vigorous support of that approach that has seen great development of Code provisions for Fastening to Concrete in ACI.

It has been a wonderful experience to have had the opportunity to work so closely with you over the past several decades, Congratulations on your 70th birthday. May you enjoy many more years of health and prosperity. May your coming decades give you the chance to appreciate how much you have contributed to international harmony.

Best personal regards

Jack Breen

GRUSSWORT

Artur Fischer
Gründer der fischerwerke

Lieber Herr Eligehausen,

Ihr 70. Geburtstag ist ein goldener, weil er genau zwischen dem 50. und dem 90. liegt.

Wir kannten uns aber schon vor dem 50. In dieser Zeit lag die Grundlagenforschung im Dübelbereich noch fast in den Kinderschuhen und vieles gab es zu regeln, zu suchen und zu finden. Ihr großer Vorbote in diesem Feld war unser verehrter Herr Professor Rehm. Wir alle, die mit Befestigungstechnik zu tun haben, haben ihm viel zu verdanken. Sie, lieber Herr Eligehausen, haben das nun schon zu einem besonderen Bewusstsein gewachsene Pflänzchen mit Energie, Disziplin und wachsendem Wissen so weit gebracht, dass Sie nunmehr an Ihrem Ehrentag nicht nur spüren müssen, wie sich Ihre Forderung nach Disziplin, Präzision und Sauberkeit ausgewirkt hat, sondern Sie dürfen über dieses Produkt auch glücklich sein. Manchmal erschien uns zwar gerade dieser Umstand doch recht preußisch geprägt, doch für Schwaben schien es auf Anhieb immer ein bisschen zu anspruchsvoll.

Ich kann mich trotzdem nur bei Ihnen für die ganze Zeit herzlich bedanken, vor allem auch deshalb, weil in unserer Zeit, das darf man ja wohl sagen, Ungewöhnliches auf dem Dübelmarkt passiert ist.

Übrig bleibt mir nur, Ihnen und Ihrer lieben Frau und Familie von ganzem Herzen alles Gute zu wünschen. Unsere persönlichen Begegnungen gehören zu meinen besonderen Erlebnissen.

Mit besten Grüßen

Ihr

Artur Fischer

ROLF ELIGEHAUSEN UND DIE INDUSTRIE

DIE ZUSAMMENARBEIT ZWISCHEN EINEM MITTELSTÄNDISCHEM UNTERNEHMEN UND DER UNIVERSITÄT

Klaus Fischer
Inhaber und Vorsitzender der fischer holding GmbH & Co. KG

Das Thema meines Beitrages aus Anlass des 70. Geburtstags von Prof. Eligehausen umschreibt eine entscheidende Grundlage für ein Unternehmen wie unseres. Getrieben vom Selbstverständnis, technisch perfekte Lösungen für alle anstehenden konstruktiven Fragen der Befestigungstechnik anzubieten, war uns sehr schnell bewusst, dass wir dazu der Zusammenarbeit mit kompetenten Wissenschaftlern bedürfen. Der Beitrag könnte auch lauten, "die Zusammenarbeit des Unternehmens Fischer mit dem Institut für Werkstoffe im Bauwesen Abteilung Befestigungstechnik an der Universität Stuttgart". Denn den Ausgangspunkt unserer Zusammenarbeit mit universitärer Forschung bildete die Zusammenarbeit mit eben diesem Institut.

Kontinuität der Zusammenarbeit

Mit Professor Rolf Eligehausen verbindet uns eine langjährige fruchtbare und enge Zusammenarbeit. An diesem Beispiel lässt sich aufzeigen, dass eine solche Kooperation von gegenseitigem Nutzen war und ist. Bemerkenswert ist in diesem Falle vor allem die Dauer der Zusammenarbeit.

In den 60-er Jahren erlebten das Baugewerbe und der Stahlbetonbau einen unvorstellbaren Boom. Die Zeit des Wirtschaftswunders war auch eine Zeit des Ingenieurbaus für Verkehrsbauwerke, Gewerbebau und vor allem Wohnungsbau. Der durch den Wiederaufbau und den Zuzug von Vertriebenen und Flüchtlingen entstandene Bedarf wurde verstärkt durch wachsenden Wohlstand und gestiegene Ansprüche beim Flächenbedarf. Für das Baugewerbe und die damit verbundene Industrie eine Goldgräberzeit. In der überhitzten Konjunktur entstanden allerdings auch technische Probleme und Fragen, die der Lösung bedurften.

Tödliche Unfälle in den 60er und 70er Jahren mit herabstürzenden Bauteilen mussten auf ungeeignete und unsachgemäß verarbeitete Spreizdübel zurückgeführt werden. Es entstanden Forderungen nach bauaufsichtlicher Regelung für den Anwendungsbereich von Dübeln.

Unser Unternehmen hatte sich bereits durch neue Produkte und insbesondere den Nylondübel erfolgreich am Markt positioniert. Die jetzt entstandenen Forderungen nach Richtlinien konnten aber mangels wissenschaftlicher Erkenntnisse der Leistungsfähigkeit nicht erbracht werden. In dieser Situation wurde die Notwendigkeit von Zulassungsverfahren begründet. Ein Sachverständigenausschuss "Ankerschienen und Dübel" wurde vom Verwaltungsrat des Instituts für Bautechnik, dem heutigen DIBt im November 1972 beschlossen. 1975 ergingen die ersten Zulassungen für Dübel.

Diese Entwicklung setzte große Forschungsanstrengungen voraus. Dübelverankerungen mussten sicher und anwendungspraktikabel konzipiert und in diesen Eigenschaften überprüft und dokumentiert werden.

Diese Aufgabe konnte nur in einer Verbundlösung im neuen Grundlagenforschungsbereich "Befestigungstechnik" unter Leitung von Professor Rehm an der Universität Stuttgart geleistet werden. Unser Unternehmen war von Beginn an dabei.

In dieser Pionierzeit ist unsere Zusammenarbeit mit der Universität Stuttgart entstanden. Seitdem sind wir engagiert in nationalen und internationalen Gremien der Normung. 1993 war ein Schlüsseljahr in diesem Zusammenhang. Vom Deutschen Institut für Bautechnik in Berlin (DIBt) wurde eine neue Zulassungsgeneration entwickelt, und die Bemessungsrichtlinie des DIBt, das sog. CC-Verfahren, wurde eingeführt.

Auf europäischer Ebene gehörte das Streben nach Vereinheitlichung von Normen und Richtlinien zu den Grundprinzipien, um Handelshemmnisse abzubauen. 1988 wurde die Bauproduktenrichtlinie von den Mitgliedsstaaten beschlossen, die durch zahlreiche Zusatzdokumente konkretisiert wurde. Für Firmen wie unser Unternehmen war das von entscheidender Bedeutung. Wir hatten zusammen mit anderen Unternehmen und Instituten bereits auf freiwilliger Basis eine Harmonisierung der Prüfbedingungen vorangetrieben. In der Arbeitsgruppe der "European Organisation for Technical Approvals" (EOTA) war der Sachverstand gebündelt und wir waren mittelbar daran beteiligt.

In Bezug auf die USA war die Vorschriftensituation bei Dübeln noch differenzierter. Das "American Concrete Institute" (ACI) hatte sich über Jahre mit Bemessungsfragen und mit Anforderungen an die Leistungsfähigkeit der Produkte befasst. Hier bewirkten die hervorragenden Kontakte und die gewachsene Kooperation von Professor Eligehausen bei der Normung, sehr positiv ein hohes Maß an Kompatibilität mit europäischen Regelungen zur Qualifizierung und Bemessung von Ankern.

Auch in den asiatischen Raum hinein hat Professor Eligehausen den Kontakt und die Suche nach Kooperationen gepflegt. Die fortschreitende Globalisierung verlangt weitere Angleichungen und Abstimmungen.

Anlässlich der Abschiedsvorlesung von Herrn Professor Eligehausen am 30. April 2010 hat es Herr Dr. Rainer Mallée, ein aus der gemeinsamen Rehm-Schule kommender Kollege von Herrn Professor Eligehausen, und langjähriger hervorragender Mitarbeiter unseres Unternehmens in Worte gefasst, was in diesen Jahren zu leisten war und was uns bis heute beschäftigt. Es waren die Untersuchungen zum Tragverhalten von Befestigungen im gerissenen Beton unter Zug- und Querlasten. Besondere Bedeutung kommt dabei zunehmend dem Verhalten von chemischen Befestigungen zu. Zu leisten war die empirische Forschung sowie die Entwicklung analytischer Modelle, um die Bestätigung für die gefundenen Ergebnisse zu erhalten.

Diese Arbeit ist für die Industrie von hohem Interesse. Ermöglicht es doch, die Entwicklungen frühzeitig zu erkennen und so die Erkenntnisse in neue Produkte und Produktweiterentwicklungen umzusetzen. Die Erkenntnisse der Forschung dann umzusetzen in die nationalen und internationalen Regelwerke ist die logische Fortsetzung der Arbeit. Und für die mit der Unterstützung der Hochschulen befassten Unternehmen ist es die entscheidende Größe bei der Nutzbarmachung der Erkenntnisse. Es gehört zu den besonderen Verdiensten von Herrn Professor Eligehausen, dass dies vor allem auch in den internationalen Gremien gelang.

Die künftige Entwicklung wird die weitere intensive internationale Zusammenarbeit einfordern. Den Veränderungen der Baustoffe, der Entwicklung der Bautechnik und dem Thema Erdbebensicherheit wird dabei eine besondere Bedeutung innerhalb der Befestigungstechnik zukommen. Hierbei sind auch interdisziplinäre Fragestellungen zu behandeln. Dazu arbeitet unser Unternehmen auch mit Forschern aus dem Bereich der Natur- und Materialwissenschaften der Universitäten Freiburg, Karlsruhe und München erfolgreich zusammen.

Experten-Forum

Eine besonders intensive Form der Zusammenarbeit und des Austausches zwischen den Hochschulen und unserem Unternehmen bietet das Expertenforum, das unser Unternehmen zum ersten Mal im Jahr 2004 durchgeführt hat. Dieses Format sieht vor, dass sich Wissenschaftler, Entwickler und Praktiker im Rahmen einer zweitägigen Veranstaltung treffen. Fachreferate behandeln grundlegende und aktuelle Fragen der Befestigungstechnik. Es versteht sich von selbst, dass dabei Professor Rolf Eligehausen ein regelmäßig beteiligter und aktiv mitwirkender Partner war. Ein grober Überblick der Themen gibt einen Eindruck von dieser sehr erfolgreichen Reihe, die auch in den kommenden Jahren fortgeführt werden soll:

2004	Befestigen in Glas, Brandschutz, Zulassungen u.a.
2006	Windlasten, Erdbebenanforderungen, Chemische Befestigungen u.a.
2008	Nachträglicher Bewehrungsanschluss, Injektionsanker im Mauerwerk, Abschottung in der Gebäudetechnik, Punktgehaltene Glasfassaden, Verankerungen von Natursteinfassaden u.a.
2010	Auswahl von geeigneten Befestigungen, Verankerung moderner Natursteinfassaden, Querkraft am Rand - verbesserter Bemessungsansatz u.a.
2012	Von der Forschung zur Formel, Herausforderungen für den Ingenieurbau im Tunnelbau, Nachhaltiges Bauen, Neue Bauproduktgesetzgebung in Europa, Dübelbefestigung unter Erdbebenbeanspruchung u.a.

Unser Unternehmen pflegt diese Veranstaltungsform kontinuierlich, um die Zusammenarbeit mit den Wissenschaftlern und Fachleuten in den einschlägigen Feldern zu vertiefen. Wir als Unternehmen wollen dabei lernen und Erfahrungen mit den Partnern austauschen. Es sind die Wissenschaftler der mit uns verbundenen Universitäten dabei, neben der Universität Stuttgart auch die Universität für Bodenkultur in Wien und die weiteren mit uns verbundenen Institute. Diese berichten über den aktuellen Stand der Forschung in Ihren Spezialgebieten. Es sind Praktiker aus Fachbüros und Unternehmen dabei, und natürlich die Fachleute aus unserem Hause. Wir sehen im direkten Austausch eine ganz wichtige Möglichkeit, neue Erkenntnisse zu gewinnen. Dazu gehören auch die damit verbundenen langen Abende.

Personelle Verbindungen

Die Darstellung der Zusammenarbeit wäre unvollständig, wenn nicht auf die engen personellen Verflechtungen zwischen Institut und Unternehmen hingewiesen würde. Ohne auf konkrete Karrieren einzugehen, kann festgestellt werden, dass der personelle Austausch im Sinne von Wechsel vom Unternehmen zur Universität und umgekehrt jeweils zum Nutzen der betroffenen Person sowie der Institution gelingt. Dass dieser Austausch auch für unser Unternehmen fruchtbar war und ist, steht außer Frage. Es ist im Übrigen eine Form der fairen Zusammenarbeit, die frei ist von gegenseitigen Abhängigkeiten und die auf Augenhöhe stattfindet.

Fazit

Für unser Unternehmen kann ich deshalb feststellen, dass die Zusammenarbeit zwischen Universität und mittelständischem Familienunternehmen in langjähriger Partnerschaft erfolgreich etabliert und kontinuierlich fortgeführt wurde. Wie kein zweiter hat Professor Rolf Eligehausen diese Zusammenarbeit seitens der Universität getragen. Für die Zeit nach ihm hat er Maßstäbe gesetzt. Und es gibt keinen Zweifel, dass wir diese erfolgreichen Kooperationen auch mit seinem Nachfolger, Herrn Professor Hofmann, fortführen werden, um weiterhin an der Spitze der technischen Entwicklung bleiben zu können.

DER "DÜBELPABST" - EIN "PHÄNOMEN"

Reinhold Würth
Vorsitzender des Stiftungsaufsichtsrats der Würth-Gruppe, Künzelsau

An einem strahlenden Sonntag, dem 13. September 1942, erblickte Rolf Eligehausen als 5. Kind und letzter Sprössling einer alt eingesessenen Quakenbrücker Familie das Licht der Welt. Seine flinke Auffassungsgabe sowie sein sonniges Gemüt ermöglichten ihm, im Laufschritt das Leben auf seiner sonnigen Seite zu erobern. Schon frühzeitig erkannte er, dass es nichts gibt, was nicht möglich wäre und dies blieb bis heute sein Motto. Diese Einstellung lässt ihn als einen der positivsten Menschen erkennen, die mir begegnet sind und die auch meine mir eigene Lebensphilosophie bestärken.

Nach Schule sowie Hochschulstudium wurde ihm sehr schnell klar, dass die Wissenschaft sein Leben prägen wird. Nach erfolgreicher Promotion und Auslandsaufenthalt fand er in der Befestigungstechnik seine ganz persönliche Herausforderung, die er wie kein anderer so intensiv und innovativ voran gebracht hat und im Bereich der Befestigungstechnik ein enormes Wissen angehäuft hat. Den 1982 von der Industrie und dem Institut für Werkstoffe im Bauwesen, unter der Leitung von Herrn Prof. Dr.-Ing. E. h. Gallus Rehm, gegründeten Grundlagenforschungsbereich „Befestigungstechnik" übernahm Herr Eligehausen im Jahre 1984. Aus der damaligen kleinen „Randwissenschaft Befestigungstechnik" wurde eine „ausgewachsene", anerkannte und heute wichtige Wissenschaft, mit der sich die gesamte Bauindustrie noch heute beschäftigt und ohne die kein Gebäude, keine Brücke oder andere Bauwerke denkbar - und sicherlich auch nicht so sicher wären.

Nicht nur die rasante Entwicklung der Wissenschaft, sondern auch die immer stärkeren Umwelteinflüsse machten es notwendig, Bauwerke so sicher wie möglich zu gestalten. Genau diese Erkenntnis machte ihn zu einem der führenden Wissenschaftler auf diesem Gebiet, da er schon immer auch das Risiko mit einbezog und Vorschriften nur nach strengsten Richtlinien attestierte.

Die Befestigungstechnik beschreibt Methoden, Bauteile kraftschlüssig miteinander zu verbinden, was oftmals nur mit Hilfe eines speziellen Verbindungselements möglich ist. Beispiel ist das Anbringen von Balken an einem Gebäude mit einem Metalldübel, bestehend aus Mutter, Unterlegscheibe, Konusbolzen und Spreizclip, der die Formschlüssigkeit garantiert und die übermäßige Bewegung verhindert. Herr Eligehausen hat bei der Beurteilung und Berechnung solcher Verbindungen immer die goldene Mitte zwischen der Praxis und der reinen Wissenschaft gefunden, indem er stets allgemeingültige Ingenieurmodelle gefordert hat. Aber nicht nur dies ist ein Verdienst, den man Herrn Eligehausen nicht hoch genug anrechnen kann. So wie es in der Befestigungstechnik um Verbindungen geht, die es zu entwickeln gilt, hat es Herr Eligehausen geschafft, als Pontifex (Pontifex = Brückenbauer) die Wissenschaft und Industrie kraftschlüssig und langfristig miteinander zu verbinden und dies, was bei Dübeln undenkbar wäre, mit so wenig Reibung wie möglich.

Warum „der Dübelpapst": Papst ist der religiöse Titel für das Oberhaupt der römisch-katholischen Kirche. Für die Gläubigen ist er die höchste moralische Instanz. Der „Dübelpapst" lässt sich somit von dem „religiösen Titel" ableiten und für die Befestigungsindustrie manifestieren. So wie der Papst als Oberhaupt und moralische Instanz in seinem Staat fungiert, könnte man dies auch auf den „Dübelpapst" ableiten, denn ohne seine Beurteilung und Einwilligung gibt es keine radikalen Neuerungen in der Befestigungstechnik, keine Änderungen ohne auf die Auswirkungen hingewiesen zu haben. Kurz, er ist die moralische Instanz zur Wahrung ingenieurmäßigen Denkens in der Befestigungstechnik. Als Monarch des Stadtstaates Vatikan ist der Papst auch Gesetzgeber und wird in dieser Funktion durch eine Kommission vertreten. Er kann Regelungen bezüglich der Papstwahl und der gesetzgebenden Kommission außer Kraft setzen. So in etwa kann man sich auch einen „Dübelpapst" vorstellen, der alle wichtigen Kommissionen der Dübeltechnik leitet, sie vertritt und Regelungen manchmal auch außer Kraft setzt, wenn er der Überzeugung ist, diese seien falsch.

Zu Beginn des Mittelalters spielte der Papst noch eine geringe Rolle in Europa, jedoch nahm sein Einfluss in vielen Auseinandersetzungen mit anderen Würdenträgern zu. Auch die Befestigungstechnik, insbesondere die Dübelentwicklung, erreichte erst Anfang / Mitte der 80iger Jahre ihren Höhenpunkt und musste ebenfalls durch unzählige Auseinandersetzungen zwischen Industrie und Wissenschaft neu geregelt werden. Die Befestigung von Konstruktionen an Bauteilen aus Stahlbeton und Mauerwerk wurde dabei immer wichtiger für die Bauindustrie. Die modernen und komplizierten Konstruktionen und Verbindungen bedurften neuer Regelungen. Es wurden unabhängige Labore gegründet, die diese Neuentwicklungen auf ihre Sicherheit bzw. Tauglichkeit überprüften.

Herr Eligehausen, der sich schon frühzeitig durch seine strengen „Glaubens-Grundsätze" auf dem Gebiet der Befestigungstechnik einen Namen machte, entwickelte mit seinem Institut Regelungen, die heute in allen Kommissionen in Deutschland, Europa und selbst weltweit Geltung haben. Seine jahrzehntelange Gremienarbeit sowie Forschung auf dem Gebiet der Befestigungstechnik fließt immer stärker in die Internationalisierung der Befestigungstechnik ein. Es gibt kaum eine Norm, die nicht von seiner aktuellen Forschung beeinflusst wird.

So wie der Papst immer dienstlich unterwegs ist, da er, zumindest in der Öffentlichkeit, quasi nicht mehr als Privatperson wahrgenommen wird, ist Herr Eligehausen immer im „Dienste" des Dübels unterwegs. Er reist mindestens genauso viel wie der Papst und besucht sämtliche Kontinente und Länder dieser Erde, spricht mit den wichtigsten Wissenschaftlern und Produzenten der Welt über Neuentwicklungen in der Befestigungstechnik. Im Vergleich zum Papst jedoch benötigt Herr Eligehausen ein Visum, was durchaus mal vergessen werden kann und dazu führt, dass die Auslandsvertretungen ihre ganze Kreativität einsetzen müssen. Schließlich ist nicht jeden Tag der Papst zu Besuch. Dies zeigt, dass im Gegensatz zum Papst Herr Eligehausen auch noch der Privatmann sein kann und so, wie ihn seine Familie und Freunde kennen. Wie schwierig dies sein kann, weiß ich aus eigener Erfahrung.

Herr Eligehausen hatte im Laufe der Zeit die nicht ganz unbeachtliche Zahl von mehr als 20 Doktoranden, die er unermüdlich anleitete und förderte, um beste wissenschaftliche Ergebnisse zu garantieren, die man auch in der Praxis und Normung verwenden und umsetzen kann.

So wie der Papst oft an Traditionen festhält, kann sich auch der „Dübelpapst" von manchen Traditionen nicht immer frei sprechen. So spielt die rasante Entwicklung der modernen Medientechnik auch Herrn Eligehausen oftmals einen Streich. Einem Menschen, der noch mit Papier und Stift die Welt erobert hat, fällt es oft schwer, dem Diktat der Technik zu folgen und so kann es durchaus passieren, dass die Technik überschätzt wird und für Unverständnis sorgt, dass die Kapazität des E-Mail Programms bei 8000 E-Mails erschöpft war. Das wäre ja so, wie wenn ein Telefon nur 8000 Telefonate „ertragen" würde. Solche modernen Raffinessen sind selbst für einen klugen Kopf, der auch noch heute die Historie eines Dübels von 1976 aus dem FF wiedergeben kann, unbegreiflich und vor allem unverständlich. Mit dieser Mentalität hat Herr Eligehausen die Befestigungstechnik weit vorangebracht und dabei stets nach einem Zitat von Pablo Picasso gehandelt:

„Für mich ist alles wichtig. Ich kenne keinen Unterschied zwischen großer und kleiner Beschäftigung. Was herauskommt ist oft zufällig. Ich fange manchmal mit einem Streichholz an und mache daraus eine monumentale Skulptur."

So wie es in der Kunst oftmals dem Zufall überlassen ist, was für ein Werk entsteht, überlässt die Wissenschaft nichts dem Zufall, sondern untermauert mit ihrer Grundlagenforschung Ergebnisse und stellt Vorschriften auf, die nicht zu umgehen sind. Oder könnte es doch sein, das Kunst und Wissenschaft sich in vielen Dingen viel näher sind und sich nur aufgrund der Meinung der Gesellschaft oder per Definition nicht finden? Der Künstler versucht mit seinem Werk, das sich durch Form- und Farbgebung sowie durch die Thematik unterscheidet, den Betrachter auf Dinge aufmerksam zu machen, die in der Gesellschaft geschehen. Der Wissenschaftler versucht in der Forschung Dinge zu entwickeln und voranzubringen, die für die zukünftige Technik aber auch die Gesellschaft und sogar die Art, wie wir zukünftig leben werden, wichtig sind.

Beginnt ein Wissenschaftler zu forschen, ist das Resultat nicht zwingend erkennbar, manchmal sogar nicht bewertbar und die Auswirkungen schon gar nicht vorhersagbar. Ebenso ist es in der Kunst. Das Kunstwerk, das am Anfang steht, muss nicht bindend am Ende dasselbe sein. Es ist nie vollständig objektiv bewertbar und die Auswirkungen, die Kunst auf den Betrachter hat oder gar auf die Gesellschaft, ist nicht vorhersagbar.

So wie der Künstler in seinem Werk weiter reift, entwickelt sich der Wissenschaftler in seiner Forschung. Aus dem Fundament kann ein Monument entstehen, das für die Zukunft tragend wird. Der Einfluss der Kunst sowie der Wissenschaft ist damit gleichbleibend. Die Wissenschaft arbeitet im zeitlichen Kontext der Technik, die Kunst mit dem Leben und der Gesellschaft. Oder doch umgekehrt?! So wie die Kunst als Spiegel unserer Gesellschaft dient, dient die Wissenschaft dem Leben.

Das wichtige jedoch ist, dass unsere Gesellschaft beides benötigt, um sich zu entwickeln. Hierzu gehören herausragende Wissenschaftler, wie Herr Eligehausen, aber auch herausragende Künstler, die zu unterstützen unsere Aufgabe ist. Bleibendes in Wissenschaft und Kunst kann nur geschaffen werden, wenn eine Grundlage besteht.

Die Firma Würth arbeitet mit Herrn Eligehausen und der Universität Stuttgart seit über 15 Jahren in der Grundlagenforschung zusammen. Als Ergebnisse dieser Zusammenarbeit wurden Betonschrauben erforscht, die Steifigkeit von Ankerplatten untersucht und die Vorgänge bei der Direktmontage simuliert. Darüber hinaus wurden Schulungskonzepte für Kunden erstellt und Grundlagen von Injektionsmörteln im Mauerwerk und von Kunststoffrahmendübeln in gerissenem Beton erforscht. Mit ganz besonderem Interesse hat sich Herr Eligehausen den Dübeln unter seismischer Beanspruchung gewidmet und hier grundlegende Forschungsergebnisse erzielt.

Herr Eligehausen, den ich jetzt seit fast einem viertel Jahrhundert kenne und als herausragenden Wissenschaftler kennengelernt habe, ist ein Mensch, der in der Grundlagenforschung für die Befestigungstechnik Großes geleistet hat. Ohne diese Grundlagenforschung, egal in welchem Bereich unseres Lebens, und den dazugehörigen Wissenschaftlern, wäre ein Lebensstandard wie der heutige nicht möglich. So wie der Künstler für sein Werk lebt und sich mit diesem manifestiert, wie der Papst für seinen Glauben einsteht und Grundlagen für ein friedliches gesellschaftliches Leben schafft, so trägt der Forscher zur Weiterentwicklung in unserem Leben bei.

Ich möchte Ihnen, lieber Herr Eligehausen, für das, was Sie für die Forschung und im Speziellen für die Befestigungstechnik getan haben, von ganzem Herzen danken und hoffe, dass auch Sie „wie der Papst" Ihren Glauben an die angeborene Neugier im Menschen weiter geben konnten.

Herzlichen Glückwunsch!

ROLF ELIGEHAUSEN UND SEINE EHEMALIGEN

BEFESTIGUNGSTECHNIK IST 'KÄSE'

oder

Wie ich lernte, die „Bonbel" zu lieben

Markus Bruckner, Steffen Lettow und Utz Mayer
IAK-KiVN: Institut für Angewandte Käseforschung, Abt. Käse in Versuch und Numerik

Abstract

The astonishing variety of cheeses, as well as the immensely different ingredients, washes, molds, and processing methods used to make this delicacy can make categorizing cheese in structural engineering a Herculean task. In this paper we present the simple, straightforward *Cheese Capacity Method* based on experiments to design fastenings in non-reinforced and uncracked cheese.

1   Einleitung

Im Zuge der Klimaerwärmung kommt nachwachsenden Rohstoffen eine immer stärker werdende Bedeutung zu. Während Werkstoffe wie Beton und Stahl einen extremen Bedarf an Energieressourcen bei der Herstellung aufweisen, werden für die Herstellung von Käse nicht nur Rindviecher benötigt. Zunehmend spielt auch die Möglichkeit der Verwendung nach Ablauf der Lebensdauer eine Rolle. Klassische Baustoffe wie Beton können in der Regel nur deponiert oder in einem ebenfalls sehr primärenergieintensiven Verfahren recycelt werden. Demgegenüber steht der Käse, der ähnlich wie Wein, mit zunehmendem Alter an Qualität und Wiederverkaufswert zunimmt. Ziel der hier vorliegenden Forschungsarbeit ist es, den Werkstoff Käse als Verankerungsgrund einem breiten Publikum schmackhaft zu machen. Nach einem kurzen Überblick über den Stand der Kenntnisse werden eigene Versuchsergebnisse präsentiert und ein Bemessungskonzept – **Cheese Capacity Method** – vorgestellt. Die durchgeführten Untersuchungen mittels der Schall-Emissions-Analyse werden in einer weiteren Veröffentlichung dargestellt, sobald der „Käse gegessen ist".

2 Stand der Kenntnisse

Die bisherigen Untersuchungen in Hochlochkäse, Weichkäse oder auch Frischkäse (vgl. Bild 1) sind aufgrund mangelhafter Festigkeit bzw. Inhomogenität gescheitert. Die französische Forschungsgruppe um Prof. Camembert zeigte dies in zahlreichen Veröffentlichungen [1]. Demgegenüber konnte Dr. P. Ecorino vom Consorzio del Formaggio Parmigiano-Reggiano in [2] nachweisen, dass in Käse mit ausreichender Festigkeit die aus der klassischen Befestigungstechnik bekannten Versagensarten auftreten.

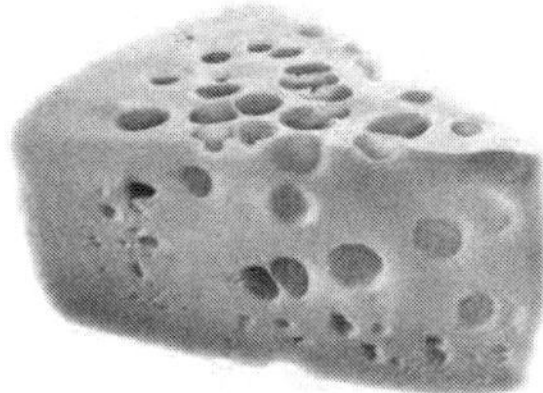  

a) Käse mit großem Porenanteil (Emmentaler) b) typischer Laufkäse (Brie) c) griechischer Schafskäse (Feta)

Bild 1: Käsetypen der gescheiterten Parameterstudien

Versuche in Leberkäse und Käsepressknödel, die von K. Taldiener an der Universität für Boden- und sonstige Kultur durchgeführt wurden [3], lieferten nur „Käse"!

3 Herstellungsverfahren

Die heute in der Befestigungstechnik verwendeten Käsesorten werden überwiegend industriell und aus modifizierter Kuhmilch hergestellt. Die nachfolgenden Bilder zeigen die Produktion im Käse-Fertigteilwerk Unrau in Ebhausen sowie die Laibe – im typischen Käseformat – im Hochregallager.

a) Käserei mit Käsermeister Fischer   b) Viel Käse um Nichts!

Bild 2: Herstellung und Lagerung der Käsekörper im Käse-Fertigteilwerk

4 Experimentelle Untersuchungen

4.1 Materialeigenschaften des Verankerungsgrunds (Käsekennwerte)

Als Verankerungsgrund kommt ein Käse der Festigkeitsklasse C08/15 zum Einsatz. Dies entspricht dem Europäischen Standard-Käse (ESK), der in DIK EN 67719-08 [4] geregelt ist. Der Mittelwert der Käsedruckfestigkeit beträgt: $f_{cm}=0,08$ N/mm^2. Die Zugfestigkeit des Käses ergibt sich zu $f_{ctm}=0,008$ N/mm^2 bei einer Bruchenergie von $G_F=0,001$ Nmm/mm. Die Abriebfestigkeit wurde zu 3,0 *CheeseRoundsPerMinute* ermittelt (vgl. Bild 3a). Die Standardabweichung der Käsedruckfestigkeit beträgt S=190 und der Variationskoeffizient V=15%.

Hersteller:	Antje Ltd, Netherlands
Sorte:	Picantje, Gouda
Reifegrad:	4 Monate
Farbe:	Blass-Gelb
Schale:	Orange, nicht essbar
Fettgehalt (in Trockenmasse):	48%
Geruch:	stinkt
Korrosionsbeständigkeit:	mäßig
Geschmack:	karamellig
Chargen-Nr.:	2003376

Tabelle 1: Kenngrößen des verwendeten Versuchskäses

a) Käseabriebfestigkeit   b) Geruchs- und Geschmacksprobe

Bild 3: ESK-Prüfverfahren für Versuchskäse nach DIK EN 67719-08 [4]

4.2   Versuchsaufbau

Bei dem gewählten Versuchsaufbau kommen Polyamid-Dübel der Größen 5, 6, 8 und 10 aus dem schönen Waldachtal zum Einsatz (vgl. Bild 4a). Der Versuchskäse wurde bei Metro anhand seines optimalen Preis-Leistungs-Verhältnisses ausgewählt (vgl. Bild 4b).

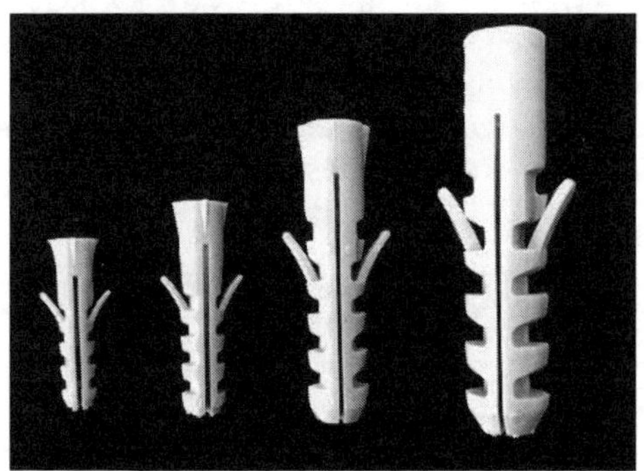

a) untersuchte Befestigungsmittel   b) Ausgangsversuchskäse

Bild 4: Komponenten der experimentellen Untersuchung

Die Käseabmessungen betragen l/b/h=180/110/50. Die Bohrung wurde mit einer Akkubohrmaschine der Fa. Schwarzbach-Werkzeuge – nicht zu verwechseln mit dem Marktführer KÄSBOHRER – ohne Schlag in einem Bohrvorgang ohne Lüften niedergebracht.

a) verwendeter Käsekörper

b) Erstellen des Käseloches

c) Setzen des Befestigungsmittels

d) Verspannen des Versuchskäses

Bild 5: Versuchsvorbereitung (Käselochreinigung nicht dargestellt!)

Die Bohrlochreinigung wurde gemäß Zulassung „100x Blasen und 50x Bürsten (im Wechsel)" innerhalb von zwei Tagen durchgeführt. Der Dübel wurde mit einem Käsedübelsetzgerät der Fa. Adolf W. aus K. gesetzt. Nach dem Verspannen des Käsekörpers auf dem Vesperbrett wurden die Versuche durchgeführt.

4.3 Versagensarten

4.3.1 Zentrischer Zug

Unter zentrischer Zugbeanspruchung können die in den nachfolgenden Bildern gezeigten Versagensarten auftreten. In Bild 6 versagt der Dübel infolge lokalen Durchschmierens, dabei wird der Käse im Bereich der Lasteinleitung abgeschert.

a) Beginn lokales Käsedurchschmieren   b) durchgeschmierte Befestigung

Bild 6: Versagensart "Durchschmieren"

Das Versagen durch kegelförmigen Käseausbruch ist in Bild 7 dargestellt. In schmalem Käse kann es zu einem kompletten Käsedurchspalten wie in Bild 8 gezeigt kommen.

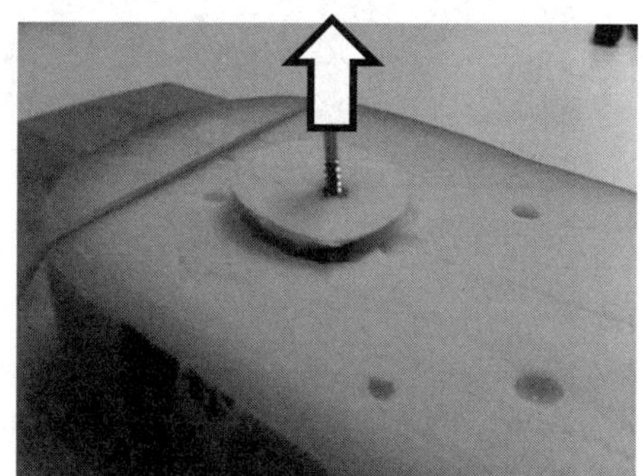

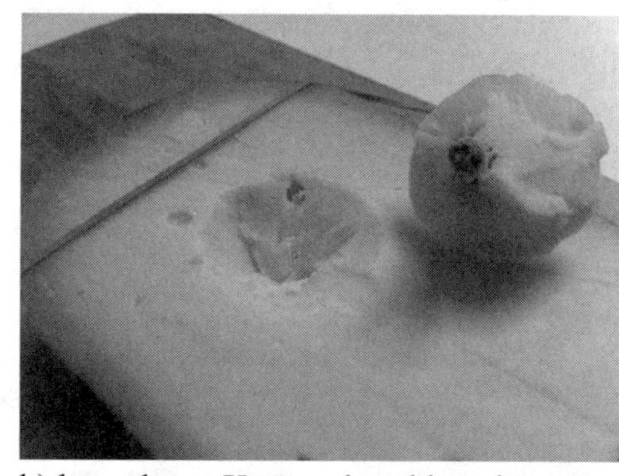

a) Bildung des Käseausbruchkegels   b) kompletter Käseausbruchkegel

Bild 7: Versagensart "Käseausbruch"

a) Beginn Käsedurchspalten   b) komplettes Käsespaltversagen

Bild 8: Versagensart "Spalten im schmalen Käse"

4.3.2   Querlast

Die typischen Versagensarten unter Querbeanspruchung sind in den nachfolgenden Bildern zu erkennen. In Bild 9 kommt es bei Querbeanspruchung senkrecht zum freien Käserand zum Käsekantenbruch; dabei fallen die beliebten Käseecken an (siehe Bild 9b).

a) Beginn Käsekantenbruch   b) kompletter Käsekantenbruch

Bild 9: Versagensart "Käsekantenbruch"

Ähnlich wie beim Umfahren eines Verkehrsschildes unter Alkoholeinfluss kann es bei Querbeanspruchung in der Käsefläche zu einem Käseausbruch auf der lastabgewandten Seite kommen. Diese in Bild 10 dargestellte Versagensart wird üblicherweise als Käse Pray-Out bezeichnet.

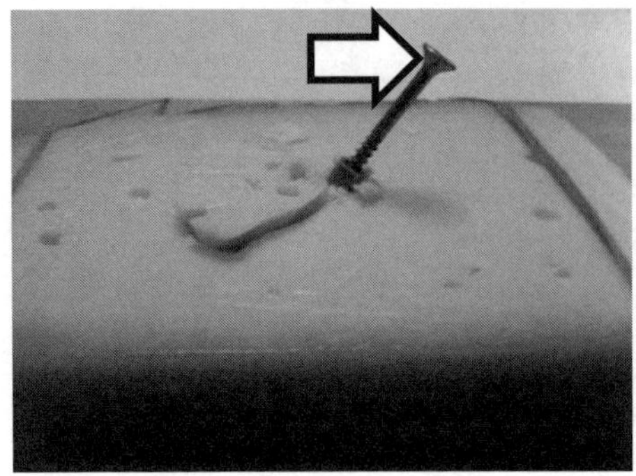

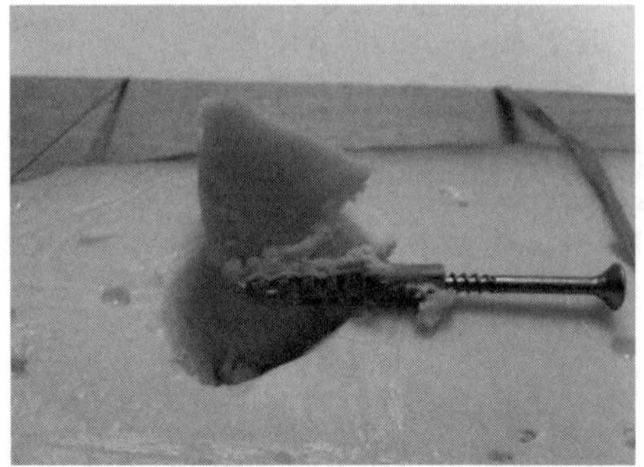

a) Käseausbruch auf lastabgewandter   b) sog. "Cheese Pray-Out" Versagen
Seite

Bild 10: Versagensart "Käseausbruch auf der lastabgewandten Seite"

4.4   Last-Verschiebungsverhalten

4.4.1   Zentrischer Zug

Die Last-Verschiebungsdiagramme zu den oben beschriebenen Versagensarten unter zentrischer Zugbeanspruchung zeigt Bild 11. Mit zunehmendem Durchschmieren ist eine Abnahme der Steifigkeit sowie der Tragfähigkeit zu beobachten. Alles in allem ziemlicher Käse!

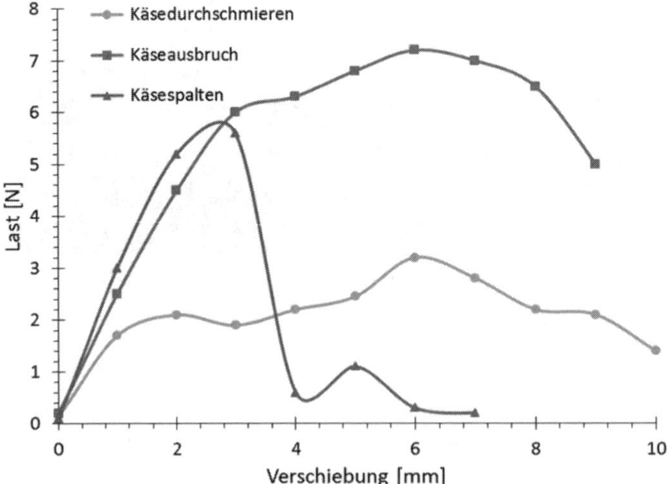

Bild 11: Last-Verschiebungskurven bei unterschiedlichen Versagensarten unter zentrischer Zugbeanspruchung

4.4.2 Querlast

In Bild 12 sind die Last-Verschiebungsdiagramme für die Versagensarten Käsekantenbruch und Cheese Pray-Out unter Querbeanspruchung dargestellt. Es kann kein signifikanter Einfluss der Versagensart auf das Last-Verschiebungsverhalten festgestellt werden. Um in den Worten des Jubilars zu sprechen: „Alles eine Wichse"!

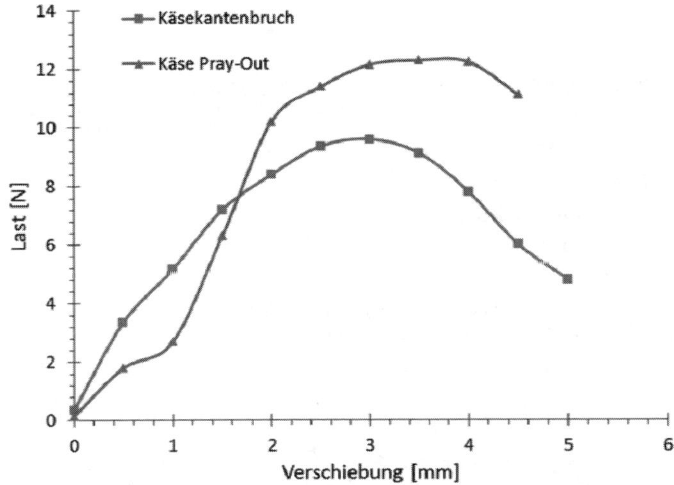

Bild 12: Last-Verschiebungskurven bei unterschiedlichen Versagensarten unter Querbeanspruchung

5 Bemessungskonzept

5.1 CC-Verfahren (Cheese Capacity Method)

In Anlehnung an das an den Haaren herbeigezogene Bemessungsverfahren in [5] von Befestigungen in Hochloch-, Weich- und Frischkäse, wird hier aufgrund der Versuchsergebnisse ein ähnlich wirres Formelkonstrukt vorgestellt. Neben den gängigen Einflussfaktoren spielen Fettgehalt, Futtermittel der Kühe (wie Heuqualität), Alter des Käses (Reifegrad) eine signifikante Rolle. Perfekt wird das Verfahren aber erst durch den Faktor $\psi_{E,li}$, der nach Belieben gewählt werden kann.

<u>Bemessung für zentrischen Zug:</u>

$$N_{Rk,c} = N_{Rk,c}^0 \cdot \frac{A_c}{A_c^0} \cdot \psi_{F,ge} \cdot \psi_{H,qu} \cdot \psi_{R,gr} \cdot \psi_{B,fo} \cdot \psi_{E,li}$$

mit $\quad N_{Rk,c}^0 = 0{,}0333 \cdot \sinh\left(h_{ef}\right)^{-2\pi} \cdot \ln(1{,}5 \cdot f_{ctm})$

Bemessung für Querlast:

$$V_{Rk,c} = V_{Rk,c}^0 \cdot \frac{A_c}{A_c^0} \cdot \psi_{F,ge} \cdot \psi_{H,qu} \cdot \psi_{R,gr} \cdot \psi_{E,li}$$

mit $\quad V_{Rk,c}^0 = 0{,}98 \cdot e^{d_{nom}} \cdot \lim_{l_f \to \infty}(d_{nom}/l_f) \cdot \left(\frac{f_{ctm}}{10000000}\right) \cdot \sqrt[3]{c_1}$

Bezeichnungen:

f_{ctm}: mittlere Käsezugfestigkeit [N/mm^2]

h_{ef}: Verankerungstiefe [mm]

l_f: wirksame Dübellänge [mm]

d_{nom}: wirksamer Dübeldurchmesser [mm]

c_1: Randabstand in Belastungsrichtung [mm]

A_c: vorhandene projizierte Fläche des Käseausbruchkörpers der Verankerung [mm^2]

A_c^0: projizierte Fläche einer Einzelverankerung mit großem Rand- und Achsabstand (in der "Käsefläche") [mm^2]

Einflussfaktoren:

$\psi_{F,ge}$: Fettgehalt des Käses (bis max. 80%) [-]

$\psi_{H,qu}$: Heuqualität (z.B. Bergheu, Almheu, etc.) [-]

$\psi_{R,gr}$: Alter des verwendeten Käses (Reifegrad) [-]

$\psi_{B,fo}$: Bohrlochform (z.B. rund, eckig, elliptisch, etc.) [-]

$\psi_{E,li}$: Anpassungsfaktor Versuch/Rechnung (frei wählbar) [-]

6 Hinweise für die Normung

6.1 Allgemein

Die Übernahme des Bemessungskonzeptes in das europäische Normenwerk sollte unbedingt in der nächsten CEN (*European Cheese Standardization*) Sitzung in Edam 2012, jedoch spätestens in Emmental 2013 erfolgen. Aufgrund der extremen Reisetätigkeit des Jubilars sind auch Änderungen im Neuseeländischen Normenwerk (*Cheese in Seismic Regions*) in den nächsten Jahren denkbar.

6.2 Zukünftige Anwendungen

Vielversprechend sind erste Untersuchungen in sogenannten CCS Bauteilen (Cheese-Composite-Structures). Hierzu zählen die weltweit zum Einsatz kommende Pizza oder

der Cheeseburger. Auch in national verwendeten Komposit-Bauteilen wie Käsekuchen, Käsespätzle und Käsweckle erscheint eine Anwendung möglich.

Befestigungen in Sprühkäse könnten sehr populär werden, da diese besonders bei Käse-Instandsetzungsmaßnahmen zum Einsatz kommen, welche bei den aktuellen Käse-Fertigteilwerken aufgrund mangelnder Qualitätskontrollen immer häufiger erforderlich werden.

Literatur

[1] Käse der Welt: Über 666 Sorten von *Prof. Camembert* (Gebundene Ausgabe - 21. Februar 1911)

[2] Das kleine Buch vom Käse: Materialkunde, Versuchspraxis, Rezepte von Dr. P. Ecorino vom Consorzio del Formaggio Parmigiano-Reggiano (Gebundene Ausgabe - 13. September 1942)

[3] Hier fliegen gleich die Löcher aus dem Käse: Polonäse Blankenese von K. Taldiener, Universität für Boden- und sonstige Kultur (1981)

[4] DIK EN 67719-08 – Das Käse Kompendium: Herstellung, Herkunft, Sorten, Geschmack und Zugfestigkeit von DIK – Deutsches Institut für Käsenormung (Gebundene Ausgabe - Mai 1893)

[5] Je mehr Löcher, desto weniger Käse: Bemessungsverfahren verblüffend einfach von *"unbekannt verzogen"* (Kindle Edition - 31. April 1999)

GEHT'S AUCH OHNE ELIGEHAUSEN?

Johannes Furche
Filigran Trägersysteme, Deutschland

Vorwort

Herr Professor Dr.-Ing. *Rolf Eligehausen* feiert am 13. September 2012 seinen 70. Geburtstag. Für seine Schüler ist dieses ein angemessener Anlass sich bei Ihrem Lehrer zu bedanken. Entsprechend den akademischen Gepflogenheiten bietet sich dazu ein anspruchsvoller wissenschaftlicher Beitrag in einem gesonderten Jubiläumsband an. Aber was soll ein Schüler verfassen, der nach seiner "Lehrzeit" beim Jubilar nicht wissenschaftlich arbeitete, sondern nach sechs Jahren am Institut für Werkstoffe im Bauwesen der Universität Stuttgart eigene Wege außerhalb der Hochschule gehen wollte? Immerhin sollte doch auch eine Ingenieurtätigkeit losgelöst vom Doktorvater *Eligehausen* möglich sein. Daher sollen hier keine wissenschaftlichen, sondern ganz persönliche Gedanken dem Jubilar gewidmet und dem Schüler erlaubt sein.

1. Der erste Kontakt

Da saß ich nun mit Jackett und Krawatte. Immerhin war es für mich ein offizielles Vorstellungsgespräch im Januar 1986. Und er im Pullover. Ich sollte noch erfahren, dass es ihm eher auf Inhalte als auf Äußerlichkeiten ankam. Professor *Rolf Eligehausen* baute damals eine Abteilung für Befestigungstechnik auf und aus. Für einen jungen unerfahrenen Hochschulabgänger gefühlt eher ein unbedeutendes Randgebiet. Aber Professor *Josef Eibl* hatte mir den Wechsel von Karlsruhe nach Stuttgart empfohlen: Der *Eli* ist ein "Guter", da kann man schon hingehen.

Wieso eigentlich "*Eli*"? Später wurde mir klar, dass nicht nur seine Mitarbeiter und Kollegen diese Abkürzung verwendeten. Auch in Fachkreisen außerhalb der Hochschule wurde und wird bei der Verwendung dieser Kurzform für *Eligehausen* nur selten gestutzt. Fachmann weiß wer gemeint ist.

2. Anfänge der Befestigungstechnik

Die Tragfähigkeit von Befestigungsmitteln wird von der Beschaffenheit und dem Zustand des Ankergrundes bestimmt. Ist der Ankergrund gerissen, wie es bei der Bemessung von Stahlbetonbauteilen zugrunde gelegt wird, ist das Funktionsprinzip des Befestigungsmittels entscheidend für dessen Funktion. Auch die Tragfähigkeit des Stahlbetonbauteils kann durch die Krafteinleitung von Befestigungsmitteln beeinflusst werden. Heute (fast) alles bekannt! Die Leistung von *Eligehausen* bestand insbesondere darin, frühzeitig die Zusammenhänge aufzudecken und die richtigen Fragen[1] zu formulieren. Dieses tat er anfänglich noch unter der Führung seines Lehrers Professor *Gallus Rehm*. Anschließend zeigte er Industriepartnern Lösungsansätze auf, die er dann zusammen mit seinen Mitarbeitern verfolgte. Dieses tat er immer kritisch und mit einer "dosierten Freude am Widerspruch", wie es *Rehm*[2] auf den Punkt brachte.

Antworten zu Fragen der Befestigungstechnik wurden bereits in den 80er Jahren am Institut für Werkstoffe im Bauwesen (IWB) der Universität Stuttgart in einer speziellen Arbeitsgruppe erarbeitet. Vertreter der fördernden Firmen trafen sich als Beirat wiederholt am IWB auch um sich von den Institutsmitarbeitern in Kurzvorträgen über die Forschungsergebnisse informieren zu lassen. Für uns junge Mitarbeiter eine aufregende Herausforderung und eine extrem gute Schule. Zumindest von den jüngeren Mitarbeitern wurden vorab kurze Probevorträge von *Eligehausen* abgenommen. Die dazu vorbereiteten Folien (damals gab es noch keine PowerPoint-Präsentationen) wurden von ihm kritisch beurteilt, einzelne Folien häufig von Details befreit und der Vortrag fast immer gekürzt. *Eligehausen* bestach dabei durch die schnelle Erfassung der Zusammenhänge. Dieses wurde auch deutlich, wenn er sich in den wenigen kurzen Einzelgesprächen mit uns jungen Mitarbeitern schnell ins Thema hineindenken musste. Dieses tat er oft, indem er zunächst für sich selbst den Sachstand verbal in einem Monolog zusammenfasste, um dann darauf aufbauend seine eigenen Folgerungen zu formulieren.

Eligehausen wirkte immer etwas gehetzt und in Zeitnot. Termine wurden eng gesetzt. Zu einem Glas Wein kam er auch schon mal kurz in den Keller, stieß mit seinem Mitarbeiter auf Geburtstag oder Nachwuchs an, um direkt im Anschluss daran in seinem Büro noch einen wichtigen Besucher zu empfangen. (In ein Kellerbüro hatten sich im Allgemeinen Kollegen zurückgezogen, um ungestörter an Ihrer Dissertation zu arbeiten.) Bei einer gemeinsamen Reise, die mit einem Fußmarsch zur S-Bahn startete, wurde die S-Bahn-Station fast 15 Minuten zu früh erreicht. Mit dieser zum Nichtstun verdammten Zeit hatte er sehr gehadert. Was hätte er im Büro nicht alles noch erledigen können... In Zeitnot direkt vor Ablauf von Abgabefristen konnte er den Eindruck einer gewissen "Wuseligkeit" nicht immer vermeiden, wenngleich das Ergebnis dieses nicht erkennen ließ. Professor eben! Sein langjähriger Kollege *Mallée* benannte im Zusammenhang mit der Arbeitsweise von *Eligehausen* bereits zu dessen 60. Geburtstag als ergiebiges Thema dessen "... ausgesprochener Hang zu Perfektionismus und die daraus resultierende Vorliebe für Änderungen von Texten bis kurz vor Drucklegung. Jeder, der mit ihm zusammengearbeitet hat, kennt diese Vorliebe."[3] Diese Vorliebe machte erst recht nicht halt vor den Texten seiner Mitarbeiter. Entwürfe von Dissertationen wurden von ihm mit seinen handschriftlichen Anmerkungen versehen. Zur Dechiffrierung dieser Anmerkungen musste übrigens in den 80er und 90er Jahren noch auf die Hilfe seiner damaligen Sekretärin Frau *Gründer* zurückgegriffen werden. Das Programm *ELIfish*® von *Pregartner* und *Hoehler*[4] für die komplette Übersetzung des eigens von *Eligehausen* kreierten Zeichensatzes *Elifont* lag damals noch nicht vor.

Eligehausens starker Drang zur Korrektur bis kurz vor Abgabeschluss vermied jedoch auch nicht alle Fehler in seinen Veröffentlichungen. Insbesondere wenn ihm vom Verlag keine Korrekturabzüge vorgelegt wurden, die er auch schon mal zur inhaltlichen Überarbeitung nutzte. So blieb ihm unter anderem die Möglichkeit verwehrt, in einer Publikation[5] vom American Concrete Institute (ACI) seinen eigenen Namen zu korrigieren. Anstatt dort seinen Namen mit einem "n" zu *Elingehausen* zu ändern, wäre die Streichung von "gehausen" vielleicht noch sinnvoll gewesen. Immerhin ist *Eli* inzwischen auch im ACI ein Name.

Die vielen Aktivitäten und die Mitarbeit von *Eligehausen* in verschiedenen Ausschüssen und Gremien reduzierten für uns Mitarbeiter die möglichen Zeiten für Einzelgespräche mit ihm. Schriftliche Kommunikation mit ihm war daher unumgänglich. Da dieses für alle Mitarbeiter galt, war sein Eingangskorb insbesondere nach mehrtägigen Reisen immer prall gefüllt. Zu seiner Eigenart gehörte es, den Stapel dieser Unterlagen zu wenden und dann die Unterlagen in der Reihenfolge ihres vermeintlichen Einganges von oben her abzuarbeiten. Einzelne Kollegen hatten dieses erkannt und platzierten in der Hoffnung auf eine schnelle Rückmeldung von *Eli* daher ihre Unterlagen im Eingangskorb unter die bereits Vorhandenen. Durch verschiedene Nachahmer war dieses Vorgehen jedoch dauerhaft nicht erfolgreich.

Letztendlich musste die eigene Dissertation selbst verfasst und irgendwann abgeschlossen werden. Die Bitte an *Eligehausen* nach einer Durchsicht der endgültigen Fassung vor der offiziellen Abgabe hätte unweigerlich zu weiteren Korrekturen und Vorschlägen geführt. Anders als bei Veröffentlichungen gab es ja keinen festgelegten Abgabetermin, der wiederholte Verbesserungen durch eine "Deadline" gestoppt hätte.

Somit fiel die eigene Entscheidung die Dissertation abzugeben und nicht auf weitere Korrekturvorschläge zu warten. Das Verlassen der Hochschule war in dem Zusammenhang nur konsequent. Das Angebot von *Eligehausen* zu einer Fortsetzung der Tätigkeit am Institut konnte nicht überzeugen, wenn gleich auch das reizvoll schien. Aber es bestand der Wunsch, nicht nur das vermeintlich enge Arbeitsfeld der Befestigungstechnik zu verlassen. Auch eine Eigenständigkeit außerhalb des Wirkungskreises des Lehrers wurde angestrebt. Es musste doch auch ohne *Eligehausen* gehen!

3. Nicht nur Befestigungstechnik

Die Bewehrungstechnik und insbesondere die Anwendung von Gitterträgern als Bewehrungselemente für teilvorgefertigte Decken und Wände schien mir ein spannendes Arbeitsgebiet jenseits der Befestigungstechnik. Und es lag damals für mich gefühlt auch außerhalb der bisherigen Aktivitäten von *Eligehausen*. Aus heutiger Sicht die krasse Fehleinschätzung eines jungen Ingenieurs, der bis dahin die Chance gehabt hatte, sich intensiv und in gebotener Tiefe allein mit speziellen Fragen der Befestigungstechnik beschäftigen zu dürfen.

Die eigene neue Tätigkeit führte im Zusammenhang mit Überwachungsprüfungen von Gitterträgern zur Materialprüfanstalt der Universität Braunschweig. Hier war es nicht unerwartet, dass ältere Kollegen *Eligehausen* noch persönlich kannten. Immerhin hatte er hier bis 1968 studiert und anschließend bis 1973 als Assistent gearbeitet.

Die neue Tätigkeit knüpfte jedoch auch zunehmend an fachliche Arbeiten von *Eligehausen* an. Er war es, der sich bereits 1980 mit der Verbundbewehrung von Fugen in Deckenplatten befasst hatte[6]. Noch vor 1975 hatte er sich mit der Verankerung der Schubbewehrung in der Druckzone von Decken, die mit Gitterträgern bewehrt sind beschäftigt[7]. Der Hinweis an dieser Stelle auf eine unveröffentlichte Quelle[7] ist hier vom Verfasser dieser Zeilen bewusst gewählt, als Hinweis auf eine typische Eigenart vieler Veröffentlichungen von *Eligehausen*. Ein Schüler lernt eben auch durch Beobachtung und Nachahmung.

Übergreifungsstöße werden auch in Fertigteilkonstruktionen mit Gitterträgern erforderlich. Wer die Dissertation von *Eligehausen* kennt, weiß, dass auch beim Thema Übergreifungsstöße kein Weg an ihm und seiner Arbeit vorbei führt. So war es nahe liegend seinen Rat auch im Zusammenhang mit Fertigteilkonstruktionen zu suchen.[8] Auch bei der Prüfung von Durchstanzbewehrung und der Erarbeitung deren zulässiger Anwendungsbedingungen[9] war eine Zusammenarbeit mit ihm nicht nur Erfolg versprechend, sondern auch erfolgreich und sie machte Spaß.

Auch in Normensitzungen war *Eligehausen* trotz physischer Abwesenheit wiederholt durch die Zitierung seiner Untersuchungen inhaltlich anwesend. Bei der Diskussion zur Festlegung erforderlicher Rippenausbildung von Betonstahl kamen z. B. Auswertungen zum Einfluss der Oberflächengestalt von Rippenstählen auf das Tragverhalten von Stahlbetonbauteilen zur Sprache.

Geht man Regelungen zu unterschiedlichen Bewehrungsführungen nach, stößt man unweigerlich auf Untersuchungen von *Eligehausen*. Die über 30 Jahre alten Erläuterungen der Bewehrungslinien[10] zur DIN 1045 von 1978, die er zusammen mit *Rehm* und *Neubert* verfasst hat, dienen noch heute als Erklärung für viele aktuelle Normenregeln. Der zeitlose Wert resultiert, wie auch bei anderen Veröffentlichungen von *Eligehausen,* aus der Fokussierung auf die technische Begründung der Regelungen und nicht auf deren Darstellung.

Der Verfasser erinnert sich noch an ein Gespräch mit dem ehemaligen Kollegen *Langer.* Dieser schrieb die erste Dissertation, die von *Eligehausen* als Hauptbetreuer beurteilt wurde. Angesprochen darauf, dass er in seinem neuen Job in der Porenbetonindustrie vermutlich kaum Berührungspunkte mit *Eligehausen* hat, antwortete er: Hat der *Eli* doch auch alles schon gemacht! Insofern ging auch für ihn und andere Kollegen nach ihrer Hochschulzeit kein Weg an *Eli* vorbei.

Für *Eligehausen* sind nicht nur die Quantität und Qualität seiner Veröffentlichungen bezeichnend. Bedeutend ist insbesondere die Auswirkung auf die praktische Anwendung der Ergebnisse. Viele seiner Vorschläge wurden in Zulassungs- und Normenregelungen umgesetzt, weil es ihm gelungen ist "mit großem Elan, zäher Kleinstarbeit und profundem Detailwissen" Mitglieder in Gremien von seinen Ideen zu überzeugen, wie Professor *Hans-Wolf Reinhardt*[11] formulierte. *Mallée* schrieb hierzu, "dass er um der Sache Willen wirklich keiner Diskussion und keinem wissenschaftlichen Disput aus dem Wege geht."[3] Als jemand, der *Eligehausen* sowohl bei Institutsfeiern als auch im Sachverständigenausschuss des Deutschen Instituts für Bautechnik DIBT (damals noch IfBt) erleben durfte, bin ich geneigt zu ergänzen: Er konnte der Diskussion gar nicht aus dem Weg gehen. Er hat sie erfunden!

Gratulation

Es ist ein gutes Gefühl, einen Lehrer gehabt zu haben, der auch viele Jahre nach der eigenen Hochschulzeit noch positiv nachwirkt. Die Frage "Geht es nach der Hochschule auch ohne *Eli*?" muss mit einem klaren "Ja" beantwortet werden, wenn es um die Frage geht, ob das bei ihm Erlernte für ein erfolgreiches Arbeiten ausreicht. Erst rückblickend stellt man fest, wie allein der Umgang mit *Eligehausen* die eigene Herangehensweise an Fragestellungen nachhaltig positiv geprägt hat. Die Antwort ist ein klares "Nein", wenn es darum geht, ob man an den Ergebnissen von *Eligehausen* vorbei kommt. Insofern geht es nicht ohne *Eligehausen* wenn "der" Fachmann für Bewehrungs- und Befestigungstechnik gefragt ist. Aber warum sollte es auch?

Es machte Spaß von Ihnen, Herr *Eligehausen,* zu lernen und es macht Spaß mit Ihnen zu arbeiten. Ich erinnere mich gerne an die Zeit am IWB und werde auch immer wieder an Sie, Herr *Eligehausen,* erinnert. Nicht zuletzt bei Autofahrten durch meine und Ihre norddeutsche Heimat vorbei an den dortigen Hinweisschildern zu Ihrem Geburtsort Quakenbrück!

Herzlichen Glückwunsch und Alles Gute zum Geburtstag, Herr *Eligehausen*!

Johannes Furche

1. Rehm, G.; Eligehausen, R.: Auswirkungen der modernen Befestigungstechnik auf die konstruktive Gestaltung im Stahlbetonbau. Betonwerk+Fertigteiltechnik, Heft 6, S. 388-392, 1984.

2. Rehm, Gallus: Laudatio, Befestigungstechnik, Bewehrungstechnik und... , Rolf Eligehausen zum 60. Geburtstag, ibidem, Stuttgart 2002.

3. Mallée, Rainer: Vorwort, Beiträge aus der Befestigungstechnik und dem Stahlbetonbau, Festschrift zum 60. Geburtstag von Prof. Rolf Eligehausen, ibidem, Stuttgart 2002.

4. Pregartner, T.; Hoehler, M.: Beitrag über die kalligraphischen Besonderheiten des Zeichensatzes "Elifont", Beiträge aus der Befestigungstechnik und dem Stahlbetonbau, Festschrift zum 60. Geburtstag von Prof. Rolf Eligehausen, ibidem, Stuttgart 2002.

5. Furche, J.; Eli(n)gehausen, R.: Lateral Blow-Out Failure of Headed Studs Near a Free Edge. In: Anchors in Concrete - Design and Behavior. SP-130 ACI 1991.

6. Rehm, G.; Eligehausen, R.; Paul, F.: Verbundbewehrung von Fugen in Platten ohne Schubbewehrung. Bauforschungsbericht T 505, Institut für Werkstoffe im Bauwesen, Universität Stuttgart, 1980.

7. Rehm, G.; Eligehausen, R.: Gutachtliche Stellungnahme zur Verankerung der Schubbewehrung in der Druckzone von Decken, die mit Gitterträgern bewehrt sind (unveröffentlicht) (zitiert von Manleitner in IfBt-Mitteilung 1975 (!))

8. Eligehausen, R.; Asmus, J.; Mayer, U.: Untersuchungen zur Anschlussbewehrung, zur Verankerung der Biegezugbewehrung sowie Rissbreiten infolge Zwang bei Elementwänden. Bericht vom 5.5.2003 im Auftrag der Fachgruppe Betonbauteile mit Gitterträgern. Stuttgart, 2003.

9. Eligehausen, R. u. a.: Neue Durchstanzbewehrung für Elementdecken, Beton- und Stahlbetonbau (2003), Heft 6, S. 334-344.

10. Rehm, G.; Eligehausen, Neubert, N.: Erläuterungen der neuen Bewehrungsrichtlinen, DAfSt Heft 300, 1979.

11. Reinhardt Hans-Wolf: Zwölf Jahre erfolgreiche Zusammenarbeit im IWB, Befestigungstechnik, Bewehrungstechnik und..., Rolf Eligehausen zum 60. Geburtstag, ibidem, Stuttgart 2002.

PEOPLE, PLACES AND TECHNOLOGY

Matthew S. Hoehler
Corporate Research and Technology, Hilti Corporation, Liechtenstein

Some fires are sparked by the passing remark of another or by the deeds of someone gone before. Whether through inspiration or collaboration, interaction between people is a fertile ground for innovation. There is an undeniable power of places to further drive the creative process; they add meaning to actions and escape from the daily routine that is essential for the creative process. Technology is an enabler as well as the medium in which you chose to work.

Dear Rolf, you have brought together people, places and technology over your lifetime in a remarkable way.

UNTERWEGS MIT ROLF ELIGEHAUSEN

Bernhard Lehr
Ingenieurbüro für das Bauwesen

Während meines Studiums war ich ständig unterwegs zwischen Freiburg, wo ich herkomme, und Stuttgart, wo ich an der Technischen Hochschule studierte. Im Frühjahr 1991 sollte dieses Unterwegssein jedoch beendet sein. Das Prüfungsamt teilte mir mit, dass auf Grund der nächsten Studienplanreform das Studium baldigst abzuschließen sei. Daher war es dringend notwendig, ein Thema für eine Diplomarbeit zu finden. Am Anschlagbrett des Instituts für Werkstoffe im Bauwesen wurde ich fündig: „Tragfähigkeit von Übergreifungsstößen bei Rippenstählen mit geraden Stabenden nach Rechnung und Versuch". Unterzeichnet war der Aushang von Prof. Dr. – Ing. Eligehausen. Als Betreuer war Dr. – Ing. Georgy Balazs angegeben.

Von Prof. Eligehausen hatte ich bis dahin noch nicht viel mitbekommen, obwohl ich die Vorlesungen Befestigungstechnik I und II belegt hatte. Heute vermute ich, dass dieser zur Zeit der Vorlesung, die als Blockvorlesung abgehalten wurde, gerade unterwegs war, weswegen ein wissenschaftlicher Mitarbeiter sich abmühte, uns das K-Verfahren beizubringen.

Wegen der Diplomarbeit war ich dann über ungefähr 4 Monate immer wieder von Freiburg nach Stuttgart unterwegs, um den Stand der Diplomarbeit zu besprechen. Prof. Eligehausen traf ich dabei selten, da dieser meist unterwegs war. Als die Arbeit abgegeben war, musste mit Georgy Balazs ein Termin für den Diplomvortrag gefunden werden. Dieser konnte schließlich Ende September stattfinden, weil Prof. Eligehausen davor unterwegs war.

Nach dem Diplomvortrag dachte ich, dass ich nun vorerst das letzte Mal von Stuttgart nach Freiburg unterwegs sein würde. Ich saß schon im Auto, als Georgy Balazs aus dem Institut gelaufen kam, um mir mitzuteilen, dass der Professor mich nochmals sprechen wollte. Wir gingen zusammen in Prof. Eligehausens Arbeitszimmer, das zu dieser Zeit noch im Erdgeschoss war. Dort wartete ich erst einmal, da Prof. Eligehausen noch im Institut unterwegs war, um mit verschiedenen Mitarbeitern wichtige Dinge zu besprechen. Anschließend eröffnete er mir die Möglichkeit, als wissenschaftlicher Mitarbeiter an seinem Institut zu arbeiten. Wir vereinbarten, dass ich mir das überlegen muss, und ich mich bei ihm in einer Woche melde.

Nach einer Woche erreichte ich Prof. Eligehausen sofort am Telefon. Er teilte mir mit, dass er nun noch mit Professor Reinhart sich abstimmen und klären müsse, auf welcher Stelle ich eingesetzt werden. Ich sollte in vier Wochen wieder anrufen. Ich entgegnete, dass ich dann in Schottland wandern sei, worauf Prof. Eligehausen sagte: „Dann rufen sie eben aus Schottland an."

An einem Mittwochmorgen rief ich dann von Schottland aus am Institut an, wo ich erfuhr, dass Prof. Eligehausen heute morgen unterwegs sei. Vielleicht wäre er um 12.00 Uhr wieder da. Von einer einsamen Telefonzelle in einem kleinen schottischen Ort versuchte ich es um 12.00 Uhr nochmals. Frau Gründer, seine damalige Sekretärin, teilte mir mit: „Prof. Eligehausen ist gerade zu Tisch." Wie später am Tag dann bei einem weiteren Telefongespräch von Schottland aus vereinbart, sollte ich im Februar 1992 am Institut beginnen. Mehrere Telefonate zur Vereinbarung eines Termins am ersten Arbeitstag waren zwecklos, da Prof. Eligehausen immer unterwegs war. Schließlich teilte mir Frau Gründer mit: „Dann kommen Sie halt mal um neun Uhr, da kommt Prof. Eligehausen meistens." Ich sah an diesem Tag Prof. Eligehausen aber erst mittags um 16.00 Uhr.

In den folgenden Jahren waren Rolf Eligehausen und ich gelegentlich gemeinsam unterwegs, z. B. um auf Baustellen Dämmstoffteller zur Befestigung von Dämmplatten zu überprüfen. In diesem Zusammenhang fuhren wir auch einmal mit meinem Auto nach Kaufering, wo eine Besprechung des Sachverständigenausschusses für Befestigungstechnik stattfand. Die Abfahrt war für 10.00 Uhr geplant. Tatsächlich abgefahren sind wir um 12.00 Uhr. Diese „dynamischen" Abfahrtstermine kannte ich bereits von meinem Vater, der auch Bauingenieur war. Heute entdecke ich bei mir selbst den „dynamischen" Umgang mit Abfahrtsterminen.

Es war ein schöner Hochsommertag. Rolf Eligehausen war gerade vom Familienurlaub in Griechenland zurückgekehrt. Wegen der großen Hitze überlegten wir, an einem Baggersee zwischen Ulm und Augsburg schwimmen zu gehen. Leider verpassten wir die Ausfahrt und verringerten dadurch unsere Verspätung deutlich.

In Kaufering trafen wir Rudolf Sell, der bei Upat die Entwicklung der Patronenanker vorangebracht hatte, und Martin Reuter, der vor meiner Zeit am Institut für Werkstoffe im Bauwesen tätig war. Es wurde eifrig über die Dämmstoffteller und die Bemessung diskutiert. Es konnte aber zunächst kein Ergebnis gefunden werden. Schließlich aß man im Hotel zu Abend mit allen Beteiligten. Nach dem Essen gab Rolf Eligehausen Martin Reuter den Auftrag, die Angelegenheit mit seinen Mitarbeitern zu diskutieren und einen

Lösungsvorschlag zu finden. Er und ich sowie ein Kunststoffspezialist aus Braunschweig zogen los, um noch etwas zu trinken. Zu vorgerückter Stunde kamen wir ins Hotel zurück, wo Martin Reuter immer noch mit seinen Mitstreitern saß und diskutierte. Rolf Eligehausen riss von einem karierten DIN-A4-Block die Hälfte eines Blattes, zeichnete ein Koordinatensystem auf und eine die Bemessung maßgebende Linie, was dann die einfache Lösung des Problems war.

Am folgenden Morgen waren noch einige andere Produkte und Probleme zu besprechen. Danach wollten wir nach Stuttgart zurück fahren. Rolf Eligehausen hatte inzwischen großzügig Oberbaurat Ernst eingeladen, bei uns mitzufahren. Das war mir höchst unangenehm, da mein Kleinwagen weder äußerlich noch innerlich in einem besonders gepflegten Zustand war.

Zu Beginn meiner Tätigkeit am Institut für Werkstoffe im Bauwesen wohnte ich in Möhringen. Als ein italienischer Kollege seine Mitarbeit am Institut beendete und seine Wohnung im Stellaweg frei wurde, überredete mich Rolf Eligehausen, diese Wohnung zu übernehmen. In der folgenden Zeit fuhren wir dann gelegentlich gemeinsam mit meinem Auto zum Institut oder auch direkt zum Flughafen. Die Anforderungen für solche gemeinsamen Fahrten kamen meist kurzfristig und waren gelegentlich zeitlich schwer zu bewältigen.

Eines Tages sollte Rolf Eligehausen morgens von Stuttgart abfliegen. Als ich bei ihm ankam, telefonierte er heftig mit einem Kollegen aus einem DIN-Ausschuss wegen der Verbundlängen bei Übergreifungsstößen. Trotz fortgeschrittener Zeit wurden mehrmals die gleichen Argumente vorgetragen und ausgetauscht. Eine Einigung in dieser wichtigen Frage war offensichtlich nicht möglich. Nach der längst fälligen Beendigung des Telefongesprächs wurden die letzten Sachen in die Reisetasche gepackt. Unter anderem haben wir gemeinsam Eiswürfel in eine Thermoskanne mit reichlicher Gewalt eingefüllt, die zum Zwecke der Kühlung eines am Tag zuvor an der Wurzel behandelten Zahnes mitgenommen werden sollten. Die Fahrt zum Flughafen erfolgte anschließend sehr zügig.

In ähnlicher Weise erfolgten diverse Fahrten nach Vaihingen zur S-Bahn oder, wenn es dafür scheinbar schon zu spät war, direkt zum Hauptbahnhof Stuttgart. Es war zwar jedes Mal unwahrscheinlich, dass man mit dem Auto schneller als die S-Bahn am Hauptbahnhof ist. Rolf Eligehausen erreichte den gewünschten Zug aber immer. Auch damals hatte die Bahn glücklicherweise schon manchmal Verspätung.

Vielmehr als mit dem Auto war Rolf Eligehausen natürlich mit dem Flugzeug unterwegs. Hiervon können andere Kollegen berichten. An solchen Reisen konnte ich insofern teilnehmen, dass morgens zahlreiche Telefaxseiten in meinem Fach lagen mit vielen Anmerkungen. Bis zum Abend wurden diese in die aktuellen Unterlagen eingearbeitet und dann per Telefax an das beherbergende Hotel zurückgesendet. Dieser Austausch war oft sehr intensiv und oft auch sehr hilfreich, um in der aktuellen Sache vorwärts zu kommen, da Rolf Eligehausen, obwohl er unterwegs war, Zeit für mich bzw. die gemeinsam behandelten Fragen hatte.

Gemeinsam unterwegs waren wir nicht nur auf den Straßen, sondern auch im wissenschaftlichen Bereich. Zunächst konnte ich mich bei der Diplomarbeit mit Fragen des Stahlbetons, die Rolf Eligehausen immer sehr interessierten, beschäftigen. Als Mitarbeiter am Institut konnte ich dann mit Rolf Eligehausen zusammen vielen Fragen im Bereich der Befestigungstechnik nachgehen. Wir haben uns gemeinsam mit der Versagensart „Betonausbruch auf der Last abgewandten Seite" (Pry-out failure), mit dem Tragverhalten von Befestigungen in Mauerwerk und mit dem Tragverhalten von Verbunddübeln beschäftigt. Die von mir durchgeführten Versuche mit verschiedenen Befestigungssystemen haben wir gemeinsam in vielen Berichten beschrieben und danach umfangreich ausgewertet. Schließlich hat Rolf Eligehausen mich bei meiner Dissertation unterstützt.

In der Zeit, in der ich mit Rolf Eligehausen gemeinsam unterwegs war, habe ich viel gelernt für meine berufliche Arbeit. Ich bin dankbar dafür, mit Rolf Eligehausen unterwegs gewesen zu sein.

Bernhard Lehr

40 JAHRE ZUSAMMENARBEIT MIT ROLF ELIGEHAUSEN – EIN RÜCKBLICK

Rainer Mallée
Waldachtal

Wenn man über 40 Jahre mit einem Kollegen zusammenarbeitet, dann hatte man genügend Zeit und Gelegenheit, die Eigenarten des anderen kennenzulernen. Das gilt selbstverständlich für beide Seiten. Ist die Zusammenarbeit gut, vertrauensvoll und erfolgreich, dann kann daraus eine langjährige Freundschaft entstehen und man ist gern bereit, Marotten, die andere vielleicht nerven, als liebenswerte Eigenschaft zu akzeptieren. So ging es mir mit Rolf Eligehausen und davon möchte ich erzählen.

Rolf, unsere erste Begegnung war im Herbst 1968. Du warst damals frisch gebackener Assistent von Professor Gallus Rehm am Lehrstuhl und Institut für Baustoffkunde und Stahlbetonbau der Technischen Universität Braunschweig und ich Student im ersten Semester. Für mich war diese Begegnung eher unerfreulich. Du hattest mich nämlich während der ersten Baustoffkundeübung auf Grund meines mangelnden Wissens vor versammelter Mannschaft vorgeführt, was mich damals ziemlich ärgerte. Natürlich konnte ich damals noch nicht ahnen, dass sich unsere Wege später einmal kreuzen sollten. So vergingen drei weitere Jahre, bis im Januar 1971 am schwarzen Brett im Bauingenieur-Hochhaus eine wissenschaftliche Hilfskraft (im Studentenjargon „Hilfsbremser") zur Mitarbeit am Institut gesucht wurde. Ich bewarb mich und erhielt wenig später einen Brief von Dir mit der Bitte um Rücksprache am Institut.

Die Rücksprache war erfolgreich und ich bekam die Stelle als Hiwi. Schon nach wenigen Arbeitsstunden überraschtest Du mich mit der Frage, ob ich nicht häufiger als zweimal pro Woche kommen könne. Meinen Einwand, ich hätte schließlich ja auch Vorlesungen zu besuchen, hast Du nicht gelten lassen und mir statt dessen rigoros meinen Vorlesungsplan zusammengestrichen: Die einen Vorlesungen könne ich mir ersparen, weil sie langweilig wären oder ich den Inhalt genauso gut im Umdruck nachlesen könne, andere Vorlesungen brächten nichts Wesentliches und schließlich könne ich ja auch die

Mitschriften von Kommilitonen kopieren! Zunächst war ich skeptisch, bin dann aber Deinem Rat gefolgt und dabei gut gefahren. Mit Rücksicht auf einzelne Fachbereiche möchte ich hier jedoch nicht weiter ausführen, welche Vorlesungen Deiner Meinung nach überflüssig waren.

So konnte ich meine Mitarbeit am Institut intensivieren, die im Wesentlichen aus Versuchsauswertungen bestand. Computer für Jedermann gab es damals noch nicht. Es stand lediglich eine für damalige Zeiten recht fortschrittliche Rechenmaschine zur Verfügung, bei der die mechanischen Rechenvorgänge elektrisch abliefen. Außerdem konnte die Maschine Quadratwurzeln ziehen, was zu der Zeit etwas ganz Besonderes war. Ihre Lautstärke entsprach jedoch derjenigen eines startenden Jumbos, so dass Du mich auf den Gang vor Deinem Zimmer verbannt hast. Hier hatte ich wegen der großen Fenster zwar eine prächtige Aussicht auf benachbarte Institute, im Sommer wurde es aber unerträglich heiß. Deshalb war es immer angenehm, von Dir zu Versuchen in die deutlich kühlere Versuchshalle geschickt zu werden. Du hast bereits damals Versuche an Stahlbetonplatten mit gestoßener Bewehrung durchgeführt, ein Forschungsgebiet, das Du später zum Thema Deiner Dissertation an der Universität Stuttgart machen solltest. Die Biegeplatten wurden in Laststufen bis zum Versagen beansprucht. Nach jeder Laststeigerung wurden die Risse mit Farbstift auf der Platte nachgezeichnet und die Rissbreiten gemessen. Die Aufgabe von uns Hiwis bestand darin, die Risse mit Buntstift maßstäblich auf Millimeter-Papier zu übertragen. Nie werde ich Dein ratloses Gesicht vergessen! Du blicktest, Deine Haare raufend, sichtlich verwirrt auf eine Zeichnung und konntest Dir nicht erklären, warum die Risse am Plattenrand <u>vor</u> den Rissen in Plattenmitte aufgetreten sind. Des Rätsels Lösung war einfach: Der Hiwi, der die Zeichnung angefertigt hatte, war farbenblind! Zusammen mit ihm haben wir dann in mühevoller Kleinarbeit den wirklichen Ablauf rekonstruiert.

Vom Arbeitsplatz auf dem Gang konnte ich den Institutsparkplatz überblicken. Es war immer ein Ereignis, wenn Du vorgefahren bist. Wenn ich mich richtig erinnere, hattest Du damals einen alten VW Käfer, der nach dem Ziehen des Zündschlüssels gerne noch weitere Zündungen produzierte. Es war interessant zu beobachten, wie das Auto immer noch ruckelte und kleine Sprünge vollführte, während Du schon im zweiten Stock angekommen warst. Später, ich glaube es war schon in Stuttgart, hattet Ihr zwei Autos: Eine Ente und einen Simca. Böse Zungen behaupteten, die Ente sei unten und der Simca oben durchgerostet. Auf jeden Fall war es ratsam, mit beiden Autos besser nicht zu schnell zu fahren, was laut unserem Kollegen Peter Pusill-Wachtsmuth auch der Grund dafür war, dass Du in Diskussionen über eine Geschwindigkeitsbegrenzung auf deutschen Autobahnen immer vehement für die 100 Stundenkilometer eingetreten bist. Mit zunehmender Qualität Deiner Autos – Du hattest zwischenzeitlich die Volvo-Phase erreicht – hat sich dem Vernehmen nach auch Deine bis dato eher defensive Fahrweise verändert. Glaubhafte Zeugen berichten jedenfalls, dass Kollegen, die nach überstandener Sitzung mit Dir zur Abendveranstaltung in die Stuttgarter Innenstadt gefahren sind, bleich und ergraut aus dem Auto gestiegen seien. Andere, die Dir im eigenen Wagen folgen sollten, hätten Dich schon nach wenigen Minuten aus den Augen verloren.

Im Jahr 1973 erhielt Professor Rehm einen Ruf an die Universität Stuttgart und nahm alle Assistenten mit in den Süden. Ich hatte gerade mein Examen bestanden und erhielt das Angebot, ebenfalls nach Stuttgart zu wechseln. Dein damaliges Spezialgebiet war die Bewehrung von Stahlbetonbauteilen. Grundlage war ein sehr umfangreiches Forschungsvorhaben mit dem Titel „Rationalisierung der Bewehrungsführung", dessen Leitung Du übernommen hattest. Ich hatte den Part „Bewehrungszeichnungen" bekommen und gemeinsam machten wir uns Gedanken, wie Bewehrungspläne vereinfacht und durch Computer erstellt werden könnten. Der uns zur Verfügung stehende Computer, eine IBM 1130, hatte eine Speichergröße von sage und schreibe 16 K (!) und besaß eine Wechsel-Festplatte mit wahrhaft gewaltigen Abmessungen, die allerdings in keinem direkten Zusammenhang zu ihrer Speicherkapazität standen. Außerdem war ein Trommelplotter angeschlossen. Es gelang uns, trotz der für heutige Verhältnisse äußerst dürftigen Kapazität des Computers Bewehrungspläne für Durchlaufträger zu zeichnen. Als ich auf dem ersten Forschungskolloquium des Deutschen Ausschuss für Stahlbetonbau im Herbst 1974 darüber berichtete, erntete ich überwiegend Unverständnis, ja die Experten waren mehrheitlich der Meinung, dass von Computern erstellte Bewehrungspläne mittelfristig keine Zukunft hätten. Rolf, wir waren da wohl unserer Zeit voraus?

Schon früh erkanntest Du die Vorzüge von Computersimulationen mit Hilfe der Methode der Finiten Elemente. Im Rahmen Deiner Dissertation hast Du zahllose 2D-Modelle von Übergreifungsstößen untersucht und dabei wichtige Parameter wie Stabdurchmesser, Betonüberdeckung und Stoßabstand variiert. Zur Bestätigung dienten neben Versuchsergebnissen einige 3D-Modelle, die allerdings sehr aufwändig waren. Das zu lösende Gleichungssystem war so gigantisch, dass selbst der Universitätsrechner an seine Leistungsgrenze kam. Heute wäre ein normaler Computer sicher in der Lage, diese Aufgabe zu bewältigen. Damals konntest Du allerdings solche Rechenläufe nur an Wochenenden einsteuern. So war es am Montagmorgen immer spannend, ob die Rechnung durchgelaufen oder – aus welchen Gründen auch immer – abgebrochen worden war. Unabhängig davon, ob es sich um 2D- oder 3D-Modelle handelte, die ausgegebene Datenmenge war in jedem Fall gewaltig und rief geradezu nach einer automatisierten Auswertung. Hier konnte ich Dir Dank meiner Erfahrungen mit unserem instituteigenen „16K-Dampfcomputer" helfen, z. B. mit einem Programm, das Spannungs-Höhenlinien zeichnete. Auch hatte ich Dir ein Programm geschrieben, das nach Eingabe nur weniger Parameter den kompletten Lochkartensatz einschließlich der EOF-Karte für den Universitätsrechner ausgab. Du hättest dann die einzelnen Lochkarten nicht mühselig generieren, stanzen und zusammenstellen müssen. Offensichtlich war Dir das Ergebnis aber nicht ganz geheuer und Du hast das Programm nie eingesetzt. Bis heute weiß ich nicht warum.

Im Januar 1979 war Deine Promotion, natürlich mit Auszeichnung! Wir Kollegen hatten Dir einen Doktorhut gebastelt (Bild 1) und dabei einige Deiner Eigenarten thematisiert. So hattest Du z. B. die so manchen Mitarbeiter nervende Angewohnheit, anzuklopfen, mit voller Kraft auf den Türdrücker zu hauen und die Tür aufzureißen. Das Problem bestand allerdings darin, dass zwischen dem Anklopfen und dem Aufreißen der Tür nur wenige Millisekunden lagen, was bei manchem Kollegen zu schreckbedingten Nervenzusammenbrüchen führte. Wir waren immer in Sorge, dass dabei einmal ein Türdrücker brechen könnte, schließlich bist Du leidenschaftlicher Tennisspieler und verfügst über große Armkraft. Daher der Türdrücker auf Deinem Doktorhut. Nur einmal wurde Dir Deine dynamische Art, einen Raum zu betreten, fast zum Verhängnis. Im hinteren Bereich des Institutsgebäudes gab es im Erdgeschoss drei Räume, die durch Türen miteinander verbunden waren. Im letzten Raum saßen Rolf Lehmann und ich und in den beiden Räumen davor Peter Pusill-Wachtsmuth und Rüdiger Tewes. Du warst in Rüdigers Zimmer gepoltert, hattest mit ihm gesprochen und wolltest weiter zu Peter. Leider war aber die Verbindungstür abgeschlossen. Dein, im wahrsten Sinne des Wortes schlagartiger Kontakt mit dem Türblatt war nicht zu überhören. Allerdings hielt die heilsame Wirkung dieses Vorfalls nicht lange an. Schon wenige Tage später hast Du wieder in altbekannter Weise die Türdrücker und damit die Nerven Deiner Kollegen malträtiert.

Bild 1:

Für das in Form einer Ehrenkette zu tragende Buch mit überraschendem Inhalt (Bild 2) gab es ebenfalls einen triftigen Grund: Wegen Deiner großen Arbeitsbelastung hast Du in der Regel darauf verzichtet, zum Essen in die Mensa oder nach Hause zu gehen und Dir statt dessen belegte Brote mit ins Büro genommen, die dann aus Gründen der Zeitersparnis am Schreibtisch vertilgt wurden. Eines Tages fand Rolf Lehmann in einem seiner Ordner, den Du zuvor durchgearbeitet hattest, eine Salamischeibe. Wir waren sicher, dass diese nur von Deinem Mittagessen stammen könne und bastelten Dir deshalb ein praktisches Behältnis, mit welchem Du von da an Lesen und Essen harmonisch kombinieren konntest.

Ich kann mich noch gut an eine Situation erinnern, in der Du auf das „Arbeits-Mittagessen“ am Schreibtisch verzichtet hast. Dein Büro im Institutsgebäude lag hinter dem künstlerisch gestalteten Windverband im ersten Stock. Eines Tages, es war gerade ein schöner warmer Sommer, verbreitete sich in Deinem Zimmer deutlicher Verwesungsgeruch. In der Annahme, dass irgendwo in Deinen schon damals erstaunlichen Aktenbergen oder übervollen Schränken ein Maus verendet sein könnte, haben wir das ganze Zimmer auf den Kopf gestellt, jedoch nichts gefunden. In den darauf folgenden Tagen nahm der Gestank noch an Intensität zu und Du hast versucht, ihn durch Fichtennadelspray zu überdecken. Der Erfolg war nur begrenzt. Vielmehr roch es danach in Deinem Zimmer nach Fichtenschonung mit Leiche! Da Du bei diesem infernalischen Gestank weder arbeiten noch essen konntest, hast Du beides an den Tisch auf dem Flur verlegt. Es hat noch einige Tage gedauert, bis das Uni-Bauamt hinter der Verkleidung der Doppelstützen eine tote Taube fand, die offensichtlich durch Lüftungsschlitze hineingekommen ist aber nicht wieder herausgefunden hat.

Bild 2:

Die Jahre von 1979 bis 1981 hast Du als Research Engineer an der University of California in Berkely verbracht. Als Du 1981 zurückkamst, um am IWB zunächst die Leitung der Abteilung für Befestigungstechnik und ab 1984 die Professur zu übernehmen, hatte ich bereits zum Ingenieurbüro von Professor Rehm in München gewechselt. Das war der Zeitpunkt, an dem wir beide ganz in die Welt der Befestigungstechnik eingetaucht sind. In den Folgejahren haben wir zusammen eine ganze Reihe von Gutachten geschrieben. Schwerpunkt waren schon damals Befestigungen in Kernkraftwerken. In diesen Zeitraum fiel auch unser erstes gemeinsames Buchprojekt: Der Beitrag „Befestigungstechnik“ im Betonkalender 1988, der in vollständig überarbeiteter und ergänzter Fassung auch in den Betonkalendern 1992 und 1997 erschien. Später folgten die Bücher „Befestigungstechnik im Beton- und Mauerwerksbau“ und zusammen mit John Silva „Anchorage in Concrete Construction“. Rolf, bis dahin war mir gar nicht aufgefallen, welch ein Perfektionist Du bist. Dass ich fast keine Haare mehr habe und die wenigen verbliebenen auch noch grau sind, führe ich jedenfalls auf unsere gemeinsame Arbeit an den Büchern zurück. Da haben auch die großen Mengen an Würfelzucker nicht geholfen, die Frau Choynacki dankenswerterweise immer zur Stärkung meiner Nerven bereitgestellt hat. Deine grenzenlose Vorliebe für Änderungen von Texten und Bildern bis kurz vor Drucklegung ist legendär. Da wird zusammengestrichen, ergänzt, umgestellt, gedreht und gewendet. Besonders liebst Du die exzessive Nutzung von Rückseiten, auf die im vorderseitigen Text durch verschiedene, nur schwer unterscheidbare Symbole hingewiesen wird. Ich habe erlebt, dass Du handgeschriebene Seiten mit umfangreichen Anmerkungen für die Rückseite versehen und dann beim Umdrehen des Blattes erstaunt festgestellt hast, dass Du bereits auf der Rückseite warst! Rolf, glaube mir, wenn man am Morgen mit dem Vorsatz in Dein Büro kommt, heute endlich z. B. das Kapitel 10 zu schreiben, von Dir aber mit dem Hinweis überrascht wird, dass unbedingt in den Kapiteln 2 und 7 wichtige Änderungen oder Ergänzungen erforderlich seien und dann nach vielen Arbeitsstunden mit der Erkenntnis nach Hause fährt, gar nicht zum gewünschten Kapitel 10 gekommen zu sein, dann nervt das schon. Dadurch hat die Arbeit an unseren Büchern immer erheblich länger gedauert als geplant. Das war ein Teufelskreis, denn diese Zeit hast Du mit Deinen Mitarbeitern wiederum genutzt, neue Erkenntnisse und Forschungsergebnisse zu kreieren, die natürlich immer in das gerade bearbeitete Buch einfließen mussten. Die hierfür erforderlichen Ergänzungen und Änderungen bis hin zu neuen Bildern waren ebenso wie der zusätzliche Zeitaufwand für Dich nie ein Thema.

Mit der Nutzung von Textverarbeitungssystemen moderner Computer ist das zwar nicht besser aber zumindest einfacher geworden. Früher schrieb man mit der Schreibmaschine und Verbesserungen wurden zugeschnitten und aufgeklebt. Selbst damals war Deine Hemmschwelle für Verbesserungen erstaunlich niedrig. Kollegen können bestätigen, dass sich manchmal der Deckel des Kopierers nur mit Mühe schließen ließ, weil in Deinen Manuskripten so viele Lagen Papier übereinander geklebt waren. Mit den heutigen Computern ist das doch alles so viel einfacher! Die Erkenntnis, dass man beliebige Textstellen streichen, ergänzen oder gar an eine ganz andere Stelle verschieben kann, hat Dir ungeahnte zusätzliche Möglichkeiten eröffnet.

Im Zuge unserer gemeinsamen schriftstellerischen Tätigkeit bin ich regelmäßig mit Deiner äußerst gewöhnungsbedürftigen Handschrift konfrontiert worden, über die bereits an anderer Stelle berichtet wurde. Ich erinnere an den Artikel von Thilo Pregartner und Matt Hoehler über den Zeichensatz „Elifont" in der Festschrift zu Deinem 60. Geburtstag. Im vergangenen Jahr haben wir beide zusammen mit Werner Fuchs einen Beitrag für den Betonkalender 2012 zur Bemessung von Verankerungen in Beton nach CEN/TS 1992-4 verfasst, und ich hatte wieder ausgiebig Gelegenheit, mich mit Deiner Handschrift auseinanderzusetzen. Glücklicherweise hatten wir die einzelnen Kapitel untereinander aufgeteilt, so dass Deiner Verbesserungswut natürliche Grenzen gesetzt waren. Du hattest das Kapitel „Nachweis von Ankerschienen" übernommen und ich erhielt bestimmt zwei Wochen lang jeden Abend zwischen 22:00 und 23:00 von Dir eine Email mit Scans Deines neuesten Textes. Ich glaube, dass verglichen damit handschriftliche Vermerke von Ärzten oder handgeschriebene Rezepte von Apothekern eine kalligraphische Meisterleistung sind! Beim Entziffern und Übersetzen des Inhalts hat mir nur meine über 40jährige Erfahrung geholfen.

Ein besonderer Aspekt Deiner Handschrift, speziell Deiner Unterschrift, soll hier nicht unerwähnt bleiben. So wie sich durch die Radiokohlenstoffdatierung das Alter organischer Materialien oder mit Hilfe von Jahresringtabellen das Alter hölzerner Bauteile bestimmen lässt, so können Insider aus der Länge Deiner Unterschrift mit ausreichender Genauigkeit das Alter jedes von Dir unterzeichneten Dokuments ermitteln. Es soll sogar schon Bewerbungen bei „Wetten, dass …?" gegeben haben. Während Du das bereits erwähnte Schreiben vom Januar 1971 an mich noch mit Deinem fast vollen Namenszug unterzeichnet hast, es fehlen lediglich die beiden letzten Buchstaben (Bild 3a), wurden in späteren Dokumenten immer mehr Buchstaben durch einen einfachen Strich ersetzt. Mitte der 80er Jahre traf es zunächst mit dem „…ausen" die letzten fünf Buchstaben (Bild 3b), 10 Jahre später fehlte zusätzlich das „h", allerdings nahm die Länge des horizontalen Striches bei etwa gleicher Schriftgröße überproportional zu (Bild 3c). Nur wenig später bestand Deine Unterschrift nur noch aus maximal vier Buchstaben (Bild 3d), um dann auf neuesten Dokumenten endgültig auf zwei Buchstaben reduziert zu werden, der Rest ist ein mehr oder weniger horizontaler Strich (Bild 3e).

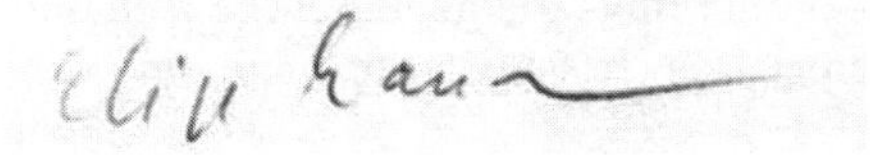

a) 1971

b) 1985

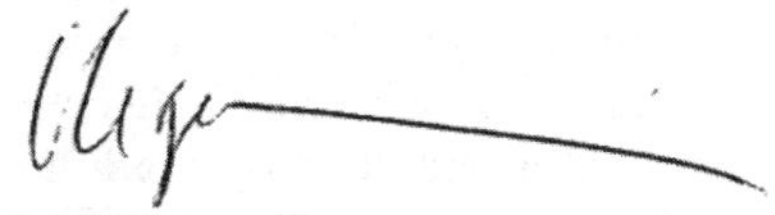

c) 1995

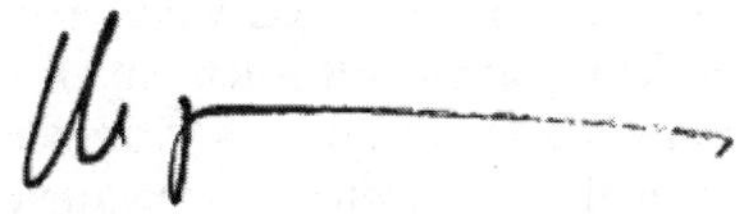

d) 1998

e) 2011

Bild 3: Mutationen von Rolf Eligehausens Unterschrift

In den 90er Jahren wurde unsere Zusammenarbeit noch enger und intensiver. Ich hatte 1988 zu den fischerwerken gewechselt und die Verantwortung für die Forschung und Gremienarbeit übernommen. Ab diesem Zeitpunkt haben wir nicht nur im Engeren und Wissenschaftlichen Beirat der von Herstellern finanzierten und von Dir geleiteten Grundlagenforschung am IWB zusammengearbeitet, sondern waren auch gemeinsam Mitglied internationaler Gremien. Als Beispiele möchte ich die European Organisation for Technical Approvals (EOTA), die Arbeitsgruppe „Fastenings to Structural Concrete and Masonry Structures" der Fédération Internationale du Béton (fib) und den europäischen Normausschuss CEN/TS 1992-4 „Design of Fastening for Use in Concrete" sowie den zugehörigen deutschen Spiegelausschuss nennen. Die Arbeit mit Dir, insbesondere die Diskussionen, waren immer interessant, abwechslungsreich und oft von Überraschungen geprägt. Zwar stimmten wir meistens in der Sache überein, ich kann mich aber auch an heftige Diskussionen erinnern, in denen wir so manchen Strauß ausgefochten und heftig miteinander gerungen haben, ohne dabei allerdings die gegenseitige Achtung für den Anderen und dessen Leistungen zu verlieren. Das ist es, was für mich eine vertrauensvolle Zusammenarbeit ausmacht!

Jeder, der Dich in Sitzungen erlebt hat, wird bestätigen, dass Du um der Sache willen wirklich keiner Diskussion und keinem wissenschaftlichen Disput aus dem Wege gehst. Wenn es um die Durchsetzung Deiner Meinung geht, dann kannst Du wirklich penetrant hartnäckig sein. Mit wahrer Engelsgeduld, ja geradezu gebetsmühlenartig, wiederholst Du Deine Argumente und untermauerst sie mit zahlreichen Folien so lange, bis auch der letzte Kontrahent entweder überzeugt ist oder auf Grund der erdrückenden Beweislast entnervt aufgibt. Ich kenne wirklich niemanden, der es schafft, in kurzer Zeit so viele Folien zu präsentieren wie Du. Fünfzig Folien in einer auf 20 Minuten begrenzten Redezeit sind keine Seltenheit! Ich habe es schon an anderer Stelle gesagt und möchte es hier wiederholen: Manchmal hatte man den Eindruck, Du könntest bei nur geringfügiger Erhöhung Deiner Präsentationsgeschwindigkeit aus jedem Vortrag problemlos eine Filmvorführung machen. Dabei handelt es sich beileibe nicht nur um „normale" Folien. Wer Deine Vorträge kennt, der kennt auch Deine Vorliebe für Darstellungen mit bezogenen Werten. Da werden nicht nur die Parameter „a" über „b" aufgetragen – das wäre ja zu einfach – sondern bezogene Werte „a/c" über „b/d". Als Krönung enthält solch ein Diagramm dann noch mehrere Kurven, die ihrerseits ebenfalls bezogen sind („e/f"). In den Gesichtern Deiner Zuhörer spiegelte sich dann nur grenzenloses Erstaunen oder totale Verwirrung, so richtig kapiert hat das in der Kürze der Zeit wohl kaum einer.

Rückblickend stelle ich fest, dass es mir viel Spaß gemacht hat, mit Dir in Gremien und Ausschüssen zusammenzuarbeiten, und das nicht nur, weil sie oft an schönen Plätzen dieser Erde tagten. Während die Sitzungen der EOTA und des CEN naturgemäß in europäischen Städten wie Brüssel, Berlin, Paris, London oder Stuttgart stattfanden, tagte Deine fib-Arbeitsgruppe weltweit. Wann hätte man als Normalsterblicher schon mal die Gelegenheit, nach Hawaii, Kyoto, San Francisco oder Peking zu kommen? Du hattest als Chairman der Arbeitsgruppe – neben Deiner Reiselust – natürlich immer ein gutes Argument für die Wahl des Tagungsortes. Schließlich handele es sich um eine internationale Vereinigung mit Mitgliedern nicht nur aus Europa sondern auch aus den USA, Japan oder China, von denen man nicht verlangen könne, dass sie immer zu Sitzungen nach Europa reisen. Dass Mitarbeiter von Firmen aber gegenüber ihrer Geschäftsführung nur wenig Argumente für einen 24 Flugstunden entfernten und zudem noch wunderschön gelegenen Tagungsort haben könnten, hat Dich nie wirklich interessiert.

Durch unsere Arbeit in nationalen und internationalen Gremien hatten wir häufig Gelegenheit, gemeinsam zu reisen. Mit Rücksicht auf meine Nerven bin ich immer recht früh am Flughafen oder Bahnhof. Du hast mal behauptet, ich wäre immer so zeitig am Gate, dass ich problemlos auch ein Flugzeug früher nehmen könnte. Das ist natürlich maßlos übertrieben, enthält aber doch ein Körnchen Wahrheit. Im Gegensatz dazu kommst Du regelmäßig „auf den letzten Drücker", was Dich aber nicht davon abhält, in der Lufthansa-Lounge noch schnell zu frühstücken, bis das Personal Dich ausruft. Ich erinnere mich an eine Begebenheit aus Stuttgarter Zeit. Du wolltest mit der Bahn zu Deinen Eltern fahren und hattest mich gebeten, Dich zum Bahnhof zu bringen. Nichts Böses ahnend stand ich ca. 45 Minuten vor der Zugabfahrt vor Eurer Tür in Vaihingen und war froh, dass Du wenigstens schon Deinen Koffer gepackt hattest. Das bedeutete aber nicht, dass wir losfahren konnten. Nein, Du musstest unbedingt noch warme Milch trinken und standst im Topf rührend am Herd. Zwanzig Minuten vor Abfahrt Deines Zuges saßen wir dann endlich im Auto. Unterwegs fiel Dir siedend heiß ein: „Habe ich eigentlich den Herd ausgemacht?". Über meinen Hinweis auf Rauchwolken am Horizont konntest Du auch nicht wirklich lachen. Nachdem ich Dich am Bahnhof abgesetzt und Du im Schweinsgalopp durch die Halle zum Zug gesprintet bist, bin ich wieder zu Eurer Wohnung gefahren. Der Herd war natürlich aus. Rolf, Du behauptest immer, dass Du trotz Deines engen Zeitfensters noch nie ein Flugzeug oder einen Zug verpasst hast, aber das glaube ich Dir nicht!

Lieber Rolf, danke für die 40 Jahre guter und vertrauensvoller Zusammenarbeit. Ich bin sicher, wir werden auch zukünftig noch miteinander zu tun haben, schließlich steht noch die Überarbeitung und Neuauflage unseres deutschen und englischen Buches an (macht ja nichts, ich habe ohnehin keine Haare mehr!). Ich gratuliere Dir ganz herzlich zu Deinem Geburtstag und wünsche Dir alles Gute, schöne Stunden im Kreise Deiner Familie und vor allen Dingen Gesundheit. Bleib wie Du bist, alles andere würde Deine Freunde und Gesprächspartner nur verwirren!

Herzlichen Glückwunsch, Rolf!

BEFESTIGUNGSTECHNIK

TENSION TESTS OF HEADED STUD ANCHORAGES IN NARROW / THIN EDGE MEMBERS

Neal S. Anderson, Vice President of Engineering
Concrete Reinforcing Steel Institute
Schaumburg, Illinois USA

A. Koray Tureyen, Senior Associate
Wiss, Janney, Elstner Associates, Inc.
Northbrook, Illinois USA

Donald F. Meinheit, Affiliated Consultant
Wiss, Janney, Elstner Associates, Inc.
Chicago, Illinois USA

Abstract

The Precast/Prestressed Concrete Institute (PCI) sponsored a comprehensive research program to assess the capacity of headed-stud group anchorages. The PCI program was initiated in response to significant differences between headed stud design, as outlined in the PCI Design Handbook and the ACI 318 Building Code. Not covered by the PCI sponsored testing, but none the less important, were headed-stud groups located in thin or narrow members; that is, anchors embedded in a narrow member with two parallel free edges reducing the concrete breakout cone area. Tests of headed stud anchorage groups loaded in tension in this fashion are not extensively reported in the literature.

The test program herein, conducted by staff of Wiss, Janney, Elstner Associates, Inc. (WJE), was an in-house, unsponsored test program of 16 tension tests. Considered were the variables of embedment depth, edge distance, and spacing of the anchors parallel to the free edge. Test anchorages used one, two, and four headed studs in the connection. Transverse stud spacing, perpendicular to the edges, was also a secondary variable in this study. The results were compared to the present ACI 318-11 [2011], Appendix D provisions where two sides of the breakout surface are truncated. This paper provides a summary of the research work.

1. Introduction

Designing anchorages located in a narrow edge of a member are often avoided because of their perceived lower capacity attributed to the truncated concrete breakout cone from the small, two parallel side edge distances. In ACI 318, Appendix D terminology, the edge distance from the anchor to the free edge is represented by c_{a1} or c_{a2}.

Placing an anchorage plate in the narrow edge of a floor slab to facilitate connecting a curtain-wall system is one typical example where this type of connection frequently occurs. Although this type of slab edge connection frequently carries gravity shear, wind suction can also produce tension on these anchor groups. Conventional floor slabs range in thickness from 150 to 250 mm (6 to 10 in.), thus providing side-edge distances less than 75 to 125 mm (3 to 5 in.) if one line of anchors is used at mid-depth of the slab.

Research into the capacity of headed-stud anchorages located in a narrow edge and loaded in "pure" tension is limited. ACI 318, Appendix D provides a design method to handle this condition, but the design model appears to be an extrapolated from the single-edge case. Experimental verification of this two-edge design model is limited [Fuchs, et. al. 1995]. The ACI 318, Appendix D model accommodates this condition rather easily in the calculation of the A_{Nc} term for concrete breakout area. In the long direction of the slab, the full **1.5 h_{ef}** model breakout distances can be developed on both sides of the connection. In the slab thickness direction, however, the breakout surface can be severely truncated by the actual side edges, c_{a2}, being less than 1.5 h_{ef}. Moreover, the $\psi_{ed,\,N}$ term would be invoked to further reduce the capacity.

The authors' had a unique opportunity to experimentally verify the tension capacity of this anchorage type located in a slab edge. Concrete slabs having dimensions of 1320 x 1320 mm by 190 mm thick (4 ft - 4 in. x 4 ft - 4 in. x 0 ft - 7½ in.) were cast for another experimental project studying sealers. The edges of these four concrete slabs were used for the anchorages experiments reported herein.

2. Literature Review

The international tension database contains numerous tests on anchors and anchor groups with one edge of the concrete breakout cone truncated by the proximity of the edge. There appears to be no two edge group tests reported in the tension database to the authors' knowledge. Code design rules for conditions having two parallel free edges have been, in the authors' opinion, extrapolated from the single-edge data to apply to cases where an anchorage is located in a slab edge that truncates the breakout cone on two opposite faces.

3. Experimental Program

3.1 Test Slabs and Layout

Four test slabs were used. One anchorage was located on each side of the slab and centered in the length. Figure 1 shows a plan and section view of a typical anchorage placed in the edge of the slab. The slabs were cast flat so there was no "top bar" or casting position effect on the headed stud anchorages. A nominal amount of reinforcement was placed in the slabs for handling purposes. As shown in Figure 2, the reinforcement was placed below the anchorages to prevent inference with the breakout surface. General details of the 16 tests conducted are listed in Table 1.

Table 1: Test matrix for narrow edge tension tests.

(1)	(2)	(3)	(4)	(5)	(6)	(7)	(8)	(9)
Connection & number of anchors	Number of tests	Stud dimensions			c_{a1} (mm)	c_{a2} (mm)	s_1 (mm)	s_2 (mm)
		d_a (mm)	h_{ef} (mm)	h_{ef}/d_a				
1 stud	2*	15.8	94.0	5.93	661	95	0	0
	2	12.5	124.0	9.85	661	95	0	0
2 studs	4	12.5	66.8	5.30	661	66.7	0	57.2
4 studs (2x2)	4*	12.5	66.8	5.30	616	66.7	88.9	57.2
	4	12.5	66.8	5.03	620	55.6	81.0	79.9

where, c_{a2} and s_2 are perpendicular to the free edge, as shown in Figure 1.
Note: One test in set damaged due to handling.

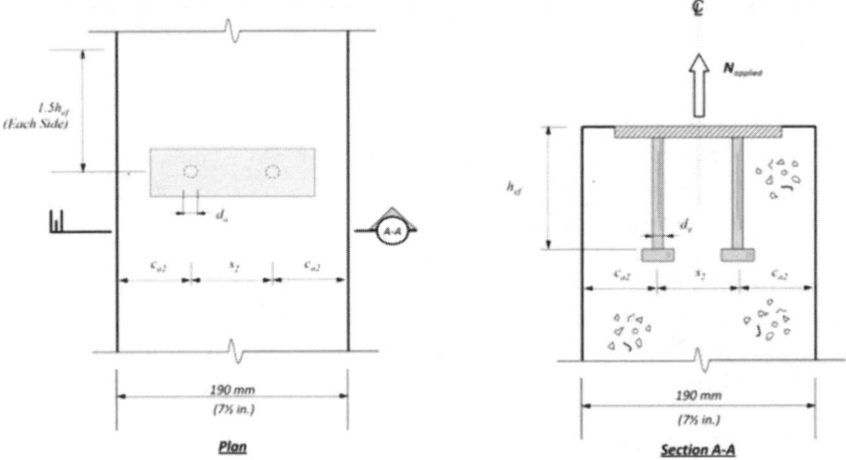

Figure 1: Plan and sectional views of the group anchorage in the slab edge.

As shown in Table 1, anchorages having one, two, and four headed studs were tested. The single stud tests examined 15.8 mm (⅝ in.) diameter studs with a 94 mm (3.7 in.) embedment depth, and 12.5 mm (½ in.) diameter studs with a deeper 124 mm (4⅞ in.) embedment. The two-stud pattern with $s_2 = 57.2$ mm (2¼ in.) was replicated as one of the four-stud patterns with an s_1 spacing of 88.9 mm (3½ in.) or 1.33h_{ef}. The second set of four studs used a slightly larger spacing perpendicular to the free edge, s_2, of 79.9 mm (3⅛ in.), while the spacing parallel to the free edge was 81 mm (3-3/16 in.) or 1.2h_{ef}. As addressed earlier, the slabs were used for another study. The slabs were over 1½-years old prior to testing, so the concrete properties had stabilized.

Figure 2: View of test specimens prior to casting concrete.

3.2 Concrete Properties

The concrete mix design was similar to mixtures commonly used in precast construction. The concrete was a normal-weight concrete weighing nominally 2320 kg/m³ (145 lbs/cu. ft or pcf). Mixture proportions and measured mechanical properties are as follows:

- 314 kg/m³ (530 lbs/cu. yd.) of Type I cement,
- 1094 kg/m³ (1844 lbs/cu. yd.) limestone coarse aggregate with a 19 mm (¾-in.) nominal maximum aggregate size,
- 825 kg/m³ (1390 lbs/cu. yd.) sand,
- water-cement ratio = 0.42, water reducer and air entertaining admixture included,
- measured slump of 172 mm (6¾ in.) and 7.8 percent air content,
- average compressive strength at 28-days: 30 MPa (4,440 psi),
- average compressive strength at time of anchor testing: 34.9 MPa (5060 psi),
- average splitting tensile strength at time of anchor testing: 3.1 MPa (455 psi).

3.3 Headed Stud Properties

The ultimate tensile strength of the headed studs varied from a low of 536 MPa (77.7 ksi) to a high of 563 MPa (81.6 ksi). All the load-deformation curves for studs tested in direct tension in air exhibited rounded, but ductile behavior. The ultimate tensile strengths of the studs used in the various anchorages are listed in Table 2.

3.4 Test Procedures

Testing framework used to conduct the tension tests in the slab edge is shown in Figure 3. Each slab was tested flat and the slab was rotated to access the anchorage located in the center of the side. The test frame reacted near the end of the slab edge, as to be located outside the breakout cone forming along the long edge direction. Test load was applied with a manually operated hydraulic ram, and load was measured with a load cell.

Displacement instrumentation, shown in Figure 4, was measured continuously during the test to failure. Each test to failure took approximately 10 minutes to conduct. After the failure, the characteristics of all concrete breakout surfaces were documented.

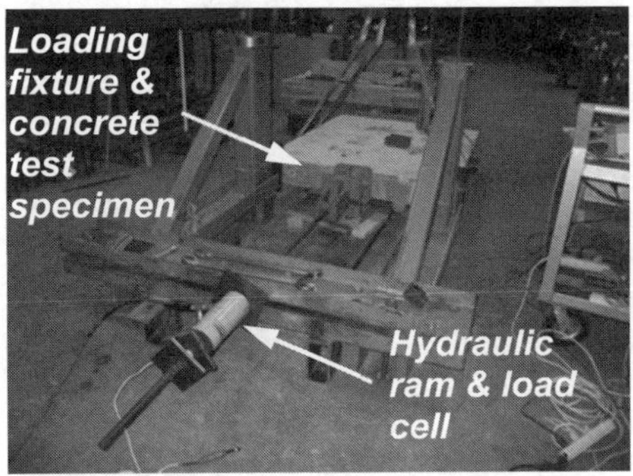

Figure 3: Overall view of tension testing framework.

Figure 4: Load fixture and displacement transducers to measure deformations.

3.5 Load-Deflection Behavior

Plots of the typical load-deflection behavior of a test with a steel failure and concrete breakout failures are shown in Figure 5. Two replicates were conducted of the single anchor configuration, while four replicates of each group test configuration were conducted. The steel failure plotted in Figure 5 is very ductile, exhibiting a shape similar to the stress strain curve for the steel shank of the headed stud. This steel failure occurred with an embedment depth ratio, h_{ef}/d_a, of 9.8 and edge distance to embedment depth ratio, c_{a2}/h_{ef}, of 0.72. The other three curves are concrete failures and, as expected, are brittle in nature. Shown in Figure 5 are typical breakout behaviors of 1, 2, and 4 anchor groups.

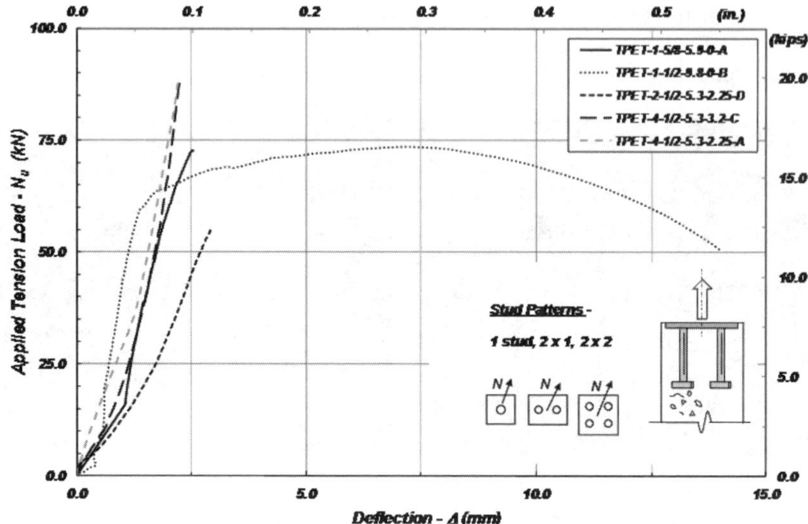

Figure 5: Load deformation behavior of anchors embedded in a slab edge.

3.6 Test Behavior

Table 2 presents the numerical test results, along with the actual measured values of the geometry and headed stud properties. Observations of the failure surfaces follow:

Single Stud – Due to previous cracking damage, one of the 15.8 mm (5/8 in.) diameter stud tests was damaged. The other 15.8 mm diameter test exhibited concrete breakout. Along the long edge direction, the typical conically shaped, breakout cone developed. In the narrow direction, the failure crack propagated horizontally to the two parallel edges; the breakout surface was essentially a flat without any sloping, conical, shape. This behavior was anticipated, as the slab thickness was slightly greater than $2h_{ef}$ for this anchorage. All the concrete breakout surfaces appeared like that shown in Figure 6.

Both 12.5 mm (1/2 in.) diameter single stud tests failed as steel failures. Steel rupture of the headed stud shank occurred below the surface of the concrete and had a typical cup and cone failure surface. Figure 7 shows the failure.

Two Stud Group - All four tests exhibited concrete breakout. Full cone development occurred in the long direction, whereas horizontal propagation of the failure surface crack extended to the two parallel edges, shown in Figure 8. The crack was nearly flat in the short direction and occurred at the level corresponding to the top of the head on the stud. All failure loads were reasonably consistent for the four replicate tests.

72

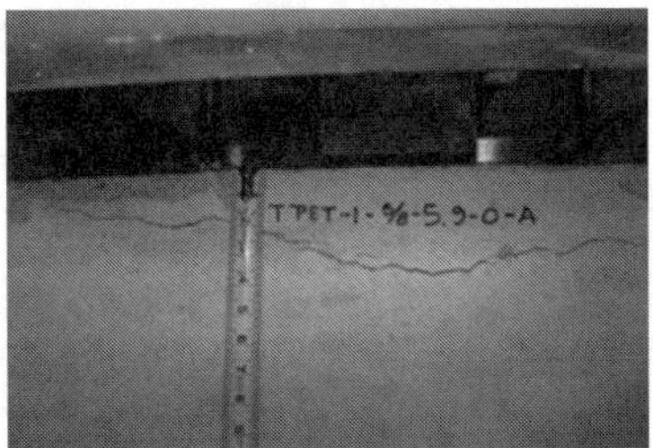

Figure 6: Single stud concrete failure.   **Figure 7:** Steel failure, 12.5 mm stud.

Figure 8: Concrete breakout failure for the two-stud anchorage.

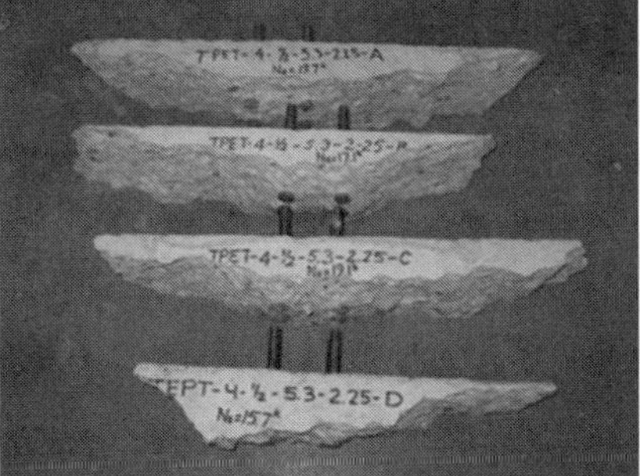

Figure 9: Concrete breakout failures for the four-stud anchorages.

Four Stud Group – Figure 9 shows representative four-stud anchorage breakouts. The four-stud tests had a breakout behavior similar to the two-stud anchorage. The four-stud anchorage with an s_1 = 57.2 mm (2¼ in.) had an average failure load approximately 50 percent greater than the two-stud anchorage with the same stud spacing, s_2.

A comparison of the two sets of four-stud anchorages reveals an interesting behavior. The nominal stud spacing in the s_1 direction of the slab (parallel to the free edge) varied slightly, from s_1 = 81.0 to 88.9 mm (3-3/16 to 3½ in). However, the nominal stud spacing perpendicular to the narrow edge, s_2, varied from 57.2 to 79.9 mm (2¼ to 3⅛ in.). Similarly, the edge distance to the narrow edge varied inversely. The four stud connection with a wider s_2 spacing and smaller c_{a2} edge distance had an average failure load about 13 percent greater than the smaller s_2 spacing, larger c_{a2} edge distance combination. These results seem to indicate that the dimensions perpendicular to the parallel edge, or parallel to the thickness, may be the critical parameters associated with this slab edge type anchorage.

4. Analysis of Test Results

4.1 Steel Failure

For the two, single 12.5 mm stud tests failing in steel tension, the strength predicted using the known steel ultimate strength showed good agreement with the experimental results. The calculated strength under predicted the capacity by about 8 percent.

4.2 Concrete Breakout Failure

The tension breakout provisions of ACI 318-11, Appendix D were used to analyze the data, except the average basic breakout equation was used instead of the 5 percent fractile equation. Thus, the average basic breakout equation is:

$$N_b = k_c \lambda_a \sqrt{f_c'} \, h_{ef}^{1.5} \tag{1}$$

$$N_{cbg} = \frac{A_{Nc}}{A_{Nco}} \psi_{ec,N} \, \psi_{ed,N} \, \psi_{c,N} \, \psi_{cp,N} \, N_b \tag{2}$$

where:

$\quad N_b \quad = \quad$ *Nominal concrete tensile breakout strength - single anchor (N)*

$\quad N_{cbg} \quad = \quad$ *Nominal concrete tensile breakout strength - group (N)*

$\quad k_c \quad = \quad$ *16.67 for the average value*

$\quad\quad\quad = \quad$ *10.0 for the 5 percent fractile value*

$\quad \lambda_a \quad = \quad$ *Lightweight concrete factor = 1.0 (for this test program)*

$\quad f_c' \quad = \quad$ *Concrete compression strength measured on cylinders (MPa)*

$\quad h_{ef} \quad = \quad$ *Effective embedment depth (mm)*

$\quad A_{Nc} \quad = \quad$ *Actual projected area at the concrete surface (mm^2)*

$\quad A_{Nco} \quad = \quad$ *$9\,h_{ef}^2$ = single anchor breakout area (mm^2)*

$\quad \Psi_{ec,N} \quad = \quad$ *Eccentricity factor = 1.0*

$\quad \Psi_{ed,N} \quad = \quad$ *Edge distance factor = $0.7 + 0.3 \left(\dfrac{c_{a2}}{1.5\,h_{ef}}\right)$*

$\quad \Psi_{c,N} \quad = \quad$ *Cracked concrete factor = 1.0*

$\quad \Psi_{cp,N} \quad = \quad$ *Post-installed anchor factor = 1.0*

For the single, 15.8 mm stud anchorage, the ACI 318-11, Appendix D equation accounting for the parallel edges, c_{a2}, under predicted the concrete capacity by 33 percent; the breakout prediction was conservative, and would be further conservative using the 5 percent fractile form of the equation, along with the appropriate safety factors. For the two-stud anchorage, the capacity was under predicted by 22 percent. The four-stud anchorages had under predicted capacities of 25 percent for one group and 52 percent for the other group. In all instances, the $\Psi_{ed,\ N}$ factor was applied once, serving to reduce the predicted capacity.

When three or more edges exist within a connection, ACI 318-11 provides for a reduced, effective embedment depth $\boldsymbol{h'}_{ef}$. Given the two parallel edge conditions tested in this program, this reduced embedment depth was not considered for use, as it would have further reduced a conservative prediction. Thus, it was not applied to the two parallel edge conditions of these tests.

The previous review of the test behavior indicated that the side edge distance, c_{a2}, and anchor spacing parallel to the thickness, s_2, were important parameters in defining capacity. The two and four-stud anchorages used a constant stud length, so the contribution of $\boldsymbol{h}_{ef}$ to the capacity calculation was not studied. However, the embedment depth, $\boldsymbol{h}_{ef}$, would only affect the concrete breakout surface projection along the long edge of the slab. In the narrow direction, the breakout will always be the horizontal thickness of the narrow edge, because the $c_{a2}/\boldsymbol{h}_{ef}$ ratio is small. Thus the embedment depth does not affect the breakout in this direction.

Obviously, there will be a critical slab edge thickness whereby the concrete breakout surface does not break through the slab thickness, and a cone will develop in the narrow edge dimension of the slab. This dimension will be dependent on the anchorage configuration and anchor embedment depth, and it may be $3\boldsymbol{h}_{ef}$ or greater. Thus, there will be no constant thickness of a "thin" member that constitutes this behavior type.

Given the two- and four-stud anchorages of this test program, the test-to-predicted capacity was evaluated and plotted against the ratio of s_2/c_{a2}. This plot is presented as Figure 10. As shown in the plot, the test-to-predicted ratio increases as the s_2/c_{a2} of the anchorage increases. The best-fit linear relationship is shown in the plot; for the 11 tests, the correlation coefficient, R-squared, is 0.62. To provide a simpler factor that passes through 1.0, a parallel edge ($\|$) modification factor for tension on anchors with two-parallel side edges is proposed as Equation 3:

$$\psi_{\|,N} = 1.0 + \left(\frac{s_2}{4c_{a2}}\right) \tag{3}$$

Additional research is required beyond these 11 multiple anchor tests to refine this factor. Alternately, perhaps the present edge distance modification factor, $\Psi_{ed,\ N}$, should be excluded from the group anchorage capacity, as it may not be entirely applicable to this anchorage configuration in a narrow edge. The present edge distance factor may be more applicable to a single edge. If excluded, the constant in the denominator in the proposed factor above should be doubled; that is, the 4 factor should be 8. Further study of narrow edges with anchorages in tension is warranted.

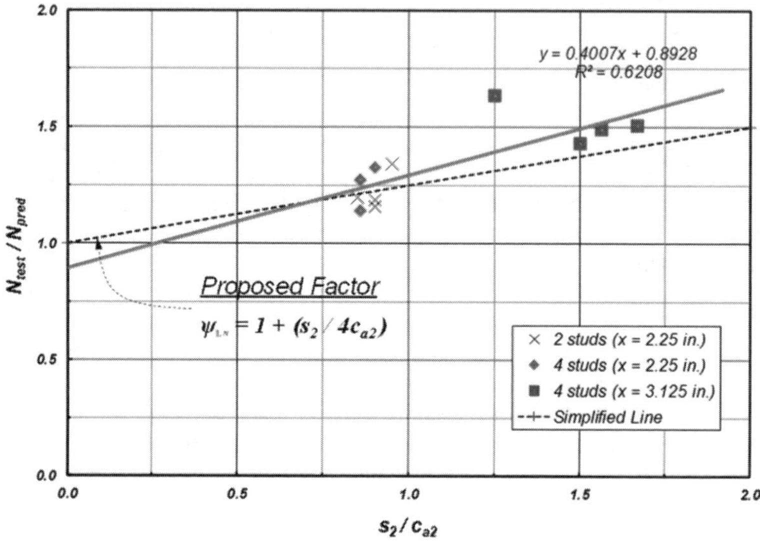

Figure 10: Test-to-ACI predicted capacity versus the spacing-to-edge distance ratio.

5. Summary

The present ACI 318-11, Appendix D provisions for tension, concrete breakout capacity are conservative when applied to a tension-loaded anchorage in a narrow member with two parallel edges. In the tests reported herein, the concrete breakout surface alwaysbroke through the narrow member thickness, such that the two dimensions of the failure surface perpendicular to the narrow edge dimension were truncated when making a calculation of capacity. For these tests, member thickness was always the default dimension in the breakout area computations. Given the 11 multiple stud anchorage tests, a modification factor for two parallel edges is proposed to increase the tension prediction using the CCD equations in ACI 318-11, Appendix D, so it better matches the actual test behavior. This factor is derived from the testing reported herein and additional research into this configuration with different (various) edge thicknesses should be considered.

Acknowledgements

The authors wish to express their appreciation to the Wiss, Janney, Elstner Associates, Inc. (WJE) for the use of their testing equipment and to Dr. John Lawler of WJE, who allowed the authors to cast these anchorages into the concrete slab edges for slabs being made for another purpose. The authors are also indebted the Precast/Prestressed Concrete Institute for initially sponsoring an extensive research project, which had a few leftover anchorages because the test program scope changed as information on the shear behavior of welded headed stud anchors became available.

On a personal note, the authors would like to wish our friend, colleague, and anchorage guru, Dr.-Ing Rolf Eligehausen, a very Happy 70th Birthday. Your contributions to the field of anchorage to concrete are unmatched, and it has been a pleasure to work with you in this field for the past several years. Alles Gute zum Geburtstag!

References

ACI Committee 318 (2011), *Building Code Requirements for Structural Concrete (ACI 318-11) and Commentary (ACI 318R-11)*, American Concrete Institute, Farmington Hills, Michigan, 513 pp.

Fuchs, W., Eligehausen, R., and Breen, J.E. (1995), "Concrete Capacity Design (CCD) Approach for Fastening to Concrete," *ACI Structural Journal*, Vol. 92, No. 1, January-February, pp. 73-94.

Table 2: Test results for narrow edge tension tests.

(1)	(2)	(3)	(4)	(5)	(6)	(7)	(8)	(9)	(10)	(11)	(12)	(13)	(14)
	Stud Dia. d_a (mm)	Embed Depth h_{ef} (mm)	$\dfrac{h_{ef}}{d_a}$	Test Geometry (mm)						Ultimate Tension Load (kN)	Fail Mode	Stud Strength F_{ut} (MPa)	Test / ACI Pred.
Test No.				c_{a1}	c_{a1}	c_{a2}	c_{a2}	s_2	s_1				
TPET-1-5/8-5.9-0-A	15.8	94.0	5.93	660.4	660.4	95.25	95.25	0	0	72.9	Conc.	537.8	1.33
TPET-1-1/2-9.8-0-A	12.6	123.8	9.85	660.4	660.4	92.08	98.43	0	0	72.5	Stud	545.4	1.07[†]
TPET-1-1/2-9.8-0-B	12.6	123.8	9.85	660.4	660.4	92.08	98.43	0	0	73.4	Stud	545.4	1.08[†]
TPET-2-1/2-5.3-2.25-A	12.6	66.8	5.30	660.4	660.4	63.5	69.85	57.15	0	54.3	Conc.	535.7	1.19
TPET-2-1/2-5.3-2.25-B	12.6	66.8	5.30	660.4	660.4	63.5	69.85	57.15	0	52.9	Conc.	535.7	1.16
TPET-2-1/2-5.3-2.25-C	12.6	66.8	5.30	660.4	660.4	63.5	66.68	60.33	0	61.4	Conc.	535.7	1.34
TPET-2-1/2-5.3-2.25-D	12.6	66.8	5.30	660.4	660.4	63.5	73.03	53.98	0	54.7	Conc.	535.7	1.20
TPET-4-1/2-5.3-2.25-A	12.6	66.8	5.30	616.0	616.0	63.5	69.85	57.15	88.9	87.6	Conc.	535.7	1.33
TPET-4-1/2-5.3-2.25-B	12.6	66.8	5.30	616.0	616.0	66.68	66.68	57.15	88.9	76.1	Conc.	535.7	1.14
TPET-4-1/2-5.3-2.25-C	12.6	66.8	5.30	616.0	616.0	66.68	66.68	57.15	88.9	85.0	Conc.	535.7	1.27
TPET-4-1/2-5.3-3.2-A	12.5	66.8	5.32	619.8	619.8	57.15	61.91	71.44	81.0	102.7	Conc.	562.6	1.64
TPET-4-1/2-5.3-3.2-B	12.5	66.8	5.32	619.8	619.8	47.63	63.5	79.38	81.0	91.6	Conc.	562.6	1.51
TPET-4-1/2-5.3-3.2-C	12.5	66.8	5.32	619.8	619.8	53.98	55.56	80.96	81.0	89.0	Conc.	562.6	1.43
TPET-4-1/2-5.3-3.2-D	12.5	66.8	5.32	619.8	619.8	50.8	60.33	79.38	81.0	91.6	Conc.	562.6	1.49

Notes:

Column (1):   TPET – (No. of Studs) – (Stud Diameter) – (h_{ef}/d_a ratio) – (s_2 spacing) – (A, B, C, or D test) [units: inches]
TPET = Two Parallel Edge Tests.

Column (14)   † Test-to-predicted capacity computed with the steel strength.

Concrete cylinder strength = 34.9 MPa (5,060 psi)

Conversions: 1 in. = 25.4 mm, 1 ksi = 6.895 MPa, 1 lb = 4.448 N, 1 kip = 4.448 kN, 1 lb/ft^3 = 16.03 kg/m^3

ON THE APPLICATION OF FRACTURE MECHANICS TO UNDERCUT FASTENERS INSTALLED IN THERMALLY-DAMAGED CONCRETE

Patrick Bamonte*, Michele Bruni** and Pietro G. Gambarova***
*Assistant Professor, Politecnico di Milano, Milan, Italy
**MS Engineer, Milan, Italy
***Professor, Politecnico di Milano, Milan, Italy

Abstract

The ultimate behaviour of undercut fasteners installed in thermally-damaged concrete is treated in this paper, where the results of a rather comprehensive research project are presented. The three phases of this project concern a number of fasteners (nominal shank diameter $\varnothing_N$ = 10 mm) installed in as many pre-heated and post-drilled slabs made of three different concretes: (a) a low-strength concrete-LSC with f_c^{20} = 20 MPa; (b) a normal-strength concrete-NSC with $f_c^{20} \cong 50$ MPa; and (c) a high-performance concrete-HPC with $f_c^{20} \cong 65$ MPa. Beside room temperature, five "reference" temperatures (between 200 and 450°C at the distance h* = $8\varnothing_N$ from the heated surface) are considered, to represent as many values of the fire duration prior to the installment of the fastener. Four values of the installment depth (h/h_N = 0.45, 0.60, 0.80 and 1.00, where h_N = nominal installment depth = $10\varnothing_N$) are investigated, and the mechanical and thermal characterization of the three concretes is carried out as well. In all cases, but in the virgin specimens, the failure is due to the thermally-damaged concrete, with the formation of a conical crack. The systematic formation of this crack is instrumental in formulating a relatively simple model based on classic fracture-mechanics concepts, as well as on the assumption that the conical crack forms in Mode I. The model is not intended to give an exhaustive description of the complex phenomena concerning the pull-out of a fastener, but - being based on consistent assumptions - allows to quantify the further loss of capacity that occurs in an actual fire situation, where the heating rate is one order of magnitude higher than in the electric furnace used in this project (and often used in labs).

1. Introduction

Post-installed mechanical fasteners are increasingly used in the prefabrication industry, in most industrial plants, and in a variety of structures and infrastructures often exposed to extreme load situations. As a result of the extensive use of this technology, several valuable technical documents and papers have been published in the last ten-to-fifteen years (Cook et al., 1992; CEB, 1994 and 1997; Eligehausen and Ozbolt, 1998; ACI, 2001; Reick, 2001; Cattaneo and Guerrini, 2004; Hoehler and Eligehausen, 2008), to allow the designers and the technicians to make the best use of the many types of fasteners available on the market. Limited attention has been however devoted so far to certain severe environmental conditions, like – for instance – high temperature and fire (Eligehausen et al., 2004).

This is the case, for example, of tunnels, whose concrete lining may be damaged during a fire, making it necessary to assess the residual capacity of the fasteners after the fire or even to replace the fasteners, to guarantee the safety of suspended pipes (for fresh-air delivery and gas expulsion) and mechanical devices (for electrical and ventilation systems). In both cases, information about the residual capacity provided by the thermally-damaged concrete is a must, since not only the thermal damage in the concrete is irreversible, but may even increase during the cooling phase. On the contrary, the steel shank of a pre-installed fastener recovers most of its original strength after cooling and is mechanically similar to the shank of a newly-installed fastener.

In this research project, medium capacity post-installed undercut fasteners (nominal shank diameter $\varnothing_N$ = 10 mm, Fig. 1) are tested, in order to investigate their behaviour, after being installed in heat-damaged concrete (Bamonte and Gambarova, 2007). The attention is focused on undercut fasteners, that are very efficient in resisting high temperatures, since the bearing action of the concrete is developed relatively far from the heated surface and farther than – for instance – in expansion fasteners. Other fasteners, like grouted and adhesive fasteners, should be mentioned as well, but they are non-mechanical devices, their technology is totally different, and the damage induced by a fire is in some way distributed along the embedment.

Three concrete grades (f_c^{20} = 20-25, 50-55 and 60-65 MPa), 6 reference temperatures (200, 250, 300, 350, 400 and 450°C at the distance h* = $8\varnothing_N$ from the heated surface and 4 installment depths (h/h$_N$ =0.45, 0.60, 0.80 and 1.00, where h$_N$ = suggested installment depth = $10\varnothing_N$, Fig. 1a) are investigated. Of course, for each situation the installment in the virgin material (20°C) is considered as well. Because of the combinations of fastener depth and diameter, fastener failure is mostly controlled by concrete failure and not by shank yielding, except in the virgin concrete and for the two higher-grade concretes.

On the whole, sixty fasteners were post-installed in as many heat-damaged concrete specimens, simulating 5 values of the fire duration. The ultimate capacity turned out to be a highly-decreasing function of the reference temperature.

The other main objective of the project is the formulation of a relatively-simple model for the description of fastener failure due to concrete fracture, on the basis of a prefixed conical surface, linear crack-opening distribution at the crack interface and cohesive

stresses dependent on crack opening. Once properly formulated and adequately calibrated on the basis of the test results obtained in this study, the model may be used for the evaluation of a "reduction factor" to be applied to the ultimate capacity of a fastener tested in slowly-heated concrete, in order to evaluate its ultimate capacity during or after a fire. (As a matter of fact, the high thermal gradients caused by the fast heating typical of actual fires create a further damage, compared to slow heating).
The model is based on the classical concepts of fracture mechanics, similarly to the well-known CC-Method (Concrete Capacity Method, see CEB, 1994).

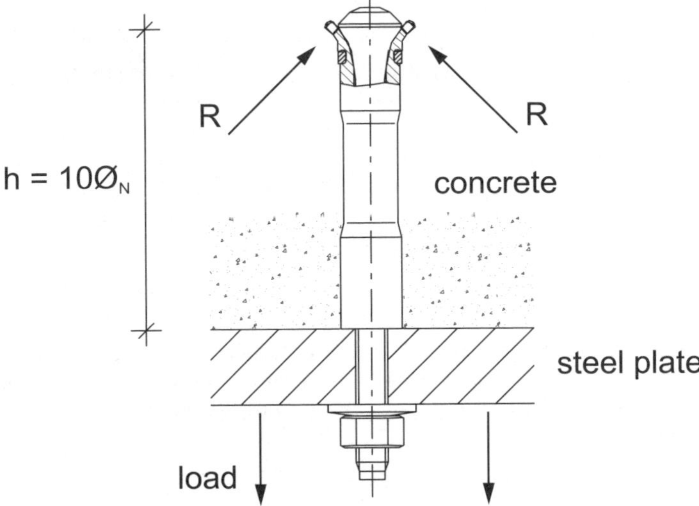

Figure 1: Typical post-installed mechanical undercut fastener; $\varnothing_N$ = nominal shank diameter.

2. Experimental campaign

2.1 Test philosophy and thermal field

As already mentioned, this project is focused on undercut fasteners of medium capacity, since this type of fasteners is rather interesting in terms of fire-sensitivity and pull-out capacity. As a matter of fact, the large depth accompanying large fasteners makes these anchors less sensitive to concrete damage, for any reasonable fire duration, while small fasteners are of less importance for their limited capacity. A single diameter was considered (nominal shank diameter $\varnothing_N$ = 10 mm; net diameter $\varnothing$ = 8.6 mm; external diameter of the whole body $\varnothing_0$ = 18 mm; length h = 100 mm; suggested nominal depth of the drilled hole $h_N = 10\varnothing_N$ = 100 mm, Fig. 1).

The effective depth of the fasteners was limited in most cases to $h^* = 8\varnothing N$ to represent a situation where the heavily-damaged concrete layer exposed to the fire has been removed after the fire, to be replaced with a new concrete or mortar layer (Fig. 2), that is assumed to have no structural relevance. In such a case, even if the depth of the fastener is given the nominal value (h_N), the effective depth is smaller ($h^* = h_N - h_0 = 0.8h_N$) in most of the cases investigated in this study). The value $h^* = 80\%\ h_N$ (= 80 mm) has been adopted as a reference for the maximum temperature reached inside each specimen, and as a criterion upon which comparisons are made between "slow heating" (in the electric furnace; heating rate = 1°C/minute in this study) and "fast heating" (typical of both standard fires and real fires not investigated in this paper). Consequently, in each test reference was made to the temperature reached at the depth h^* (T = 200, 250, 300, 350, 400 and 450°C).

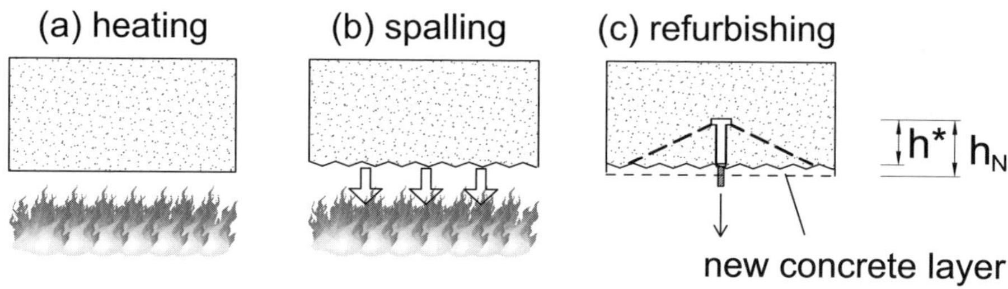

Figure 2: Effective installment depth h*: (a) fire-induced heating; (b) concrete spalling or heavy surface deterioration ; and (c) refurbishing of the damaged concrete with new concrete or mortar; $h_N - h^* = h_0$ = thickness of the refurbishing layer.

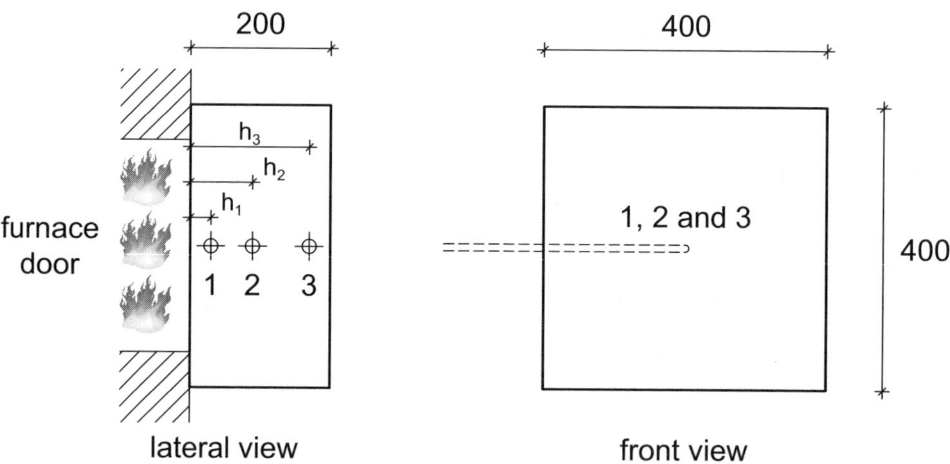

Figure 3: Typical preliminary specimen used to monitor the temperature distribution inside the concrete specimens.

As previously mentioned, for each concrete grade, one of the specimens subjected to the highest temperature had the thermal field monitored by means of 3 thermocouples installed at approximately 25, 80 and 175 mm from the heated surface (specimen thickness = 200 mm, Fig. 3). In Fig. 4 the diffusivity of the concretes adopted in this study is plotted as a function of the temperature; the evaluation of the actual thermal diffusivity allows to perform precise numerical simulations to work out the temperature profiles at any given heating duration. An example is shown in Fig. 5, where the measured temperature profiles in the HPC specimen are compared with the corresponding numerical simulations: note that, although the overall trend of the temperatures is correctly described, sizeable differences are observed along the exposed and unexposed surfaces.

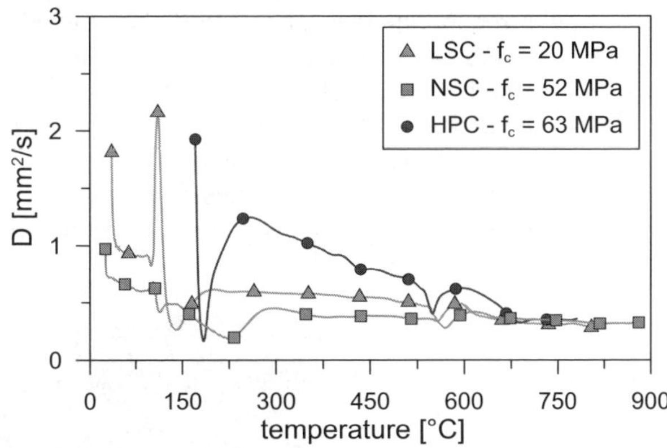

Figure 4: Thermal diffusivities of the 3 concretes adopted in this study.

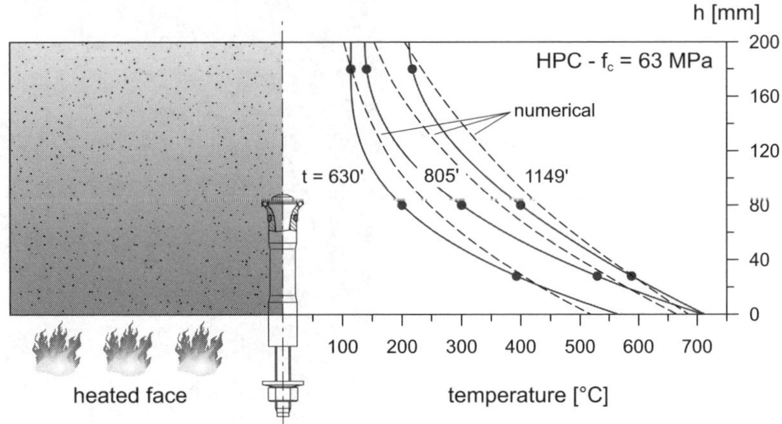

Figure 5: Temperature profiles; heating rate = 1°C/minute, t = heating duration.

In the following, the thermal profiles used in the interpretation of the test results will be taken from the experimental measurements, using a third-degree interpolating function along the depth of the specimen. The numerical simulations will be used only to work out the thermal profiles ensuing from the ISO-834 Fire Curve (very similar to ASTM 119).

Sixty concrete blocks – or specimens – were cast (Fig. 3, dimensions $400 \times 400 \times 200$ mm in 55 specimens and $400 \times 300 \times 200$ mm in the remaining 5 specimens). All specimens were fastened to the front face of the chamber of the furnace, with the door open, in order to have the front face of the specimen exposed to the heat flux. After cooling, a hole was drilled in the centroid of the heated face of each specimen, up to the required depth. Then the fastener was installed and tested in the next few days (maximum one week past cooling). The loading set-up was a simple steel rig (Fig. 7) consisting of a loading ring, three inclined legs, a reaction plate and a hydraulic actuator. One LVDT was used to measure the displacement of the fastener with respect to the undisturbed concrete mass, and to control the test. All tests were displacement-controlled, and the displacement rate ds/dt was equal to 0.5 mm/min (= 1.0 mm/min in the final part of the test, at the end of the softening branch).

In each case (corresponding to a given couple of values of the reference temperature and of the installment depth), at least two nominally-identical specimens were tested for repeatability.

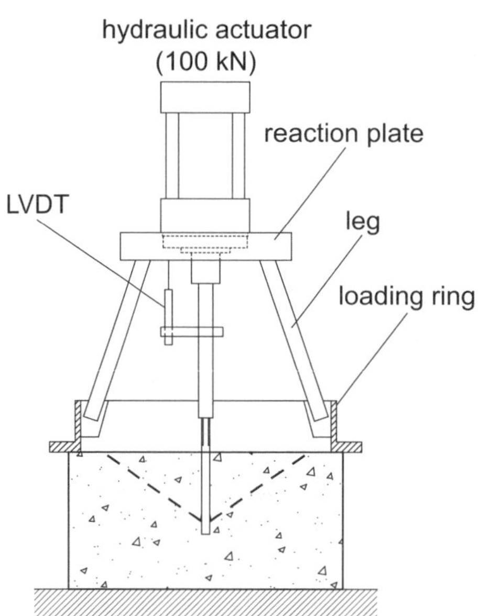

Figure 6: Test rig.

2.2 Materials residual mechanical and physical properties

The diagrams of concrete mechanical and physical properties are plotted in Figs. 7 and 8 (cylindrical compressive strength, direct tensile strength, stabilized elastic modulus, mass per unit volume and fracture energy) as a function of the temperature.

With reference to fracture energy (Fig. 8a), only two reference temperatures were considered for the low-strength concrete (T = 20 and 350°C, for want of specimens, Fig. 8b), compared to 5 values for the high-performance concrete (T = 20, 200, 350, 500 and 600°C). The direct tensile strength f_{ct} was evaluated by multiplying the indirect tensile strength $f_{ct,fl}$ measured in three- or four-point bending (LSC and HPC, respectively; size of the prisms 600 × 150 × 150 mm) by the size-dependent factor introduced in MC90 that takes into account the stress redistribution that occurs in bending tests. The fracture energy was evaluated as the area enveloped by the load-displacement curve, (a) by subtracting the energy dissipated because of the nonlinear cracking phenomena occurring in the loading phase prior to the attainment of the maximum load (Fig. 8a), and (b) by limiting the maximum displacement to 10 times the value at the maximum load. Contrary to the other mechanical properties, fracture energy increases up to 300-400°C and then starts decreasing (at 500-600°C the values are very close to those in virgin conditions, see also Zhang & Bicanic 2002).

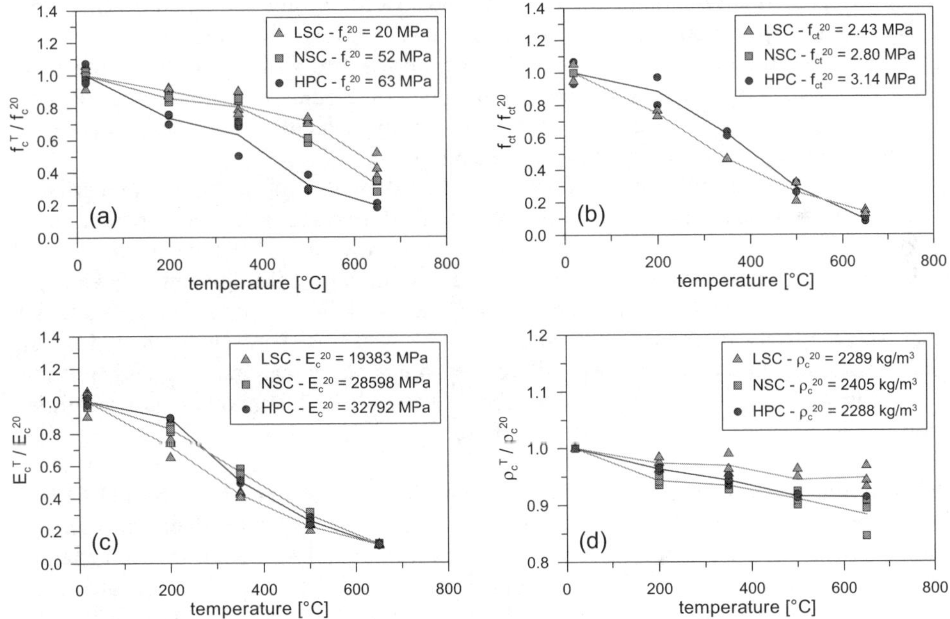

Figure 7: Normalized plots of the residual mechanical and physical properties as a function of the temperature: (a) cylindrical compressive strength; (b) direct tensile strength; (c) stabilized elastic modulus; and (d) mass per unit volume.

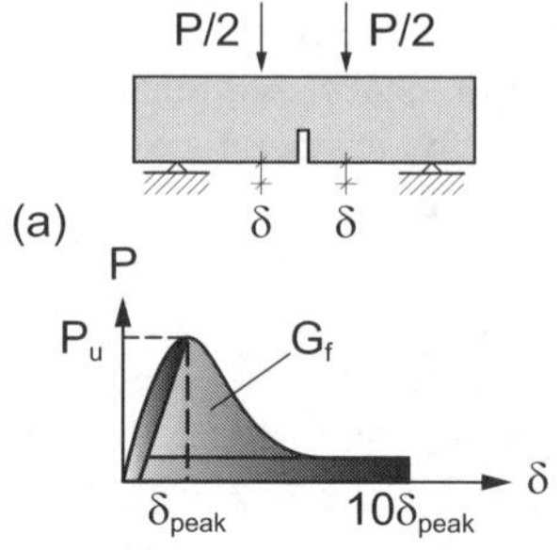

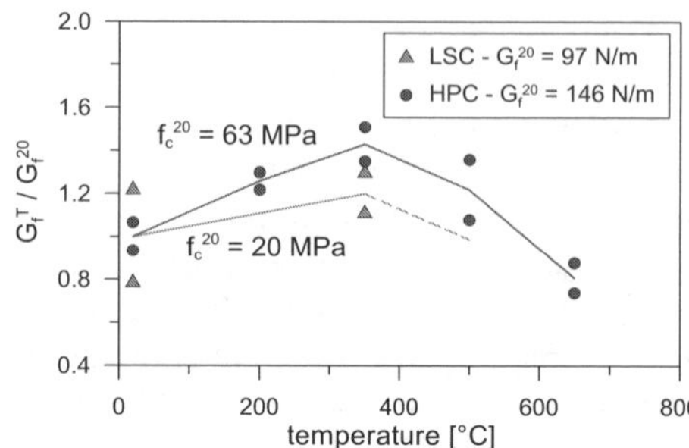

Figure 8: Residual fracture energy as a function of the temperature: (a) calculation procedure; and (b) test results.

3. Test results

As previously mentioned, the failure of the specimens was always controlled by concrete fracture in all thermally-damaged specimens and in LSC virgin specimens, while NSC and HPC virgin specimens failed because of shank yielding. (In NSC and HPC virgin specimens, the ultimate load ensuing from concrete fracture was evaluated by means of the CC-Method, as explained in the following). As a rule, two nominally-identical specimens were tested in each case for repeatability, except in one case, where the scattering of the experimental results required a third test.

In most cases a clear-cut conical fracture occurred, with and without thin partially-extended radial cracks. In some cases, the conical fracture was accompanied by a number of through splitting cracks, that led to the subdivision of the specimen into 2-4 blocks. However, since in most of these cases the initiation of the splitting cracks either accompanied or followed the attainment of the peak load, it is reasonable to assume that the bearing capacity of the different specimens (= peak load) was not affected by the radial cracks. In some cases the two failure mechanisms (conical cracking and splitting) were activated simultaneously, close to the peak load, while in other cases splitting occurred past the peak load, in a very late phase.

3.1 Preliminary investigation based on Linear Elastic Fracture Mechanics (LEFM)

Since investigating the ultimate capacity of an anchor in thermally-damaged concrete should always include anchor failure in virgin conditions (T = 20°C), that is generally shank-controlled (because of shank yielding), having a reliable model to evaluate the concrete-controlled ultimate capacity in virgin specimens was considered a must in the first phase of this project. To this purpose, a preliminary model based on Linear Elastic Fracture Mechanics (LEFM) was developed. It is worth noting that the choice of LEFM as the theoretical framework to investigate fastener failure in ordinary conditions is consistent with the CC-Method.

The model is based on the following assumptions: (a) the failure of the fastener is governed by a single conical crack, that originates at the head of the fastener, and propagates towards the surface of the concrete; (b) the elastic energy introduced into the system by the load applied to the fastener balances the energy required by stable crack propagation; and (c) the failure load corresponds to the onset of unstable crack propagation, i.e. when the energy required by the propagation of an elementary crack is lower than the elastic energy released by the system.

Because of the complex geometry of the system, and to take into account the thermal damage, the previous approach was applied within the framework of FE analysis. A sketch of the model is shown in Fig. 9 (same geometry as in the tests). Because of the symmetry of the loading rig, the model was studied by means of axisymmetric finite elements. The size of the finite elements was chosen in order (a) to guarantee a sufficient degree of accuracy; and (b) to limit the computational effort. To achieve these objectives, the three meshes shown in Fig. 10 were used in a number of preliminary analyses, and later the intermediate mesh (Fig. 10b) was adopted in the calculations.

In order to study crack propagation, a series of finite-element models were set-up, each corresponding to a given value of crack propagation (Fig. 11). For each model, the elastic energy stored in the system was evaluated, by applying a unit displacement to the fastener. In this way, the elastic energy stored in the system as a function of crack propagation was evaluated (i.e. the compliance of the system was studied as a function of crack propagation).

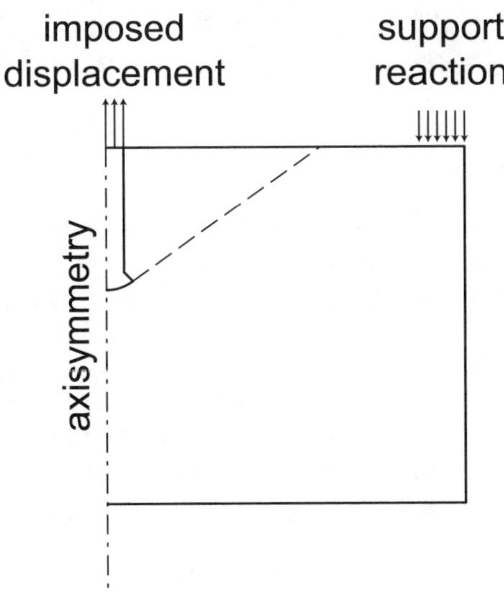

Figure 9: Geometry and boundary conditions of the FE model used.

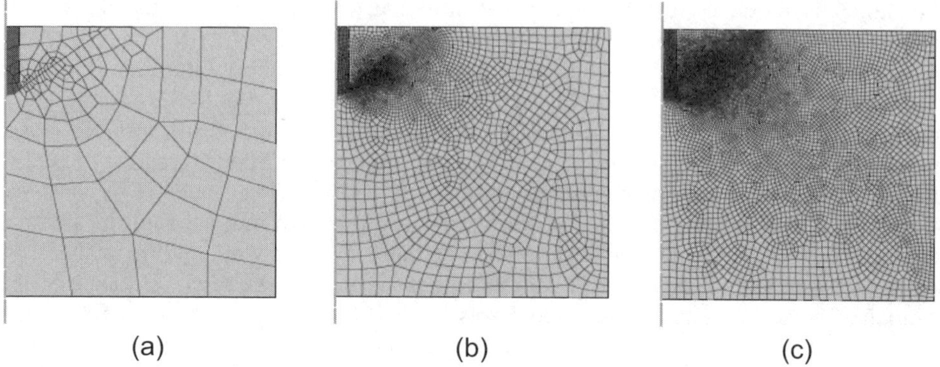

(a)   (b)   (c)

Figure 10: Different meshes considered in the preliminary analyses.

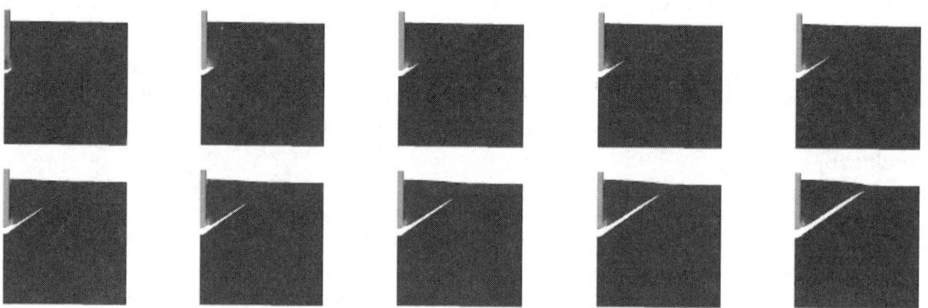

Figure 11: Series of FE meshes used to follow crack propagation in the LEFM approach.

A key parameter of the model is the angle of inclination of the conical crack: as a matter of fact, in a LEFM approach the failure load turns out to be a monotonic function of crack inclination. In preliminary analyses, several attempts were made to work out the value of the angle of inclination on a rational basis. It turned out, however, that unless complex interface laws are introduced (to take into account aggregate interlock, see Bazant and Gambarova, 1980), the failure load remains a monotonic function of crack inclination. Therefore, in the simulations presented in the following, a constant value (= 35°), in good agreement with the values usually observed in the tests, was assumed. It is worth remarking that – contrary to the angle of inclination – crack profile plays a minor role, as demonstrated by Elfgren et al. (1989).

This approach can be easily extended to fasteners installed in thermally-damaged concrete: in this case, the mechanical FE analysis should be preceded by the thermal analysis, that allows to work out the maximum temperature reached during the heating process, in any given point of the FE mesh. The values of temperature are then used in the mechanical analysis, to update the mechanical properties (elastic modulus E_c and fracture energy G_f) at any given point of the mesh. Clearly, to properly take into account the fact that the fastener is installed after heating the concrete specimens, the model used in the thermal analysis does not include the fastener.

3.2 Model based on Non Linear Fracture Mechanics (NLFM)

To take into account concrete increased ductility – because of heat-induced damage – a refined model based on the concept of cohesive fracture was set-up. The main assumption is that the failure of the fastener is governed by a single, conical crack, that originates at the head of the fastener, and propagates towards the surface of the concrete; as a consequence, the areas close to the head of the fastener undergo large strains, that tend to decrease the further one goes from the head of the fastener.

The qualitative plots of the strains and displacements along the crack are sketched in Fig. 12. The crack surface is divided into three parts, that are identified by as many values of the radial coordinate originating from the axis of the fastener:

- $\varnothing/2 \leq r \leq r_0$: concrete is cracked; the kinematic behaviour is represented by the crack opening w, that attains its maximum value at the head of the fastener;

- $r_0 \leq r \leq r_1$: concrete strain is smaller than the cracking strain, and concrete behaviour is linear-elastic; the larger the distance from the head of the fastener, the smaller the strain;

- $r \geq r_1$: concrete strain becomes very small, and concrete may be assumed as unstressed.

The introduction of the above-mentioned zones requires the definition of a number of parameters (maximum displacement w_{max} at the head of the fastener, geometric parameters r_0 and r_1) that are to be estimated by means of a best-fitting procedure. It is possible, however, to simplify the kinematics of the model, by assuming that the maximum load be reached when $r_1 = r_2$ in (Fig. 12); in this way, the entire crack surface contributes to the bearing capacity, and the unstressed zone reduces to zero. As a further simplification, the distribution of the strains in the elastic zone and of the displacements in the softening zone of the crack are assumed to be linear.

The stresses along the crack follow the well-known cohesive crack model. In other words, wherever the strain is larger than the cracking strain (= f_{ct}/E_c), the kinematic behaviour is governed by Mode I opening, and the constitutive behaviour is described by the usual bilinear stress-crack opening law (Fig. 13). Wherever the strains are smaller than the cracking strain, the material behaves elastically.

As in the previous case, the model can be extended to the case of thermally-damaged concrete, simply by taking into account the dependence of the relevant mechanical properties on the maximum temperature reached during the heating process in each point of the conical crack (elastic modulus E_c, tensile strength f_{ct} and fracture energy G_f).

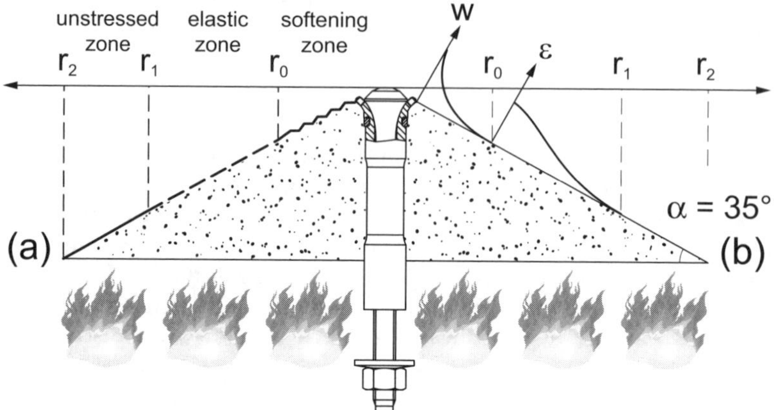

Figure 12: (a) Different zones along the conical surface: actual crack with softening (saw-tooth line); elastic behaviour (dashed line); and unstressed zone (full line); (b) qualitative distributions of the crack opening w and elastic strain ε along the crack profile in the approach based on cohesive fracture.

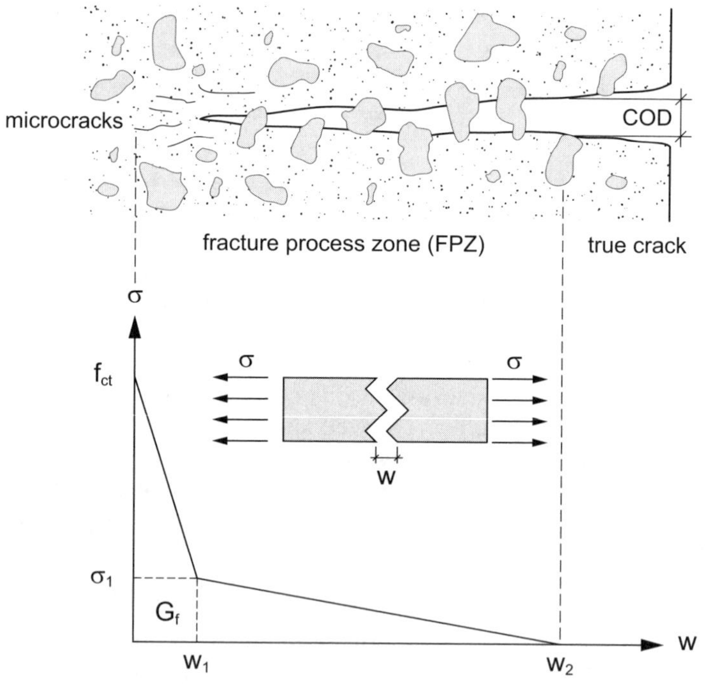

Figure 13: Concrete behaviour in the cracked state: cohesive stress vs. crack opening.

3.3 Comparison between LEFM and NLFM

The comparison between the experimental results and the theoretical results obtained with the two previously-introduced approaches is shown in Figs. 14 and 15. The comparison is limited to the case of LSC and HPC, because the relevant mechanical properties were measured only for these concretes.

In order to better understand the sensitivity of the LEFM approach, different values of the angle of inclination are considered (27-45°), and the results are represented by the grey-shaded area of Figs. 14 and 15. It is worth noting that the agreement in ordinary conditions is satisfactory for both LSC and HPC specimens. (In the cases where shank yielding preceded concrete failure, the ultimate load corresponding to the formation of the conical crack was evaluated by means of the CC-Method). On the contrary, at medium-high thermal damage (represented by medium-high temperature values at the head of the fastener), the LEFM approach tends to overestimate the experimental values, at least for realistic values of crack inclination. (The only way to reduce this overestimation is to increase crack inclination to values that make little sense with those usually observed in pull-out tests).

As for the approach based on cohesive fracture (dashed curves), the theoretical results in ordinary conditions – and up to 150-200°C – are definitely lower than the experimental results. With increasing thermal damage, however, the agreement becomes satisfactory and much better than in the case of the LEFM approach. Moreover, the use of the simplified approach (dash-dotted curves) leads to no significant loss of accuracy.

It is worth noting that, apparently, the LEFM approach represents a sort of upper bound to the experimental results, whereas the NLFM is a lower bound. As a matter of fact, the procedure used in the LEFM approach is based on compatibility and equilibrium, but the stress limit is violated, because of the stress concentrations occurring at the crack tip.

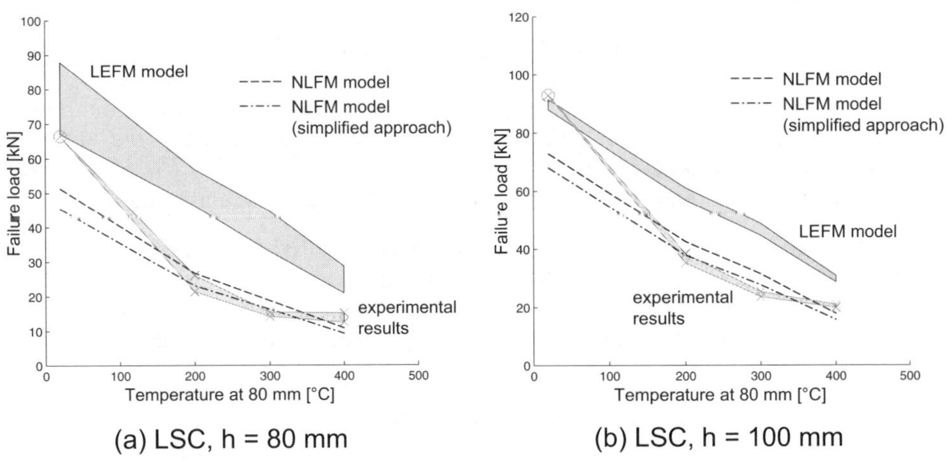

Fig. 14: Comparison between theoretical and experimental results for LSC specimens.

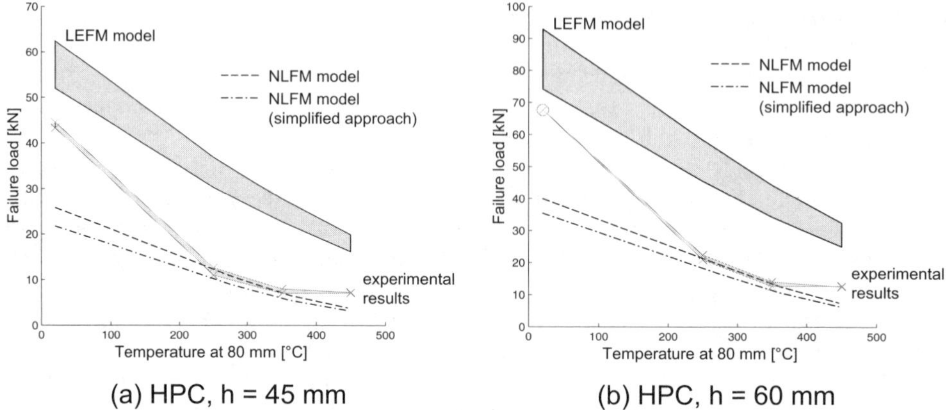

(a) HPC, h = 45 mm   (b) HPC, h = 60 mm

Fig. 15: Comparison between theoretical and experimental results for HPC specimens.

On the contrary, the approach based on cohesive fracture rests upon stress distributions that respect both concrete strength (the tensile strength f_{ct} in Fig. 13) and equilibrium (that is worked out through stress integration) along the conical surface, but neglect compatibility.

4. Concluding remarks

In spite of the limits set by the technology used in the tests and by the type of fasteners adopted in this project, some general remarks on the evaluation of the failure load of undercut fasteners installed in thermally-damaged concrete can be made:

- the approach based on Linear Elastic Fracture Mechanics (LEFM) is able to capture the ultimate capacity in virgin conditions (no heat-induced damage) with satisfactory accuracy; at medium-high damage levels (i.e. after the exposure to medium-high temperatures), however, this approach significantly overestimates the ultimate capacity, mainly because of the very large stress concentration, that is unavoidable whenever a discrete (and sharp) crack is introduced into a linear elastic model;

- the approach based on Non Linear Fracture Mechanics (NLFM), taking care of the non linear phenomena ensuing from stress redistributions and thermal damage, provides a much better fitting of the test results in terms of ultimate bearing capacity, for medium-high levels of heat-induced damage (medium-high temperatures at the reference depth);

- the LEFM and NLFM approaches seem to provide an upper and a lower limit, respectively, to the experimental results; as a matter of fact, the procedure used in the former approach is based on compatibility and equilibrium, but the stress limits are violated, because of the stress concentrations occurring at the crack tip.

5. References

1. Cook, R.A., Collins, D.M., Klingner, R.E. and Polyzois, D., 'Load-deflection behavior of cast-in place and retrofit concrete anchors', *ACI Structural Journal* **89** (6) (1992) 639-649.
2. CEB – Comité Euro-International du Béton, *Fastenings to Concrete and Masonry Structures. State-of-the-Art Report*, Bulletin d'Information No. 216 (1994), Thomas Telford ed., London.
3. CEB – Comité Euro-International du Béton, *Design of Fastenings in Concrete. Design Guide – Parts 1,2,3*, Bulletin d'Information No. 233 (1997), Thomas Telford Ed., London.
4. Eligehausen, R. and Ožbolt, J., 'Size Effect in Design of Fastenings', *Special Volume on "Mechanics of Quasi-Brittle Materials and Structures"*, ed. by Pijaudier-Cabot G., Bittnar Z., Gérard B., HERMES, Paris (France), (1998) 95-118.
5. ACI – American Concrete Institute, *Evaluating the Performance of Post-Installed Mechanical Fasteners in Concrete and Commentary*, ACI 355.2/ACI 355.2R, Concrete International (2001) 106-136.
6. Reick, M., *Fire Behavior of Fasteners Embedded in a Concrete Mass and Subjected to a Pull-out Force*, PhD Dissertation, News of the Dept. of Building Materials - IWB; V.2001/4, University of Stuttgart (2001), 166 pp.
7. Cattaneo, S. and Guerrini, 'Mechanical Fasteners In-stalled in High-Performance Fiber-Reinforced Concrete' (in Italian), *Proc. of the National Conference of the Italian Society for R/C and P/C Struct. – AICAP*, May 2004, Verona (Italy): 101-112.
8. Hoehler, M.S. and Eligehausen, R., 'Behavior and Testing of Anchors in Simulated Seismic Cracks', *ACI Structural Journal* **105** (3) (2008) 348-357.
9. Eligehausen, R., Kožar, J., Ožbolt, J. and Periskic, G., 'Transient Thermal 3-D FE Analysis of Headed Stud Anchors Exposed to Fire', *Proc. of the International Workshop "Fire Design of Concrete Structures: What now? What next?"*, ed. by Gambarova P.G., Felicetti R, Meda A, Riva P, 2004, Milan (Italy): 185-198.
10. Bamonte, P., Gambarova, P.G., Bruni, M. and Rossini, L., 'Ultimate Capacity of Undercut Fasteners Installed in Thermally-Damaged High-Performance Concrete', *Proc. of the 6th Int. Conf. on Fracture Mechanics of Concrete and Concrete Structures "FraMCoS-6"*, Catania (Italy), 17-22 June 2007, Vol. 3, 1729-1736.
11. Zhang B. and Bicanic N., 'Residual Fracture Toughness of Normal- and High-Strength Gravel Concrete after Heating to 600°C', *ACI-Materials Journal*, **99** (3) (2002) 217-226.
12. Bažant, Z. and Gambarova, P.G., 'Rough Cracks in Reinforced Concrete', *Journal of the Structural Division – ASCE* **106** (ST4) (1980) 819-842.
13. Elfgren, L., Ohlsson, U. and Gylltoft, K., 'Anchor bolts analysed with Fracture Mechanics', in *Fracture of Concrete and Rock* (1989), ed. by S. Shah, S. Swartz, publ. by Springer (New York), 269-275.

NUMERICAL SIMULATION OF FASTENINGS INSPIRED BY ROLF ELIGEHAUSEN

Vladimir Cervenka
Cervenka Consulting, Prague, Czech Republic

1 Introduction

This contribution is a personal reflection of friendship of two septuagenarians which has grown from academic contacts in concrete research community and persists till today. Our contacts are strongly influenced by concrete material because of our profession. But, I am sure the friendship arises from personalities and would be there even with other profession.

Throughout his professional career the author was involved in research dealing with numerical simulation of concrete structures. As a young researcher in testing laboratories of Klokner Institute of TU in Prague in seventies of last century he strived to improve his experimental research by introducing numerical analysis as an innovative research tool. It was the time when he first met Rolf Eligehausen and started research contacts across the frontiers. They both had inspiring experience from American universities and intended to change the world, or at least CEB community (today fib – International Federation of Structural Concrete). Needless to say, the frontiers, the borders between the West end East, were an issue in Europe of those times. Later, the author came to Stuttgart and joined IWB to devote his full time effort to a development of numerical simulation of concrete structures. He found there a stimulating and comfortable academic environment which resulted in development of software SBETA.

Luckily, the borders fell in late 80th, the author started his own consulting company in Prague where SBETA turned to be his major business object. In a few years it was replaced by its software successor ATENA.

During these years the numerical analysis has undergone a lively development. One of its milestones was an introduction of fracture mechanics into the non-linear finite element analysis of crack propagation in concrete structures. This was a major brake-through in mechanics of fastenings to concrete which inspired many IWB seminars as well as late-night discussions. The author would like to remind some of these reminiscences.

2   Crack band model in SBETA

It was found in early attempts of crack modeling that a no-tension material, in which the tensile stress abruptly vanish after reaching the tensile strength, is not working and that a softening, a model for gradual stress release in cracks is more adequate. Softening process represents well the failure of heterogeneous material, in which stronger particles are bridging the cracks, while weak particles fail. Of course this process is extremely complicated and not easy to formulate into a plausible constitutive law. An answer to this challenging task came from the research community by formulating a crack band model, where the fracture energy density was recognized as an important material property. A constitutive model based on the crack band approach was implemented in the computer program SBETA [1] developed at IWB in Stuttgart. The scheme of the model is illustrated in Fig. 1.

In this approach the strain localization caused by material softening is controlled by characteristic length, which is replaced by the crack band. In SBETA material the crack band size was initially defined as $L = \sqrt{A}$, where A is the area of low order isoparametric finite element.

This approach allowed to simulate crack development in reinforced concrete as well as in plane concrete. However, in case of cracks inclined within orthogonally arranged elements, which is a typical situation in shear cracks, the solution was not objective. The resistance and crack direction was dependent on the crack orientation in finite element mesh. Further extensive research of this problem resulted in enhanced definition of crack bend size considering the crack orientation within element. The crack band is defined as $L = \gamma_\theta L_b$ and comprises two effects: L_b is the element dimension projected to the crack direction and γ_θ is the factor for orientation effect ranging from 1 (for aligned mesh) to 1.45 (for mesh inclined under 45 degrees) to cover the skew mesh stiffness.

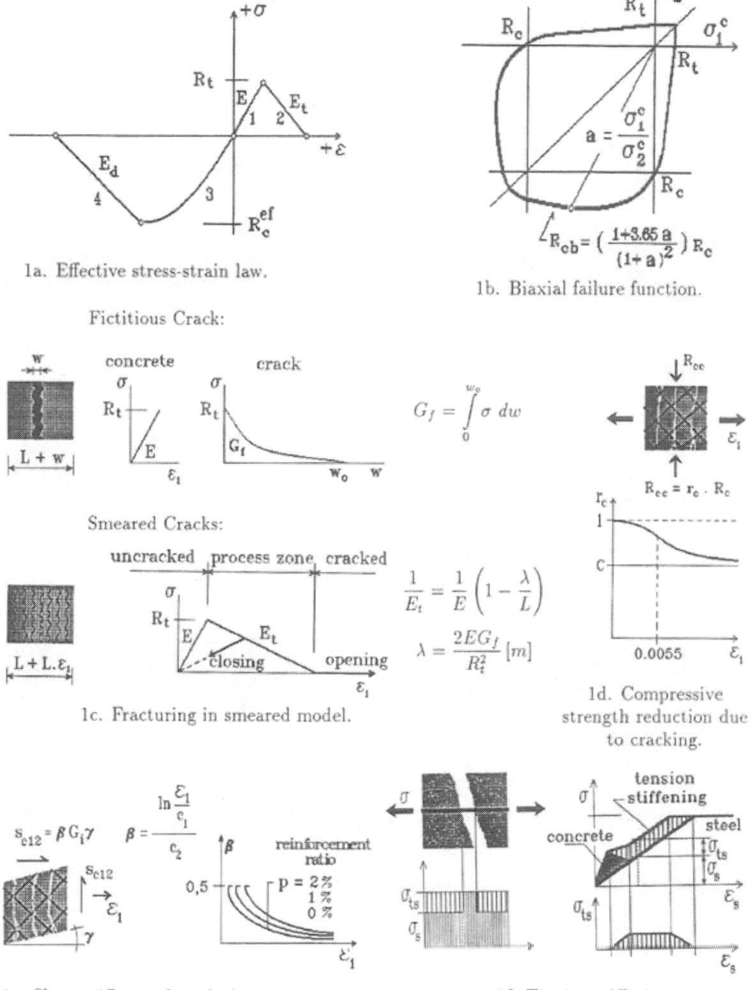

Fig. 1 Constitutive model SBETA

A low mesh sensitivity of this crack band model illustrated in Fig. 2 and Fig. 3 was presented during the FRAMCOS-2 in Zurich in 1992, ref. [4]. This model was later validated by the author in numerous bench marks test and practical applications.

98

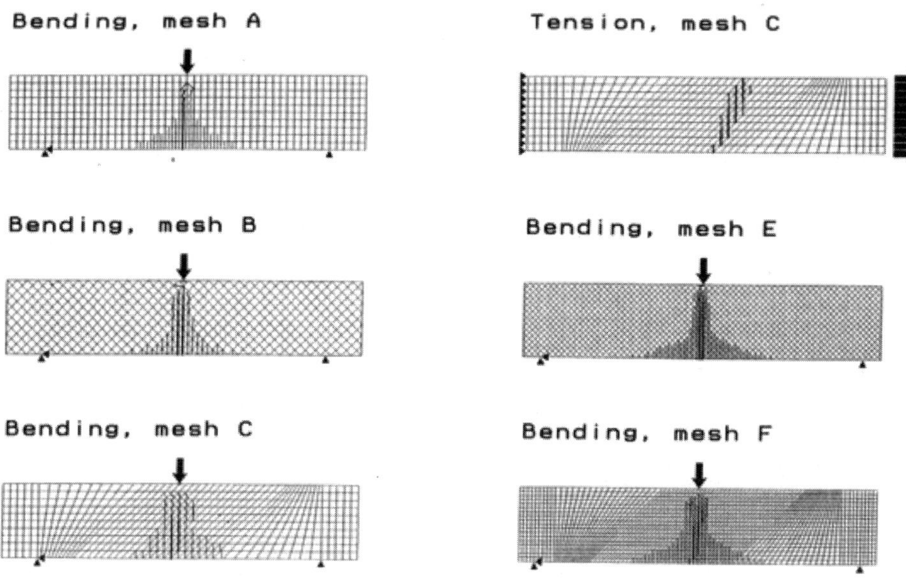

Fig. 2 Crack patterns in three-point bending test for various meshes.

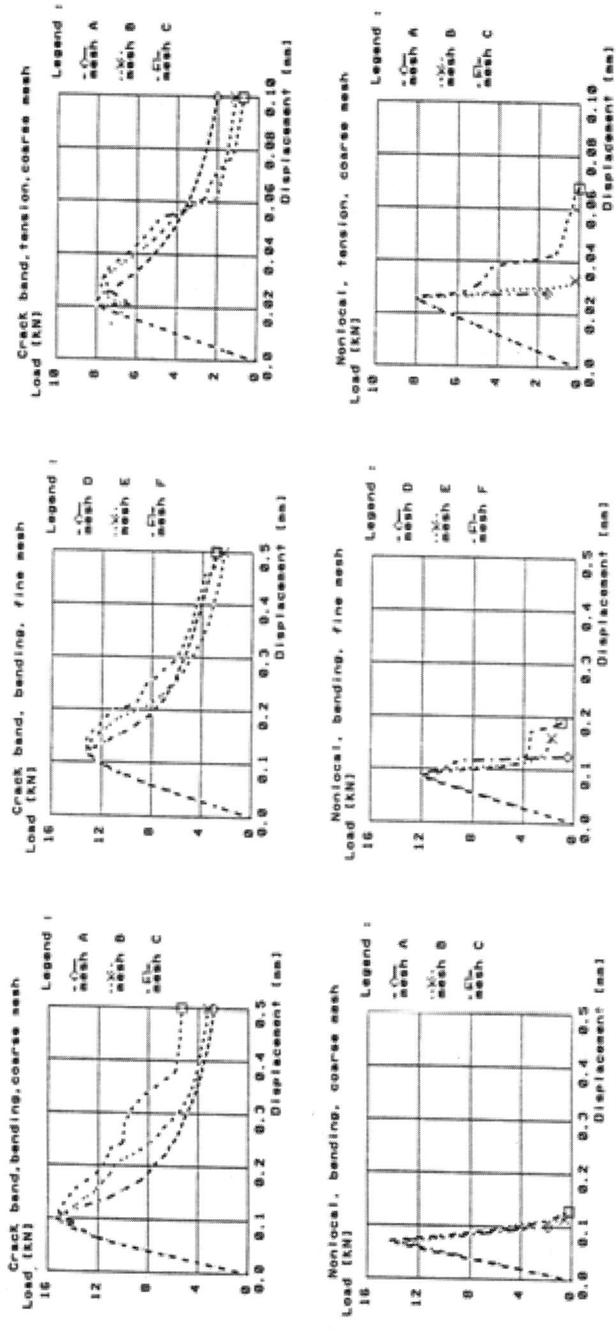

Fig. 3 Load-displacement diagrams for three-point bending test for various meshes.

3   Size effect in fastenings

An important feature of the crack band model is that it can capture a size effect due to fracture. A study to demonstrate the size effect due to brittleness was presented during the International conference in Sendai, 1993, see ref. [5].

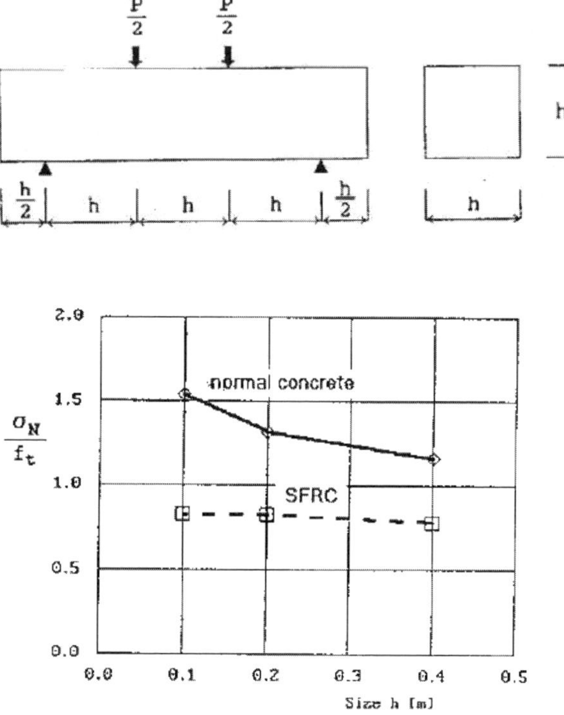

Fig. 4 Size effect in three-point bending test.

This study was performed for concrete prismatic specimens subjected to a three point bending load as shown in Fig. 4 left for three sizes h=0.1, 0.2 and 0.4m. In the diagram on right the nominal stress related to tensile strength is plotted against the size. The nominal stress for this purpose is based on a beam formula $\sigma_N = 3P_u / h^2$. The investigation was performed for two materials, normal concrete with cylinder strength $f_c = 34.3 MPa$ and steel fiber reinforced concrete $f_c = 44.1 MPa$.

The developments in modeling of fracture were applied in the international project on anchor bolts organized by RILEM Committee on Fracture Mechanics, Elfgren, Lulea, Sweden. The project was attended by researchers from experimental as well as numerical fields. The author was involved in this project by parametric studies of numerical simulations as illustrated in Fig. 5, and reported in [6] and [7].

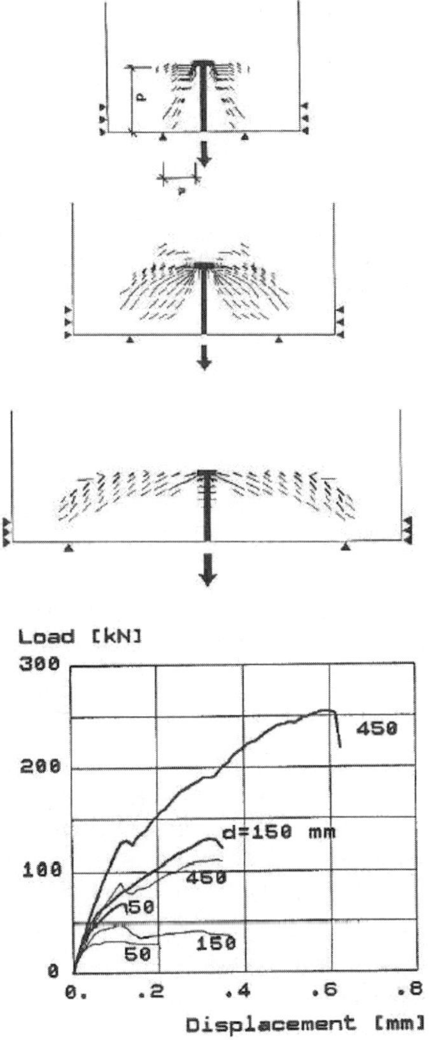

Fig. 5 Parametric study of pull-out test simulation.

This investigation selected from a larger project shows a 2D plane stress model of anchor in concrete, where the varied parameters were the embedment depth *d*, support span *a* and lateral constrains. This project brought important information about mechanics of anchor resistance and aspects and suitability of numerical simulations.

4   Closing remarks

The above notes presented only some reminiscences of the author from times of his research activities at IWB Stuttgart. It opened him also contacts with renowned German and international scientist and contributed and enriched his professional background, knowledge and views. This experience was very valuable for his consulting practice in following times.

It should be noted that the research mentioned above was done is a close cooperation with Radomir Pukl, a research assistant at ITWB at that time, who performed software development and most computational tasks.

Author would like to use this opportunity to thank Rolf Eligehausen for making this research possible through generous funding and efficient and friendly research environment and wishes him all the best to his 70th anniversary.

References

[1] Cervenka, V., Pukl, R., Eligehausen, R.: Computer Simulation of Anchoring Technique in Reinforced Concrete Beams. In: Computer Aided Analysis and Design of Concrete Structures (Sci-C), eds. N. Bicanic, H. Mang, Pineridge Press, Swansea, U.K., 1990, 1-19.

[2] Cervenka, V., Eligehausen, R., Pukl, R.: Computer Models of Concrete Structures. In: IABSE Colloquium Structural Concrete, Stuttgart, Germany, 1991, 311-320

[3] Cervenka, V., Pukl, R. - Computer Models of Concrete Structures, Structural Engineering International, Journal of the IABSE, SEI Vol.2, No.2, May 1992, pp.103-107.

[4] Cervenka V., Pukl R., Ožbolt, R., Eligehausen R. - Mesh Sensitivity Effects In Smeared Finite Element Analysis Of Concrete Fracture, FraMCoS-2, Second International Conference on Fracture Mechanics of Concrete and Concrete Structures, Zürich, Switzerland, July 25-28, 1995, 1387-1396

[5] Cervenka V., Pukl R., SBETA Analysis of Size Effect in Concrete Structures, Proceedings of JCI International Workshop on Size Effect in Concrete Structures , Oct. 31-Nov.2, 1993 Sendai, Japan, 271-281

[6] Cervenka, V., Pukl, R., Eligehausen, R.: Fracture Analysis of Concrete Plane-stress Pull-out Tests. In: Fracture Processes in Concrete, Rock and Ceramics, eds. J.G.M. van Mier, J.G. Rots, A. Bakker, E&FN Spon, London, U.K., 1991, 899-908

[7] Cervenka, V., Pukl, R., Eligehausen, R.: Round Robin Analysis of Anchor Bolts 1991. In: Round-Robin Analysis of Anchor Bolts, RILEM TC-90 FMA Preliminary Report, ed. L. Elfgren, TU Lulea, Sweden, May 1991, 3:1-3:15.

STIFFNESS REQUIREMENTS FOR BASEPLATES

Stefan Fichtner
Institute of Construction Materials
Fastening Technology Department
University of Stuttgart, Germany

Abstract

In Europe, the resistance of fastenings with cast-in-place and post-installed anchor systems is calculated according to the CC-Method (Concrete Capacity Method). The actions on the fasteners are calculated according to the theory of elasticity assuming a rigid baseplate. A sufficient stiffness of the baseplate has to be ensured and therefore certain criteria must be fulfilled. Because of some investigation showing that the design method for the baseplate does not lead to the estimated ultimate load, further numerical and experimental research was done and is described in this paper. It results in a new design approach, which takes the previous method into account and extends it with further parameters to get a baseplate thickness which ensures a safe and economic fastening.

1. Introduction

The CC-method is very useful for calculating the ultimate load of fastenings in concrete because of its simplicity and good predictability. Considering the concrete parameters, embedment depth and distances to other fasteners and edges, it is possible to determine the ultimate loads.
The CC-Method is also used to calculate complex arrangements of fasteners, which are connected by baseplates to a single fastening point.

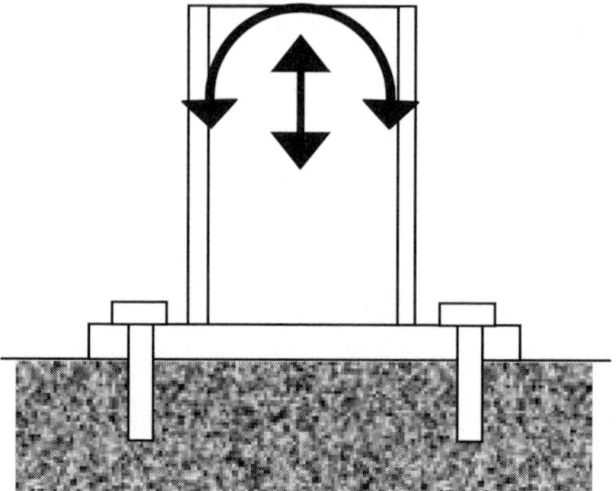

Fig. 1 Example of a baseplate construction

Usually one has different loading situations on such a fastening. While applied normal and shear forces are usually distributed equal to the fasteners, eccentrically positioned forces result in a bending moment. This moment takes loading from some anchors and puts it on others. But the quantity of this unequal loading not only depends on the relation of the normal/shear force to the bending moment. It is also influenced by the stiffnesses of all parts of the fastening – usually one would think about the baseplate thickness at first.

2.   State-of-the-art synthesis

In the past a few approaches were made to determine the distribution of forces under the baseplate to predict a reliable ultimate load. Following the method used for steel constructions (e.g. T-Stubs), one could assume the compressive force under the baseplate near or under the attachment. Several investigations stated this approach to be very conservative, because of the very different stiffnesses using steel bolts/screws on the steel construction side and anchors in the fastening technology.

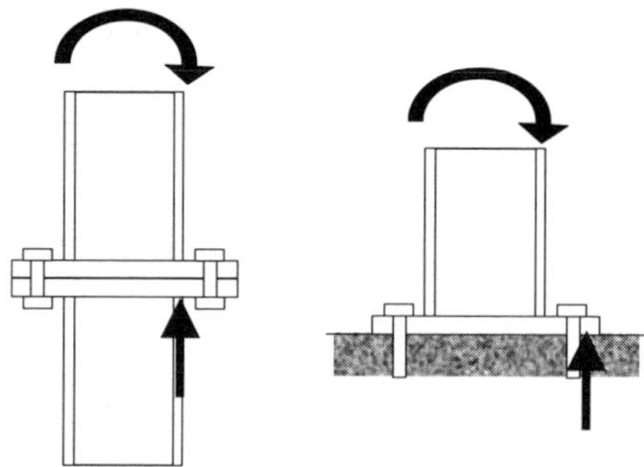

Fig. 2 Approaches for the location of the compression force

The other, more realistic, approach is to get the distribution from the concrete methods. Usually the concrete constructions do not have large deformations and so the cross-section is supposed to remain plain. The so-called Bernoulli-Hypothesis, which is applied here, allows the use of the theory of elasticity.

Using a baseplate the concrete surface would stay plain and so it is only necessary to take care of the baseplate to do the same – till it reaches the ultimate load. The method developed by Mallée (1999) is about limiting the stress in the baseplate (stress limit approach). These stresses – mean values over an area of 2*t+s (Fig. 3) – have only to be lower than the uniaxial yield limit of the baseplate steel. Mallée concludes that the deformation of the baseplate then is only elastic and small enough to ensure a plane surface, too.

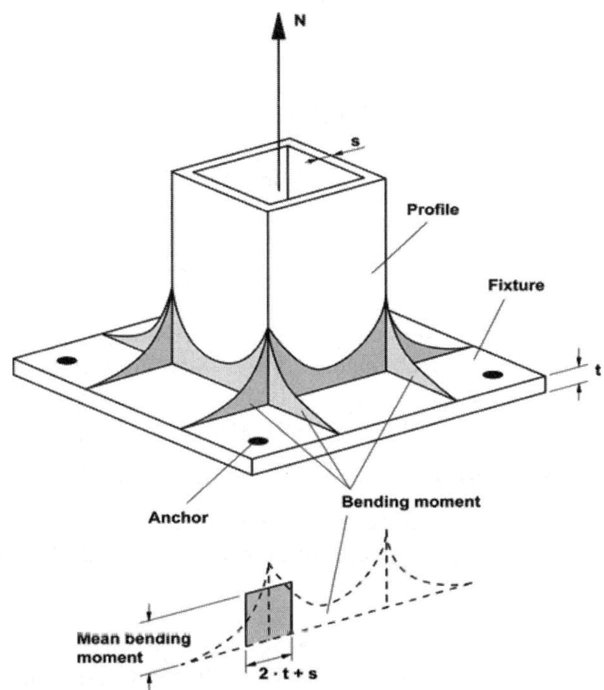

Fig. 3 Stress distribution in the baseplate and calculation of mean values (Mallée, 1999)

If the baseplate is assumed to remain plane then one has only to consider the – mostly elastic - deformation that the baseplate brings to the concrete surface in the area of compression (Fig. 4).

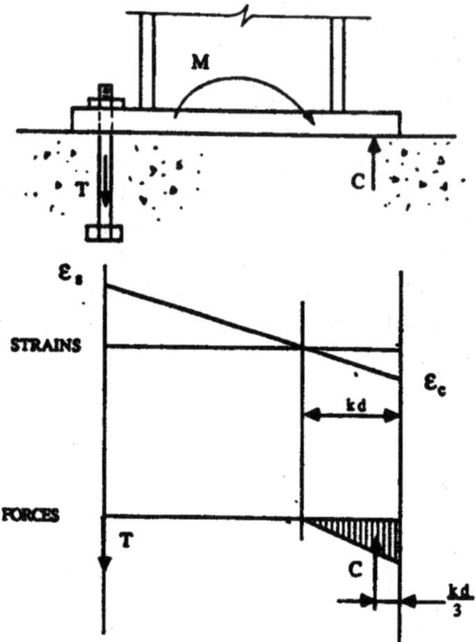

Fig. 4 Static model of an elastic calculation of a baseplate

At least it is – compared to the first assumption – a little more complex, but still a linear elastic problem. Like many of the companies of the fastening technology sector and at first the IWB (Institute of Construction Materials) have shown, it is possible to calculate this FE model in a few seconds on usual PC configurations.

3. Problem and Investigation

Of course this method is not quite suitable for all of the constructions one can think of. Mainly it never takes into account all the differences in the load-displacement curves that exist for fastening components.

This problem was first observed by the state office for structural engineering Baden-Württemberg, Schneider (1999) who carried out a few finite element studies. In this investigation 3 different assemblages were tested, which mainly differed in their loading direction and position of attachment while all baseplates had four anchors connected.
The results discovered problems especially with structures with eccentrically applied attachment.

Mallée (1999) carried out numerical and experimental tests to state his theory to be safe. Like Schneider he calculated the distribution of forces in the anchors while reaching the design load. His conclusion was quite different from Schneider's.

But for the quantification of safety it is not only necessary to look at the design load, because it mainly takes into account of the deformation. One has to observe the ultimate load of the construction, too.

The author of this paper did further numerical and experimental research to describe the most relevant parameters. The parameters are summed up in Table 1. In column 2 the varied number of each parameter is shown and in column 3 the applied values.

No.		Count	Value
1	Stiffness of fastener	3	30-160 kN/mm
2	Embedment depth of fastener (h_{ef})	3	80-240mm
3	Eccentricity of Attachment	2	0-200 mm
4	Eccentricity of Loading	3	-5000, 0, 5000mm
5	Type of loading	2	normal force w&w/o bending moment
6	Number of fasteners	3	4, 6, 9
7	Size of baseplate	3	1, 2, 3 * h_{ef}

Table 1 Investigated parameters and values

Because not all combinations make sense for describing the problems of baseplate constructions, not every possible model was created. In total over 200 simulations were carried out. The baseplate thickness was calculated using the stress limit approach by Mallée.

4. Results

4.1. Stiffness of fasteners

The first parameter to explain is the stiffness of each fastening. Fig. 5 shows the influence of the stiffness (in KN/mm) on the ultimate load of the baseplate.
All results given next are in comparison to the predicted values using the theory of elasticity.

If the stiffness of the fastener increases, the ultimate load decreases up to 50% to 70% of the predicted value using the theory of elasticity. If the fastener stiffness is below

30kN/mm, the decrease is less 20 % or even less (except baseplates with 6 fasteners and eccentrically attached profile).

The decrease in ultimate loading does not differ that much using the highest and lowest stiffness, so this parameter cannot be the only one that affects the load-displacement curve of such a construction.

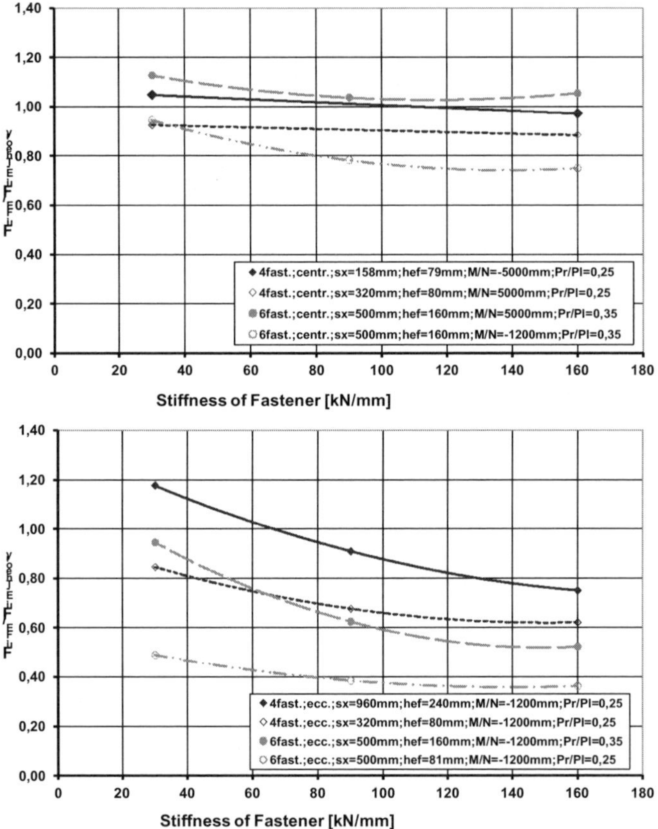

Fig. 5 Influence of the fastener stiffness (centrically (left) and eccentrically (right) attached profile)

4.2. Influence of type of loading

Fig. 7 shows the influence of the load type. The large values on the X-axis indicate a huge eccentricity of the tension or compression normal force and therefore a relatively high bending moment.

In the middle (that is near the Y-axis) the related normal force is much higher and produces less bending moment. The loading on the baseplate is mainly done by the high compression reaction forces under the baseplate.

In most cases a shorter external lever arm yields decreasing ultimate loads of the construction.

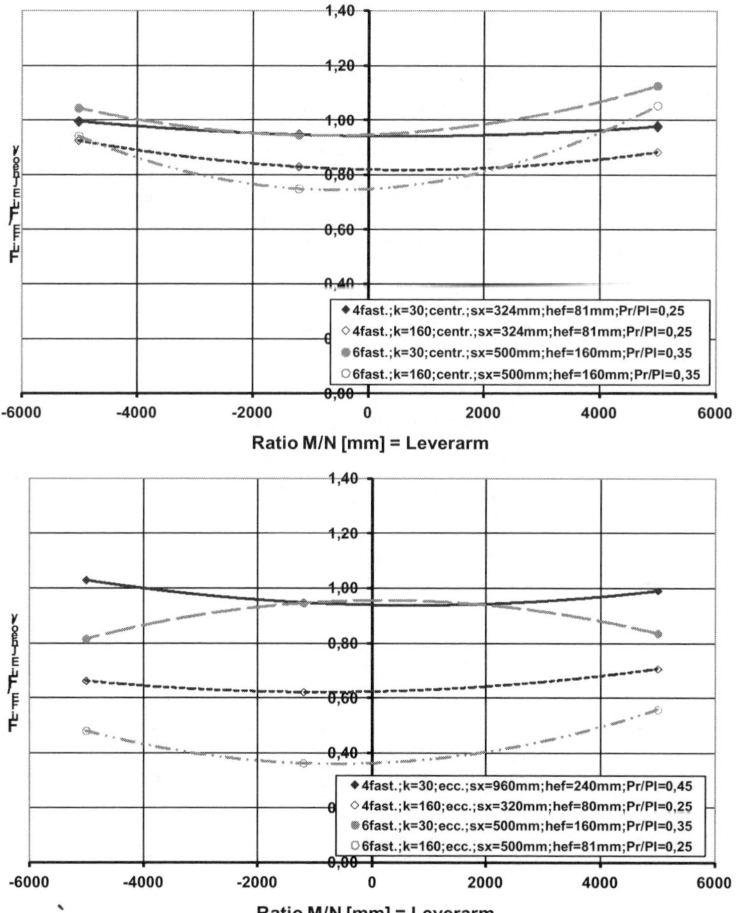

Fig. 7 Influence of the type of applied loads

4.3.   Influence of the profile position

The next parameter is the eccentricity of the attached profile. The focus is on small attachments compared to the baseplate size. It's obvious to conclude in case of large attachments that the baseplate would not deform that much because of its strong bracing.

Fig. 8 shows the effects that eccentricity of the attachment has on its ultimate capacity.

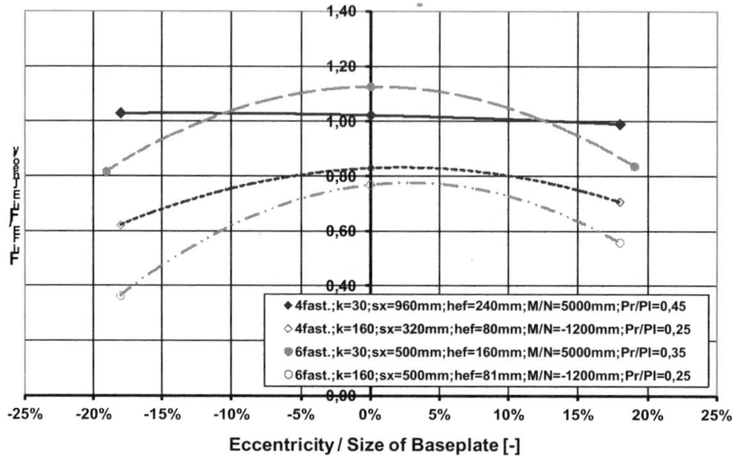

Fig. 8 Influence of the position of the profile on the baseplate

The drawing shows that with mid-positioned attachments the calculated values according to the theory of elasticity are not essentially decreasing. But if the profile is moved out of the centre of the baseplate the baseplate seems overstressed and the ultimate load falls.

4.4.　Influence of the number of fasteners

The last view on results presented here is on the number of fasteners. In Fig. 9 only the simulations with 4 and 6 fasteners are shown.

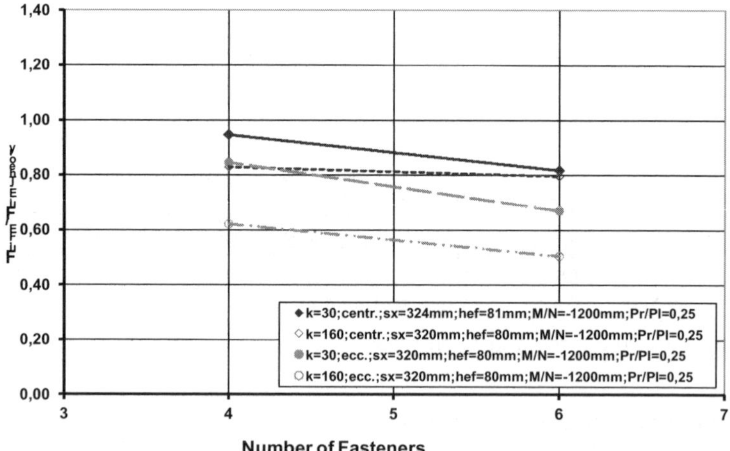

Fig. 9 Influence of the number of fasteners

As one can see, by trend the ultimate loads decrease by using more fasteners. But this is more distinct if the attached profile is fixed eccentrically to the baseplate. An explanation is the generally larger dimensions of a baseplate in case of 6 anchors and the additional 2 fasteners in the middle of the plate.

5. Comparison of Simulations to experimental studies

The evaluation of the numerical studies was done by simulating experimental tests with the finite element model. Therefore all parameters were considered and taken as far as known. While the conditions of constraints do not affect the whole test – the edge distances and concrete body dimensions are large enough – some parameters like concrete, anchor and baseplate type were known and modeled in detail.

Like in the tests, all simulations were loaded until a concrete cone failure occurred. The ultimate load was taken at the highest point of the load-displacement curve.

In Fig. 10 the values for the ultimate load are compared. On the X-axis the stiffness of the fastener is written and the dashed horizontal line describes the ultimate load, which is calculated using the theory of elasticity.

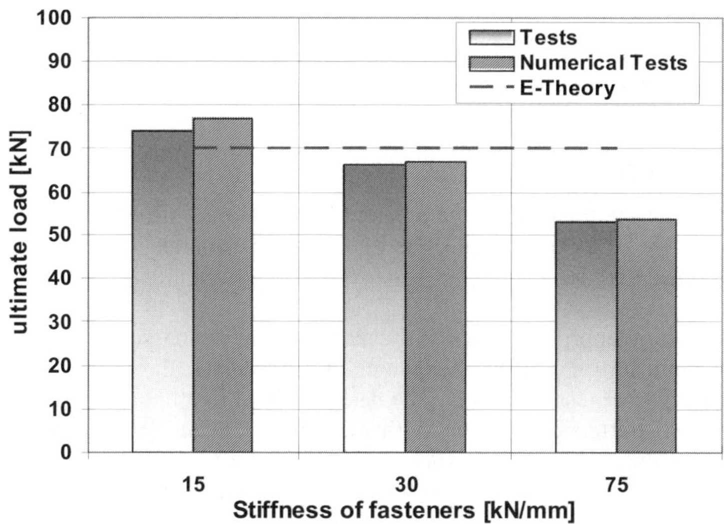

Fig. 10 Parameter fastener stiffness

In all three cases the simulations are very close to the test results. They all are in a range of 1-4% compared to the tests. In the following diagram the ultimate loads according to the plate thickness is shown. The difference between tests and simulation is as small as in the first figure.

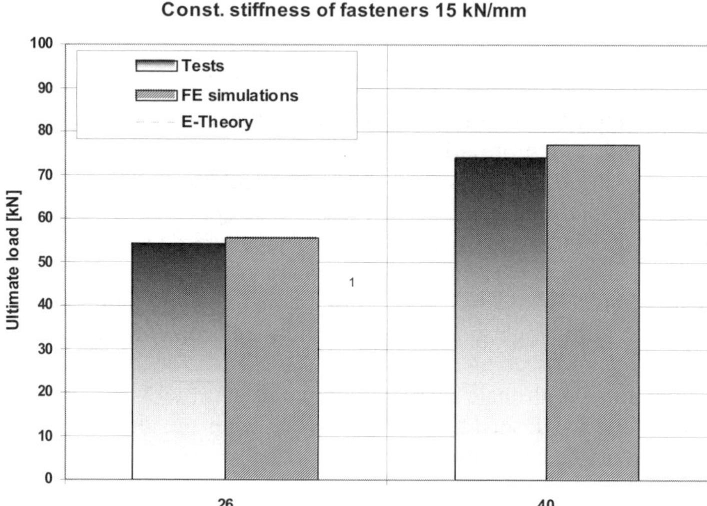

Fig. 11 Parameter thickness of baseplate

6. Design Approach

While the results show, that some parameters have more influence on the load-displacement behavior of a construction, there are other – smaller – boundaries which are worth to be considered, too.

Since the new design approach takes into account the stiffnesses of the different substructures coming into play in the behaviour of a baseplate, the proposed approach can be shortly called "stiffness criterion". The design should first be made with the stress limit approach as suggested by Mallée. With the results of the elastic calculation the following formula is entered:

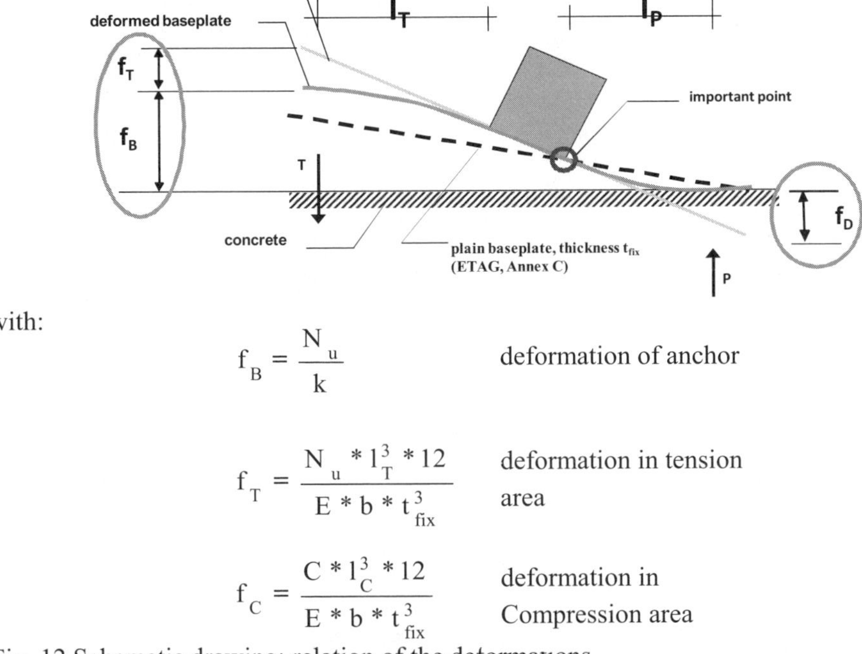

with:

$$f_B = \frac{N_u}{k} \qquad \text{deformation of anchor}$$

$$f_T = \frac{N_u * 1_T^3 * 12}{E * b * t_{fix}^3} \qquad \text{deformation in tension area}$$

$$f_C = \frac{C * 1_C^3 * 12}{E * b * t_{fix}^3} \qquad \text{deformation in Compression area}$$

Fig. 12 Schematic drawing; relation of the deformations

The use of this approach should be done – for difficult constructions (e.g. loading in two directions) – by implementing it into the already existing finite element programs. The advantage is that the values f_C and f_T can be calculated automatically.

The following diagram shows, that the Parameter α_S is a good indicator whether the assemblage will reach the ultimate which was calculated using the theory of elasticity.

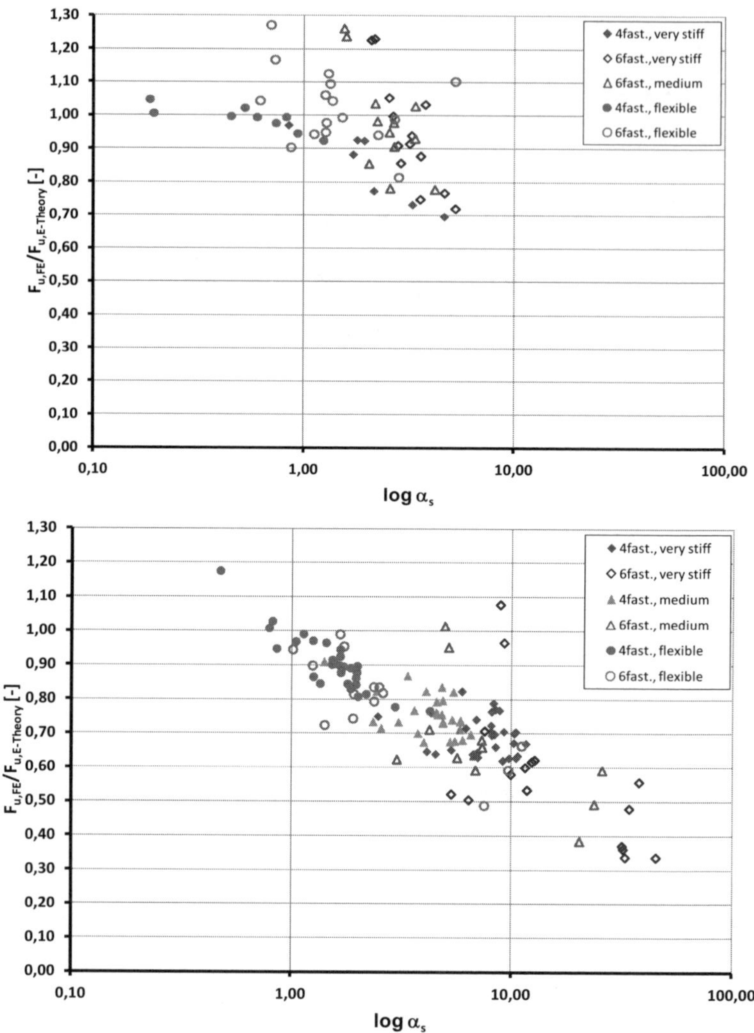

Fig. 13 Correlation between the stiffness parameter and the ultimate loads of a fastening point

7. Conclusion

Baseplates are very often used to connect steel constructions to concrete foundations or walls. Because of its heterogeneity those assemblies need to be designed carefully.

The approach by limiting the stresses in the baseplate below the yield strength of the steel material by choosing an appropriate thickness is in many cases a sufficient method which leads to fast, safe and economic solutions.

But not all baseplate constructions with their various parameters fit into this scheme.

Sometimes the stiffnesses of all parts of the connection point are very different and have to be investigated further.

With the presented results and approach, all influences of the connection are considered and will lead – in addition to the stress limit approach – to a safe solution for a much larger application range.

References

1. European Organisation for Technical Approvals (EOTA) 1997: *Guideline for metal anchors in concrete.* DIBt, Nr. 16, Appendix C: Design guide for fastenings
2. CEB Design Guide 1997: *Design of Fastenings in Concrete*, Comite Euro-International du Beton, Thomas Telford
3. Eligehausen, R.; Mallée, R. 2000: *Befestigungen im Beton- und Mauerwerkbau (Fastenings in concrete and masonry)*, Bauingenieur-Praxis, Ernst & Sohn
4. Eligehausen, R.; Fichtner, S.2003: *Steifigkeit von Ankerplatten (Stiffness of baseplates)*, Universität Stuttgart, Institut für Werkstoffe im Bauwesen
5. Mallée, R.; Burkhardt, F. 1999: *Befestigungen von Ankerplatten mit Dübeln (Connection of baseplates with post-installed anchors)*, Beton- und Stahlbetonbau 94, Heft 12, S. 502-511, Ernst & Sohn Verlag
6. Schneider, H. 1999: *Zum Einfluss der Ankerplattensteifigkeit auf die Ermittlung der Dübelkräfte bei Mehrfachbefestigungen (Influence of the baseplate stiffness on the load distribution of group fastenings)*, Landesgewerbeamt Baden-Württemberg, Landesstelle für Bautechnik
7. Mallée, R. 2004: *Versuche mit Ankerplatten und unterschiedlichen Dübeln (Tests with baseplates and different fastening systems)*, fischerwerke
8. Ožbolt, J. 1999: *„MASA- Macroscopic Space Analysis"*, Stuttgart: Institut für Werkstoffe im Bauwesen, Internal report

ENTWICKLUNGSFORTSCHRITTE FÜR ALTBEWÄHRTE TECHNIK: ANKERSCHIENEN

Klaus Fröhlich, Matthias Roik*
*Halfen GmbH, Liebigstrasse 14, Langenfeld Deutschland

Kurzbeschreibung

In diesem Beitrag wird der in den letzten Jahren erarbeiteten technische Fortschritt auf dem Gebiet der Befestigungstechnik am Beispiel Ankerschienen vorgestellt und erläutert. Durch die Herleitung allgemeingültiger Rechenansätze werden nicht nur die Zulassungsverfahren von Befestigungsprodukten erleichtert, es gelingt auch, spezifisches Tragverhalten generell zu beschreiben und zugehörige Rechenverfahren zu entwickeln.

1. Einleitung

Wie viele Entwicklungen auf dem Gebiet der Befestigungstechnik ist auch die Entwicklung der Ankerschiene fest mit dem IWB Stuttgart verbunden. Die erste bauaufsichtliche Zulassung für Ankerschienen, die im Jahr 1976 erteilt wurde, basiert auf Gutachten von Professor Gallus Rehm.

In enger Zusammenarbeit mit Professor Rolf Eligehausen fanden viele technische Entwicklungen Eingang in die Ankerschienen-Zulassungen, wie z.B. die Vergrößerung des Schienensortimentes, die Entwicklung von genieteten Rundankern oder die Entwicklung gezahnter Schienenprofile. Besonders die Erlangung der Europäisch Technischen Zulassung (ETA) für Ankerschienen ist der unermüdlichen Zuarbeit Professor Eligehausens zu verdanken.
Die in den letzten Jahren fertig gestellten technischen Regelwerke der Befestigungstechnik bilden die Grundlage der ETA und zukünftiger Zulassungen für Ankerschienen. Nachfolgend werden einige wesentliche technische Entwicklungen vorgestellt und am Beispiel Ankerschienen erläutert.

2. Ankerschienen und ihre Anwendung

Moderne Ankerschienen bestehen aus einem C-förmigen Stahlprofil mit mindestens zwei Ankern, die fest mit dem Profilrücken verbunden sind. Der Korrosionsschutz wird durch Verzinken oder durch Verwendung von korrosionsbeständigen Stählen gewährleistet.

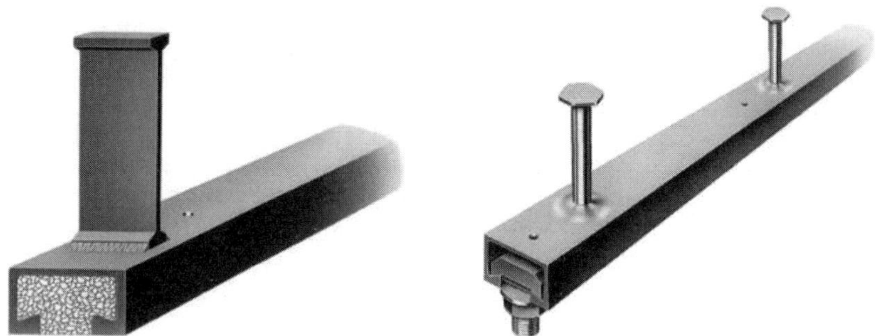

Bilder 1 und 2: Ankerschienen mit aufgeschweißten I-Ankern und vernieteten Rundankern

Als Ankerform werden zumeist geschnittene I-Profile oder Rundanker verwendet. Die Befestigung auf dem Schienenrücken erfolgt durch Anschweißen oder durch Vernieten.

Ankerschienen werden durch Einlegemontage im Beton befestigt, d.h. dass sie vor dem Betonieren des Bauteils in die Schalung eingelegt und dort befestigt werden. Nach Erhärten des Betons und nach Entfernen der Schalung wird die Schaumfüllung im Schieneninneren entfernt und spezielle Haken- oder Hammerkopfschrauben können in der Schiene installiert werden.

3. Technische Bestimmungen

Durch das Fehlen allgemeingültiger Bemessungsnormen wird die Tragwirkung von Ankerschienen mittels bauaufsichtlicher Zulassungen geregelt.

3.1 Allgemeine bauaufsichtliche Zulassung

Die allgemeinen bauaufsichtlichen Zulassungen für Ankerschienen basieren ausschließlich auf Versuchsergebnissen. In großen Anzahlen von Versuchsreihen wurden die Mindestwerte der die Tragfähigkeit beeinflussenden Parameter wie Randabstand, Verankerungstiefe, Bauteildicke oder Ankerabstände festgelegt.

Das Ergebnis sind Zusammenstellungen von Grenzwerten, die nicht unterschritten werden dürfen.

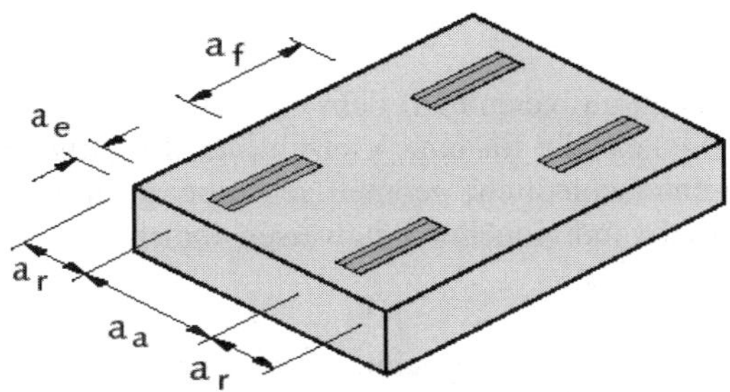

Bild 3: Definition der Geometrischen Randbedingungen

Neben den geometrischen Grenzwerten ist auch die Belastungsrichtung ein wichtiger Einflussfaktor für die Tragfähigkeit von Ankerschienen. Um ein einfaches Unterscheidungskriterium zu erhalten und damit die Anzahl der notwendigen Zulassungsversuche zu beschränken, wurden Belastungen in zwei Kategorien unterteilt: Querlasten im Winkel von 90° bis 75° bezogen auf die Schraubenachse und Zuglasten in einem Bereich zwischen 75° und 0°, siehe Bilder 4 und 5.

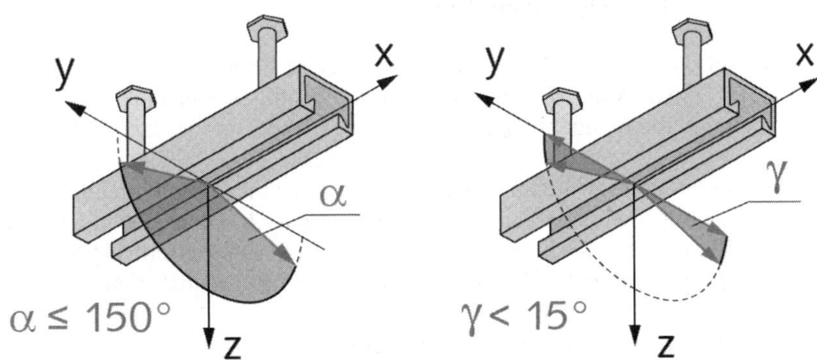

Bilder 4 und 5: Lastbereich "Zug" und Lastbereich "Querzug"

Die im Versuch ermittelten Widerstände wurden unter Berücksichtigung entsprechender pauschaler Sicherheitsbeiwerte in der Zulassung [1] zusammengestellt als zulässige Belastung. Diese zulässigen Belastungen dürfen für Ankerschienen nur angesetzt werden, wenn alle definierten Randbedingen eingehalten sind. Im Umkehrschluss bedeutet dies, dass bei Nichteinhaltung der Randbedingungen der Einbau bzw. die Verwendung einer Ankerschiene nicht zulassungskonform ist.

3.2 Technische Weiterentwicklung

Zur Ermittlung allgemeingültiger Berechnungsansätze wurde in der Vergangenheit großer forscherischer Aufwand betrieben. Auf dem Gebiet der Verankerungstechnik wurden bahnbrechende Erfolge erzielt; aufbauend auf dem modernen CC-Verfahren [8] wurden Bemessungskonzepte entwickelt, die für eine Vielzahl von Befestigungsmethoden Gültigkeit haben. Es können unterschiedliche geometrische aber auch verschiedene Kombinationen von Festigkeiten oder individueller Tragweisen verschiedener Befestigungsmittel berücksichtigt werden.

Auf europäischer Ebene wurden diese Ergebnisse zusammengefasst in einer Bemessungsnorm und zwar für folgende Produktgruppen:

Kopfbolzen, Ankerschienen, Dübel – Mechanische Systeme, Dübel – Chemische Systeme.
Diese Bemessungsnorm wurde 2009 als CEN-TS 1992-4 [3] [7] veröffentlicht und hat zur Zeit den Status einer Vornorm.

Eine technische Fortschreibung hat bei der Erstellung des fib-design guide „Fastenings to Concrete" stattgefunden [6]. Dieser design guide beschreibt wiederum die gleichen Produktgruppen wie oben aufgeführt und spiegelt den technisch und wissenschaftlich anerkannten Stand der Technik wider.

3.3 Europäisch Technische Zulassung

Auf Basis der CEN-TS 1992-4 wurde die technische Grundlage der ETA, die so genannte CUAP [2], entwickelt. Sie beschreibt die notwendigen Untersuchungen, die durchzuführen sind, um alle maßgeblichen Parameter des Widerstandes zu ermitteln.

Die Ergebnisse dieser Untersuchungen werden in einem zusammenfassenden Bericht zusammengestellt, der die Grundlage einer Europäisch Technischen Zulassung (ETA) bildet. Die ersten europäischen Zulassungen wurden 2009 erteilt [4] [5]. Diese ETA's haben Gültigkeit in allen der EOTA angeschlossenen Mitgliedstaaten.

4. Herleitung der weiterer Tragwirkungen

Ankerschienen der herkömmlichen Bauweise weisen glatte Profilinnenseiten auf. Dadurch können keine Kräfte in Schienenlängsrichtung durch die Befestigungsschrauben in das Schienenprofil eingeleitet werden.

Aus diesem Grund befassen sich die technischen Regelwerke nicht mit dem Lastabtrag in Schienenlängsrichtung.

Seit einiger Zeit sind aber auch bauaufsichtlich zugelassene Ankerschienen auf dem Markt, die durch eine Verzahnung eine kraftschlüssige Verbindung zwischen Schraube und Schienenprofil ermöglichen.

Zur Beschreibung der Tragwirkung dieser Ankerschienen ist es möglich, sich auf grundlegende Effekte zu beziehen, die an vergleichbaren Befestigungsmethoden entwickelt und aufgezeigt wurden.

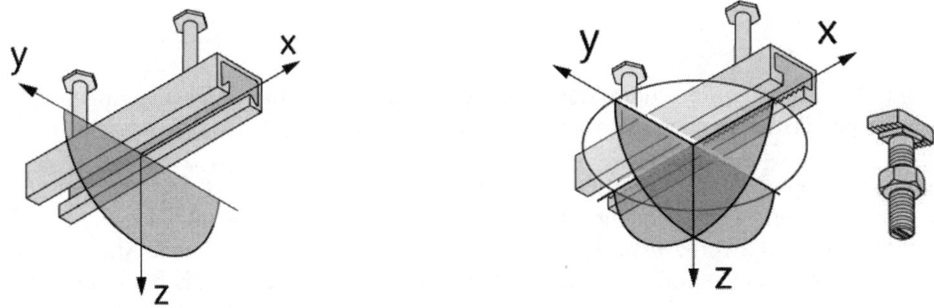

Bilder 6 und 7: Lastabtragrichtungen glatter und gezahnter Anscherschienen

So konnte die Tragwirkung von Ankerschienen in Längsrichtung vom Tragverhalten von Kopfbolzengruppen abgeleitet werden [10] [11]. Da es sich bei beiden Befestigungsmethoden um einbetonierte Ankergruppen handelt, die fest mit einem lastverteilenden Tragelement verbunden sind, ist eine Berücksichtigung von Effekten infolge Lochspiel oder unterschiedlicher Lastverteilung in die Anker nicht erforderlich.

So ist eine Ankerschiene, die senkrecht zum Rand eingebaut und in Richtung des freien Randes durch reinen Querzug belastet wird, in der Lage, diese Last über den hinteren Anker in den Beton zu leiten.

Voraussetzung dabei ist, dass die Lasteinleitung von der Befestigungsschraube in das Schienenprofil durch z.B. Verzahnung sichergestellt ist.

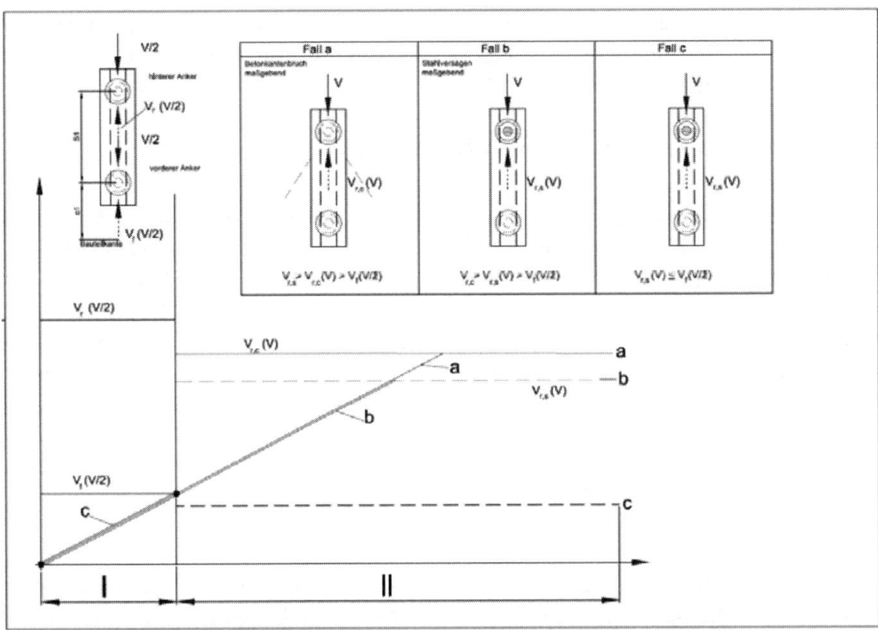

Bild 8: Tragwirkung und Lastumlagerung gemäß fib design guide

Die im fib-design guide dargestellte Fallunterscheidung für randnah eingebaute Dübelgruppen lässt sich auch für Ankerscheinen anwenden.

Hierbei wird unterschieden zwischen zwei Belastungsstufen, Stufe I und Stufe II. In Stufe I wird die auf das Schienenprofil wirkende Querlast V gleichmäßig aufgeteilt auf alle (in diesem Fall zwei) Anker. Unterstellt man den Ankern ausreichende Stahlfestigkeit, ist beim randnahen Anker früher mit Betonversagen zu rechnen als beim hinteren Anker. Dies hat zur Folge, dass sich der vordere Anker der Tragwirkung entzieht und die Last wird über den hinteren Anker abgetragen, siehe Bild 8, Fall a. bei kontinuierlicher Laststeigerung können nun zwei Versagensarten eintreten: Es tritt Betonkantenbruch im Bereich des hinteren Ankers auf, Fall a, oder der hintere Anker versagt infolge Stahlversagen, Fall b.

Sollte der hintere Anker bereits während der Lastumlagerung infolge der gesamten Querlast V versagen, kann die Last nicht auf den hinteren Anker umgelagert werden, der Gesamtwiderstand der Verbindung ist erreicht, wenn der vordere Anker beginnt, sich der Last zu entziehen, Fall c.

Dieses Tragverhalten wurde zunächst für Kopfbolzendübel beschrieben und fand Eingang in den fib-design guide.

Durch zahlreiche Versuche und FE-Analysen [9] konnte gezeigt werden, dass die derzeit bauaufsichtlich zugelassenen gezahnten Ankerschienen das gleiche Tragverhalten aufweisen.
Bemerkenswert dabei ist, dass die Lastumlagerung auf den hinteren Anker mit einer sehr geringen Verschiebung einhergeht, die keinerlei Einfluss auf die Gebrauchstauglichkeit – z.B. durch Rissbildung – hat.

4.1 Weiterführende experimentelle Untersuchungen

Die in [10] und [11] veröffentlichen Versuchsergebnisse zeigten, dass die Lastumlagerung – zumindest bei Schienen mit den bei den Untersuchungen verwendeten Geometrie- und Festigkeitsverhältnissen – keinen Einfluss auf die Gebrauchstauglichkeit hat.

Das Versagen der Befestigung mittels senkrecht zum Rand eingebauter Zahnschienen erfolgte entweder durch Betonkantenbruch im Bereich des hinteren Ankers oder durch Stahlversagen infolge Abscherens des hinteren Ankers.

Rissbildungen im Bereich des vorderen Ankers wurden lediglich im Fall b (Abscheren des hinteren Ankers) und auch nur nach Erreichen der Maximallast, also im Nachbruchverhalten, beobachtet.

Die für die Lastumlagerung notwendige Verschiebung ist so gering, dass zumindest an der Betonoberfläche keine Risse auftraten. Die Kraft-Weg Diagramme der Versuche lassen diese Schlussfolgerung auch zu.

In einer weiteren Versuchsreihe wurde überprüft, ob auch bei größerer Anzahl der Anker die aufgebrachte Querlast auf die hinteren Anker umgelagert werden kann, ohne dass es zu einer signifikanten Rissbildung während des Umlagerungsprozesses kommt.

In ersten Tastversuchen an Ankerschienen mit drei Ankern sollte dieser Effekt untersucht werden.

Es wurden Schienen zwei verschiedener Abmessungen mit je 3 Ankern senkrecht zum Rand einbetoniert und zwar derart, dass der vorderste Anker den Mindestrandabstand einer vergleichbaren ungezahnten Ankerscheine gemäß Europäisch Technischer Zulassung aufwies. Als Referenzversuche wurden Schienen gleicher Abmessung ohne Randabstand einbetoniert, d.h. die Schienenprofile lagen bündig zur Betonkante.

Da die zu erwartenden Prüflasten die jeweiligen Schraubentragfähigkeiten weit überschritten, wurde die Querlast mittels auf die Schienenlippen aufgeschweißter Stahlplättchen eingeleitet. Die Last wurde somit konzentriert über dem vorderen Anker in das Schienenprofil eingeleitet.

Einige Ergebnisse dieser Zugversuche sind in den nachfolgenden Bildern dargestellt. Wie schon bei vorangegangenen Versuchen entzieht sich der vorderste Anker dem Lastabtrag, ohne dass eine erkennbare Rissbildung eintritt.

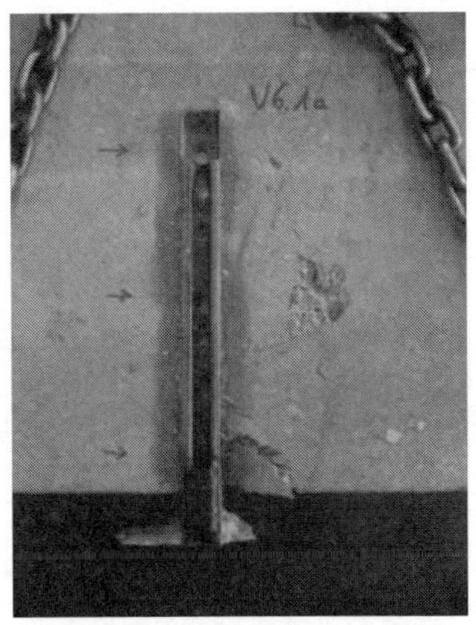

Bild 9: V6.1a, Kleines Schienenprofil

Bild 10: V6.3a, Großes Schienenprofil

In den Bildern 9 und 10 sind zwei unterschiedliche Tragverhalten zu beobachten:
Beim Versuch V6.1a trat, nachdem die hinteren Anker den Lastabtrag übernommen hatten, schlagartiges Versagen infolge Abscheren der Anker auf. Beide Anker versagten gleichzeitig und die Schiene wurde daraufhin aus dem Beton gezogen. Die maximal aufnehmbare Querlast betrug mehr als die Zugfestigkeit der beiden hinteren Anker, d.h. infolge der Verformungen der Anker im Beton konnten die Anker ihre volle Zugtragfähigkeit entwickeln. Dieser Effekt wurde bei allen Querzugversuchen beobachtet, es tritt also kein reines Schubversagen mit geringerer Scherfestigkeit auf.

Beim Versuch V6.3a, der an einem größeren Schienenprofil durchgeführt wurde, war die Stahltragfähigkeit der Anker groß genug, um im Bereich des zweiten Ankers Betonausbruch zu provozieren. Während der Rissentwicklung des Ausbruchkegels wurde der hintere Anker verbogen und versagte wenig später infolge des bereits beschriebenen Zugversagens. Durch die Bildung des Ausbruchkegels entzieht sich der mittlere Anker der Last, es findet also eine erneute Lastumlagerung – diesmal auf den hinteren Anker alleine – statt. Das Umlagerungsmodell, wie in Bild 8 beschrieben, kann also auf die verbleibenden zwei Anker erneut angewandt werden.

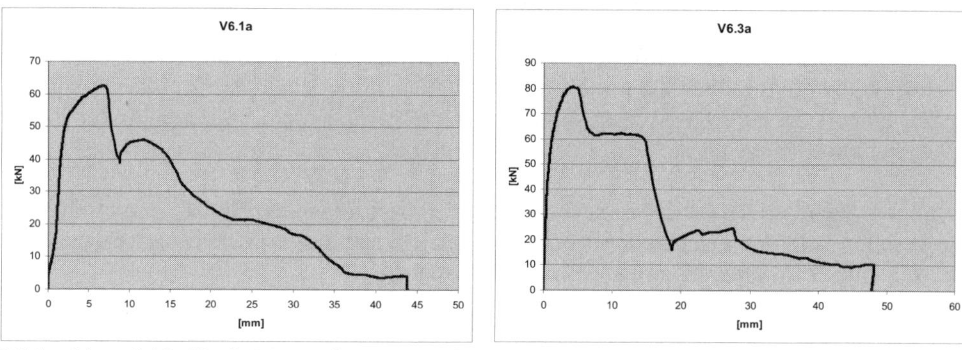

Bilder 11 und 12: Kraft-Weg-Diagramme der Versuche V6.1a und V6.3a

Zusammenfassung

Der technische Fortschritt auf dem Gebiet der Verankerungstechnik wurde in den letzten Jahren enorm vorangetrieben.
Besonders dem Engagement von Prof. Eligehausen ist es zu verdanken, dass zwei für die Befestigungstechnik bahnbrechende Dokumente veröffentlicht wurden, die europäische Bemessungsnorm DIN CEN/TC 1992-4 sowie der fib design guide „Fastenings to Concrete".

Diese Bemessungsrichtlinien ermöglichen nicht nur eine produktspezifische Bemessung von Verankerungen sondern repräsentieren auch den aktuellen Stand der Technik auf dem Gebiet der Befestigungstechnik.

Durch die Zusammenstellung der technischen Grundlagen der Befestigungstechnik werden auch weitergehende Rückschlüsse, wie die hier dargestellte Beschreibung des Tragverhaltens von Ankerschienen in Längsrichtung leicht beschreibbar.

Für eine altbewährte Befestigungsmethode – wie hier die Befestigung mittels Ankerschienen – lässt sich die Tragwirkung immer exakter beschreiben. Dies trägt besonders der Sicherheit und der Dauerhaftigkeit bei ermöglicht aber gleichzeitig einen wirtschaftlichen und effizienten Einsatz von Ankerschienen.

Literaturverzeichnis

[1]   DIBt, Deutsches Institut für Bautechnik (1976). Zulassung Z-21.4-34, HALFEN Ankerschienen HTA, 02.08.2007, erste Erteilung: 1976, Berlin

[2]   DIBt, Deutsches Institut für Bautechnik (2004). "Common Understanding of Assessment Procedure", CUAP, Berlin

[3]   DIN, Deutsches Institut für Normung, (2009). "Bemessung der Verankerung von Befestigungen in Beton"; Deutsche Fassung CEN/TS 1992-4-1:2009, DIN spec 1021

[4]   EOTA, European Organisation for Technical Approvals (2009-1). "Europäisch Technische Zulassung, Jordahl Ankerschienen JTA", ETA-09/0338, 15.02.2010

[5]   EOTA, European Organisation for Technical Approvals (2009-2). "Europäisch Technische Zulassung, HALFEN Ankerschienen HTA", ETA-09/0339, 15.02.2010

[6]   fib, federation international du béton, (2011). "Design of fastenings in concrete" – Guide to good practice – Parts 1 to 5, Lausanne

[7]   CEN TC250/SC2/WG2: „Design of Fastenings for Use in Concrete", veröffentlicht als: prCEN/TS 1992-4-1:2009.

[8]   Fuchs, Werner; Eligehausen, Rolf; Das CC-Verfahren für die Berechnung der Betonausbruchlast von Verankerungen. Beton- und Stahlbetonbau, 1995, Nr. 1, Seiten 6-9, Nr. 2, Seiten 38-44, Nr. 3, Seiten. 73-76

[9]   Grosser, P.; „Final Report on numerical simulations of anchor groups with headed anchors and serrated anchor channels close to the edge loaded in shear in longitudinal direction", Ingenieurbüro Eligehausen Asmus, Auftraggeber: HALFEN GmbH, Langenfeld; Deutsche Kahneisen Ges.mbH, Berlin

[10] Roik, Matthias; „Supporting the codes: experimental results confirm theoretical approaches, shown by example of a new generation of anchor channels", 3rd fib International Congress, Washington D.C., 2010

[11] Roik, Matthias; „Bearing Behaviour of anchorages under shear load close to the edge, here: anchor channels", fib Symposium PRAGUE 2011

COLUMN BASE PLATE CONNECTIONS: THE DUTCH APPROACH

Dick A. Hordijk*
*Eindhoven University of Technology and Adviesbureau Hageman, The Netherlands

Abstract

This paper outlines the approach for the design of column base plate connections based on the Eurocodes as it is recommended in the Netherlands. The setup of a Dutch report [1] containing the design method for a number of the most common column base plate connections is presented and the reason to make this report is discussed. Attention is paid to a number of inconsistencies and omissions in the relevant Eurocodes (for 'Steel' and 'Concrete') and Technical Specifications (for 'Fastenings'), and the design rules applied in the Dutch report are explained.

1. Introduction

It is the author a great privilege to contribute to this publication to commemorate the 70th birthday of Prof. Rolf Eligehausen. The current extensive knowledge on the behaviour of fastenings in concrete and the availability of design methods for fastenings in concrete is undoubtedly mainly due to Prof. Rolf Eligehausen and his coworkers.

Fastenings in concrete are generally applied to connect a steel structure to a concrete structure. The connection is the place '*where structural steel and concrete meet*'. During the RILEM Symposium in 2001 in Stuttgart, organized by Prof. Eligehausen, Prof. Stark (chair on steel structures) and the author (chair on concrete structures) paid attention to the fact that '*steel structures*' and '*concrete structures*' are traditionally two separate worlds in structural engineering [2] (see also [3]). This holds true for as well education and Codes, as well as for practice. Though in practice the situation is rapidly changing, to some extent it is still the case. For the Codes, it is in fact logical to have separate parts for concrete (Eurocode 2; EN 1992 series) and steel (Eurocode 3; EN 1993 series) structures. Besides that, there are composite elements for e.g. beams, slabs and columns, for which there is Eurocode 4 (EN 1994; series). For the joints between steel and concrete structures the question arises in which part of the Eurocodes it should be dealt with. Traditionally in the Dutch Code the anchorage of a column base plate connection in concrete was part of the Code for steel structures, while, for instance, the effect of concentrated loads on the concrete foundation, was part of the Code for concrete structures. In the Eurocodes, now there is a similar situation.

Besides the steel and concrete world, in the last decennia another world developed as far as the connection between steel and concrete structures is concerned. This is the world of the *fastening technique*. It mainly concerns fastenings with short anchors, where concrete failure may be governing. This is different from the approach in the steel Code where steel failure is generally the starting point for design (like in the *reinforced concrete technique*). Design methods for fastenings were first developed within CEB (now *fib*). With the introduction of the European Technical Approvals for fastenings, in which it is prescribed how to determine the properties of fasteners, it was required to also have a design method for connections with fasteners. Since in the CEN-context there was not such a design method, it was then (in the nineties of the last century) decided to add it as an Annex C to the ETAG's (European Technical Approval Guidelines). By now there are the CEN Technical Specifications for the design of fastenings for use in concrete [6].

In order to support the structural engineer with the design of column base plate connections, in the Netherlands it was decided to prepare a report [1] (*Figure 1*). The reason for this and the chosen set-up is explained in the next chapters.

Figure 1   Cover of the Dutch report [1] for column base plate connections.

2. Why recommendations for the design of column base plate connections?

The most frequently used type of connection between steel and concrete is undoubtedly the column base plate connection (*Figure 2*). For the design of this connection, the structural engineer may see himself confronted with the question which European document to apply: EN 1993-1-8 [5] or CEN/TS 1992-4 [6]? A first reaction may be: "It depends on the type of fastening applied". In case of a relatively short anchor, like headed fasteners or post-installed fasteners, CEN/TS 1992-4 applies, whereas in case of anchors with steel yielding as governing mechanism EN 1993-1-8 applies. But is it that simple and will all the rules be clear to the structural engineer? In that respect it can be mentioned that:

- EN 1993-1-8 gives the opening to use other fixings unless adequately tested and approved;
- For the same mechanisms different approaches are used and rules are given in [5] and [6] which show a significant difference in result;
- CEN/TS 1992-4 mainly concentrates on the tensile behavior of the connection using an elastic design approach assuming a sufficient stiff base plate, while transfer of large compressive forces is not dealt with;
- For several issues related to concrete EN 1993-1-8 refers to Eurocode 2 (EN 1992-1-1 [4]) while the required information cannot be found there;
- Column base plate connections are often situated at edges of floor slabs (*Figure 3*) or on foundation beams with almost the same width as the base plate, where application of CEN/TS 1992-4 will be difficult or even impossible, because of small edge distances.

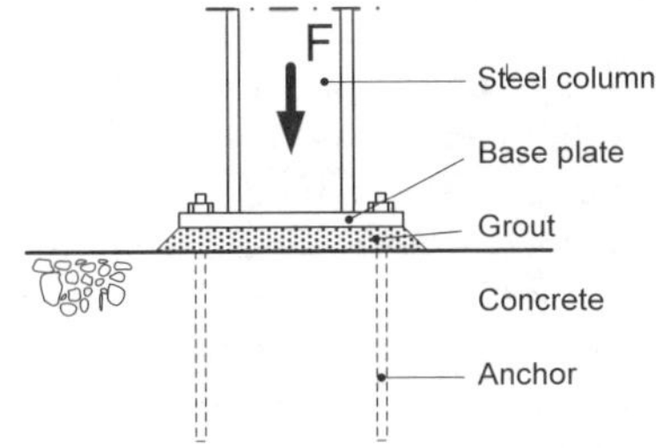

Figure 2 Typical detail of a column base plate connection.

Figure 3 Examples of column base plate connections at edges of floor slabs.

Furthermore, in EN 1993-1-8 [5] the design rules are given for all types of joints. As a result, the column base plate connection is not treated separately, but it is integrated in the so-called "component approach". The advantage is that the rules are fully consistent with the design approach for steel-steel connections. This, however, makes the rules not easy accessible for users.

To conclude, in the Netherlands there was the opinion that for design of column base plate connections:
- the rules to apply are not easy to find;
- some aspects are not dealt with consistently in the different Codes;
- a number of aspects is dealt with only vaguely or left out completely.

So, it was felt that there are enough arguments to make a report with recommendations for the design of column base plate connections in order to give guidance to the structural engineer.

3. Set-up of the report

There are many appearances for base plate connections and also the loading conditions may vary significantly. As a result, the rules that apply to all different situations, are complex, even for simple base plate configurations. For the report [1] it was decided to present a number of basic cases, using the common situation as shown in *Figure 4* and starting very simple. The various cases dealt with, are:

A. Centric compression (only N_{Ed})
B. Normal force and bending (combination of N_{Ed} and M_{Ed})
C. Shear (only V_{Ed})
D. Combination of shear, normal force and bending (combination of N_{Ed}, M_{Ed} and V_{Ed})
E. Other types of base plate connections and special aspects

Furthermore, for each of the cases A to D, first the situation of no edge influences was treated, followed by the situation that edges of the concrete foundation influence the design.

Starting point for the design was Eurocode 3: EN 1993-1-8 [5]. It is assumed that a leveling layer of grout is applied and for the anchoring in the concrete foundation use can be made of:
- a hook of a smooth steel bar;
- threaded rods with anchor plate;
- headed fasteners
- fasteners with an European Technical Approval

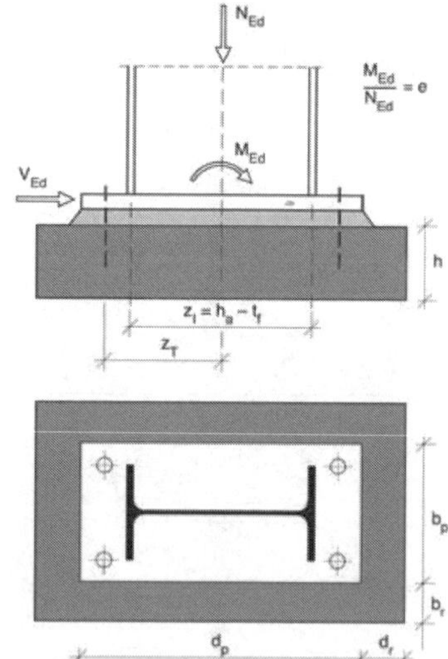

Figure 4 Used common column base plate situation.

Though not mentioned explicitly in EN 1993-1-8 [5], in [1] hooks are supposed to be of smooth steel with a threaded end, since these appear to be applied in practice. In order to give general rules for the criterion of the edge distance (when it plays a role in the design or not), distinction is made in between two groups of anchors:

- anchors on bond, like the anchorage of longitudinal reinforcement (EN 1992-1-1 [4])
- anchors with mechanical anchoring, where the resistance is determined by an effective depth h_{ef}.

Though most attention in the report [1] is on the design of the column base plate connection in the ultimate limit state, also a method for determining the stiffness is given and attention is paid to execution. Furthermore, the report contains a commentary, where inconsistencies and omissions in the Codes are discussed and the proposed solutions are explained. Furthermore, the calculation method has been illustrated with a number of worked examples.

4. Discussion on several items

4.1 General

In the report [1], for several items inconsistencies in the Codes are discussed and choices had to be made for the design. As mentioned before, EN 1993-1-8 [5] was taken as starting point. Nevertheless, differences with rules in other Codes are discussed. Furthermore, for several aspects that were not dealt with in the Codes the background for the proposed design rules is presented. With respect to the latter, in general it can be mentioned that for the transfer of compressive, tensile and shear forces into the concrete foundation, rules are given in EN 1993-1-8. For the consequences of these load introductions into the foundation, reference is made to EN 1992-1-1 [4], where no specific rules are given that can be applied. This implies that the structural engineer has to solve it by engineering judgment. As an example, the situation of a column base plate connection, directly adjacent to an edge of the foundation and loaded with a normal force, bending moment and shear force, the latter transferred by friction, is shown in *Figure 5*.

4.2 Plastic design approach

It is obvious that for (short) fasteners with concrete failure as possible governing mechanism an elastic approach is to be applied. Though also CEN/TS

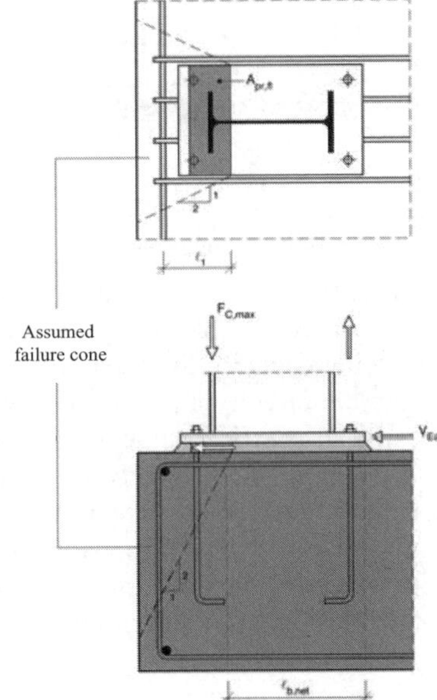

Figure 5 Situation of column base plate connection at edge of foundation.

1992-4 [6] is based on an elastic approach, in Annex B of [6] also rules for a plastic design approach are given. Besides a number of conditions that should be met in order to ensure ductile steel failure, for the concrete failure mechanisms it is required that the design value is 1,25 times higher than the design value for steel failure of the fastener based on the steel tensile strength.

Like in EN 1993-1-8 [5], the plastic design approach is applied in the report [1]. It is regarded to be important to do so, because in practice the schematization of the structure, of which the connection is part of, is often not exactly according to its real behavior. In a frame the load distribution depends on the stiffness of the components, including the column base plate connection. In practice, in general a hinge or a fully stiff connection (*Figure 6*) is assumed. A schematization with a hinge is conservative for the structure, but not necessarily for the base plate connection. The base plate connection is than calculated for a centric loading, while in general it is not fully free to rotate (*Figure 4*), so also a bending moment will occur. In case of a ductile behavior of the connection with sufficient rotational capacity, this is not a problem. Furthermore, temperature effects or support settlements are often not taken into account, which is also not a problem in a plastic design approach.

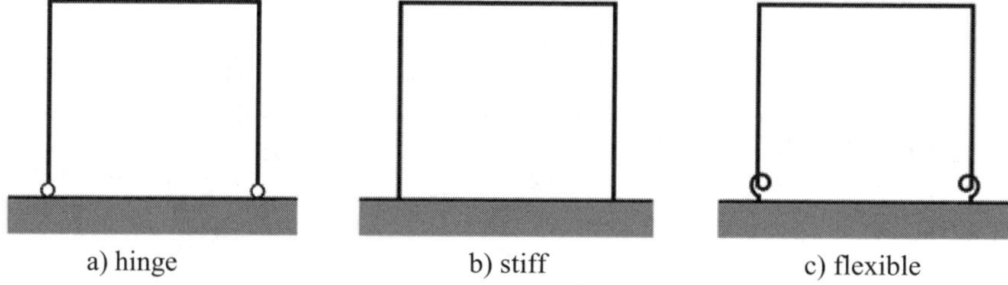

Figure 6   Possibilities for the schematization of the connection.

In order to secure that ductile behaviour actually occurs, similarly to CEN/TS 1992-4 [6] it is required that the capacity for brittle concrete failure is 1,25 times higher than the governing capacity for steel failure (either tensile failure of the fasting or yielding of the base plate directly adjacent to the column). In case of small tensile forces, for instance because of practical dimensions for the fasteners and the base plate, this may still result in a required high capacity for concrete failure. Therefore, it is allowed not to fulfill the plasticity requirement when the capacity of brittle concrete failure is at least 1,7 times higher than the existing tensile load (design values). De factor 1,7 is chosen in analogy with requirements for minimum dimensions of welds and the calculation of corner connections in steel structures.

4.3 Base plate and concrete foundation in compression

The resistance is determined by an equivalent rigid plate concept. In *Figure 7* it is shown how an equivalent rigid plate is defined to replace a flexible plate in case the base plate connection is loaded by an axial force only. This rigid plate follows the footprint of the column. The resistance is now determined by two parameters: the bearing strength of the concrete and the dimensions of the equivalent rigid plate. The flexible base plate is replaced by an equivalent rigid plate with an area equal to the sum of the area under the T-stub under the column web (2) and the area under the two T- stubs under the column flanges (1 and 3).

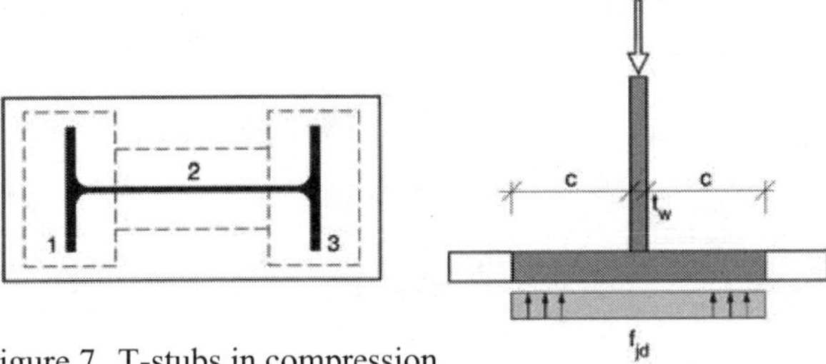

Figure 7   T-stubs in compression.

The additional bearing width c of the T-stub is determined on the basis of the following assumptions:

- No plastic deformations occur in the flange of the T-stub, so that the flange remains relatively flat. Therefore, the resistance per unit length of the T-stub flange is taken as the elastic resistance:

$$m_{bp} = t^2 f_y/6 \qquad (1)$$

- It is assumed that the T-stub is loaded by a uniform stress distribution. The bending moment per unit length on the base plate acting as a cantilever of span c is:

$$m_{bp} = f_{jd} \, c^2/2 \qquad (2)$$

- The equivalent width c can be resolved by combining equations (1) and (2):

$$c = t \, [f_y \, /(3f_{jd}) \,]^{0,5} \qquad (3)$$

The bearing strength of the concrete under the plate is dependent on the size of the concrete block. According to EN1992-1-8 [5] with reference to EN1992-1-1 [4] for a partially loaded concrete area, the design bearing strength of the joint f_{jd} is determined by:

$$f_{jd} = \beta_j \, k_d \, f_{cd} \qquad (4)$$

with

$$k_d = (A_{c1}/A_{c0})^{0,5} \le 3,0 \text{ (see } Figure \ 8) \qquad (5)$$

β_j is the foundation joint material coefficient, which may be taken as 2/3 provided that the characteristic strength of the grout is not less than 0,2 times the characteristic strength of the concrete foundation and the thickness of the grout is not greater than 0,2 times the smallest width of the steel base plate. In cases where the thickness of the grout is more than 50 mm, the characteristic strength of the grout should be at least the same as that of the concrete foundation.

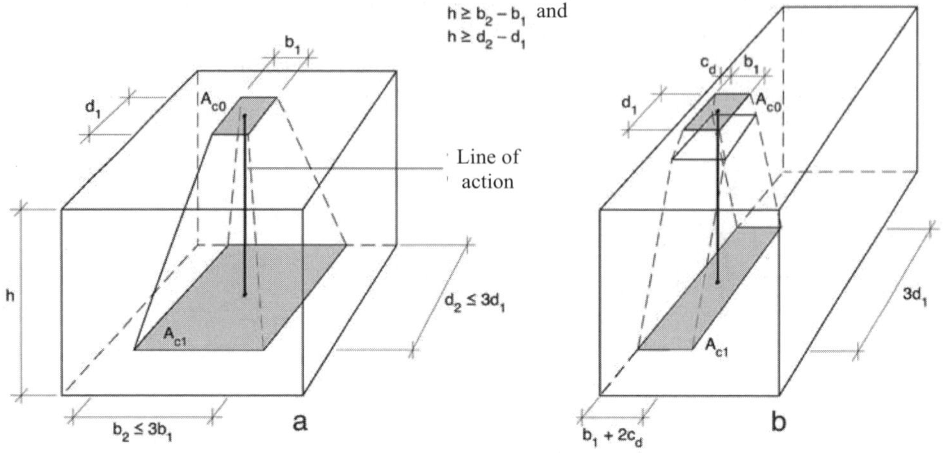

Figure 8 Design distribution for partially loaded areas according to EN 1992-1-1 [4] (a) and the distribution in case of an area loaded at an edge (b).

The following remarks can be made:

- The limit for the characteristic strength of the grout according to EN 1993-1-8 [5] is very low. In EN 1992-1-1 [4] grout layers are not dealt with, but in CEN/TS 1992-4 [6] for the leveling layer a compressive strength ≥ 30 N/mm^2 is required. In the report [1] it was decided to apply the rule in EN 1993-1-8 because this Code fits the best to the application and has not led to problems in several decennia.

- In EN 1992-1-1 [4] it is stated that the shape of the maximum design area A_{c1} should be similar to the loaded area A_{c0}, which might suggest that d_2/b_2 has to be equal to d_1/b_1 with implies that the situation as sketched in *Figure 8b* is not allowed. Based on the literature that was used many years ago for this rule, it was found that the situation in *Figure 8b* is okay. This was communicated with and confirmed by the Dutch commission for the structural concrete Code.

- Due to spreading of the concentrated load in the foundation, tensile splitting stresses occur. EN 1992-1-1 [4] states in this respect: *"Reinforcement should be provided for the tensile force due to the effect of the action."*. In [1] it is explained that in many cases it will not be necessary to apply special reinforcement for the splitting stresses under the concentrated load of a column base plate. In [1] it is proposed that reinforcement for the tensile force is not required if $N_{Ed}/A_{c0} \leq f_{cd}$ or $N_{Ed}/A_{c1} \leq 5$ N/mm^2, with N_{Ed} being the design value for the compressive force, f_{cd} the design value for the uniaxial compressive strength of the concrete and A_{c0} and A_{c1} according to *Figure 8*. If this requirement is not fulfilled, then, adopting the rule in 9.8.4 of EN 1992-1-1 for a *'column footing on rock'*, in the direction parallel to b_1 and b_2 a splitting force equal to $F_{sb}=0{,}25[1-(b_1/b_2)]$ should be taken into account and in a similar way also for the perpendicular direction.

4.4 Base plate in bending and anchors in tension

For basic situation B (normal force and bending moment) three different situations with respect to the stress distribution in the joint are distinguished:

I. Only compression if $N_{Ed} \leq 0$ (compression) and $e < 0,5 \, z_I$
II. A compression zone and tensile zone
III. Only tension if $N_{Ed} > 0$ (tension) and $e < 0,5 \, z_T$

In *Figure 9* the determination of the compressive force F_C and tensile force is shown for situation I and II. For reasons of simplicity, the contribution of a part of the T-stub under the web of the column to the compression force is not taken into account. As a result there is a discontinuity in the transition from only a centric compression force to a combination of a compression force and bending moment.

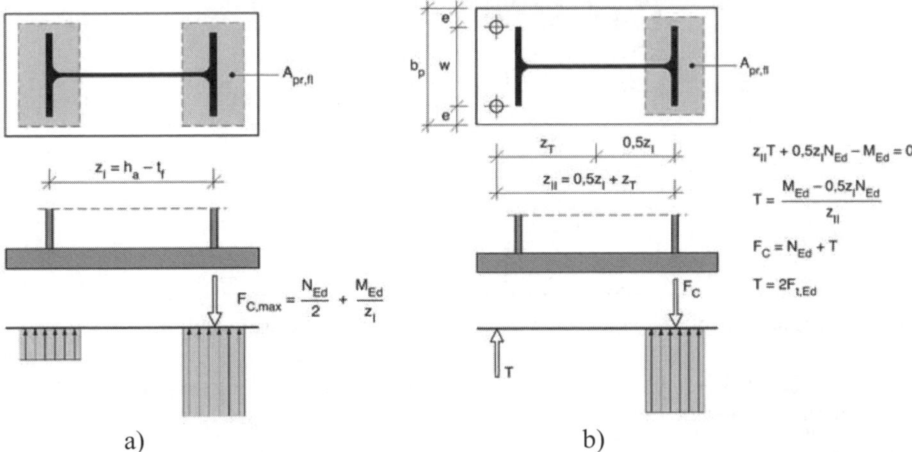

Figure 9   Compressive forces for situation I (a) and compression and tension force for situation II (b).

In case of hooks of smooth steel, the required anchorage length is determined according to EN 1992-1-1 [4]. Because of the use of smooth steel, which is not incorporated in EN 1992-1-1, the required anchoring length is multiplied by a factor 2 according to the last Dutch concrete Code. For anchors with a mechanical anchoring at a depth equal to h_{ef}, as much as possible the rules in CEN/TS 1992-4 are applied (*Figure 10*). Also recommendations are given for the application of splitting reinforcement is case of a column base plate connection near an edge or a corner of the concrete foundation.

4.5 Shear resistance

Similar as discussed before for the required strength of a leveling layer, in the report [1] for the shear resistance, rules according to EN 1993-1-8 are applied. These differ significantly from those in design guides for fasteners (e.g. CEN/TS 1992-4). These rules originate from National Codes for steel structures (e.g. those in The Netherlands), where they have been applied for many years.

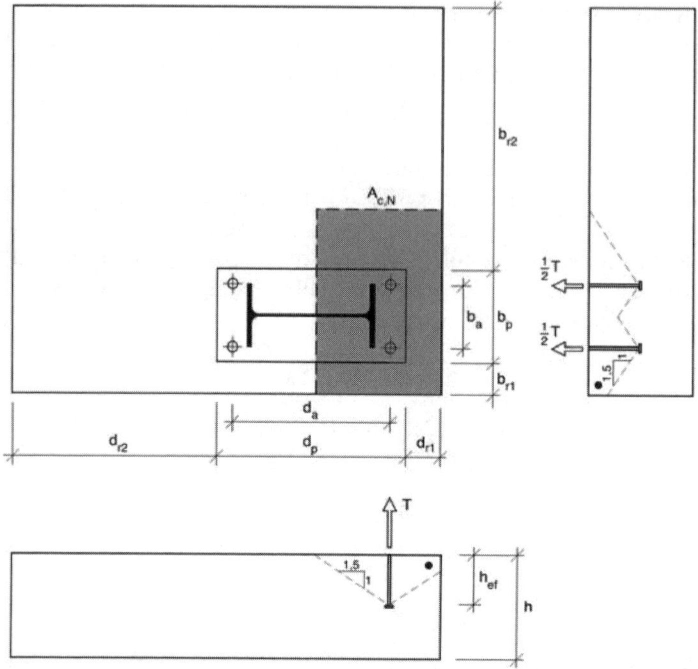

Figure 10   Column base plate connection with two headed anchors at an edge loaded in tension.

Similarly to 6.2.2 of EN 1993-1-8 [5], the design shear resistance $F_{v,Rd}$ of a column base plate connection should be derived as follows:

$$F_{v,Rd} = F_{f,Rd} + nF_{vb,Rd} \qquad (6)$$

The design friction resistance $F_{f,Rd}$ is to be derived as follows:

$$F_{f,Rd} = C_{f,d}\, F_C \qquad (7)$$

where:

$C_{f,d}$ is the coefficient of friction. The following values may be used:
- for sand-cement mortar $C_{f,d} = 0{,}20$;
- for other types of grout $C_{f,d}$ should be determined by testing.

F_C is the design value of the normal compressive force in the column.

n is the number of anchors in the base plate that contribute to the shear resistance.

$F_{vb,Rd}$ $\min[F_{1,vb,Rd};\ F_{2,vb,Rd}]$

$F_{1,vb,Rd}$ is the bearing resistance of the anchor bolt calculated as for a normal bolt.

$F_{2,vb,Rd}$ $= \alpha_b\, f_{ub} A_s\, /\gamma_{Mb} \qquad (8)$

α_b $= 0{,}44 - 0{,}0003\, f_{yb}$

f_{yb} is the yield strength of the anchor bolt, where $235\ \text{N/mm}^2 \leq f_{yb} \leq 640\ \text{N/mm}^2$

γ_{Mb} $= 1{,}25$

The following remarks can be made:

- The design method in EN1993-1-8 is based on the results of a research project (*Figure 11*), carried out at the Delft University of Technology [7]. These tests aimed to investigate the behaviour of a base plate under shear, while so called cast-in-place long anchors were applied and failure of the concrete block was prevented by appropriate reinforcement.

Figure 11   Test specimen loaded by shear force [7]

- In EN 1993-1-8 it is stated: *"If anchor bolts are used to resist the shear forces between the base plate and its support, rupture of the concrete in bearing should also be checked, according to EN 1992."* In EN 1992-1-1, however, no rules are given for this specific situation, so the structural engineer has to apply engineering judgment or apply rules in CEN/TS 1992-4 [6] for hanger reinforcement.
- In the report [1] the reinforcement to apply in such a situation is discussed.
- The shear resistance according to the rules described, is very much higher than the value according to the rules in CEN/TS 1992-4. The applicability for shorter anchors should be investigated.
- Similar to EN 1993-1-8 the design shear resistance may be based on the summation of friction and shear capacity of the anchors. This summation, however, seems to be in contradiction with other clauses of the clauses EN 1993-1-8 [5]: 6.2.2(5) and 6.2.8.1(5).
- According to EN 1993-1-8, for the shear resistance also special elements such as block or bar shear connectors may be used, while for its design reference is made to EN 1992. But this is not explicitly covered in that document.

4. Concluding remarks

Column base plate connections are very often applied in practice. In the past (*several decennia ago*), the design of these connections was dealt with in the national Code for steel structures, with some reference to the national Code for concrete structures; at least that was the case in the Netherlands. A plastic design approach was applied. Steel failure had to be the governing failure mechanism, like in the *reinforced concrete technique*. With the enormous development of the *fastening technique* in the last decennia, connections between steel and concrete are more and more executed with short anchors, pre- or post-installed. Since concrete failure may also be governing in this technique, most attention is paid to an elastic approach. Looking at the European standards (Eurocodes 2 and 3 and CEN/TS 1992-4) that are developed in recent years, the author is of the opinion that harmonization between these different documents could be better and still should be addressed. In that respect it is regarded to be advantageous for the structural engineer when there is a document addressing the full range of column base plate connections ranging from those loaded with high compressive loads till those where the compressive stresses are of secondary importance and the design is mainly governed by transfer of tensile stresses in the concrete foundation. Furthermore, the consequences of the introduction of forces from the connection into the concrete foundation should be better addressed. With the Dutch report for column base plate connections [1] the author, together with Prof. Stark, has attempted to make a first step in the described direction. Another example of a document where for base plate connections old knowledge originating from steel Codes is combined with more recent knowledge of fastenings, is [8], by the American Institute of Steel Construction.

Acknowledgement

The author is indebted to Prof. Jan Stark, with whom the last decennium several efforts related to the design of column base plate connections were employed and the report [1] was produced.

References

1. Hordijk, D.A. and Stark, J.W.B., 'Column base plate connections; Recommendations for the design according to the Eurocodes', CUR/BmS-report 10, CURNET/Bouwen met Staal, 2009 (in Dutch).
2. Stark, J.W.B. and Hordijk, D.A., 'Where structural steel and concrete meet', in 'Connections between Steel and Concrete', Proceedings International Symposium, Stuttgart, 2001 (RILEM Publications S.A.R.L.) 1-10.
3. Stark, J.W.B., 'Where structural steel and concrete meet', Proceedings of the 2008 Composite Construction in Steel and Concrete Conference VI, 2008, 406-416.
4. EN 1992-1-1: Eurocode 2: 'Design of concrete structures – Part 1-1: General rules and rules for buildings', CEN, 2004.
5. EN 1993-1-8: Eurocode 3: 'Design of steel structures - Part 1-8: Design of joints', CEN, 2005.
6. CEN/TS 1992-4-..:2009, 'Design of fastenings for use in concrete', CEN TC 250. Part 4-1: 'General', Part 4-2: 'Headed fasteners', Part 4-3: 'Anchor channels', Part 4-4: 'Post-installed fasteners - mechanical systems', Part 4-5: 'Post-installed fasteners - chemical systems'
7. Bouwman, L.P., Gresnigt, A.M. and Romeijn, A., 'Research into the connection of steel base plates to concrete foundations' (in Dutch), Stevin Laboratory report 25.6.89.05/c6, Delft university of Technology, 1989.
8. 'Base plate and anchor rod design', American Institute of Steel Construction inc., Second Edition, 2006.

BEFESTIGUNGSTECHNIK IN DER PRAXIS – PERSÖNLICH ERLEBT

Jürgen Küenzlen, Rüflensmühle

1. Eine Brückenbaustelle in Süddeutschland

Meine Heimatgemeinde Oppenweiler – ca. 40 km von Stuttgart entfernt – hat im Jahr 2009 eine Brückensanierung bzw. -verstärkung durchgeführt [1]. Bei dieser Baumaßnahme wurden die seitlichen Brückenwiderlager aus Beton bzw. Naturstein teilweise abgetragen sowie der Brückenmittelpfeiler aus Beton abgetrennt und neu aufgebaut, um die Tragfähigkeit der Brücke von 30 auf 60 Tonnen zu erhöhen.

An dieser Brücke ist seit über 100 Jahren das um 1897 durch die Gemeinde Reichenberg errichtete Stauwehr zur Stauhaltung für meine private Wasserkraftanlage befestigt bzw. stützt sich an den Widerlagern und dem Mittelpfeiler dieser Brücke ab (Bild 1).

Bild 1. Stauhaltung der Wasserkraftanlage Rüflensmühle in Oppenweiler, vor Baubeginn

Für dieses Stauwehr ist meine Familie seit dem Jahre 1897 bedien- und unterhaltspflichtig. Aus diesem Grund war mir eine standsichere und dauerhafte „Neuanbindung" des Fundamentes des Getriebemotors und des Wehrmittelträgers ein persönliches Anliegen. Eine solche Verbindung ist als sicherheitsrelevant zu betrachten, da bei einer Setzung bzw. Schiefstellung des Fundamentes des Getriebemotors eine Öffnung der Schützentafeln bei Hochwasser nicht mehr sichergestellt werden kann, weil der mechanische Antrieb dann nicht mehr richtig funktioniert. Außerdem treten bei Hochwasser bei einer Wehrbreite von 14 m und einer Wehrhöhe von rund 2 m hohe Kräfte auf, die in die Brückenkonstruktion weitergeleitet werden müssen.

Auch wenn man sich täglich mit der Befestigungstechnik beschäftigt, hat man nur sehr selten so tiefe persönliche Einblicke in die Details eines Bauprojektes. Ich möchte diese Baustelle zum Anlass nehmen, um darzustellen, wie in der Baustellenpraxis teilweise mit den theoretischen Vorschriften und Regelungen sowie den Produkten der Befestigungstechnik umgegangen wird. Bei diesem Projekt kamen Produkte von drei namhaften deutschen Befestigungsmittel-Herstellern zum Einsatz.

Dieses Praxisbeispiel soll den interessierten Leser zum Nachdenken darüber anregen, ob im Bereich der Befestigungstechnik nicht über die Notwendigkeit diskutiert werden müsste, an die Aus- und Weiterbildung von Monteuren, Planern und vor allem der überwachenden Instanzen höhere Anforderungen zu stellen. Auf Grund meiner langjährigen beruflichen Tätigkeit im Bereich der Befestigungstechnik bin ich der Meinung, dass diese Anforderungen für die Montage in sicherheitsrelevanten Bereichen erhöht werden sollten. Nachdem ich persönlich die Erfahrungen machen konnte/musste, welche Auswirkungen der Umgang mit Befestigungen haben kann, bin ich noch weit mehr der Meinung, dass in diesem Bereich dringende Veränderungen notwendig sind, um für die Zukunft ein Umdenken bei Monteuren, Planern und vor allem auch den Überwachenden zu erreichen.

Wir brauchen geeignete neue Mittel und Wege, die möglichst einfach und vor allen Dingen praxisgerecht sind, damit wir alle am Bau Beteiligten sensibilisieren können, dass es mehr als nur „Heimwerker-Kenntnisse" erfordert, wenn ein zugelassener Schwerlastdübel montiert werden soll.

Das nachfolgende Beispiel soll als Anregung dienen, über neue Wege in diesem Bereich nachzudenken. Das Beispiel stellt nur die tatsächlichen Vorgänge bei dieser Baumaßnahme im Detail dar und versucht, einen einfachen Verweis auf die derzeit vorhandenen Regelwerke und Unterlagen in den betroffenen Bereichen herzustellen, um die aufgetretenen Diskrepanzen aufzuzeigen. Es sollen keine Lösungsvorschläge für die notwendigen Veränderungen diskutiert werden, da fürs Erste erreicht werden soll, dass dieses Thema erneut aufgegriffen und wieder diskutiert wird.

2. Nachträglich eingemörtelte Bewehrungsstäbe in der Baustellenpraxis
2.1 Allgemeines

Im Rahmen der vorgestellten Baumaßnahme wurden an verschiedensten Stellen nachträglich eingemörtelte Bewehrungsstäbe verbaut. Beispielsweise wurden die Aussparungen für die Bohrpfähle im Mittelpfeiler verschlossen (Bild 2a) oder ein neues Widerlager auf das ursprüngliche Natursteinwiderlager aufbetoniert (Bild 2b), nachdem dieses vorher durch Bohrpfähle gesichert worden war.

a)   b)

Bild 2. Nachträglich eingemörtelte Bewehrungsstäbe im Mittelpfeiler (a) und im Natursteinwiderlager (b)

Persönlich konfrontiert war ich mit diesem Thema bei der Sicherung des Antriebsfundamentes, das zur Stauhaltung gehört (vgl. Bild 1). Aus diesem Grund gehe ich im Detail nachfolgend nur auf diese Maßnahme ein.

2.2 Ausgeführte Maßnahme für das Antriebsfundament

Auf einem der seitlichen Widerlager der genannten Brücke ist seit Jahrzehnten das Fundament des Antriebes einer der beiden Wehrtafeln aufgesetzt. Dieses Widerlager bestand bis zu Beginn der Baumaßnahme hauptsächlich aus Naturstein und Beton. Mit Beginn der Abbrucharbeiten wurde das Widerlager so weit entfernt, dass nur noch eine äußere „Begrenzungswand" stehen blieb (Bild 3). Auf dieser „Restwand" stand das Fundament des Antriebes. Da für diesen Antrieb ein standsicherer Unterbau erforderlich ist, war ich darüber irritiert, dass die komplette ursprünglich vorhandene Verbindung zwischen „Restwand" und Widerlager bzw. Betonfundament, die seinerzeit u. a. durch Bewehrungsstäbe realisiert worden war, vollständig entfernt wurde. Seitens der Bauleitung hatte man sich deshalb dazu entschieden, wieder eine Verbindung zwischen Wand bzw. Fundament und dem neu zu betonierenden Widerlager mittels eingemörtelter

Bewehrungsstäbe herzustellen. Dies war der erste Kontakt zur praxisnahen Planung und Ausführung von eingemörtelten Bewehrungsstäben in Bezug auf die von mir zu unterhaltende Stauhaltung.

Bild 3.   Antriebsfundament nach Abbruch des Brückenwiderlagers

Meine „Bedien- und Unterhaltspflicht" wahrnehmend, bat ich das planende Ingenieurbüro per E-Mail [2], mir einen Nachweis für die ausgeführten Arbeiten zur Verfügung zu stellen, um diesen entsprechend prüfen zu können. Derzeit gibt es im Bereich der eingemörtelten Bewehrungsstäbe mit den bereits erteilten europäischen technischen Zulassungen sowie den in Deutschland zusätzlich dazu erforderlichen nationalen Anwendungszulassungen umfangreiche Regelwerke, wie solche Maßnahmen zu planen, auszuführen und zu dokumentieren sind. So heißt es beispielsweise in [3]:

„Die Bewehrungsanschlüsse sind ingenieurmäßig zu planen. Unter Berücksichtigung der zu verankernden Lasten sind prüfbare Berechnungen und Konstruktionszeichnungen anzufertigen".

Ich war daher davon ausgegangen, dass solche Unterlagen auch bei dieser – für den Hochwasserschutz sicherheitsrelevanten – Brückenbaumaßnahme vorhanden sind bzw. entsprechend erstellt worden waren.

Auf meine Bitte [2] wurde mir per E-Mail [4] folgendes mitgeteilt:

„[...] Die seitliche Kammerwand des Widerlagers haben wir entsprechend dem Bestand bis unter das Wehrantriebsfundament betoniert. Hierzu ist es eine Selbstverständlichkeit, dass man zwei aneinanderliegende Bauteile schubfest miteinander verbindet. Zumal sich das Wehr an der Brücke abstützt. Dies wurde mit 6 Eisen Durchm. 16 mm vertikal und 5 Eisen Durchm. 16 mm horizontal ausgeführt. Die Bohrungen sind ca. 45 cm lang ins Fundament geführt. Die Eisen wurden mit WIT-C 100 der Fa. Würth eingeklebt. [...] “.

Hierzu sei angemerkt, dass es sich bei der genannten Injektionsmasse WIT-C 100 um ein Produkt für untergeordnete Befestigungen ohne Zulassung handelt.

Da ich auf Grund der realen Ausführung nach Bild 4 Bedenken in Bezug auf die Ausführung dieser Verbindung hatte, bat ich den zuständigen Landrat um Vermittlung zwischen Gemeindeverwaltung und meiner Person [5]. Mit Schreiben vom 26.11.2009 erfolgte – im Auftrag des Landrates – die Beurteilung der Situation durch den ersten Landesbeamten des Landkreises. Dieser teilte mir in [6] mit:

„Für die Durchführung der Baumaßnahmen an der Brücke war es erforderlich, die Verbindungen der Wehranlage zu trennen. [...] die Gemeinde hat das Ingenieurbüro [...] und das Ingenieurbüro [...] mit der Bauleitung und -planung beauftragt. Die Verankerung wurde vom Statiker vorgegeben und durch die Baufirma [...] ordnungsgemäß ausgeführt. Die Befestigung der Wehranlage ist nach baulich anerkannter Grundlage erfolgt“.

Der Leser möge sich nun selbst eine Meinung dazu bilden, inwieweit die in Bild 4 dargestellten Bewehrungsstäbe zu den schriftlichen Formulierungen passen.

Es folgten weitere Schreiben, in denen ich meine Bitte wiederholte, mir die entsprechenden statischen Nachweise für die ausgeführten Verbindungen zur Verfügung zu stellen. Mit Schreiben vom 10.02.2010 erfolgte eine umfangreiche schriftliche Stellungnahme durch den damaligen Bürgermeister [7]. In diesem Schreiben heißt es unter anderem:

- *Die Anbindung des Motorenfundamentes ist ordnungsgemäß erfolgt. Auf die beigefügte Bescheinigung des Ingenieurbüros [...] verweise ich.*
  (Anmerkung: In dieser Bescheinigung [8] steht: *„Das abgeschnittene Teil des Natursteinfundamentes wurde durch Ortbeton ersetzt. In diesem Zusammenhang wurde auch eine zugfeste Verbindung mit dem neuen Widerlager durch eingemörtelte Bewehrungsstäbe hergestellt. “*)
- *„Es ist ordnungsgemäß das zugelassene Induktionsmaterial verwendet worden. Die ursprüngliche Auskunft war fehlerhaft. Die Zulässigkeit ist aus beigefügter Kopie ersichtlich“*

Bild 4. Sicherung des Motorenfundamentes auf einer Beton-/Natursteinmauer mittels nachträglich eingemörtelter Bewehrungsstäbe, ausgeführte Arbeiten

Als Kopie erhielt ich das Deckblatt der allgemeinen bauaufsichtlichen Zulassung Z-21.8-1647 der Firma Upat GmbH & Co. KG vom 17. August 2000 mit Geltungsdauer bis zum 31. August 2005. Dieses Deckblatt der Zulassung war dem Bürgermeister am 27.01.2010 vom planenden Ingenieurbüro gefaxt worden, wie aus der Kopie ersichtlich war.

Mit Schreiben vom 14.01.2010 [9] fragte ich nochmals beim ersten Landesbeamten auf Grund seines Schreibens vom 26.11.2009 [6] nach und legte ihm meine fachliche Meinung zur Ausführung der nachträglich eingemörtelten Bewehrungsstäbe im Fundament dar. Ein weiteres Mal bat ich um eine Einsicht in die Akten, da die ordnungsgemäße Ausführung von nachträglich eingemörtelten Bewehrungsstäben z. B. nach [10] oder [11] entsprechend zu dokumentieren ist:

„[...] bei der Herstellung der Bewehrungsanschlüsse muss ein Bauleiter des betrauten Unternehmens oder dessen fachkundiger Vertreter auf der Baustelle anwesend sein. Er hat für die ordnungsgemäße Ausführung der Arbeiten zu sorgen und die Kontrolle zu dokumentieren (Montageprotokoll).“

Es folgte ein Antwortschreiben des Landratsamtes Rems-Murr-Kreis [12]:

„Entfernung von Verbindungen – fachliche Qualität /Qualifikation der beauftragten Unternehmen: Die Gemeinde hat die aus ihrer Sicht geeigneten Unternehmen beauftragt. Dem Landratsamt liegen keine Hinweise vor, die zu Zweifeln an der fachlichen Qualifikation der von der Gemeinde beauftragten Unternehmen/Ingenieurbüros führen. Eine persönliche Einschätzung Ihrerseits bleibt Ihnen unbenommen. Nach Prüfung der Angelegenheit kann diese jedoch vom Landratsamt nicht geteilt werden“.

Des Weiteren gewährte mir die Verwaltung von Oppenweiler nunmehr Einsicht in die vorhandene Bauakte. Bei dieser Gelegenheit stellte ich nochmals die Frage nach dem verwendeten Injektionsmaterial und wies darauf hin, dass die in [7] vorgelegte Zulassung bereits vor rund 5 Jahren abgelaufen war. Der für diese Bausache zuständige Mitarbeiter entgegnete mir daraufhin, dass er vom Planer ein „Verlängerungsschreiben“ dieser Zulassung in den Akten hätte. In der Akte fand sich ein Verlängerungsschreiben für einen Brandprüfbericht für einen Befestiger der Firma fischerwerke GmbH & Co. KG.

3. Anbindung des Wehrmittelträger

3.1 Allgemeines

Die beiden Wehrtafeln sind jeweils ca. 7 m breit und 2 m hoch. Im Bereich des Mittelpfeilers stützten sich beide Tafeln in der Vergangenheit direkt über eine Führungsschiene gegen den Mittelpfeiler ab. Zur Vorbereitung der Verstärkung des Mittelpfeilers wurde dieser abgeschnitten. Diese Situation zeigt Bild 5. Dabei stellte sich heraus, dass der Mittelpfeiler nicht nur die Funktion einer Abstützung hatte, sondern im oberen Bereich durch ein einbetoniertes Stahlschwert mit angeschweißten Profilen auch eine zugfeste, starre Anbindung zwischen Brückenpfeiler und Mittelträger der Wehranlage realisierte (vgl. Bild 5).

Bild 5. Anbindung des Mittelträgers der Wehranlage nach Abbruch des Mittelpfeilers

Im Rahmen der Baumaßnahme wurde das Stahlschwert abgetrennt und durch einen schmalen Flachstahlstreifen ersetzt. Diesen Stahlstreifen und die Lage der Bewehrung eines zusätzlich eingebauten Betonsockels zeigt Bild 6a. Die fertige Konstruktion zeigt Bild 6b.

a)

b)

Bild 6. Anbindung des Mittelträgers im Bauzustand (a), nach Fertigstellung (b)

3.2 Nachweis der Standsicherheit

Meiner „Bedien- und Unterhaltspflicht" für das Stauwehr nachkommend, bestand ich darauf, dass ein statischer Nachweis vorgelegt wird, der die Gleichwertigkeit der ehemals vorhandenen Konstruktion mit der neuen Konstruktion belegt, um die Standsicherheit der Anlage auch zukünftig zu gewährleisten. Dazu wurde mir in [7] mitgeteilt:

„[...] die Standsicherheit der Wehranlage wurde durch die Gemeinde nicht überrechnet, da hieran keine Arbeiten durchgeführt wurden".

Da ich weiter einen entsprechenden Nachweis einforderte, wurde mir das Gutachten [16] vorgelegt. Darin heißt es beispielsweise:

- *[...] Horizontalkräfte können direkt über den Brückenmittelpfeiler abgeleitet werden, für die Vertikallasten muss das Wehr selbst bemessen sein. Verdrehmomente können sich allenfalls aus einer ungewollten Schiefstellung des Wehres ergeben [...]"*
- *„[...] Hierzu muss ausgeführt werden, dass die Wehrkonstruktion altersbedingt seine durch Regelwerke unterlegte Lebensdauer bereits deutlich überschritten hat (Anmerkung: Die letzte grundlegende Sanierung erfolgte Ende der achtziger Jahre). Die heute zur Anwendung kommenden Regelwerke auf der Grundlage probabilistischer Ansätze, die zu wesentlich höheren Lasten führen, gehen von einer maximalen zu erwartenden Lebensdauer von 50 Jahren aus. Von einer definierten langen Restlebensdauer kann somit von keiner Seite ausgegangen werden"*
- *Obwohl sich die Standsicherheit durch die im Zuge des Brückenneubaus ergriffenen Maßnahmen nicht oder nur im geringen Maße verringert haben kann, wird auf Vorschlag des Unterzeichners eine zusätzliche konstruktive Halterung [...] eingebaut. Dabei wird das vertikale T-Profil des Wehres mit stählernen Blechen, die an den neuen Betonsockel angedübelt sind und das Profil zwängungsfrei angeschlossen. Für diese Maßnahmen wurde vom Ingenieurbüro [...] eine Berechnung mit konstruktiven Angaben eingereicht und vom Unterzeichner überprüft. Die Unterlagen sind in Ordnung.*
-

Bild 7 zeigt eine Handskizze aus der Anlage des Gutachtens [16], die Angaben für die Befestigung eines Bleches an den Betonsockel mit Hilfe von Dübeln darstellt. In der Schwarz-Weiß-Kopie findet sich farbig eingetragen – vermutlich als Prüfvermerk – die Nummer einer europäischen technischen Zulassung (*„ETA-99/0011"*).

Dabei handelt es sich um die europäische technische Zulassung (ETA) des Würth Fixankers W-FAZ/S, W-FAZ/A4 oder W-FAZ/HCR[17]. In dieser ETA heißt es dazu unter Punkt 4.2:

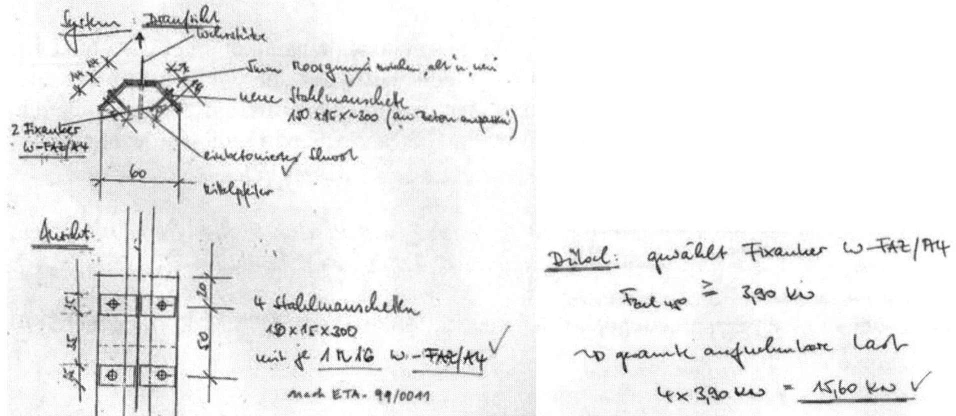

Bild 7. Auszug aus der Anlage zu [16]: Befestigung eines Bleches an den Betonsockel mit Hilfe von Dübeln (Kontrollhaken sowie Ergänzung der ETA-Nummer vermutlich bei der Prüfung erfolgt).

„Die Bemessung der Verankerungen erfolgt [...] unter der Verantwortung eines auf dem Gebiet der Verankerungen und des Betonbaus erfahrenen Ingenieurs. Unter Berücksichtigung der zu verankernden Lasten sind prüfbare Berechnungen und Konstruktionszeichnungen anzufertigen. Auf den Konstruktionszeichnungen ist die Lage des Dübels (z. B. Lage des Dübels zur Bewehrung oder zu den Auflagern, im gerissenen oder ungerissenen Beton usw.) anzugeben."

Für die Belastung des Dübels wurde nach Bild 7 $F_{zul45°}$ = 3,90 kN angegeben und – vermutlich vom Prüfer dieser Statik – entsprechend abgehakt. Als Nachweis der Herkunft von $F_{zul45°}$ = 3,90 kN lag der Anlage des Gutachtens eine Kopie der Bemessungshilfen der Firma Adolf Würth GmbH & Co. KG bei, die eine Tabelle mit zulässigen Lasten enthält. Die Bemessungshilfe lässt sich auf Grund der vorhandenen Markierung „08/2003" der Würth-Werbeabteilung auf das Jahr 2003 datieren. Die Tabelle mit den zulässigen Lasten war beispielsweise Bestandteil von [18]. Hier findet sich über dieser Tabelle – es handelt sich wohlgemerkt um eine Bemessungshilfe und nicht um eine Zulassung – der folgende optisch hervorgehobene (Warn-) Hinweis:

*„Die Kennwerte sind eine Orientierungshilfe und ersetzen **keine** exakte Dübelberechnung! "Nutzen Sie die Würth Dübeltechnik Berechnungssoftware [...], um die Dübel für Ihren Anwendungsfall zu berechnen."*

Die Aktualisierung dieser Tabellen wurde bereits vor vielen Jahren von der Adolf Würth GmbH & Co. KG eingestellt, da festgestellt worden war, dass diese Tabellen dazu verführten, auf eine genaue Bemessung des realen Anwendungsfalles zu verzichten.

3.3 Konstruktive Lösung

Zur Findung einer konstruktiven und tragfähigen Ausführung der zugfesten Anbindung der beiden Wehrtafeln an den Wehrmittelträger diskutierte ich den Sachverhalt und meine Fragen mit Herrn Dr. Block (Privatdozent an der Technischen Universität Dortmund, Fakultät Architektur und Bauingenieurwesen, Lehrstuhl Betonbau, Forschungsschwerpunkt Befestigungstechnik) und bat diesen, als Mediator mit dem erst seit einigen Wochen im Amt befindlichen neuen Bürgermeister zu sprechen. Herr Dr. Block schlug eine ganz einfache Stahlkonstruktion zwischen Wehrführungsschiene und Brückenpfeiler vor, die in Bild 8 als Skizze dargestellt ist.

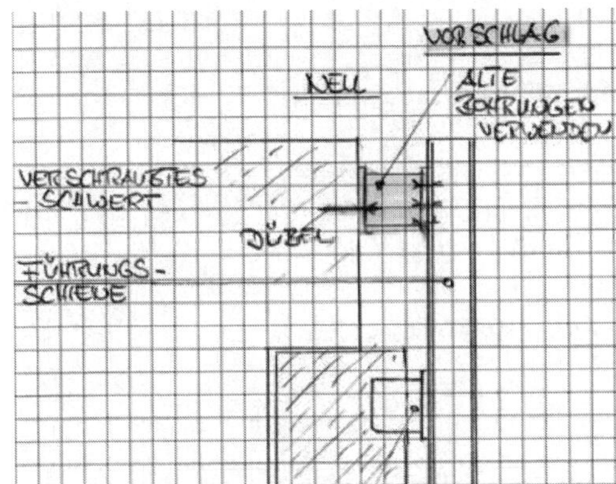

Bild 8. Handskizze von Herrn Dr. Block (TU Dortmund) zu Abstützung der Führungsschiene gegen die Brücke [13]

Diese Skizze übergab die Gemeindeverwaltung einem bisher in dieser Sache noch nicht tätig gewordenen Ingenieurbüro. Per E-Mail [14] erhielt ich die daraus resultierende Ausführungsplanung, die beispielhaft in Bild 9 dargestellt ist.

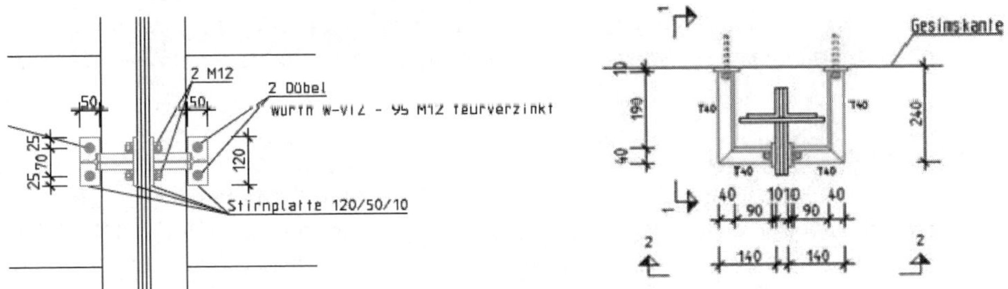

Bild 9. Planerische Umsetzung der Handskizze nach Bild 8 [14]

Die zu verwendenden Dübel zur Befestigung der vorgeschlagenen Stahlkonstruktion am Brückenpfeiler sind in den Plänen des Tragwerksplaners genau spezifiziert; sie werden dort mit „*Würth W-VIZ 95 M12 feuerverzinkt*" angegeben. Hierzu sei angemerkt, dass es seitens der Adolf Würth GmbH & Co. KG keine feuerverzinkte Version dieses Dübels gibt bzw. generell keine für den Außenbereich zugelassenen Produkte in der Version „feuerverzinkt" angeboten werden.

Nach Durchsicht der technischen Zeichnungen schrieb ich die Gemeindeverwaltung ein weiteres Mal an und teilte ihr u. a. mit, dass die in den Plänen ausgewiesenen Dübel gar nicht vom Monteur erworben werden können und dass die Abstützung nach der vorgelegten Ausführungsplanung direkt in der Führungsschiene der Wehrtafeln verschraubt werden würde, was ein Öffnen der Tafeln bei Hochwasser unmöglich machen würde.

Daraufhin erhielt ich einen Brief [15], der folgende Aussage enthielt:

> „*Allerdings möchte ich feststellen, dass Herr [...], dessen fachliche Qualifikation weiterhin unbestritten ist, seine Ausführungen eng an den Anregungen des von Ihnen als Experten benannten Herrn Dr. Block orientiert hat*".

4. Geländer-Befestigungen in der Baustellenpraxis

4.1 Allgemeines

Zum Schluss möchte ich noch einige Bilder der Geländer-Befestigung dieser Brücke zeigen und auf die zugehörigen Unterlagen eingehen. Bild 10 zeigt einen Geländer-Endpunkt auf einer historischen Betonwand. Für die Befestigung dieses Geländer-Endpunktes wurden Verbundanker HIT-RTZ der Firma Hilti Deutschland AG verwendet. Diese Dübel sind gemäß der europäischen technischen Zulassung ETA-04/0084 [19]

> „*[...] für die Verwendung vorgesehen, bei deren Anforderungen an die mechanische Festigkeit und Standsicherheit und die Nutzungssicherheit im Sinne der wesentlichen Anforderungen 1 und 4 der Richtlinie 89/106/EWG zu erfüllen sind und bei denen ein Versagen der Verankerungen zu einer Gefahr für Leben oder Gesundheit von Menschen und/oder erheblichen wirtschaftlichen Folgen führt.*"

4.2 Ausführung

Der minimal vorhandene Randabstand am Geländer-Endpunkt beträgt nach Bild 10 ca. 3cm. Nach Tabelle 2 in [19] ist im gerissenen Beton für den Dübel HIT-RTZ M12x75 ein minimaler zulässiger Randabstand von $c_{min} = 55$ mm einzuhalten. Als ich den ausführenden Monteur auf diese Abweichung ansprach und ihn auch auf die Verwendung des in der Zulassung vorgeschriebenen Drehmomentschlüssels (vgl. Tabelle 1 nach [19] $T_{inst} = 40$ Nm) hinwies, erhielt ich zur Antwort, dass ich eine ähnliche Meinung wie die Firma Hilti hätte, bei der er jüngst eine Befestigungstechnik-Schulung besucht hätte.

Bild 10. Befestigung Geländer-Endpunkt: „Gerissener Beton" und Randabstand
$c_{vorh} = 3$ cm

Die gesamte Geländer-Montage erfolgte in Durchsteckmontage. Das bedeutete in diesem Fall, dass das vollständige Geländer mit dem Autokran an Ort und Stelle gehoben und ausgerichtet wurde und erst dann die Dübel – durch die bereits werkstattseitig vorgebohrten Löcher in der jeweiligen Ankerplatte (am Fuß des jeweiligen Geländerpfostens) hindurch – montiert wurden (vgl. Bild 12). Gemäß der europäischen technischen Zulassung ETA-04/0084 ist für den gewählten Dübel sowohl die Vorsteckmontage als auch die Durchsteckmontage zulässig (vgl. z. B. [19], Anhang 1).

Bild 11. Geländer-Befestigung in der Praxis – Situation vor Ort im Mai 2012

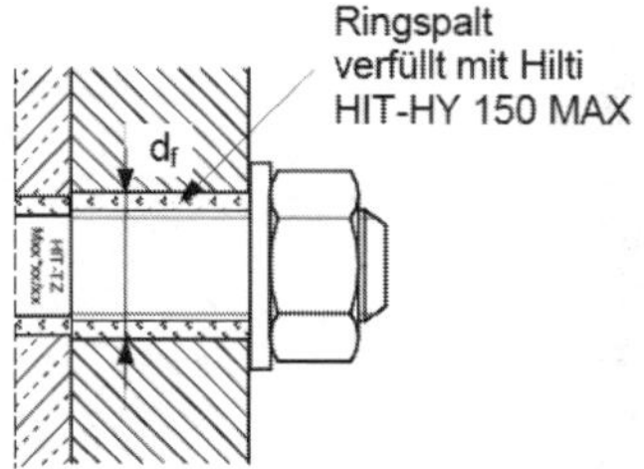

Bild 12. Durchsteckmontage des Hilti HIT-RTZ nach ETA-04/0084 [19]

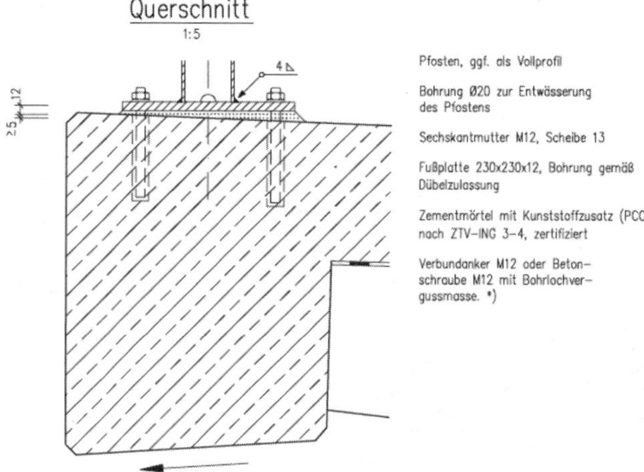

Bild 13. Verankerung mit Fußplatte – Beispiel mit Verbundankern gemäß [20]

Wie Bild 11 und Bild 15 zeigen, wurden alle Befestigungen mit einer Kunststoffkappe abgedeckt. Dazu wurden im Vorfeld alle Ankerstangen gekürzt (vgl. Bild 14) und damit verändert, da diese, wie noch teilweise in Bild 15 ersichtlich, bei festgeschraubter Sechskantmutter einen großen Überstand hatten. ETA-04/0084 legt dazu aber unter Punkt 4.2.2 das Folgende fest:

„Einbau nur so, wie vom Hersteller geliefert".

Bild 15 zeigt ein weiteres Montagedetail der Geländer-Befestigung. In diesem Bereich wurde der Endpfosten des Brückengeländers um einen zusätzlichen Zaunpfosten und einen Stahlwinkel „ergänzt". Insgesamt wurden vierzehn Dübel in einem Betonquerschnitt von ca. 40 x 30 x 20 cm eingebaut. Bereits bei der Montage kam es zum Abspalten der Betonkante. Diese wurde wieder „angespachtelt".

Bild 14. Abgeschnittene Ankerstange der Geländer-Befestigung mit teilweise deutlich eingeschnittener Sechskantmutter

Bild 15. Vierzehn Dübel in einem Betonquerschnitt von ca. 40 x 30 x 20 cm

Ob die im Mai 2012 noch vorhandene Montagesituation in Bild 11 und die Montagesituation nach Bild 15 den Anforderungen nach [19] (Bild 12) bzw. nach [20] (vgl. Bild 13) entspricht, stelle ich hiermit zur Diskussion.

5. Fazit

Wenn ich darüber nachdenke, dass in unserem heutigen Leben die Befestigungstechnik nahezu jeden Menschen in seinem täglichen Leben von früh morgens – Spiegelschrank im Badezimmer – bis spät abends – Befestigung des Flachbildfernsehers im Wohnzimmer – begleitet, sollten wir ein weit größeres Augenmerk auf die Ausführung der „Befestigungsstelle" selbst als eigenes „Produkt" haben.

In vielen anderen Branchen sind entsprechende Sachkundenachweise inzwischen selbstverständlich. So wird beispielsweise keine verantwortungsvolle Firma in ihrem Lager einen Gabelstaplerfahrer ohne Flurförderschein („Staplerschein") fahren lassen. Auch für die Bedienung der Kranbahn in unserem Prüflabor muss jeder Mitarbeiter einen Lehrgang mit Theorie- und Praxisprüfung absolvieren und jeder Schweißer, der anspruchsvolle Konstruktionen schweißt, muss zwingend über die entsprechend dafür notwendigen Qualifikationen verfügen. Wenn dagegen aber ein Monteur ein Brückengeländer oder eine schwere Stahlkonstruktion mit Dübeln montieren möchte, dann soll die Teilnahme an einer einfachen Schulung oder sogar nur eine Einweisung durch einen erfahrenen Kollegen ausreichen, um gemäß MBO, § 3 [21]

„bauliche Anlagen so anzuordnen, zu errichten, zu ändern und instand zu halten, dass die öffentliche Sicherheit und Ordnung, insbesondere Leben, Gesundheit und die natürlichen Lebensgrundlagen, nicht gefährdet werden"?

Eine reine Überwachung der Befestigungsstelle am Ende nutzt wenig. Wenn ein Bohrloch – entgegen den Herstellerunterlagen – bei einem Verbundanker gar nicht gereinigt wurde, kann es der Überwachende kurz nach der Montage der Ankerplatte nicht mehr ohne weiteres kontrollieren. Hier hilft nur ein sensibler und verantwortungsbewusster Monteur weiter, dessen Qualifikation und Sachverstand anerkannt und dokumentiert sind. Langfristig muss es aus meiner Sicht gelingen, einen besonderen Stellenwert für Monteure zu schaffen, die im Bereich der Befestigungstechnik einwandfreie und sichere Produkte, d. h. in diesem Fall „Befestigungsstellen", herstellen. In genau diesem Punkt ist die Sensibilisierung der Planenden und der Überwachenden notwendig. Diese müssen bei Auftragserteilung darauf bestehen, dass nur qualifizierte, erfahrene und gut aus- und weitergebildete Monteure zum Einsatz kommen. Gleichzeitig müssen aber auch die Planer der „Befestigungsstellen" selbst ihre Konstruktionen bereits in der Ausführungsplanung so planen, dass eine vernünftige Ausführung der Verankerung oder Befestigung überhaupt möglich ist. Dazu ist umfangreiches Fachwissen im Bereich der Befestigungstechnik unumgänglich, was mein persönliches Beispiel – so denke ich – im Detail dokumentiert.

Literaturverzeichnis

[1]   Backnanger Zeitung vom 30.07.2009: Jetzt geht's los: Murrbrücke wird erneuert.

[2]   Küenzlen, J.: Armierungseisen in unserem Motorenfundament. E-Mail von Dr. Küenzlen an
Ingenieurbüro Haisch vom 28.09.2009

[3]   Europäische Technische Zulassung ETA-07/0313 vom 16.07.2008: Würth Injektionssystem WIT-PE 500 – Nachträglich eingemörtelte Bewehrungsanschlüsse Ø8 bis Ø28 mit dem Würth Injektionsmörtel WIT-PE 500

[4]   Haisch, R. P.: Brücke Rüflensmühle. E-Mail Ingenieurbüro Haisch an Dr.
       Küenzlen vom 02.10.2009

[5]   Küenzlen, J.: Gefährdung der Standsicherheit und Bedienbarkeit der Wehranlage
       beim Bauprojekt Brücke am Wehr der Rüflensmühle. Brief von Dr. Küenzlen an
       Landrat Fuchs vom 05.10.2009.

[6]   Friedrich, B.: Gefährdung der Standsicherheit und Bedienbarkeit der Wehranlage
       beim Bauprojekt Brücke am Wehr der Rüflensmühle in Oppenweiler. Brief vom
       26.11.2009

[7]   Brischke, B.: Brücke Rüflensmühle. Brief an Dr. Küenzlen vom 10.02.2010

[8]   Kipf, K.: Sanierung der Murrbrücke bei der „Rüflensmühle", Stellungnahme zu
       den ausgeführten konstruktiven Maßnahmen. Fax vom 29.10.2009

[9]   Küenzlen, J.: Ihr Schreiben vom 26.11.2009. Brief von Dr. Küenzlen an den
       ersten Landesbeamten Friedrich vom 14.01.2010

[10]   Allgemeine bauaufsichtliche Zulassung Z-21.8-1647 vom 17.08.2000:
       Bewehrungsanschluss mit UPAT-Verbundmörtel UPM 44

[11]   Allgemeine bauaufsichtliche Zulassung Z-21.8-1834 vom 05.03.2010:
       Bewehrungsanschluss mit Injektionsmörtel Würth WIT-PE 500

[12]   Lazarz, K.: Gefährdung der Standsicherheit und Bedienbarkeit der Wehranlage
       beim Bauprojekt Brücke am Wehr der Rüflensmühle in Oppenweiler. Brief vom
       07.04.2010

[13]   Block, K.: Wehranlage Dr. Küenzlen. E-Mail an Steffen Jäger vom 16.11.2010

[14]   Jäger, S.: Wehr Rüflensmühle. E-Mail an Dr. Küenzlen vom 15.02.2011

[15]   Jäger, S.: Abschluss der Sanierungsarbeiten an der Murrbrücke Rüflensmühle.
       Brief an Dr. Küenzlen vom 05.04.2011

[16]   Bornscheuer, B.-F.: Bautechnische Stellungnahme: Brücke Rüflensmühle
       Oppenweiler, Anschluss Wehr, Ortsbesichtigung vom 22.06.2010

[17]   Europäische technische Zulassung ETA-99/0011 vom 19.02.2009: Würth
       Fixanker W-FAZ/S, W-FAZ/A4 oder W-FAZ/HCR – Kraftkontrolliert
       spreizender Dübel aus nichtrostendem Stahl in den Größen M8, M10, M12, M16
       und M20 zur Verankerung im Beton.

[18]   Kerl, G.: Handbuch der Würth Dübeltechnik, Swiridoff Verlag, Künzelsau 2003

[19]   Europäische technische Zulassung ETA-04/0084 vom 09.12.2009:
       Hilti HIT-HY 150 MAX mit HIT-TZ/HIT-RTZ – Kraftkontrolliert spreizender
       Verbunddübel in den Größen M8x55, M10x65, M12x75, M16x90 und M20x120
       zur Verankerung im Beton

[20]   Bundesanstalt für Straßenwesen: Richtzeichnung Gel 14 Verankerung mit
       Fußplatte (Beispiel mit Verbundankern), Ausgabe 12.2009,
       http://www.bast.de/cln_033/nn_169964/DE/Aufgaben/abteilung-
       b/Regelwerke/Entwurf/Gel-Brueckengelaender-
       Entwurf,templateId=raw,property=publicationFile.pdf/Gel-Brueckengelaender-
       Entwurf.pdf (Stand 12.01.2012)

[21]   Musterbauordnung – MBO – Fassung November 2002

COMPONENT METHOD FOR STEEL-TO-CONCRETE JOINTS

Ulrike Kuhlmann, Ana Ožbolt, Markus Rybinski
Institute of Structural Design, University of Stuttgart, Germany

Abstract

Nowadays steel and composite joints are efficiently designed by the component method according to EN 1993-1-8 [1] and EN 1994-1-1 [2]. There the individual behaviour of the joint components is described by a mechanical spring model defining its resistance, stiffness and ductility. The components are assembled to a joint model. Thus an optimization of the joint considering a ductile failure, a sufficient load capacity and stiffness is possible. At the Institute of Structural Design and the Institute of Construction Materials two interdisciplinary research projects were carried out aiming at the extension of the component method to steel-to-concrete joints. The structural behaviour of the joints was described by component models considering the resistance, stiffness and ductility of the joints and their components, especially those components which cannot be found in current codes. A project funded by DFG has been dealing with the structural behaviour of column bases on flexible anchor plates, while the European project InFaSo is focussed on the behaviour of steel-to-concrete joints in reinforced concrete walls in cracked concrete. Anchor plates with headed studs or other fasteners were used. In the following the main results of these projects are given.

1. Introduction

1.1. Application of steel-to-concrete joints

In mixed buildings various steel or composite elements like girders, columns or bracing ties have to be connected to concrete members like staircases and fire protection walls, columns, strip foundations or foundation slabs. An effective solution for the load transfer between these structural steel and concrete elements is the application of anchor plates allowing for a quick and easy connection.

In Fig. 1 two examples for a joint with anchor plates and welded headed studs are shown. The steel or composite elements are connected to an anchor plate by a butt strap or with welded bolts developed by the steelwork and engineering companies. These fastening solutions meet basic demands like an economical and easy fabrication and a quick and easy erection also allowing for the adjustment of tolerances. When using post-installed anchors these joints can also be applied to connect steel members to existing concrete structures. Also rigid or semi-rigid joint solutions for steel members may be realized by taking into account the moment resistance, stiffness and ductility of the joint. The load bearing capacity of composite joints may be enhanced by assigning shear and compression loads to the anchor plate and using the slab reinforcement for tension load transfer. So there is a variety of possibilities for the use of anchor plates as joints between steel/composite and concrete elements.

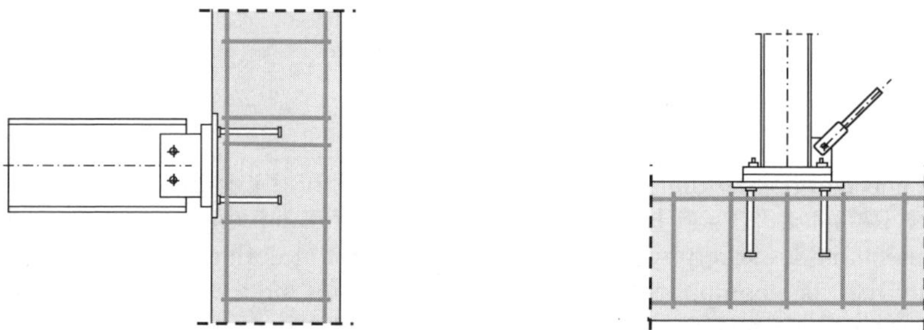

Fig. 1: Various steel-to-concrete joint solutions with anchor plates

But typically problems occur where steel and concrete meet, due to a gap between the rules of fastening design in concrete and steel design. There are different design methods for anchor plates as shown in the following section with different limitations in applicability and calculated load capacity.

1.2.   Existing design methods for steel-to-concrete joints

Currently anchor plates may be designed according to the Technical Specification CEN/TS 1992-4 [3]. Following the elastic theory the load distribution on anchors is calculated as shown in Fig. 2. The calculation is based on the assumption of a stiff anchor plate with full contact to the base, where the anchor plate remains plane and stays in the elastic range. The yielding of the anchor plate has to be avoided and the anchor displacements are normally insignificant.

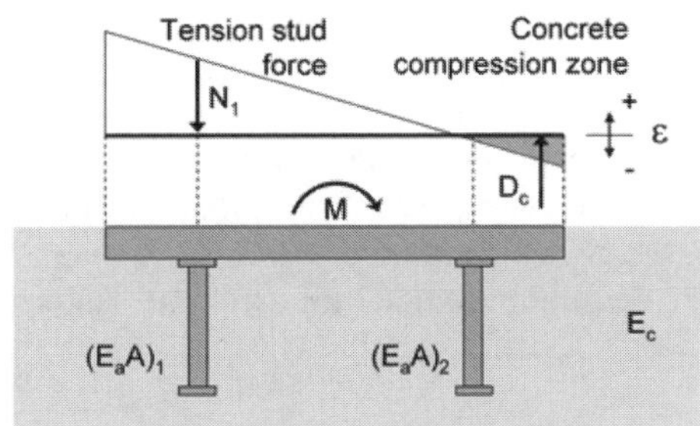

Fig. 2: Elastic load distribution

The resistance of the fasteners are calculated by the Concrete Capacity Method [4] describing the load capacity of fasteners in plain concrete. According to [3] reinforcement can be considered by a strut and tie model. The tension forces of the studs may be anchored by stirrups where the resistance is limited by its steel strength or concrete bond strength and anchor length l_1 within the concrete cone. However the consideration of the stirrups limited to a distance less than $0,75h_{ef}$ to the fastener leads to conservative values. Any approach for the stiffness of concrete components in tension and shear are not included within [3].

The design of anchor plates with elastic theory often leads to thick, uneconomic steel plates. Therefore an optimization of the joint may be achieved by a plastic design approach. As an alternative design method, in Annex B of CEN/TS 1992-4 [3] the rules for a flexible, thin anchor plates are given. Focus is given to a maximum utilization of the fasteners, so no yielding of the base plate on the tension side is allowed whereas yielding of the base plate on the compression side is possible. However, in dependence of the stiffness of the anchor plate, a reduced inner lever arm of the resultant concrete compression force and the tension stud force has to be taken into account. Thus, a certain optimization of the construction of the joint may be realized but this plastic design approach does not include any rules for the design of the joint stiffness and ductility what is necessary for a complete plastic design approach.

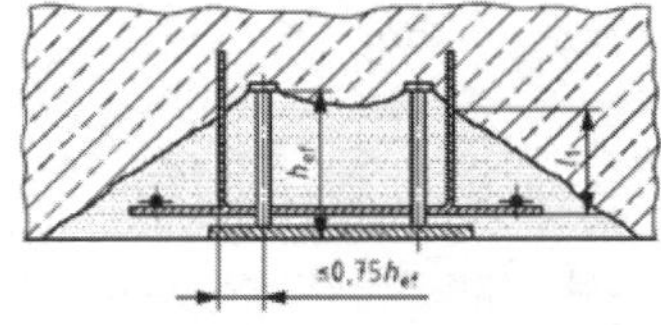

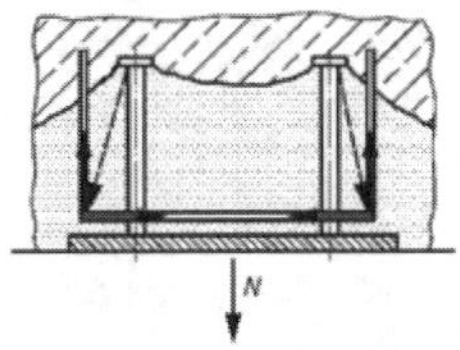

Fig. 3.   Strut and tie models [3]

The application of the component method offers the possibility to determine the structural joint behaviour like strength, stiffness and ductility. The concept of the component method is to identify each of the relevant joint components and to determine the structural behaviour (strength, stiffness) of these components. By assembling the components the whole joint configuration can be modelled for joint analysis. The weakest component defines the load capacity and the failure mechanism of the whole joint. Indeed this method is implemented for column bases in EN 1993-1-8 [1], but in a very limited form. The design rules focus on the joint moment resistance; the consideration of the interaction with shear forces is insufficient. Thereby a restrictive requirement of an adequate depth of anchoring is preconditioned, in order that for both shear and tension forces concrete failure modes do not appear. Unfortunately only anchor bolts are considered and the application of hanger reinforcement is not covered.

2. Semi-rigid column bases

2.1. General

In a first interdisciplinary research project [6] funded by DFG the behaviour of semi-rigid column bases was investigated. The project aimed at developing a design model determining a realistic behaviour of column bases under combined loading (shear and normal forces, bending moment) considering the different methods for steel and fastenings design.

2.2. Experimental work

Within the experimental investigations different parameters were varied like the thickness of the anchor plate t_p=15/40mm, the eccentricity of the applied shear force e=50/1000mm, the type of fastener (headed studs and undercut anchors with mortal layer), the diameter d=16/22mm and the effective length of the studs $h_{ef}\approx$90/240mm as also the normal force in the column N=0/-250kN. The measurements also considered the influence of friction coefficient μ between the anchor plate and concrete element/mortal layer. So different failure modes like concrete cone failure, concrete pry-out failure, steel failure of the studs in tension or shear and yielding of the anchor plate could be observed.

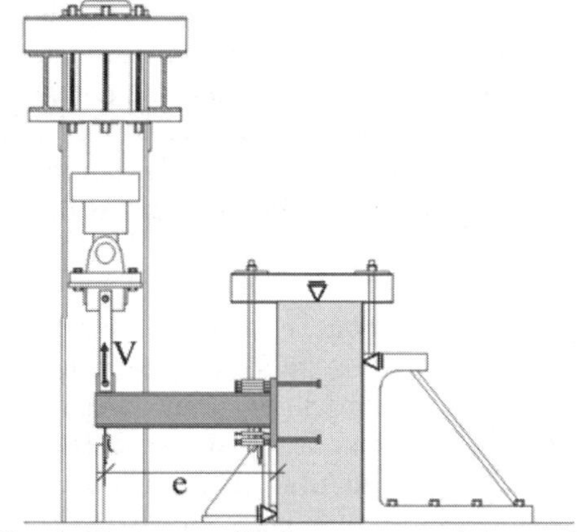

Fig. 4: Test setup for large eccentricity e of the applied shear force V

The test program included 12 tests with headed studs and 8 tests with undercut anchors with mortal layer. The test setup for large eccentricity is shown in Fig. 4. By application of strain gauges and conductors the tension forces in the studs as also the deformations of the anchor plate in the compression and tension zone were monitored during loading.

Some test results of the examined test specimens with headed studs under loading with large eccentricity are summarised in Table 1, where the test loads for stiff and flexible anchor plates are directly compared.

Table 1: Results of tests with headed studs and large eccentricity

Test No.	Headed stud	Normal force	Anchor plate	Test loads
1 /5	d=16mm, h_{ef}=242mm	-	t_p=40 / 15mm	V_u=71 / 61kN
2 / 6	d=16mm, h_{ef}=242mm	N=-250kN	t_p=40 / 15mm	V_u=112 / 82kN
3 / 7	d=22mm, h_{ef}=242mm	-	t_p=40 / 15mm	V_u=130 / 76kN
4 / 8	d=22mm, h_{ef}=92mm	-	t_p=40 / 15mm	V_u=31 / 26kN

In Fig. 5 the load–displacement curves of a stiff and a flexible anchor plate with headed studs are shown underlining the ductile joint behaviour achieved by steel failure of the fasteners. As the load eccentricity is e=1000mm the shear forces in the diagram directly correspond with the bending moments and the displacements with the rotations of the column bases. The joint stiffness mainly depends on the stiffness of the anchor plate.
In Fig. 6 the load-displacement curves for joints with headed studs and stiff or flexible anchor plates are shown representing a brittle concrete cone failure of the studs. In addition to its influence on the joint stiffness, the flexible anchor plate also limits the inner lever arm and so the load capacity of the whole joint is reduced. More detailed information about these tests, results of tests with small eccentricity e and tests with undercut anchors and mortal layer is given in the research reports [5] and [6].

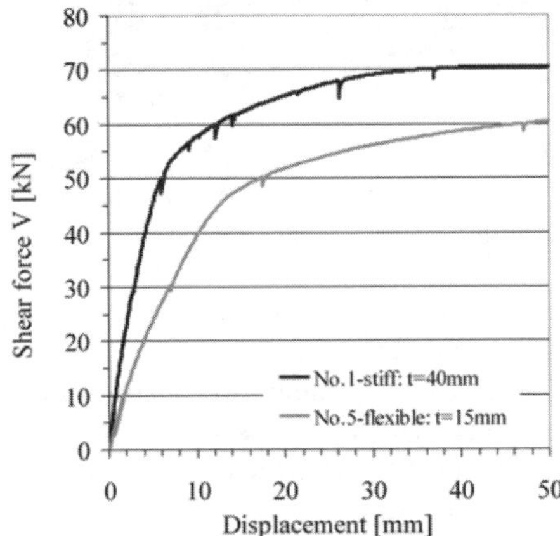

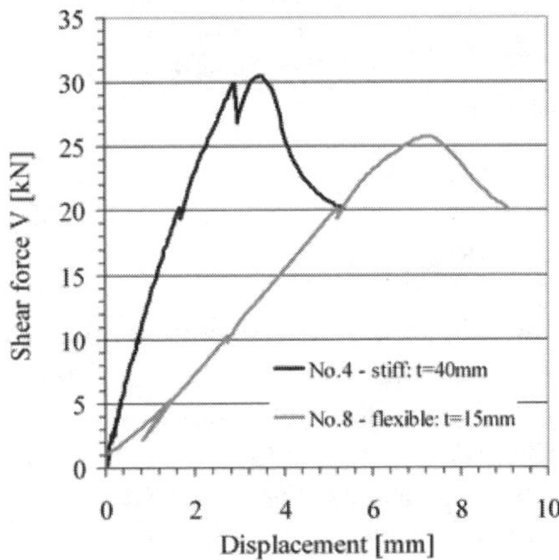

Fig. 5: Load-displacement curves for joints with headed studs (d=16mm, L=250mm) and large eccentricity e=1000mm

Fig. 6: Load-displacement curves for joints with headed studs (d=16mm, L=100mm) and large eccentricity e=1000mm

2.3. Component model

The component model is based on a first mechanical model developed for stiff anchor plates [7] and adapted for the application of semi-rigid anchor plates. First the decisive components of the examined column bases are identified and their structural behaviour is described by non-linear springs. For most of the components like bending of the anchor plate, concrete under compression or friction under the anchor plate existing calculation formulas [1] are used with only small adaptations observed during the conducted tests (see [5], [6]).

For the other components like headed studs under shear and tension forces calculation formulas are used on the basis of existing research results and verified by the test results of these components. For example, the behaviour of headed studs under tension forces is described by a spring model with two springs in a row. The first spring represents the concrete failure modes and covers the slip of the stud at the head. For the stud row b_1 the stiffness of this spring is described by $K_{b1,1}$ (also see Fig. 7). The second spring represents the steel failure and is derived from the elongation of the studs. The spring stiffness is described by $K_{b1,2}$.

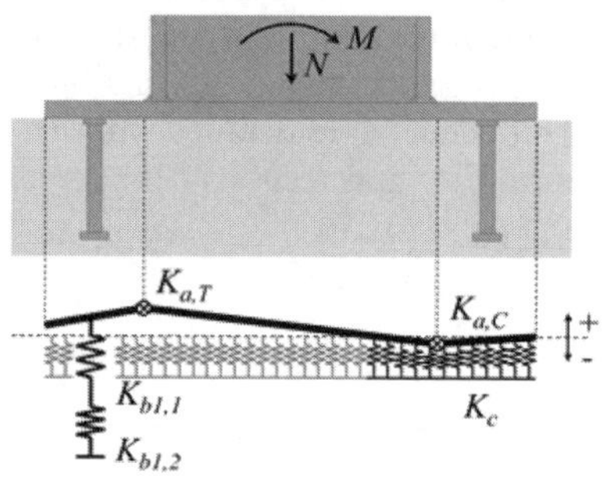

Fig. 7: Equilibrium of forces for M-N-interaction

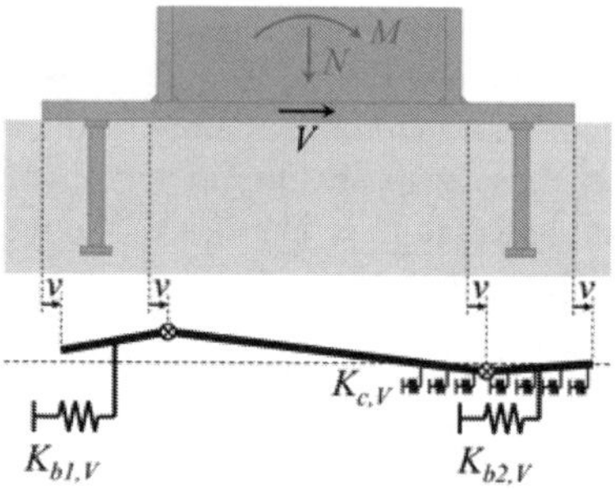

Fig. 8: Equilibrium of forces for shear loading

After calculating all components the structural behaviour of the column base is calculated by taking into account two different states of equilibrium of forces, see Fig. 7 and Fig. 8. The combined effects of M and N considered by the resistance and stiffness of the single components. For the calculation of load-displacement curves of the joints the calculation procedures of the two states of equilibrium are implemented in a program based on Microsoft® Excel. The two states of equilibrium are:

- Interaction of bending moment M and normal force N (see Fig. 7)

For the tested joints the following components are considered: fasteners under tension $K_{b1,1}$, $K_{b1,2}$, the anchor plate under bending on the tension and compression zone $K_{a,T}$, $K_{a,C}$ and the concrete under compression K_c. These components are simulated by non-linear springs and set into equilibrium for the given loading.

- Shear loading V (see Fig. 8)

For the tested joints the following components are considered: fasteners under shear $K_{b1,V}$, $K_{b2,V}$ and friction forces in the concrete compression zone $K_{c,V}$. These components are simulated by non-linear springs and set into equilibrium for the given loading.

The component model is verified by the results of the conducted tests and shows a good correlation between calculated and experimental results. The calculated loads $V_{u,CM}$ of the component model are slightly smaller than the tested load capacities $V_{u,test}$ (x = $V_{u,CM}$ / $V_{u,test}$=0,96) ($\overline{x} = V_{u,CM} / V_{u;test} = 0,96$). The coefficient of variation is about 9%. For stiff anchor plates with large eccentricity the calculated moment-rotation-curves showed

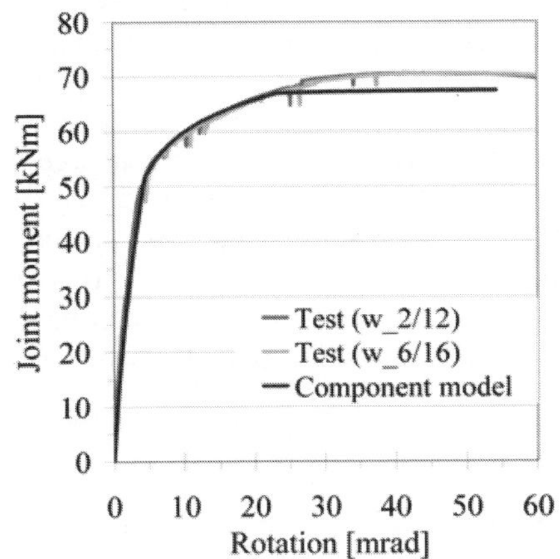

Fig. 9: Measured and calculated M-φ-curve (Test 1)

good correlation to the measured values, see Fig. 9. For semi-rigid steel-to-concrete joints the model tends to underestimate the bending resistance of the flexible anchor plate and therefore to underestimate the moment capacity of the joint due to neglect of membrane forces in the anchor plate. This observed deviation also occurs when calculating pure steel joints. The calculated failure modes comply well with the test results and the joint stiffness is predicted adequately. Also the load distribution among the components shows sufficient correlation compared to the calculated load distribution of the Finite-Element model.

3. Anchor plates for a pinned connection of a steel beam to a reinforced concrete wall

3.1. General

The European research project InFaSo [8] was dealing with the investigation and enhancement of different steel-to-concrete joint solutions. At the University of Stuttgart pinned joints of a steel beam to a reinforced concrete wall and the concrete components, which can be found in these joints, were investigated. Joint as well as component tests were carried out in order to develop mechanical models for the joint and its components determining their resistance, stiffness and ductility, in particular in cracked concrete.

3.2. Joint tests

In 11 tests the experimental work on pinned steel-to-concrete joints within InFaSo [8] (carried out by the Institute of Structural Design) was focused on the investigations of the effects of cracked concrete on the overall behaviour of the pinned joint loaded mainly by shear. A concrete failure was intended. The joints' resistance and ductility should be increased by a simple configuration of the reinforcement. Therefore stirrups near the headed studs were chosen (see Fig. 10). This component "headed stud with stirrups in tension" has been investigated experimentally within the component tests of InFaSo [8] by the Institute of Construction Materials.

A stiff anchor plate with two stud rows (with two or three fasteners) was chosen for examination in order to assure a full activation of the fasteners and to avoid an influence of steel components above the concrete surface, according to the project's aims. The specimens were loaded by shear applied on butt straps, whereas the load eccentricity was varied. The joints were tested mostly in cracked concrete with and without stirrups whereat the cracks were installed perpendicular to the applied shear load, crossing the anchor row on the non-loaded side of the anchor plate. Furthermore the disposition and the length of the headed studs were varied.

In all tests concrete cone failure respectively pry-out failure of the concrete appeared. In Fig. 11 a comparison of the load-rotation behaviour of 4 test specimens is shown (the load being divided by the maximum load). Comparing the results of the test specimens with stirrups (B1-BS-R and B2-C-R) with the ones without them (B1-BS and B2-C) a remarkable increase of the resistance as well as of the ductility of the joints can be observed. As failure mode concrete cone with yielding of the stirrups was decisive resulting in a ductile behaviour of the joint.

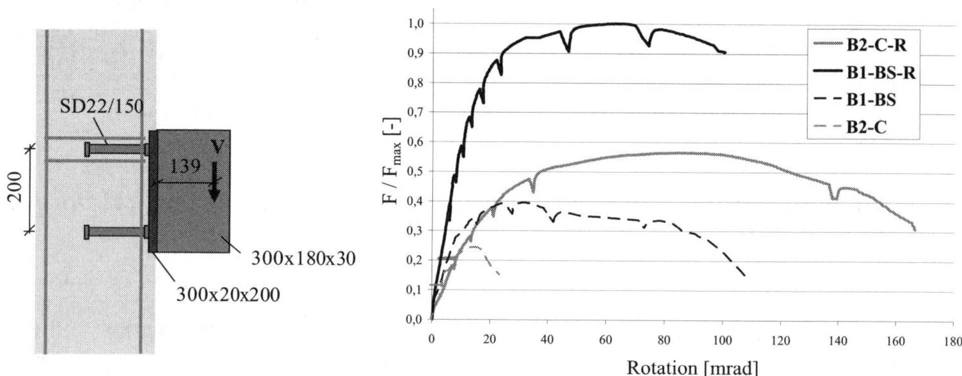

Fig. 10: Test specimen

Fig. 11: Load-rotation curves of the test specimens with and without stirrups

Under a high eccentricity of the shear load (see B2-C and B2-C-R) the failure is ruled by the tension component, represented by the stud row on the back side of the anchor plate. Because of a loss of stiffness there the joints shear resistance is reduced compared with the same configuration with a small eccentricity of shear (B1-BS and B1-BS-R). Nevertheless an advantageous ductility is available in both cases. Finally it was important to detect the structural behaviour of the whole steel-to-concrete joint in cracked concrete, which is the most severe condition in practice. A full description of the tests and their results can be found in [10]

3.3. Component model

The developed component model describes the structural behaviour of the pinned joints investigated within InFaSo [8] for an anchor plate under shear loading with headed studs with and without additional reinforcement and in cracked as well as in non-cracked concrete. Moreover numerical investigations were carried out using the non-linear Finite Element programme MASA [9]. The analytical as well as the numerical models were verified by the experimental results. As the numerical calculations were in good agreement with the test results, the numerical model could support the development of the analytical component model. Within the experimental work the focus was on the concrete components, so the mechanical model is mainly consisting of components at the concrete side of the joint. The steel components above the anchor plate did not play a role.

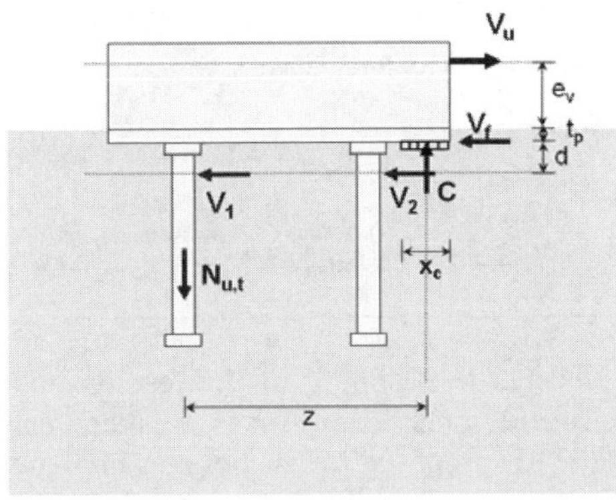

Fig. 12: Load distribution on the anchor plate

Fig. 12 shows the forces at the joint which are caused by the bending moment due to the eccentricity e_V of the shear load V_u. As a result the anchor row on the non-loaded side of the anchor plate is in tension activating the tension component of the joint (N_u). It forms a vertical equilibrium with the component "concrete in compression" (C_u).

The component model follows the following procedure:
1. Evaluation of the decisive tension component
2. Verification of the influence of the compression zone on the tension component
3. Calculation of the shear resistance of the joint out of the moment equilibrium
4. Verification of interaction conditions

The tension component of the joint, which is represented by the "headed studs in tension" or the "headed studs with stirrups in tension" when using additional reinforcement, have been investigated in component tests realised within InFaSo [8] by the Institute for Construction Materials. There different possible failure modes have to be considered (see Table 2). If no additional reinforcement is used, the following failure modes may occur: "steel failure of the shaft", "pull-out failure of the headed stud" due to the high compression of the stud head on the concrete and "concrete cone failure of the anchorage". The displacement of the headed studs in tension only consists of the elongation of the shaft and the displacement due to the breaking of the concrete under the head of the stud. The stiffness of the component "concrete cone failure" is regarded as infinite and therefore no displacements are considered. In contrast, when using additional reinforcement, the stirrups contribute to the deformation and the resistance of the tension component. Besides the "steel failure" and the "pull-out failure of the headed studs", a "concrete failure due to yielding of the stirrups", an "anchorage failure of the stirrups" and a "concrete cone failure due to a high reinforcement ratio" forming a small break-out cone above the stirrups may appear. A detailed description of these components can be found in [8].

Table 2: Mechanical models for the tension component

Headed studs with stirrups in tension	Headed studs in tension
Steel failure in tension Pull-out failure Concrete cone failure with stirrups in tension	Steel failure in tension Pull-out failure Concrete cone failure in tension

The proposed component model considers a possible overlapping of the tension and compression zone under the anchor plate in case the inner lever arm is smaller than $1{,}5h_{ef}$. In [4] the factor $\psi_{M,N}$, depending on z and h_{ef}, is proposed for anchorages in plane concrete. Within InFaSo $\psi_{M,N}$ was introduced also for reinforced concrete. As the compression zone has an influence on the development of the concrete cone and not on the resistance of the stirrups itself, it is proposed to multiply $\psi_{M,N}$ only with the concrete resistance $N_{u,c}$. The concrete components in tension were modified as follows:

- Headed studs in tension

$$N_u = N_{u,c}\Psi_{m,N} \tag{1}$$

- Headed studs with stirrups in tension

$$N_{u,max} = \Psi_{supp} N_{u,c} \tag{2}$$

$$N_{u,1} = A_{s,y}f_{s,y} + N_{u,c} \cdot \Psi_{m,N} + \delta_{s,y}k_c \tag{3}$$

$$N_{u,2} = N_{sbu} + N_{u,c} \cdot \Psi_{m,N} + \delta_{sbu}k_c \tag{4}$$

Here $N_{u,max}$ represents a concrete failure with a small concrete cone (due to a high reinforcement ratio, see [8]), and is therefore not relevant for $\psi_{M,N}$. Concrete cone failure with yielding of the reinforcement is calculates with $N_{u,1}$, where $A_{s,y}f_{s,y}$ is the pure steel strength of the reinforcement. Concrete cone with bond failure of the stirrups is represented by $N_{u,2}$, where N_{sbu} is the bond strength of the stirrups. For both failure modes $\delta_{s,y}k_c$ respectively $\delta_{sbu}k_c$ is included, considering the loss of stiffness due to the breaking of the concrete. An assembly of all formulas is given in [8].

For the compression zone a rectangular stress block is assumed limited to $3f_{cm}$, as proposed in CEN/TS 1992-4 [3]. As the area of the compression zone x_c is dependent on the assumption for the tension load in the back anchor row N_u, and at the same time the factor $\psi_{M,N}$ is dependent on the inner lever arm z, this approach requires an iterative process.

As a last step the resistance of the shear components has to be verified. It is defined by the sum of the shear resistance of the fasteners and the friction between the concrete surface and the anchor plate. The shear resistance of the studs as well as the load distribution on each anchor row depends on the failure mode: steel failure of the stud shafts or concrete cone failure respectively pry-out failure. Furthermore interaction between tension and shear loads in the stud row on the non-loaded side of the anchor plate has to be considered. In case of a "steel failure of the headed studs", it is assumed that at ultimate limit state the front anchor row is subjected to 100% of its shear resistance (as there is no tension), and the rest of the shear load is carried by the back row anchors. In contrast when verifying the "anchorage for concrete failure", the shear load is distributed half to the front, and half to the back row of anchors considering the interaction conditions respectively.

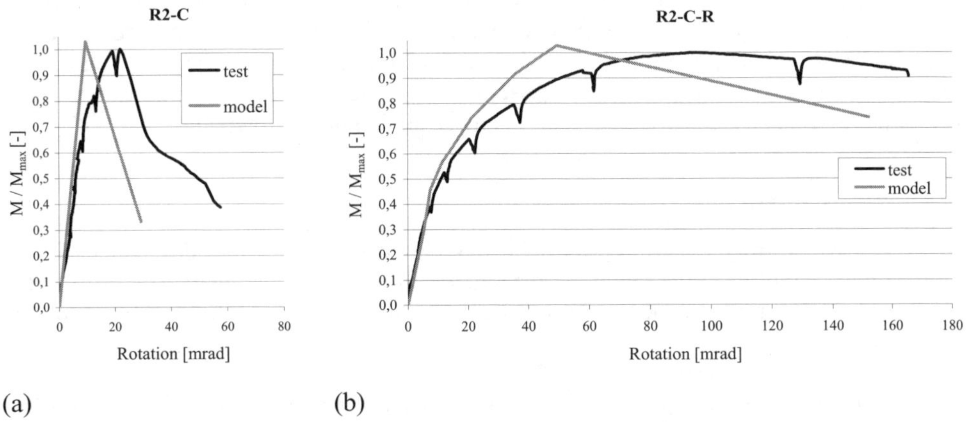

(a)   (b)

Fig. 13: Moment-rotation curves for a test specimen with high eccentricity (139mm), a) without stirrups and b) with stirrups, in comparison with the component model

A comparison with the experimental results shows that a very good prediction of the resistance is possible ($V_{u,model}/V_{u,test}$=1,03 in average). But besides the resistance, the component model also allows a calculation of the stiffness and the ductility of the joints and their components. This approach is described in detail in [8] and [11]. In Fig. 13 the moment-rotation curves of the test specimens R2-C and R2-C-R (shear with higher eccentricity without and with reinforcement) are presented as an example. The curves given by the component model fit quite well to the test curves. The first part of the curve describes the range up to the cracking of the concrete. After the cracking the stirrups are activated and they contribute to the transfer of the load. The model curves simulate this behaviour of the joint in a satisfying way.

4. Conclusions

The extension of the component method for anchor plates transferring bending moments, shear and normal forces into concrete members allows an integrative design of steel or composite structures. The proposed models show transparency of the distribution of the forces and transferability to various situations. On basis of the component method the different failure modes of the anchor plates and the fastenings are represented by springs, thus the strengthening or joint adaptation for other requirements (stiffness, ductility) is possible by adjusting the joint components.

Further investigations aim at an integrative design method combining the advantages of the component method and the design of fastenings for a wider field of application, so that the acceptance of the component method will increase and more flexibility will be achieved for the design.

In this respect interdisciplinary research activities, which combine the approach between fastening technique in concrete with steel and composite construction, are requested in future as well, especially in the view of standardization, such as the Eurocode pro-gramme. They offer the possibility to disseminate the developed design models to both disciplines and make steel-to-concrete joints more applicable in practice.

Acknowledgements

First of all we warmly congratulate Prof. Eligehausen to his 70th birthday and wish all the best for his future. In the name of current as well as former members of the Institute of Structural Design we thank for a fruitful collaboration and are looking forward to the following joint projects.

Acknowledgement is also given to Deutsche Forschungsgemeinschaft (DFG) and the Research Fund for Coal and Steel (RFCS) for the financial support of the projects. The staff members of the testing laboratories at the Institute of Construction Materials and of the Material Testing Institute MPA/OGI at the University of Stuttgart are thanked for their support during the experiments. We also gratefully acknowledge the collaboration with our research partners within the InFaSo project.

References

1.   EN 1993-1-8: Eurocode 3: Design of Steel Structures - Part 1-8: Design of Joints, CEN, European Committee for Standardization, Brussels, 2010.

2.   EN 1994-1-1: Eurocode 4: Design of Composite Steel and Concrete Structures - Part 1-1: General Rules and Rules for Buildings, CEN, European Committee for Standardization, Brussels, 2010.

3.   CEN/TS 1992-4: Design of Fastenings for Use in Concrete, CEN, European Committee for Standardization, Brussels, 2009.

4.   Eligehausen, R.; Mallée, R.; Silva, J.F.: Anchorage in Concrete Construction, Ernst & Sohn, Berlin, 2006.

5.   Kuhlmann, U.; Eligehausen, R., Fichtner, S., Rybinski, M.: Modellierung biegeweicher Stützenfüsse im Stahl- und Verbundbau als integriertes System von Tragwerk und Fundamenten, Test Report, Deutsche Forschungsgemeinschaft DFG, 2008.

6.   Kuhlmann, U.; Eligehausen, R., Fichtner, S., Rybinski, M.: Modellierung biegeweicher Stützenfüsse im Stahl- und Verbundbau als integriertes System von Tragwerk und Fundamenten, Research Report, Deutsche Forschungsgemeinschaft DFG, 2008.

7.   Kuhlmann, U.; Rybinski, M.: Component Method for Anchor Plates, in Proceedings of 2nd Symposium "Connections between Steel and Concrete", Volume 2, 2007.

8.   Kuhlmann, U.; Eligehausen, R.; Wald, F.; Da Silva, L.; Hofmann, J. et al.: New Market Chances for Steel Structures by Innovative Fastening Solutions between Steel and Concrete, Final report of the RFCS project InFaSo, project No. RFSR-CT-2007-00051, 2011.

9.   Ožbolt, J.; Li, Y.-J.; Kožar, I.: Microplane model for concrete with relaxed kinematic constraint', Int. Jour. of Solids and Struct. 38, 2001.

10.   Kuhlmann, U.; Ožbolt, A.: WP4.1 - Experimental Work on Pinned Steel-to-Concrete Joints, Internal Project Document of the RFCS project InFaSo, project No. RFSR-CT-2007-00051, 2011.

11.   Kuhlmann, U.; Ožbolt, A.: Component Model for Pinned Steel-to-Concrete Joints, Internal Project Document of the RFCS project InFaSo, project No. RFSR-CT-2007-00051, 2011.

BERECHNUNG DER DÜBELSCHNITTKRÄFTE IN ANKERGRUPPEN NACH DER ELASTIZITÄTSTHEORIE SOWIE DER ERFORDERLICHEN ANKERPLATTENDICKE

Longfei Li

Zusammenfassung

Die Bemessung von Verankerungen in Beton ist in verschiedenen Regelwerken und Richtlinien beschrieben. In der Praxis werden die Lasten auf die Verankerungen meistens durch die Ankerplatten auf Anker verteilt. Die Ankerschnittkräfte in Ankergruppen können nach der Elastizitätstheorie ermittelt werden, wenn die Ankerplatten ausreichend steif sind. Ein allgemeines Verfahren zur Berechnung der Ankerschnittkräfte nach der Elastizitätstheorie und zur Bestimmung der Ankerplattendicke ist dabei nicht definiert und wird den praktischen Ingenieuren überlassen.
Im vorliegenden Beitrag wird ein allgemeines Verfahren für die Berechnung der Ankerschnittkräfte in Ankergruppen unter kombinierter Beanspruchung von Zug, Querzug, Schiefbiegung und Torsionsmoment nach der Elastizitätstheorie vorgestellt. Ein modifiziertes Modell mit Spannungsbegrenzung zur Bestimmung der erforderlichen Ankerplattendicken wird vorgeschlagen.

1. Einleitung

Die Bemessung von Verankerungen in Beton ist in verschiedenen Regelwerken und Richtlinien beschrieben[1-5]. Dabei sind hauptsächlich die Rechenverfahren für die Tragfähigkeiten der Befestigungsmittel reguliert. In der Praxis werden die einwirkenden Lasten auf Verankerungen meistens über eine Ankerplatte auf die Befestigungselemente, z. B. Dübel oder Kopfbolzen, verteilt. Die Dübelschnittkräfte können gemäß [1-3] nach der Elastizitätstheorie berechnet werden. Ein konkretes Rechenverfahren für eine beliebige Ankerplattenform und eine beliebige Dübelanordnung ist dabei nicht definiert. Auf dem Markt gibt es verschiedene Bemessungssoftware von Dübelherstellern, die damit ihre Produkte über die Bemessungen empfehlen. Es ist für die praktischen

Ingenieure oftmals schwer, bei den Bemessungen die Dübelschnittkräfte nachzuvollziehen. Ein allgemein zusammenfassendes Rechenverfahren nach der Elastizitätstheorie für Ankergruppen unter der kombinierten Beanspruchung von Bemessungswerten der Einwirkungen N_d, M_{xd}, M_{yd}, V_{xd}, V_{yd} und T_d (Bild 2.1) liegt nicht vor.

Die Elastizitätstheorie zur Bestimmung der Dübelzugkräfte in Ankergruppen setzt eine steife Ankerplatte voraus. Es wurden verschiedene Untersuchungen durchgeführt, um die konkreten Anforderungen an die steifen Ankerplatten zu definieren und damit die Ankerplattendicken zu bemessen [6-8]. Die Ergebnisse sind noch nicht in einer praxistauglichen Regelung erfasst.

Im vorliegenden Beitrag wird ein allgemeines Rechenmodell nach der Elastizitätstheorie zur Berechnung der Dübelschnittkräfte in Ankergruppen unter kombinierter Zug-, Querzug-, Biegemomenten- und Torsionsbeanspruchung für beliebige Ankerplatten-formen und Dübelanordnungen vorgestellt. Ein praktisches Verfahren für die Bemessung der erforderlichen Ankerplattendicken wird vorgeschlagen.

2. Ermittlung der Dübelschnittkräfte in Ankergruppen unter kombinierter Zug-, Querzug-, Biegemomenten- und Torsionsbeanspruchung

2.1 Allgemeine Voraussetzungen und Annahmen

Für die Berechnung der Dübelschnittkräfte nach der Elastizitätstheorie[1-3, 5] für die Verankerung nach Bild 2.1 sind die folgenden Annahmen erforderlich:

- Die Bemessungswerte der Einwirkungen N_d, M_{xd}, M_{yd}, V_{xd}, V_{yd} und T_d werden separat behandelt. Die Dübelzugkräfte werden durch die Zuglast N_d und die Biegemomente M_{xd} und M_{yd} berechnet. Die Dübelquerkräfte werden durch die Querlasten V_{xd} und V_{yd} und das Torsionsmoment T_d ermittelt.
- Die Dehnungsverteilung unter der Ankerplatte bleibt eben. Diese Rechenannahme erfordert eine Ankerplatte mit ausreichender Steifigkeit. Die Anforderungen werden in Abschnitt 3 behandelt.
- Die Zugkräfte der Dübel und Druckkraft des Betons werden durch ihre linearen Spannungs-Dehnungs-Beziehungen und die mitwirkenden Flächen berechnet.

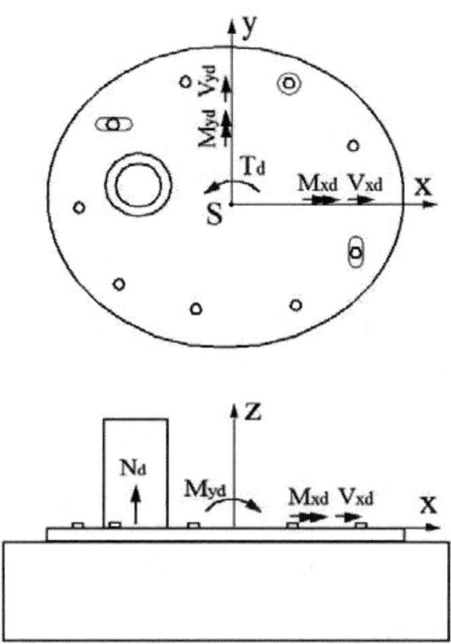

Bild 2.1 Ankergruppe unter der kombinierten Beanspruchung von N_d, M_{xd}, M_{yd}, V_{xd}, V_{yd} und T_d

2.2 Berechnung der Dübelzugkräfte

Unter der kombinierten Beanspruchung von N_d, M_{xd} und M_{yd} dreht sich die Ankerplatte um eine Achse parallel zur Ankerplattenebene. Nach [3] und [5] kann man diese Verdrehung für die Ankerzugkraftberechnung als ebenbleibende Dehnungsverteilung unter der Ankerplatte annehmen, wenn die Ankerplatte ausreichend steif ist.
Die Verdrehung der Ankerplatte kann man z. B mit drei nicht in einer Linie stehenden Dehnungen eindeutig definieren. Nimmt man drei Iterationsvariablen x_1, x_2, und x_3, welche die Ankerplattenverdrehung definieren und berechnet man damit die Ankerschnittzugkräfte N_i (x_1, x_2, x_3) und die resultierende Betondruckkraft D_c (x_1, x_2, x_3), erhält man die folgenden drei Gleichgewichtsgleichungen.

$$\Sigma N = 0: \quad \sum_{i=1}^{n} N_i\,(x_1, x_2, x_3) + D_c\,(x_1, x_2, x_3) - N_d = 0$$

$$\Sigma M_x = 0: \quad \sum_{i=1}^{n} N_i\,(x_1, x_2, x_3) \cdot b_i + D_c\,(x_1, x_2, x_3) \cdot b_D(x_1, x_2, x_3) - M_{xd} - N_d \cdot b_0 = 0$$

$$\Sigma M_y = 0: \quad \sum_{i=1}^{n} N_i\,(x_1, x_2, x_3) \cdot a_i + D_c\,(x_1, x_2, x_3) \cdot a_D(x_1, x_2, x_3) + M_{yd} - N_d \cdot a_0 = 0$$

$$(2.1)$$

Dabei sind:

$N_i(x_1, x_2, x_3) = A_s \cdot E_s \cdot \varepsilon_s(x_1, x_2, x_3)$: Zugkraft des i-ten Ankers bei einem Iterationsschritt,

a_i, b_i :   Koordinatenwerte des i-ten Ankers,

a_0, b_0 :   Koordinatenwerte des Wirkungspunktes von N_d auf der Ankerplatte,

$D_c(x_1, x_2, x_3) = E_c \cdot \int \varepsilon_c(x_1, x_2, x_3) \cdot dA_c$: Resultierende Betondruckkraft bei einem Iterationsschritt,

$a_D(x_1, x_2, x_3)$, $b_D(x_1, x_2, x_3)$: Koordinatenwerte des Schwerpunkts der Resultierenden Betondruckkraft bei einem Iterationsschritt,

mit

    A_s : Spannungsquerschnitt des Ankers,

    E_s : E-Modul des Ankers,

    $\varepsilon_s(x_1, x_2, x_3)$: Dehnung des i-ten Ankers bei einem Iterationsschritt,

    E_c : E-Modul des Betons,

    $\varepsilon_c(x_1, x_2, x_3)$: Dehnung des Betons bei einer kleinen Fläche dA_c bei einem Iterationsschritt und

    A_c : Gedrückte Betonfläche.

Das Gleichungssystem (2.1) kann vereinfachend wie folgt beschrieben und mit wenigen Iterationsschritten numerisch gelöst werden.

$$N(x_1, x_2, x_3) = 0$$
$$M_x(x_1, x_2, x_3) = 0 \qquad\qquad (2.2)$$
$$M_y(x_1, x_2, x_3) = 0$$

Die numerische Lösung des Gleichungssystems (2.2) ist in [9] beschrieben. Auf die Angaben des konkreten Lösungswegs wird hier verzichtet.

Die Berechnung der Dübelschnittkräfte in Ankergruppen ist für beliebige Ankerplattengeometrie und beliebige Dübelanordnung möglich[10]. Bild 2.2 zeigt ein Rechenbeispiel mit D-förmiger Ankerplatte.

Die Dübelschnittkräfte können mit den von Dübelherstellern zur Verfügung gestellten Programmen ermittelt werden. Zurzeit liefern diese Programme mit gleicher Eingabenbedingung der Verankerung jedoch unterschiedliche Ergebnisse. Zum Vergleich wurden Vergleichsrechnungen mit einer Ankergruppe nach Bild 2.3 mit Bolzendübel der Größe M12 durchgeführt. Die Ergebnisse sind in Bild 2.4 und Tabelle 2.1 dargestellt. Die maximale Dübelkraft, die von Programm Nr. 6 ermittelt wurde, ist deutlich größer als die Werte, welche von den anderen Programmen berechnet wurden.

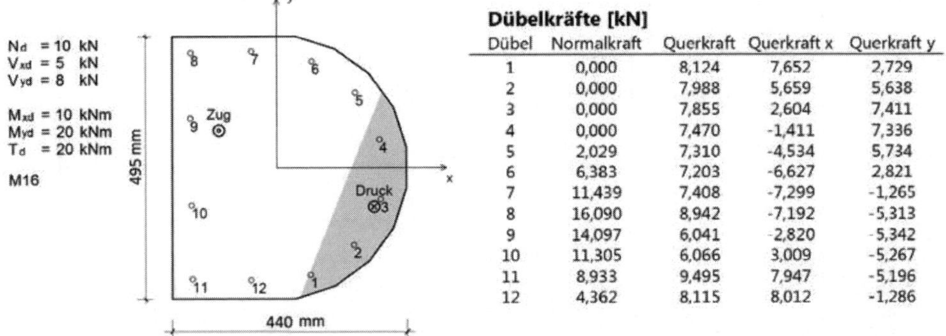

Dübelkräfte [kN]

Dübel	Normalkraft	Querkraft	Querkraft x	Querkraft y
1	0,000	8,124	7,652	2,729
2	0,000	7,988	5,659	5,638
3	0,000	7,855	2,604	7,411
4	0,000	7,470	-1,411	7,336
5	2,029	7,310	-4,534	5,734
6	6,383	7,203	-6,627	2,821
7	11,439	7,408	-7,299	-1,265
8	16,090	8,942	-7,192	-5,313
9	14,097	6,041	-2,820	-5,342
10	11,305	6,066	3,009	-5,267
11	8,933	9,495	7,947	-5,196
12	4,362	8,115	8,012	-1,286

Bild 2.2 Rechenbeispiele aus [10]

Um die Ursache zu finden wurde eine Parameterstudie mit dem Programm Nr. 1 [10] mit einer Variation des Spannungsquerschnitts As durchgeführt (Bild 2.5).

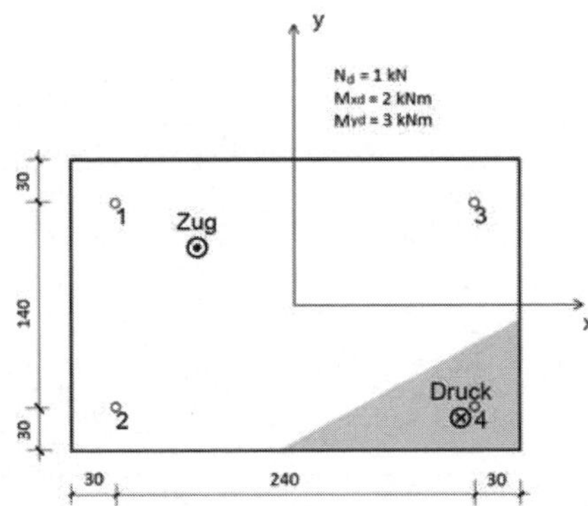

Bild 2.3 Berechnete Ankergruppen mit Bolzendübeln M12 [10]

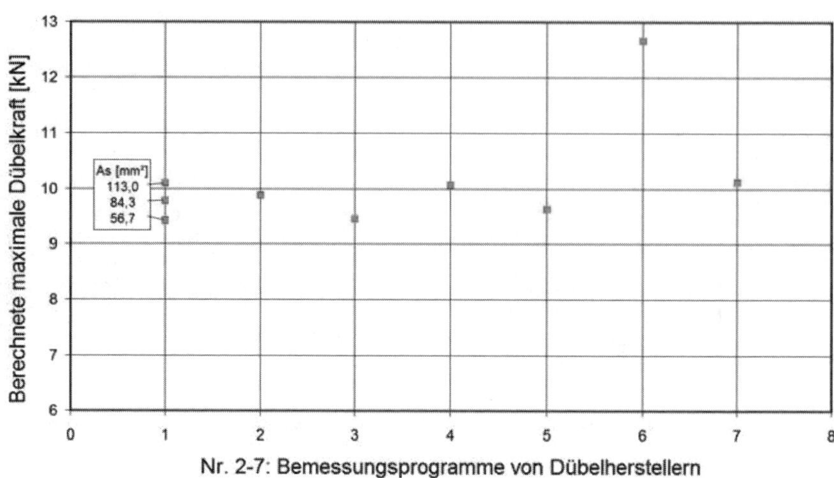

Bild 2.4 Vergleiche der berechneten maximalen Zugkräfte von verschiedenen Programmen [11]

Programm Nr.	Spannungsquerschnitt As [mm²]	Dübel-Nr. /-kraft in [kN]			
		1	2	3	4
1 [10]	56,7	9,42	3,94	4,15	0
	84,3	9,78	3,88	4,06	0
	113	10,10	3,80	3,98	0
2	Bolzendübel M12	9,88	3,87	4,07	0
3		9,45	3,96	4,17	0
4		10,07	3,75	4,08	0
5		9,63	3,93	4,13	0
6		12,66	6,27	6,64	0,25
7		10,13	3,82	4,00	0

Tabelle 2.1 Vergleich der berechneten Dübelzugkräfte von verschiedenen Programmen [11] nach Bild 2.3

Aus den in Bild 2.5 dargestellten Ergebnissen ist die Ursache für den Unterschied der berechneten maximalen Zugkraft wie folgt zu begründen. Das Programm Nr. 6, das eine um 30% höhere maximale Zugkraft berechnet hat als die anderen, basiert vermutlich auf eine konservativere Rechenannahme. Bei den übrigen Programmen liegt die Abweichung maximal bei 7,5%. Es könnte ein unterschiedlicher Spannungsquerschnitt eingesetzt worden sein. Der berechnete Bolzendübel M12 hat am fiktiven Stab Φ12 die Spannungsquerschnitte 113mm², am Gewinde 84,3mm² und am Hals ca. 56,7mm² (Bild 2.6). Die mit diesen Spannungsquerschnitten durch das Programm 1 [10] berechneten max. Zugkräfte sind in Tabelle 2.1 angegeben.

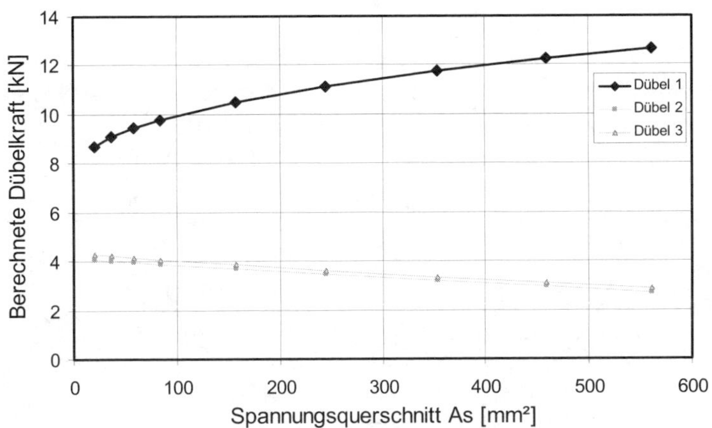

Bild 2.5 Einfluss des Spannungsquerschnitts auf die Zugkraft in Ankergruppe nach Bild 2.3

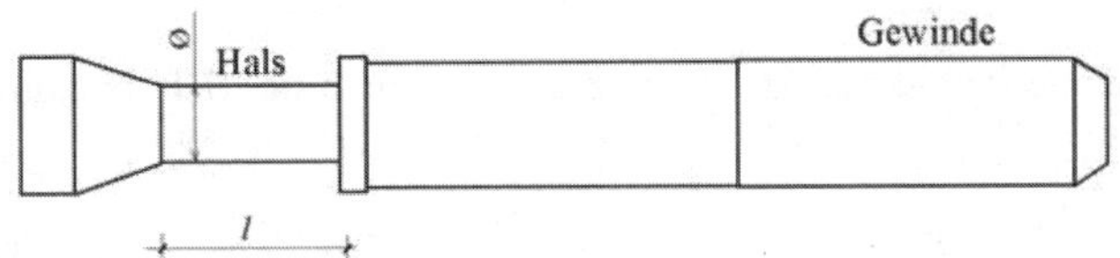

Bild 2.6 Ausbildungen der tragenden Teile der berechneten Dübel (Tab. 2.1 und
     Bild 2.4)

Aus dieser Untersuchung hervorgehend ist es zu empfehlen, einen einheitlichern Spannungsquerschnitt bei Dübeln für die Berechnung der Schnittkräfte zu regulieren. Wenn der tragende Dübelkörper unterschiedliche Spannungsquerschnitte aufweist, soll definiert werden, welcher Spannungsquerschnitt am Dübel unter welchen Bedingungen für die Berechnung einzusetzen ist. Zum Beispiel ist der Spannungsquerschnitt an verjungter Stelle nur einzusetzen, wenn die Bedingung $l \geq 5\varnothing$ erfüllt ist (Bild 2.6).

2.2   Berechnung der Dübelquerkräfte

Unter der kombinierten Beanspruchung von V_{xd}, V_{yd} und T_d (Bild 2.7) kann die Verteilung der Ankerquerkräfte in einer Ankergruppe mit Ankern ohne Ringspalt in der Fläche (ohne Einfluss des Bauteilrandes) wie folgt abgeleitet werden:

-    Ankerquerkräfte aus dem Torsionsmoment T_d

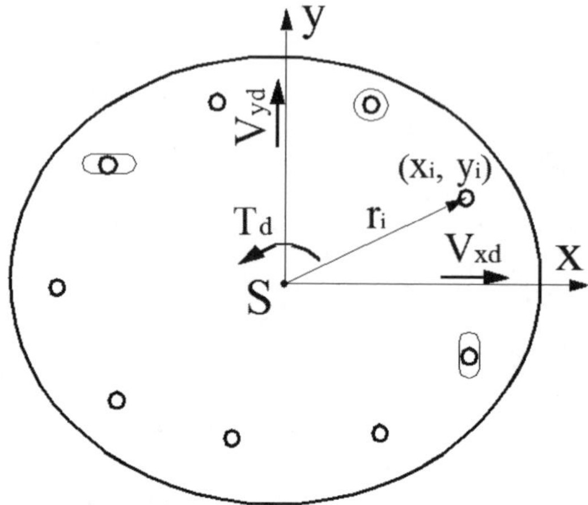

Bild 2.7 Ankergruppe unter der kombinierten Beanspruchung von V_{xd}, V_{yd} und T_d

Aus der Festigkeitslehre hat man die Beziehung zwischen der Schubspannung und dem Torsionsmoment

$$\tau_i\left(r_i\right) = \frac{T_d}{I_p} r_i \tag{2.3}$$

Setzt man das Torsionsträgheitsmoment

$$I_p = \int r_i^2 dA = \sum_{i=1}^{n} r_i^2 \Delta A \tag{2.4}$$

mit $r_i^2 = x_i^2 + y_i^2$, $\Delta A = A_s$ und $V_i = \tau_i \cdot \Delta A$

in die Gleichung (2.3) ein, erhält man die Querkraft auf Anker i wie folgt.

$$V_{xi}^T = -\frac{T_d \cdot y_i}{\sum_{i=1}^{n} x_i^2 + \sum_{i=1}^{n} y_i^2}$$

$$V_{yi}^T = \frac{T_d \cdot x_i}{\sum_{i=1}^{n} x_i^2 + \sum_{i=1}^{n} y_i^2} \tag{2.5}$$

178

- Die Ankerquerkräfte aus den Querzuglasten V_{xd} und V_{yd} durch den Schwerpunkt der Anker S lauten

$$V_{xi}^V = \frac{V_{xd}}{n}$$
$$V_{yi}^V = \frac{V_{yd}}{n} \tag{2.6}$$

mit n: Anzahl der Anker in der Gruppe.

Somit ergeben sich die Ankerquerkräfte aus V_{xd}, V_{yd} und T_d wie folgt:

$$V_{xi} = V_{xi}^V + V_{xi}^T$$
$$V_{yi} = V_{yi}^V + V_{yi}^T \tag{2.7}$$

Für Langloch können die Querkräfte durch Ausschalten der Wirkung des Ankers in X- und/oder Y-Richtung berechnet werden.

Es stellt sich die Frage, welche Duktilität die Anker haben müssten, um die Querkräfte nach den o. g. Formeln für Ankergruppe mit normalen Ringspalten nach [1] Tabelle 4.1 zu berechnen.

3. Bestimmung der Ankerplattendicke

3.1 Aktueller Stand

Die Anforderungen an die steifen Ankerplatten sind in [1-5] nicht ausreichend definiert. Zurzeit bemisst man in der Praxis die Ankerplatten nach der Reglung des Stahlbaus[12]. Die von verschiedenen Bemessungsprogrammen [11] empfohlenen Ankerplattendicken weichen zum Teil bis zu 100% von einander ab (Bild 3.1).

Im Stahlbau sind die Stützenfußplatten jedoch anders bemessen als nach der Elastizitätstheorie[13]. In [8] wurden experimentelle und numerische Untersuchungen mit Ankergruppen durchgeführt, wobei die Ankerplatten nach [12] bemessen wurden. Ergebnisse zeigen, dass bei den untersuchten Ankergruppen die rechnerischen Tragfähigkeiten nach [1-5] nicht erreicht wurden, da die Ankerplatten nicht ausreichend steif waren.

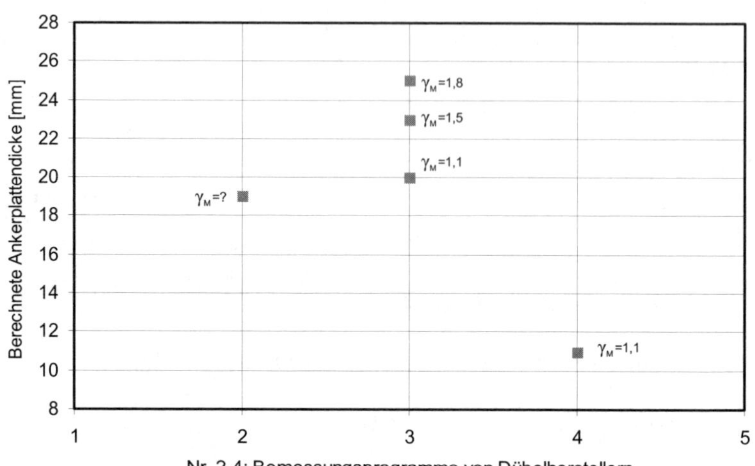

Nr. 2-4: Bemessungsprogramme von Dübelherstellern

Bild 3.1 Vergleiche der von verschiedenen Bemessungsprogrammen empfohlenen Ankerplattendicken bei einer Ankergruppe mit 8 Dübeln, $\gamma_M = f_{yk}/f_{yd}$ Teilfaktor für Spannungsbegrenzung in der Ankerplatte

Bisher wurden die Ankerplattendicken nach folgendem Kriterium empfohlen.

$$\sigma_{sd} \leq f_{yd}$$ (3.1)

mit

σ_{sd}: die von der einwirkenden Lasten N_d, M_{xd} und M_{yd} hervorgerufene max. Spannung in der Ankerplatte. Diese Spannung wird in der Regel abhängig vom Anschlussprofil an der Ankerplatte durch Finite-Elemente (FE) Berechnung ermittelt. Spannungsspitze in der FE-Berechnung wird gemittelt.

f_{yd}: $=f_{yk}/\gamma_M$ mit $\gamma_M=1{,}10$ nach [EC3]

In Bild 3.2 sind die charakteristische Last N_{Rk} des Ankers und die Spannungs-Dehnungslinie der Ankerplatte nebeneinander gestellt. Nimmt man eine lineare Beziehung zwischen der Ankerlast und der maximalen Stahlspannung in der Ankerplatte an, erreicht die Ankerplatte kurz nach N_{Rd} die Fließgrenze und somit entsteht bei der Ankerplatte die plastische Verformung. Die Annahme der ebenbleibende Querschnitt kann damit bis zu N_{Rk} nicht erfüllt werden. Deshalb kann man mit der nach (3.1) und [12] bemessenen Ankerplatte die charakteristische Tragfähigkeit N_{Rk} nicht erreichen. In Bild 3.2 stellt ΔS anschaulich die fehlende Sicherheit dar.

180

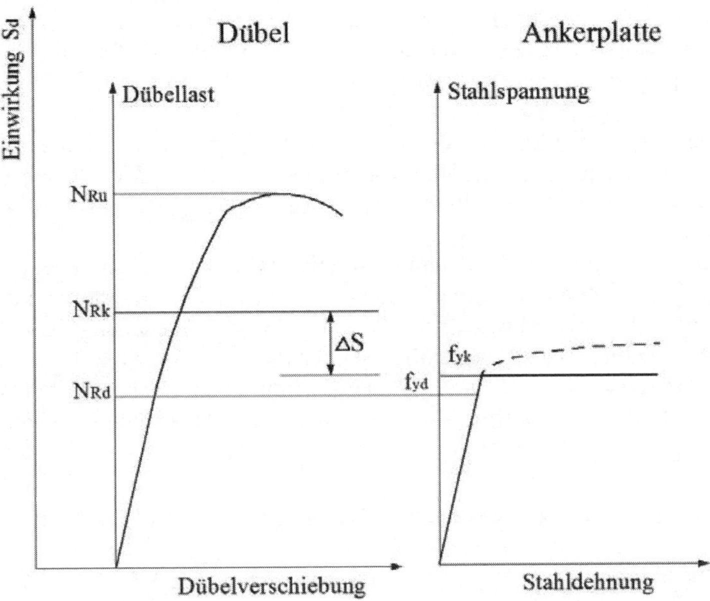

Bild 3.2 Anschauliche Darstellung der Zusammenhänge zwischen N_{Rk}, N_{Rd} und f_{yd} mit f_{yd} nach EC3 [12]

In [8] wurde vorgeschlagen, zu dem Kriterium (3.1) zusätzlich eine Verschiebungsbedingung wie folgt einzuführen(Bild 3.3).

$$\frac{f_D}{f_B + f_Z} \leq 1,0 \qquad (3.2)$$

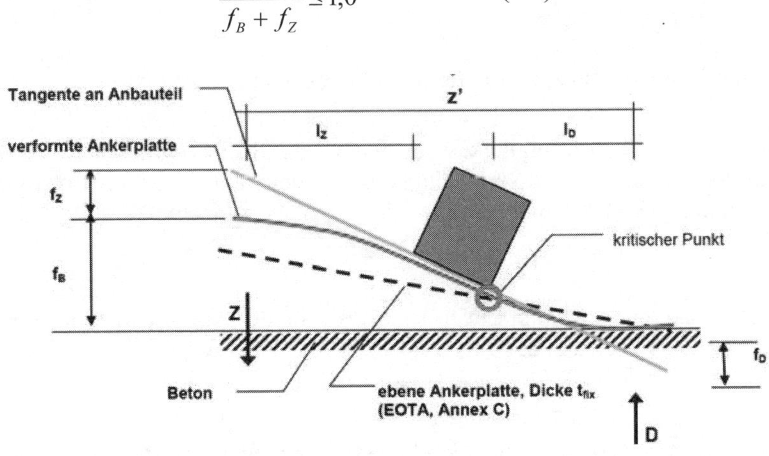

Bild 3.3 Definitionen der Verschiebungen f_D, f_B und f_Z, Bild aus [8]

Das vorgeschlagene Verschiebungskriterium wurde zwar durch numerische und experimentelle Untersuchungen nachgewiesen, sie haben für die praktischen Anwendungen jedoch folgende Nachteile.

- In der Regel werden die Verschiebungskriterien bei der Bemessung für den Gebrauchzustand verwendet. Ankersysteme mit großer Verschiebung sind normalerweise nicht, wie in der Gleichung (3.2) dargestellt, vorteilhaft, sondern nachteilig.
- Dübelverschiebungen f_B sind relativ klein und streuen stark. Die Dübelverschiebung als Bemessungskriterium für Ankerplattendicke kann dazu führen, dass bei gleichem Ankertyp von verschiedenen Herstellern ganz unterschiedliche Ankerplattendicken entstehen.
- Die Verschiebungen f_D und f_Z aus Verformungen von Ankerplatten sind in vielen Fällen sehr aufwendig bzw. nicht mit ausreichender Genauigkeit zu ermitteln.

Aus o.g. Gründen ist der Vorschlag nach (3.2) sehr schwer in der Praxis umzusetzen.

3.2 Neuer Vorschlag

Um bei Ankergruppen das definierte Sicherheitsniveau nach [1-5] zu erreichen soll die Annahme der ebenbleibenden Ankerplatte bis zur charakteristischen Last der Anker gelten. Dies wird in Bild 3.4 anschaulich dargestellt.

Betrachtet man die elastischen Verformungen als vernachlässigbar klein, kann die Bedingung wie folgt dargestellt werden.

$$\sigma_s(N_{Rk}) \leq f_{yk} \tag{3.3}$$

$\sigma_s(N_{Rk})$: Stahlspannung in Ankerplatte beim Lastniveau N_{Rk} von Ankern

Nimmt man eine lineare Beziehung zwischen der max. Spannung in der Ankerplatte und der Last in den Ankern an und setzt den Teilsicherheitsfaktor γ_M von Ankern ein, kann man die Gleichung (3.3) wie folgt ausdrucken.

$$\sigma_s(N_{Rk}/\gamma_M) \leq f_{yk}/\gamma_M \tag{3.4}$$

Berücksichtigt man nach [8] den Einfluss der Position des Anschlussprofils auf der Ankerplatte mit einem zusätzlichen Faktor

$$\gamma_{ec} = 1 + 0{,}5 \cdot e_N / l \geq 1{,}0 \tag{3.5}$$

mit e_N: Abstand zwischen der Profil-Anschlussstelle und dem Ankerschwerpunkt.
    l: Abstand der äußeren Anker

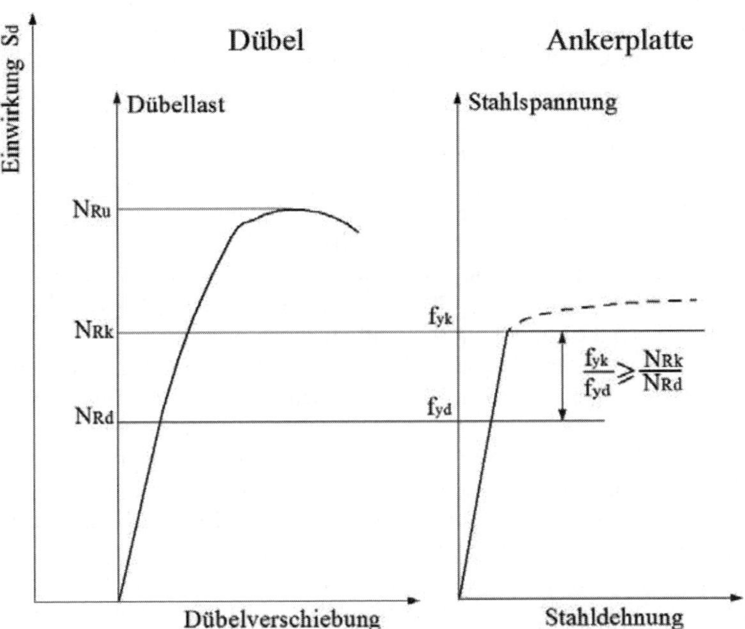

Bild 3.4 Anschauliche Darstellungen der Zusammenhänge zwischen N_{Rk}, N_{Rd} und f_{yd} mit
$f_{yd} \leq f_{yk}/(N_{Rk}/N_{Rd})$

erhält man das Bemessungsformat

$$\sigma_s(N_{Rd}) \leq f_{yk}/(\gamma_M \cdot \gamma_{ec}) \qquad (3.6)$$

bzw.

$$\sigma_{s,max} \leq f_{yd} \qquad (3.7)$$

Das Design-Format (3.7) stimmt mit der bisherigen Praxis überein. Nur wird die Ankerplatte nicht mit dem Teilsicherheitsbeiwert von Stahlbau [12] sondern mit den Teilfaktoren von Befestigungstechnik bemessen.

Konkret kann die Ankerplattenbemessung wie folgt durchgeführt werden.

1) Entwurf einer Verankerung mit Ankerplatte, Ankern und Anschlussprofil
2) Berechnung der Ankerschnittkräfte nach der Elastizitätstheorie (siehe Abschnitt 2)
3) Bemessung der Anker nach cc-Verfahren [1-5]

4) Festlegung der Grenzspannung f_{yd} nach (3.6)
5) Iterative Berechnung der maximalen Stahlspannung in der Ankerplatte mit den Rechenergebnissen von 2) als äußere Lasten und mit der Spannungsbegrenzung nach (3.7) zur Bestimmung der Ankerplattendicke.

4. Zusammenfassung und Ausblick

Die Bemessung von Verankerungen in Beton ist in verschiedenen Regelwerken und Richtlinien beschrieben. In der Praxis werden die Lasten auf die Verankerungen meistens durch die Ankerplatten auf Ankern verteilt. Die Ankerschnittkräfte in Ankergruppen können nach der Elastizitätstheorie ermittelt werden, wenn die Ankerplatten ausreichend steif sind. Ein allgemeines Verfahren zur Berechnung der Ankerschnittkräfte nach der Elastizitätstheorie und zur Bestimmung der Ankerplattendicke ist dabei nicht definiert und wird den praktischen Ingenieuren überlassen.

Im vorliegenden Beitrag wird ein allgemeines Verfahren für die Berechnung der Ankerschnittkräfte in Ankergruppen unter kombinierter Beanspruchung von Zug, Querzug, Schiefbiegung und Torsionsmoment nach der Elastizitätstheorie vorgestellt. Ein modifiziertes Modell mit Spannungsbegrenzung zur Bestimmung der erforderlichen Ankerplattendicken wurde vorgeschlagen. Damit können Dübelschnittkräfte in Ankergruppen mit beliebigen Ankerplattenformen und Dübelanordnungen und ggf. mit Langlöchern mit wenig Zeitaufwand auf dem Sicherheitsniveau nach ETAG ermittelt werden.

Die Berechnung der Stahlspannung in der Ankerplatte wird normalerweise mit Hilfe der Finite-Elemente-Mothode durchgeführt. Erfahrungen zeigen, dass die Rechenergebnisse durch verschiedene Netzgenerierungen und die Mittlung der Spannungsspitzen stark beeinflusst werden. Um stabile Rechenergebnisse für bestimmte Anschlüsse zwischen Stahlprofilen und Ankerplatten zu erzielen sind Untersuchungen der Elementierung und die Reglung der Mittlung der Spannungsspitzen erforderlich.

Literatur

1. ETAG001, Annex C, Design methods for anchorages 3rd Amendment August 2010
2. ETAG001, Technical Report, Design of Bonded Anchors, TR029 Edition June 2007
3. CEN/TC 250, CEN_TS_1992-4-1_A16_(E)_2007-09, 2008
4. ACI 318-08, Appendix D
5. fib bulletin 58, design of anchorages in concrete, July 2011
6. R. Mallée, H. Riemann, Ankerplattenbefestigungen mit Hinterschnittdübeln, Bauingenieur 65 (1990) 49-57, 1990
7. R. Mallée, F. Burkhardt, Befestigungen von Ankerplatten mit Dübeln, Beton- und Stahlbetonbau 94 (1999), Heft 12, 1999

8. S. Fichtner, Untersuchung zum Tragverhalten von Gruppenbefestigungen unter Berücksichtigung der Ankerplattendicke und einer Mörtelschicht, Dissertation Universität Stuttgart 2011

9. L. Li, H. Quan, Calculation of anchor loads in multiple-anchor fastenings subjected to combined bending moments and tension loads, 2nd International Symposium on Connections between Steel and Concrete, Stuttgart 2007

10. H. Li (Quan), Programm zur Berechnung der Dübelschnittkräfte in Ankergruppen mit beliebiger Ankerplattenform und beliebiger Dübelanordnung unter kombinierter Beanspruchung von Zug, Querzug, Schiefbiegung und Torsionsmoment, 2011 nicht veröffentlicht

11. Bemessungsprogramme von Dübelherstellern, unterladen aus Internet 2011

12. DIN V ENV 1993, Eurocode 3: Bemessung und Konstruktion von Stahlbauten, Teil 1-1, Allgemeine Bemessungsregeln, Bemessungsregeln für den Hochbau

13. J.W.B. Stark, Design of connections between steel and concrete to Eurocodes, 2nd International Symposium on Connections between Steel and Concrete, Stuttgart 2007

A SIMPLER MODEL FOR SHEAR LUGS

Harald Michler*, Manfred Curbach*
*Institute of Concrete Structures, Technische Universität Dresden, Germany

Abstract

There is a model to calculate fixings with shear lugs. It is a physical model that is controlled by numerous tests done at the TECHNISCHE UNIVERSITÄT DRESDEN and the BECHTEL POWER CORPORATION, USA. The model works by examining the different parts of the fixing-system and correcting the possible load transmission based on the deformations in the system. In the following calculation step, the calculations of the single parts are combined under consideration of deformations and movements. This is a calculation intensive iterative procedure which provides very good results and is applicable to all imaginable geometries of a fixing-system, even numerous lugs and anchors are possible.

The resulting question is: What is the loss of prediction accuracy if a more easy to use calculating model is used? Accordingly, the model of the author was broken down into a simple model and was compared with another simple model presented by Prof. Cook.
This short paper will provide the two simple models, and will give a short comparison of them with regard to the way both models are able to predict the test results.

This paper is gratefully dedicated to Prof. Eligehausen, who has supported the whole work on this subject in Dresden.

1. Preface

An experimental and theoretical analysis of the behavior of complex shear loaded fastenings was carried out at Dresden University of Technology. The work was started by KÖRNER [1][2][3][4] and was followed up by an extensive experimental study of fixings with shear lugs, CURBACH [5]. Its main focus was on applications which introduce a great amount of shear load value parallel to the surface into a concrete base using a steel shear lug. The behavior of these special fixings was presented as the result of the finished research program and a calculation method was formulated by the author [6].

Structures, such as the one shown in figure 1, can transmit high values of shear loads to the anchor ground. An additional loading of normal force and bending moment is possible, but will only be expected to cover the necessary tolerance and off center condition of the fixture parts. The advantage of fastening with shear lugs results from splitting the load transfer into different components. The shear lug/lugs caries/carry the shear load, while the tie bar/bars itself/themselves only balances/balance the system by tension load due to bending loading and normal loading. Thus all loads are transferred by highly specialized components. If the base plate is additionally embedded into the concrete ground, a shear load is transferred in front of the base plate, too. However, this paper will not deal with such a load in front of the base plate, because of limitation the deformation.

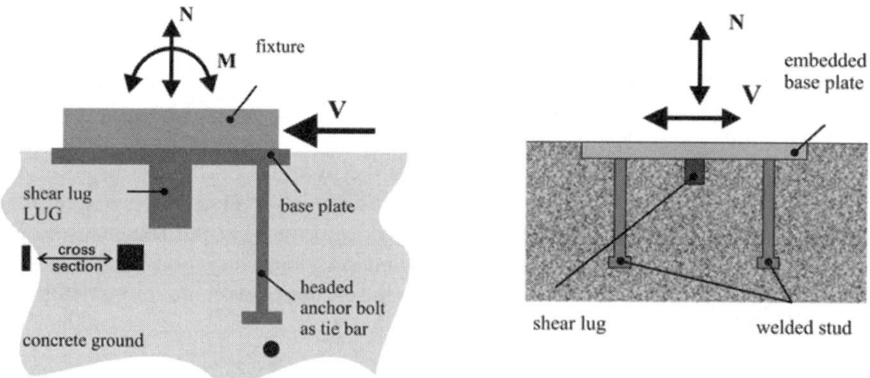

Figure 1: setup Dresden tests   Figure 2: common design like Cook tests

A special design, as shown in figure 1, is optimized to transfer one single load, which is determined by the direction of action, to the ground. But in most realistic anchoring cases the load may change the direction of action. Consequently, a symmetrical design, such as the one shown in figure 2, is more useful.

pure shear loading

$$V_m = k_0 \cdot f_c \cdot A_b \tag{1}$$

tension and shear loading

$$V_m = k_0 \cdot f_c \cdot A_b \cdot \left(1 - \frac{N}{\sum A_s \cdot f_u}\right) \tag{2}$$

$$k_0 = 2,75$$
$$k_1 = 5$$

compression and shear loading

$$V_m = k_0 \cdot f_c \cdot A_b \cdot \left(1 + k_1 \cdot \frac{N}{f_c \cdot A_{pl}}\right) \tag{3}$$

A symmetric design like the one shown in figure 2 is used for tests at Bechtel Power Corporation, ROTZ [7]. A model based on these tests is presented by Prof. Cook, COOK [8][9]. He also provides easy to use formulas – (1), (2) and (3) – to calculate the load capacity of these specimens [10]. In a special case only pure shear occurs, but in practice there will mostly be an additional normal force. If this normal force is compressive, it will have a favorable effect on the fixings; if it is tensile, it will decrease the ability to transmit a shear force. This can be clearly seen in equation (2). In all cases, the starting stress in front of the lug is 2.75 times the uniaxial concrete strength ($k_0 = 2.75$).

This is a very nice and simple to use model and may be sufficient for the practical working engineer. Yet there are a few restrictions:

- The layout of the fixings has to be similar to the test specimens' proportions, see also figure 7.
- In the fixing's loading, no bending moment is taken into account. This bending moment will even be a necessary eccentricity of the shear or normal force introduced.
- The load transmission is mixed. At the tie bars – the anchors – some shear force is transmitted too.
- And, most of all, the actual spacing of the tie anchors is not taken into consideration.

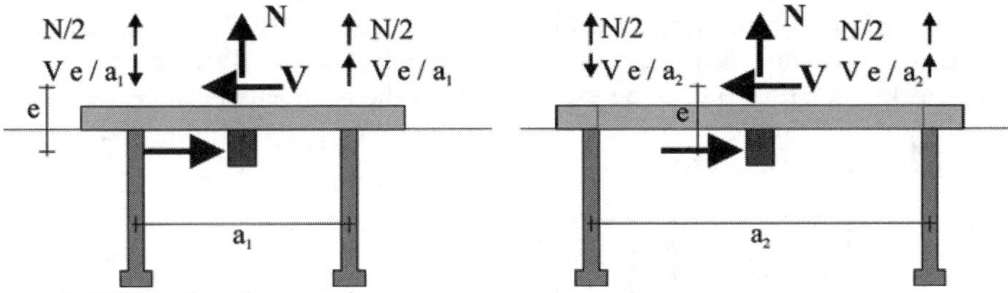

Figure 3: Effect of anchor spacing

Particularly, the last point is of special interest. A bigger spacing of the anchors will reduce the anchor loading due to introducing the shear load in front of the lug. An additional loading of the fixture through a bending moment or a load eccentricity of the shear load and the normal load will effect the same. This has not yet been covered by the model.

To take these points into consideration, experiments based on the design presented in figure 1 are made. The underlying idea is the following:

1) Mainly, the shear lug will transmit the shear force to the ground. At this point, a bending load has to be carried by the anchors, which are padded in the Dresden

tests, as not to transmit any shear load, rather than by the tie anchor(s) in the back of the lug.

2) The shear load transmission in front of the lug/lugs and the embedded base plate is strictly divided (if one is present).

3) The only interaction of the tie anchor and the lug is the deformation in the fixture which is due to the normal loading of the anchors.

4) Consequently, all the load transmissions can be examined independently of each other

5) The one thing that brings everything together is the deformation in the whole fixing-system, the compatibility.

2. A method to recalculate test results – physical model Dresden

The load carrying behavior of the fastenings in the experiments is analyzed and documented in [12]. Toward this aim, 68 additional tests were made with fixing-systems based on figure 1. Not only was the anchorage depth altered, but also the eccentricity of the shear loading. Furthermore, an additional normal loading was added, the concrete strength was varied and the anchoring depth of the tie anchor changed. It has been shown, that the load-displacement relationship is of special importance for these tests, as well as for the recalculation method. The tests have revealed a decisive influence of the fastenings' movements – displacements as well as rotations – on the load carrying capacity. In order to be able to examine and even predict this behavior, the experiment has been redesigned with finite elements. In a first step it is therefore possible to examine fastenings without movements due to the anchor bolt stiffness. In a second step, the influence of the deformation can be explored. Here, the parameters can be varied more accurately and in a more complex way than it is possible – in terms of quantity – in the comparatively extensive test setup.

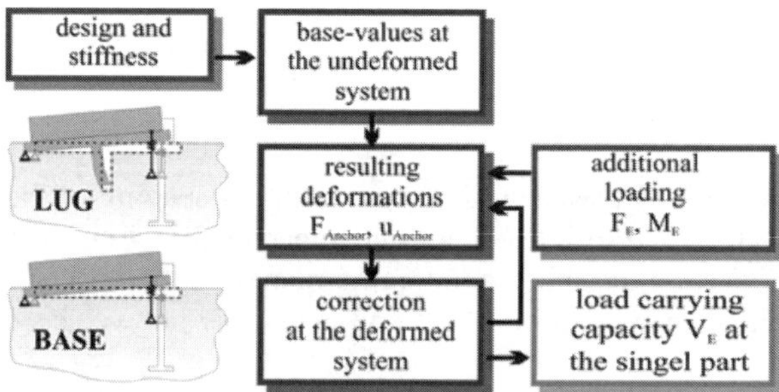

Figure 4: Scheme of calculation Michler Model B

The calculation method itself is based on some basic-values that are determined by the geometry of the specimen and the material parameters. These basic-values describe the load capacity (reaction forces) of the different parts, and provide the location, where the reaction forces will be located. Based on these it is possible to calculate loads (stress and strain) and the deformations in all single parts of the fixture and its deformations will give a reduction of the reaction forces themselves. Consequently, it is an iterative process that has to be done separately for all main parts of the fixing-system (commonly for the lug and the embedded base plate). The calculation scheme is presented in figure 4, and a detailed description can be found in MICHLER [6][11]. Resulting from this calculating process, the possible maximum load for all parts of the fixing-system is known. To find out the maximum load of the general fixing-system, the single parts have to be added. However, this has to be done with respect to the deformation (the movement) in direction of the shear load. These single movements will not be the same for the load transmission in front of the lug and in front of the base plate (for a simple design like figure 1 or 2). Consequently, one of the two load transmission capacities in this example has to be reduced so that the same movement is established in both parts. Finally, the deformation, especially that of the tie anchor, has to be checked as it has to remain the same. Otherwise an additional iteration step has to be taken.

The whole calculation is very complex, but it allows the prediction of the fixing's load carrying behavior without restriction to any geometry in any number of different parts, such as lugs, embedded plates or anchors. Even the friction may be considered to give a good recalculated result for the tests.

Do not wonder to hear something about two or more lugs in the fixing-system. At the Dresden tests [4][6] (see design figure 1) the tie-anchor was padded. As a result, there was no load transmission of the shear load in this part. The usual tests, based on design 2 (see figure 2), are done without padding. Consequently, a part of the shear load is transmitted in front of the anchors too. For the calculating method the fixing will consist of 3 or 5 lugs (one lug in the middle, and with the anchors, working as additional lugs). At the Bechtel tests rectangular bars of 1" are used as tie anchors, see figure 7. Two of these anchors in a fixing furthermore comprise 1/3 of the lug face area.

In general, this complex calculation method, based on physical models and reviewed by test results, does not only supply the maximum shear load transfer capacity of the whole fastening system (a system with very free geometries), but also shows the partial shear load transfer capacity of the individual parts of the unit. With the help of this method, the load-related behavior of the fastenings, including partial failure states, can be predicted.

3. Make it useable

The calculating method shortly described above is called Michler Model B and offers a very reliable prediction of the test results, not only the ones done in Dresden, but also the ones presented by Mr. Cook.

The subsequent main question is whether it is possible to find a more easy to use calculation method that suits most fixing designs and can be adapted to any accuracy requirement. The answer is yes. However, the process entails a loss in variability of geometry.

Idea: Mostly there is very little deformation in the fixing due to bending in the fixture and base plate and due to longitudinal deformation of the tie-anchor. Furthermore, most common designs do not use an embedded base plate, or the base plate will have crashed before the ultimate load at the lug has been reached. Consequently, only the basic-values for the lug may be used.

These basic-values are based on systems without deformations (as mentioned above). Only the deformation in the lug itself, which are the bending deformation and the shear deformation in the steel of the lug, is considered in these basic-values. For most designs, especially the design presented in figure 2, there is no bending in the base plate. The deformation in the tie-anchor can be neglected if the anchor is not loaded to its limit, and this can be easily guaranteed because this simplified method will also calculate the tie-anchor's normal loading. To get the best results, the tie-anchor loading is restricted to 90% of its steel failure capacity. It is however essential that there is nearly no normal deformation in the anchor. Maybe other failure modes with deformation are to be taken into account too.

4. Suggestion for a simple but adaptable method

As mentioned above, the method is based on basic-values which allow for neither bending of the base plate nor any longitudinal deformation of the tie anchor. The necessary formulas are presented in the following part. Four calculation steps are required:

1. Calculation of the load transmission in front of the shear transmitting elements
2. Calculation of the tie anchor load
3. Checking of the anchor capacity; if necessary, reduction of the load
4. Checking all parts of the fixing with regard to local stress

The advantage of this method is that the tie anchor force is calculated and checked. As a result, all kinds of additional loading of the fixture are possible. The same formula will work for pure shear, shear with additional tension loading and shear with additional compressive loading. It is easy to consider a special or additional eccentricity of the loading of the fixing-system, and the geometry of the fixing-system does not have to be restricted either. The positive effect of a compression loading, due to a higher multi-axial strength of the concrete in front of the lug, is not considered. This is on the safe side.

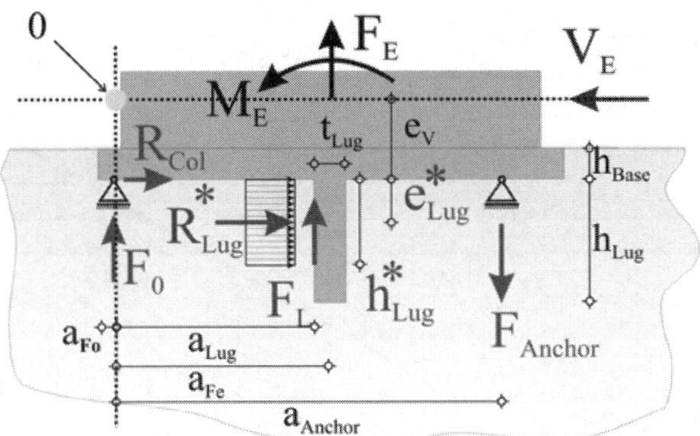

Figure 5: Forces and geometry of a simple fixing-system with one shear lug

As an example, a simple fixing-system based on design 2 (figure 2) has been chosen. In figure 5 the anchors are replaced by supports to show that there is nearly no deformation and the base plate is covered by a big block to show that no bending deformation occurs. A load component R_{col} – resulting from friction – is used to recalculate the test results which work with friction. For a dimensioning of the fixing-system, this may be neglected. In (5) μ is to be set at 0, but this has an effect on the anchor force F_A on the unsafe side. The basic-values for the shear transmission in front of the lug will be:

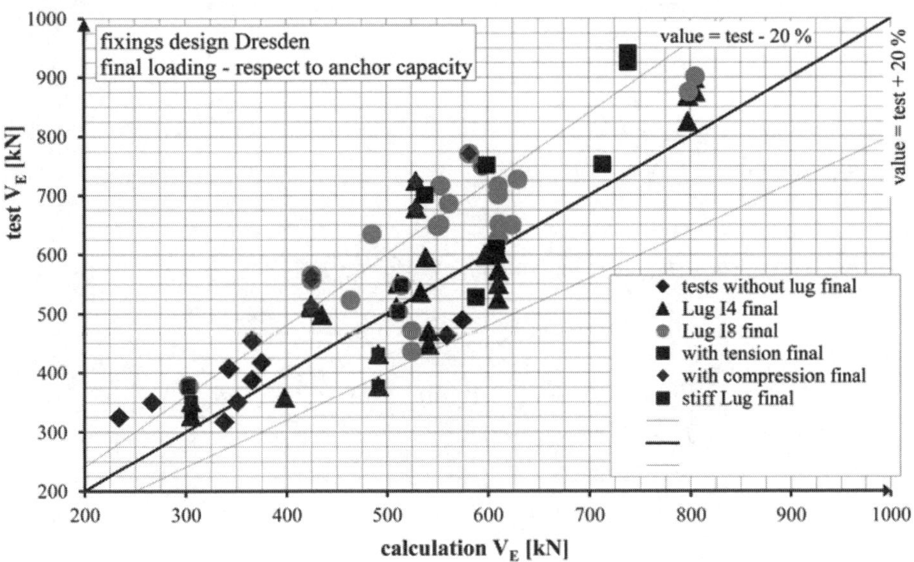

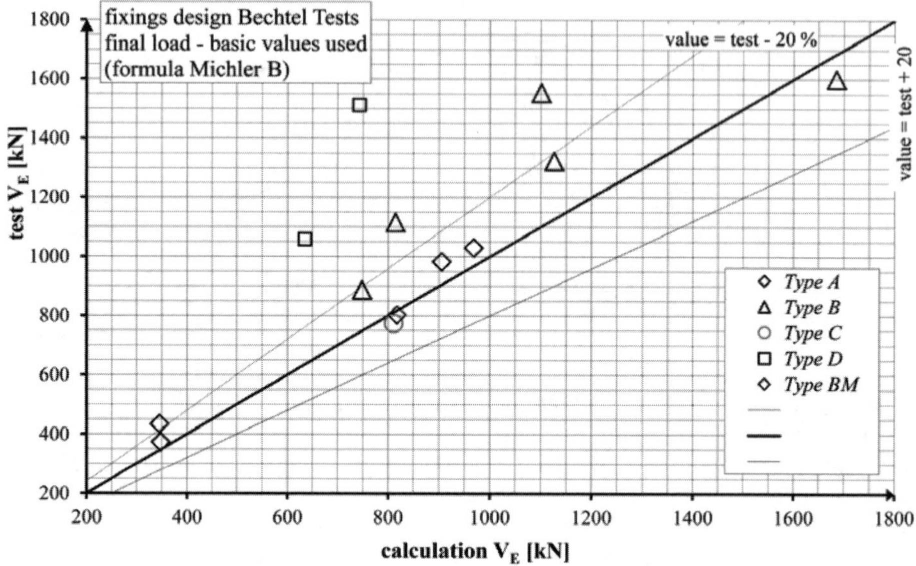

Figure 6: Comparison test to calculation – total-failure of fixing

$$h^*_{Lug,eff} = \min \begin{cases} 0,9 \cdot \sqrt[4]{\dfrac{EI_{Lug}}{b_{Lug} \cdot f_c}} \\ \\ h_{Lug} \end{cases} \tag{4}$$

$$R^*_{Lug} = \alpha_{Lug} \cdot b_{Lug} \cdot h^*_{Lug,eff} \cdot f_{c,cyl} \quad \text{and} \quad e^*_{Lug} = \dfrac{1}{2} \cdot h^*_{Lug,eff}$$

With respect to balance:

$$\begin{aligned} \sum M \quad & F_A \cdot a_A = (R_L \cdot (e_L + e_V) + F_L \cdot a_L) + R_{Col} \cdot e_V + F_E \cdot a_{Fe} + M_E \\ \sum V \quad & F_O + F_L + F_E - F_{Anchor} = 0 \\ \sum H \quad & V_E - R_L - R_{Col} = 0 \\ & R_{Col} = \mu \cdot F_O = 0,4 \cdot F_O \\ & F_O = F_A - F_L - F_E \\ & F_A = \dfrac{(R_L \cdot (e_L + e_V) + F_L \cdot a_L) - \mu \cdot (\alpha_L \cdot F_L + F_E) \cdot e_V + F_E \cdot a_{Fe} + M_E}{(a_A - \mu \cdot e_V)} \end{aligned} \tag{5}$$

Meanwhile, the stress in front of the lug is provided by the increasing factor α_{Lug}:

$$\alpha_{Lug} = 4,75 \cdot \frac{F_{Anchor,u}}{F_{Anchor,cal}} \leq 4,75 \quad ; F_{Anchor,u} = A_{Anchor} \cdot 0.9 \cdot f_{y,yield} \tag{6}$$

The increasing factor will do the same as the factor k_0 in equation (1) to (3). In the initial step, the factor is set to 4.75. In the next step, the anchor has to be checked regarding its being "stiff" through equation (6) (that means it does not allow any vertical movement). If the anchor shall be dimensioned, 4.75 is ok. If an existing fixing shall be recalculated, α_{Lug} may be reduced based on (6). Note that equation (6) only allows for 90 % of the anchor's steel failure load as this regulation results in the best fit.

Some restrictions have to be kept so that the model can be successfully applied. The general idea of these restrictions is to eliminate the likelihood of deformations and movements in the fixing-system almost entirely:

- There is no load transfer in front of the base plate; this can be met when:
  - The base plate is not embedded
  - $A_{Base} < 2\,A_{Lug}$
- Anchor has to be checked with regard to its "stiffness", fulfill equation (6)
- Displacement $u_{Lug} < \alpha\,v_{Lug}$ with $\alpha \sim 0.2$ to 0.5; from experience
- The base plate of the fixture is stiff
  - $a_{Lug\text{-}Anchor} < 5\,h_{Base}$

This model is called "Michler Model D" and the quality of the calculation has been presented in figure 6. The recalculation of the tests is shown, so it is usefully to work with friction too. On the horizontal axis the calculated test result is shown, on the vertical axis the test result itself is shown. So the best fits will be located on the 45° line.

The comparison should reveal the quality of the method at one glance. A special look has to be taken on some of the dots which do not fit so well into the picture. For example, the Bechtel tests "Type D" are underestimated. The reason might be that in this case a massive steel piece of 305 x 63.5 x 24.5 mm (12" x $2^{1/2}$" x 1") was used. There will be some effects of such a massive lug, which will support the tie anchor. However, in this model these effects are not taken into consideration as previously done in the complicated model "Michler B" [6].

5. Comparison to the Cook model

Two models shall be compared:

1. Cook model, see equation (1) to (3)
2. Michler Model D, see equation (4) to (6) and figure 5

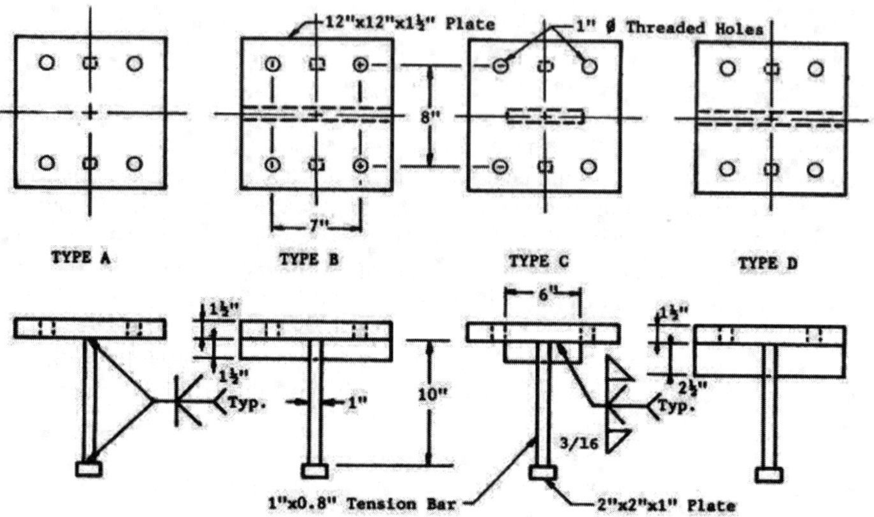

Figure 7: Test Specimens used for Bechtel Tests [10]

The main difference is the suggested method. The Michler Model D calculates the possible shear transmission in the fixing-system. Furthermore, the required tie-anchor force is calculated and – very important – checked whether it is fulfilled. The fixing-system is not restricted to any geometry. Thus it can be applied to all possible geometries. The Cook model works with a special design of fixings as shown in figure 2. Figure 7 shows the specimens that are used. Changing the location of the anchors in the fixing will not have any effect on the result. A normal force (tension or compression or nothing of both) puts additional weight on the fixing. Then the remaining shear load capacity of all components is calculated. The eccentricity of the loading is not considered by numbers. Both models work with a stress in front of the lug that is x times the uniaxial concrete strength f_c. The Cook model assumes "$k_0 = 2.75$" while the model Michler D uses "$\alpha_{Lug} = 4.75$". This is a big difference and results in nearly 75% more capacity on shear loading. However, this is reduced by checking the tie anchor. Figure 6 clearly indicates that model "2." predicts the Bechtel test as well as the Dresden tests. For the Bechtel tests, the calculated shear loading has to be reduced by checking the anchor capacity. So "$\alpha_{Lug} = 4.75$" is reduced to about 3.

On the other hand, a calculation of the Dresden tests with the Cook model is presented in figure 8. The smaller lugs I4 (80 x 40 x 20 mm) are underestimated. That means that $k_0 = 2.75$ is too few. The big lugs U8 (80 x 80 x 80 mm) are overestimated, as the tie anchor has crashed by this load.

Some of the Bechtel tests encountered the same problem. The failure at the tie anchor initiated the failure of the complete fixing-system. It is hard to verify what happened only after the whole specimen has been destroyed by total failure. Nevertheless, the formulas would indicate the anchor's failure.

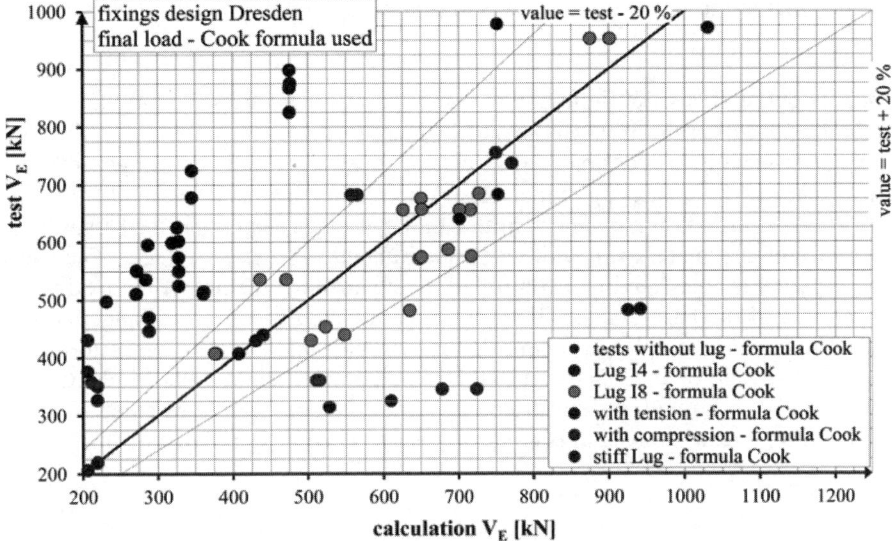

Figure 8: Comparison test to calculation – total-failure of fixing

6. Conclusion

An easier calculation design for fittings with shear lugs has been shown. This design can be applied to all fittings by splitting the different load components to especially provided anchor elements. The design resistance and behavior of the fastenings is estimated depending on different geometries and stiffness conditions of the lug. Different strength classes of the concrete as well as different load combinations are taken into consideration. To use the simple model the deformations in the fixing have to be restricted to ideally zero. Particularly, the longitudinal deformation of the tie-anchor should be as close to zero as possible, but this can be achieved by restricting this anchor to 90% of its loading capacity. The possibility to deal with almost all thinkable geometries is provided through the step of checking the tie-anchor capacity and calculating the loading of this special element or elements. The example shows the calculation for a common fixing design with one lug and anchors to balance the shear load transmission. The base plate connects both element types and may be embedded too.

If a load transmission in front of the base plate is to be considered too, the model (D) may be extended to a short model with deformations (Michler Model C), as presented in Abisko [12], or the model B from [6] is used as the next step of extension.

If the geometry can be limited to a design similar to the one in figure 2, the model of Mr. Cook would work very well too, albeit with no respect to the tie anchor itself.

Consequently, all in all, there are two ways to give a calculating model for fixings with shear lugs.

- Cook model, with a strict limitation to some special geometries. Failure due to lug, anchors and within the fixing is included. Easy to deal with, fast to calculate but only lower shear loads possible. Safety concept only as overall concept possible.
- Michler Model D, as starting model. Restriction to one lug, as Cook model too, and very little deformation/movement in the fixing itself. There is no load transfer in front of the base plate, meanwhile it is not embedded or $A_{Base} < 2\ A_{Lug}$ The shear load capacity is calculated und controlled by the anchor capacity. If the load transfer in front of the base plate shall be observed, or the geometry is changed to one with 2 lugs (for example), a model that deals with deformations needs to be applied. That would be the extension of this simple model the Michler Model C – introduced in Abisko with little restrictions – or in the next step to Michler Model B [6] that has no restrictions, but is not a very easy to handle iterative model.

References

[1] Körner, C; et al.: Untersuchungen zur Tragfähigkeit vorwiegend schubbeanspruchter Verankerungen mit Schubdübeln. Institut für Stahlbeton Dresden, 1979 (unveröffentlichter Bericht).

[2] Körner, C.; Schwegel, P.: Nachweis der Betontragfähigkeit im Verankerungsbereich von Stahleinbauteilen. Betontechnik h. 1, 1986.

[3] Körner, C.: Verankerung schwerer Lasten mit Schubdübeln. 34. Research Colloquium of the DAfStB, 9./10. October 1997 at the TU-Dresden (in German).

[4] Körner: Bericht zu den bisherigen F/E-Ergebnissen an die CEB-AG „fastenings".

[5] Curbach, M.; Körner, C.; Michler, H.: Tragfähigkeit von Befestigungen mit Schubdübeln im Betonbau zur Übertragung großer Schubkräfte. Abschlussbericht zum DFG-Forschungsvorhaben CU 37/3-1, TU-Dresden, Lehrstuhl für Massivbau, 2001.

[6] Michler, H.: Schubdübel – Shear Lugs – ein Modell zur Berechnung von Befestigungen mit Schubdübeln, Dissertation an der Fakultät Bauingenieurwesen der Technischen Universität Dresden, eingereicht 24.5.2006, Veröffentlicht über den Hochschulschriften-server der SLUB-Dresden http://nbn-resolving.de/ urn:nbn:de:swb:14-1181553805119-34040, 2007

[7] Rotz, J.V.; Reifschneider, m.: Combined Axial and Shear Load Capacity of Steel Embedments in Concrete. Report Bechtel Power Corporation, 1991

[8] Cook, R.A. et al.: Behavior and design of single adhesive anchors under tensile load in uncracked concrete. aci structural journal, v. 95 (1998), no. 1, s. 9-26.

[9] Cook, R.A.; Pfeil, C.R.: Design of Fastenings with Shear Lugs (report based on tests reported by J.V. Rotz) American Concrete Institute (aci) 1999 Fall Convention, Baltimore, 1999.

[10] Cook, R.A.: Design of Fastenings with Shear Lugs, fib SAG 4 Fastenings to concrete and Masonry Structures, Beijing, China May 21/22, 2002.

[11] Michler, H.: Shear Lugs — model to calculate fixings with Shear Lugs Part 1 - 3, Part 1: introduction, what is done; Part 2: shows the full method of calculation due to fixings with shear lugs; Part 3: discussion, how to make it more easy, simplified model; Paper and Presentation on 34th Meeting of fib SAG4 "Fastenings to Concrete and Masonry Structures" April 6/7, 2009 Gainesville Florida, Proceedings on CD-Rom, Instituts für Werkstoffe im Bauwesen, Universität Stuttgart 2009

[12] Michler, H.: Shear Lugs — more easy model to calculate fixings with Shear Lugs, Paper and Presentation on 35th Meeting of fib SAG4 "Fastenings to Concrete and Masonry Structures" June 2010 Abisko Sweden, Proceedings on CD-Rom, Instituts für Werkstoffe im Bauwesen, Universität Stuttgart 2010

[13] Michler, H.: Shear Lugs — model without deformationmodel, Presentation on 36th Meeting of fib SAG4 "Fastenings to Concrete and Masonry Structures" November 2011 Berlin Germany, Proceedings on CD-Rom, Instituts für Werkstoffe im Bauwesen, Universität Stuttgart 2011

NEUES BEMESSUNGSKONZEPT FÜR DIE INTERAKTION ZWISCHEN STAHL UND BETON AM BEISPIEL VON ANKERSCHIENEN

Wilhelm Neikes, Florian Julier
Deutsche Kahneisen Gesellschaft mbH

Vorwort

CEN/TS 1992-4 [1] ermöglicht die Bemessung von Verankerungen im Beton unter Berücksichtigung der relevanten Versagensarten. Die Vornorm beinhaltet die Bemessung nachträglicher Verankerungen, die bisher auf der ETAG 001 Anhang C basierte, sowie die Grundlagen zur Dimensionierung von einbetonierten Ankerschienen und Kopfbolzen. Die Nachweise der einzelnen Versagensarten stellen eine zuverlässige Basis für die Vorhersage der Widerstände unter Zug- und Querbeanspruchung dar. Belastungen aus Zug- und Querkräften werden in dem derzeitigen Regelwerk [1] in einem vereinfachter Verfahren miteinander kombiniert. Experimentelle Untersuchungen an Ankerschienen haben gezeigt, dass dieser Ansatz nicht immer sicher ist. Ein Alternativvorschlag, der im fib bulletin für die Bemessung von Verankerungen im Beton aufgenommen wurde, wird hier vorgestellt. An Beispielen wird gezeigt, dass hiermit das Tragverhalten von Verankerungen mit Ankerschienen genauer beschrieben wird.

1. Einleitung

CEN/TS 1992-4 [1] behandelt die Bemessung von Verbindungen zwischen Stahl und Beton bei einbetonierten Verankerungen, wie Kopfbolzen oder Ankerschienen und nachträglich Verankerungen mit mechanischen und chemischen Dübeln. Die Vornorm enthält Rechenvorschriften für die Berechnung der charakteristischen Widerstände der potenziellen Versagensarten unter Zug- und Querbeanspruchung.

Die für Ankerschienen zu berücksichtigenden Versagensarten werden in Tabelle 1 (Zugbeanspruchung) und Tabelle 2 (Querbeanspruchung) zusammengefasst.

Im Fall einer kombinierten Einwirkung von Zug- und Querzuglasten zielen die Rechen-vorschriften darauf ab, unter Verwendung eines vereinfachten Interaktionsansatzes den geringsten Widerstand der potenziellen Versagensarten zu ermitteln. Untersuchungen mit Ankerschienen haben gezeigt, dass dieser vereinfachende Ansatz in einer Vielzahl von Anwendungen das Auslastungspotential von Ankerschienen entweder nicht ausschöpft oder zu nicht konservativen Bemessungsergebnissen führt.

In diesem Beitrag wird der aktuelle Stand der Bemessung für Ankerschienen entsprechend [1] dargelegt. Es werden die Ergebnisse der experimentellen Forschung vorgestellt, die den Bedarf einer Überarbeitung der Nachweise für die kombinierte Einwirkung von Zug- und Querbeanspruchung aufzeigen. Anschließend wird ein Vorschlag zur Neuformulierung der Kombinationsregeln formuliert, der eine ausreichende Sicherheit bei alle Anwendungen gewährleistet und eine genauere Aussage über die Auslastung von Ankerschienen ermöglicht.

2. Verhalten von Ankerschienen unter Zugbeanspruchung, Querbeanspruchung und kombinierter Zug- und Querbeanspruchung

2.1 Verhalten von Ankerschienen unter Zugbeanspruchung

Die Bilder 1 bis 3 zeigen eine Übersicht der Versagensarten unter Zugbelastung. Sie sind in der Reihenfolge des Kraftflusses angeordnet: von der Hakenkopf-schraube über die Ankerschiene und den Anker in den Beton. Es wird zwischen Stahl- und Betonversagensarten differenziert. Bild 1 zeigt Stahlversagensarten, die durch Lasten verursacht werden, die auf die Hakenkopfschraube einwirken.

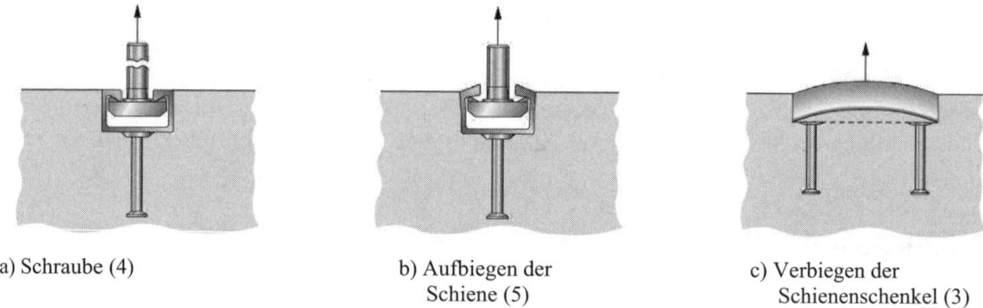

Bild 1: Versagensarten von Stahl unter Zuglast am Ort des Lasteintrags.
Die Zahlen in Klammern beziehen sich auf die Zeilen in Tabelle 1

Die in Bild 2 dargestellten Stahlversagen werden von Lasten, die an den Ankern wirken, ausgelöst. Diese Ankerlasten sind auch maßgebend für die Betonversagensarten die in den Bildern 4 und 5 dargestellt sind.

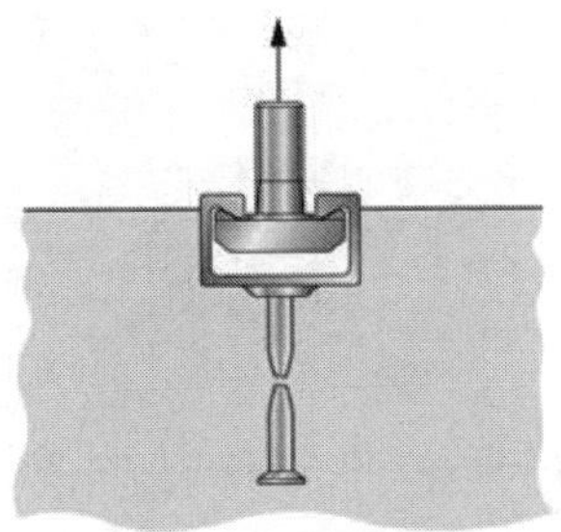
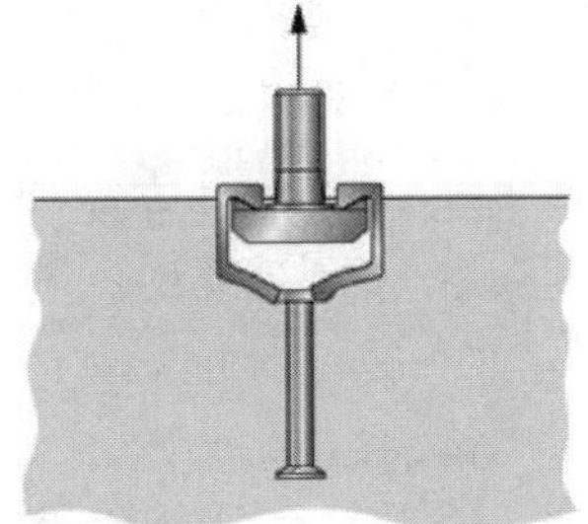

a) Versagen des Ankers (1)
Anker (2)

b) Versagen der Verbindung zwischen Schiene und

Bild 2: Stahlversagensarten unter Zuglast, die durch umverteilte Ankerlasten ausgelöst
werden. Die Zahlen in Klammern beziehen sich auf die Zeilen in Tabelle 1

Bild 3 zeigt eine typische Last -Verformungskurve unter Zuglast für das Versagen der
Verbindung zwischen Schiene und Anker.

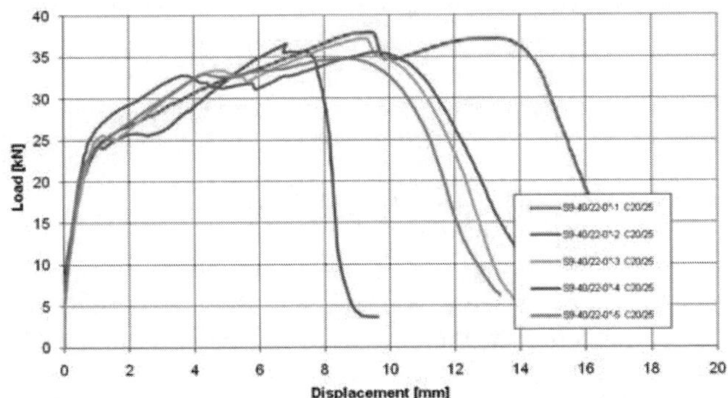

Bild 3: Last -Verformungskurve des Versagens der Verbindung zwischen
Schiene und Anker, Jordahl JTA W 40/22 [2]

Eine optionale Rückhängebewehrung für die Aufnahme der Lasten wirkt nur in der
Richtung, für die diese bemessen und entsprechend den in [1] oder der europäischen
technischen Zulassung ETA [3] angegebenen geometrischen Bedingungen eingebaut ist.
Die in Bild 5 dargestellte Zulagebewehrung ist für die Rückhängung von Zuglast
ausgelegt.

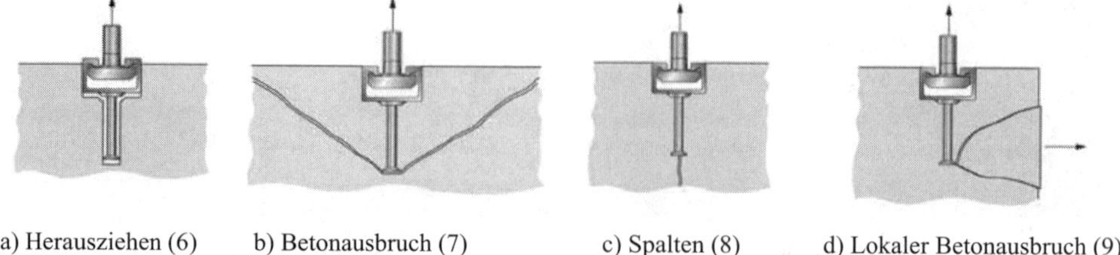

Bild 4: Mögliche Betonversagensarten unter Zuglast ohne Rückhängebewehrung.
Die Zahlen in Klammern beziehen sich auf die Zeilen in Tabelle 1

Bild 5: Versagensarten von Ankerschienen mit Rückhängebewehrung.
Die Zahlen in Klammern beziehen sich auf die Zeilen in Tabelle 1

Es wird an dieser Stelle darauf hingewiesen, dass die in Bild 1 dargestellten Versagensarten mit den auf die Schrauben einwirkenden Lasten zu bemessen sind. Für den Nachweis der Versagensarten in Bild 2, 4 und 5 müssen die auf die Anker wirkenden Lasten ermittelt werden. Diese können nach der in [4] und Abschnitt 5 von [1] vorgeschlagenen Dreieckmethode für die Lastverteilung aus den Einwirkungen am Ort der Lasteinleitung in die Ankerschiene berechnet werden.

2.2. Verhalten von Ankerschienen unter Querbeanspruchung

Die Bilder 6 bis 9 bieten eine Übersicht der Versagensarten unter Querlasten. Wie bei den Zuglasten kann auch hier zwischen dem Ort des Versagens (an der Lasteinleitung oder am Anker) und dem Material (Stahl oder Beton) unterschieden werden.

Bild 6 zeigt mögliche Stahlversagensarten der Hakenkopfschraube mit und ohne Biegebeanspruchung sowie das Aufbiegen der Schienenschenkel. Diese Versagensarten werden durch auf die Schrauben einwirkende Lasten verursacht.

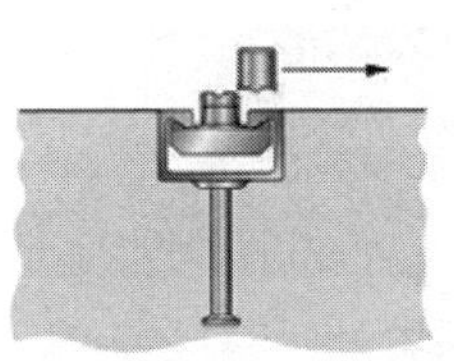

a) Schraube - Querlast ohne Hebelarm (1)

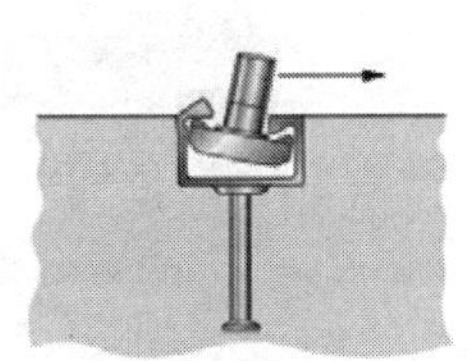

b) Aufbiegen der Schienenschenkel (2)

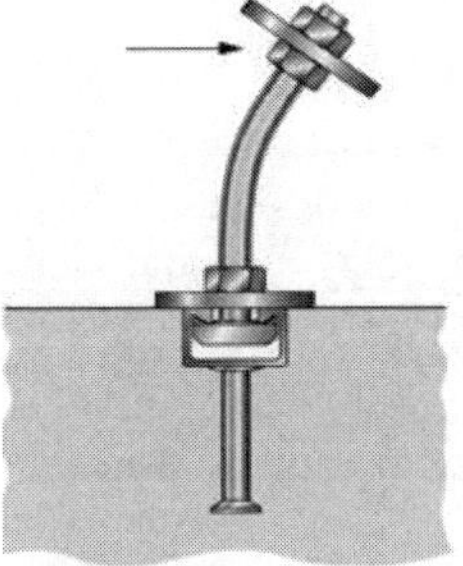

c) Schraube – Querlast mit Hebelarm (3)

Bild 6: Stahlversagensarten unter Querlasten an der Lasteinleitung
　　　Die Zahlen in Klammern beziehen sich auf die Zeilen in Tabelle 2

Am Anker kann unter Querbeanspruchung theoretisch das Versagen der Verbindung zwischen Anker und Schiene oder das Abscheren des Ankers auftreten. Diese Versagensmechanismen sind in Bild 7 dargestellt.

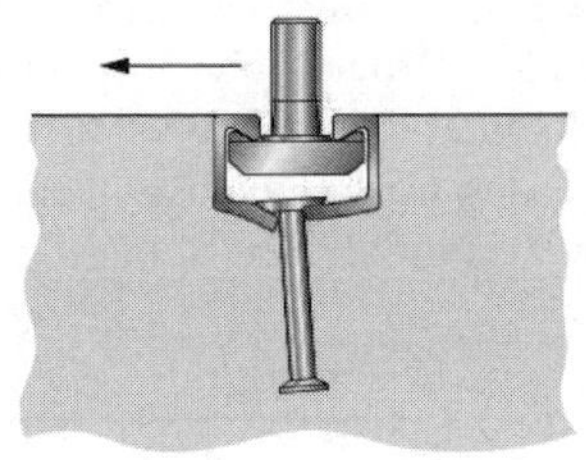

a) Versagen der Verbindung zwischen Anker und Schiene

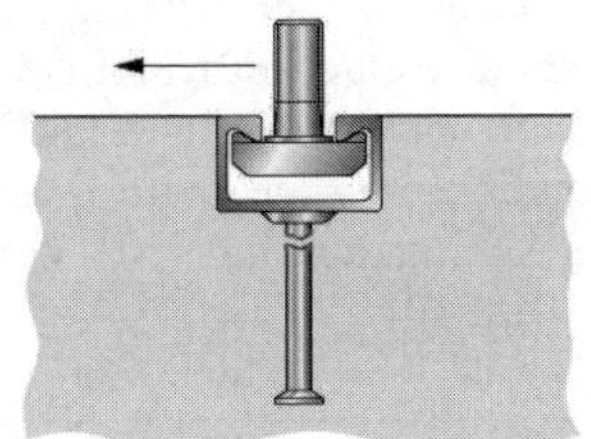

b) Versagen des Ankers

Bild 7: Potenzielle Stahlversagensarten unter Querlast am Anker – in [1] nicht berücksichtigt

Aufgrund des Tragverhaltens von einbetonierten Ankerschienen, traten diese Versagensarten in Versuchen bisher nicht auf. In Versuchen mit reiner Querbeanspruchung der Ankerschiene tritt das in Bild 8a und 8b dargestellte Versagen der Schienenlippen mit anschließendem Herausziehen der Schraube auf.

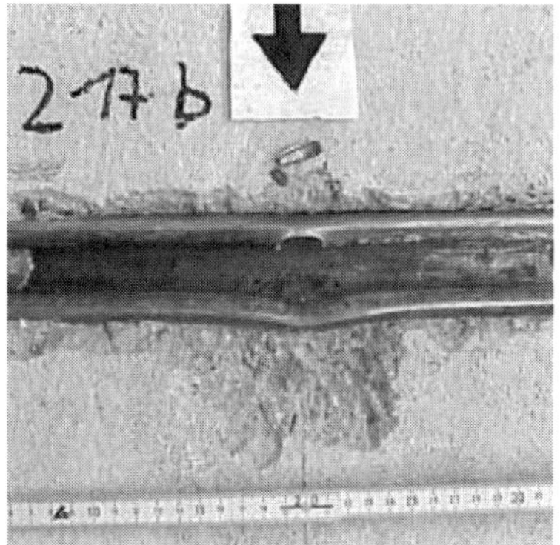
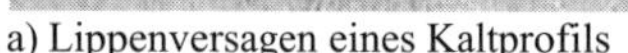

a) Lippenversagen eines Kaltprofils

b) Verbiegen der Schienlippe eines Warmprofils

Bild 8: Stahlversagen unter Querlast einer kalt und einer warm gewalzten
Ankerschiene [5]

Der Nachweis dieser Versagensarten ist nach [1] derzeit nicht erforderlich, da die Querlasten im Wesentlichen direkt über den Schienenkörper in den Beton eingeleitete werden. Die Anker werden jedoch benötigt, um die Rotation infolge der Exzentrizität zwischen der einwirkenden Querkraft und der resultierenden Druckstrebe im Beton zu zentrieren (Bild 9a). Sobald zusätzliche Querlasten auf einen unter Zuglasten bereits voll ausgelasteten Anker einwirken, wird dieser in Folge des Lastzuwachses versagen. In Versuchen trat bei Schrägzug unter 30° Versagen der Verbindung zwischen Schiene und Anker auf (siehe Bild 10).

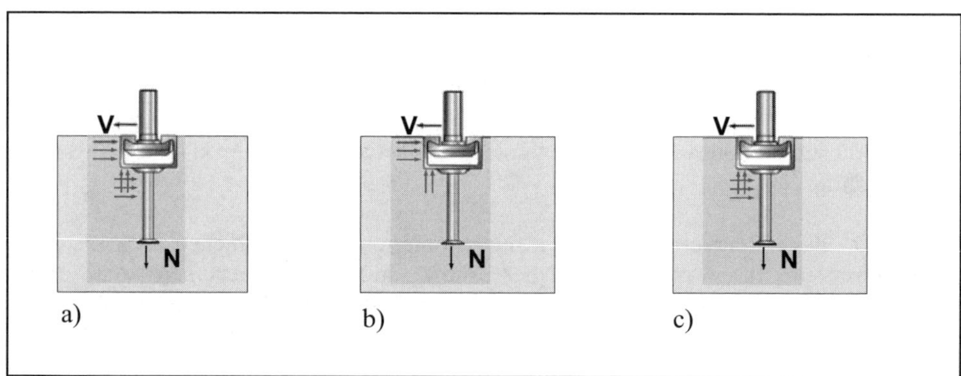

Bild 9: Einwirkende Querlast und Reaktionskräfte von Verankerungen mit
Ankerschienen

Bild 10: Versagen der Verbindung zwischen Anker und Schiene bei
kombinierter Zug- und Querbeanspruchung unter 30° [6]

Der Schienenkörper leitet den Großteil der einwirkenden Querlast über Druckkontakt
direkt am Einbauort der Schraube in den Beton ein (Bild 9b). Der Querlastanteil der
durch den Anker abgetragen wird beläuft sich auf weniger als 20 % der gesamten
Beanspruchung. Ein Nachweis der Anker unter Querlast wird in [1] daher als entbehrlich
erachtet. Das tatsächliche Tragverhalten aus Bild 9a wurde in [1] wie zu dem in Bild 9c
dargestellten Ansatz vereinfacht um einen Nachweis des Betons unter kombinierter
Zug- und Querlast zu ermöglichen.

Die in Bild 7 dargestellten Stahlversagensarten und die in Bild 11 gezeigten Betonversagensarten werden durch Lasten, die auf die Anker einwirken, verursacht. Ein Versagen
durch Betonausbruch auf der lastabgewandten Seite wird bei Ankerschienen am Rand
eines Betonteils beobachtet, wenn die Querlast senkrecht vom Rand weg wirkt (siehe
Bild 11a). Betonkantenbruch wird hingegen durch Lasten die senkrecht oder parallel auf
den Rand einwirken verursacht (siehe Bild 11b).

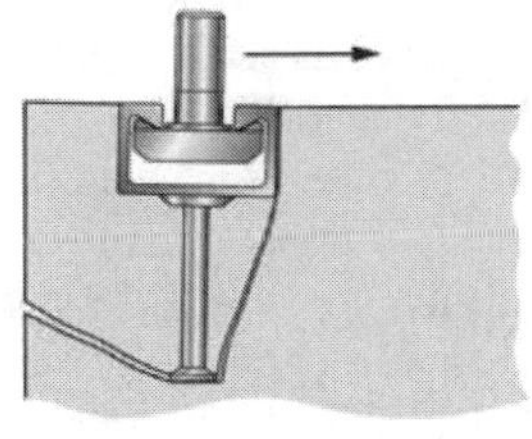
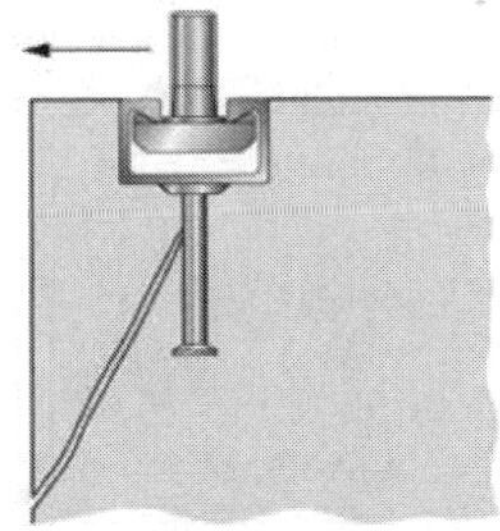

a) Betonausbruch auf der lastabgewandten Seite(4)   b) Betonkantenversagen (5)

Bild 11: Betonversagensarten von Ankerschienen unter Querbeanspruchung ohne
Rückhängebewehrung.
Die Zahlen in Klammern beziehen sich auf die Zeilen in Tabelle 2

Ankerschienen, die sich am Rand eines Betonbauteils befinden und quer in Richtung Rand belastet werden, können mit einer Rückhängebewehrung ertüchtigt werden (siehe Bild 12). Diese Bewehrung ist nach [1] oder entsprechend [3] zu bemessen. Die potenziellen Versagensarten bei Verwendung einer Rückhängebewehrung sind in Bild 12 dargestellt.

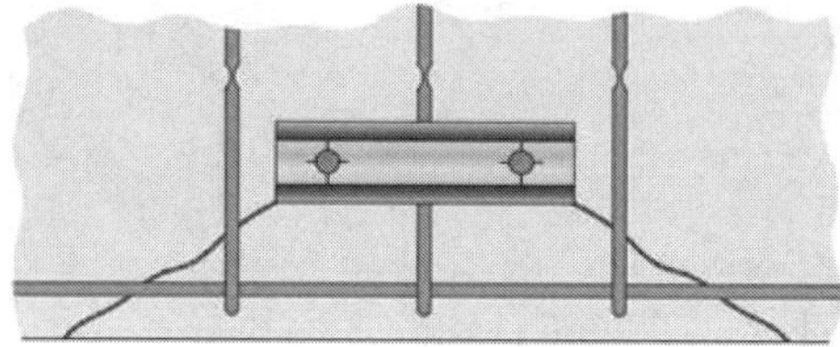 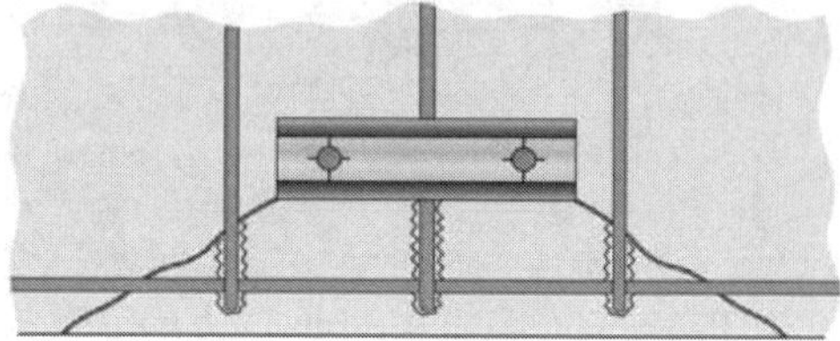

a) Stahlversagen der Rückhängebewehrung (6)   b) Verbundversagen der Rückhängebewehrung (7)

Bild 12: Ankerschienen mit Rückhängebewehrung zur Rückverankerung von Querlasten

2.3 Verhalten von Ankerschienen unter kombinierter Zug- und Querlast

Normalerweise wird eine quadratische Interaktionsbeziehung verwendet, um das Stahlversagen von Schienen unter kombinierter Zug- und Querlast zu beschreiben. Testergebnisse zeigen, dass der Ansatz der quadratischen Interaktion nur gültig ist, wenn der Bemessungswiderstand der Querkraft für die Schiene unter Querlast nicht signifikant größer als der Widerstand in Zugrichtung angesetzt wird. Dies zeigt Bild 13, worin die Ergebnisse von Versuchen unter kombinierter Zug- und Querlast für unterschiedliche Größen von Ankerschienen in ungerissenem Beton dargestellt sind. Für die Versuche wurden Schrauben mit maximalem Durchmesser verwendet, um ein Versagen der Schraube zu vermeiden. In den Interaktionsdiagrammen in Bild 13 sind die Zug und Querzuganteile der gemessenen Versagenslasten dargestellt. Bei den Versuchen mit Zugbeanspruchung und unter kombinierter Zug- und Querlast versagte im Allgemeinen die Verbindung zwischen Anker und Schiene. Bei Versuchen mit reiner Querkraft trat ein Versagen der Schienenlippen auf. Die Testergebnisse zeigen, dass das V/N-Verhältnis der Versuche mit kombinierter Zug- und Querbelastung von der Schienengeometrie abhängt. In Bild 13a ist die gemessene mittlere Querversagenslast für die Schienengröße W40/22 ungefähr 1,8 mal größer, als die gemessene mittlere Versagenslast unter Zug, während in Bild 13b das V/N-Verhältnis für eine größere Schiene W 53/34 nur 1,5 beträgt. Bei einer entsprechenden Beschränkung der Querkraftwiderstände in der Bemessung können die Tragfähigkeiten unter kombinierter Zug- und Querbeanspruchung mit einer quadratischen Interaktionsgleichung, die ebenfalls in Bild 13 dargestellt ist, mit ausreichender Genauigkeit vorhergesagt werden.
Wenn die Bemessung jedoch auf der in den Versuchen ermittelten Versagenslast unter Querzug basieren soll, ist eine quadratische Kombination der Widerstände unsicher. In diesem Fall lassen sich die in Versuchen auftretenden charakteristischen Grenzzustände besser durch eine lineare Interaktionsgleichung beschreiben.

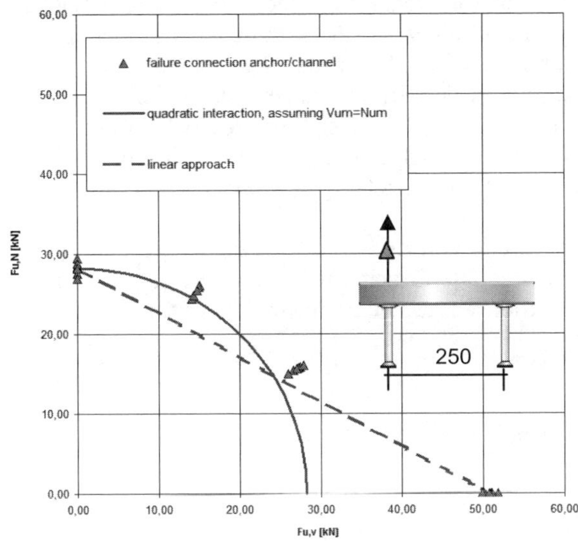

a) Interaktionsdiagramm kombinierte Last 40/22

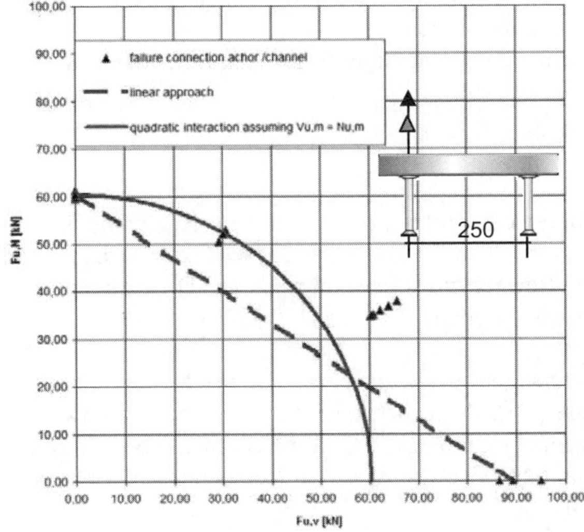

b) kombinierte Last 53/34

Bild 13: Stahlversagen – Ergebnisse von kombinierten Zug- und Querlastversuchen mit
Ankerschienen 40/22 und 53/34, s = 250 mm;
Quadratische Interaktionsgleichung dargestellt mit $V_{u,m} = N_{u,m}$ [2]

Die quadratische Interaktionsgleichung für Stahlversagen sollte daher nur zugelassen werden, wenn der Bemessungswiderstand der Schiene unter Querzug nicht größer als der Bemessungswiderstand in Zug angenommen wird. Wenn der Widerstand unter Querbeanspruchung größer als der Zugwiderstand der Schiene angesetzt werden soll, sind Versuche unter kombinierter Zug- und Querlast erforderlich, um die Interaktionsgleichung zu überprüfen. Diese Tests können entfallen, wenn für die Bemessung vereinfachend eine lineare Interaktionsgleichung verwendet wird.

Betonversagen unter kombinierter Einwirkung von Zug- und Querzugbeanspruchung ist ebenfalls experimentell untersucht worden. Die Bruchlasten dieser Versuche können entweder mit einem trilinearen Interaktionsansatz oder einem Exponenten von 1,5 ausreichend genau beschrieben werden [7].

3..Bemessung von Ankerschienen nach CEN/TS 1992-4-3 [1]

3.1 Zugbeanspruchung

Tabelle 1 enthält 11 potenzielle Versagensarten von Ankerschienen unter Zuglasten. Sie sind weder in der Reihenfolge des Lastflusses von der Schraube durch die Schiene in den Beton, noch nach der Position der verschiedenen Versagensarten angeordnet. Die Zeilen 1 bis 5 enthalten die möglichen Stahlversagensarten und die Zeilen 6 bis 11 entsprechenden Betonversagensarten unter Zug. Die zugehörigen Versagensarten werden im Kapitel 2.1 näher beschrieben.

3.2 Querbeanspruchung

Tabelle 2 zeigt die Versagensarten unter Querbelastung die für eine Nachweisführung nach [1] erforderlich sind. Sie sind unterteilt in Stahlversagensarten (Zeile 1 bis 3) und Betonversagensarten ohne und mit Bewehrung (Zeile 4 bis 7). Die zugehörigen Versagensarten werden in Kapitel 2.2 beschrieben.

Alle in Tabelle 2 aufgeführten Stahlversagensarten treten am Ort der Lasteinleitung in das Profil durch die Schraube auf. Die in Bild 7 beschriebenen Stahlversagensarten am Anker werden in den Bemessungsregeln [1] nicht berücksichtigt. Sie wurden nicht in die Bemessungsleitlinie aufgenommen, da diese Versagensarten in Versuchen unter Querlast mit Ankerschienen nicht aufgetreten sind.

3.3 Kombinierte Zug- und Querbelastung

Im Folgenden werden die derzeit in [1] gelten Bestimmungen für kombinierte Zug- und Querbeanspruchung aufgeführt:

3.3.1 Ankerschienen ohne Rückhängebewehrung

Wenn Stahlversagen unter Zug- **und** Querlasten maßgebend ist sollte Gleichung (1) erfüllt sein.

$$\beta_N^2 + \beta_V^2 \leq 1 \tag{1}$$

mit $\quad \beta_N = N_{Ed}/N_{Rd} \leq 1$

und $\quad \beta_V = V_{Ed}/V_{Rd} \leq 1$

In Gleichung (1) ist der größte Wert von β_N und β_V für die verschiedenen Versagensarten einzusetzen.

#	Versagensarten		Schiene	Ungünstigster Anker bzw. Schraube
1	Stahl-versagen	Anker		$N_{Ed}^a \leq N_{Rd,s,a} = \dfrac{N_{Rk,s,a}}{\gamma_{Ms,a}}$
2		Verbindung zwischen Anker und Schiene		$N_{Ed}^a \leq N_{Rd,s,c} = \dfrac{N_{Rk,s,c}}{\gamma_{Ms,c}}$
3		Aufbiegen der Schienen-schenkel	$N_{Ed} \leq N_{Rd,s,\ell} = \dfrac{N_{Rk,s,\ell}}{\gamma_{Ms,\ell}}$	
4		Haken- bzw. Hammerkopf-schraube		$N_{Ed} \leq N_{Rd,s,s} = \dfrac{N_{Rk,s,s}}{\gamma_{Ms}}$
5		Biegung der Schiene	$M_{Ed} \leq M_{Rd,s,flex} = \dfrac{M_{Rk,s,flex}}{\gamma_{Ms,flex}}$	
6	Herausziehen			$N_{Ed}^a \leq N_{Rd,p} = \dfrac{N_{Rk,p}}{\gamma_{Mc}}$
7	Betonausbruch			$N_{Ed}^a \leq N_{Rd,c} = \dfrac{N_{Rk,c}}{\gamma_{Mc}}$
8	Spalten			$N_{Ed}^a \leq N_{Rd,sp} = \dfrac{N_{Rk,sp}}{\gamma_{Mc}}$
9	Lokaler Betonausbruch			$N_{Ed}^a \leq N_{Rd,cb} = \dfrac{N_{Rk,cb}}{\gamma_{Mc}}$
10	Stahlversagen der Rückhängebewehrung			$N_{Ed}^a \leq N_{Rd,re} = \dfrac{N_{Rk,re}}{\gamma_{Ms,re}}$
11	Versagen der Rückhängebewehrung im Ausbruchkegel			$N_{Ed}^a \leq N_{Rd,a} = \dfrac{N_{Rk,a}}{\gamma_{Mc}}$

Tabelle 1: Erforderliche Nachweise für Ankerschienen unter Zugbeanspruchung nach [1]

	Versagensart			Schiene	Ungünstigster Anker oder Spezialschraube
1	Stahl-versagen	Querlast ohne Hebelarm	Haken- bzw. Hammer-kopf-schraube		$V_{Ed} \leq V_{Rd,s,s} = \dfrac{V_{Rk,s}}{\gamma_{Ms}}$
2			Aufbiegen der Schienen-schenkel	$V_{Ed} \leq V_{Rd,s,l} = \dfrac{V_{Rk,}}{\gamma_{Ms}}$ [a]	
3		Querlast mit Hebelarm	Haken- bzw. Hammer-kopf-schraube		$V_{Ed} \leq V_{Rd,s,s} = \dfrac{V_{Rk,s}}{\gamma_{Ms}}$
4	Betonausbruch auf der lastabgewandten Seite				$V_{Ed}^{a} \leq V_{Rd,cp} = \dfrac{V_{Rk,cp}}{\gamma_{Mc}}$
5	Betonkantenbruch				$V_{Ed}^{a} \leq V_{Rd,c} = \dfrac{V_{Rk,c}}{\gamma_{Mc}}$
6	Stahlversagen der Zusatzbewehrung				$N_{Ed,re} \leq N_{Rd,re} = \dfrac{N_{Rk}}{\gamma_{Ms}}$
7	Versagen der Zusatzbewehrung im Ausbruchkegel				$N_{Ed,re} \leq N_{Rd,a} = \dfrac{N_{R}}{\gamma_{M}}$

Tabelle 2: Nachweis für Ankerschienen unter Querbeanspruchung entsprechend [1]

Wenn Stahlversagen der Spezialschraube oder der Ankerschiene unter Zug- **oder** Querlasten nicht ausschlaggebend sind sollte Gleichung (2a) oder (2b) erfüllt werden.

$$\beta_N + \beta_V \leq 1{,}2 \tag{2a}$$

$$\beta_N^{1,5} + \beta_V^{1,5} \leq 1 \tag{2b}$$

mit $\beta_N = N_{Ed} / N_{Rd} \leq 1$

und $\beta_V = V_{Ed} / V_{Rd} \leq 1$

In Gleichung (2a) oder (2b) ist der größte Wert für die verschiedenen Versagensarten von β_N und β_V gem. Tabelle 1 und Tabelle 2 einzusetzen.

3.3.2 Ankerschienen mit Rückhängebewehrung

Für Ankerschienen mit Rückhängebewehrung für die Aufnahme von Zug- **und** Querlasten gilt Abschnitt 3.3.1. Für Ankerschienen am Bauteilrand, bei denen die Zusatzbewehrung Querlasten überträgt, ist Gleichung (3) zu verwenden.

$$\beta_N + \beta_V \leq 1{,}0 \tag{3}$$

$$\text{mit } \beta_N = N_{Ed}/N_{Rd} \leq 1$$

$$\text{und } \beta_V = V_{Ed}/V_{Rd} \leq 1$$

In Gleichung (3) ist für alle zutreffenden Versagensarten der größte Wert von β_N und β_V einzusetzen (siehe Tabelle 1 und Tabelle 2).

In Bild 14 werden die Nachweise nach Gleichung (1) bis (3) miteinander verglichen.

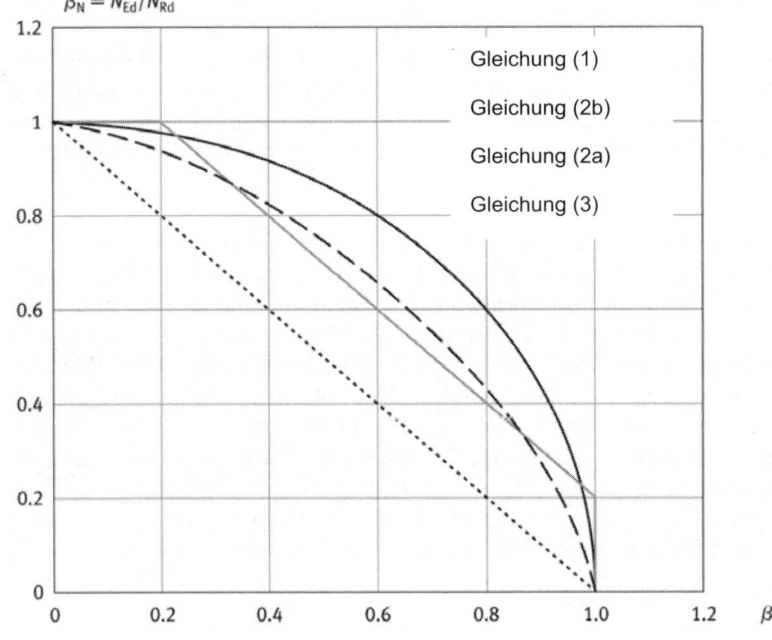

Bild 14: Interaktionsdiagramm für kombinierte Zug- und Querbeanspruchung aus [1]

4 Diskussion der in CEN/TS 1992-4-3 [1] für Ankerschienen unter kombinierter Zug- und Querbeanspruchung geforderten Nachweise

In der aktuellen Version von [1] basiert der Nachweis für kombinierte Zug- und Querlasten auf verschiedenen Annahmen und Vereinfachungen, die nicht in Einklang mit den jüngsten Forschungsergebnissen für Ankerschienensysteme stehen. Eine starke Vereinfachung der maßgebenden Kombinationsregeln in [1] besteht darin, dass nur ein Nachweis für die Kombination von Zug- und Querlast geführt wird.

Verankerungen mit Ankerschienen funktionieren als interaktives System verschiedener Komponenten. Dieses System besteht aus der Schraube, der Schiene und dem Anker, der die Last in den Beton einleitet. Die spezielle Systemeigenschaft der beliebigen Positionierung der Schrauben entlang der Schiene hat Lastumlagerungen zur Folge. Die individuellen Einwirkungen und Widerstände an den Systemkomponenten sollten einzeln betrachtet werden. Der vereinfachte Ansatz in [1], der die verschiedenen Komponenten und Einwirkungen und Widerstände zusammenfasst wird im Folgenden diskutiert.

4.1 Fehlende Unterscheidung zwischen Beton- und Stahlversagen unter kombinierter Belastung

Warum werden Beanspruchungen der verschiedenen Komponenten von Ankerschienensystemen und der verschiedenen Werkstoffe in [1] überlagert? Diese Vereinfachung kann zu Widersprüchen bei der Bemessung führen, die in maßgebenden Fällen unsichere Ergebnisse zur Folge haben. Andererseits ist dieser Ansatz für andere Konstellationen häufig sehr konservativ.

Wenn Stahlversagen unter Zug- und Querlast maßgebend ist, muss entsprechend [1] kein Nachweis gegen Betonversagen geführt werden. In den meisten Fällen ist diese Regel sicher, dann nämlich, wenn die Betontragfähigkeit mehr als 20 % größer als die Stahltragfähigkeit ist. Es ist jedoch zu hinterfragen, ob dies auch dann noch richtig ist, wenn der Widerstand gegen Betonversagen nur geringfügig höher ist, als der Wert für Stahlversagen. Dies kann durch den Vergleich von Bild 14 mit den Bildern 15 und 16 untersucht werden. Die Interaktionskurven für Stahlversagen (Gleichung 1) und Betonversagen ohne Bewehrung (Gleichung 2a) oder mit Bewehrung (Gleichung 3) werden dargestellt. Bild 14 zeigt die übliche Darstellung in der standardisierten Form wie in [1]. Die Kurven sind für die Anwendung auf alle Belastungswinkel gedacht. Die Graphen in Bild 15 und 16 zeigen jedoch in absoluten Zahlen, dass das Verfahren in [1] nicht immer sicher ist.

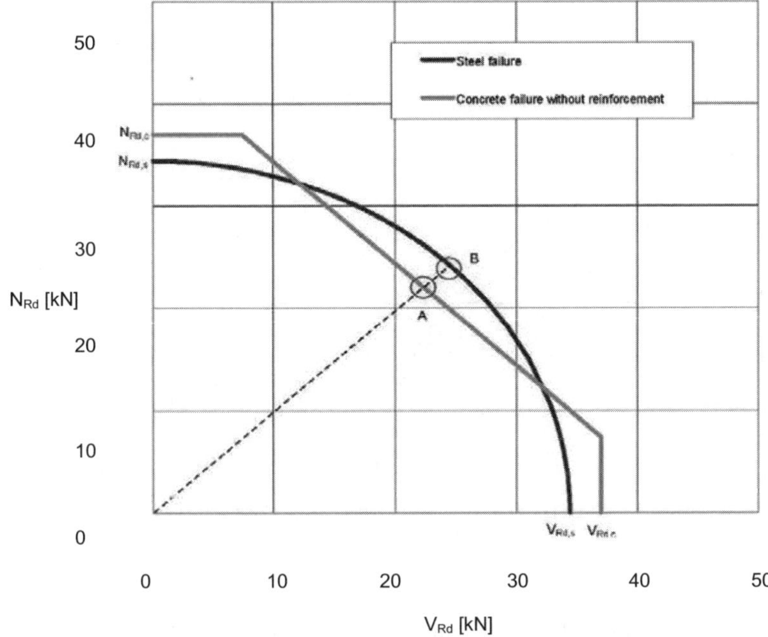

Bild 15: Interaktionskurven (absolute Werte) für Stahlversagen (blau) und Betonversagen (grau) **ohne** Zusatzbewehrung

In Bild 15 wird für den Beton unter Zug- und Querbelastung angenommen, dass die Widerstände des Betons 5 % größer sind, als die Stahltragfähigkeit. In diesem Fall bestimmt das Stahlversagen nach [1] die Bemessung unter allen Winkeln. Es ist jedoch offensichtlich, dass für Belastungswinkel von rund 20° bis 70° das Betonversagen entscheidend sein wird (Punkt A in Bild 15). Stahlversagen (Punkt B) wird nicht erreicht, da der Beton zuerst nachgibt.

Die Fehleinschätzung in [1] ist in Bild 16 sogar noch offensichtlicher. Hier wurde eine Zusatzbewehrung verwendet, um den Widerstand gegen Querlasten zu verbessern. Unter Belastungswinkeln von rund 10° bis 80° wird es jedoch zu einem Betonversagen kommen. Nach den derzeit gültigen Regeln [1] wird die Bemessungskapazität um den Betrag von B bis A überbewertet.

In anderen Fällen können die Vermischung von Beton- und Stahlversagen in einem Interaktionsnachweis zu sehr konservativen Ergebnissen führen. Wenn Stahlversagen der Spezialschraube oder der Schiene die Bemessung unter Zug- und Querlast nicht bestimmt, dann müssen die Interaktionsgleichungen (2a) oder (2b) erfüllt sein. Für den Nachweis werden die größten Auslastungen von β_N und β_V für alle Versagensarten genommen, unabhängig davon, ob sie Stahl oder Beton betreffen.

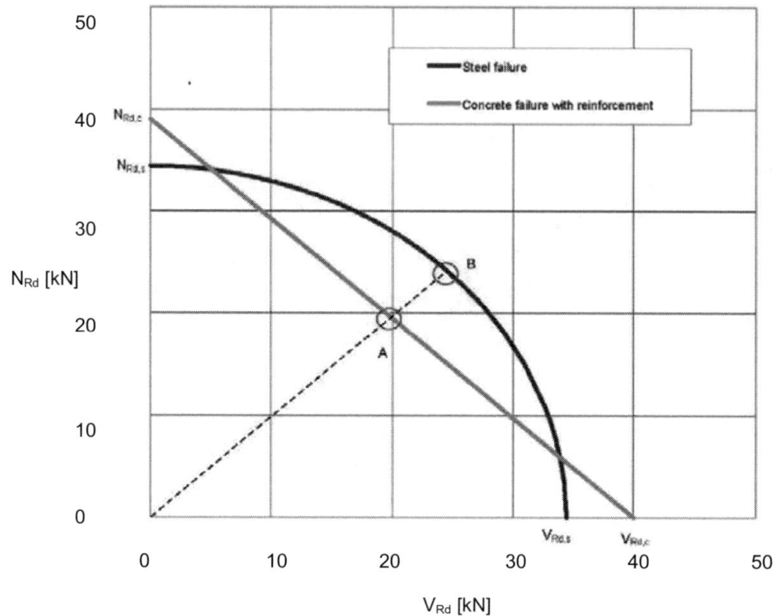

Bild 16: Interaktionskurven (absolute Werte) für Stahlversagen und Betonversagen **ohne** Zusatzbewehrung

Die Annahme, dass die Betonversagenslast unter Zuglast die Stahlversagensart unter Querlast beeinflusst, wurde ursprünglich von massiven Stahlankern abgeleitet, wo lokales Betonversagen die Deformation der Stahlelemente beeinflusst. Ein solches Verhalten wird für Ankerschienen in Tests nicht beobachtet. Wie Bild 4 zeigt, sind die Versagensarten in Beton unter Zugbelastung (Herausziehen, Spalten, Abplatzen und Ausbrechen) nicht durch Belastung der Schraube oder Ankerschiene beeinflusst. Auch in Querrichtung (Bild 11) ist kein Einfluss der Stahltragfähigkeit auf die Betontragfähigkeit zu beobachten. Der aktuelle Ansatz für Ankerschienen ist daher sehr konservativ oder teilweise unrealistisch.

Wie die obigen Beispiele zeigen, sollten zwei separate Nachweise für die Kombination von Zug- und Querlast für Stahl und Beton realisiert werden, um Unsicherheiten auszuschließen und die Genauigkeit der Bemessung zu verbessern.

4.2 Problematische Mischung der Versagensarten von Schraube und Schiene unter kombinierter Belastung

In Gleichung (1) für Stahlversagen unter kombinierter Zug- und Querlast werden die größten Auslastungsgrade von β_N und β_V genommen, unabhängig davon, ob die Schraube oder die Schiene betroffen ist. Es wird daher angenommen, dass sich das

216

Versagen der Spezialschraube und der Schiene gegenseitig beeinflussen. Wenn man jedoch die Bruchvorgänge beobachtet, wird deutlich, dass sich das Versagen von Schiene und Schraube nicht gegenseitig beeinflusst. In der Regel stimmen die Positionen, an denen Schraube oder Schiene kritisch werden können, nicht überein. Es müssen daher separate Interaktionsnachweise für die Spezialschraube und die Schiene eingeführt werden, um das reale Verhalten des Systems präziser zu beschreiben.

4.3 Fehlender Nachweis für Stahlversagen am Anker unter kombinierter Belastung

Wie in Abschnitt 2.2 gezeigt, ist es notwendig für kombinierte Zug- und Querlasten einen Stahlnachweis des Ankers und einen Nachweis der Verbindung zwischen Anker und Schiene einzuführen. Derzeit erlaubt [1] das Aufbringen zusätzlicher Querlast auf einen Anker, der bereits bis an die Grenze seiner Tragfähigkeit unter Zug belastet ist. Wie Bild 9 zeigt, erzeugt die Querlast jedoch eine zusätzliche Zuglast im Anker, um auf die Exzentrizität zwischen der aufgebrachten Querlast und der resultierenden Tragreaktion im Beton zu reagieren. Um unter kombinierter Zug- und Querlast eine Überlastung des Ankers zu vermeiden, ist für die Querkomponente ein Nachweis des Querwiderstands des Ankers und der Verbindung zwischen Anker und Schiene erforderlich. Im Allgemeinen ist der Stahlwiderstand der Schiene unter Querbelastung höher als unter Zugbelastung. Tests haben jedoch gezeigt, dass eine quadratische Interaktion (Gleichung 1) nicht konservativ ist, wenn in der Bemessung der höhere Widerstand für den Stahl berücksichtigt wird.

5 Neuer Vorschlag für die Bemessung von Ankerschienen unter kombinierter Zug- und Querlast

Wie in Abschnitt 4 diskutiert, reicht das aktuelle Modell in [1] für die Kombination von Zug- und Querlast nicht aus. Es wird daher ein detaillierter Ansatz vorgeschlagen, um das Tragverhalten von Ankerschienen passend zu beschreiben:

1. Zwei potenzielle Stahlversagensarten für Querbeanspruchung von Anker- und Verbindung zwischen Anker und Schiene müssen zur Kriterienliste für Querbelastungen hinzugefügt werden (siehe Zeile 2 und 3 in Tabelle 3).
2. Stahl- und Betonversagensarten dürfen in einer Interaktionsgleichung nicht kombiniert werden (siehe gepunktete Linie in Bild 17). Die Kombination für Beton- und Stahlversagensarten sollte separat durchgeführt werden (siehe blaue und graue Linie in Bild 17).
3. Aufgrund der Neuverteilung der Auflast zwischen der an der Schraube angewendeten Last und der Last am Anker sollte der Nachweis für die Kombination zwischen den Positionen der kritischen Schraube und des kritischen Ankers unterscheiden.

	Versagensart			Schiene	Ungünstigster Anker oder Spezialschraube
1	Stahl-versagen	Querlast ohne Hebelarm	Haken- bzw. Hammer-kopf-schraube		$V_{Ed} \leq V_{Rd,s,s} = \dfrac{V_{Rk,s}}{\gamma_{Ms}}$
2			Anker		$V_{Ed} \leq V_{Rd,s,a} = \dfrac{V_{Rk,s,a}}{\gamma_{Ms}}$ mit $V_{Rk,s,a} = N_{Rk,s,a}$
3			Anker/ Schiene		$V_{Ed} \leq V_{Rd,s,c} = \dfrac{V_{Rk,s,c}}{\gamma_{Ms}}$ mit $V_{Rk,s,c} = N_{Rk,s,c}$
4			Aufbiegen der Schienen-schenkel	$V_{Ed} \leq V_{Rd,s,l} = \dfrac{V_{Rk,s,l}}{\gamma_{Ms,l}}$ [a]	
5		Querlast mit Hebelarm	Haken- bzw. Hammer-kopf-schraube		$V_{Ed} \leq V_{Rd,s,s} = \dfrac{V_{Rk,s}}{\gamma_{Ms}}$
6	Betonausbruch auf der lastabgewandten Seite				$V_{Ed}^{a} \leq V_{Rd,cp} = \dfrac{V_{Rk,cp}}{\gamma_{Mc}}$
7	Betonkantenbruch				$V_{Ed}^{a} \leq V_{Rd,c} = \dfrac{V_{Rk,c}}{\gamma_{Mc}}$
8	Stahlversagen der Zusatzbewehrung				$N_{Ed,re} \leq N_{Rd,re} = \dfrac{N_{Rk,re}}{\gamma_{Ms,re}}$
9	Versagen der Zusatzbewehrung im Ausbruchkegel				$N_{Ed,re} \leq N_{Rd,a} = \dfrac{N_{Rk,a}}{\gamma_{Mc}}$

Tabelle 3: Erweiterte Nachweise für Ankerschienen bei Querlast

Um die beschriebenen Verbesserungen in [1] aufzunehmen, müssen zwei zusätzliche Nachweise für Stahlversagensarten unter Querlast hinzugefügt werden. Auch die Unterscheidung zwischen Materialien und Positionen erfordert die im Folgenden vorgeschlagenen Lastkombinationsnachweise:

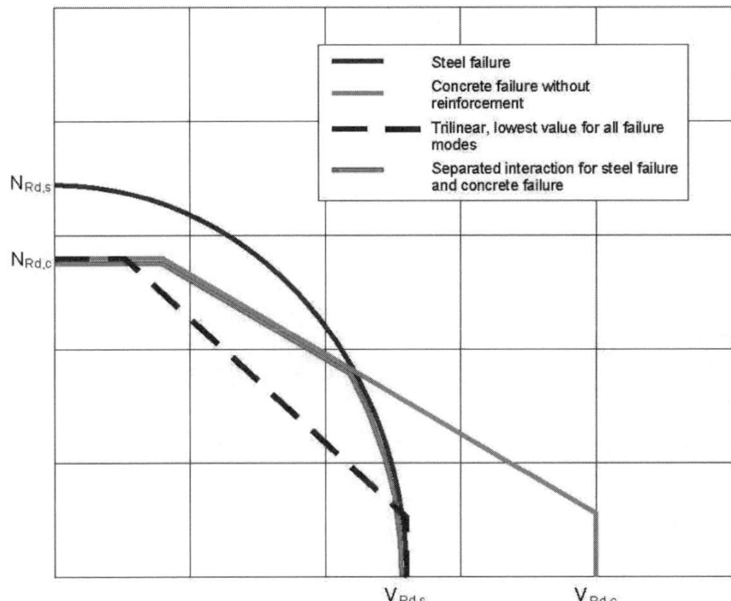

Bild 17: Vergleich der getrennten Interaktion für Stahlversagen und Betonversagen vs. Interaktion mit gemischten Versagensarten am Anker

5.1 Zug- / Querlastkombination an der Auflastanwendung:

Für die Spezialschraube muss Stahlversagen bei Zug- (Zeile 4 in Tabelle 1) und Querlast (Zeile 1 oder 5 in Tabelle 3) kombiniert werden:

$$\left(\frac{N_{Ed}}{N_{Rd,s}} \right)^2 + \left(\frac{V_{Ed}}{V_{Rd,s,s}} \right)^2 \leq 1{,}0 \tag{4}$$

Für Stahlversagen der Schienenschenkel aufgrund von Aufbiegen der Schenkel oder der Schiene bei Zugbelastung (Minimalwiderstand aus Zeile 3 oder 5 in Tabelle 1) und Aufbiegen der Schenkel bei Querbelastung (Zeile 4 in Tabelle 3) müssen diese kombiniert werden:

$$\left(\frac{N_{Ed}}{N_{Rd,s,l}} \right)^2 + \left(\frac{V_{Ed}}{V_{Rd,s,l}} \right)^2 \leq 1{,}0 \tag{5}$$

5.2 Zug-/Querlastkombination am Anker:

Für Ankerstahlversagen oder das Versagen der Verbindung zwischen Schiene und Anker bei Zuglast ($N_{Rd,s}^a$ Minimalwiderstand aus Zeile 1 oder 2 in Tabelle 1) und Querlast

($V_{Rd,s}^{a}$ Minimalwiderstand aus Zeile 2 oder 3 in Tabelle 3) müssen diese kombiniert werden.

$$\left(\frac{N_{Ed}^{a}}{N_{Rd,s}^{a}}\right)^{2} + \left(\frac{V_{Ed}^{a}}{V_{Rd,s}^{a}}\right)^{2} \leq 1{,}0 \qquad \text{mit} \qquad N_{Rd,s} \geq V_{Rd,s} \tag{6}$$

oder alternativ:

$$\left(\frac{N_{Ed}^{a}}{N_{Rd,s}^{a}}\right)^{\alpha} + \left(\frac{V_{Ed}^{a}}{V_{Rd,s}^{a}}\right)^{\alpha} \leq 1{,}0 \qquad \text{mit Exponent } \alpha \text{ ermittelt in Versuchen} \tag{6a}$$

Für Betonversagen **ohne** Rückhängebewehrung müssen der minimale Zugwiderstand $N_{Rd,c}^{a}$ für Versagen durch Herausziehen, Ausbrechen, Spalten und Abplatzen (Zeile 4 bis 7 in Tabelle 1) und für Querlast der Minimalwiderstand $V_{Rd,c}^{a}$ für Versagen durch Betonausbruch oder Betonkantenversagen (Zeile 6 oder 7 in Tabelle 3) kombiniert werden.

$$\left(\frac{N_{Ed}^{a}}{N_{Rd,c}^{a}}\right)^{1,5} + \left(\frac{V_{Ed}^{a}}{V_{Rd,c}^{a}}\right)^{1,5} \leq 1{,}0 \tag{7}$$

Für Betonversagen **mit** Rückhängebewehrung müssen der minimale Zugwiderstand $N_{Rd,re}^{a}$ für Bewehrungs- und Verbundversagen (Zeile 10 oder 11 in Tabelle 1) und für Querlast der Minimalwiderstand $V_{Rd,re}^{a}$ für Bewehrungs- und Verbundversagen (Zeile 8 oder 9 in Tabelle 3) kombiniert werden.

$$\left(\frac{N_{Ed}^{a}}{N_{Rd,re}^{a}}\right)^{1} + \left(\frac{V_{Ed}^{a}}{V_{Rd,re}^{a}}\right)^{1} \leq 1{,}0 \tag{8}$$

6. Zusammenfassung

Die Vornorm CEN/TS 1992-4 bietet eine Richtlinie für die Bemessung von Verbindungen zwischen Stahl und Beton unter Berücksichtigung aller relevanten Versagensarten. Hiermit ist ein technisches Bemessungsmodell für einbetonierte Ankerschienen verfügbar, das auf der Vorhersage einzelner Versagensarten unter Zug- oder Querlast und für beide involvierten Materialien, Stahl und Beton, basiert.

Die Kombination von Zug- und Querlast für Ankerschienensysteme erfolgt jedoch auf vereinfachte Weise. Ein differenzierterer Vorschlag, der bereits in das Bemessungshandbuch der fib 2011 [8] für Verankerungen in Beton aufgenommen wurde, wird hier vorgestellt. Die Beispiele zeigen, dass er das reale Verhalten exakter beschreibt und potenziell unsichere Verbindungen aus dem vereinfachten Ansatz in [1] ausschließt.

Literatur

[1] CEN/TS 1992-4-1:2009 Bemessung der Verankerung von Befestigungen in Beton

[2] IWB – Universität Stuttgart Report HD 276/01 – 11/19

[3] ETA-09/0338 Deutsches Institut für Bautechnik 2010

[4] Tragverhalten und Bemessung von Ankerschienen unter zentrischer Zugbelastung, University of Stuttgart Dissertation Josef Kraus 2003

[5] IWB – Universität Stuttgart Bericht AF02/13 H/D 01310/06

[6] IWB – Universität Stuttgart Report HD 270/01 – 11/14

[7] Burdette/Oluokin, ACI Structural Journal 90-S43

[8] Design of anchorages in concrete, fib bulletin No.58

Nachwort

Dieser Beitrag ist den Verdiensten von Herrn Professor Eligehausen auf dem Gebiet der Befestigung und Verankerung mit Ankerschienen im Beton gewidmet. Sowohl die heute als Stand der Technik eingeführten Bemessungsgrundlagen, als auch die hier beschriebenen ergänzenden Erkenntnisse zum Tragverhalten wären ohne seinen unermüdlichen Drang zur experimentellen Erforschung und Herleitung von allgemeinen Bemessungsregeln in der Befestigungstechnik nicht entstanden. Im Namen der Hersteller von Ankerschienen danken wir Prof. Rolf Eligehausen für die vielen lebhaften und konstruktiven Diskussionen.

KORROSIONSVERHALTEN VON VERZINKTEN DÜBELN BEI ANWENDUNG IM AUSSENBEREICH

Ulf Nürnberger
Institute of Construction Materials, University of Stuttgart, Germany

Zusammenfassung

Die Arbeit beschreibt die Korrosionsbeanspruchung von verzinkten Dübeln. Außerhalb des Bohrloches ist eine atmosphärische Korrosion mit und ohne Beregnung zu unterscheiden. Im Bohrloch findet eine atmosphärische Korrosion statt, und es kann eine Spaltkorrosion im Kontakt mit einem zumindest vorübergehend feuchten Beton stattfinden.

Die Korrosionsverhältnisse des Dübels hängen ab von der Korrosivität der Außenatmosphäre und dem Feuchtegehalt des Betons. Letzterer wird von folgenden Einflüssen bestimmt:

- Austrocknungsverhalten eines jungen Betons in Abhängigkeit von seiner Umgebung,
- Art der langfristigen äußeren atmosphärischen Beanspruchung des Betons.

Außerhalb des Bohrloches ist eine verstärkte Zinkkorrosion nur dann zu erwarten, wenn die Atmosphäre durch Schadstoffe (vor allem Chloride) verunreinigt ist. Im Bohrloch ist verstärkte Korrosion nur möglich, wenn der Dübel in einen feuchten Beton eingebaut ist: Entweder ist der Beton beim Einbau zumindest vorübergehend noch nass oder die ungeschützte Betonoberfläche wird dauerhaft bewittert (beregnet).

Um durch eine 50 µm dicke Feuerverzinkung den Korrosionsschutz des Dübels mindestens 50 Jahre aufrechtzuerhalten sind folgende Voraussetzungen zu erfüllen:

- Bauwerkserstellung in Land-, Stadt- und Industrieatmosphäre, keine Meeresatmosphäre.
- Keine Bewitterung (Beregnung) der Betonwand, kein Setzen der Dübel in einen jungen, noch nassen Beton.

Insofern könnten aus korrosionschemischer Sicht feuerverzinkte Dübel beispielsweise im Hinterlüftungsbereich von hinterlüfteten Außenwandbekleidungen angewendet werden, wenn die Fassade nicht in unmittelbarer Meeresnähe erstellt wird. Für eine Anwendung in gerissenem Beton wäre bei kraftkontrolliert spreizenden Dübeln das Nachspreizverhalten nachzuweisen.

1. Sachverhalt

Dübel werden als sicherheitsrelevante Bauelemente zur Verankerung/Befestigung von Anbauteilen in festen Untergründen (Beton, Mauerwerk, Porenbeton) verwendet. In der vorliegenden Arbeit wird nur auf bewehrten und unbewehrten Normalbeton im Innen- und Außenbereich als Untergrund eingegangen.

Die zuständigen europäischen Richtlinien (ETA-Zulassungen) gehen zumeist von einer Nutzungsdauer der Dübel von 50 Jahren aus. Da deren Trag- und Funktionsverhalten durch Korrosion beeinträchtigt werden kann, sind in den genannten Vorschriften die Korrosionsschutzbestimmungen für den Einsatz von Metalldübeln eindeutig festgelegt. Dübel aus galvanisch oder feuerverzinktem Stahl dürfen nur zur Befestigung von Anbauteilen in geschlossenen Räumen, z.B. Wohnungen, Büroräumen etc., mit Ausnahme von Feuchträumen, verwendet werden. Feuerverzinkte Dübel sind in Deutschland lediglich für den ungerissenen Beton zugelassen. Die Feuerverzinkung ist dicker und somit weicher als die galvanische Verzinkung. Das Nachspreizverhalten bei kraftkontrolliert spreizenden feuerverzinkten Dübeln gilt wegen der besonderen Reibungsverhältnisse deshalb als nicht sicher. Bei einer Anwendung solcher Dübel im gerissenen Beton muss deshalb das Nachspreizverhalten gesondert nachgewiesen werden.

Bei einer bisher ausschließlichen Anwendung verzinkter Dübel im Innenbereich wird davon ausgegangen, dass die Verzinkung, auch eine dickere Feuerverzinkung, den Dübel bei Einbau in Feuchträumen und im Außenbereich nicht dauerhaft schützt. Unabhängig hiervon ist jedoch zu bemerken, dass in anderen Ländern, insbesondere in Skandinavien, feuerverzinkte Dübel generell auch im Außenbereich angewendet werden. In Feuchträumen und im Freien, aber auch in Industrieatmosphäre und in Meeresnähe (jedoch nicht im Einflussbereich von Meerwasser), finden in Deutschland Dübel aus nichtrostendem Stahl A4 der Werkstoff-Nr. 1.4401 oder 1.4571 ihren Einsatzbereich, sofern nicht noch weitere Korrosionsbelastungen auftreten. Noch höherwertigere nichtrostende Stähle (z. B. Werkstoff-Nr. 1.4529) werden eingesetzt, wenn besonders aggressive Bedingungen (z. B. in Hallenschwimmbädern) vorliegen.

Da der Korrosionsschutz einer Verzinkung die angestrebte Nutzungsdauer von 50 Jahren nicht immer erreicht, dürfen demnach verzinkte Dübel im Zuständigkeitsbereich der Zulassungen bisher nur in trockenen Innenräumen verwendet werden. Insbesondere die feuerverzinkte Ausführung bietet jedoch auch Potenzial für den Außenbereich. Ggf. kann auch eine kürzere Nutzungsdauer berücksichtigt werden. Um den Anwendern solcher Anker die Möglichkeit zu geben, die Korrosionsbeständigkeit von feuerverzinkten Dübeln mit einer Zinkdicke von etwa 50 µm unter den verschiedensten Anwendungsbedingungen im Außenbereich besser abschätzen zu können, sollen die Auswirkung der möglichen korrosiven Einflüsse auf das Schutzverhalten einer Feuerverzinkung am Beispiel kraftkontrolliert spreizender Dübel zusammenfassend dargestellt werden.

2. Einbaubedingungen von Dübeln und Bewertung von Korrosion

Die **kraftkontrolliert spreizenden Metalldübel** werden bei der Montage in ein Bohrloch gesetzt, mit einem definierten Drehmoment vorgespannt und dabei verankert. Bei diesem Spannvorgang wird der Spreizkonus des Dübels in die Spreizhülse gezogen; dadurch wird die Spreizhülse an die Wandung des Bohrloches gepresst. Über Reibschluss können Zugkräfte in das Bauwerk abgetragen werden. Werden die Zugkräfte gesteigert oder öffnet sich nach der Montage des Dübels ein Betonriss durch das Bohrloch (z.B. aufgrund von Belastungen oder Schwindvorgängen), wird der Spreizkonus aufgrund der Vorspannung bzw. wegen der auf den Dübel wirkenden Zugbelastung weiter in die Spreizhülse hineingezogen. Die Spreizhülse wird wieder an die Wandung gepresst und der Dübel trägt die Last erneut sicher ab.

Im Zusammenhang mit Korrosionserscheinungen an kraftschlüssig spreizenden Dübeln stellte sich die Frage, in wieweit deren Tragfähigkeit und Funktionalität durch den Korrosionsangriff beeinträchtigt wird. Für die Funktion von kraftkontrolliert spreizenden Dübeln ist das Nachspreizverhalten und bei allen Typen von Dübeln ein Verlust an Tragfähigkeit durch korrosionsbedingten Substanzverlust von Interesse. Das Nachspreizverhalten der kraftkontrolliert spreizenden Dübel setzt eine geringe Reibung und ein Gleiten zwischen den Reibpartnern Spreizhülse und Konus voraus, welches theoretisch durch Korrosionsvorgänge nachteilig beeinflusst werden könnte. Die Reibung zwischen der Spreizsegment-Innenseite und dem Konus muss geringer sein als jene in der Kontaktfläche Spreizsegment-Ankergrund. Andernfalls könnte der Dübel nicht ausreichend nachspreizen und würde unter Zugbeanspruchung aus dem Bohrloch herausgezogen. Somit ist nachzuweisen, dass das Nachspreizverhalten sich durch eine Korrosion nicht so verändert, dass die Reibung zwischen Hülse und Konus größer ist als jene zwischen Hülse und Bohrlochwandung. Dieser Nachweis kann durch Untersuchungen, wie z. B. in [1], erbracht werden. Hierbei wurden in gerissene Betonprüfkörper eingebaute (verspannte) kraftkontrolliert spreizenden Dübel künstlich, durch Beaufschlagen mit einer NaCl-Lösung als Elektrolyt, korrodiert und anschließend Belastungsversuchen unterzogen. Des Weiteren wurden Belastungsversuche an korrodierten (mit intensivem Rotrost behafteten) Dübeln durchgeführt, die nach 35 Jahren aus feuchtem Beton ausgebaut wurden. Die Versuche wurden durchgeführt, nachdem die Dübel in die rissbehafteten Versuchskörper montiert wurden. Die Versuche zeigten im Endergebnis, dass korrodierte kraftkontrolliert spreizende Dübel, im Vergleich zu unbehandelten, metallisch blanken verzinkten Dübeln, ein uneingeschränktes Nachspreizverhalten aufweisen und somit nach wie vor funktionsfähig sind.

Die Funktionsweise der **wegkontrolliert spreizenden Dübel** beruht allein auf der Verankerung im Beton durch Reib- bzw. Formschluss. Dies geschieht beispielsweise dadurch, dass sich beim Verankern der Konus in der Dübelhülse um einen definierten Weg verschiebt, wodurch die Hülse gegen die Lochwandung gepresst wird. Bei anderen Dübeln wird die Spreizhülse über einen sich am Bohrlochgrund abstützenden Konus aufgetrieben. Diese Dübel besitzt keine Fähigkeit zum Nachspreizen.

Beim **Hinterschnittdübel** wird eine Verzahnung des Dübels mit dem Ankergrund angestrebt. Hierzu wird ein zylindrisches Bohrloch durch ein spezielles Bohrverfahren im unteren Dübelbereich um ein definiertes Maß aufgeweitet (ein Hinterschnitt erzeugt). Beispielsweise kann auch durch Drehen der Spreizhülse ein selbstschneidender Hinterschnitt im Beton erreicht werden. Der Dübel ist dann formschlüssig gesetzt und wird wegkontrolliert verankert.

Bei **Verbunddübeln** wird ein Metallteil, zumeist Gewindestangen, im Bohrloch durch einen Mörtel verankert.

Korrosionserscheinungen beeinträchtigen nicht das Wirkprinzip von wegkontrolliert spreizenden Dübeln, von Hinterschnitt- und Verbunddübeln. Hier ist ein Verlust der Tragfähigkeit durch korrosionsbedingten Querschnittsverlust zu beachten.

3. Korrosionsszenarien bei Spreizdübeln

Dübel kommen mit der das Bauteil umgebenden Atmosphäre und deren Inhaltstoffe, mit der Bohrlochatmosphäre und mit Beton in Berührung, stehen gleichzeitig aber auch mit anzuschließenden Bauteilen aus Metall und Holz oder mit Wärmedämmstoffen in Berührung. Im Hinblick auf eine ausreichende Dauerhaftigkeit muss der Korrosionsschutz, bei galvanisch verzinkten Dübeln in der Regel 5 bis 10 µm Zink und bei feuerverzinkten Dübeln eine etwa 50 µm dicke Feuerverzinkung, im Kontakt mit der Atmosphäre und bei Berührung mit den der Atmosphäre ausgesetzten genannten Baustoffen eine ausreichende Beständigkeit aufweisen, um die Tragfähigkeit des Ankers über einen geforderten Zeitraum sicherzustellen.

Die Möglichkeit des Auftretens von Korrosion an den verschiedenen Dübelteilen steht in einem direkten Zusammenhang mit den Feuchteverhältnissen im Beton, in der Atmosphäre des Bohrloches sowie der äußeren umgebenden Atmosphäre. Die Feuchtigkeit in der Bohrlochatmosphäre wird bestimmt durch den Wassergehalt des Betons sowie den Belüftungsverhältnisse im Bohrloch (Dichtigkeit des Bohrloches gegenüber der Außenatmosphäre). Weiterhin spielen konstruktive Einflüsse eine Rolle, also ob das Dübelteil direkt der Bohrlochatmosphäre ausgesetzt ist, oder ob ein Kontakt zum Beton oder anderen Baustoffen besteht. Bild 1 verdeutlicht die Verhältnisse bei einem Spreizdübel:

- Bei der Spreizhülse und dem Gewindekonus wird neben atmosphärischer Korrosion vor allem eine zumindest vorübergehende Spaltkorrosion von verzinkten Flächen im Kontakt mit einem möglicherweise feuchten hochalkalischen Beton stattfinden.
- Bei allen anderen (planmäßig eingebauten) Bauteilen (Gewindebolzen, Konus, Distanzhülse) steht eine atmosphärische Korrosion mit der Atmosphäre im Bohrloch von Beton bzw. Anbauteil im Vordergrund.

Die äußeren Bauteile unterliegen einer atmosphärischen Korrosion, wobei eine freie Bewitterung (Beregnung) und eine Nichtbewitterung (z. B. Dübel im

Hinterlüftungsberich einer Fassade) zu unterscheiden sind. Dabei ist zu berücksichtigen, dass sich der Befestigungs- bzw. Anschlussbereich unter atmosphärischen Umgebungsbedingungen der Korrosivitätskategorien C2 bis C4 nach DIN EN ISO 12944-2 [2] befinden kann.

Nr.	Bezeichnung	Korrosionsszenarien
1	Gewindebolzen	atmosphärische Korrosion im Bohrloch
2	Gewindekonus	atmosphärische Korrosion im Bohrloch, Korrosion im Kontakt mit Beton
3a	Spreizhülse (Außenseite)	Korrosion im Kontakt mit Beton
3b	Spreizhülse (Innenseite)	atmosphärische Korrosion im Bohrloch
4	Konus (kein Gewinde)	atmosphärische Korrosion im Bohrloch
5	Distanzhülse (Innen- und Außenseite)	atmosphärische Korrosion im Bohrloch
6	Distanzhülse (Innen- und Außenseite)	atmosphärische Korrosion im Anbauteil
7	äußere Dübelteile	atmosphärische Korrosion

Bild 1: Mögliche Korrosionsszenarien bei Spreizdübeln

4. Korrosionsbelastung der verzinkten Dübel

Bei der Korrosionsbelastung des verzinkten Dübels ist zu unterscheiden zwischen jener außerhalb des Betons und jener im Bohrloch (Abschn. 3). Im Bohrloch ist neben der atmosphärischen Korrosion auch die Korrosion bei Kontakt mit der Bohrlochwandung zu beachten.

4.1 Korrosionsbelastung bei Bewitterung im Außenbereich [3, 4]
In der Außenatmosphäre entscheiden das jeweils am Dübel vorherrschende Klima im Zusammenhang mit vorhandenen Luftverschmutzungen, ob und welchem Maße Feuchte und Schadstoffe auf das Bauteil einwirken und zu Korrosion führen. Eine Außenbewitterung ist gekennzeichnet durch

- Feuchte (wasserdampfhaltige) Luft, gelegentlichen Regen und die Möglichkeit einer Tauwasserbildung,

- Emissionen mit Anteilen von Schadgasen, vor allem Schwefeldioxid und Staub,
- Chloridaerosole im Meeresbereich und Tausalzspritzwasser bzw. Tausalznebel neben taumittelbehandelten Verkehrsflächen.

Die genannten Besonderheiten beeinflussen das Korrosionsverhalten der Baumetalle und demnach auch das Korrosionsschutzverhalten der Verzinkung von Dübeln.

Atmosphärische Korrosion ist ein Prozess, der Feuchtigkeit auf der Metalloberfläche voraussetzt. Eine Besonderheit der atmosphärischen Beanspruchung von Metallen ist die Bildung extrem dünner Elektrolytfilme auf der Bauteiloberfläche oberhalb bestimmter **Luftfeuchten** und der regelmäßige Ablauf von feucht/trocken-Zyklen durch Betauung und Niederschläge. In Abwesenheit von Verunreinigungen und hygroskopischen Salzen auf der Metalloberfläche ist eine Kondensation von Wasser und damit die Bildung dünner Elektrolytfilme allerdings nur nahe 100 % relativer Luftfeuchtigkeit möglich. Bei Adsorption von Verunreinigungen und Salzen aus der Atmosphäre ist der Gleichgewichtspartialdruck von Wasser aber deutlich abgesenkt und dünne Elektrolytfilme bilden sich schon bei geringerer relativer Feuchte. Wegen dieser Zusammenhänge nimmt die Korrosion der Metalle in der freien Atmosphäre mit steigender Luftfeuchtigkeit und auch Temperatur sowie dem Gehalt gasförmiger und/oder fester Verunreinigungen in der Luft zu. Die Korrosion in der freien Atmosphäre findet oberhalb einer relativen Luftfeuchte an der Stahloberfläche von etwa 60 bis 70 % statt; die Korrosionsgeschwindigkeit nimmt mit steigender Luftfeuchte zu. In einer abgeschirmten (sauberen) Atmosphäre eines Bohrloches ist erst ab höheren relativen Luftfeuchten mit Korrosion zu rechnen. In Mitteleuropa herrscht gemäßigtes Klima, wobei beispielsweise für eine Stadt wie Stuttgart die in Bild 2 genannten Klimawerte charakteristisch sind.

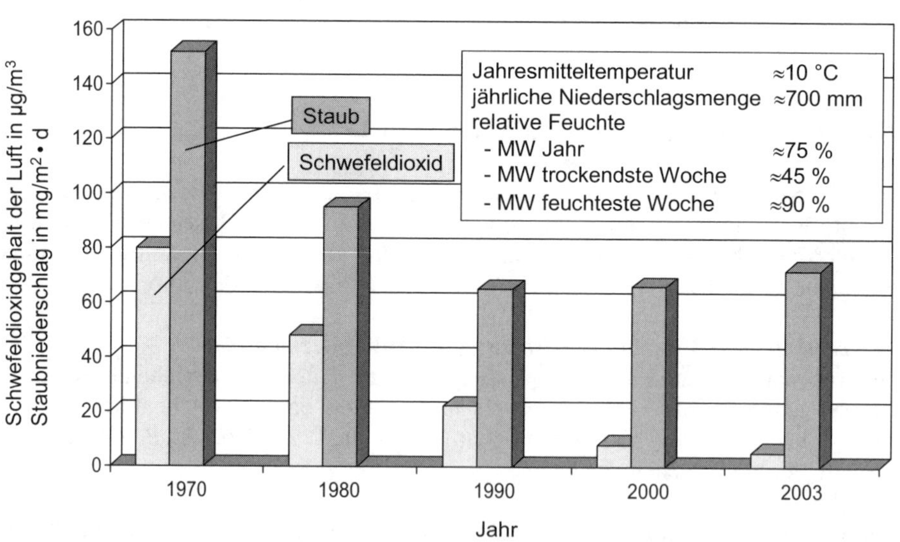

Bild 2: Schwefeldioxidgehalte und Staubniederschläge (Jahresmittelwerte) sowie Anga-

ben zum Klima in der Innenstadt von Stuttgart zwischen 1970 und 2003 [4]

In der Luft enthaltene Verunreinigungen erleichtern nicht nur die Kondensation von Luftfeuchte, sie erhöhen in gelöster Form auch die Intensität des Angriffes und somit die Geschwindigkeit der Zink- bzw. Stahlkorrosion. Die bereits durch natürliche Stoffe der Atmosphäre (Wasser, Sauerstoff) verursachte Korrosion kann dann um ein mehrfaches verstärkt werden. Verunreinigungen der Luft sind gasförmige und feste schwebfähige Stoffe, die in der „reinen" Luft nicht vorhanden sind. Luftverunreinigungen im städtischen und industriellen Bereich sind in erster Linie Emissionen technischer Prozesse. Korrosiv wirken Schadgase wie vor allem **Schwefeldioxid**, daneben Stickoxide und Kohlendioxid. Schwefeldioxid entsteht überwiegend bei der Verbrennung von Kohle und Holz. Stickoxide entstehen aus Luftstickstoff bei der Verbrennung mit hoher Temperatur. Die bei der Verbrennung von Benzin oder Diesel im Motor entlang von Verkehrswegen entstehenden Abgase bestehen hauptsächlich aus Kohlenstoffdioxid und Wasser; daneben sind noch Stickoxide enthalten. Aufgrund gesetzlicher Vorschriften und technischer Vorrichtungen ist der Ausstoß der genannten Schadgase stark rückläufig.

Auch die Höhe der Luftfeuchtigkeit, die ohnehin schon als Korrosionsmittel wirkt, hat Einfluss auf die Korrosionswirkung der Luftimmissionsstoffe. Die Luftfeuchtigkeit löst Verunreinigungen oder geht mit ihnen chemisch besonders aggressive Verbindungen ein. Schwefeldioxid kann bei gleichzeitig hoher Luftfeuchte schweflige Säure bilden, die sich durch weitere Sauerstoffaufnahme zu Schwefelsäure umsetzt Auch die Korrosion des Zinks an der Atmosphäre wird hauptsächlich durch die Menge der in der Atmosphäre enthaltenen Säuren bestimmt, welche die auf der Zinkoberfläche vorhandenen korrosionsschützenden Deckschichten durch chemische Auflösung abtragen. In den zurückliegenden zwei Jahrzehnten hat sich der SO_2-Gehalt der Luft, vor allem in den städtischen und industriellen Ballungsräumen, drastisch reduziert. Heutzutage werden in mitteleuropäischen Großstädten mittlere SO_2-Konzentrationen von unter 10 $\mu g/m^3$ gemessen (Bild 2), die kaum noch einen Einfluss auf die Zinkkorrosion ausüben.

Feststoffe liegen als Salz und Staub oder Mischungen aus beiden vor. Bei den Salzen sind vor allem die **Chloridsalze** sehr korrosionswirksam. Salzhaltige Aerosole entstehen in Meeresnähe oder durch den Einsatz von Tausalz. In der Atmosphäre von Küstengebieten ist vor allem Natriumchlorid zu finden. Meerwasser wird in feinster Verteilung als "Aerosol" (feste und flüssige Teilchen von 0,1 bis 100 μm Durchmesser) vom Wind auf das Land getragen und schlägt sich auf Konstruktionen nieder. Hohe Gehalte an Aerosolen sind jedoch nur im Spritzwasser des Meeres oder in Brandungsnähe zu finden. Bereits wenige Kilometer landeinwärts sind die Gehalte gegenüber üblichen Werten in der Luft nur noch leicht erhöht (Bild 3).

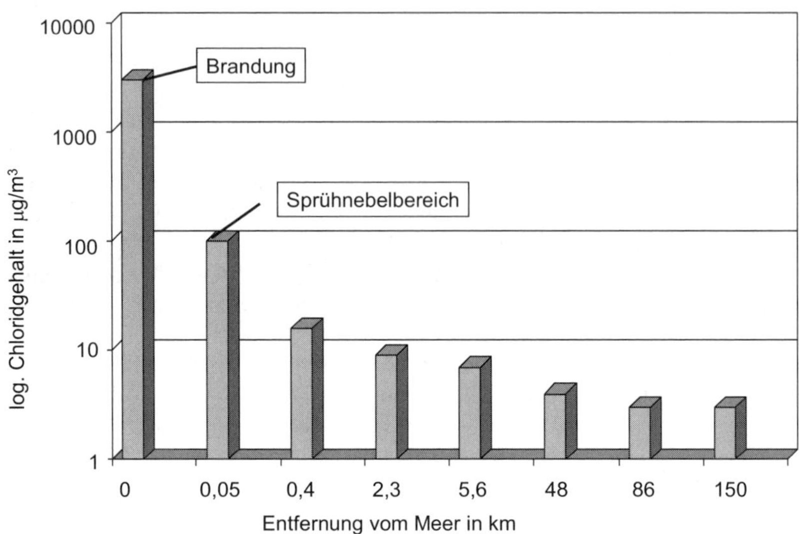

Bild 3: Chloridgehalte in der „Meeres-Atmosphäre" (nach Barton in [3])

Chloride in erhöhten Konzentrationen können weiterhin in Salznebeln nahe von tausalzbehandelten Straßen und Brücken auftreten. Gestreut werden vor allen Natriumchlorid (NaCl), daneben aber auch Magnesium- ($MgCl_2$)und Calciumchlorid ($CaCl_2$). Die max. Ausdehnung des Spritzwasserbereiches neben verkehrsreichen Straßen beträgt im innerstädtischen Bereich etwa bis zu 10 m, die Reichweite des geringer belastenden Sprühnebelbereiches wird mit etwa 10 bis 25 m von der gestreuten Straße angenommen, wobei jedoch die Intensität mit zunehmender Entfernung von der Straße zurückgeht. Neben gestreuten Autobahnen mit vermehrter Tausalzbelastung und höherer Geschwindigkeit der Kraftfahrzeuge können die im Sog von Fahrzeugen höher aufgewirbelten Salze bei Unterstützung durch Wind nach eigenen Untersuchungen auch bis zu 100 m weit gelangen. **Stäube**, mit einer Größe der Dispersionen zwischen 0,1 bis etwa 300 µm, entstehen aus Abgasen der Energieerzeugung, aus der industriellen Produktion oder durch Wind hervorgerufenem Transport von Erdstoffen. Vor allem die gröberen Staubteilchen können Schadstoffe und Wasser speichern und als Ablagerung die Korrosion beeinflussen. Während beispielsweise in den 50er Jahren Staubemissionen noch einen wesentlichen Einfluss auf die atmosphärische Korrosion ausübten, sind diese heute nur noch von untergeordneter Bedeutung. Den Gehalt an Staubniederschlag in der Innenstadt von Stuttgart in den letzten Jahrzehnten geht aus Bild 2 hervor.

Bei Korrosion im Freien kann eine **Beregnung** zwar durch Zuführen eines Elektrolyten und Abtrag von korrosionshemmenden Korrosionsprodukten die Korrosion fördern. Allerdings werden durch Beregnung auch Schmutz und Salzablagerungen entfernt, was die Korrosion behindert. Der letztgenannte Einfluss ist meistens dominierend, so dass in nicht beregneten (nicht frei bewitterten), Bereichen, insbesondere in Anwesenheit von

230

hygroskopischen Salzen, häufig ein stärkerer Korrosionsbefall vorgefunden wird als in direkt bewitterten.

4.2 Korrosionsbelastung im nicht bewitterten Außenbereich [3,4]

Im nicht bewitterten Außenbereich (Konstruktionen unter überkragenden Dächern, in nach außen offenen Hallen oder beispielsweise bei hinterlüfteten Außenwandbekleidungen) kommen feuerverzinkte Dübel im Regelfall nicht mit wässrigen Korrosionsmedien in Berührung. Die Korrosionsbelastungen ergeben sich einerseits aus dem Einfluss der Luftfeuchte und einer vorübergehender Kondenswasserbildung als Folge einer möglichen lokalen Taupunktunterschreitung (z. B. an Wärmebrücken). Andererseits können auch die Luftverschmutzungen des umgebenden Makroklimas auf die Dübel einwirken. Charakteristisch für nicht bewitterte Außenbereiche ist, dass sich korrosionsschädliche Stoffe wie Säuren und Chloride aus der Umgebung des Bauwerks in den nicht beregneten Bereichen anreichern können, falls sie zusammen mit Feuchte in ausreichend hohen Konzentrationen angeboten werden. Sich ablagernde Chloridsalze erfüllen in diesem Zusammenhang auch in Abwesen-heit von Flüssigwasser als hygroskopische Substanzen eine wichtige Voraussetzung für Korrosion, indem sie (auch bei geringen relativen Feuchten der Luft) die Elektrolytbildung fördern und zudem noch korrosionsstimulierend sind. Durch das hygroskopische Verhalten von Salzen können auch in nicht bewitterten Außenbereichen hochkonzentrierte wässrige Salzlösungen geschaffen werden, die verzinkte Oberflächen angreifen.

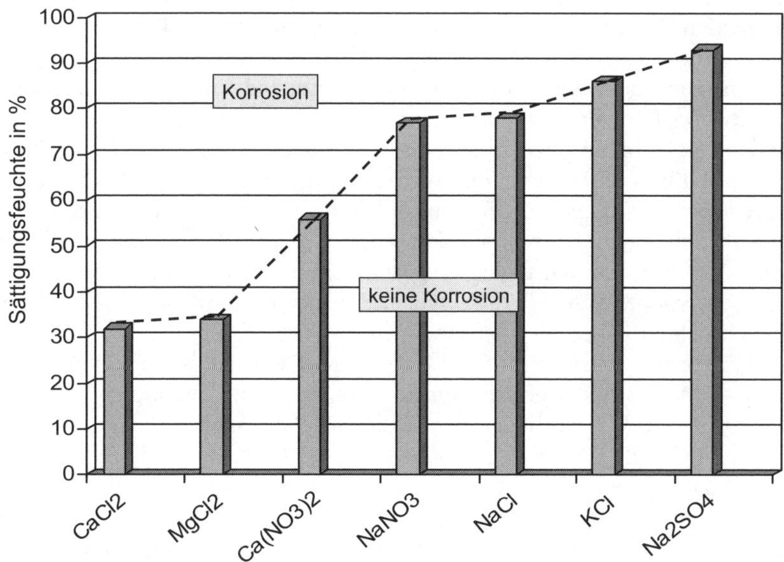

Bild 4: Hygroskopisches Verhalten einiger Neutralsalze und Einfluss hygroskopisch reagierender Salzpartikel auf die Metallkorrosion [3]

Unter „hygroskopisch" versteht man das Verhalten eines Salzes, aus der Luft dampfförmiges Wasser zu binden und als Flüssigwasser auszuscheiden. Als ausgeprägt hygroskopische Substanzen fördern einige Salze auch bei geringen relativen Luftfeuchten die Bildung wässriger Lösungen. Bei der sog. Sättigungsfeuchte (Bild 4), einer für jedes Salz charakteristischen Luftfeuchte, bilden diese gesättigte Salzlösungen. Oberhalb der Sättigungsfeuchte nimmt das Salz bei steigender relativer Feuchte weiter Wasser auf und „zerfließt". Mit dieser zusätzlichen Wasseraufnahme geht eine zunehmende Verdünnung der Salzlösung einher. Nach Überschreiten der Sättigungsfeuchte kann somit bei Metallen im Kontakt mit Aerosolen mit der Bildung eines salzreichen Elektrolyten und mit Korrosion gerechnet werden. Calcium- und Magnesiumchlorid, die anteilig in Meeressalz und Tausalz enthalten sein können, haben eine Sättigungsfeuchte von wenig mehr als 30 %. Das heißt, sie bilden bereits in sehr trockner Luft hochkonzentrierte und somit äußerst korrosionsaggressive Salzlösungen. Natriumchlorid hat mit einer Sättigungsfeuchte von 78 % ein geringer ausgeprägtes hygroskopisches Verhalten. Dieses Salz bildet Lösungen erst in einem feuchteren Klima bzw. bei Zutritt von Wasser.

4.3 Einteilung der Umgebungsbedingungen im Hinblick auf Metallkorrosion in der Atmosphäre nach DIN EN ISO 12944-2

Die DIN EN ISO 12944, Teil 2 [2], behandelt die Einteilung der wesentlichsten Umgebungsbedingungen, denen Konstruktionen in der Atmosphäre ausgesetzt sein können und definiert sog. Korrosivitätskategorien. Diese Bewertung der Korrosivität ermöglicht eine Abschätzung der in einem speziellen Fall vorliegenden atmosphärischen Belastung und des zu erwartenden Korrosionsverhaltens metallischer Strukturen (Tabelle 1).

Aus Sicht einer Korrosionsbelastung durch Schwefeldioxid sind ländliche Atmosphären und normale städtische Klimate mit geringer Schwefeldioxidbelastung primär einer Korrosivitätskategorie C2 zuzuordnen. Eine belastete Stadtatmosphäre und eine Industrieatmosphäre mit mäßig erhöhtem Anteil korrosiv wirken Schadgase gehören definitionsgemäß zur Korrosivitätskategorie C3. Atmosphären mit stark bis sehr stark erhöhtem Schadgasgehalt sind einer Korrosivitätskategorie C4 bzw. C5 zuzuordnen. Aufgrund gesetzlicher Vorschriften und technischer Vorrichtungen sind zumindest in Mitteleuropa kaum noch erhöhte Schwefeldioxidgehalte in der Luft enthalten. Die Jahresmittelwerte an Schwefeldioxid aller deutschen Großstädte liegen deutlich unter 25 $\mu g/m^3$, weshalb die Korrosivitätskategorie C2 überwiegend zutrifft. Nur lokal und auch nur gelegentlich können im Bereich einer Industriestadt Bedingungen einer Korrosivitätskategorie C3 vorliegen. Schadgasbelastungen analog einer Korrosivitätskategorie C4 und C5 treten gar nicht auf.

Hinsichtlich einer Korrosionsbelastung durch Chloride stehen die Korrosivitätskategorien C3 und C4 im Vordergrund. C3 trifft ab einigen Kilometern von der Küste entfernt und im Sprühnebelbereich neben verkehrsreichen Straßen zu. Die Korrosivitätskategorie C4 ist der unmittelbaren Meeresnähe und dem Spritzwasserbereich neben verkehrsreichen Straßen vorbehalten. Was die Meeresnähe anbetrifft, so sind hier die Übergänge fließend, da auch Windrichtung und Art der atmosphärischen Beanspruchung eine Rolle spielen. Deutlich mehr chloridbeansprucht werden Strukturen im Freien, die nicht beregnet werden, da sich hier die Salze aufkonzentrieren können. Der Bewitterung (Beregnung) ausgesetzte Strukturen sind weniger kritisch, da Chloride immer wieder von den Oberflächen abgewaschen werden.

Tabelle 1: Korrosive Belastung typischer Außenbereiche nach [4] in Anlehnung an [2] (Zahlenangaben: Anhaltswerte in $\mu g/m^3$)

Korr. kateg.	Chloridbelastung [1]			SO_2 - Belastung		
C2	gering	bis 5	> 10 km vom Meer	gering	bis 25	ländliche Atmosphäre
C3	mäßig	bis 15	10 - 3 km vom Meer / Sprühnebel neben Straße	mäßig	25 - 100	belastete Stadt- und Industrie-atmosphäre
C4	stark	bis 100	< 3 km vom Meer, / Spritzwasser neben Straße	stark	100 - 1.000	stark belastete Industrieatmos-phäre
C5	sehr stark	größer 100	Brandung Offshore	sehr stark	1000 - 50.000	Industriebetrieb, sehr stark bela-stete Atmosph.

[1] Chloridgehalte beziehen sich auf die Meeresküste

4.4 Korrosionsbelastung im Bohrloch

Bei den nicht vom Baustoff berührten verzinkten Oberflächen von Dübeln (Bild 1) findet im Kontakt mit der im Hohlraum zwischen Beton und Dübel eingeschlossener Luft eine atmosphärische Korrosion statt. Diese wird gesteuert von der relativen Luftfeuchte im Bohrloch und der Möglichkeit einer Kondenswasserbildung infolge von Wärmebrücken. Wärmebrücken sind in erster Linie bei Einbau in Beton zu erwarten, welcher der Außentemperatur ausgesetzt ist. Des Weiteren ist eine Korrosion (hier als Kontaktkorrosion bezeichnet) bei Berührung mit Baustoffen (z. B. Beton, Holz, Wärmedämmstoff) möglich. In der Folge werden die Korrosionsverhältnisse bei Berührung mit Beton beschrieben.

4.4.1 Korrosionsbelastung bei Kontakt mit der Bohrlochwandung [3]

Bei losem Kontakt der Dübel mit porösen Baustoffen wie Beton entscheidet primär der im Baustoff vorhandener Feuchtegehalt und dessen gelöste Inhaltsstoffe über die Korrosivität des Baustoffes. Deshalb gelten folgende Bedingungen für Korrosion:

- Ein zu beachtender Korrosionsangriff ist nur möglich, wenn die im Baustoff enthaltenen kapillar-, poren- oder kanalförmigen Hohlräume in ausreichendem Maße freies Wasser enthalten.

- Darüber hinaus können passivitätshemmende oder passivitätszerstörende Bedingungen die Korrosion begünstigen. Bei verzinktem Stahl ist mit verstärkter Korrosion zu rechnen, wenn bei sich im Kontakt mit einem dauerfeuchten/-nassen Baustoff keine carbonatischen Deckschichten ausbilden können.

- In allen Korrosionsfällen wirkt sich erschwerend aus, wenn anwesende Feuchte/ Wasser metallaggressive Bestandteile aus dem Baustoff löst oder den Antransport von Schadstoffen (beispielsweise Tausalze) aus der Bauteilumgebung erleichtert. Bei Zutritt von Wasser kommt die verzinkte Oberfläche mit einem alkalischen wässrigen Medium in Berührung, was die Zinkkorrosion unterstützt.

Korrosivität der Bohrlochwandung im Kontaktbereich

Dübel werden in ein im Beton vorgebohrtes Loch eingesetzt und kommen nach dem Verspreizen im Kontaktbereich in eine mehr oder weniger feste Berührung mit bereits erhärtetem Beton. Die Bohrlochwandung kann carbonatisiert (pH 8,3) oder hochalkalisch sein (pH >12,5) sein. In Gegenwart des für die Korrosion notwendigen Wassers dürfte eine hohe Alkalität vorliegen, da selbst carbonatisierte Randschichten bei feuchtem Beton wieder realkalisieren.

In Abschn. 5 wird herausgestellt, dass der Zutritt von Luft und des darin enthaltenen Kohlendioxids notwendige Voraussetzung für die Korrosionsschutzwirkung von Zinkoberflächen ist. Im Kontaktbereich Dübel/Beton ist, wegen eines behinderten Zutritts von Luft und des darin enthaltenen Kohlendioxids in das Dübelinnere, die Ausbildung der für die Deckschichtbildung erforderlichen Zinkcarbonate behindert, so dass insbesondere dann mit verstärkter Korrosion im Kontaktbereich gerechnet werden muss, wenn der Beton sehr feucht bzw. nass ist. Kohlendioxid aus der Luft wird, falls dennoch in geringen Mengen im Spalt zwischen Dübel und Beton vorhanden, vom Beton sofort abgebunden und gelangt nicht an die verzinkte Oberfläche. Im Vergleich zu dem frei bewitterten Teil des Dübels ergeben sich somit für den Kontaktbereich zum Beton schon wegen der Verarmung an Kohlendioxid ungünstigere Verhältnisse für den Korrosionsschutz durch Zink.

Wassergehalt der Bohrlochwandung

Bei einer Ausgleichsfeuchte des Betons von deutlich mehr als 60 % Wasser ist bei verzinkten Dübeln im losen Kontakt mit Beton Korrosion möglich, wobei die Korrosionsgeschwindigkeit von Zink bei steigender Betonfeuchte von trocken (Ausgleichsfeuchte < 60 %) über feucht (Ausgleichfeuchte etwa 60 bis 90 %) bis nass (Ausgleichsfeuchte > 90 %) rasch zunimmt.

Mit ansteigender Feuchte der Luft nehmen feinporöse Baustoffe in zunehmendem Maße Wasserdampf infolge Wasserdampfdiffusion auf und scheiden in den Baustoffporen Flüssigwasser über Kapillarkondensation aus. Bei einer mittleren relativen Luftfeuchte um 75 % (dieser Wert gilt für das Klima in Mitteleuropa) sind bei einem Beton mittlerer Güte nur etwa 40 % der für Wasser zugänglichen Poren mit Wasser gefüllt (Bild 5). Dieses ist zu wenig Wasser, um bei Metallen im Kontakt mit Beton Korrosion hervorzurufen. Das heißt aber auch, dass ein nicht bewitterter Beton im Freien zu trocken ist, um bei eingebetteten oder im losen Kontakt befindlichen verzinkten Dübeln eine schädigende Korrosion zu bewirken.

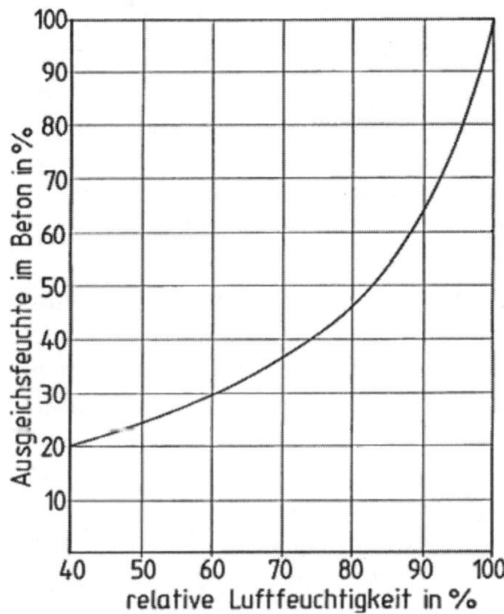

Bild 5: Ausgleichsfeuchte für Normalbeton mittlerer Güte in Abhängigkeit von der relativen Luftfeuchte (nach Haller in [3])

Wird ein Beton im Freien bewittert (beregnet), dann stellen sich im Betoninnern, je nach Intensität einer Beregnung oder sonstigen Wasserbeaufschlagung höhere Ausgleichsfeuchten zwischen etwa 60 und nahezu 100 % ein. Bei bewitterten Bauteilen kommt es dabei zu einem Feuchtegefälle im Beton von innen zur Oberfläche hin, was mit der immer wieder stattfindenden Austrocknung in den oberflächennahen Bereichen zusammenhängt.

Es wird häufig übersehen, dass auch in sog. trockenen Innenräumen der Beton vorübergehend nass/feucht ist. Die Korrosion der betonberührten Zinkoberflächen und ggf. der darunter liegenden Stahloberflächen läuft in diesem Stadium vergleichsweise schnell ab, was bei nur dünnen Zinküberzügen (z. B. galvanischen Verzinkungen) von Dübeln zu einem Verlust des Korrosionsschutzes führen kann. Dübel werden häufig in einen jungen Beton eingebaut. Dieser weist dann noch eine hohe Restfeuchte auf, da der Feuchteausgleich mit der Umgebung nur allmählich über die Bauteiloberflächen stattfinden kann. Während der anschließenden Nutzungsphase findet dann ein Feuchteaustausch des Betons mit dem umgebenden Klima statt, im Zuge dessen die Betonfeuchte nahe der Bohrlochoberfläche sukzessive abnimmt.

Für den Feuchte- bzw. Wassergehalt unmittelbar an der Bohrlochwandung, also auch an der Kontaktstelle zu Teilen des eingesetzten Dübels, ist neben dem Wassergehalt des Betons entscheidend, wie das Bohrloch gegenüber der an den Dübel angrenzenden Außenluft abgedichtet ist. Bei Bohrlöchern, die gegenüber der Umgebung diffusionsdicht versiegelt sind, ist davon auszugehen, dass infolge der hohen Restfeuchte im Kernbeton durch Diffusionsprozesse auch im Bohrloch sehr hohe Luftfeuchten, z. T. > 90%, erreicht werden, die auch ohne direkten Kontakt zum Beton Zinkkorrosion auslösen können (Zinkkorrosion ist auch in Abwesenheit von Sauerstoff möglich). Eine ausgeprägte und schädigende Stahlkorrosion findet unter solchen Bedingungen allerdings nicht statt, wenn der Restsauerstoff aus dem angrenzenden Beton verbraucht ist, da Stahlkorrosion einen Sauerstoffzutritt zum Bohrlochinnern erfordert.

Besteht allerdings eine diffusionsoffene Verbindung zur Umgebung, was in der Regel der Fall ist, dann trocknet die Bohrlochwandung allmählich aus. Unveröffentlichte Feuchtemessungen in Bohrlöchern von Dübeln [5] ergaben im Fall eines nahezu wassergesättigten Betons folgende relative Luftfeuchten im Bohrloch:

- Sehr hohe Werte zwischen etwa 80 und 100 % falls die Messungen nur Stunden bis Tage nach Herstellung der Löcher durchgeführt wurden.
- Deutlich abgeminderte Werte zwischen 60 bis 75 %, falls die Messungen (im insgesamt noch nassen Beton) viele Jahre nach der Herstellung der Bohrlöcher durchgeführt wurden. Rel. Luftfeuchten von rd. 60 bis 75 % korrespondieren mit einer Ausgleichsfeuchte des Betons der Bohrlochwandung von rd. 30 bis 40 % (Bild 5).

Chloride im Beton der Bohrlochwandung
Besonders unter Bedingungen einer Korrosivitätskategorie C4 könnten auf die Betonoberfläche auftreffende Chloridsalze in einen feuchten/nassen Beton zwar oberflächlich eindringen. In einer Umgebung C4 mit Kontakt zur Meeresluft oder mit gelegentlich auftreffendem Tausalzspritzwasser und mit Beregnung der Oberfläche ist bei Beton einer Mindestgüte C20/25 aber nicht damit zu rechnen, dass Chloride tiefer in den Beton eindringen können und zinkkritische Chloridgehalte über Diffusion bis an den Dübel gelangen. Diese Aussage kann beispielsweise aus den Ergebnissen von Chlorideindringversuchen in Bild 6 abgeleitet werden. In diesem Bild wird die Chlorideindringung in Abhängigkeit von der Betongüte und der Chloridkonzentration der beaufschlagenden Lösung dargestellt. Die Beaufschlagung mit Salzlösung erfolgte ein Jahr lang. Es ist anzunehmen, dass tausalzhaltiges Wasser im ungünstigsten Fall der mittelhoch konzentrierten Lösung entspricht. Es ist ersichtlich, dass es sehr unwahrscheinlich ist, dass sich im Betoninnern die als zinkkritisch anzusehende Chloridkonzentration > 1,5 M.-% einstellt, zumal an der bewitterten freien Oberfläche bei Beregnung Chloride auch wieder aus dem Beton herausgelöst werden. Insofern wäre der Umstand, dass sich die Dübelbefestigung in der Umgebung einer Korrosivitätskategorie C4 befindet für das Korrosionsverhalten des verzinkten Dübels im Kontaktbereich mit Beton eher von untergeordneter Bedeutung.

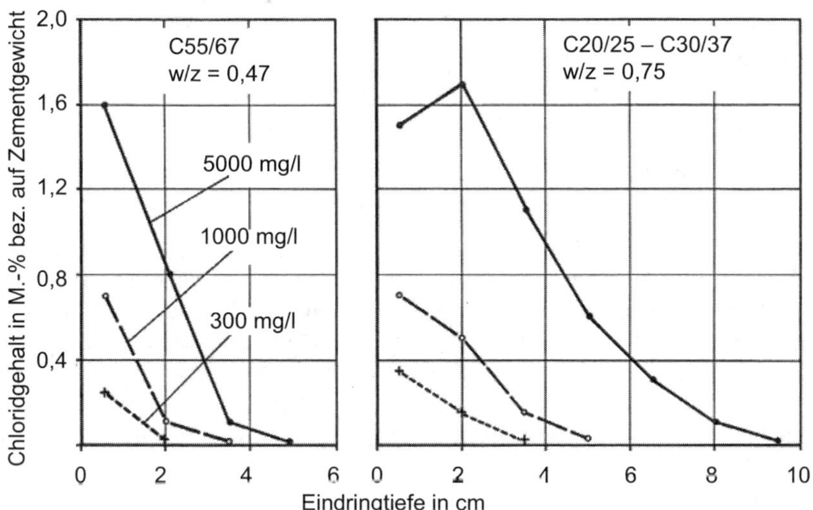

Bild 6: Chloridgehalte in Beton (auf den Zementgehalt bezogen) nach einjähriger Chloridbehandlung mit NaCl- Lösungen unterschiedlicher Konzentration (nach Weigler, Segmüller in [3])

4.4.2 Korrosionsbelastung bei Kontakt mit der Bohrlochatmosphäre und mit Wasser

Die Luftfeuchte im Bohrloch hängt vom Wassergehalt der Bohrlochwandung (vergl. Abschn. 4.4.1) ab, da Beton- und Luftfeuchte analog der Sorptionsisotherme für Beton im Gleichgewicht stehen (Bild 5). Werden Dübel in einen jungen Beton gesetzt, dann wird sich zunächst eine hohe Luftfeuchte von über 80% einstellen, die innerhalb von Monaten bis Jahren auf Werte zwischen 60 und 75 % zurückgeht, da im Regelfall ein Austausch von Luft im Bohrloch mit der Umgebung möglich ist. Mit einem raschen Rückgang der Luftfeuchte im Bohrloch ist vor allem bei Dübeln in Innenräumen und nicht beregneten Außenbereichen zu rechnen. Ein Rückgang der Luftfeuchte im Bohrloch mindert auch entscheidend die Möglichkeit einer Bildung von Kondenswasser am verzinkten Dübel nach Taupunktunterschreitung infolge einer Wärmebrückenwirkung. Zur Ausscheidung von Flüssigwasser aus einer wasserdampfhaltigen Luft ist nämlich eine umso größere Temperaturdifferenz zwischen Dübel und Bohrlochluft erforderlich, je geringer die relative Luftfeuchte ist.

Der innere Luftraum ist im Regelfall gegenüber der Außenatmosphäre schlagregensicher abgedichtet, so dass im Regelfall kein Flüssigwasser eindringen kann. Eine diffusionsoffene Verbindung zwischen innerem Dübelhohlraum und umgebender Atmosphäre über das Anbauteil ist zwar möglich, jedoch wir der Zutritt von Schadstoffen (Schadgase, Chloride) von außen am Eindringen zum Kontaktbereich Dübel/Beton behindert. Die

Korrosion der Zinkoberfläche wird unter allen Korrosivitätskategorien C2 bis C4 in erster Linie durch den Feuchtegehalt des Betons im dübelnahen Bereich und im Hohlraum selbst bestimmt.

5. Korrosionsverhalten verzinkter Dübel [3, 6]

Zinküberzüge auf Stahl können einen doppelten Korrosionsschutz ausüben:
Zunächst besteht ein sog. **passiver Korrosionsschutz**, bei dem der Stahl, vergleichbar den Verhältnissen bei organischen Beschichtungen, aufgrund der Abdeckung der Oberfläche durch Zink vom Angriffsmittel getrennt wird (Barrierewirkung). Dieser Schutzeffekt setzt voraus, dass Zink im angreifenden Medium selbst dauerhaft eine hohe Beständigkeit aufweist. Zink und Zinküberzüge auf Stahl sind bei atmosphärischer Bewitterung, bei Korrosionsbeanspruchung in Wässern und bei Kontakt mit manchen Baustoffen unter bestimmten Voraussetzungen aufgrund einer Ausbildung schützender Deckschichten aus festen Korrosionsprodukten i. allg. wesentlich korrosionsbeständiger, als man aufgrund der thermodynamischen Eigenschaften von Zink annehmen müsste. Mit der Ausbildung von Deckschichten verbunden sind Hemmungen der kathodischen und vor allem anodischen Teilreaktion der Korrosion. Durch die Korrosionsbeständigkeit von Zink im betreffenden Medium wird bei Verzinkungen der darunter befindliche Stahl vor Korrosion geschützt.

Metallische Überzüge können darüber hinaus Merkmale eines aktiven Korrosionsschutzes aufweisen. Sobald der Stahluntergrund, infolge lokaler Verletzungen oder unter ungünstigen Korrosionsbedingungen lokal durch Korrosion frei gelegt ist, wird bei Berührung mit einem gut elektrisch leitfähigen wässrigen Medium ein Korrosionselement gebildet. Als Folge wird der Stahl an den nicht mehr mit Zink bedeckten Stellen **kathodisch geschützt** und somit nicht durch Korrosion abgetragen. Zink ist elektrochemisch unedler als Eisen, wodurch seitens der Werkstoffe die Voraussetzungen für einen solchen kathodischen Schutz erfüllt sind. Unter atmosphärischen Korrosionsverhältnissen treffen jedoch die elektrolytischen Voraussetzungen nicht zu [7]. Da bei atmosphärischer Bewitterung nur sehr geringe Elektrolytmengen und im Regelfall auch nur reine Elektrolyte höchstens zeitweilig auf die Oberflächen von Konstruktionen einwirken, ist die Fernschutzwirkung von Zink auf Eisen in einer nicht verunreinigten Atmosphäre ohne Bedeutung. Sie reicht bestenfalls über eine Entfernung von etwa 1mm. Gleiches gilt auch bei Kontakt mit eher trockenen Baustoffen, falls hohe Chloridgehalte im Baustoff keine Rolle spielen. Bei verzinkten Dübeln muss unter den üblichen Einbaubedingungen der kathodische Korrosionsschutz deshalb außer Acht gelassen werden. In der Folge wird daher nur der passive Korrosionsschutz behandelt.

Falls Zink lokal oder flächig abgetragen wird, setzt mit einer gegenüber der Zinkkorrosion erhöhten Geschwindigkeit Stahlkorrosion ein. Im hiesigen Beitrag steht das Korrosionsverhalten von Zink bzw. dessen Korrosionsschutzwirkung für den darunter befindlichen Stahl im Vordergrund.

5.1 Atmosphärische Korrosion von Zink

Die Korrosion von Zink bzw. einer Verzinkung in der Atmosphäre ist eine Sauerstoffkorrosion. Hierfür ist die Anwesenheit von Wasser erforderlich. Über die Geschwindigkeit des Metallabtrags entscheidet der Umstand, ob sich bei Korrosion wasserunlösliche und gut haftende Korrosionsprodukte bilden, die sich als Deckschicht auf der Metalloberfläche ablagern und den Korrosionsfortschritt behindern. Bei der Korrosion von Zink an der Atmosphäre entsteht als Korrosionsprodukt zunächst ein nur mäßig schützendes Zinkhydroxid ($Zn(OH)_2$), das sich bei Zutritt von Kohlendioxid partiell zu schwer wasserlöslichem und gut schützendem Zinkcarbonat umsetzt:

$$5Zn(OH)_2 + 2CO_2 \rightarrow 3Zn(OH)_2 \times 2ZnCO_3 + 2H_2O$$

Unter korrosiven Verhältnissen wird die Schutzschicht geringfügig abgetragen und aus dem Zinkuntergrund ständig erneuert. Dies bewirkt einen allmählichen Massenverlust mit langfristig konstanter Geschwindigkeit. Falls in der Außenluft Schadstoffe (Schadgase und salzhaltige Aerosole in deutlich erhöhten Konzentrationen) enthalten sind, verstärkt sich der Abtrag.

Die Korrosionsgeschwindigkeit von Zink wird in erster Linie vom Schwefeldioxidgehalt der Atmosphäre und der relativen Luftfeuchte beeinflusst. Bei der Korrosion in der freien Atmosphäre nimmt die Geschwindigkeit der Auflösung der Deckschichten aus Zinkcarbonat mit steigender relativer Luftfeuchte und mit dem Gehalt der Luft an Schwefeldioxid zu. Hinsichtlich der erforderlichen Luftfeuchte ist merkliche Zinkkorrosion jedoch nur dann zu erwarten, wenn die relative Luftfeuchte größer 70 % beträgt. Die bei Zutritt von Wasser oder hohen relativen Luftfeuchten in Gegenwart von Schwefeldioxid gebildeten Säuren lösen die auf der Zinkoberfläche vorhandenen, korrosionsschützenden Deckschichten chemisch auf. In der freien Atmosphäre beträgt der Schwefeldioxidgehalt im Jahresmittel deutlich weniger als 10 µg/m³ (Abschn. 4.1) In einer solchen Atmosphäre spielt der SO_2-Einfluss auf die Korrosion von Zink keine Rolle. Innerhalb des Bohrloches tendiert der SO_2-Gehalt der Luft gegen Null.

Des Weiteren können in Wasser gelöste Chloridsalze den Zinküberzug angreifen und abtragen. Der Einfluss geringer bis mäßig hoher Chloridgehalte auf die Zinkkorrosion ist jedoch vergleichsweise gering, da diese im gewissen Ausmaß in die Korrosionsprodukte eingebunden und dadurch unschädlich werden. Erhöhte Werte ergeben sich lediglich bei direkter Kontamination mit chloridhaltigem Wasser. Im Fall von Dübeln ist eine solche Situation nur dann denkbar, wenn Wasser in einem Bohrloch aus einem Beton mit bewusster Chloridzugabe diese Salze auslaugt.

5.2 Korrosionsabtrag von Zink in der Atmosphäre

Eine quantitative Beurteilung des Korrosionsverhaltens verzinkter Bauteile in einem vorherrschenden Klima, auch unter Berücksichtigung zusätzlicher Korrosionsbelastungen, gestatten die Angaben in DIN EN ISO 12944-2 [2]. Für die Korrosivitätskategorien der Atmosphäre C2 bis C5 (vergl. Tabelle 1) werden die jährlichen Abtragungen der

Metalle Zink und Eisen (Stahl) angegeben. Es gilt zu beachten, dass die genannten Abtragsraten die anfängliche Korrosion bei Bewitterung nach dem ersten Jahr der Auslagerung beschreiben. Langfristig sind die Korrosionsabzehrungen beim Zink eher noch etwas geringer, da die Korrosionsgeschwindigkeit aus kinetischen Gründen (Deckschichtbildung) zeitlich abnimmt.

Bewitterte Oberflächen (beregnete Dübelteile im Freien)
Mit folgendem jährlichen Korrosionsabtrag ist nach DIN EN ISO 12944-2 bei bewittertem Zink in den hier interessierenden Korrosivitätskategorien C2 bis C4 zu rechnen: C2 (geringe Korrosionsbelastung) ≈ 0,1 bis 0,7 µm/Jahr, C3 (mäßige Korrosionsbelastung) ≈ 0,7 bis 2,1 µm/Jahr und C4 (starke Korrosionsbelastung) ≈ 2,1 bis 4,2 µm/Jahr.
Folgende mittlere Zinkabtragungen wurden durch Langzeitauslagerungen der Krupp Hoesch Stahl (7 Jahre) [8] und der MPA Universität Stuttgart (15 Jahre) [9] ermittelt und können für Berechnungen der Schutzdauer im mitteleuropäischen Raum angenommen werden:

- Land-/Stadtatmosphäre ohne Industrienähe C2   0,85 µm/Jahr
  (Olpe-Westfalen, Stuttgart-Vaihingen)
- Industrieatmosphäre C3   1,50 µm/Jahr
  (Salzgitter-Mannesmann, Duisburg-Huckingen)
- Meeresklima C4   2,40 µm/Jahr
  (Insel Baltrum, Nordsee)

Aus der Abtragsgeschwindigkeit kann unter Berücksichtigung einer bekannten Zinkdicke die Dauer eines Korrosionsschutzes abgeschätzt werden. Im vorliegenden Fall liegt man auf der sicheren Seite, wenn man für feuerverzinkte Dübel eine Zinkdicke von 50 µm zugrunde legt (Abschn. 1). Unter Zugrundelegung der genannten Abtragsraten würde dann die Schutzdauer einer bewitterten Zinkauflage etwa wie folgt betragen:

- Land-/Stadtatmosphäre ohne Industrienähe   60 Jahre
- Industrieatmosphäre   30 Jahre
- Meeresklima   20 Jahre

Nicht bewitterte Oberflächen (nicht beregnete Dübelteile im Freien und Dübelteile im Bohrloch)
Bei verzinkten Teilen unter Regenschutz ist der Zinkabtrag deutlich geringer als bei beregneten Proben und liegt nach umfangreichen Untersuchungen bei etwa der Hälfte:

- Von der MPA Dortmund zwischen 1985 und 1993 durchgeführte Versuche unter Bedingungen einer Korrosivitätskategorie C3 (Industrieatmosphäre) zeigten im

Mittel Abtragungen von 1 µm/Jahr bei bewitterten Proben und 0,5 µm/Jahr bei verzinkten Proben im Freien mit Regenschutz [10].

- Jüngere schwedische Untersuchungen ergaben in einem schadstoffarmen Klima über 4 Jahre einen Mittelwert von 0,4 µm/Jahr bei verzinkten Proben im Freien unter Dach [10].

- Eigene Messungen an in ständig feuchtem bis nassen Beton eingebauten galvanisch verzinkten Dübeln (Bild 9), bei denen ein Austausch der Luft im Bohrloch mit der trockenen Luft eines Innenraumes möglich war, zeigten bei den nicht vom Beton kontaktierten Oberflächen über einen Zeitraum von 40 Jahren einen mittleren Zinkabtrag von etwa 0,2 bis 0,3 µm/Jahr.

- In Feuchträumen wurden Zinkabtragungen zwischen 1,5 µm/Jahr (Küche [6]) und 2,7 µm/Jahr (100% relative Luftfeuchte, 20°C) [11] gemessen.

Aus hiesiger Sicht erscheint es bei Berücksichtung aller genannten Gesichtspunkte gerechtfertigt, für den Zinkabtrag im luftberührten Innenraum eines Dübelbohrloches folgende Zinkabtragungen anzunehmen:

- Der Dübel ist im Freien in Beton eingebaut, der nicht beregnet wird: etwa 0,5 µm/Jahr. Bei einer Zinkauflage von etwa 50 µm würde dann die Lebensdauer der Verzinkung theoretisch 100 Jahre betragen.

- Der Dübel ist im Freien in Beton eingebaut, der analog den Gegebenheiten in Mitteleuropa wiederholt beregnet wird: etwa 2 µm/ Jahr. Bei einer Zinkauflage von etwa 50 µm würde dann die Lebensdauer der Verzinkung theoretisch 25 Jahre betragen.

5.3 Korrosionsabtrag von Zink im losen Kontakt mit Beton

Wenn verzinkte Oberflächen im losen Kontakt mit feuchtem Beton stehen, dann findet eine Spaltkorrosion des Zinks im Kontaktbereich statt. Im Spaltbereich können sich die schützenden carbonatischen Deckschichten nicht ausbilden, da die Zinkoberfläche hier unbelüftet ist und gleichzeitig einer Benetzung mit Feuchte/Wasser stattfindet. Unter solchen Verhältnissen hat auch das in der Luft enthaltene und für die Deckschichtbildung erforderliche Kohlendioxid keinen Zutritt zur Zinkoberfläche. Den Spaltbereich erreichendes Kohlendioxid der Luft wird auch eher vom Beton durch Carbonatisierung abgebunden. Wenn der Zutritt von Kohlendioxid zur Zinkoberfläche unterbunden wird, so wird in Gegenwart von Wasser bei Korrosion lediglich Zinkhydroxid ($Zn(OH)_2$) gebildet, das keine dauerhaft schützende Wirkung aufweist. Es handelt sich bei dem Zinkhydroxid um voluminöse, meist schlecht haftende Zinkkorrosionsprodukte, die aufgrund ihrer weißen Farbe als Weißrost bezeichnet werden (Bild 7). Bei der Korrosion von verzinkten Teilen im Kontakt mit feuchtem/nassem Beton ist auch zu berücksichtigen, dass Zink als sog. amphoteres Metall eine verstärkte Korrosionsgeschwindigkeit im alkalischen Bereich hat (Bild 8). Wenn somit feuchter Beton mit der Zinkoberfläche in losem Kontakt steht, so ist dieses Wasser eher alkalisch, was einen zusätzlich ungünstigen Einfluss auf die Korrosion der Dübeloberfläche im Kontakt mit Beton hat.

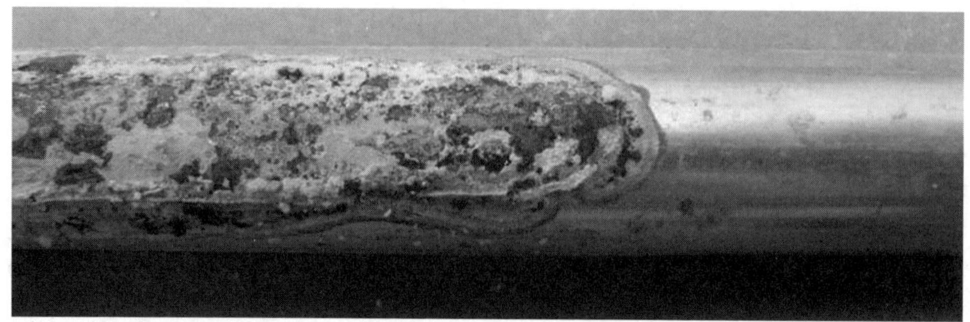

Bild 7: Weißrost und Rotrost auf der Oberfläche eines galvanisch verzinkten Stabes nach längerzeitigem lokalem Kontakt mit einem porösen Baustoff (hier: Wärmedämmung)

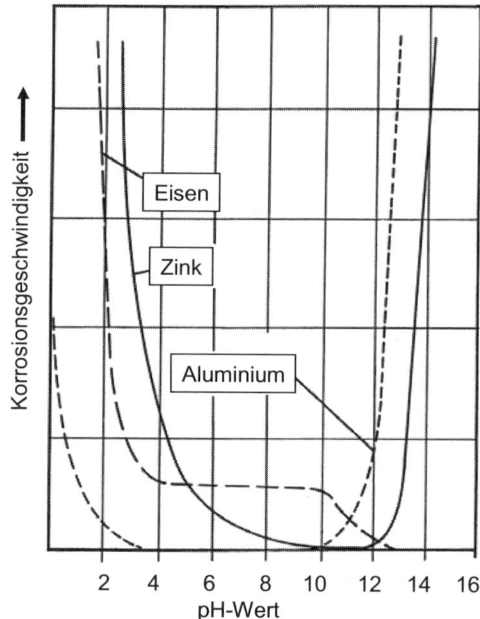

Bild 8: Metallkorrosion in wässrigen Lösungen in Abhängigkeit vom pH-Wert

Die Abtragsgeschwindigkeit von Zink kann unter Bedingungen mit Weißrostbildung und verstärkt durch den Angriff alkalischer wässriger Lösungen den normalen atmosphärischen Abtrag um ein Vielfaches übersteigen. Für den stark durchfeuchteten Kontaktbereich mit Beton werden in [12] Abtragsraten bis zu 15 µm/Jahr genannt. Die etwa 50 µm dicke Zinkschicht der hier interessierenden feuerverzinkten Dübel wäre unter solchen Bedingungen dann innerhalb weniger Jahre abgetragen, falls eine solche Feuchtesituation anhält. Im Vergleich zu dem der Atmosphäre direkt ausgesetzten Teil des Dübels ergeben sich somit für den Abschnitt im engen Kontakt mit feuchten/nassen Beton deutlich ungünstigere Verhältnisse für den Korrosionsschutz durch Zink.

6. Situation eines verzinkten Dübels im Bohrloch

Wie in Abschn. 3 ausgeführt, ist bei einem Dübel das Korrosionsverhalten in der äußeren Atmosphäre von jenem im Bohrloch zu unterscheiden. Für die Korrosion des Dübels im Freien gelten die Ausführungen in Abschn. 5.2. Hinsichtlich der Korrosion eines verzinkten Dübels im Bohrloch sind 3 Situationen zu unterscheiden:

a) Der Dübel wird in einen konstant trockenen Beton mit Ausgleichsfeuchten des Betons unter 50 % eingesetzt (Beton in trockenen Innenräumen, Beton hinter einer hinterlüfteten Außenwandbekleidung).

b) Der Dübel wird in einen feuchten/nassen Beton eingesetzt, der - weil nicht beregnet- allmählich (auch über die Bohrlochwandung) austrocknet und bei dem nach wenigen Monaten bis Jahren der Beton der Bohrlochwandung eine Ausgleichsfeuchte unter 50 % annimmt.

c) Der Dübel wird in einen konstant feuchten/nassen Beton mit Ausgleichsfeuchten des Betons über 80% eingesetzt (bewitterter Beton im Freien).

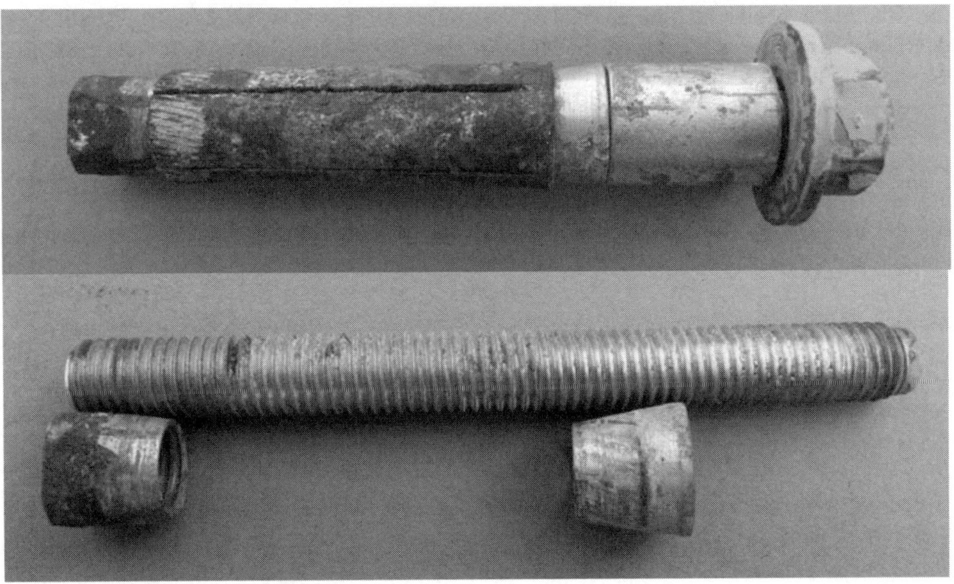

Bild 9: Galvanisch verzinkte Dübel nach 40 Jahren in einer Betonwand (eigene unveröffentlichte Untersuchungen)

Zu a)

Dieses ist eine völlig unkritische Situation. Sowohl die luftberührten verzinkten Flächen, als auch jene im Kontakt mit Beton korrodieren mit sehr geringen Raten. Bei Annahme von etwa 0,5 µm/Jahr würde die Lebensdauer einer 50 µm dicken Verzinkung theoretisch 100 Jahre betragen.

Zu b)

Diese Situation war bei dem in Bild 9 dargestellten galvanisch verzinkten Dübeln mit etwa 20 µm Zinkauflage gegeben. Zu dem Zeitpunkt, an dem die Dübellöcher hergestellt und die Dübel eingebaut wurden, wies der Beton der Bohrlochwandung eine hohe Restfeuchte auf. Die Dübel waren dann 40 Jahre in einer massiven Betonwand eingebaut, welche nicht bewittert wurde. Der Dübel in Bild 9 stellt einen eher ungünstigen Zustand aller untersuchten Dübel dar. Man erkennt, dass vor allem bei der am Beton anliegende Spreizhülse (außenseitig) das Zink abgetragen wurde; der Stahl ist hier ohne erkennbare Querschnittsschwächung lediglich angerostet. Sämtliche luftberührten Teile zeigten noch Restzink.

Bei den luftberührten Teilen lag die über 40 Jahre gemittelte Korrosionsgeschwindigkeit bei 0,15 bis 0,3 µm/Jahr. Bei den verzinkten Oberflächen im Kontakt mit Beton (Außenseite der Spreizhülse) betrug die Zinkkorrosion gemittelt über 40 Jahre etwa 0,3 bis >0,5 µm/Jahr, jedoch sind die erhöhten Zinkabtragungen auf eine verstärkte Korrosion im anfänglich noch feuchten/nassen Beton zurückzuführen. Während der anschließenden Nutzungsphase hat dann ein Feuchteaustausch zwischen dem Bohrlochinneren und dem Umgebungsklima stattgefunden. Nach erfolgter Austrocknung der Bohrlochwandung ging der jährliche Korrosionsabtrag auf sehr geringe Werte zurück. Diese erhöhte Anfangskorrosion bei Kontakt mit dem noch feuchten/nassen Beton hatte bei galvanisch verzinkten Dübeln mit etwa 20 µm Zinkauflage innerhalb von 40 Jahren zu Zinkabtragungen von 6 µm bis >20 µm und anschließende eher geringfügige Stahlkorrosion geführt. Eine 50 µm dicke Feuerverzinkung hätte demnach unter vergleichbaren Bedingungen als Korrosionsschutz für 50 Jahre ausgereicht.

Zu c)

Unter diesen Verhältnissen kommt der Dübel im Bohrloch dauerhaft mit erhöhter Luftfeuchte und feuchten/nassen Beton in Kontakt, was insbesondere im Kontaktbereich zum Beton zu einem raschen Zinkabtrag führt (Abschn. 5.3). Auch eine 50 µm dicke Feuerverzinkung würde unter diesen Bedingungen nur temporär schützen.

Untersuchungen an Dübeln, die unter den Bedingungen zu a) bis zu c) eingebaut waren konnten zeigen, dass die Korrosionsverhältnisse des Dübels im Bohrloch maßgeblich vom Feuchtegehalt des Betons abhängen, der wiederum von folgen Einflüssen bestimmt wird:

- Austrocknungsverhalten eines jungen Betons in Abhängigkeit seiner Umgebung,
- Art der langfristigen äußeren atmosphärischen Beanspruchung des Betons.

Wenn der Dübel in einen weitgehend ausgetrockneten Beton gesetzt wird und wenn im
Zeitraum der Nutzung der Beton nicht bewittert (beregnet) wird, reicht eine Feuerverzinkung von etwa 50 µm Dicke aus, um den Korrosionsschutz im Bohrloch mindestens
50 Jahre aufrechtzuerhalten.

7. Gesamtbeurteilung feuerverzinkten Dübel

Bei Dübeln können für die einzelnen Abschnitte je nach Korrosionsbeanspruchung folgende auf der sicheren Seite liegende Zinkabtragungen für den mitteleuropäischen
Raum angenommen werden, woraus sich rechnerisch für eine 50 µm dicke Feuerverzinkung die in Klammern genannten Schutzdauern ergeben:

Außenatmospäre mit Beregnung

Land-/Stadtatmosphäre	0,5 bis 1,0 µm/Jahr	(50 bis 100 Jahre)
Industrieatmosphäre	1,0 bis 1,5 µm/Jahr	(30 bis 50 Jahre)
unmittelbare Meeresnähe	2,5 µm/Jahr	(20 Jahre)

Außenatmosphäre ohne Beregnung

Land-/Stadtatmosphäre	0,25 bis 0,5 µm/Jahr	(100 bis 200 Jahre)
Industrieatmosphäre	0,5 bis 0,75 µm/Jahr	(67 bis 100 Jahre)
unmittelbare Meeresnähe	eher > 2,5 µm/Jahr	(eher < 20 Jahre)
		(wegen Aufkonzentration von Chloriden)

Bohrlochatmosphäre

Beton wird beregnet	2,0 µm/Jahr	(25 Jahre)
Beton wird nicht beregnet	0,25 bis 0,5 µm/ Jahr	(100 bis 200 Jahre)

Kontakt mit der Bohrlochwandung

Beton wird beregnet	bis zu 15 µm/Jahr	(wenige Jahre)
Beton wird nicht beregnet (ist trocken)	0,25 bis 0,5 µm/ Jahr	

Um durch eine 50 µm dicke Feuerverzinkung den Korrosionsschutz des Dübels mindestens 50 Jahre aufrechtzuerhalten sind folgende Voraussetzungen zu erfüllen:

- Bauwerkserstellung in Land-, Stadt- und Industrieatmosphäre, keine Meeresnähe,
- keine Bewitterung (Beregnung) der Betonwand, kein Setzen der Dübel in einen
  jungen, noch nassen Beton.

Insofern könnten aus korrosionschemischer Sicht feuerverzinkte Dübel beispielsweise
im Hinterlüftungsbereich von hinterlüfteten Außenwandbekleidungen angewendet werden, wenn die Fassade nicht in unmittelbarer Meeresnähe erstellt wird.

Literatur

[1]   M. Tschötschel, W. Fuchs: Versuche an korrodierten Liebig-Sicherheitsdübeln zur Überprüfung der Tragfähigkeit und Funktionalität. Interne Untersuchungsberichte der Firma Hochtief Solutions AG, Mörfelden-Walldorf, 2011

[2]   DIN EN ISO 12944-2 Beschichtungsstoffe - Korrosionsschutz von Stahlbauten durch Beschichtungssysteme (1998)

[3]   U. Nürnberger: Korrosion und Korrosionsschutz im Bauwesen. Bauverlag Wiesbaden, 1995

[4]   U. Nürnberger: Schadstoffbelastung von Befestigungsmitteln und deren normenmäßige Erfassung in Deutschland. 3Länder-Korrosionstagung „Befestigungsmittel im Hochbau", Stuttgart April 2007, Unterlagen der GfKORR Frankfurt, 15-39

[5]   T. Peiser: Untersuchungen der Feuchte in Bohrlöchern von Dübeln. SIBET, 2011

[6]   Merkblatt Korrosionsverhalten von feuerverzinktem Stahl. GAV, Düsseldorf 2001

[7]   U. Nürnberger: Bimetallkorrosion von Aluminium in der Bautechnik-ein oft über bewertetes Problem. Gfkorr Jahrestagung 2011, GfKORR-Gesellschaft für Korrosionsschutz e.V., Frankfurt

[8]   B. Schuhmacher: Korrosionsbeständigkeit metallisch und organisch veredelter Stahlfeinbleche in der Freibewitterung. Fachsymposium an der MPA NRW, Dortmund 1997, 28 Seiten

[9]   U. Nürnberger: Sind Vorbehalte gegenüber einer Verwendung verzinkter Bauteile in Hallenbädern gerechtfertigt ? Stahlbau 81(2012)12, 49-56

[10] Persönliche Mitteilungen durch Dr. Marberg, Gemeinschaftsausschuß Verzinken e.V., Düsseldorf

[11] U. Nürnberger: Sind Vorbehalte gegenüber einer Verwendung verzinkter Bauteile in Hallenbädern gerechtfertigt? Stahlbau 81(2012) 12, 49-56

[12] K. Menzel: Zur Korrosion von verzinktem Stahl im Kontakt mit Beton. Dissertation, IWB Universität Stuttgart 1992

TESTING AND ASSESSMENT OF UNDERCUT ANCHORS – LIMITING BEARING STRESS APPROACH

John F. Silva
Hilti North America, San Rafael, California, USA

Abstract

Undercut anchors are widely seen as a preferred anchor type for structural applications. However, the current definition associated with the term *undercut anchor* does not permit ready differentiation of undercut anchor systems from other post-installed anchor types. This paper provides the outline for an alternative approach to the testing and assessment of undercut anchor systems based on a limiting bearing stress (LBS) definition.

1. Background

Undercut technology for post-installed anchors dates from the 1970s and followed the development of expansion anchors for attachments to hardened concrete. The term "undercut" refers to the inclusion of a notch in the drilled hole into which the anchor locks into place. Undercut anchors are generally understood to be superior to expansion anchors since they rely on bearing or mechanical interlock, as opposed to friction, to transfer tension loads into concrete. Representative undercut and expansion anchors are shown in Fig. 1.

The operative part of the definition provided by ACI 318-11 (ACI 2011) for *undercut anchor* is given in part as follows:

Undercut anchor — A post-installed anchor that develops its tensile strength from the **mechanical interlock** *provided by undercutting of the concrete at the embedded end of the anchor...*

In contrast, the definition of *expansion anchor* in ACI 318-11 includes the following language:

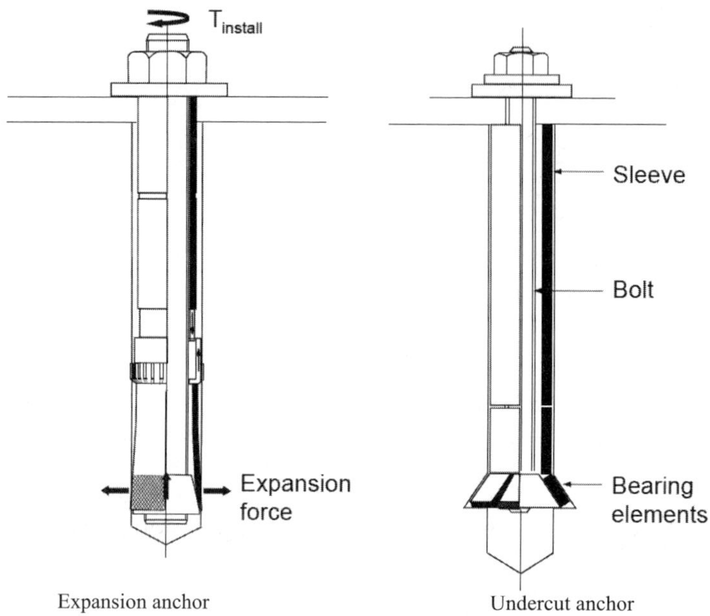

Figure 1 – Mechanical anchor types

The operative parts of these definitions are shown in bold and it is readily seen that the terms "mechanical interlock" and "direct bearing" are interchangeable. The definition provided in ETAG 001 (EOTA 2010) for undercut anchors is similar. It may therefore be asked, what differentiates these anchor types?

The answer to this question lies in part in the testing and assessment provisions associated with the design provisions. In ACI 355.2-07 (ACI 2007) and in ETAG 001, different test types are associated with expansion anchors and undercut anchors. However, the differences in testing are limited to those tests to assess the robustness of the anchor system to deviations in installation parameters. While useful, these distinctions do not draw a clear line between the mechanisms used to transfer tension loads into the concrete. The tension resistance of mechanical anchors is based solely on tension test results that are used to establish the characteristic concrete breakout and pullout resistances, regardless of the load transfer mechanism.

Many national and local specifications explicitly require the use of undercut anchor systems for specific types of critical applications. It is therefore important that a clear definition for these anchor types be established. The basis for such a definition is provided here.

2. Limiting Bearing Stress (LBS) Definition

The Limiting Bearing Stress concept for defining undercut anchors is a natural extension of current design concepts for headed anchors. It establishes a limit on the calculated bearing stress for undercut anchors and in this way establishes parity in behavior without the need for extensive qualification testing in concrete. Testing to determine both the robustness of the anchor installation process as well as the integrity of the load path through the anchor body are still required. The advantages of this approach are two-fold:

1. it establishes a clear demarcation for undercut anchors that is easily understood by the specifying engineer;
2. it eliminates extensive and complex testing in concrete for systems that can be shown to meet the maximum permissible bearing stress limit.

3. Establishing the Maximum Permissible Bearing Stress

Current bearing stress limits for cast-in-place headed bolts and headed studs can be derived from the requirements of ACI 318-11 Eq. (D-14) and section D.5.3.6. Taken together, these provisions recognize a maximum permissible bearing stress in uncracked concrete conditions of 11.2 times the specified concrete compressive strength. This relatively high value corresponds to considerations of typical head sizes and correlation with testing of headed studs under crack cycling conditions. Nevertheless, it assumes ideal conditions relative to placement and consolidation of concrete around the anchor. For the case of post-installed anchors, such ideal conditions should not be assumed. Factors that will influence the *in situ* bearing stress include:

1. rock pockets and other discontinuities in the hardened concrete; and
2. interference of reinforcing bars and other embedments with the anchor setting process.

In addition, the geometrical constraints associated with undercut anchor systems typically result in non-uniform bearing surfaces, i.e., gaps exist between the bearing elements. While these gaps can be taken into account explicitly in the calculation of the resultant bearing stress, there will always be some uncertainty regarding the overall impact of the gaps on the resulting stress state in the surrounding concrete.

It is therefore reasonable to propose a conservative maximum for the permissible bearing stress. Based on considerations of anchor stiffness, reliability, and proper functioning under adverse conditions such as earthquake, it is proposed here to limit the calculated bearing stress for undercut anchors to approximately 70% of the upper limit established by ACI for cast-in-place headed bolts and studs. This results in a maximum permissible bearing stress in uncracked concrete, τ_{lbs}, of 8 times the specified concrete compressive strength. Other limits may be appropriate; additional research on this topic is required.

4. Determination of the Required Minimum Bearing Area

In order for the LBS definition to function properly, it is necessary to establish a clear procedure for calculation of the bearing stress for a given undercut geometry. Guidance for this subject may be derived from the procedures established for the calculation of the bearing area for headed reinforcing bars (mechanical anchorage). These procedures recognize the influence of geometrical obstructions on the bearing stress calculation. In addition, proper accounting for the gaps between bearing elements must be included. For the undercut anchor shown in Fig. 2a, an example for how these rules could be constructed is provided here.

Step 1 – determine the effective projected area

This step takes into account gaps between the bearing elements of the anchor as shown in Fig. 2b.

Step 2 – determine the net effective projected area, $A_{brg,req}$

This step reduces the effective projected area for any obstructions that occur within a defined distance from the projected plane. An example is shown in Fig. 2c.

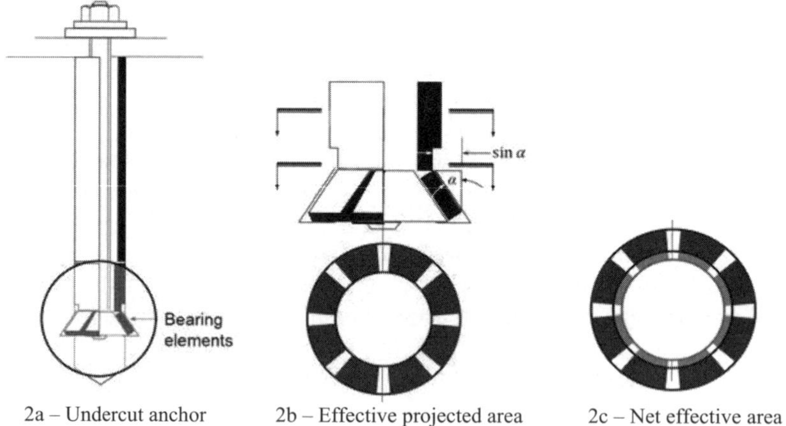

2a – Undercut anchor   2b – Effective projected area   2c – Net effective area

Figure 2 – Determination of A_{brg}

Step 3 – determine the mean ultimate tension resistance for the maximum anchor embedment

For anchors that are designed to be installed over a range of embedments, this calculation is made for the maximum embedment, $h_{ef,max}$ of the range. According to Fuchs, et al. (1995) the mean concrete breakout strength for headed bolts can be derived from Eq. (D-6) and section D.5.2.6 of ACI 318-11 as follows:

Efficiency factor corresponding to characteristic concrete breakout strength in uncracked concrete: $k_c = 24$ x $1.25 = 30$.

Efficiency factor corresponding to the mean concrete breakout strength in uncracked concrete: $k_c = 30/0.75 = 40$.

The mean concrete breakout strength in uncracked concrete:

$$N_{u,m} = 40\sqrt{f_c'}\ h_{ef,max}^{1.5} \qquad \text{(lb, in.)} \qquad \text{Eq. (1)}$$

The calculation of the required bearing area is given by Eq. (2).

$$A_{brg,req} = \frac{N_{u,m}}{\tau_{lbs}} = 5\frac{h_{ef,max}^{1.5}}{\sqrt{f_{c,min}'}} \qquad \text{(lb, in.)} \qquad \text{Eq. (2)}$$

For the ACI minimum permissible concrete compressive strength f_c' of 2,500 psi, the bearing area requirement reduces to:

$$A_{brg,req} = \frac{h_{ef,max}^{1.5}}{10} \qquad \text{(in.)} \qquad \text{Eq. (3)}$$

5. Required Anchor Steel Strength in Tension

The required verified tension strength of the anchor steel parts (see Fig. 3) is given as

$$N_{s,req} = \frac{N_{u,m}}{\phi_s} \qquad \text{Eq. (4)}$$

Tests for the tension strength of the anchor steel parts can readily be conducted in a universal testing machine.

5. Reliability Tests

Tests to verify the installation procedure for the anchor are also required. These tests address the ability of the system to reliably produce the required undercut in the permissible application range. An example of how these tests might be conducted is shown in Fig. 3.

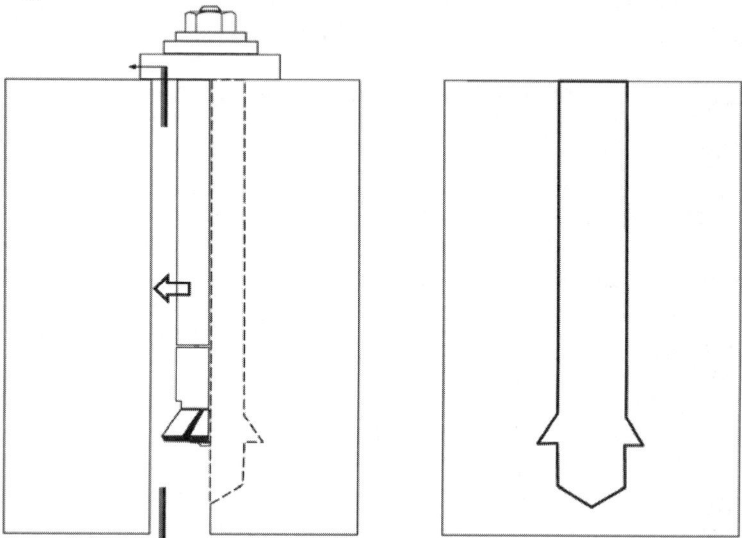

Figure 3 – Installation in Split Block

6. Undercut Anchor Designation

In order to avoid confusion in the specification of undercut anchors, it is proposed to establish new terminology for anchors that meet the LBS criteria. Fulfillment of the required bearing area, required verified steel strength, and reliability criteria for the anchor would permit use of the trademarked nomenclature *LBS undercut anchor* in conjunction with the anchor product.

7. Summary

A concept for a simple definition for undercut anchors is proposed. The definition permits the development of a relatively straightforward test program to verify fulfillment of the associated requirements. It also provides for the designer a readily understandable and verifiable definition for these important structural components.

References

ACI Committee 318 (2011). "Building Code Requirements for Structural Concrete (ACI 318-11) and Commentary," American Concrete Institute, Farmington Hills, MI, 503 pp.

ACI Committee 355 (2007). "Qualification of Post-Installed Mechanical Anchors in Concrete (ACI 355.2-07)," American Concrete Institute, Farmington Hills, MI, 35 pp.

EOTA (2010). "Guideline for European Technical Approval of Metal Anchors for Use in Concrete – Part 3: Undercut Anchors," Amended August 2010, European Organization for Technical Approvals, 14 pp.

Fuchs, et al. (1995), Fuchs, W., Eligehausen, R., Breen, J., "Concrete Capacity Design (CCD) Approach for Fastening to Concrete," ACI Structural Journal, Vol. 92, No. 1, Jan.-Feb. 1995.

ANCHORING TO ROLLER COMPACTED CONCRETE

Rolf Wohlfahrt
Biberach University of Applied Sciences, Germany

Abstract

The use of roller compacted concrete (RCC) in place of conventional concrete yield a remarkable cost saving. For this reason RCC was chosen for an industrial project within a large automated high rack warehouse. The vertical rack trusses were intended to be fastened to the RCC floor. Tests are performed to determine the strength of RCC and to proof the load bearing capacity of bonded anchors.

1. Introduction

The first application of roller compacted concrete (RCC) was in dam construction as well as in road paving. In addition RCC is recently used in floor constructions.

The maximum placement of RCC is up to 18.000 m³ per day in dam constructions and up to 2000 m² in floor constructions. These data show with clear evidence the potential of this construction method (ref. 1).

In ACI 207.5R-89 roller compacted concrete is defined as concrete compacted by roller compaction. It sounds trivial but as a consequence the unhardened concrete must support roller while being compacted. Thus the RCC differs from conventional concrete principally in its consistence requirement. For effective consolidation, the concrete mixture must be dry enough on one hand and with sufficient moisture content to permit adequate distribution of the binder mortar in concrete during the mixing and vibratory compaction operations on the other hand. RCC has the same ingredients as conventional concrete, cement, water and aggregates but the strength of hardened concrete depends rather on the compaction process than on the water-to-cement-ratio (ref. 1).

In the field of road constructions, RCC is used according to a german guideline "Merkblatt für die Ausführung von Tragschichten und Tragdeckschichten mit Walzbeton für Verkehrsflächen". The minimum cement content is 240 kg/m³ and the high cementitious RCC is graded in three classes WB 25, WB 35 and WB 45 with corresponding compressive strengths (ref. 2, 3).

In structural engineering RCC is used predominantly for manufacturing the floor slab in warehouses, factory buildings and other industrial plants. These applications require a separate thin topping to the rough surface finish.

2. General remarks on RCC

2.1 Advantages of using RCC
- Depending on the structure to be built RCC costs 25 % to 50 % less than conventional concrete.
- The costs of transporting, placement and compaction of concrete are lower because concrete is hauled by end dump trucks, spread by bulldozers an compacted by smooth wheeled roller or vibrating plate.
- For large projects shorter construction times compared to regular mass concrete structures are possible.
- The cement consumption is significantly lower because of the lean RCC mixture. The temperature rise is moderate.
- Due to the low moisture content RCC is a low shrinkage concrete and the construction of areas with a greater distance of joints or without joints is possible (ref. 1).

2.2 Disadvantages
- The concrete mix needs experience and no design calculation.
- RCC is not covered by DIN 1045-2/DIN EN206-1 (ref. 4).
- The quality of RCC is determined by tests on specimens taken from the finished floor. Laboratory test are not suitable because the properties of hardened concrete depend mainly on the compaction effectiveness on the site.
- The economical industrial floor application of RCC is restricted to large areas with a minimum of distortions by columns and other structural parts and to floors without reinforcement.
- When applying loads on RCC slabs the load transfer within the slab may be difficult due to lack of reinforcement.

2.3 Recommendations
- The use of mineral admixtures like fly ash, slag, and pozzolan reduces the temperature rise and the costs.
- In RCC with its inherent low moisture content chemical admixtures show a limited effectiveness.

- The use of sufficient fine aggregates produces a more cohesive mixture and reduces the volume of voids.
- RCC must be produced in a powerful concrete mixer with high efficiency to disperse the small amount of water and cement (ref. 1).

3. Industrial project

3.1 General
In the south of Germany a large automated high rack warehouse was built with an area of nearly 45.000 m². First the structure with precast concrete columns and spot footings, walls, girders and roofing was erected. The crushed stone subbase was installed and heating pipes were fastened on the surface. The floor slab was decided to be made of RCC because of cost saving. The floor thickness was 360 mm which gave a total concrete volume of 16.200 m³.

3.2 Concrete technology
The following data were taken from a delivery note of the ready mixed concrete plant.

water		112 kg/m³	
cement		178 kg/m³	
w/c ratio		0,63	
aggregates	0/4	981 kg/m³	46 %
	4/8	310 kg/m³	15 %
	8/16	372 kg/m³	18 %
	16/32	445 kg/m³	21 %

The aggregate mix follows strictly line B32 according to the aggregate grading curve in DIN 1045-2 (ref. 4), which is shown in fig. 1.

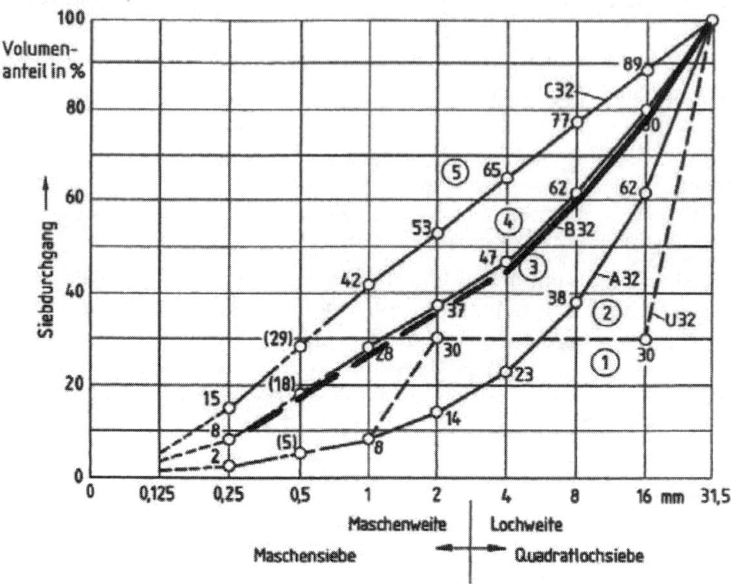

Fig. 1:   Aggregate gradation

The concrete is hauled to the site by end dump trucks (fig. 2). The trucks move on a concrete layer to prevent the heat pipes from damage and make a first contribution to the compaction of the concrete. A bulldozer distributes the concrete and gives a second contribution to the compaction. The surface is finished by a laser-controlled bulldozer (fig. 3) and the final compaction is done by vibrating plate, smooth wheeled roller and ride-on power trowel. The surface is still rough with several voids, which is not suitable for use with fork trucks. So a 2 cm screed layer is finally applied to get a smooth surface.

Fig. 2:   RCC transport to the site

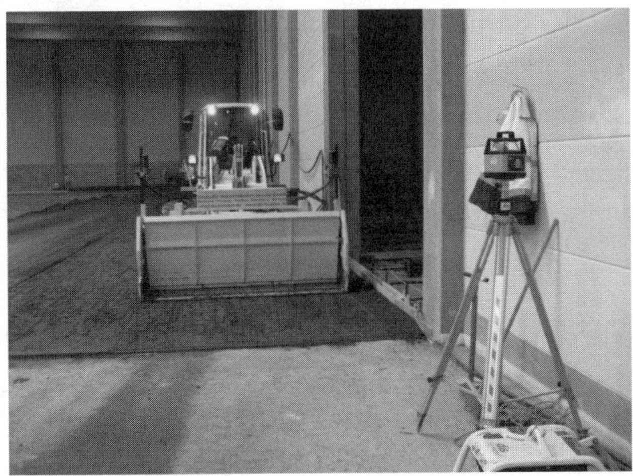

Fig. 3:   Laser-controlled surface preparation

3.3 Concrete strength

The floor was intended to be equipped with high racking shelves fixed to the RCC floor with bonded anchors. The corresponding technical agreement requires at least concrete strength class C20/25.

RCC is not recognized as concrete according to DIN 1045-2/DIN EN 206-1 (ref. 4) and the concrete mix gives no satisfactory strength estimation. As a consequence the RCC strength was tested in order to determine the corresponding strength class. For this reason drilled cores with diameter 94 mm were taken. The drill locations were spread over the whole floor with a total amount of 17 cores.

Additionally 7 drilled cores with diameter 140 mm were taken to determine the splitting tensile strength. The compressive strength and splitting tensile strength were tested in the laboratory. The tests were performed in accordance with the relevant European standards with the following results:

Compressive strength

number of test specimens	n	17
min. value	$f_{u,min}$	28,9 N/mm²
max. value	$f_{u,max}$	44,1 N/mm²
mean value	$f_{u,mean}$	36,3 N/mm²
standard deviation	s	4,57 N/mm²
tolerance limit factor	k	1,81
characteristic strength	f_{ck}	36,3 -1,81 x 4,57 = 28,0 N/mm²

proof $\qquad$ 28,0 N/mm² > 26,0 N/mm² $\rightarrow$ C25/30

The tolerance limit factor k is taken from DIN EN 1990 (ref. 5). The calculated characteristic strength f_{ck} is greater than the limit value 26,0 N/mm² in DIN EN 13791 (ref. 6) corresponding to the strength class C25/30.

Splitting tensile strength

number of test specimens	n	7
min. value	$f_{sp,min}$	3,09 N/mm²
max. value	$f_{sp,max}$	4,15 N/mm²
mean value	$f_{sp,mean}$	3,41 N/mm²
standard deviation	s	0,38 N/mm²
tolerance limit factor	k	2,09
characteristic splitting tensile strength	$f_{ctk,sp}$	3,41 - 2,09 x 0,38 = 2,62 N/mm²
characteristic axial tensile strength	$f_{ctk;ax}$	2,62 x 0,9 = 2,36 N/mm²

The factor 0,9 is taken from DIN 1045-1 (ref. 7) to calculate the axial tensile strength with respect to the splitting tensile strength. The tensile strength for class C25/30 according to DIN 1045-1 (ref. 7, table 9) is

$$f_{ctk;0,05} = 1,8 \text{ N/mm}^2$$

As a result RCC corresponds well to ordinary concrete C25/30. So RCC might be suitable for fastenings.

In (ref. 8) a conservative recommendation is given and a concrete class C12/15 should be assumed if no tests are performed.

3.4 Fastenings

Bonded anchors Hilti HIT RE 500-SD were chosen to fasten the vertical trusses of the racks to the RCC floor. The calculation of the load bearing capacity was done according to TR 029 (ref. 9) using the characteristic values in ETA 07/0260 (ref. 10).

Combined pull-out and concrete cone failure (ref. 9)

$$N_{Rk,p} = N_{Rk,p}^0 \cdot \frac{A_{p,N}}{A_{p,N}^0} \cdot \Psi_{s,Np} \cdot \Psi_{g,Np} \cdot \Psi_{ec,Np} \cdot \Psi_{re,Np} \tag{1}$$

Initial value of the characteristic resistance of a single anchor (ref. 9)

$$N_{Rk,p}^0 = \pi \cdot d \cdot h_{ef} \cdot \tau_{Rk} \tag{2}$$

with

d   diameter of threaded rod

h_{ef} effective embedment depth

τ_{Rk} characteristic bond resistance,

        $\tau_{Rk,ucr} = 16 \, N/mm^2$ uncracked concrete (ref. 10)

        $\tau_{Rk,cr} = 7,5 \, N/mm^2$ cracked concrete (ref. 10)

Some tests were performed to validate the previous assumption on the RCC base material and to validate the personnel charged with the work on the site. At several locations where drilled cores were taken 13 zinc coated tension rods grade 8.8 were put in place as described in ETA 07/0260. The RCC was obviously uncracked and $\tau_{Rk,ucr} = 16 \, N/mm^2$ was adopted for calculations within the investigation. The embedment depth of the tension rods was estimated to cover the transition from concrete failure to steel failure. Only single tension rods without edge influence were tested to determine $N_{Rk,p}^0$ as a basic value. The test set-up is given in fig. 4. The load was applied by a tension rod and indicated by a load cell. The characteristic steel failure load was adopted from the relevant ETA (ref. 10)].

$$N_{Rk,s} = 67 \, kN \text{ for rod diameter 12 mm}$$

The test results are given in fig. 5. All the failure loads exceed the calculated values and demonstrate the performance of RCC.

The further calculations concerning the fastening of the racks were done using

$$\tau_{Rk,cr} = 7,5 \, N/mm^2 \text{ for cracked concrete.}$$

Fig. 4:   Test set-up and concrete failure

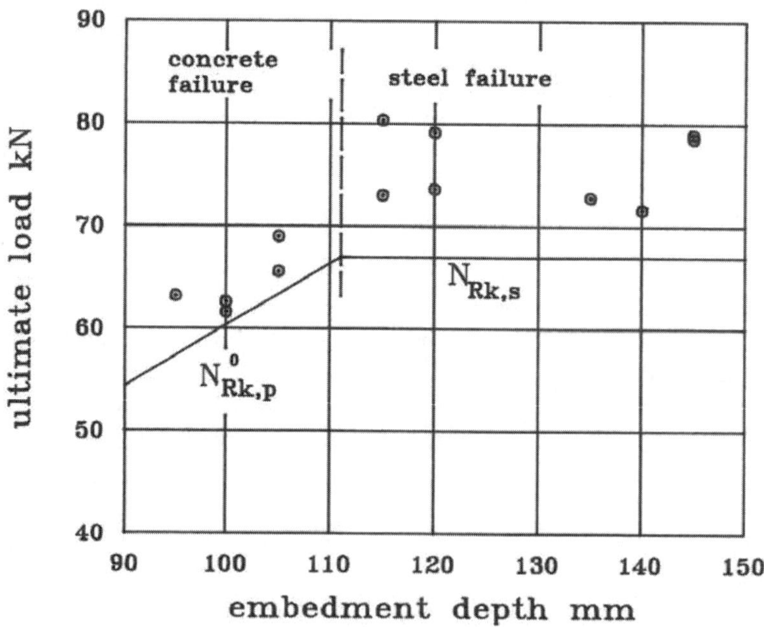

Fig. 5:   Pull-out test results

4. Conclusions

Roller compacted concrete may be an economical alternative to ordinary concrete when using to build large floors. RCC is not recognized as concrete according to DIN 1045-2/DIN EN 206-1. As a consequence und additionally due to lack of reinforcement a structural use is impossible without approval of the authorities.
The strength depends mainly on the compaction intensity. The actual strength must be checked by drilled cores and shows a wide scatter. The strength of RCC may correspond to ordinary concrete class C25/30. A conservative estimation without tests yields to class C12/15. RCC has demonstrated by tests to be suitable for fastenings with bonded anchors.

References

1. Mehta, P.K.; Monteiro, P.J.M.: Concrete, microstructure, properties and materials, roller compacted concrete, www.ce.berkeley.edu/~paulmont/165/RCC_final.pdf.
2. Bauberatung Zement: Walzbeton für Tragschichten und Tragdeckschichten, Zement-Merkblatt Straßenbau S6, 9.2001.
3. Rendchen, K.; Hersel, O.: Erfahrungen mit Verkehrsflächen aus Walzbeton in Deutschland, update 4/2006.
4. DIN 1045-2:2008-08 Concrete, reinforced and prestressed concrete structures - Part 2: Concrete - Specification, properties, production and conformity - Application rules for DIN EN 206-1.
    DIN EN 206-1:2001-07 Concrete - Part 1: Specifications, performance, production and conformity.
5. DIN EN 1990:2010-12 Eurocode: Basis of structural design.
6. DIN EN 13791:2008-05 Assessment of in-situ compressive strength in structures and precast concrete components.
7. DIN 1045-1:2008-08 Concrete, reinforced and prestressed concrete structures Part 1: Design and construction.
8. Seibold, G.; Harangozo, G.: Dübelverankerungen in Walzbeton Fischer Befestigungstechnik, connect it, Ausgabe 11.
9. EOTA: Design of bonded anchors, technical report TR 029, edition june 2007.
10. Deutsches Institut für Bautechnik: European technical approval ETA-07/0260, injection system Hilti HIT-RE 500-SD for cracked concrete, bonded anchor in the size of Ø 8 mm to Ø 32 mm for use in concrete.

BEWEHRUNGSTECHNIK

BOND OF REBARS AND ANCHORS AT HIGH TEMPERATURES

Balázs L. György[1] and Eva Lublóy [2]

[1] President of *fib*, balazs@vbt.bme.hu

[2] Department of Construction Materials and Engineering Geology, Budapest University of Technology and Economics, H-1111 Budapest Műegyetem rkp. 1-3

Abstract

This paper intends to give an overview on the bond behaviour of various reinforcements and fastening elements in concrete subjected to high temperatures. The studies were directed especially to deformed steel reinforcing bars, carbon reinforced polymer (CFRP) bars, bonded as well as torque controlled expansion anchors. The specimens were subjected to various maximum temperatures up to 800°C then the tests were carried out at cooled state. The paper gives advices on the reduction of bond anchoring capacities for all these cases.

1. Foreword

It is a great privilege to participate in this Symposium. The principle author of this paper was in long standing very good contact with Professor Rolf Eligehausen It included more than 3 years research in IWB at Stuttgart University and lot a of international activities in CEB then in *fib* from the beginning of 80-ies. Authors appreciate all previous collaborations with to Professor Rolf Eligehausen and congratulate for his very successful research and practical activates on his 70th birthday.

2. Introduction

In some areas of bond behaviour (like fatigue and especially high temperatures) limited information is available. The main reasons are the high cost and complexity of experiments.

During exposure to high temperatures, concrete undergoes changes in its chemical composition, physical structure and water content. These changes primarily occur in the hardened cement paste. The resulting physical changes and chemical decomposition of major concrete constituents is demonstrated by e. g. cracks, explosive spalling or both Fig. 1. The exposure of reinforced concrete structural elements to high temperatures leads to significant losses in its structural capacity due to the reduction in the strength of concrete, possible plastic deformation of embedded reinforcment and loss of bond between reinforcing steel and concrete (Kodur, McGrath, 2003; Khoury, 2000; Morely, Royles, 1983; Haddad, Shannis, 2004; Bažant, Kaplan, 1996).

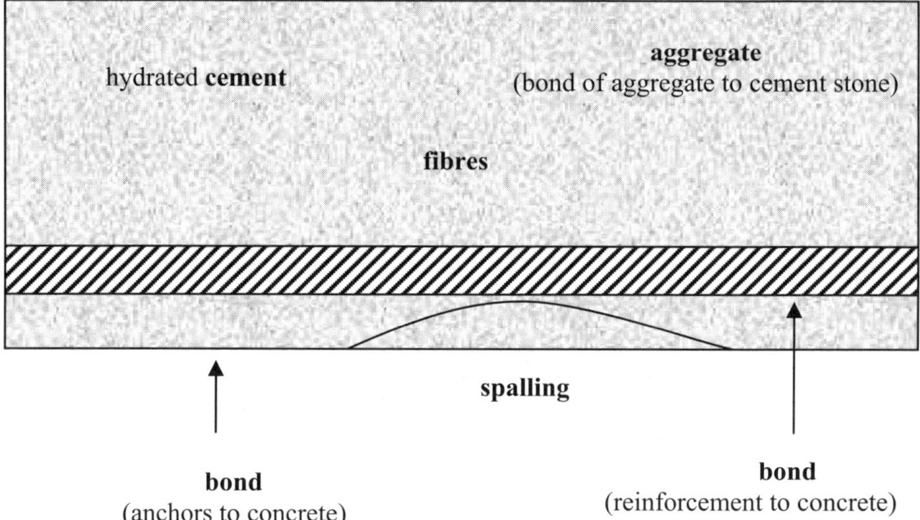

Fig. 1: Constituents of reinforced concrete

3. Bond of reinforcing bars at high temperatures

3.1 Literature survey

Investigations of the bond strength between concrete and reinforcing steel at room temperature have been carried out by Bažant and Kaplan (1996). Some summarized results are in Fig. 2. Their conclusions were: The percentage reduction of bond strength for ribbed bars at elevated temperatures is generally less than that for plain round steel bars. Differences in the diameters of plain bars and deformed bars had little effect on the strength reduction of bond. The experimental procedure influences the results of bond tests at high temperatures (e.g. heating, cooling). The type of aggregate in the concrete influences the bond strength at elevated temperatures. The smaller the concrete cover, the greater is the reduction of bond strength.

Partial loss of bond may limit the force transfer between concrete and steel. As a result, structural capacity of concrete elements is reduced, hence structural failure may occur under medium to high loads. The loss of bond strength could reach as high as 60% when RC is subjected to temperatures in excess of 500°C (Morely, Royles, 1983; Bažant, Kaplan, 1996).

Post heating behaviour of the concrete to steel bond has been investigated over the past 50 years using two types of bond test specimens, specified in ASTM (Annual Book of ASTM Standards, 1993) and RILEM (Bond test for reinforcement bond steel: 2- pull-out test, 1983) test methods (Reichel, 1987; Diederichs, Schneider, 1978). The different studies showed a significant effect of steel rebar surface characteristics, concrete confinement, concrete basic properties (w/c ratio, cement and aggregate type, additives), maturity and relative humidity, and testing conditions (heating and cooling duration and rate, and testing while hot or cold on concrete to steel bond behaviour under wide range of high temperatures) (Bažant, Kaplan, 1996; Hertz, 1982; Royles, Morley, Khan, 1982; Haddad, Al-Saleh, Al-Akhras, 2008) .

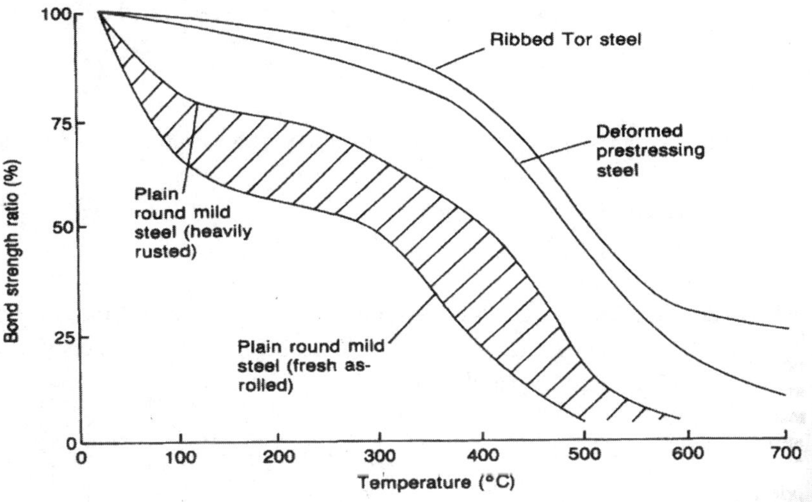

Fig. 2: Degradation of bond strength between concrete and reinforcing steel (Bažant, Kaplan, 1996)

Fig. 3 presents the change of bond-slip diagram for high temperatures observed in test by Diderichs (1981). Bond stress-slip diagrams are considerably different for temperatures up to 400°C and above 500°C.

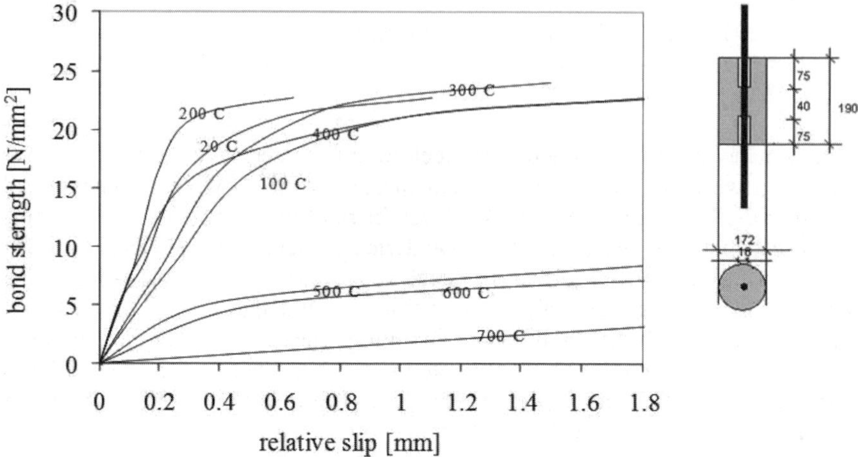

Fig. 3: Bond stress- slip diagrams as a function of temperature (aggregate: quartz gravel, reinforcement: Ø8 mm (Diderichs, 1981). Specimens were tested in hot conditions.

3.2 Own tests

We carried out an experimental study to analyze the bond characteristics after high temperatures. Test variables were:
- maximal temperature
- type of aggregate
- type of fibres.

The water cement ratio was constant: w/c=0.43. The amount of cement, water, aggregate, fibres and plasticizer are given in Table 1. The consistency of concrete was measured by flow table tests and resulted 450 to 500 mm.

Table 1 Experimental concrete mixes (* polypropylene fibers, **hocked end steel fibers)

	Mix 0	Mix 1	Mix 2	Mix 3	Mix 4	Mix 5
cement (kg/m³)	350	350	350	386	386	350
water(kg/m³)	151	151	151	181	181	151
aggregate (kg/m³) 0-4 mm	912	912	912	1024	1015	912
aggregate (kg/m³) 4-8 mm	485	485	485 LW	302 LW	390	485
aggregate (kg/m³) 4-8 mm	544	544	544	-	-	544
plasticizer kg/m³)	1.4	1.4	1.4	5	5	1.4
fibres (kg/m³)	-	1*	1*	-	-	35**

The pull-out specimens (*Fig. 4*) had a diameter of 120 mm and height of 100 mm. Details of pull-out specimens are presented in Figure 4. Slip was measured with two LVDT's at the unloaded side.

a)   b)

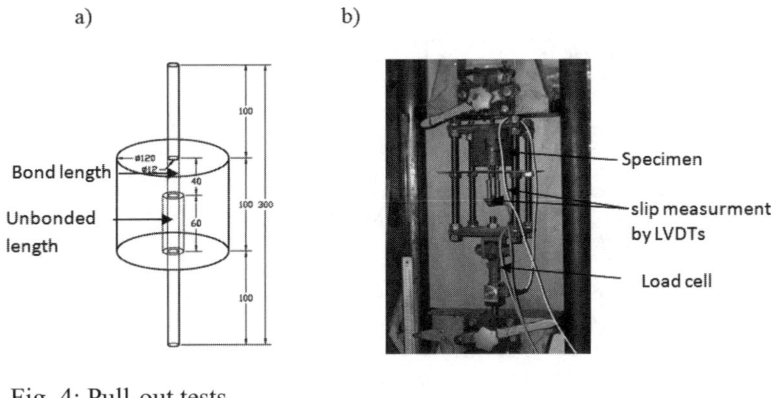

Fig. 4: Pull-out tests
a) Specimen   b) test setup

The compressive strength was measured after the heating procedure on control concrete cubes of 150 mm sides. *Fig. 5* indicates the measured relative residual compressive strength values of concrete as a function of maximal temperatures up to 800°C.
1. Most considerable reduction of compressive strength took place between 400°C and 800°C in all cases within our temperature range.
2. The residual compressive strength values at the maximal temperature of 800°C were between 20 % to 30 % of the strength at 20°C for concretes with small diameter polypropylene fibers (Mix 1) and with large diameter polypropylene fibers (Mix 2) as well as for concrete without fibres (Mix 0). Our test results indicated that the advantageous influence of polymeric fibres in concrete subjected to high temperatures is mainly available for small diameter fibres and not for large diameter fibres. The large diameter fibers burnt out leaving holes on the surface of the specimens and the reduction of compressive strength was larger as in case of small fibers.
3. The residual compressive strength values at the maximal temperature of 800°C was 20% of the strength at 20°C for concretes with steel fibers. Between 50°C and 400°C the highest strength reduc-tions were in case of specimens with steel fiber and polypropylene fibers with large diameter. That can be we explained by the similar forms of fibers.
4. The relative residual compressive strength of lightweight aggregate concrete with expanded clay (Mix 2 and Mix 3) was higher after heating the specimens up to 400°C and then cooled down to room temperature as in the case of concrete with quartz gravel aggregate. The relative residual compressive strength values were lower in case of concrete with quartz gravel aggregate by 10 to 20%.

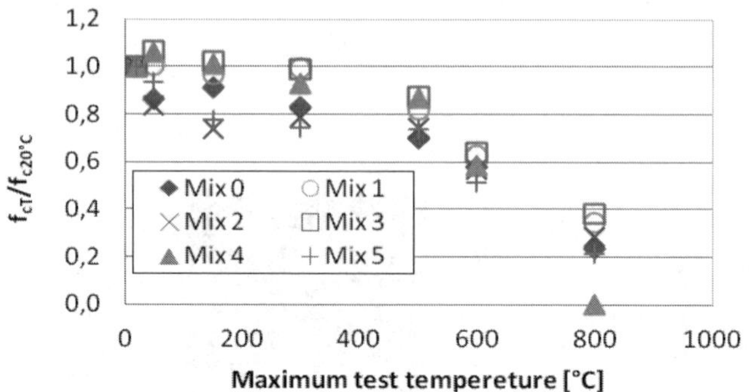

Fig. 5: Test result on compressive strength (every point gives average of 3 measurements). See mix proportions in Table 1

Fig. 4 indicates the measured relative residual bond strength values of concrete as a function of maximal temperatures up to 800°C (Fig. 6). Bond strength was measured after heating and cooling. The following conclusions can be drawn:
1. The relative bond strength reduction is higher than the relative compressive strength reductions in all cases.
2. Most considerable reduction of bond strength took place between 400°C and 500°C. This reduction can be explained with the decomposition of portlandite by 450°C.
3. The relative bond strength of lightweight concrete with expanded clay (Mix 2 and Mix 3) was higher to 400°C but lower above 500°C compared to concrete with quartz gravel aggregate.
4. The relative bond strength of fibre reinforced concrete (Mix 1 and Mix 2) was lower to 400°C but higher to 500°C and higher temperatures as in the case of concrete with quartz gravel aggregate.

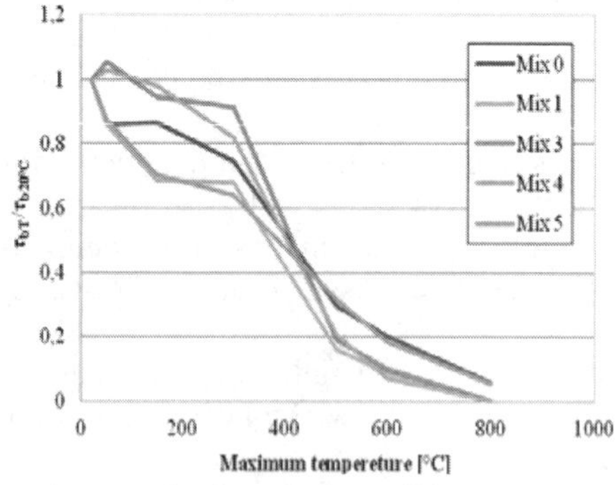

Fig. 6: Test result on bond strength measured on ribbed reinforcement (every point gives average of 3 measurements)

4. Bond between concrete and anchors at high temperature

Mechanical anchors under tension can experience the following failure modes: steel failure, concrete cone failure, concrete breakout, pullout or concrete splitting.

Bonded anchors transfer tension loads to the base material by bond between anchor shank and mortar as between mortar and wall of drilled hole. For bonded anchors the failure modes are as for mechanical anchors in addition to bond failure. If the embedment depth of the bonded anchor is very small, then usually the concrete cone is pulled out. If the embedment depth of the anchor is deeper, a shallow concrete cone together with bond failure under the cone is observed

4.1 Literature survey

Simons, Eligehausen and Kirtzakis (2005) experimentally shown that by bonded anchors the bond strength and the bond stiffness in cracked and uncracked concrete are very different (Eligehausen, Mallée, Silva , 2006). Bond stress and the bond stiffness reduced for cracked concrete compared to uncracked concrete. The reduction of the bond strength was independent of the concrete strength. Adhesive materials for bonded anchors can be made of organic compounds (epoxy, polyester or vinyl ester), inorganic compounds (cementitious) and combination of organic and inorganic compounds (Spieth, Eligehausen, 2002, Ožbolt ,   Eligehausen., Periškić, Mayer, 2007, Ožbolt, Kožar, Eligehausen, Periskic, 2004).

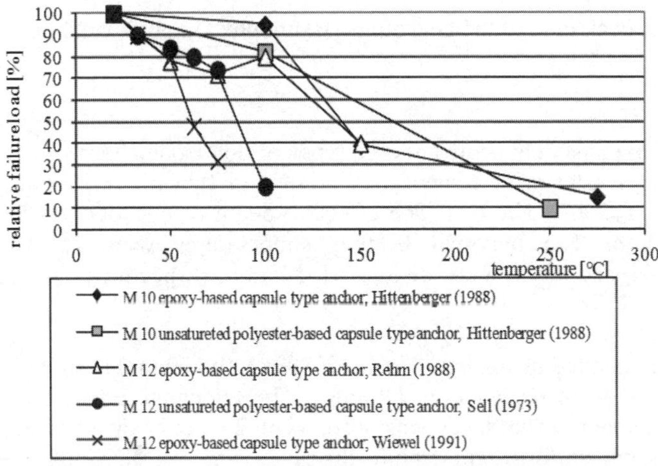

Fig. 7: Relative failure load as a function of the temperature (CEB, 1991)

Glass transition temperature of the adhesive is important in case of bonded anchors for high temperatures. Bond strength is significantly reduced above the adhesive glass transition temperature. Relative failure loads as a function of the temperature are presented in Fig. 7 for bonded anchors with epoxy based or polyester based adhesives.

Metallic post-installed and undercut anchors were experimentally studied by Bamonte, Gambarova (2005) in thermally damaged concrete. The shank diameter was 10 mm. The effective depth was 80 mm. The anchors were installed into the previously heated surface. The observed peak load was linearly decreasing by increase of the previous temperature load (Fig. 8). The failure mode is also affected by the temperature. At room temperature failure of the steel shank took place. In Fig. 8 the values at 20°C were theoretically calculated. This experiment gave other results then of installing the anchors before heating.

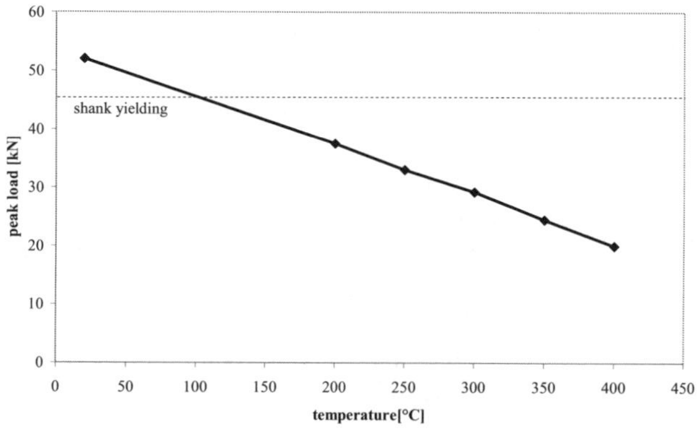

Fig. 8: Peak load of the fastenings (Balmonte, Gambarova, 2005)

4.2 Own tests

In our study with expansion anchors and two types of bonded anchors with adhesives of vinyl ester or vinyl ester with cement were tested in two different concrete grades (f_{cm}=64.5 N/mm^2, f_{cm}=43.4 N/mm^2). The effective depth of anchors was 50 mm for a diameter of 8 mm. The maximal heating temperatures were 150°C or 300°C respectively. Reference tests were also carried out on specimens stored at room temperature.

The anchors were installed in concrete blocks of 300x300x100 mm at room temperature. Then the specimens were heated from all sides. The temperature was controlled with type K thermo-elements. The specimens were kept 24 hours on constant maximum temperature to assure uniform temperature distribution in the elements. Pull-out tests were carried out afterwards at room temperature. The pull-out force was measured with dynamometer, the relative displacement was measured by two LVDTs and their signals were average. In Fig. 9 we have illustrated the maximum measured force as a function of the temperature in case of torque controlled expansion anchors (FBN 50+63).

In case of torque controlled expansion anchors we have observed three different failure modes (Fig. 10). In the 1st case we have observed concrete cone failure. In the 2nd case the anchor head lost its ring and we observed pull-out with concrete splitting (small concrete cone). In the 3rd case we observed steel failure at the minimum diameter of the head. This kind of failure did not cause concrete cone failure. The failure mode depended on the concrete strengths and on the temperature. We have observed steel failure of the anchors in case of relatively high strengths concrete at 20°C and also after previous temperature loading with 300°C. In case of lower strengths we have observed steel failure of the anchor only after previous temperature loading with 300°C

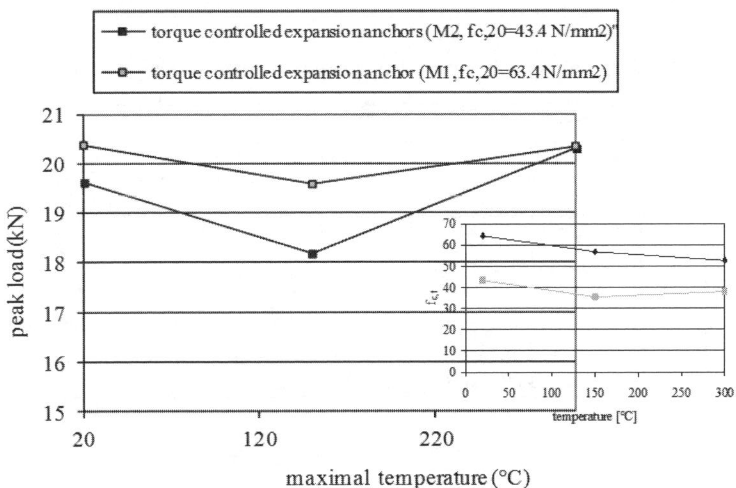

Fig. 9: Peak loads of the torque controlled expanded anchors as a function of maximal temperature

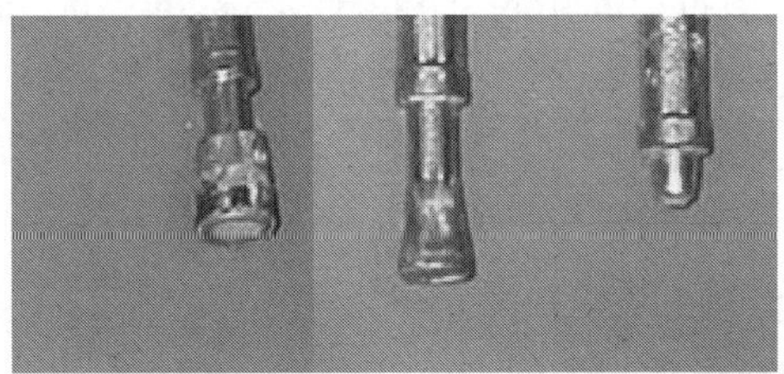

Fig. 10: Failure modes by torque controlled expansions anchor heads

Peak loads of bonded anchors (FIS A 8-175, anchor, FIS V 360 S, vinyl ester mixed with cement, FIS VT 380 C, vinyl ester) as a function of previous temperature loading were demonstrated in Fig. 11.

By comparing the continuous lines in Fig. 9 and 11, we can observe similar tendencies of peak load vs. maximal temperature of previous temperature loading up to 300°C, for torque controlled expansion anchors or bonded anchors using vinyl ester adhesive mixed with cement. However, these bonded anchors provided slightly higher peak loads.

The failure mode depended also on the concrete strengths and or the maximal previously temperature. In case of concrete with relatively high strengths we observed concrete cone failure at room temperature after previous temperature loading with 150°C and 300°C. In case of lower strengths concrete we observed shallow concrete cone with bond failure at all test temperatures.

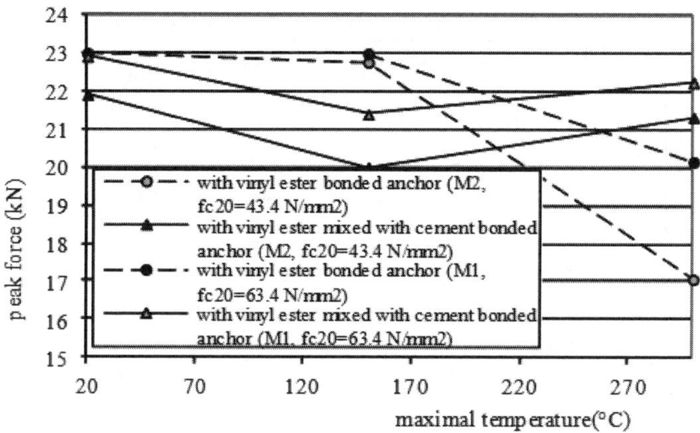

Fig. 11: Peak loads of the bonded anchors in function of temperature

Vinyl ester adhesive is more sensitive to the increase of the temperature. We observed steel failure at 20°C independent from the bond strength. After previous heating up to 150°C we observed different failure modes. In case of higher concrete strength the failure mode was steel failure. In all other cases concrete cone with bond failure was observed. After previous heating up to 300°C were in all cases concrete cone with bond failure and significant decrease of bond strength observed.

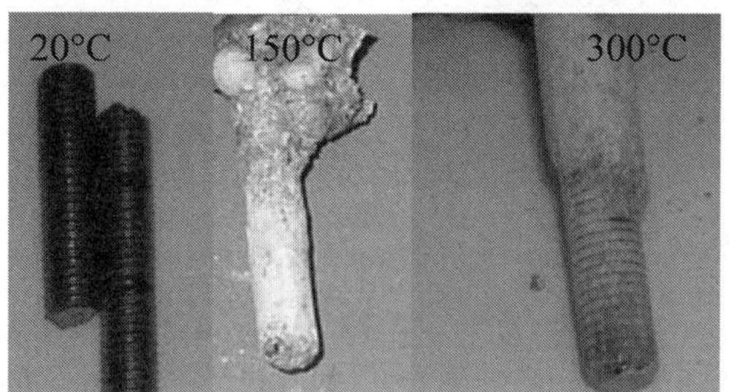

Fig. 12: Failure modes by bonded anchors with vinyl ester adhesive

After the pull out test we analyzed the failed bond surface. We didn't observe damage of the adhesive after the previous temperature loading up to 150°C. After heating up to 300°C then cooling it down the adhesive was significantly damaged (Fig 12).

5. Bond between concrete and CFRP bars at high temperatures

Corrosion induced deterioration of reinforced and prestressed concrete structures resulted in lower service life and higher maintenance costs in the last decades. Due to environmental pollution and the use of de-icing salts durability of reinforced and prestressed concrete structures is of high interest. Application of non-metallic, therefore entirely corrosion resistant reinforcing materials provide a promising alternative in specific cases.

Non-metallic reinforcements are made of Fibre Reinforced Polymers (FRP). High strength fibres of FRPs can be made of glass, aramid or carbon. Matrix resin in most cases is epoxy. Volumetric fibre ratios are in the range of 60 to 70%. Carbon fibres show excellent fatigue strength, low relaxation and creep in addition to high tensile strength and corrosion resistance, that make them most suitable among the fibres to use in civil engineering applications (Clarke, 1993; Rostásy, 1996; Uomoto, 2001).

5.1 Literature survey

Temperature increase can influence both mechanical characteristics and bond performance of FRPs. Coefficient of thermal expansion (CTE) of fibres, that of resins, FRPs and concrete differ from each other. In longitudinal direction FRPs have normally lower (even negative) CTEs than that of concrete, however, in transverse direction they have 5 to 8-times higher values than that of concrete governed mostly by the resin. In specific cases, under high temperature variations the large difference between CTEs can lead to high radial pressure on the surface of the reinforcement that *may cause longitudinal splitting of the concrete cover.* It reflects the importance of sufficient concrete cover. Balázs and Borosnyói (2001) found sufficient concrete cover of 2.5-times nominal tendon diameter to 5 mm diameter CFRP tendons of sand coated surface for pretensioned application in ten hours heat curing of maximum temperature of 75°C. There was no sign of longitudinal cracking.

Temperature increase can also influence aging of resins and residual strength of FRP reinforcements. Experimental data on the change of long-term residual strength of FRPs due to thermal cycles are not available.

Polymeric materials can be flammable or sensitive to fire, therefore, basically resin matrix determines the temperature/fire resistance of FRPs. Changes due to temperature can be considered under 150 to 200°C. Fibres themselves are more or less able to resist against higher temperatures: aramid to 200°C, glass 300 to 500°C while carbon up 800 to 1000°C (Rostásy, 1996). CFRP strands examined after cooling to room temperature from 300°C showed no decrease in tensile capacity (Tokyo Rope, 1993).

Bond strength of internal FRP reinforcements is principally a function of the characteristics of resin matrix at the surface of the bar. Therefore, bond strength is expected to be influenced whenever the temperature increases (mechanical properties, strength, stiffness, etc. of polymers are known to decrease significantly as the temperature is increased above their glass transition temperatures, Tg). Resin materials for FRP reinforcements are usually epoxy, vinyl ester and polyester resins. Their glass transition temperatures (Tg) are in the range 70 to 170°C depending on the type of resin (Sumida et al., 2001).

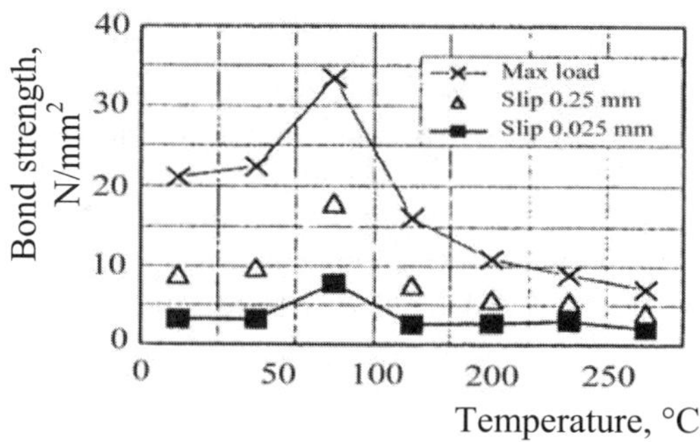

Fig. 13:   Influence of elevated temperature on bond strength (Sumida et al., 2001)

Due to the relatively small temperature increase steps (20 to 50°C) an interesting, however, theoretically predictable and expected behaviour could be demonstrated as follows (Fig. 13, Sumida et al., 2001). Between 50 to 100°C an increase of bond strength was observed of FRPs in transverse direction (see Table 1). Radial stress increase was not high enough to cause splitting of concrete cover and at the same time, temperature was not high enough to cause deterioration of surface resin layers. Reaching the glass transition temperature (Tg), deterioration of resin starts, therefore, monotonic decrease in bond strength can be considered during increased temperature. Residual bond strength is almost zero at 250°C (Sumida et al., 2001).

5. 2 Own tests

Experimental studies were carried out at the Budapest University of Technology and Economics, Department of Construction Materials and Engineering Geology to investigate the bond behaviour of CFRP materials under elevated temperature. Pull-out tests were performed on embedded CFRP wires.

Mechanical properties of CFRP wires are presented in Table 2. Concrete had a maximum aggregate size of 4.0 mm (quartz sand), water-cement ratio was 0.5 with CEM II/A-V42,5 (586 kg/m³). Specimens were stored under water for 14 days, then in

278

laboratory conditions. Tests were carried out at the age of 21 days. Mean compressive strength and flexural tensile strength of concrete were f_{cm} = 35 N/mm^2 and f_{ct} = 5,31 N/mm^2, respectively.

Table 2   Mechanical properties of CFRP materials used

	CFRP wire to pull-out tests	CFRP sheet to flexural tests as EBR
Tensile strength, f_{fu}, N/mm^2	2700	2800
Ultimate strain, ε_{fu}, %	1.7	1.9
Young's modulus, E_f, kN/mm^2	158.8	165.0
Relaxation loss (0,7f_{fu}), %	1.0	-
Coeff. therm. exp., m/m/°C		
-longitudinal	0.2×10^{-6}	-
-transverse	23×10^{-6}	

Test parameters in present experimental programme were the concrete cover (10, 20 and 30 mm) and level of temperature at testing (23, 50, 75, 100, 200, 250°C). Three specimens were prepared to each parameter. Embedment length was constant of 25 mm in each specimen. Pull-out force on the CFRP wires was transmitted to the test machine by a steel tube of the length of 150 mm that was glued onto the end of the wires. This system was developed in one of our previous test for prestressing with CFRP wires (Balázs and Borosnyói, 2001). Specimen configuration is indicated in Fig. 14.
In this way the specimens were special pull-out specimens.

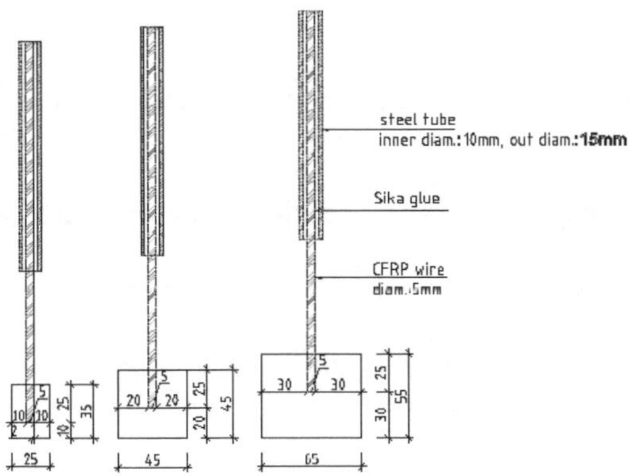

Fig. 14:   Specimen configuration for pull-out tests

Pull-out tests were carried out displacement controlled with 10 mm/min loading rate. Specimens were heated up to the required temperature in a drying oven. Anchoring steel tubes were heat insulated to avoid failure of the resin within the tube. Required temperature was recorded by thermo-sensors in the concrete specimens right on the surface of the CFRP wire. Cooling of the specimens was avoided before carrying out the pull-out tests by means of heat insulation.

Slip measurements during the pull-out tests were not carried out owing to the special arrangement of the specimens, i.e. concrete cover was provided on three sides of the specimens (including the unloaded side) to enable evenly distributed temperatures around the FRP bars.

Fig. 15 indicates influences of concrete cover and elevated temperature on the bond strength of sand coated CFRP reinforcing wires. Bond strength increased with the increase in concrete cover up to approximately 100°C. However, at 200°C bond strength did not seem to be influenced by the concrete cover. It was governed by the advanced deterioration of resin matrix of the CFRP wire.

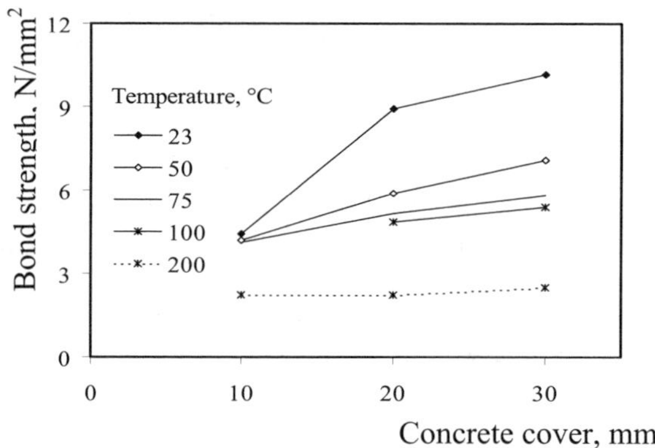

Fig. 15:   Influence of concrete cover and elevated temperature on bond strength

Fig. 16 is a summary about the failure modes of the specimens. Three types of failure modes can be distinguished:
    (1) *pull-out failure* (with more or less abrasive deterioration of the surface of the CFRP wire),
    (2) *splitting bond failure* (with longitudinal splitting of concrete cover) and
    (3) *resin type failure* under higher temperatures (by complete deterioration of resin matrix).

It can be realised that specimens with concrete cover of 10 mm showed splitting bond failure due to inadequate concrete cover independently of the applied temperature up to 100°C. Under 75°C splitting bond failure could be experienced independently of the applied concrete cover. Above 100°C deterioration of resin matrix was the governing parameter of failure.

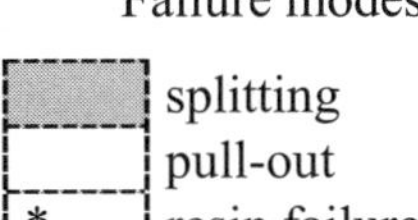

concrete cover	Temperature, °C					
	23	50	75	100	200	250
10 mm	splitting	splitting	splitting	splitting	*	*
20 mm			splitting	splitting	*	*
30 mm			splitting	splitting	*	*

Failure modes:
- splitting
- pull-out
- * resin failure

Fig. 16:   Failure modes of test specimens

Glass transition point of the resin matrix of the CFRP wires was studied by differential thermal gravimetric (DTG) method before the pull-out tests. The measurements indicated glass transition point above 170°C, therefore we proceeded with the test temperatures up to 200 and 250°C. We supposed the complete change of the matrix up to 250°C.

After finishing the tests we had the idea to check if the glass transition points of the embedding matrix and the external bond layer are different, respectively. This DTG measurements indicated a glass transition point for the external bond layer only around 100°C. This could be a reason for the typically observed failures modes complete pull-out without an internal separation of the fibres.

6. Conclusions

Main conclusions of experimental studies are summarized herein separately for steel reinforcing bars, for some bonded and torque controlled anchors as well as for carbon reinforced polymer (CFRP) bars.

Bond between concrete and steel reinforcement

The following conclusions can be drawn from our experimental study on the influence of high temperatures to the residual bond characteristic. Pull-out specimens tested at cold state after heated up to (20°C, 150°C, 300°C, 400°C, 500°C, 600°C and 800°C). The types of concrete were: C, SFRC, PPRC, LWAC1, LWAC2. Types of steel reinforcement were: deformed rebar.

1. Most considerable reduction of bond strength took place between 400°C and 500°C in all cases. This reduction can be explained with the decomposition of portlandite by 450°C. This was valid for all tested concrete types (C, SFRC, PPRC, LWAC1, LWAC2) with all tested reinforcements (deformed rebar).
2. Reduction of bond strength both below 400°C and above 500°C are close to linear on different levels.
3. Bond stress-slip diagram doesn't not only show a reduction of ordinates after high temperatures, but the adhesional bond part is lost.

Bond between concrete and anchors
In our experimental study on expansion and two types of bonded anchors (with adhesives of vinyl ester or vinyl ester with cement) which were tested in two different concrete grades (f_{cm}=64.5 N/mm^2, f_{cm}=43.4 N/mm^2) are the following:

- The anchors were installed in concrete blocks which were previously heated up to 150°C or 300°C. Reference tests were also carried out on specimens stored continuously at room temperature (20°C).

- The failure mode depends in all cases on concrete strengths and the maximal previous temperature.

- Torque controlled expansion anchors or bonded anchors using vinyl ester adhesive mixed with cement have similar tendencies of peak loads vs. maximal temperature of previous temperature loading up to 300°C.

- Vinyl ester adhesive is more sensitive to the increase of the temperature. The peak loads after the previous temperature loading up to 300°C were significantly reduced by bonded anchors using vinyl ester adhesive.

Bond between concrete and CFRP bars
Bond strength of FRP materials is principally a function of the characteristics of resin matrix at the surface of the bar. Therefore, bond strength is expected to be influenced whenever the temperature increases (mechanical properties, strength, stiffness, etc. of polymers are known to decrease significantly as the temperature increases).

Experimental studies were carried out at the Budapest University of Technology and Economics, Department of Construction Materials and Engineering Geology to investigate the bond behaviour of CFRP materials under elevated temperature.

Based on pull-out tests with constant ($5\varnothing$ = 25 mm) bond length, however, various concrete covers (10, 20 and 30 mm) and temperatures (23, 50, 75, 100, 200 and 250°C) the following conclusions can be drawn:

- Resin matrix of CFRP reinforcing bars used for present tests shows a softening phenomenon under the temperature range of 100 to 200°C.

- Specimens with concrete cover of 10 mm showed splitting bond failure due to inadequate concrete cover independently of the applied temperature up to 100°C.

- Bond strength increases with the increase of concrete cover up to 100°C.

- Splitting bond failure was observed independently of the applied concrete cover at 75°C.

- Bond strength did not seem to be influenced by the concrete cover at 200°C. It was governed by the advanced deterioration of resin matrix of the CFRP wire.

- Above 100°C deterioration of resin matrix is the governing parameter of failure.

7. Acknowledgements

The work reported in the paper has been developed in the framework of the project „Talent care and cultivation in the scientific workshops of BME" project. This project is supported by the grant TÁMOP-4.2.2.B-10/1-2010-0009.

References

Annual Book of ASTM Standards 1993, Concrete, American Society for Testing materials,

Bamonte, P., Gambarova, P. G., D'Agostino, L., Genoni, A.: Preliminary Pull-Out Tests on Post-Installed Mechanical Fasteners Embedded in Thermally-Damanged Concrete, Proceedings for Fire Design of Concrete Structures: What now?, What next?, edited by: P.G., Gambarova, R., Felicetti, A., Meda, P., Riva, December 2-3, 2004

Bamonte, P., Gambarova, P. G.: Residual behavior of undercut fasteners subjected to high temperatures, Proceeding of fib Symposium Keep Concrete Attractive (Ed:: Gy. L. Balázs, A. Borosnyói), Budapest 2005

Balázs, G. L. – Borosnyói, A. (2001b) „Prestressing with CFRP Tendons", Proceedings of UEF International Conference on High Performance Materials in Bridges and Buildings (Eds.: Azizinamini, Yakel and Abdelrahman), July 29 – August 3, 2001, ASCE Publication, pp. 349-358.

Bazant Z., Kaplan M. 1996 Concrete at high temperatures: Material Properties and Mechanical Models. Longman Group Limited

Clarke, J. L. (Ed.) (1993) "Alternative Materials for the Reinforcement and Prestressing of Concrete", *Chapman & Hall*, London, 1993, pp.204.

CEB Bulletin 206, Fasternings to reinforced concrete and masonry structures, 1991,Vienne

Eligehausen R. , Mallée R., Silva, J. F (2006) Anchorage in Concrete Constructions, ISBN-10: 3433011435

Eligehausen R., Bouska P., Cervenka V. Pukl R (1988) Size effect of the concrete cone failure load of anchor bolts, In Bažant Z. P. Facture Mahanics of Concrete Stuctures, s.: 517-525, London

Haddad R., Shannis L. 2004 Post fire behaviour of bond between high strength puzzolanic concrete and reinforcing steel, *Consr. Build. Mater* 18 425-435

Hittenberger, R.: Brandschutz von Befestigungsdetails und das Temperaturverhalten der Verbundanker in Beton (Fire protection of fastening assemblies and the behaviour under fire exposure of bonded anchors) In Heft 2, Institut für Hochbau und Industriebau, University of Innsbruck, 1988

Hertz K. 1982 The anchorage capacity of reinforcing bars at normal and high temperatures, Mag. Concr. Res. 35 (121) 213-220

Kodur V. R., McGrath 2003 Fire endurance of high strength columns, *Fire Technol.* 89 73-87

Khoury G. A. 2000 Effect of fire on concrete and concrete structures, *Proc. Struct. Eng. Mater J.* 2 429-447

Morely P. & Royles R. 198) Response of the bond rein forcing concrete to high temperatures, *Mag. Concrete Res.* 35 (123) 09 67-74

Ožbolt, J., Kožar, I., Eligehausen, R., Periskic, G.: Transient Thermal 3D FE Analysis of Headed Stud Anchors Exposed to Fire, Proceedings for Fire Design of Concrete Structures: What now?, What next?, edited by: P.G., Gambarova, R., Felicetti, A., Meda, P., Riva, December 2-3, 2004

Ožbolt J., Eligehausen R., Periškić G., Mayer U.: 3D FE analysis of anchor bolts with large embedment depths Engineering Fracture Mechanics Volume 74, Issues 1–2, January 2007, Pages 168–178RILEM, Bond test for reinforcement bond steel: 2- pull-out test 1983, Recommendation RC, CEB News 73,

Reichel V. 1987 How fire affects steel-to-concrete bond, Build. Res. pract. 6 (3) 176-187

Rehm, G., Eligehausen, R., Mallée, R. : Befestigungstechik, Betonkalender, Vol 2, pp 564-663, Berlin 1988

Rostásy, L. (1996) „State-of-the-Art Report on FRP Materials", *FIP Report*, Draft, 1996 (unpublished)

Royles R. & Morley P. & Khan M. R. 1982 The behaviour of reinforced concrete at elevated temperatures with particular reference to bond strength in P. Bartos (Ed) Proceedings Conference on Bond in Concrete, Paisley, Scotland, pp. 217-228

Simons, I., Eligehausen, R., Kirtzakis, V.: Behaviour of Post-Installed Rebars in Uncracked and Cracked Concrete. In: Keep Concrete Attractive. Hungarian Group of fib. 23 - 25 Mai 2005, Budapest University of Technology and Economics. Budapest: 2005, pp. 669-674. - ISBN 963 420 837 1

Sell, R.: Tragfähigkeit von mit Reaktionharzmörterpatronen versetzten Betonankern und deren Berechnung (Load capacity of anchors fixed in concrete with resin mortar cartridges), Die Bautechnik, 1973

Spieth, H., Eligehausen, R.: *Design of* post-installed rebar connections. In: Balazs-Bartos-Cairns-Borosnyoi (Eds.): Proceedings of the 3rd International Symposium held at the Budapest University of Technology and Economics. Bond in Concrete - from research to standards, 20. - 22.11. 2002, Budapest, Hungary. Publishing Company of Budapest University, 2002, S. 439 – 446

Sumida, A. – Fujisaki, T. – Watanabe, K. – Kato, T. (2001) "Heat resistance of continuous fiber reinforced plastic rods", *Proceedings* of the Fifth International Symposium (FRPRCS-5), Thomas Telford, London, 2001, pp. 557-565.

Uomoto, T. (2001) "Durability considerations for FRP reinforcements", *Proceedings* of the Fifth International Symposium (FRPRCS-5), Thomas Telford, London, 2001, pp. 17-32.

Wiewel, H.: Temperature Sensitivity Tests on High Strength Bonded Anchors, Tec mar, Inc. Long Beach, CA, 1991

Diederichs U. & Schneider U. 1978 Bond strength at high temperatures, Mag. Concr. Res. 35 (11575-84)

DIE EVOLUTION DER VERBUNDMODELLE –
VOM EXPERIMENT BIS ZUR BEMESSUNG

Konrad Bergmeister
Institut für konstruktiven Ingenieurbau, Universität für Bodenkultur Wien

1. Die Suche nach Lösungen – ein evolutiver Prozess

Das Suchen nach Lösungen, das Erkennen von Zusammenhängen sowie die Interpretation von Versuchen haben Rolf Eligehausen im Berufsleben bis heute begleitet. Dabei hat er neben den mechanischen Theorien stets Erfahrungswissen angewandt, das er primär vom Experiment ableitete. Waren es anfangs die Arbeiten über die Verbundlängen an Bewehrungsstäben an der University of Berkeley und deren Bruchmechanismen, dann wurden es die Versagensarten von mechanisch wirkenden Dübel oder eingeklebten Gewindestangen mit Verbundmörtel bis zu nachträglich eingemörtelten Bewehrungsstäben. Prof. Rolf Eligehausen hat in seinen über 40 Forschungsjahren Spuren hinterlassen und die Befestigungstechnik weltweit wie kein anderer geprägt. Dafür danken wir ihm herzlich und wünschen ihm zu seinem 70. Geburtstag alles Gute.

Ad multos annos für neue Abenteuer sowohl im Reisen wie im Forschen!

Der Erkenntnisprozess war oft ein langer, nach Erfassung möglichst vieler Einflußparameter gekennzeichneter Weg; die Abkürzung erfolgte in der Formulierung des Bemessungsmodells. Ein Ziel von Rolf Eligehausen war und ist es immer, wissend, dass man nie die Gesamtheit aller Phänomene experimentell oder numerisch erfassen kann, durch genügend abgesicherte Versuche eine möglichst sichere, wenn auch manchmal konservative Bemessung zu formulieren.

Passend formulierte es 1959 Konrad Lorenz: Gestaltwahrnehmung als Quelle wissenschaftlicher Erkenntnis:

„Ich komme zu dem Schlusse, dass die Wahrnehmung komplexer Gestalten eine völlig unentbehrliche Teilfunktion im Systemganzen aller Leistungen ist, aus deren Zusammenspiel sich unser stets unvollkommenes Bild der außersubjektiven Wirklichkeit aufbaut. Sie ist eine legitime Quelle wissenschaftlicher Erkenntnis."

Jedes Wissensgebiet hat eine evolutive Entwicklung, so auch die Befestigungstechnik. Waren es anfänglich die Versuche, die Beobachtung der Rissbildung und der Versagensursachen, so folgte dann die nichtlineare Modellierung mit Finiten Elementen bis in unsere Zeit, wo mit genauen Messmethoden bis in den Nanobereich die früheste Rissbildung verfolgt und mittels stochastischer Finite Elementmodellierungen auch die Einflussparameter variiert werden können.

„Wenn auch noch sehr viele einschlägige Studien nötig sein werden, um die Abläufe exakter beurteilen zu können, wird es doch immer deutlicher, daß die Evolution ein zwangsläufiger Vorgang ist." *(Rensch, B.; Biophilosophie, 1968)*

2. Verbundmechanismen

2.1 Gibt es Unterschiede im Verbundverhalten oder in der rechnerischen Annahme?

Die Verbundwirkung und damit das Verbundverhalten erfolgt im unmittelbaren Lasteintragungsbereich sowohl bei einbetonierten oder eingemörtelten Bewehrungsstäben ähnlich wie bei Verbundankern. Im nachfolgenden Beitrag werden aufbauend auf den Beitrag im Betonkalender 2012 „Mihala, R.; Bergmeister, K.: Befestigungstechnik – einbetonierte und eingemörtelte Bewehrungsstäbe sowie Gewindestangen" einige Aspekte reflektiert.

Die Lastwirkung und die Bemessung nachträglich eingemörtelter Bewehrungsstäbe erfolgt wie bei einbetonierten Bewehrungsstäben nach der Stahlbetontheorie. Dabei wird die Verbundspannung entlang der Verankerungslänge reduziert, wodurch Spalten vermieden wird.

Die Verbunddübel (eingemörtelte Gewindestangen) werden nach der Dübeltheorie (Concrete Capacity Methode) bemessen. Dabei wird die Verbundfestigkeit aus so genannten confined tests – ermittelt und daraus die zulässige Verbundspannung abgeleitet.

Die Verankerungstiefen variieren bei zugelassenen Verbundanker (eingemörtelte Gewindestangen) von $7 \div 20\ (25)\ d_s$ und beginnen bei eingemörtelten Bewehrungsstäben mit $20\ d_s$. Bei eingemörtelten Gewindestangen bis zu Verankerungstiefen von $25\ d_s$ kann man von einer linearen Verbundspannungsverteilung ausgehen. Bei ohne Randeinfluss eingemörtelten Bewehrungsstäben   kann die zweifache Verbundfestigkeit der rechnerisch mittleren zulässigen Verbundspannung am Rand auftreten.

Würde die Betonüberdeckung nach den Regeln des Stahlbetonbaus für Verbunddübel auf einen für einbetonierte Bewehrungsstäbe üblichen Wert $(c \approx 2 \div 3d_s)$ vermindert werden, so würde auch die Bruchlast deutlich aufgrund eines möglicherweise eingetretenen Spaltbruches abfallen.

2.2 Die Geheimnisse des Verbunds

Im Prinzip entsteht Verbund aus einem wirkungsvollen Zusammenspiel einzelner Werkstoffe entlang einer Kontaktfuge und setzt sich im Wesentlichen aus dem Haftverbund, dem Scher- oder Formverbund und dem Reibungsverbund zusammen (siehe Abbildung 1).

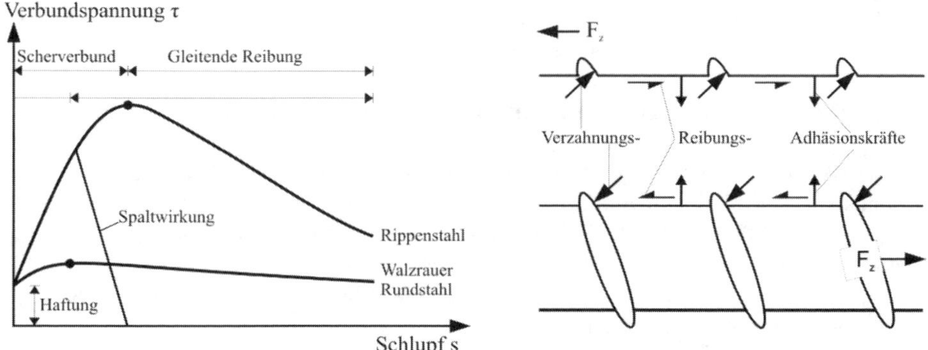

Abbildung 1: Prinzipieller Verlauf der Verbundspannung als Funktion des Schlupfes (links) und innere Verbundkräfte zwischen einem Bewehrungsstab und dem umgebenden Beton (rechts) nach REHM (Rehm, 1961)

Der Haftverbund oder Klebeverbund wirkt durch die Adhäsionskräfte und durch eine Materialverzahnung bzw. einen Formschluss im Kontaktbereich der verschiedenen Materialien. Die genaue Wirkungsweise und deren mechanische Modellierung ist immer noch Gegenstand von Forschungen (Unterweger, 1999; Tipler & Mosca, 2004). Diese Verzahnungswirkung entwickelt infolge der geometrischen Profilierung der Oberfläche des Befestigungselementes oder bei Bewehrungsstäben durch die Schrägrippen, die Scherfestigkeit.

Bei Bewehrungsstäben drücken die Rippen auf die Betonkonsolen und übertragen dadurch die radialen Druckkräfte. Bei einem Scher- oder Spaltbruch dieser Betonkonsolen beginnt eine Relativverschiebung, wodurch der Reibverbund aufgebaut wird (Avak R, 1993).

Bei Verbunddübel stützen sich die Gewindeflanken auf den erhärteten Mörtel ab und übertragen in weiterer Folge über Stoffschluss die Kräfte in den umgebenden Beton.

Zusammenfassend können zwei wesentliche Versagensarten (Stahlversagen ausgeschlossen) unterschieden werden:

- *Sprengrissversagen* mit einem plötzlichen Lastabfall infolge Spalten des Betons entlang eines Bewehrungsstabes und
- *Scherbruchversagen* durch langsames Herausziehen (allmähliche Lastreduzierung) eines Bewehrungsstabes nach Überschreiten des Scherverbundes.

Welcher Versagensmechanismus letztendlich zum Tragen kommt, hängt von den geometrischen Gegebenheiten (Durchmesser des Bewehrungsstabes, Rippengeometrie, Betondeckung, etc.), den Materialeigenschaften eines Stahlbetonbauteiles (z.B. Festigkeitseigenschaften des Betons) und der Belastungssituation (Spannungszustand des Betons, Dehnungszustand der Bewehrung, etc.) ab.

2.3 Verbundmechanismus bei einbetonierten Bewehrungsstäbe

Bei der Verbundberechnung einbetonierter Bewehrungsstäbe wird eine mittlere Verbundspannung über den Stabumfang und die Verankerungslänge (Mantelfläche des Bewehrungsstabes) ermittelt und diese mit dem zugehörigen Schlupf (Relativverschiebung zwischen Beton und Bewehrungsstab) in Beziehung gesetzt. Seit über 50 Jahren gibt es den von Gallus Rehm - Doktorvater von Rolf Eligehausen eingeführten Begriff der "bezogenen Rippenfläche" (Rehm, 1961).

Eligehausen (Eligehausen R, 1979) führte in seiner Dissertation umfassende Untersuchungen zum Tragverhalten von Bewehrungsstößen mit geraden Stabenden durch. Als Ausgangsbasis wertete er Arbeiten von Krishnaswamy (1970), Tepfers (1973), Rehm (1977) und Stöckl (1977) aus und löste zur Bestimmung der vorhandenen Rissbreiten am Stoßende, analog zu Tepfers (1973), die Differentialgleichung des verschieblichen Verbundes für Übergreifungsstöße. Im Gegensatz zu Tepfers verwendete Eligehausen die realistischere Verbundspannungs-Schlupf-Beziehung von Martin (1973):

$$T = A \cdot \delta_x^B + C \tag{1}$$

Eine geschlossene analytische Lösung der Differentialgleichung unter Verwendung dieses Verbundgesetzes war nicht möglich. Basierend auf dem von Martin (1973) benützten Verfahren der inkrementellen Integration konnte die Differentialgleichung numerisch gelöst werden. Beim Nachrechnen von Versuchsergebnissen konnte für den Verlauf der Stahlspannungen im Stoßbereich nur eine qualitative Übereinstimmung gefunden werden. Die gemessenen Traglasten eines Stoßes erreichten nur 70 % des berechneten Wertes. Dieses bedurfte einer Modifikation des Verbundgesetzes, wobei die mathematische Grundform erhalten blieb und nur die Verbundbeiwerte A, B und C variiert wurden.

Übergreifungsstöße erzeugen bei Belastung Spaltkräfte, die beim Überschreiten der Zugfestigkeit des Betons zum Spalten der Betondeckung führen. Um ein explosionsartiges Versagen der Betondeckung – so genanntes Sprengrissversagen – im Bereich der Stöße zu vermeiden, werden in der Regel bügelartige umschließende Querbewehrungen angeordnet. Hierbei zeigt sich ein duktileres Bruchverhalten. Nach Eligehausen stellen sich je nach seitlicher Betondeckung und Abstand zwischen den Übergreifungsstößen verschiedene Brucharten ein (siehe Abbildung 2). Nur bei großen lichten Abständen zwischen den Stößen und bei großer Betondeckung kommt es zu einem Pull-Out-Versagen der Bewehrungsstäbe.

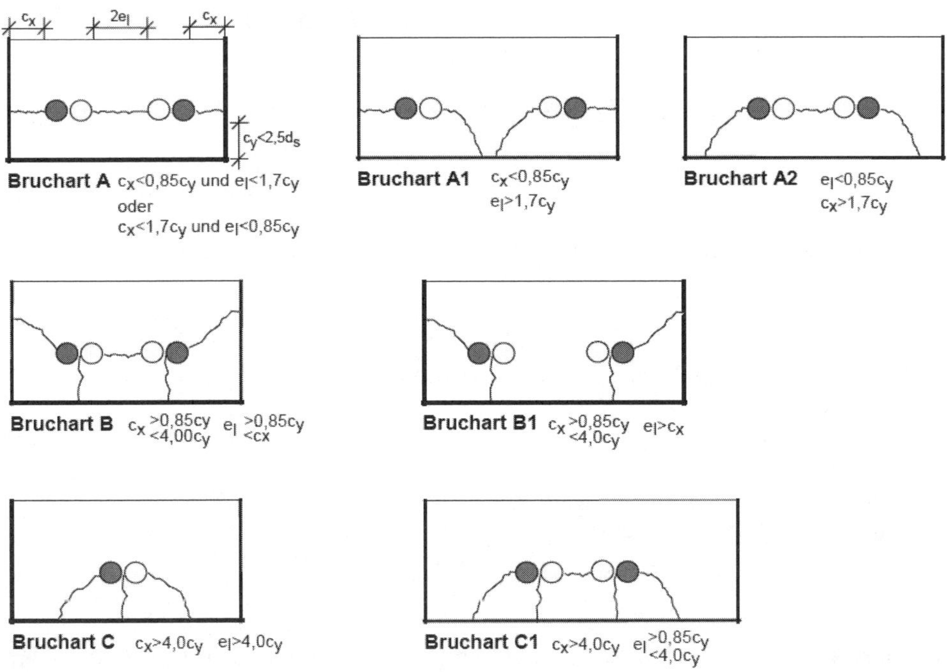

Abbildung 2: Brucharten von Übergreifungsstößen nach ELIGEHAUSEN (aus Spieth, 2002)

Eligehausen führte während seines Forschungsaufenthaltes an der University Berkeley Ausziehversuche mit unterschiedlichen Querbehinderungszuständen durch (Eligehausen, Popov, & Bertero, Report No. UCB/EERC-82/83, 1983). Dabei konnten wesentliche Erkenntnisse für die analytische Formulierung der Differentialbeziehungen des verschieblichen Verbundes gewonnen werden. Diese Forschungsergebnisse waren auch die Grundlage für die Formulierung des Verbundmodells im Modelcode 1990 (Comité Euro-International du Béton, 1990). In der CEB und jetzt fib (federation international du beton) ist Rolf Eligehausen über 3 Jahrzehnte der Leiter der Arbeitsgruppe „Befestigungstechnik. Im Jahre 1990-92 konnte ich die „Erbfolge" von Rüdiger Tewes, dem späteren Generalsekretär der CEB bzw. fib antreten, und unter der Anleitung von Rolf Eligehausen die „Bulletins 206/207: Fastening to Reinforced Concrete and Masonry Structures. State-of-the-art-report" verfassen.

Darin wird die Verbund-Schlupf-Beziehung durch folgende Gleichungen beschrieben:

$$\tau_b = \tau_{max} \cdot \left(\frac{\delta_s}{\delta_1}\right)^{0,4} \qquad\qquad 0 < \delta_s \leq \delta_1 \tag{2}$$

$$\tau_b = \tau_{max} \qquad\qquad \delta_1 < \delta_s \leq \delta_2 \tag{3}$$

$$\tau_b = \tau_{max} - \frac{\delta_s - \delta_2}{\delta_2 - \delta_3} \cdot \left(\tau_{max} - \tau_f\right) \qquad\qquad \delta_2 < \delta_s \leq \delta_3 \tag{4}$$

$$\tau_b = \tau_f \qquad\qquad \delta_3 < \delta_s \tag{5}$$

Der Grundwert der Verankerungslänge errechnet sich nach Eurocode 2 zu:

$$l_{b,rqd} = (d_s/4) * (\sigma_{sd} / f_{bd}) \tag{6}$$

Der Bemessungswert der Verbundspannung errechnet sich:

$$f_{bd} = 2{,}25 \, \eta_1 \, \eta_2 \, f_{ctd} \tag{7}$$

Der Bemessungswert der Zugfestigkeit des Betons errechnet sich über die 5%-Fraktile und kann wie folgt ermittelt werden:

$$f_{ctd} = \alpha_{ct} \, f_{ctk} / \gamma_c \tag{8}$$

Bei guten Verbundeigenschaften (h < 300 mm) wird η_1 = 1,0 gesetzt. Der Wert η_2 wird für d_s < 32 mm   zu η_2 = 1,0 gesetzt. Für einen Bewehrungsstab mit guten Verbundbedingungen in einem C20/25 errechnet sich der Bemessungswert der Verbundspannung zu: f_{bd} = 2,25 N/mm^2. Die Ermittlung der Stahlbemessungsspannung kann mit σ_{sd} = f_{yd} gesetzt werden; weicht die Betonstahlspannung σ_{sd} von f_{yd} ab, kann alternativ der Bemessungswert der Verankerungslänge mit dem Faktor: (σ_{sd} / f_{yd}) = $(A_{s,erf} / A_{s,vorh})$ angepasst werden.

2.4 Verbundmechanismus eingemörtelter Stäbe

Durch die Einmörtelung von Gewindestangen oder Bewehrungsstäben welche in ein gereinigtes Bohrloch gesetzt werden, entsteht nach Aushärtung des Mörtels der Verbund. Dabei werden sowohl Patronensysteme als auch Injektionssysteme eingesetzt.

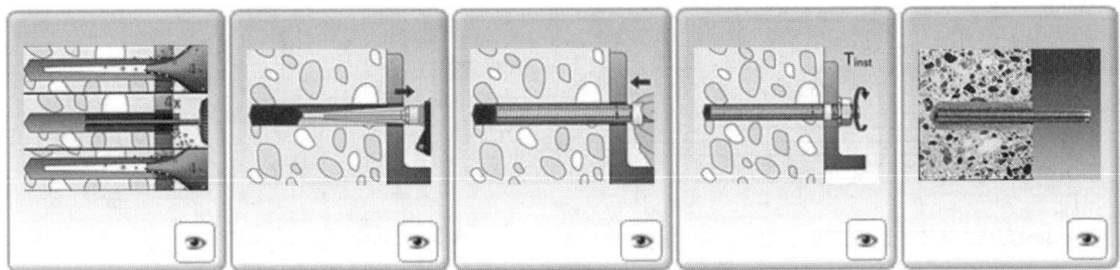

Abbildung 3: Montageanleitung zum Installieren chemischer Verankerungssysteme
(aus fischer Produktbeschreibung)

Nachträglich eingemörtelte Bewehrungsstäbe werden nach dem klassischen Übergreifungsstoß von Bewehrungsstäben berechnet. Die Stuttgarter Professoren Schlaich/Schäfer versuchten viele Tragmechanismen mit Fachwerkmodellen zu erklären. Auch beim Verbund von eingemörtelten Bewehrungssystemen entsteht ein lokales, räumliches Fachwerk (siehe Abbildung 4)

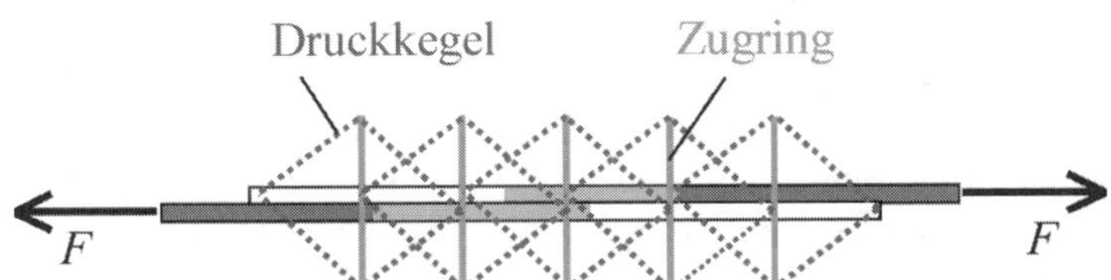

Abbildung 4: Räumliches Fachwerk von gestoßenen Bewehrungsstäben
(aus Mihala, 2011)

Die Kraftübertragung zwischen den Bewehrungsstäben ist dann sichergestellt, wenn im Stoßbereich keine Betonabplatzungen auftreten und die Rissbreiten die zulässigen Werte nicht überschreiten.

Bei eingemörtelten Bewehrungsstäben kann sich eine asymmetrische Verbundspannungsverteilung entwickeln. Die Ermittlung der Verbundtragfähigkeit erfolgt nach der Prüfrichtlinie EOTA TR 023 (2006).

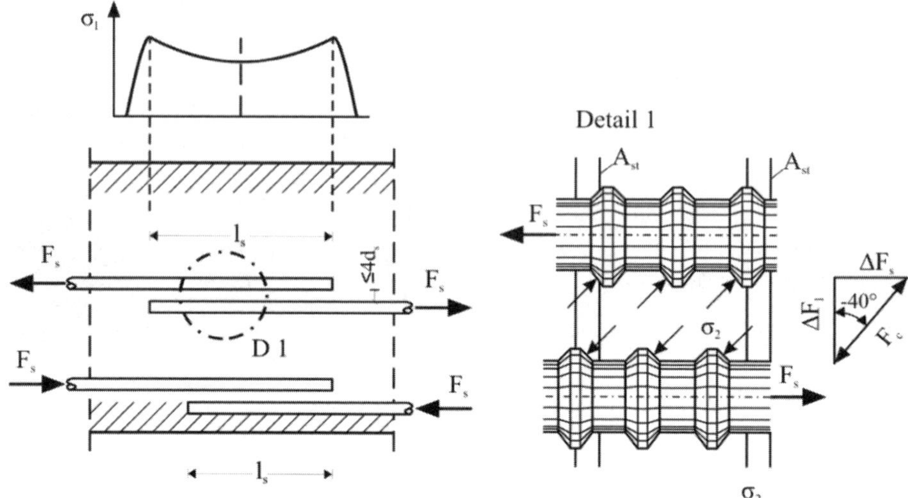

Abbildung 5: Schematische Darstellung eines eines Übergreifungsstoßes
a) Verbundspannungsverteilung und
b) Verbundtragwirkung (aus Baumgart, 2008 bzw. Mihala, 2011)

3. Innovativer Bemessungsansatz bei kombinierten Versagensmechanismen

3.1 Bemessung von Verbunddübel nach dem *fib* design guide

Prinzipiell wird im fib: Design of anchorages in concrete – fib Bulletin (2011) zwischen einer elastischen und einer plastischen Bemessung unterschieden. Die wesentlichen Voraussetzungen für die Bemessung sind ein Formschluss, sodass ein Dübelversagen auf dem Niveau der Gebrauchstauglichkeit des Betonbauteiles stattfindet. Die minimalen Verankerungstiefen sind:

Tabelle 1: Minimale Verankerungstiefen

Dübeldurchmesser [mm]	< 10	12	16	20	>25
min h_{ef} [mm]	60	70	80	90	4 d

Im Rahmen der elastischen Bemessung sind folgende Nachweise zu führen:

Tabelle 2: Erforderliche Nachweise bei elastischer Bemessung

Versagensursache	Einzeldübel	meistbelasteter Dübel	Dübelgruppe	Teilsicherheitsbeiwert
Stahlversagen-Zug	$N_{Sd} \leq N_{Rd,s} = \dfrac{N_{Rk,s}}{\gamma_{Ms}}$	$N_{Sd}^{h} \leq N_{Rd,s} = \dfrac{N_{Rk,s}}{\gamma_{Ms}}$		$\gamma_{Ms} = 1{,}2 \times \dfrac{f_{uk}}{f_{yk}} \geq 1{,}4$
Betonversagen	$N_{Sd} \leq N_{Rd,c} = \dfrac{N_{Rk,c}}{\gamma_{Mc}}$		$N_{Sd}^{g} \leq N_{Rd,c} = \dfrac{N_{Rk,c}}{\gamma_{Mc}}$	$\gamma_{Mc} = 1{,}5 \times \gamma_{inst}$ $1{,}0 \leq \gamma_{inst} \leq 1{,}4$ $\gamma_{inst} =$ produktspezifisch
Dübelauszug kombiniert mit kegelförmigen Betonausbruch	$N_{Sd} \leq N_{Rd,p} = \dfrac{N_{Rk,p}}{\gamma_{Mp}}$		$N_{Sd}^{g} \leq N_{Rd,p} = \dfrac{N_{Rk,p}}{\gamma_{Mp}}$	Annahme: $\gamma_{Mp} = \gamma_{Mc}$
Spalten	$N_{Sd} \leq N_{Rd,sp} = \dfrac{N_{Rk,sp}}{\gamma_{Msp}}$		$N_{Sd}^{g} \leq N_{Rd,sp} = \dfrac{N_{Rk,sp}}{\gamma_{Msp}}$	Annahme: $\gamma_{Msp} = \gamma_{Mc}$

Der charakteristische Widerstand eines Einzeldübels und des zugbeanspruchten Dübels einer Dübelgruppe im Fall von Dübelauszug kombiniert mit kegelförmigem Betonausbruch kann mit folgender Gleichung berechnet werden:

$$N_{Rk,p} = N_{Rk,p}^{0} \cdot \Psi_{A,Np} \cdot \Psi_{s,Np} \cdot \Psi_{g,Np} \cdot \Psi_{ec,Np} \cdot \Psi_{re,Np} \tag{9}$$

Der charakteristische Widerstand eines Einzeldübels $N_{Rk,p}^{0}$ ohne Einfluss von Rand- und Achsabstand berechnet sich wie folgt:

$$N_{Rk,p}^{0} = \tau_{Rk,cr} \cdot \pi \cdot d \cdot h_{ef} \quad gerissener\ Beton \tag{10}$$

$$N_{Rk,p}^{0} = \tau_{Rk,uncr} \cdot \pi \cdot d \cdot h_{ef} \quad ungerissener\ Beton \tag{11}$$

Der Montage-Teilsicherheitsbeiwert γ_{inst} berücksichtigt die Montagesicherheit der Befestigungsmittel und wird für Dübel auf Basis der Ergebnisse der Montagesicherheitsversuche nach der Zulassungsleitlinie ermittelt (*European Organisation for Technical Approvals (EOTA) (1997)*). Der Montage-Teilsicherheitsbeiwert ist produktspezifisch und wird aufgrund der Zulassungsversuche für das jeweilige Befestigungselement festgelegt.

Bei Zugbeanspruchung:

$\gamma_{inst} = 1,0$ bei hoher Montagesicherheit $\qquad$ (12)

$\gamma_{inst} = 1,2$ bei normaler Montagesicherheit $\qquad$ (13)

$\gamma_{inst} = 1,4$ bei niedriger aber noch annehmbarer Montagesicherheit $\qquad$ (14)

3.2 Bemessung von eingemörtelten Bewehrungsstäben nach *fib* design Guide

Im fib-Bemessungsdokument (2011) werden für eingemörtelte Bewehrungsstäbe mit einer Streckgrenze $f_{yk} < 500$ MPa und Mörteln auf Polymer- (Epoxid, Vinylester, etc.) oder Zementbasis gesetzt in Betonbauteile mit C12 bis C60 für vorwiegend ruhende Belastung die Bemessungsregeln dargestellt.

In Vorversuchen müssen folgende grundlegenden Anforderungen überprüft werden:

- Eignung und Dauerhaftigkeit des Mörtels zur Anwendung im konstruktiven Betonbau.
- Eignung des Systems zur Erreichung einer fachgerechten Montage und ausreichender Festigkeit.
- Die Bemessung von eingemörtelten Bewehrungsstäben sollte entsprechend den Regeln des Model Code 1990 (CEB 1993) für einbetonierte Stäbe erfolgen, wobei die Regelung für Schubverbindungen beachtet werden muss. Alle nach dem Model Code 1990 (CEB 1993) geregelten Konfigurationen für einbetonierte Stäbe sind auch für eingemörtelte Bewehrungsstäbe erlaubt.
- Eingemörtelte Bewehrungsstäbe sollten nach guter ingenieursmäßiger Praxis bemessen werden, wobei ein Fließen des Bewehrungsstabes vor einem möglichen Verbundversagen auftreten muss. Die Bestimmung der internen Schnittkräfte, welche durch die Verbindung übertragen werden, sollte nach den Regeln der Statik bzw. dem CEB-FIP Model Code 1990 (CEB, 1993) erfolgen.

Die Bemessung sollte entsprechend dem CEB-FIP Model Code 1990 (CEB, 1993) erfolgen, wobei der Verbundwiderstand f_{bd} in der Zulassung angegeben ist. Dieser sollte die Festigkeit von einbetonierten Bewehrungsstäben nicht überschreiten. Die folgenden zusätzlichen Anforderungen und Einschränkungen sollten berücksichtigt werden:

- Minimale Betondeckung
- Minimaler Achsabstand
- Minimale Verbundlänge
- Einschränkung der Betonfestigkeit
-

Bei Übertragung von Scherkräften sollten geeignete Maßnahmen zur Behandlung der Betonoberflächen (z. B. Aufrauhen) vorgesehen werden, um die bei der Bemessung zugrunde gelegten Annahmen berücksichtigen zu können.

In der folgenden Tabelle sind Empfehlungen für minimale Randabstände (Betondeckung) in Abhängigkeit von Stabdurchmesser, Verankerungstiefe und Bohrverfahren für Freihandbohren aufgelistet. Bei Verwendung einer Bohrhilfe können die angegebenen Werte reduziert werden.

Tabelle 3: Empfehlungen für minimale Randabstände

Bohrverfahren	Stabdurchmesser d_s	Erforderlicher Randabstand [mm]
Hammerbohren	< 20 mm	30 mm + 0,06l_v > 2 d_s
	25 mm	40 mm + 0,06l_v > 2 d_s
Druckluftbohren	< 20 mm	50 mm + 0,08l_v > 3 d_s
	25 mm	60 mm + 0,08l_v > 2 d_s

Bei einer Brandbemessung sollte die Festigkeitsabnahme des Mörtels bei erhöhten Temperaturen berücksichtigt werden.

4. Kombinierter Bemessungsansatz

Ziel ist es auf der Grundlage der bekannten Bemessungskonzepte insbesondere bei Befestigungen am Bauteilrand ein Bemessungskonzept für eingemörtelte und einbetonierte Befestigungssysteme am Bauteilrand zu entwickeln (Mihala, R., 2011). Die derzeitigen Regelungen verbieten, dass Verbunddübel genau so nah an den Rand gesetzt werden wie eingemörtelte Bewehrungsstäbe.

Viele Verbundmodelle im herkömmlichen Stahlbetonbau gehen heute davon aus, dass mit Auftreten eines Spaltrisses die Verbundtragfähigkeit erschöpft ist. Untersuchungsergebnisse mit chemischen Einzeldübeln am Bauteilrand bestätigen diese These nicht, denn es kann bis zum tatsächlichen Versagen zu einer erheblichen Laststeigerung kommen (siehe Abbildung 6).

Das Tragverhalten bzw. die Größe der Bruchlast einer Einzelbefestigung am Bauteilrand wird durch die Verbund- und Betontragfähigkeit des Gesamtsystems bestimmt. Für die Berechnung der Bruchlast eingemörtelter Stahlstäbe am Bauteilrand werden, unter Annahme eines elastischen Verbundverhaltens, die Tragfähigkeit des Betons und die Tragfähigkeit des Verbundes miteinander kombiniert.

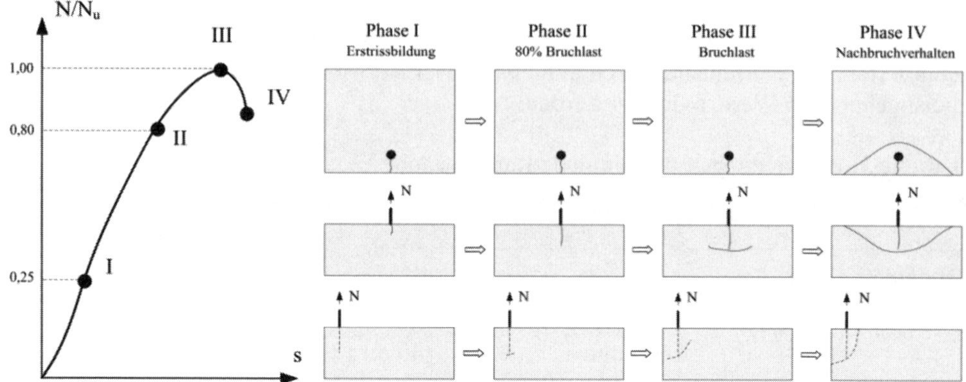

Abbildung 6: Schematische Darstellung der Entwicklung der Risse für unterschiedliche Lastniveaus einer eingemörtelten Gewindestange (Mihala, 2011)

Eine inkonsistente Theorie kann nicht ganz richtig, aber eine konsistente Philosophie kann sehr wohl völlig falsch sein. (Russell, B.: Has man a future? 1961)

Frühere Modellierungen (Cook, Klingner & Doerr, 1993) betrachten beide Ereignisse bzw. Tragkapazitäten separat und verknüpfen diese miteinander additiv (siehe dazu Gleichung (32)):

$$N_u^0 = N_u^{Beton} + N_u^{Verbund} = 0{,}85 \cdot h_c^2 \cdot \sqrt{\beta_w} + \pi \cdot d \cdot \left(h_{ef} - h_c\right) \cdot \tau_u \tag{15}$$

N_u^0	Bruchlast eine Einzelverbunddübels in der Bauteilfläche
h_c	Höhe des oberflächennahen Betonausbruchkegels
β_w	Würfeldruckfestigkeit
τ_u	Konstant über die Verankerungstiefe angenommene produktabhängige Verbundfestigkeit
h_{ef}, d	Verankerungstiefe, Stabdurchmesser

Diese Art der Modellierung würde für Spalten der Betondeckung plus sekundärem Verbundbruch (im Folgenden als kombinierter Verbundbruch bezeichnet) zutreffen, wobei beide Brucharten, sowohl Betonausbruch als auch Verbundbruch, zum selben Zeitpunkt auftreten müssen, um eine additive Verknüpfung zu rechtfertigen. In zahlreichen experimentellen Untersuchungen wurde jedoch ein Wechsel der Bruchvorgänge beobachtet (siehe Abbildung 7). Dabei kommt es nach anfänglichem Spalten der Betondeckung zum Aufweichen des Verbundes und letztendlich zum sekundären Verbundbruch. Es findet somit ein Übergang vom Spalten der Betondeckung zum reinen Verbundbruch statt – also zu zwei hintereinander auftretenden Teilereignissen. In diesem Fall ist eine Addition beider Tragkapazitäten wie Beton und Verbund nicht gerechtfertigt, da die Betonkapazität nicht mehr in vollem Umfang aktiviert werden kann.

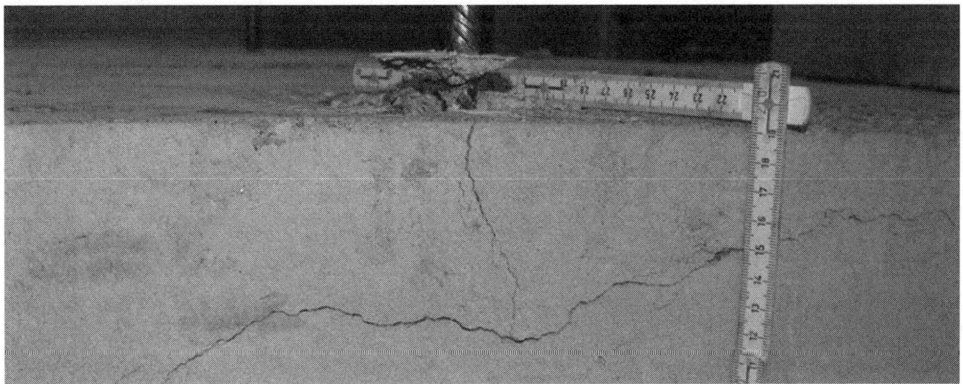

Abbildung 7: Kombinierter Verbundbruch eines eingemörtelten Bewehrungsstabes (Hybridmörtel, Einbindetiefe h_{ef} = 110 mm, Randabstand c = 46mm)

Mechanisch gesehen aktivieren Verbundspannungen im Beton Zugspannungen und diese erzeugen durch ein Überschreiten der Betonzugfestigkeit lokale Risse im Verbundbereich oder Spaltrisse in der Betondeckung, wodurch wiederum die Verbundtragfähigkeit des Befestigungssystems beeinflusst wird. Das bedeutet nicht automatisch, dass Teilereignisse wie Spalten, Verbundbruch und Betonausbruch am Bauteilrand – die im Wesentlichen vom Zusammenspiel der Verbund- und Betontragfähigkeit bestimmt werden - nicht hintereinander auftreten können. Vielmehr ist es gerade in Grenzfällen eine Frage der Wahrscheinlichkeit, ob zwei mögliche Teilereignisse gleichzeitig oder unmittelbar aufeinander folgen. Es kann also zum reinen Betonausbruch - weil der Verbund hält und kein Wechsel des Bruchvorganges erfolgt - oder zum kombinierten Verbundversagen kommen.

Diese unmittelbare gegenseitige Abhängigkeit zweier Teilereignisse bedingt, dass im neuen möglichen Bemessungsansatz die Tragfähigkeit des Verbundes und des Betons nicht wie bisher additiv, sondern über wahrscheinlichkeitstheoretische Modellierung multiplikativ verknüpft werden. Die Wahrscheinlichkeit für das gleichzeitige Eintreten zweier Teilereignisse A und B kann durch folgende Gleichung beschrieben werden:

$$P(A \cap B) = P(A) \cdot P(B|A) \tag{15}$$

Die beiden Faktoren im Produkt der Gleichung (15) haben dabei folgende Bedeutung:

$P(A)$ — Wahrscheinlichkeit für das Eintreten des Ereignisses A (z.B. Spalten der Betondeckung, Ausbildung von Mikro- oder Makrorissen im Verbundbereich)

$P(B|A)$ — Bedingte Wahrscheinlichkeit für das Eintreten des Ereignisses B unter der Bedingung, dass das Eintreten des Ereignisses A unmittelbar das Ereignis B zur Folge hat (z.B. Verbundbruch oder reiner Betonausbruch infolge Spalten der Betondeckung).

Mit der Pfadmultiplikationsregel kann man die bedingten Wahrscheinlichkeiten berechnen.

$$P(A) \cdot P_A(B) = P(A \cap B) \Leftrightarrow P_A(B) = \frac{P(A \cap B)}{P(A)} \qquad (16)$$

Diese Regel, nach der die bedingte Wahrscheinlichkeit berechnet wird, geht auf den englischen Mathematiker Thomas Bayes (1702 - 1761) zurück und wird daher auch Bayes'sche Regel oder auch Satz von Bayes genannt. Mit einem Ereignisbaum können die bedingten Wahrscheinlichkeiten strukturiert dargestellt werden.

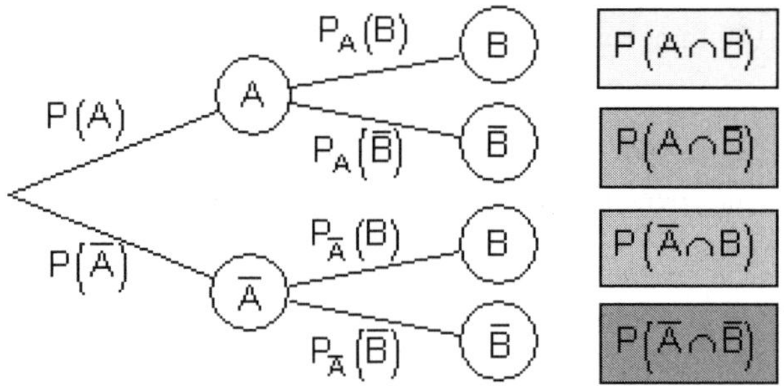

Abbildung 8: Schematische Darstellung der bedingten Wahrscheinlichkeiten mit einem Ereignisbaum

Bei Verwendung gleicher Mörteltypen und Randbedingungen kann das Eintreten eines Ereignisses A auch zwei Bruchmechanismen zur Folge haben. Solche mögliche Versagenspfade bzw. Ereignisse liegen oft eng beieinander und spielen sich zufällig ab. Dabei kann sich beispielsweise aus einem Spaltbruch der Betondeckung ein Verbundbruch oder auch ein reiner Betonausbruch, entwickeln. Solche Grenzfälle zeigen sich oft bei einer Kombination von Bewehrungsstäben mit Mörteln mittlerer Verbundfestigkeit. Bei Verwendung von Gewindestäben und Mörteltypen mittlerer Verbundfestigkeit entwickelt sich in den meisten Fällen nach dem Spalten der Betondeckung ein reiner Betonausbruch. Ziel ist es durch diesen kombinierten Bemessungsansatz auch kombinierte Versagen, wie Beton- und Verbundbruch zu modellieren.

Mit den Regeln der bedingten bzw. konditionalen Wahrscheinlichkeit kann die Wahrscheinlichkeit des Eintretens beispielsweise eines Verbundbruches oder eines Betonbruches (Ereignis A) unter der Bedingung, dass das Eintreten des Spaltens der Betondeckung (Ereignis B) bekannt ist, berechnet werden.

Eine solch neuer kombinierter Bemessungsvorgang könnte die Realität vielleicht besser beschreiben, denn nach Karl Popper gilt:

„es kann ich mich oder du dich irren, aber zusammen kommen wir vielleicht der Wahrheit auf die Spur"

Literatur:

Avak R.: Euro-Stahlbetonbau in Beispielen - Teil1. Werner Verlag, 1993

Baumgart R.: Skriptum. "Konstruktion" . Fachhochschule Darmstadt. 2008

CEB 206/207: Fastening to Reinforced Concrete and Masonry Structures. State-of-the-art-report. Lausanne, 1991, 562 pages

Cook, R., Klingner, R., & Doerr, G.: Bond Stress Model for Design of Adhesive Anchors. ACI Structural Journal, V.90, No.5, 1993.

Eligehausen R.: Übergreifungsstöße zugbeanspruchter Rippenstäbe mit geraden Stabenden. Schriftenreihe des DAfStb, Heft 301, 1979

fib: Design of anchorages in concrete – fib Bulletin No. 58. Lausanne 2011

Mihala, R.; Bergmeister, K.: Befestigungstechnik – einbetonierte und eingemörtelte Bewehrungsstäbe sowie Gewindestangen. In: Betonkalender 2012, Berlin, Ernst& Sohn Verlag

Mihala, R.: Verbundtragverhalten und Bemessung randnaher eingemörtelter Verankerungen in Beton unter Zugbeanspruchung . Dissertation, Universität für Bodenkultur, Wien 2011

Modelcode 1990: Comité Euro-International du Béton, 1990

Rehm, G.: Über die Grundlagen des Verbundes zwischen Stahl und Beton . In: Deutscher Ausschuss für Stahlbeton (DAfStb), Berlin, 1961). Heft 13, 1961

Tipler, A., & Mosca, G.: Physik für Wissenschaftler und Ingenieure" . München: Spektrum Akademischer Verlag, Elsevier GmbH, 2004

Unterweger R.: Experimentelle und numerische Untersuchungen zum Tragverhalten von chemischen Verankerungen. Dissertation Universität für Bodenkultur, 1999

VERANKERUNG DER BEWEHRUNG MIT WINKELHAKEN IN STAHLBETONBAUTEILEN BEI GERINGEM AUSNUTZUNGSGRAD

Ulf Grziwa*, Carl-Alexander Graubner*, Martin Heimann* und Tilo Proske*
*Fachgebiet Massivbau, Technische Universität Darmstadt, Germany

Kurzfassung

Auf Grundlage von theoretischen und experimentellen Untersuchungen wurde der Beitrag des Winkelhakens zur Verankerung der Bewehrung in Stahlbetonbauteilen analysiert. Hierzu wurden Auszugsversuche mit Winkelhaken und unterschiedlichen Verbundlängen durchgeführt.

Aus den Versuchen geht hervor, dass bereits bei kleinen Verbundlängen die gesamte Zugkraft des Bewehrungsstabes verankert ist. Aus diesem Grund scheinen die normativen Regelungen, welche deutlich größere Verbund- bzw. Verankerungslängen fordern, sehr konservativ zu sein. Ein erster Vorschlag für ein modifiziertes Bemessungskonzept zur Ermittlung der erforderlichen Verankerungslänge bei Verwendung von Winkelhaken und geringer Ausnutzung der Bewehrung wird gegeben.

1. Einleitung

1.1 Verankerung der Bewehrung

In Stahlbetonbauteilen muss zur Sicherstellung der Tragwirkung die Betonstahlbewehrung im Beton bei gleichzeitiger Vermeidung einer Längsrissbildung sowie des Abplatzens des Betons verankert werden. Bei geraden Stabenden des Bewehrungsstahls ist hierbei die aufnehmbare Verbundspannung zwischen Beton und Bewehrungsstahl von zentraler Bedeutung. Das erforderliche Maß der Verankerungslänge wird neben der Verbundspannung vom Stabdurchmesser, dem Stahlausnutzungsgrad, der Ausbildung der Endverankerung sowie der Auflagerungsart (direkt bzw. indirekt) des Stahlbetonbauteils beeinflusst. Weitere Ausführungen zur Verbundspannung zwischen Beton und Betonstahl in Bezug auf unterschiedliche DIN Normen sind in [1] gegeben.

1.2 Verankerung der Bewehrung mit Winkelhaken

Bei Winkelhaken als Endverankerung erlauben sowohl die aktuelle Fassung der DIN 1045-1:2008 [2] wie auch die zukünftig normativ maßgebende DIN EN 1992-1-1 [3] eine Abminderung der Verankerungslänge auf 70% des für den geraden Stab geltenden Wertes unter Berücksichtigung der einzuhaltenden Mindestverankerungslängen. Auch das amerikanische Regelwerk ACI [4] sieht eine faktorisierte Abminderung der erforderlichen Verankerungslänge bei Verwendung von Winkelhaken als Endverankerung der Bewehrung vor. Die faktorisierte Abminderung der erforderlichen Verankerungslänge weist den Nachteil auf, dass bei geringem Ausnutzungsgrad der Bewehrung bzw. bei kleinen Verankerungskräften der punktuelle Traganteil des Hakens nicht vollständig berücksichtigt wird.

2. Normative Regelungen

2.1 Verschiedene Modelle zur Berücksichtigung des Winkelhakens

Gegenüber den derzeitig vorhandenen normativen Regelungen zur erforderlichen Verankerungslänge wurde in früheren Ausgaben der DIN 1045 der Beitrag der Endverankerung über additive Terme berücksichtigt. Beispielsweise enthält die DIN 1045:1972 [5] einen Ansatz zur pauschalen Reduzierung der erforderlichen Verankerungslänge bei Anordnung von Winkelhaken, genannt Hakenabzug a_0'.

In Tabelle 1 sind unterschiedliche normative Ansätze zur Berücksichtigung des Winkelhakens bei der Berechnung der erforderlichen Verankerungslänge aufgeführt.

	Norm / Regelwerk	Erforderliche Verankerungslänge bei Winkelhaken	Ansatz des Winkelhakens
1	DIN EN 1992-1-1/NA	$\dfrac{l_{b,EC2}}{\phi} = \dfrac{f_{yd}}{4 \cdot f_{bd}} \cdot \dfrac{A_{s,erf}}{A_{s,vorh}} \cdot 0{,}7$	faktorisierte Abminderung
2	DIN 1045:1972	$\dfrac{l_{b,1972}}{\phi} = \dfrac{f_{yk}}{4 \cdot 1{,}75 \cdot \tau_{zul}} \cdot \dfrac{A_{s,erf}}{A_{s,vorh}} - 20$	additiver Term
3	Model Code 2010	$\dfrac{l_{b,MC}}{\phi} = \dfrac{f_{yd}}{4 \cdot f_{bd,MC}} \cdot \dfrac{A_{s,erf}}{A_{s,vorh}} - 12{,}5$	additiver Term
4	Model Code (vereinfacht)	$\dfrac{l_{b,MC^*}}{\phi} = \dfrac{f_{yd}}{4 \cdot f_{bd,MC^*}} \cdot \dfrac{A_{s,erf}}{A_{s,vorh}} \cdot 0{,}7$	faktorisierte Abminderung

Tabelle 1. Überblick über Ansätze des Winkelhakens in verschiedenen Normen und Regewerken

Der Model Code 2010 [6] bietet die Möglichkeit die anzusetzende Verbundspannung $f_{bd,MC}$ in Abhängigkeit der Betondeckung sowie vorhandener Querbewehrung zu erhöhen und den Traganteil des Winkelhakens über einen additiven Term zu berücksichtigen (vgl. Tab. 1, Zeile 3). Bei den nachfolgenden Gegenüberstellungen wird von der Mindestverbundspannung ohne Einfluss der Betondeckung und Querbewehrung ausgegangen, da hierfür bei verschiedenen Bauteilen keine konstanten Werte angenommen werden können.

Der Model Code 2010 beinhaltet neben dem oben genannten Verfahren im 2. Teil eine vereinfachte Gleichung zur Ermittlung der Verbundspannung $f_{bd,MC*}$ unter Ansatz der mittleren Betonzugfestigkeit f_{ctm}. Nach diesem vereinfachten Verfahren wird der Winkelhaken wie nach DIN EN 1992-1-1/NA über eine faktorisierte Abminderung erfasst (vgl. Tab. 1, Zeile 4).

2.2 Zulässiger Ausnutzungsgrad des Bewehrungsstahls in Abhängigkeit der vorhandenen Verankerungslänge

In Abb. 1 und Abb. 2 sind für einen Stahldurchmesser von $\phi = 10$ mm, Beton der Druckfestigkeitsklasse C16/20, gute Verbundbedingungen und direkte Auflagerung die normativ erforderlichen Verankerungslängen gerader Stabenden bzw. Stabenden mit Winkelhaken nach DIN 1045:1972, DIN EN 1992-1-1 und Model Code 2010 gegenübergestellt. Um eine Vergleichbarkeit sicherzustellen, wurde die zu verankernde Kraft auf die normativ zulässige Kraft F_y im Bewehrungsstahl (unter Berücksichtigung der Streckgrenze von $f_{yk} = 500$ N/mm² bzw. $f_{yd} = 435$ N/mm² für Bemessungswerte nach DIN EN 1992-1-1 und Model Code 2010) bezogen. Der Wert $\theta = 1,0$ entspricht damit einer normativ vollen Ausnutzung der Bewehrung im Verankerungsbereich. Der zulässige Ausnutzungsgrad des Bewehrungsstahles ist in den nachfolgenden Abbildungen in Abhängigkeit der vorhandenen Mindestverankerungslänge nach den unterschiedlichen Normen und Regelwerken dargestellt.

Nach DIN EN 1992-1-1 und Model Code 2010 wird die Verankerungslänge der Bewehrung ab dem Auflagerrand der Unterstützung angenommen. Im Gegensatz hierzu ist der Beginn der Verankerungslänge nach DIN 1045:1972 am rechnerischen Auflagerpunkt (Drittelspunkt) definiert. Um die Vergleichbarkeit der verschiedenen Regelwerke sicherzustellen, werden die Bemessungswerte der Verankerungslänge nach DIN 1045:1972 mit dem Faktor k = 3/2 beaufschlagt.

Bei der Verwendung von geraden Stabenden beeinflusst die Verbundspannung die erforderliche Verankerungslänge maßgebend. Aus Abbildung 1 ist ersichtlich, dass die normativ zulässigen Verbundspannungen nicht signifikant voneinander abweichen. Demgegenüber bestehen deutliche Unterschiede zwischen den in den Normen bzw. Regelwerken geforderten Mindestverankerungslängen.

Der Vergleich der Bemessungswerte der erforderlichen Verankerungslänge mit Winkelhaken (Abbildung 2) zeigt deutliche Unterschiede im Konzept der Normen und Richtlinien, wobei nach DIN 1045:1972 bei gleichem Ausnutzungsniveau deutlich geringere Verankerungslängen als nach DIN EN 1992-1-1 und Model Code 2010 erforderlich sind.

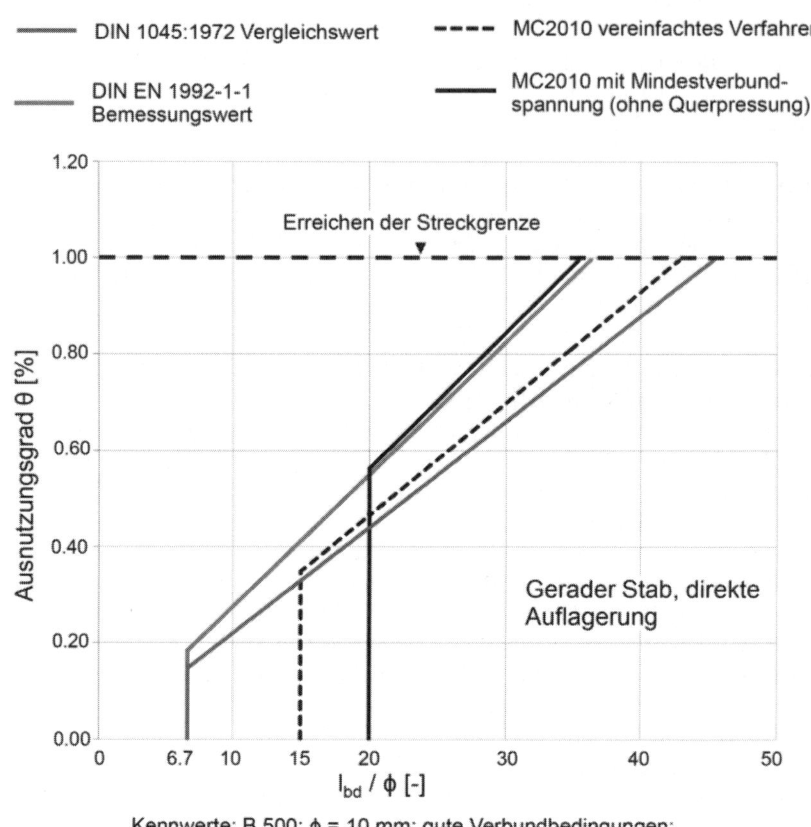

Abbildung 1. Bemessungswerte der erforderlichen Verankerungslänge mit geraden Stabenden nach verschiedenen normativen Regelungen

Zur näheren Erläuterung ist in Abbildung 2 ausgehend von einer vorhandenen Verankerungslänge von l_{bd}/φ = 10 der zulässige Ausnutzungsgrad des Bewehrungsstahls dargestellt. Begrenzte Verankerungslängen der Längsbewehrung liegen beispielsweise bei Fertigteilkonstruktionen mit kurzen Auflagertiefen der Stahlbetonbauteile vor. Der Ausnutzungsgrad ist für die vorgegebene Verankerungslänge l_{bd}/φ = 10 nach DIN EN 1992-1-1 auf 40 % zu begrenzen. Bei zunächst voll ausgenutzter Bewehrung und vorgegebener Verankerungslänge ist eine Reduzierung des Ausnutzungsgerades des Bewehrungsstahls nur durch die Anordnung von Zulagebewehrung im Bereich der Endverankerung zu erreichen.

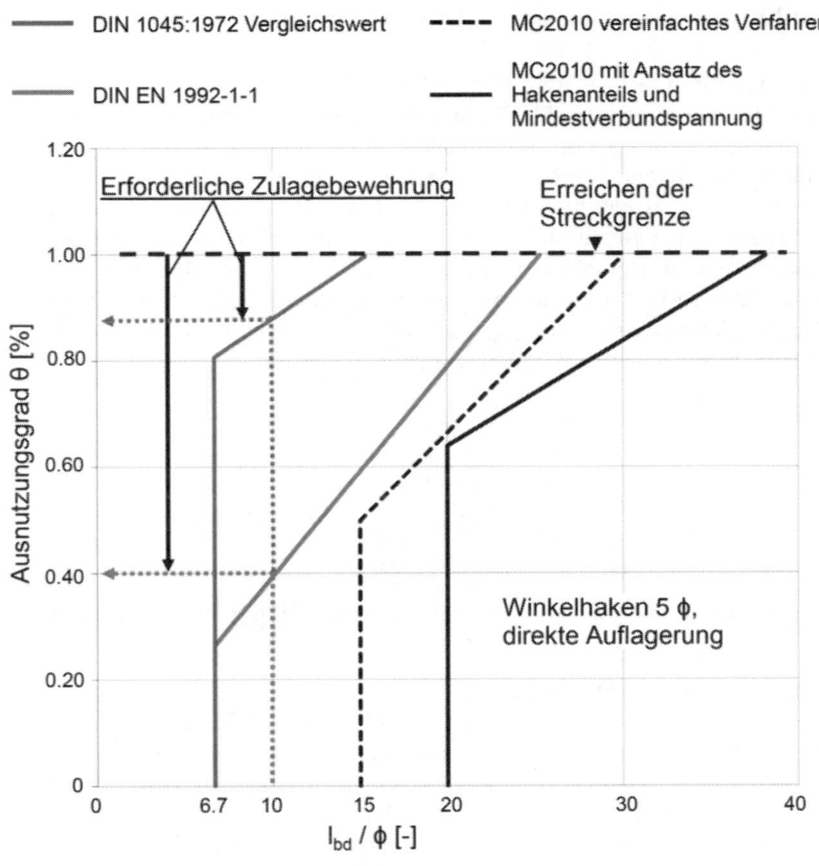

Abbildung 2. Bemessungswert der erforderlichen Verankerungslänge bei Verwendung von Winkelhaken nach verschiedenen normativen Regelungen

Gegenüber der DIN EN 1992-1-1 ist nach DIN 1045:1972 die zulässige Ausnutzung der Bewehrung bei einer Verankerungslänge von l_{bd} / ϕ = 10 auf nur ca. 90% zu reduzieren. Dadurch wäre nach DIN 1045:1972 im Vergleich zu DIN EN 1992-1-1 bei kurzen Verankerungslängen deutlich weniger Zulagebewehrung erforderlich.

Insgesamt stellt sich die Frage, ob eine faktorisierte Abminderung, wie zum Beispiel nach DIN EN 1992-1-1, oder eine pauschale Reduzierung der erforderlichen Verankerungslänge, wie zum Beispiel nach DIN 1045:1972, das wirkliche Tragverhalten des Winkelhakens besser abbildet.

3. Durchführung experimenteller Untersuchungen

3.1 Versuchsaufbau mit geraden Stabenden

Am Fachgebiet Massivbau der TU Darmstadt wurden Tastversuche zur Quantifizierung des tatsächlichen Beitrags von Winkelhaken zur Verankerung von Bewehrungsstahl durchgeführt, um darauf aufbauend mögliche Potentiale für eine wirtschaftliche Bewehrungsführung zu identifizieren. Zunächst wurden Auszugsversuche mit geraden Bewehrungsstäben und einem Stabdurchmesser von $\phi = 10$ mm durchgeführt, wobei die Verankerungslänge im Betonbauteil variiert wurde (Abb. 3 und 4). Als Versuchskörper wurde eine unbewehrte Betonplatte mit Abmessungen von l/b/h 270/120/25 cm und der Betonfestigkeitsklasse C16/20 ($f_{cm,cube}$ = 25 N/mm²) verwendet. Die Versuchsergebnisse mit geraden Stabenden sind in Abbildung 5 und 7 dargestellt.

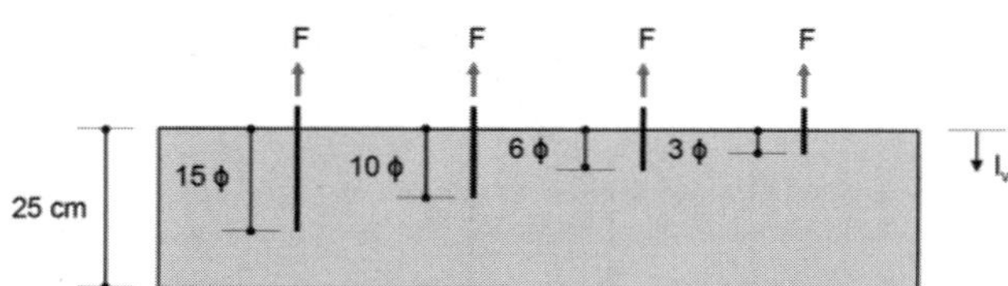

Abbildung 3. Versuchsaufbau mit Stabdurchmesser ϕ = 10 mm und geraden Stabenden

3.2 Versuchsaufbau mit Winkelhaken

In weiteren Versuchsreihen erfolgten Auszugsversuche mit Winkelhaken (Hakenlänge 5ϕ). Um den Traganteil des Winkelhakens identifizieren zu können, wurden in einer Versuchsreihe mit konstanter Einbindetiefe h_{ef} unterschiedlich lange Abschnitte der Bewehrungsstäbe verbundfrei ausgeführt (Abbildung 4). Die Ergebnisse für eine Einbindetiefe von 100 mm und Verbundlängen l_v von 30 bis 90 mm (senkrecht zur Betonoberfläche) sind in Abbildung 6 und 8 dargestellt.

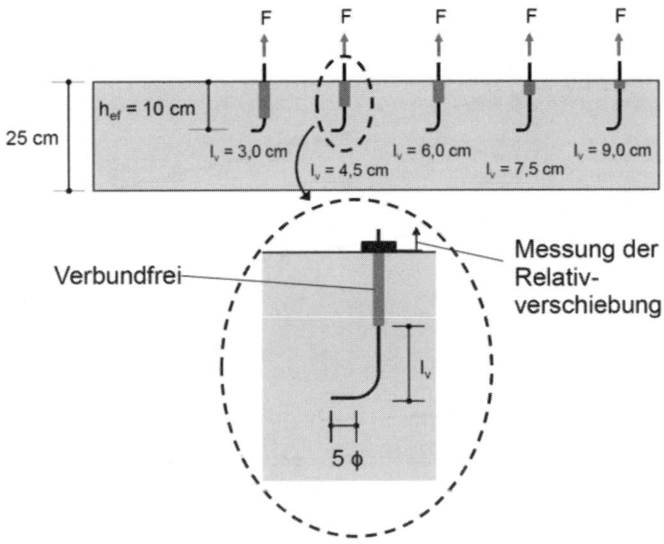

Abbildung 4. Versuchsaufbau – Bewehrungsstäbe ϕ = 10 mm, Winkelhaken 5 ϕ

4. Ergebnisse der experimentellen Untersuchungen

4.1 Versuchsergebnisse

In den Abbildungen 5 und 6 sind die in den Versuchsreihen gemessenen Verankerungskräfte mit den zugehörigen Verschiebungen des Bewehrungsstabes dargestellt. Die Relativverschiebungen des Bewehrungsstabes wurden hierbei von der Oberkante des Versuchskörpers aus gemessen.

Für gerade Stabenden, wie in Abbildung 5 dargestellt, hängt die Verankerungskraft maßgebend von der Verbundlänge l_v ab (vgl. Versuchsaufbau Abbildung 3). Für größere Verbundlängen des Bewehrungsstabes ergeben sich folglich größere Werte der aufnehmbaren Verankerungskraft.

Bei Winkelhaken (Abbildung 6) steigt die gemessene Verankerungskraft bis zu einer Verschiebung von ca. 0,5 mm nahezu unabhängig der Verbundlänge gleich an und erreicht mindestens 50% der Streckgrenze des Stahls. Insgesamt hängt die gemessene Verankerungskraft der Versuchsreihen im Wesentlichen vom Traganteil des Winkelhakens und weniger von der vorhandenen Verbundlänge ab.

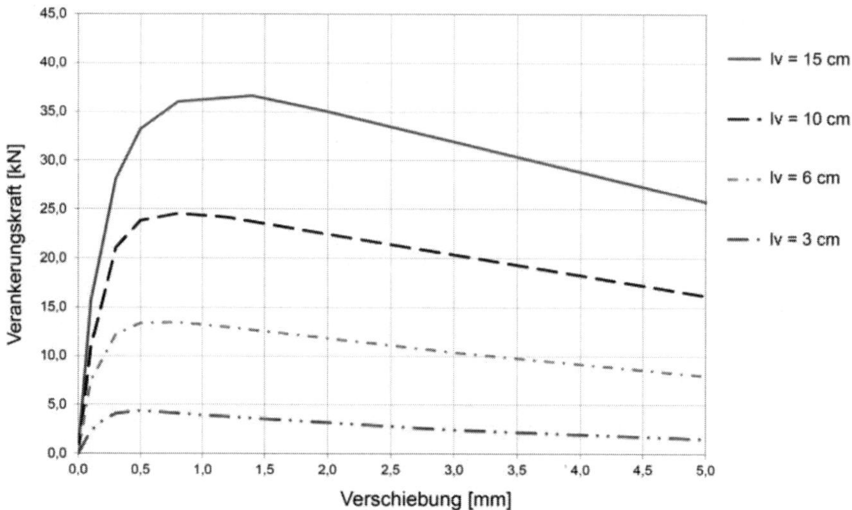

Abbildung 5. Messwerte der Verankerungskraft und Verschiebung des Bewehrungsstabes bezogen auf die Oberkante des Versuchskörpers bei geraden Stabenden für Verbundlängen l_v von 3,0 cm bis 15,0 cm

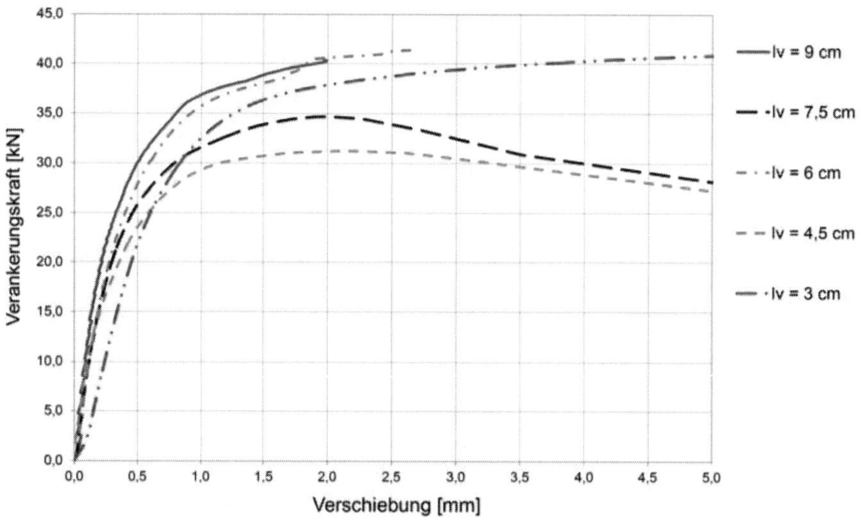

Abbildung 6. Messwerte der Verankerungskraft und Verschiebung des Bewehrungsstabes bezogen auf die Oberkante des Versuchskörpers bei Winkelhaken und konstanter Einbindetiefe $h_{ef} = 10$ cm für Verbundlängen l_v von 3,0 cm bis 9,0 cm

308

4.2 Bezogene Darstellung der Versuchsergebnisse

Die auf den Ausnutzungsgrad der Bewehrung bezogenen Messergebnisse für gerade Stabenden sowie Winkelhaken sind in den Abbildungen 7 und 8 in Abhängigkeit der vorhandenen Verankerungslänge dargestellt. Für den Vergleich der Messergebnisse mit den Bemessungswerten nach den verschiedenen Normen bzw. Regelwerken sind die Messergebnisse mit einem Faktor von $\alpha = 1/2{,}1 = 1/(1{,}5/0{,}7)$ zu beaufschlagen. Dieser Faktor basiert auf dem Teilsicherheitsbeiwert $\gamma_c = 1{,}5$ für die Verbundspannung f_{bd} und dem 5%-Quantilwert der Betonzugfestigkeit $f_{ctk,0,05} = 0{,}7 \cdot f_{ctm}$ ausgehend von der mittleren Betonzugfestigkeit f_{ctm} nach [3]. Die Versuchsergebnisse werden mit den normativen Angaben zur direkten Lagerung verglichen, um den günstigen Einfluss der großen Betondeckung im Versuchskörper zu berücksichtigen.

4.3 Bewertung und Vergleich mit normativen Bemessungswerten

Bei geraden Stabenden stimmen die Rechenwerte von alter und neuer Norm weitestgehend überein (Abbildung 7). Ebenso decken sich die α-fachen Messwerte mit den Bemessungswerten nach DIN EN 1992-1-1.

Bei den Winkelhaken zeigen sich jedoch deutliche Abweichungen der unterschiedlichen Modelle (Abbildung 8). Es zeigt sich, dass DIN EN 1992-1-1 gegenüber DIN 1045:1972 bei gleichem Ausnutzungsgrad deutlich größere Verankerungslängen fordert. Aus den Versuchen geht zudem hervor, dass ein Großteil der Verankerungskraft (min. 80 % der gemessenen Gesamtverankerungskraft) allein im Bereich des Hakens abgetragen wird. Bereits bei kurzen Verbundlängen von z.T. weniger als 6ϕ tritt bei einigen der durchgeführten Versuche Stahlversagen ein (vgl. Abbildung 8). Es ist daher davon auszugehen, dass das der DIN EN 1992-1-1/NA zugrunde liegende Modell im vorliegenden Fall das Tragverhalten des Winkelhakens nicht wirklichkeitsnah abbildet.

Unter Einbeziehung der erforderlichen Sicherheitselemente auf der Widerstandsseite zur Berücksichtigung der Streuung der Verbundspannungen, des Hakenanteiles und der Einbauungenauigkeiten erscheinen die Ansätze nach DIN 1045-1:2008 bzw. DIN EN 1992-1-1 als zu konservativ.

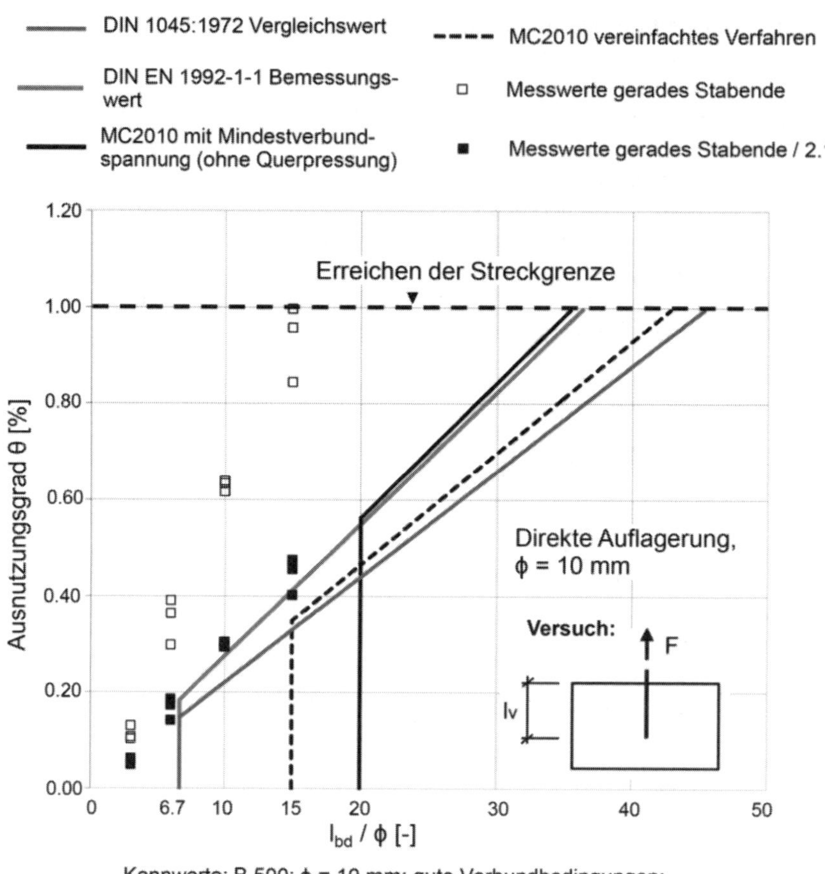

Abbildung 7. Bemessungswerte der erforderlichen Verankerungslänge und Messwerte für gerade Stabenden

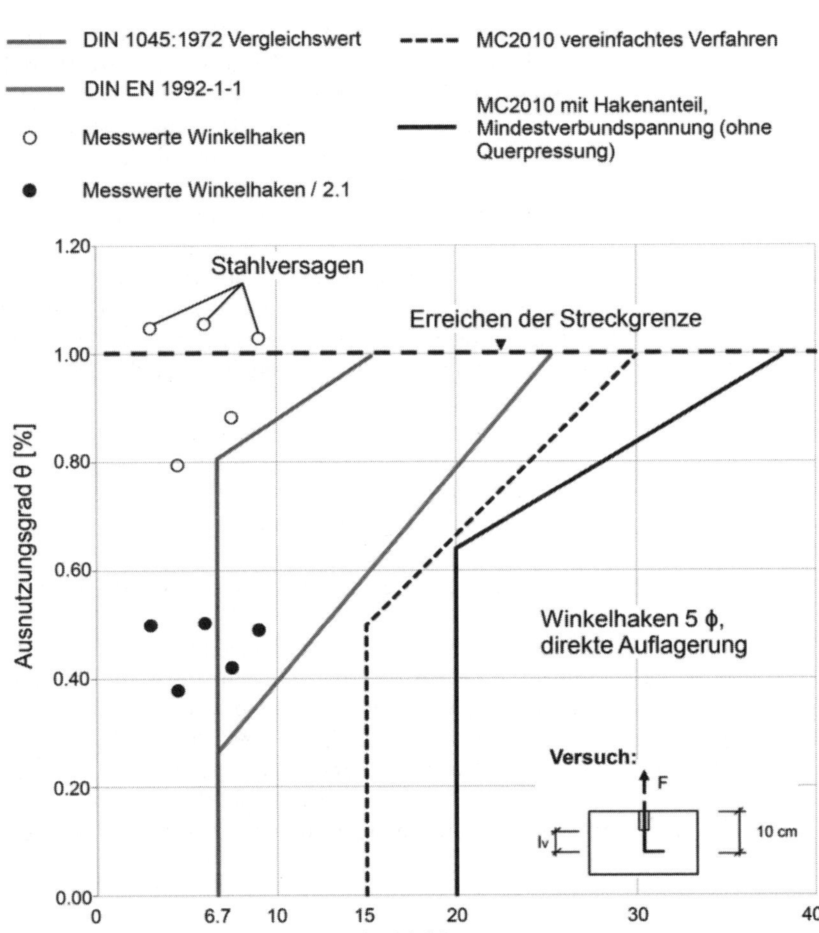

Abbildung 8. Bemessungswerte der erforderlichen Verankerungslänge und Messwerte für Winkelhaken

5. Modifikation des Bemessungsmodells nach DIN EN 1992-1-1/NA

5.1 Zielsetzung

Bei Fertigteilkonstruktionen liegen häufig sehr kurze Auflagertiefen der Stahlbetonbauteile vor. Der rechnerische Nachweis der Verankerungslänge der

Längsbewehrung gelingt meist nur mit Anordnung von Zulagebewehrung. Hierdurch wird die Ausnutzung des Bewehrungsstahls, wie in Abbildung 2 gezeigt, reduziert. Wirklichkeitsnahe Bemessungsmodelle ermöglichen bei vorgegebenem Sicherheitsniveau eine wirtschaftliche Ausführung der Bewehrung in der Verankerungszone. Voraussetzung hierzu ist eine wissenschaftlich fundierte Analyse des realen Tragverhaltens unter Berücksichtigung der unterschiedlich streuenden Eigenschaften der Einflussgrößen Lage- und Maßungenauigkeit der Bewehrung, Betonfestigkeit und Verbundverhalten sowie der Stahltragfähigkeit. Auf Grundlage einer Zuverlässigkeitsbetrachtung ist dann eine wissenschaftlich abgesicherte Anpassung des Bemessungskonzeptes möglich. Es ist zu erwarten, dass insbesondere bei geringen Ausnutzungsgraden durch wirklichkeitsnähere Bemessungsmodelle die erforderlichen Verankerungslängen bei Verwendung von Winkelhaken reduziert werden können.

Durch den wirklichkeitsnahen Ansatz des lastabtragenden Beitrags des Winkelhakens ist zu erwarten, dass die normativ geforderte Verankerungslänge und analog hierzu die erforderliche Menge der Zulagebewehrung reduziert werden kann. Bereits jetzt wird besonderes Potential im Bereich der Betonfertigteile gesehen.

5.2 Erster Vorschlag für ein modifiziertes Bemessungsmodell nach DIN EN 1992-1-1/NA

Ein erster Vorschlag zur Modifikation des Bemessungsmodells auf Grundlage der DIN EN 1992-1-1 ist in Abbildung 9 dargestellt. Hierbei wird ein separater Traganteil des Winkelhakens von 40% bei einer Mindestverankerungslänge $l_{bd}/\phi = 6{,}7$ berücksichtigt. Die Bemessungswerte des modifizierten Modells decken sich mit den α-fachen Messwerten der durchgeführten Versuchsreihen. Bei hoher Auslastung des Bewehrungsstahls sollen die bestehenden Werte nach DIN EN 1992-1-1 beibehalten werden. Ebenso ist die Mindestverankerungslänge nach DIN EN 1992-1-1 zu begrenzen.

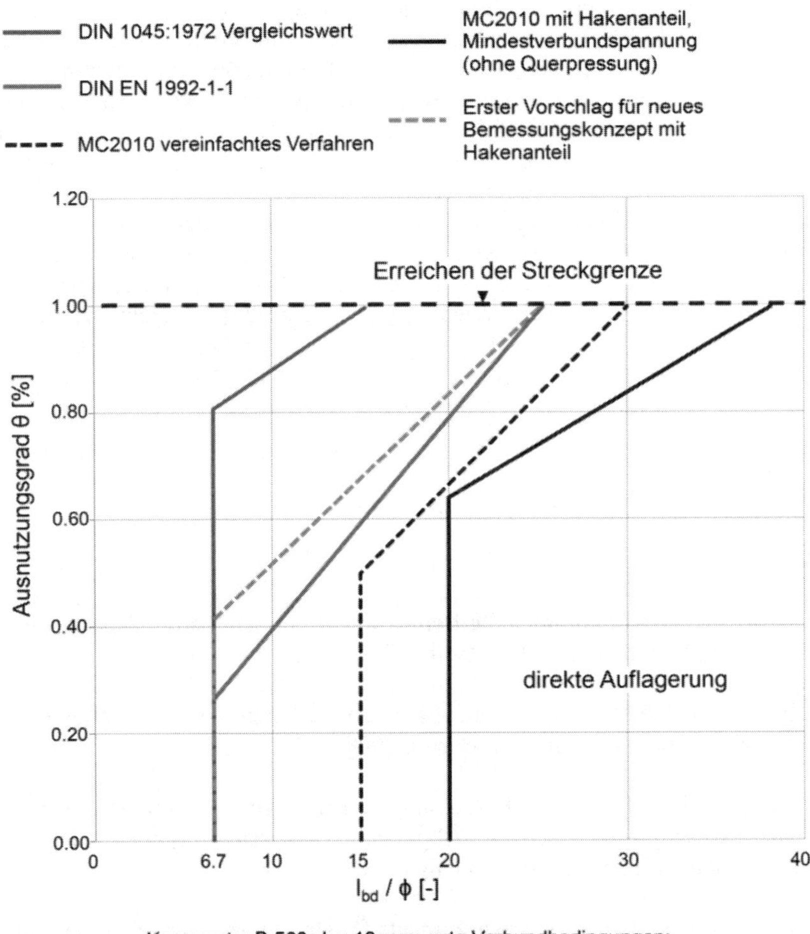

Abbildung 9. Bemessungswert der erforderlichen Verankerungslänge und Vorschlag für ein modifiziertes Bemessungskonzept

6. Zusammenfassung und Ausblick

Die durchgeführten Versuchsreihen zeigen, dass ein Großteil der Verankerungskraft des Bewehrungsstahls im Bereich des Winkelhakens abgetragen wird. Wie in Abbildung 8 dargestellt können mindestens 80 % der Gesamtverankerungskraft bereits bei Verbundlängen von l_v < 6,7 ϕ durch den Winkelhaken verankert werden. Auf Basis von vorhandenen und weiteren Material- und Bauteilversuchen wird derzeit ein wirklichkeitsnahes Modell zur Verankerungswirkung mit Winkelhaken entwickelt. Die verschiedenen Anteile der Tragwirkung der Verankerung resultierend aus der Verformung des Bewehrungsstabes im Bereich der Stabumlenkung, der Reibung und dem Verbund werden hierzu quantifiziert. Zusätzliche Untersuchungen mittels Finite-Elemente Modellierung sollen die experimentellen Versuche ergänzen. Das Kalibrieren des modifizierten Bemessungsmodells erfordert weitere Versuchsreihen. Hierbei sind Variationen des Stabdurchmessers und der Betondeckung, verschiedene Winkelhakenlängen etc. vorzusehen. Darauf aufbauend soll ein neues Bemessungsmodell zur Ermittlung der erforderlichen Verankerungslänge unter Berücksichtigung des wirklichkeitsnahen Tragverhaltens des Winkelhakens entwickelt werden.

LITERATUR

[1]   Lindorf, A.: Woher kommen die Bemessungswerte der Verbundspannung? In: Beton- und Stahlbetonbau 105, Heft 1, 2010.

[2]   DIN 1045-1:2008-08: Tragwerke aus Beton, Stahlbeton und Spannbeton – Teil 1: Bemessung und Konstruktion, Berlin, 2008.

[3]   DIN EN 1992-1-1:2011-01, Bemessung und Konstruktion von Stahlbeton- und Spannbetontragwerken Teil 1-1: Allgemeine Bemessungsregeln und Regeln für den Hochbau mit nationalem Anhang (NA)

[4]   ACI 318-05, Building code requirements for structural concrete, American Contrete Institute, 2005

[5]   DIN 1045:1972-01: Beton und Stahlbetonbau, Bemessung und Ausführung, Berlin, 1972.

[6]   FIB-Model Code 2010, First complete Draft, Volume 1 + 2, Fédération Internationale du Béton, 2010.

STRESS TRANSFER FROM REINFORCEMENT TO CONCRETE

James O. Jirsa*
*Ferguson Structural Engineering Laboratory, The University of Texas at Austin, USA

Abstract

Professor Rolf Eligehausen has provided the structural engineering profession with data and explanations of behavior that have changed how engineers address the problem of transferring stresses from reinforcement and anchors to concrete. His impact on bond and development provisions in the American Concrete Institute (ACI) Building Code will be reviewed briefly. Several new issues that have arisen as the strength of materials increases and new materials are introduced will be discussed.

1. Foreword

It is an honor to be invited to contribute to this Symposium organized to recognize Professor Eligehausen's considerable achievements. He and his colleagues have had an enormous impact on the design of anchored and spliced bars and on anchorage to concrete. He has given freely of his time and energy to the development of design provisions that are used in building codes all over the world. And he holds the distinction of being an innovative meeting organizer who is persistent in reaching goals and completing tasks, but doing it by convening meetings in great cities and tourist spots around the world.

For many years, the development and splice length of reinforcing bars was based on bond stress that was a function of the bar diameter and the concrete strength. In the 1970's this approach was being questioned and research on bond and anchorage were underway in Germany under Eligehausen [1], Sweden under Losberg [2], and in the US at the University of Texas at Austin [3]. As the results of those projects began to appear in the literature, it was apparent that all three groups had come to similar conclusions. The bond stress that could be developed between the reinforcing bar and the concrete was a function of the concrete cover over the bar, the spacing between bars, and the

"

amount of transverse reinforcement along the anchored or spliced bar. This led to exchanges between the researchers involved and provided a means of harmonizing the design approaches in the US and Europe. While the equations that eventually were approved for design documents were not identical, they were based on the behavioral models which were nearly identical.

2. Development Length Equations

At the University of Texas, Professor Phil Ferguson had been conducting research on bond and development for a number of years through funding from the Texas Department of Transportation. He had identified cover and spacing between bars as factors that were not treated properly by designers [4]. In the early 1970's, a project was funded to evaluate existing data on bond with the aim of improving design provisions for bridge structures. Funding was provided to conduct experimental research to fill gaps in the database. The results of the studies were submitted to ACI Committee 408 on Bond and Anchorage where they were debated and a revision to the code was presented to ACI 318.

It should be noted that in the original submission to the ACI 318 Building Code Requirements for Structural Concrete from ACI Committee 408 on Bond and Anchorage [5], there was a recommendation that closely spaced bars and bars with small concrete cover should be confined with transverse reinforcement to improve stress transfer and reduce required development and splice lengths. However, the Committee 318 did not adopt that recommendation but did reduce increase the development and splice lengths for bars with small cover and close spacing. In the periodic updates to the ACI Building Code, some changes have been made in the equations to make them easier for the designer to use and to reflect more recent research findings. The acceptance of the original equations proposed by Orangun, et al [3] and ACI 408 [5] was aided immeasurable by the knowledge that nearly identical provisions were proposed for the model code in Europe that was organized through CEB (Comité Européen du Béton).

3. Development Lengths for High Strength Materials

In the years since 1976 when major changes in development length provisions were introduced, additional test data has been reported on the effects of epoxy and other coatings employed to improve durability of concrete structures in corrosive environments, on the use of high strength concrete and steel, and on other forms of reinforcement including welded wire reinforcement and fiber reinforced polymers.

Although concrete strengths have increased markedly since the 1970's, the code retains an upper limit on $\sqrt{f_c'}$ of 100 psi. Concrete strengths higher than 10,000 psi are being specified for design but the data available has not been deemed sufficient by the ACI 318 to warrant a relaxation of that limit. Because the ACI Building Code is based on a philosophy that flexural yielding should control the behavior of reinforced concrete

316

structures, the use of high-strength reinforcement with limited ductility was not widely used.

In recent years, the introduction of new steel reinforcement with modified chemical composition to improve certain characteristics of the reinforcement such as corrosion resistance has increased interest in the use of such materials for primary flexural reinforcement. A recent coordinated research program was conducted at the University of Texas at Austin, Kansas University, and North Carolina State University on the development length of high-strength reinforcement provided data for design with such materials [6].

High-strength steel reinforcing bars that conform to ASTM A1035 were tested. Concrete with nominal strengths of 5000 and 8000 psi (35 and 55 MPa) were used. Sixty-nine large-scale beam-splice specimens were tested. Maximum bar stresses ranging from 96 to 120 ksi (660 to 830 MPa) were developed in bars not confined by transverse reinforcement. Providing transverse reinforcement resulted in stresses up to 150 ksi (1035 MPa) to be developed. The design equations in ACI 318 were found to be unconservative, with a large percentage of the developed/calculated strength ratios below 1.0. The equations currently in ACI 318 must be modified for development and splice design with high-strength reinforcing steel. These test results indicate that limitations on the range of applicability of code equations must be defined so that designers do not extrapolate the equations using values of variable that exceed available test data.

The combination of high-strength concrete and high-strength reinforcement with limited ductility resulted in very brittle failures. One of the main conclusions of that study was that transverse reinforcement must be used to prevent brittle failures such as that shown in Fig. 1 [7] and to provide reliable estimates of bond stress to determine development lengths that will permit some redistribution of moments before flexural failure occurs. Some typical failures are shown in Fig. 2 indicate the nature of the failure and the amount of deformation of the beam that occurred prior to the splice failure [7].

Fig. 1. Unconfined splice at failure

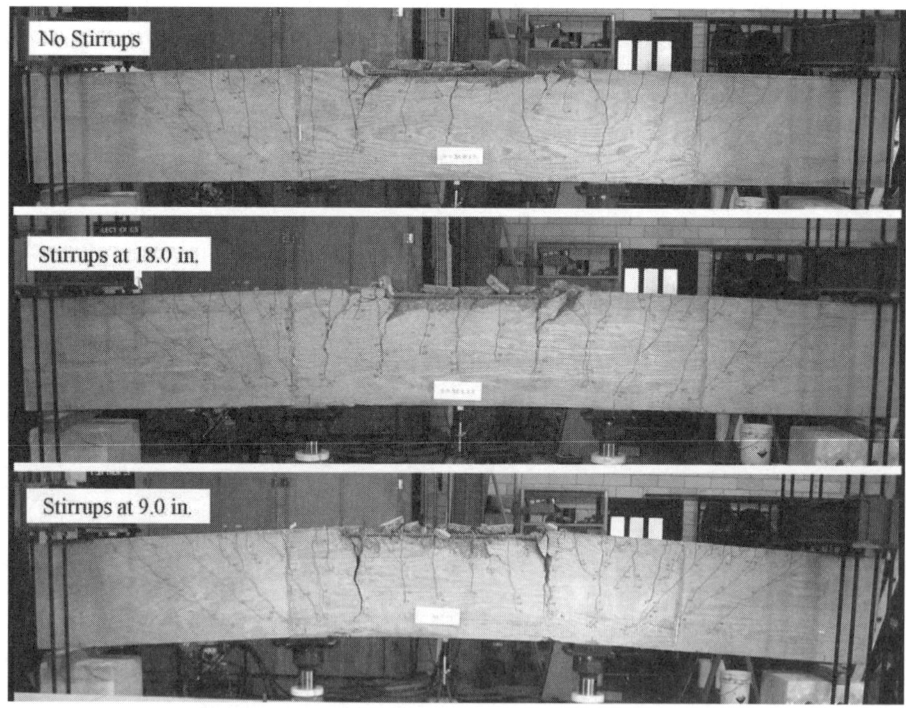

Fig. 2   Cracking and deflections at failure for varying levels of confinement

318

4. Transfer of Forces From FRP Materials to Concrete

The use of fiber reinforced polymers (FRP) for strengthening existing structures has raised new problems in stress transfer from the reinforcement to the concrete. If a member can be wrapped on all sides, FRP materials can be easily applied and the strength of the material can be developed. However, if complete wrapping is not possible and stress transfer must be accomplished using only adhesives (epoxies), the use of such materials becomes more problematic. The high tensile strength of carbon fiber reinforced polymers (CFRP) is difficult to mobilize. Once a critical stress is reached, the epoxy interface fails and increasing the development length will not increase the capacity of the reinforcement. Although a large amount of research has been done to understand and improve this stress transfer mechanism, it is generally not possible to reach the capacity of the CFRP using only epoxy adhesives to attach the CFRP to the concrete substrate. Some form of mechanical anchorage provides a more reliable and feasible solution. While epoxy grouted bolts or other forms of mechanical anchorage have been studied, the use of CFRP anchors seems to be the most likely solution.

Two different applications of CFRP mechanical anchorage have been studied at the University of Texas. In one case, the anchor acts in tension and in the other it acts primarily in shear.

4.1 Column splice strengthening

A commonly found weakness in older existing buildings is inadequate splice lengths in columns. In structures more than 50 years old, column splices were typically designed for compression only—even in high seismic zones. When such columns are subjected to flexure, the column cannot develop its flexural capacity because the splice is too short. One solution is to jacket the column with steel plates [8] to increase the confinement in the splice region (Fig. 3b). For large columns, plates must be supplemented with grouted anchors to provide sufficient confinement to splices that are not located close to the corners of the column. In Figure 3a, confinement in the splice region is provided with a CFRP jacket and intermediate CFRP anchors [9, 10]. Details of the column section and the intermediate anchors are shown in Fig. 4. The intermediate anchors provide confinement in the same manner that transverse reinforcement (perimeter ties and crossties) in the column would confine the splice and increase the capacity of the splice enough to allow the bars to yield. In this case the anchors provide tension to resist splitting of the cover concrete on the splice. The CFRP jacket provides restraint against splitting that may develop along the spliced bars.

The results of several tests are shown in Fig. 5. It can be seen that the CFRP jacket and anchors performed as well as the steel jacket with anchors and was easier to install. The appearance and dimensions of the column were not changed using CFRP.

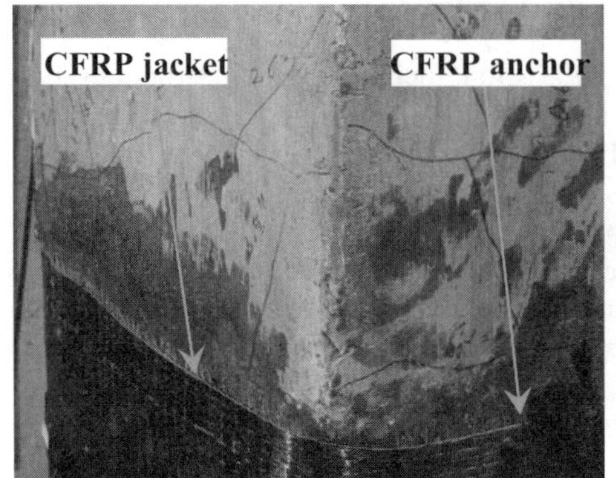

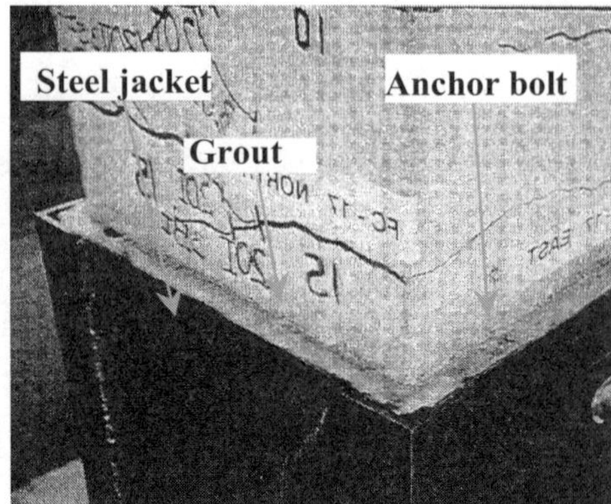

a. CFRP jacket with CFRP anchors   b. Steel jacket with anchor bolts [8]

Fig. 3   CFRP and Steel Jackets to Strengthen Column Splice Region

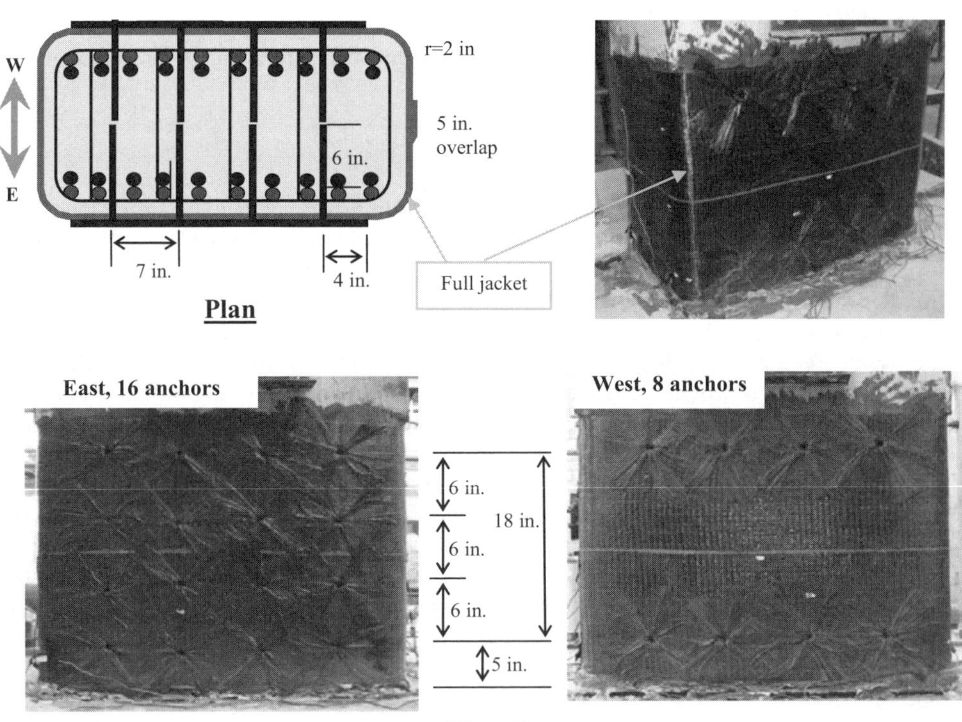

Fig. 4 Details of CFRP Jacket and Intermediate Anchors [9]

320

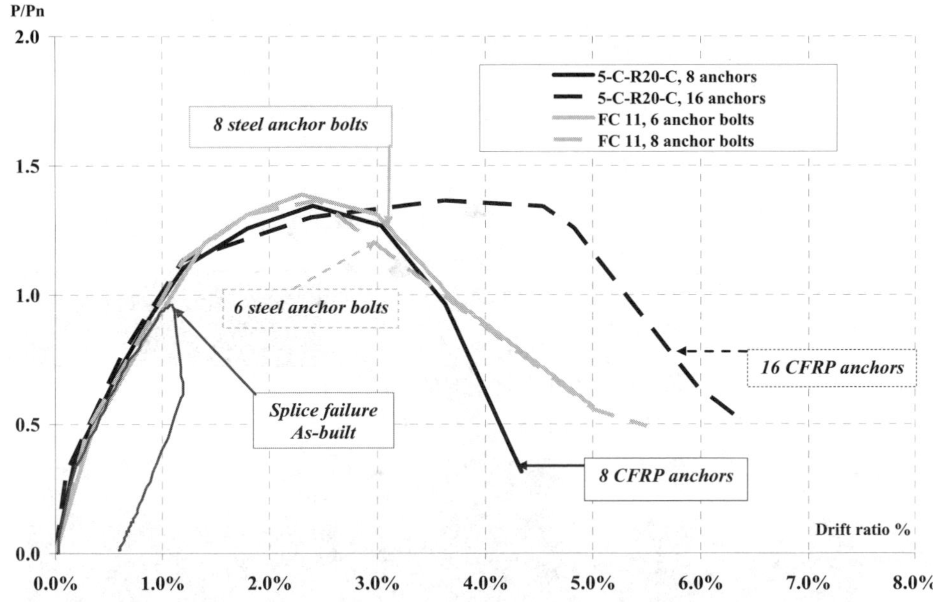

Fig. 5 Response with Steel or CFRP Jackets and Intermediate Anchors [9]

4.2 Beam shear strengthening

A research study on the use of CFRP for shear strengthening was recently completed [11]. CFRP anchors were used to transfer forces through dowels into the concrete. The objective was to strengthen beams in cases where a complete wrap is not possible, such as, girders supporting floors or bridge decks. The concept and a CFRP anchor are shown in Fig. 6. The use of anchors allowed for development of the strength of the CFRP strip even though the CFRP sheet debonded over the full depth of the beam. The CFRP anchor provides an alternate shear transfer mechanism through the CFRP anchor embedded into the concrete at the top of the strip. Through the use of the strips with anchors it was possible to increase the shear capacity of the beams around 40%. Companion beams with similar strips but without anchors exhibited virtually no increase in shear capacity.

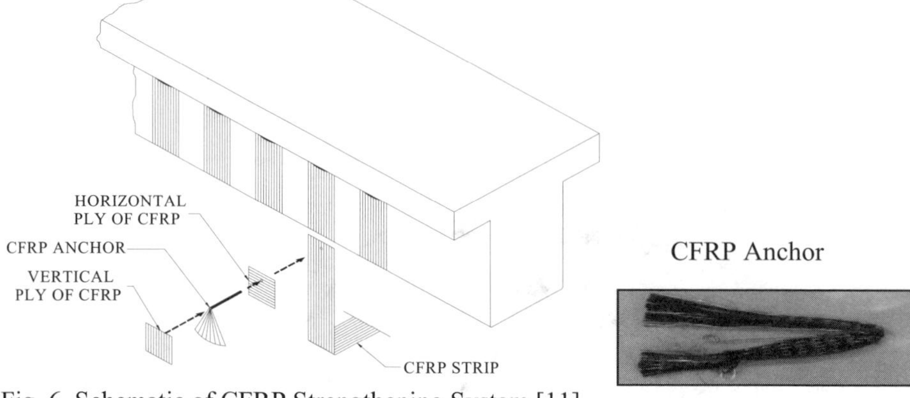

Fig. 6 Schematic of CFRP Strengthening System [11]

Fig. 7 Failure of CFRP Strips Crossing Critical Diagonal Shear Crack

5. Concluding Remarks

The transfer of forces between dissimilar materials continues to be a vexing and intriguing topic. As new materials and new construction techniques are added to the panoply of options available to structural engineers, new problems will arise that relate to the transfer of forces from reinforcement to concrete. Rolf Eligehausen's career has been devoted to understanding these mechanisms and developing guidance for designers. I congratulate him on his perseverance, his thoughtful and patient explanations of difficult concepts, and his ability to implement his findings so that concrete structures are safer and more economical.

References

1. Eligehausen, R., 1979, "Bond in Tensile Lapped Splices of Ribbed Bars with Straight Anchorages," *Publication* 301, German Institute for Reinforced Concrete, Berlin, 118 pp. (in German).
2. Losberg, A., and Olsson, P.-A., 1979, "Bond Failure of Deformed Reinforcing Bars Based on the Longitudinal Splitting Effect of the Bars," ACI JOURNAL, *Proceedings* V. 76, No. 1, Jan., pp. 5-18.
3. Orangun, C. O.; Jirsa, J. O.; and Breen, J. E., 1977, "Reevaluation of Test Data on Development Length and Splices," ACI JOURNAL, *Proceedings* V. 74, No. 3, Mar.,pp. 114-122.
4. Ferguson, P. M., 1977, "Small Bar Spacing or Cover—A Bond Problem for the Designer," ACI JOURNAL, *Proceedings* V. 74, No. 9, Sept., pp. 435-439.
5. ACI Committee 408, 1979, "Suggested Development, Splice, and Standard Hook Provisions for Deformed Bars in Tension (ACI 408.1R-79)," *Concrete International*, V. 1, No. 7, July, pp. 44-46.
6. Glass, G. M., "Performance of Tension Lap Splices with MMFX High Strength Reinforcing Bars," MS Thesis, University of Texas at Austin, May 2007
7. Seliem, H. M., Hosny, A., Rizkalla, S., Zia, P. Briggs, M., Miller, S., Darwin, D., Browning, J., Glass, G. M., Hoyt, K., Donnelly, K., and Jirsa J. O., 2009, "Bond Characteristics of ASTM A1035 Steel Reinforcing Bars," ACI STRUCTURAL JOURNAL, V. 106, No. 4, July.
8. Aboutaha, R. S.; Engelhardt, M. D.; Jirsa, J. O.; and Kreger, M. E., 1999, "Experimental Investigation of Seismic Repair of Lap Splice Failures in Damaged Concrete Columns," *ACI Structural Journal*, V. 96, No. 2, Mar.-Apr. pp. 297-306.
9. Kim, I., "Use of CFRP to Provide Continuity in Existing Reinforced Concrete Members Subjected to Extreme Loads," PhD Dissertation, University of Texas at Austin, Aug. 2008
10. Kim, I., Jirsa, J. O., and Bayrak, O., 2011, "Use of Carbon Fiber-Reinforced Polymer Anchors to Repair and Strengthen Lap Splices of Reinforced Concrete Columns," ACI STRUCTURAL JOURNAL V. 108, No. 5, Sept.
11. Kim, Y., Quinn, K., Satrom, N., Garcia, J., Sun, W., Ghannoum, W. M., Jirsa, J. O., "Shear Strengthening of Reinforced and Prestressed Concrete Beams Using Carbon Fiber Reinforced Polymer (CFRP) Sheets and Anchors," Report No. FHWA/TX-11/0-6306-1, Center for Transportation Research, The University of Texas at Austin

BOND-MODELS USED IN THE CASE OF POST-YIELD CYCLIC PULL-OUT/PUSH-IN OF REINFORCEMENT

Panagiotis Mavrogiorgos*, Theodossios Tassios*
* National Technical University of Athens, Greece

Abstract

The paper describes a numerical method to calculate rationally the final pullout value s_{max} of anchored rebars, after a given post-yield cyclic loading. To this end, the well known Eligehausen bond-model is used, thought to be valid for strongly confined concrete. To the same end, a simpler bond-model is also used, valid for practically unconfined concrete. The proposed numerical method allows for the detailed determination of stresses and slips along the entire rebar, during the pull-out and push-in cyclic loading, for imposed steel stresses higher than yield limit. Thus, final pullout values s_{max} are rationally calculated, ready to be used in an integrated model predicting the post-yield rotational capacity of cross sections.

1. Introduction

The actual trend in using non-linear displacement-governed methods of Analysis in R.C. seismic design, needs to be backed by rational methods of calculating the post-yield rotational capacities of critical regions of structural elements, under cyclic conditions. These capacities are actually calculated by means of empirical expressions based on extensive experimental data [1].

A rational model to calculate rotational capacities, should obviously include a sub-model describing the pull-out and push-in behaviour of reinforcing bars under cyclic tension and compression, correspondingly – especially if open flexural cracks do not completely close when the consecutive compression forces act on the previously tensioned bars. For such a sub-model to be produced, the following data are required:

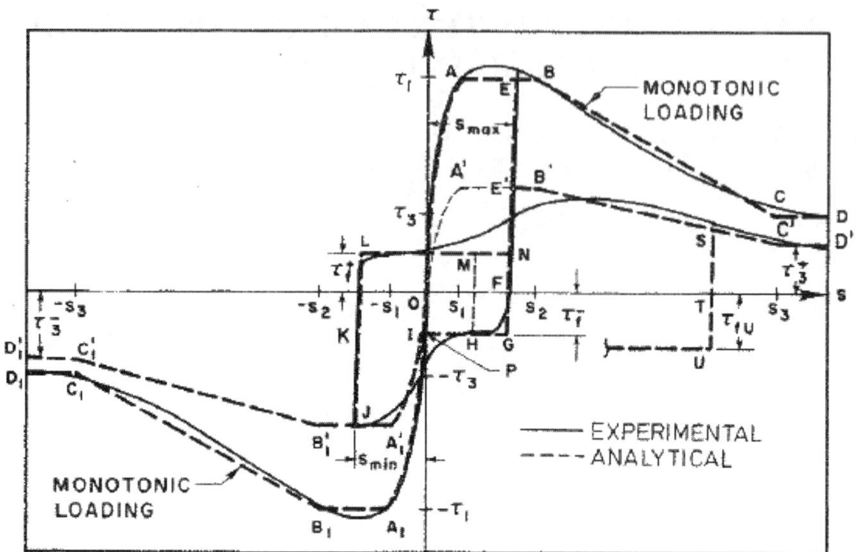

Figure 1 - General form of the Eligehausen local – bond vs local – slip model (from [2]).

- A constitutive rule of local – bond τ vs. Local – slip s is first needed, under cyclic conditions, valid for elastic steel.
- A correction is subsequently required in order to take into account the fact that under seismic conditions steel strain is considerably higher that its yield-strain ε_{sy}, and bond resistance is reduced.
- A single steel-bar could now be considered subjected to a given history of post-yield pull-outs and push-ins; "given history" in terms of cyclically imposed stresses, e.g. complete reversals ($\pm\sigma_s$), and in terms of a given number of cycles, e.g. equal to two or three full cycles. The model should be able to predict the value of the final pullout slip s_{max} of the bar. It is expected that, due to cyclic bond degradation, s_{max} is considerably larger than under monotonic loading. This value, combined with the compressive displacement of the compressive concrete zone, will shape the rotational capacity of the cross section considered.
- The model contains an appropriate concrete-mass, into which the bar is anchored. Thus, a corresponding R.C. prism will be used in the model, appropriately representative of the real peripheral supporting conditions.

It seems however that such a detailed rational model will be rather hard to be implemented; various additional simplifications will be therefore introduced along the aforementioned process.

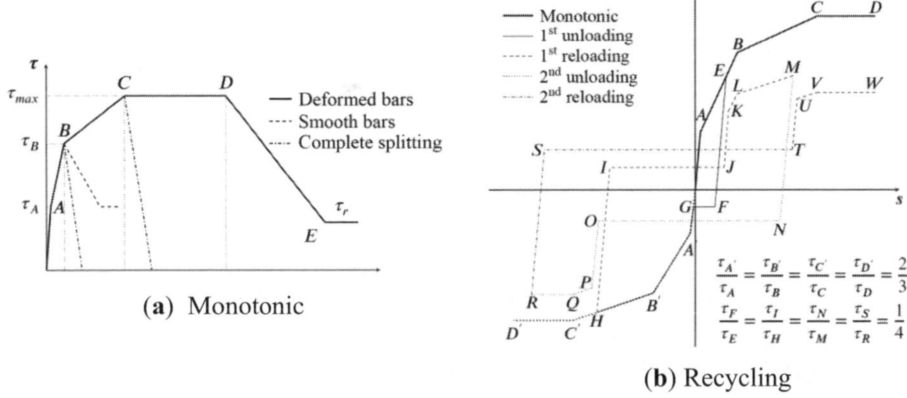

(a) Monotonic

(b) Recycling

Figure 2 - Tassios local – bond vs local – slip constitutive law of practically unconfined bars.

2. Local bond vs. local slip rules

One of the most recognised and broadly used models is that of Eligehausen et al. [2]. It is of essence to underline that Eligehausen's study focuses on the bond response of beam longitudinal reinforcement anchored in well confined, interior beam-column building joints. Figure 1 shows the essential characteristics of the model. Since the available confinement is governing these characteristics, it is interesting to remind here that Eligehausen's specimens consist of a single deformed bar with an embedment length of $5d_b$, contained in a concrete block reinforced with longitudinal reinforcement (perpendicular to the anchored bar and representative of column longitudinal reinforcement) and transverse reinforcement (parallel to the anchored bar and representative of column transverse reinforcement).

According to the model, under monotonic loading, for slip values lower than the slip corresponding to the peak bond capacity, the bond-slip response is relatively stiff, with reduced stiffness as the peak bond value is reached. For slip values larger than the slip corresponding to the peak bond value, a reduced bond-slip response is observed, while at extreme slip values only minimal bond capacity is maintained. Upon slip reversal, there is a rapid loss in bond response until, for large slips, only friction is developed between the bar and the surrounding concrete. Once the slip changes sign again and reaches its initial value, slip is resisted by undamaged concrete, resulting in an increase of bond capacity. The peak bond capacity achieved under reversed cyclic loading is lower than that observed under monotonic loading due to the damage that concrete has accumulated during the previous cycles. The magnitude of this reduction depends on the loading history; if the slip corresponding to the peak-bond capacity has been reached, then the degra-

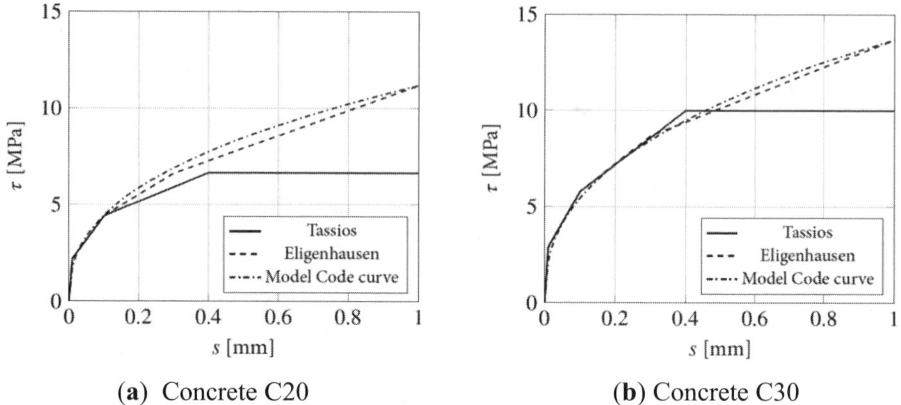

(a) Concrete C20   **(b)** Concrete C30

Figure 3 – Comparison between local – bond vs. local – slip bond models under monotonic loading.

dation is rapid; on the contrary, if slip is smaller, then on subsequent cycles the bond-slip response may reach the monotonic envelope. For low-cyclic loadings the degradation is rather small. In the present study, the monotonic curve has been simplified into a series of line segments.

A considerably simpler but less accurate model was proposed by Tassios [3], valid for practically unconfined concretes, used for older R.C. buildings; Figure 2 shows its main characteristics. As it can be shown from Figure 3, for the stiff, loading branch of monotonic loading the two models are essentially the same. The main differences between them are the predicted peak bond value and, most importantly for the purposes of this paper, the proposed bond-response-degradation after cycling. Such degradations are much more pronounced in the second, as compared to the first model.

It is assumed that this is due to the difference of confinement respectively considered. In fact, concrete confinement seems to affect bond behaviour first in a way similar to its consequences on concrete compressive strength and second because of internal micro–cracking. An increase of both bond strength and critical slip values is observed, as well as a considerably more stable hysteretic behaviour, without significant bond response degradations after cycling. The provisions of *fib* Model Code 2010 [4] clearly corroborate these effects, at least under monotonic conditions. In conclusion, the increase of the final pullout slip values due to cyclic loading are expected to be considerably lower in the case of confined concrete.

In any case, bonded points very close to the end of the bar exhibit considerably lower bond resistance up to zero resistance, at the very edge of the bar. This phenomenon was not taken into account in this paper, since its consequences on the overall post–yield slip are not significant.

3. Post–yield bond cyclic behaviour

One of the least studied aspects of the bond between reinforcement and concrete is the effect of steel yielding, especially in recycling loadings. Under tension, the bar's diameter is reduced. The rate of this reduction increases rapidly after steel's hardening due to the increase of the Poisson's ratio v from the elastic value ($\cong 0.3$) to the plastic value ($\cong 0.5$). As a natural consequence, the area of the steel that actually is in contact with the surrounding concrete is drastically reduced, leading to a reduction of the observed bond. The magnitude of this reduction depends both on the steel's stress level and the type and geometry of the reinforcement (geometry of the ribs, ribs pattern e.t.c.). Before yielding, this phenomenon is usually ignored.

The first who studied the relationship between steel's yielding and bond effects seem to be Shima et al. [5] who proposed equation [1] relating bond's strength τ, slippage s and the steel's deformation ε_s. According to the authors, the proposed relationship applies both before and after yield and can be applied to cyclic loading. Its application in case of compressive yield has not been tested.

$$\tau = 0.73 \cdot f_c \cdot \frac{\left[\ln\left(1 + 5000 \cdot \frac{s}{d_s}\right)\right]^3}{1 + \varepsilon_s \cdot 10^5} \tag{1}$$

A different approach was followed by Fernández Ruiz et al. [6] who proposed the use of a reduction factor K_b shown in equation [2], where e_{bu} depends on the bar geometry. In their study, the authors showed that there is good correlation between their formula and the one presented in eq. [1].

$$K_b(\varepsilon_s) = \begin{cases} \dfrac{\varepsilon_{bu} - \varepsilon_s}{\varepsilon_{bu} - \varepsilon_y} \cdot \sqrt{\dfrac{\varepsilon_y}{\varepsilon_s}} \leq 1, & 0 \leq \varepsilon_s \leq \varepsilon_{bu} \\ \\ 0, & \varepsilon_{bu} \leq \varepsilon_s \end{cases} \tag{2}$$

Regarding Design Codes, Model Code 2010 [4] is the first that actually takes under consideration the reduction of the bond after the steel's yielding. For this purpose it uses the reduction factor Ω_y [eq. 3]. It should be noted though that this relationship takes into account only the level of steel's stress, ignoring the geometrical properties of the reinforcement.

$$a = \frac{\varepsilon_s - \varepsilon_{sy}}{\varepsilon_{su} - \varepsilon_{sy}}$$

$$b = \left(2 - \frac{f_t}{f_y}\right)^2 \tag{3}$$

$$\Omega_y = \begin{cases} 1.0, & 0 \leq \varepsilon_s \leq \varepsilon_{sy} \\ 1.0 - 0.85 \cdot \left(1 - e^{-5a^b}\right), & \varepsilon_{sy} \leq \varepsilon_s \leq \varepsilon_{su} \end{cases}$$

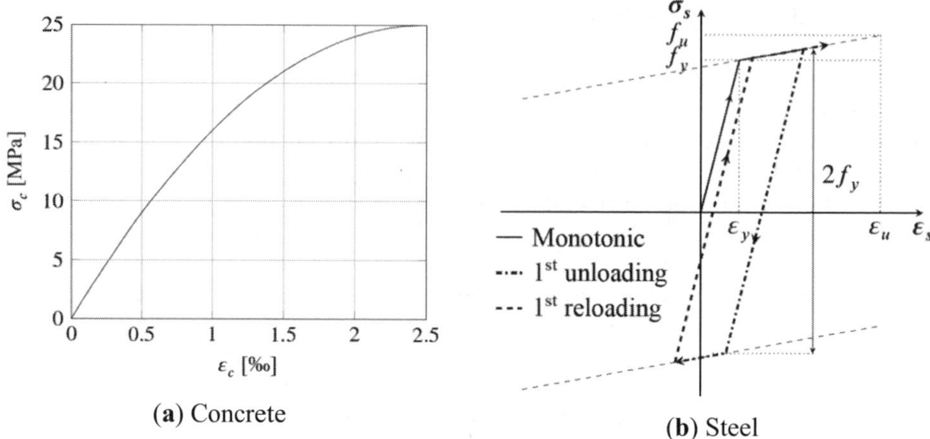

Figure 4 – Constitutive laws of materials.

In the present study, due to its simplicity and ease of appliance, the latter formula was adopted.

4. Concrete and steel modelling

For simplicity, it was assumed that the surrounding concrete shows elastic behaviour. This approach can be considered sufficiently accurate, provided that the stresses σ_c during recycling never exceed 40% of the maximum compressive strength f_{ck}. Concrete's constitutive law is described by eq. [4], where ε_{cu} is the ultimate concrete strain and E_c is the Young's Modulus.

$$\varepsilon_c = \begin{cases} \varepsilon_{cu} \cdot \left(1 - \sqrt{1 - \dfrac{\sigma_c}{f_{ck}}} \right), & \sigma_c \leq 0 \\[3mm] \dfrac{\sigma_c}{E_c/4}, & \sigma_c \geq 0 \end{cases}$$

[4]

In the present study, steel follows a simplified bi-linear law, both in tension and compression (elastic – elastoplastic behaviour). Specifically, in monotonic loading it is assumed that steel stress is linearly proportional to the elastic modulus of steel E_s until the yield point ε_y. In the plastic region the behaviour of steel is still linear but the slope of the stress-strain ($\sigma - \varepsilon$) curve is equal to the plastic modulus of steel E_h. In recycling, both the loading and the unloading path are linear at an angle equal to the elastic modulus (Fig. 4b).

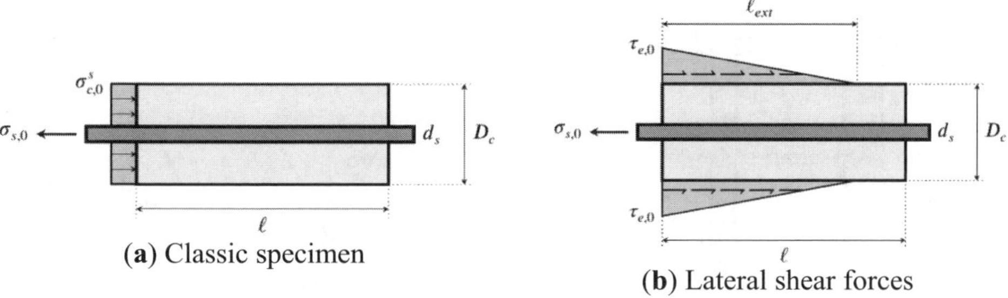

(**a**) Classic specimen

(**b**) Lateral shear forces

Figure 5 – Supporting schemes of the "specimen".

5. The model "specimen"

Mathematical pull–outs and push–ins will be effectuated on R.C. prismatic independent "specimens", in a way similar to experimental testing. In this respect, two interrelated problems of representativeness have to be faced: First, an appropriate cross section of the surrounding concrete has to be considered; second the supporting conditions of the "specimen" should be decided.

Figure 5a shows the normal experimental set-up for pullouts; external compressive stresses act on the front of the specimen to ensure equilibrium. But such stresses do not appear under the real conditions at the tensional zones of the end-cross sections of R.C. columns or beams. Thus, another equilibrium scheme should possibly be sought as in Figure 5b, where a prismatic specimen is supported by means of lateral shear stresses, that are developed internally during the application of the external steel-stress $\sigma_{s,0}$. By means of a separate numerical investigation in an elastic half space, it is possible to find an appropriate distribution of these shear stresses, along the edges of a prismatic specimen larger than five times the diameter of the bar.

In practical terms, however, the final values of post-yield pullout slips s_{max} under cyclic loading, do not seem to be substantially influenced by the aforementioned two kinds of supporting schemes. Similarly, the influence of the length of the bar close to the end-sections where bond is reduced, may also be disregarded in this respect. Based on these data, the special investigation this paper is dealing with, is carried out on "normal" specimens equilibrated by means of end compressive stresses.

6. Algorithm

The algorithm used, at least conceptually, is not new. In a previous work, one of the authors [7] used it to solve problems of axially loaded specimens under cyclic loading up to steel's yield point. Later, Haskett et al. [8] in an independent research work, followed essentially the same approach in an attempt to relate the macroscopic behaviour of the same

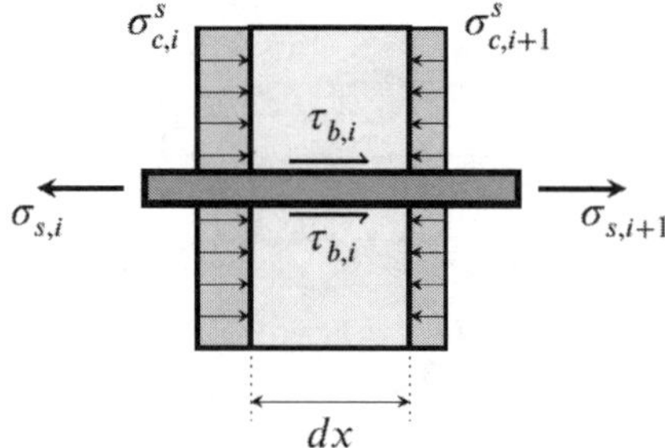

Figure 6 – Equilibrium of a slice.

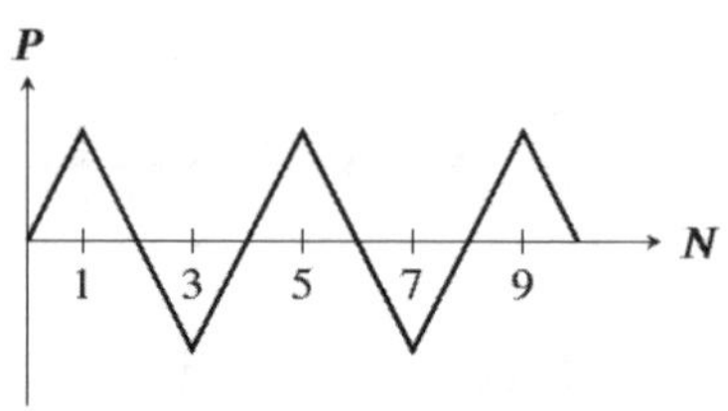

Figure 7 – Loading history.

type of specimens $(P - \delta)$ with the local-bond vs local-slip laws $(\tau - s)$ by means of a closed relationship.

In the classic pull-out test, steel stresses σ_s are balanced by compressive stresses σ_c acting on concrete, on the loaded edge of the specimen. The free-body scheme of the specimen is illustrated in Figure 5a. Similarly, in the push-in test, steel stresses are artificially balanced by compressive stress acting on the unloaded edge of the specimen. The equilibrium of an infinitesimally small element of the specimen is shown in Figure 6. The following equations are the equilibrium equation of the bar [eq. 5], the equation of equilibrium of the element [eq. 6] and the equation of the relative slip of the bar against the concrete [eq. 7].

$$\sigma_{s,i+1} = \sigma_{s,i} - \tau_{b,i} \cdot \frac{\pi \cdot d_b \cdot d_x}{A_s} \tag{5}$$

$$\sigma_{c,i+1} = \sigma_{c,i} \cdot \left(\sigma_{s,i+1} - \sigma_{s,i}\right) \cdot \frac{A_s}{A_c} \tag{6}$$

$$s_{i+1} = s_i \cdot \frac{d_x}{2} \cdot \left[\left(\varepsilon_{s,i+1} + \varepsilon_{s,i}\right) - \left(\varepsilon_{c,i+1} + \varepsilon_{c,i}\right)\right] \tag{7}$$

Using the aforementioned equations and assuming stresses and strains in one section, it is possible to calculate the stresses and strains in the next one. In this way, following an iterative process, the distribution of internal forces along the specimen can be determined step by step. The only requirement is to observe the boundary conditions, which in the case of classic pull-out and push-in tests are given in Table 1.

The independent quantities are i) concrete stresses σ_c, ii) steel stresses σ_s, iii) local bond τ and iv) local slip s. Three equations are available, plus the $\tau - s$ constitutive relationship. The following iterative procedure is adopted:
1. Boundary conditions are defined in the loaded and the unloaded end of the specimen.
2. An arbitrary value of slip is imposed on the loaded end of the specimen.
3. Using the equations, the stress and strains are calculated along the specimen.

Edge	Pull – out		Push – in	
	Loaded	Unloaded	Loaded	Unloaded
σ_s	> 0	$= 0$	< 0	$= 0$
σ_c	< 0	$= 0$	$= 0$	< 0
s	> 0	$= 0$	< 0	< 0
τ	$= 0$	$= 0$	$= 0$	$= 0$

Table 1- Boundary conditions of the classic specimen.

4. The stress and strains at the unloaded end are compared with the expected boundary conditions.
5. If convergence is not satisfactory, steps 2 to 5 are repeated with a new corrected initial value of slip.

The convergence of the method is accelerated by using the Brent algorithm [9].

7. Results

7.1 Post-yield

Using the proposed algorithm, it is possible to calculate the distribution of stresses and strains along the length of the specimen at every stage of the loading history. The algorithm can handle both pre- and post-yield stress states.

A typical distribution of strains, stresses and slips alongside the bar under monotonic loading, before and after yielding, can be seen on Figure 8. As it is obvious, exceeding the yield strength leads to a large increase of slips, although this increase is concentrated close to the loaded end of the bar (Fig. 8e). The large slip values are mainly attributed to the plastic deformations of the bar (Fig. 8c and 8d). Concrete's stresses and strains distribution does not seem to be significantly influenced by the post-yield stress state of the bar. (Fig. 8a and 8b). On the contrary, the local bond stresses are severely reduced along the area of plastic deformations (Fig. 8f).

7.2 Cyclic loading

Hereafter, $N = 1$ denotes the monotonic pull-out, $N = 2$ the unloading phase until slipping becomes zero again, $N = 3$ the push-in phase, $N = 4$ the reloading phase, while the first complete cycle concludes with the second pull-out denoted with $N = 5$. The loading history is described also on Figure 7, where P is the pull-out/push-in force.

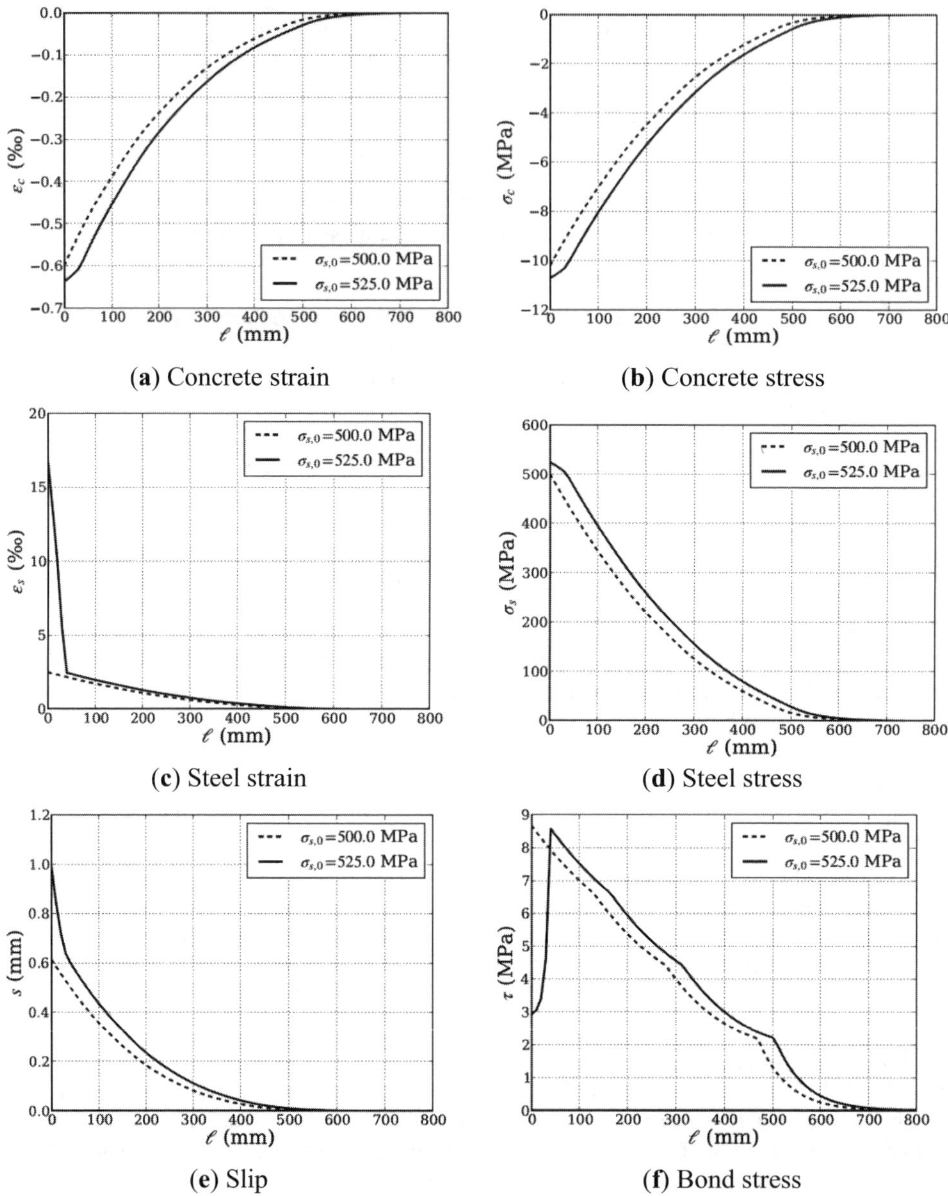

Figure 8 - Distribution of strains, stresses and slips along the bar length for monotonic loading equal to and exceeding the bar's yield point, for a steel with $f_{sy} = 500$ MPa and $f_{su} = 600$ MPa and a bar diameter of $d_b = 20$ mm, using the Eligehausen model.

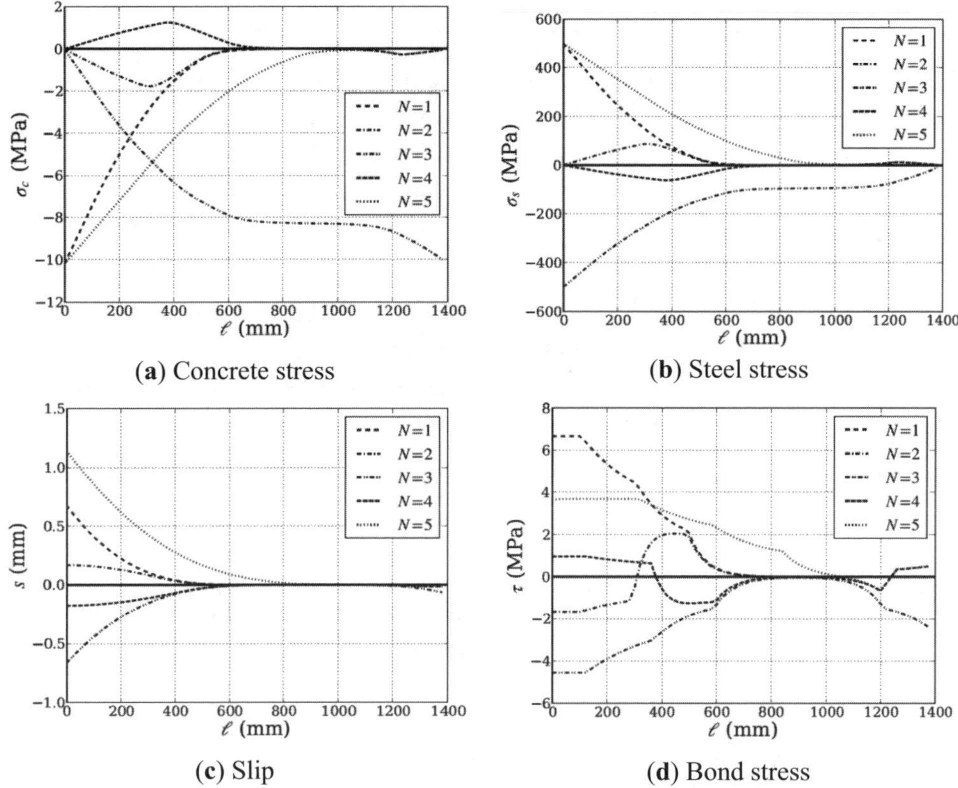

Figure 9 - Distribution of strains, stresses and slips along the bar length for a full cycle up to the yield point, for a steel with $f_{sy} = 500$ MPa and $f_{su} = 600$ MPa and a bar diameter of $d_b = 20$ mm, using the Tassios model.

Figure 9 shows the distribution of strains, stresses and slips along the length of the specimen during a full cycle using the Tassios bond-model. Obviously, a significant increase of slip is observed at the loaded edge. There is also an increase of the active length (i.e. the required anchorage length) (Fig. 9c). Both of them can be attributed to the reduced bond capacity due to recycling (Fig. 9d). It should be noted, that during the unloading and reloading phases ($N = 2$ and $N = 4$) there are residual stresses and strains along the specimen length, even though stresses and strains at the loaded edge are equal to zero. Note that stresses and strains appearing at the back-end of the specimen are only a result of the unrealistic support conditions during the push-ins, and they should be disregarded. Anyway, provided that the length of the specimen is sufficiently long, those 'pseudo' stresses at the back-end of the specimen do not influence the results of the front-end.

Case	Model	f_y [MPa]	f_c [MPa]	l [mm]	D_c [mm]	d_b [mm]	σ' [MPa]
$T1$	Tassios	500	30	1600	120	20	500
$T2$	Tassios	500	30	1600	120	20	525
$T3$	Tassios	500	30	1600	120	20	550
$E1$	Eligeh.	500	30	1600	120	20	500
$E2$	Eligeh.	500	30	1600	120	20	525
$E3$	Eligeh.	500	30	1600	120	20	550

Table 2 - Input data.

N	s_0^N [mm]			k_2^N		
	1	5	9	1	5	9
$T1$	0.58	0.96	1.15	1.00	1.65	1.98
$T2$	1.05	1.83	2.23	1.00	1.74	2.12
$T3$	2.91	5.63	7.27	1.00	1.94	2.50
$E1$	0.56	0.57	0.58	1.00	1.02	1.03
$E2$	0.92	0.96	0.97	1.00	1.04	1.05
$E3$	2.09	2.33	2.42	1.00	1.12	1.16

Table 3 - Results of simulations.

7.3 Development of slips under cycling loading

The algorithm can be used to investigate the development of slips at the loaded end after subsequent cycles. Table 2 summarises the data of the simulations carried out. Data denoted with T_i are related to Tassios' bond-model, while those denoted with E_i relate to Eligehausen's model. The index i refers to the stress developed at the end of the bar during cyclic loading (1 for bar stress equal to the yield stress, 2 for exceeding the yield stress by 5% and 3 for exceeding the yield stress by 10%). The stress applied at the edge of the bar during reloading is denoted with σ'_s. If s_0^N is the slip at the loaded end at stage N (with $N \in \{5, 9, 13, \cdots\}$), then we define k_2^N as the ratio of slip at the loaded end at stage N, to the slip at the loaded end under the monotonic pull-out $k_2^N = \frac{s_0^N}{s_0^1}$. This ratio is of paramount importance in calculating the available plastic rotational capacity of critical regions under seismic loading.

The results of the conducted simulations are summarised in Table 3. As it is obvious, for full cycles, the more you exceed the yield point, the more the rate of slip development increases. This rate depends on the level of stress above the yield point, while this behaviour is being similar in both bond-models. What is different though, is the development of the ratio k_2^N (e.g. the normalised slip at the loaded end after each full cycle). On Tassios' model, k_2^N increases rapidly with subsequent cycles. In Eligehausen's model,

336

an increase of k_2^N values is also observed, but it is very small compared to k_2^N values derived from Tassios' model.

These differences can be mainly attributed to the different assumptions of the two models. More specifically, the strong confinement of the Eligehausen specimens has a multiple stiffening effect on bond-cycling behaviour: First because of the triaxial compressive field, concrete strength is increased. More importantly, surrounding reinforcements are crossing all categories of internal cracks around the bonded area and contribute to a drastic reinstatement of the nominal tensile resistance of concrete. Consequently, stress response degradation is minimised in the Eligehausen's model, whereas, under unconfined conditions these degradations are pronounced. However, since Tassios' model was based on experimental research of sixties and seventies, it may reflect properties of concrete of relatively low strength.

8. Conclusions

The problem of the rational calculation of the final pullout slip s_{max} after a given history of cyclic post-yield loading, remains to be further investigated numerically, and appropriately backed by corresponding experimental data. However, even at this stage, some preliminary conclusions may be drawn.

Available experimental models and numerical methods of analysis allow for a rational prediction of such post-yield cyclic pullout values s_{max}. The algorithm is able to follow stepby-step the stress and deformation distributions along the bar during the various loading histories. The main contribution to s_{max} is due to the parts of the bar close to the end, where the so called "yield penetration" takes place.

After the first cycle, considerable increase of s_{max} may be observed, due to bond-response degradations taking place in unconfined concrete. In this connection, it has to be stressed out that Eligehausen's bond-model (thought to be applicable in considerably confined concrete) understandably does not predict substantial increase of s_{max} due to cycling. But, on the other hand it remains to reexamine Tassios' model valid for existing old buildings, which may somehow exaggerate such bond-response degradations. In any event, it seems that in modern R.C. buildings, available plastic rotational capacities of critical regions under seismic conditions, should be expected to be considerably lower than in the case of older buildings.

References

1. Fardis, M.N., 'Seismic Design, Assessment and Retrofitting of Concrete Buildings based on EN-Eurocode 8', (Springer, 2009).

2. Eligehausen, R., Popov, E., and Bertero, V., 'Local bond stress–slip relationships of deformed bars under generalized excitations: experimental results and analytical model', (Earthquake Engineering Research Center, College of Engineering, University of California, 1983).

3. Tassios, T.P., 'Properties of bond between concrete and steel under load cycles idealizing seismic actions', *CEB, Bulletin No. 131* (1979).

4. Fédération Internationale du Béton. 'Model Code 2010', (*fib*, 2010).

5. Shima, H., Chou, L.-L., and Okamura, H., 'Bond characteristics in post-yield range of deformed bars', *Concrete Library of JSCE* **10** (1987) 113–124.

6. Fernández Ruiz, M., Muttoni, A., and Gambarova, P., 'Analytical Modeling of the Pre- and Postyield Behavior of Bond in Reinforced Concrete', *Journal of Structural Engineering – ASCE* **133.10** (2007) 1364–1372.

7. Tassios, T.P. and Yannopoulos, P.J., 'Analytical Studies on Reinforced Concrete Members Under Cyclic Loading Based on Bond Stress-Slip Relationships', In: ACI *ACI Journal (Proceedings)* **3.78** (1981) 206–216.

8. Haskett, M., Oehlers, D., and Mohamed Ali, M., 'Local and global bond characteristics of steel reinforcing bars', *Engineering Structures* **30** (2008) 376–383.

9. Brent, R., 'Algorithms for Minimization Without Derivatives', (Dover Publications, 2002).

3D FULLY COUPLED CHEMO-HYGRO-THERMO-MECHANICAL MODEL FOR CONCRETE - FE STUDY OF PULL-OUT RESISTANCE OF CORRODED REINFORCEMENT

Joško Ožbolt *, Filip Oršanić*,Marija Kušter** and Gojko Balabanić***
* University of Stuttgart, Institute of Construction Materials, Stuttgart, Germany
** University of Zagreb, Faculty of Civil Engineering, Zagreb, Croatia
*** University of Rijeka, Faculty of Civil Engineering, Rijeka, Croatia

Abstract

Three-dimensional fully coupled chemo-hygro-thermo-mechanical model is used in a 3D transient FE analysis to study pull-out capacity of corroded steel reinforcement from a concrete beam-end specimen, which was exposed to aggressive environmental conditions. The specimen and the reinforcement are discretized by eight-node 3D solid finite elements. The expansion of corrosion products is modeled by 1D contact corrosion elements on the reinforcement-concrete contact surface. The contact elements can take up axial compressive and shear forces due to bond between deformed steel bar and concrete. Once the reinforcement is depassivated (corrosion initiation), corrosion rate is calculated and corrosion contact elements are automatically activated generating radial compressive forces, which damage concrete cover. Finally, to predict the effect of corrosion on the pull-out capacity of reinforcement, the reinforcement bar is pulled out from the concrete specimen. Similar as in the experiments, it is shown that corrosion of steel reinforcement significantly reduces pull-out capacity.

1. Introduction

Chloride-induced corrosion of steel bars in reinforced concrete is one of the major causes of deterioration of reinforced concrete (RC) structures [1]. Therefore, durability of RC structures is directly influenced by the corrosion of reinforcement. It is well known that RC structures, which are exposed to aggressive environmental conditions, such as structures close to the sea or highway bridges and garages exposed to de-icing salts, very often exhibit damage due to corrosion [1,2]. This damage is usually manifested in the form of cracking and spalling of concrete cover, which is caused by the expansion of the corrosion product around the reinforcement bar. Repair of corroded concrete structures results in relatively high direct and indirect costs. Therefore, to predict durability of RC structure it is important to have a numerical tool, which is able to realistically simulate corrosion processes and the consequences for the structural safety.

The corrosion of reinforcement steel in aggressive environmental conditions is caused by a not sufficiently thick concrete cover or by its damage. Damage of the concrete cover can be caused by mechanical action (too high tensile stresses), or be a consequence of non-mechanical effects (temperature, shrinkage, etc.) or be induced by corrosion of reinforcement. The corroded cross-section of reinforcement bars has a smaller cross-section area and their bearing capacity is reduced. Moreover, with advanced corrosion, ductility of reinforcement, due to the pitting effect [3,4] and bond properties can be significantly reduced [2].

To estimate reduction of the cross-section area of reinforcement and to predict the increase of the volume of the corrosion product it is necessary to know the corrosion rate i.e. corrosion current density in the corrosion unit. Furthermore, it is important to know how much of the corrosion product is transported into the concrete pores around the reinforcement bar and into the cracks that are distributed around the reinforcement bar. If more corrosion products are transported into the concrete pores and cracks, less will be the pressure due to the expansion of the corrosion products.

Principally, the calculation of corrosion current density requires modeling of the following physical, electrochemical and mechanical processes: (1) transport of capillary water, oxygen and chloride through the concrete cover; (2) immobilization of chloride in the concrete; (3) transport of OH^- ions through electrolyte in concrete pores (4) cathodic and anodic polarization, (5) transport of corrosion products in concrete and cracks and (6) damage of concrete due to mechanical and non-mechanical actions [5]. The importance of a three-dimensional (3D) numerical model, which can realistically simulate corrosion and its interaction with mechanical properties of concrete, is obvious. In the model the results of corrosion, such as the expansion of the corrosion product or the reduction of the cross-section of reinforcement, have an effect on the mechanical response of concrete structures. On the other hand, the mechanical properties, such as strength or fracture energy, also influence the corrosion process [1].

In realistic computational model chemo-hygro-thermo processes must be coupled with mechanical processes, and the other way around. The theory for modelling of processes before and after depassivation of reinforcement in un-cracked concrete is well established, and presently there are a number of models available for simulation of these processes. This is well documented in the literature [1,5-10]. However, the response of structures made of quasi-brittle materials, such as concrete, subjected to mechanical or non-mechanical loading is characterized by the localization of damage (cracking) in a relatively narrow and stress-free zone. In the last two decades significant progress in the modelling of such materials has been reached. Due to the complexity of concrete, computational modelling of damage processes is still a challenging task. This is especially true for the modelling of the influence of damage on transport processes in concrete. In the literature there are a very limited number of coupled 3D chemo-hygro-thermo mechanical models capable of realistic simulation of processes relevant for corrosion reinforcement in cracked concrete [11,12]. Furthermore, there is no model that is able to simulate the transport of corrosion products through cracked concrete and its consequences for corrosion induced damage. The main difficulty in the formulation of such models is to quantify relevant parameters, which control processes before and after depassivation of reinforcement.

The present work gives an overview of the recently developed 3D chemo-hygro-thermo-mechanical model for concrete that is able to simulate complex non-mechanical and mechanical processes before and after depassivation of steel reinforcement [11,12]. The model was implemented into a 3D FE code and it was shown that it is able to realistically predict depassivation time of reinforcement as well as corrosion rate after depassivation of reinforcement. Furthermore, modelling of corrosion induced damage and transport of corrosion products through concrete pores and cracks is also discussed. The first part of the article gives a brief review over the theoretical background and implementation into the 3D FE code. In the second part the application of the model is illustrated on numerical examples in which transient 3D finite element analysis of RC beam-end specimens is carried out. The specimen is exposed to aggressive environmental conditions which cause corrosion of reinforcement. Subsequently, for different corrosion rates reinforcement bar is pulled-out from the concrete specimen.

2. Chemo-hygro-thermo-mechanical model for concrete

Steel in concrete is protected from corrosion by surface film of ferric oxide. The corrosion will start when the film is broken or depassivated. Depassivation can be caused by reaching a threshold concentration of chloride ions in concrete near steel surface [1]. According to current knowledge [5,13] corrosion of steel in concrete is an electrochemical process, which is controlled by electrical conductivity of concrete and steel surfaces, presence of electrolyte in the concrete and the concentration of dissolved oxygen in the pore water near the reinforcement.

The calculation of corrosion current density and its consequence for concrete structures requires modelling of the above mentioned physical and electrochemical processes. In here presented 3D chemo-hygro-thermo-mechanical model these processes are coupled with the mechanical properties of concrete (damage).

2.1 Non-mechanical processes before depassivation of reinforcement

Transport of capillary water is described in terms of volume fraction of pore water in concrete by Richard's equation [14], based on the assumption that transport processes take place in aged concrete:

$$\frac{\partial \theta_w}{\partial t} = \nabla \cdot \left[D_w(\theta_w) \nabla \theta_w \right] \tag{1}$$

where θ_w is volume fraction of pore water (m^3 of water / m^3 of concrete) and $D_w(\theta_w)$ is capillary water diffusion coefficient (m^2/s) described as a strongly non-linear function of moisture content [15]. Transport of chloride ions through a non-saturated concrete occurs as a result of convection, diffusion and physically and chemically binding by cement hydration product [14]:

$$\theta_w \frac{\partial C_c}{\partial t} = \nabla \cdot \left[\theta_w D_c(\theta_w, T) \nabla C_c \right] +$$
$$+ D_w(\theta_w) \nabla \theta_w \nabla C_c - \frac{W_{gel}}{1000} \cdot \frac{\partial C_{cb}}{\partial t} \tag{2a}$$

$$\frac{\partial C_{cb}}{\partial t} = k_r \left(\alpha C_c^\beta - C_{cb} \right) \tag{2b}$$

where C_c is concentration of free chloride dissolved in pore water (kg_{Cl^-}/m^3 pore solution), $D_c(\theta_w, T)$ is the effective chloride diffusion coefficient (m^2/s) expressed as a function of water content θ_w and concrete temperature T, C_{cb} is content of bound chloride per mass of cement gel (g_{Cl^-}/kg_{gel}), k_r is binding rate coefficient, $\alpha = 3.57$ and $\beta = 0.38$ are constants [16].

Assuming that oxygen does not participate in any chemical reaction before depassivation of steel, transport of oxygen through concrete is considered as a convective diffusion problem [14]:

$$\theta_w \frac{\partial C_o}{\partial t} = \nabla \cdot \left[\theta_w D_o(\theta_w) \nabla C_o \right] +$$
$$+ D_w(\theta_w) \nabla \theta_w \nabla C_o \tag{3}$$

where C_o is oxygen concentration in pore solution (kg of oxygen / m^3 of pore solution) and $D_o(\theta_w)$ is the effective oxygen diffusion coefficient, dependent on concrete porosity p_{con} and water saturation of concrete S_w.

Based on the constitutive law for heat flow and conservation of energy, the equation which describes distribution of temperature (T) in continuum reads:

$$\lambda \Delta T + W(T) - c\rho \frac{\partial T}{\partial t} = 0 \tag{4}$$

where λ is thermal conductivity (W/(m K)), c is heat capacity per unit mass of concrete (J/(K kg)), ρ is mass density of concrete (kg/m^3) and W is internal source of heating (W/m^3). More detail related to the strong and weak formulations of the processes up to the depassivation of reinforcement can be found in Ožbolt et al. [11].

2.2 Non-mechanical processes after depassivation of reinforcement

The active corrosion of steel will start when steel reinforcement is depassivated. The non-mechanical processes relevant for the propagation stage of steel corrosion in concrete are: (1) Mass sinks of oxygen at steel surface due to cathodic and anodic reaction, (2) The flow of electric current through pore solution and (3) The cathodic and anodic potential. The oxygen consumption at the cathodic and anodic surfaces can be calculated as:

$$D_o(S_w, p_{con})\frac{\partial C_o}{\partial n}\bigg|_{cathode} = -k_c i_c \quad k_c = 8.29 \times 10^{-8} \frac{kg}{C} \tag{5a}$$

$$D_o(S_w, p_{con})\frac{\partial C_o}{\partial n}\bigg|_{anode} = -k_a i_a \quad k_a = 4.14 \times 10^{-8} \frac{kg}{C} \tag{5b}$$

where n is outward normal to the steel bar surface and i_c and i_a are cathodic and anodic current density (A/m^2), respectively.

According to Butler–Volmer kinetics, in the present model kinetics of reaction at the cathodic and anodic surface can be estimated from :

$$i_c = i_{0c}\frac{C_o}{C_{ob}}e^{2.3(\Phi_{0c}-\Phi)/\beta_c} \quad i_a = i_{0a}e^{2.3(\Phi-\Phi_{0a})/\beta_a} \tag{6}$$

where C_{ob} is oxygen concentration at surface of concrete element exposed to seawater (kg/m^3), Φ is electric potential in pore solution near reinforcement surface (V), i_{0c} and i_{0a} are the exchange current density of the cathodic and anodic reaction (A/m^2), Φ_{0c} and Φ_{0a} are the cathodic and anodic equilibrium potential (V), β_c and β_a are the Tafel slope for cathodic and anodic reaction (V/dec), respectively.

The electric current through the electrolyte is a result of motion of charged particles and, if the electrical neutrality of the system and the uniform ions concentration are assumed, can be written as:

$$\mathbf{i} = -\sigma(S_w, p_{con})\nabla\Phi \tag{7}$$

where σ is electrical conductivity of concrete.

The equation of electrical charge conservation, if the electrical neutrality is accounted for and the electrical conductivity of concrete is assumed as uniformly distributed, reads:

$$\nabla^2\Phi = 0 \tag{8}$$

Rate of rust production J_r (kg/m^{2}s) and mass of hydrated red rust per unit length of rebar m_r (kg/m), respectively, are calculated as:

$$J_r = 5.536 \times 10^{-7} i_a$$
$$m_r = J_r \Delta t A_r \tag{9}$$

where Δt is time interval in which the corrosion is taking place and A_r is the corresponding surface of the steel reinforcement. In general, corrosion products have 2 to 7 times larger specific volume than corroded steel. Consequently, radial expansion forces around the reinforcement bar surface are generated, which can cause cracking of concrete.

From experiments [17] it is known that in the case of chloride type of corrosion the part of corrosion products penetrate into the pore of concrete around the reinforcement bar and relatively large amount of rust can be transported through radial cracks that are generated because of expansion of corrosion products. This transport is very much dependent on water saturation. As a consequence of the transport of rust there are two effects: (1) Rust and radial pressure over the anodic reinforcement surface are not uniformly distributed and (2) The mechanical effect of the corrosion products (damage of concrete) becomes less pronounced.

Mathematically speaking distribution of corrosion product (red rust) R (kg/m^3 of pore solution) into the pores of concrete and in the cracks is modelled as convective diffusion problem:

$$\theta_w \frac{\partial R}{\partial t} = \nabla \cdot \left[\theta_w D_r \nabla R\right] + D_w(\theta_w)\nabla \theta_w \nabla R \qquad (10)$$

in which D_r is diffusion coefficient (m^2/s) of corrosion product. Note that Eq. (10) does not describe transport of red rust, however, it describes distribution of red rust which is produced in concrete (pores and cracks) as a consequence of the reaction of soluble species (that can dissolve in the concrete pore solution and subsequently migrate or diffuse through pores and cracks of concrete) with oxygen in pore water [17]. The penetration of soluble species into the pore close to reinforcement is modelled as a diffusion problem only. This is controlled by the first part of the right hand side of Eq. (10) assuming that diffusion coefficient D_r is independent of the water content. Furthermore, it is assumed that the penetration stops when a layer of concrete pores filled by rust reaches certain thickness. Subsequent transport of soluble species is possible only through the cracks that can be generated after the pores of concrete close to reinforcement are filled with corrosion products. Transport through cracks is modelled as convective diffusion problem.

It is important to note that at this stage of the model development the transport of rust is modelled only in a qualitative sense. The reason is the fact that there are no experimental results which can support the proposed model from the quantitative side. Therefore, in future the model prediction related to the transport of rust should be calibrated based on the systematic experimental investigations under realistic corrosion conditions. The problem is that such experiments are time consuming. Alternatively, evaluation of corresponding data from the literature needs to be carried out.

344

2.3 Chemo-hygro-thermo-mechanical coupling

The mechanical part of the model is based on the microplane model for concrete with relaxed kinematic constraint [18]. In the finite element analysis cracks are treated in a smeared way, i.e. smeared crack approach is employed. To assure the objectivity of the results with respect to the size of the finite elements, the crack band method is used [19]. The governing equation for the mechanical behaviour of a continuous body in the case of static loading condition reads:

$$\nabla\left[D_m\left(u,\theta_w,T\right)\nabla u\right] + \rho b = 0 \tag{11}$$

where D_m is material stiffness tensor, ρb is specific volume load and u is displacement field. In the mechanical part of the model the total strain tensor is decomposed into mechanical strain, thermal strain, hygro strain (swelling–shrinking) and strain due to expansion of corrosion product.

The inelastic strains due to the expansion of corrosion products are in the present formulation modelled by 1D corrosion contact finite elements. They are oriented in the radial direction and simulate the contact between reinforcement surface and surrounding concrete. The elements can take up only shear forces in direction of reinforcement axes and compressive forces perpendicular to the surface of reinforcement. The inelastic radial expansion due to corrosion Δl_r is calculated as:

$$\Delta l_r = \frac{m_r}{A_r}\left(\frac{1}{\rho_r} - \frac{0.523}{\rho_s}\right) \tag{12}$$

where $\rho_r = 1.96\times10^3$ (kg/m^3) and $\rho_s = 7.89\times10^3$ (kg/m^3) are densities of rust and steel, respectively, 0.523 is the ratio between the mass of steel (m_s) and the corresponding mass of rust (m_r) over the unit length of reinforcement and A_r is the surface of corroded steel reinforcement bar that is represented with the corrosion contact element.

The stiffness of rust layer is assumed to be $Er = 100$ MPa. In the model it is represented by the axial stiffness of the corrosion contact elements. To model bond between deformed steel reinforcement and concrete the shear resistance of the 1D contact elements is defined by the bond-slip relationship. Typical relationship used in the model is shown in Figure 4.

3. Numerical implementation

To solve the above discussed system of partial differential equations using finite elements, the strong form have to be rewritten into a weak form. The weak form of the system of the partial differential equations, which govern transport of capillary water and oxygen through concrete, chloride ingress into the concrete, binding of chloride by hardened cement paste, heat transport in concrete, distribution of electric potential, transport of corrosion products and equilibrium is carried out by employing the Galerkin weighted residual method [20]. The model is implemented into a 3D finite element code.

The non-mechanical part of the problem is solved by using direct integration method of implicit type [20]. To solve the mechanical part, Newton-Rapshon iterative scheme is used. To avoid mesh size dependency as a regularization method simple crack band approach is employed [19]. Coupling between mechanical and non-mechanical part of the model is performed by continuous update of governing model parameters during the incremental transient finite element analysis. For more detail see Ožbolt et al. [11,12].

4. Bond resistance of corroded reinforcement - Beam-End specimen

The main advantage of the developed 3D coupled model is that it accounts for the relevant aspects of durability mechanics of concrete and reinforced concrete structures automatically. For instance, the effect of non-mechanical and mechanical parameters on the corrosion of steel reinforcement and its consequences on durability and safety of structures can be predicted explicitly in time and space. The model is here employed on the example of the beam-end specimen, which is often used to study bond resistance of reinforcement. Due to the complexity of the problem, discussed are only results related to the processes after depassivation of reinforcement. Moreover, distribution of water, oxygen, current density, electric potential and corrosion product are not discussed in detail. Instead, attention is devoted to damage of concrete caused by corrosion of reinforcement and its consequences on the pull-out capacity of deformed steel bar.

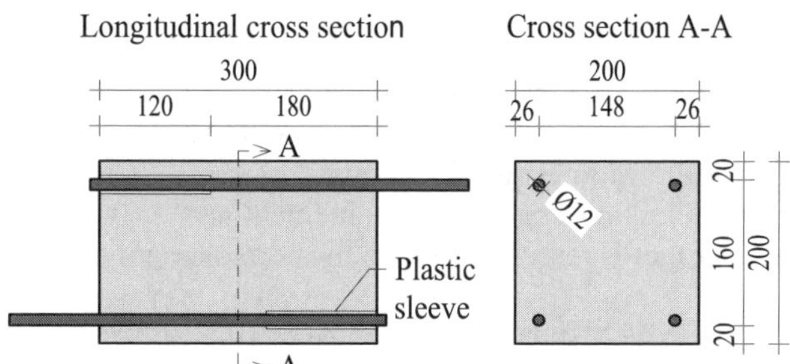

Figure 1. Cross sections of the specimen

The investigated beam-end specimen with four bars placed in the corners is chosen according to the test method proposed by Chana [21] (Fig. 1). The specimen of the cross-section 200 x 200 mm^2 is used, which has shown to be the optimal choice. Namely, the optimization of the specimen geometry was focused on not to reach the yield strength of steel and to get such crack development for which all four bars of one specimen can be pulled out without disturbing each other. The horizontal support at the pull-out face of the specimen has a height of 100 mm whereas the vertical support is 90 mm wide and is placed at the rear top. The total embedment length of the reinforcement is 180 mm, diameter of the reinforcement is 12 mm and concrete cover is 20 mm. In the present numerical study only specimen without stirrups are investigated.

Mechanical properties of concrete are taken as: Young's modulus $E_c = 29000$ MPa, Poisson's ratio $v_c = 0.18$, Tensile strength $f_t = 3.0$ MPa, Uniaxial compressive strength $f_c = 39$ MPa and fracture energy $G_F = 90$ J/m^2. As mentioned before, mechanical model for concrete is based on the microplane model [18]. Reinforcement steel is assumed to be linear elastic with Young's modulus $E_s = 200000$ MPa and Poisson's ratio $v_s = 0.33$.

To study the influence of expansion of the corrosion products on damage of concrete cover and bond resistance, it is assumed that the anode along the reinforcement length is active (depassivated) at the start of the analysis. Therefore, only electric potential, current density and distribution of oxygen are calculated. To reduce computational time only 1/2 of the beam cross section is discretized by eight-node solid 3D finite elements (Fig. 2). It is assumed that along the reinforcement length embedded into concrete there are several anodic and cathodic regions (macro cells) each of the length of 24 mm (Fig. 3). In each analyzed case the degree of water saturation is assumed to be constant over the entire volume of the specimen ($S = 50\%$). Furthermore, it is assumed that the initial concentration of oxygen in the beam is 0.0085 kg of dissolved oxygen / m^3 of pore solution, which is also boundary condition at free surfaces of the beam. The dependence of the oxygen diffusivity and electrical conductivity on water saturation for good quality concrete (water-cement ratio $w/c = 0.4$) as well as other relevant parameters employed in the computations of corrosion current density can be found in Ožbolt et al. [12]. For the transport of corrosion products through cracks, diffusivity coefficient is set to $D_r = 2.2 \times 10^{-16}$ m^2/s and the volume expansion factor of rust is assumed to be $\alpha_r = \rho_s / \rho_r = 4.0$.

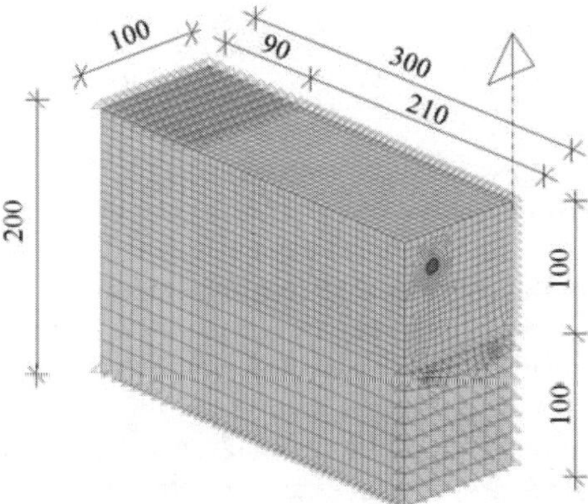

Figure 2. Model geometry (all in mm)

For the bond-slip constitutive law of contact corrosion elements (Fig. 4) the following parameters are used: total bond strength $\tau_b = 14.96$ MPa, frictional strength $\tau_f = 5.90$ MPa, $s_1 = 0.85$ mm, $s_2 = 1.65$ mm and $s_3 = 8.50$ mm. The bond-slip relation is assumed to be independent of the corrosion rate. The length of discrete corrosion elements is set to $l = 0.10$ mm.

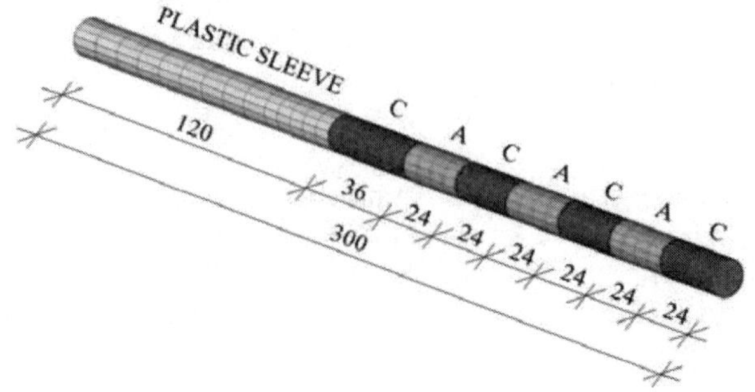

Figure 3. Assumed anodic and cathodic regions

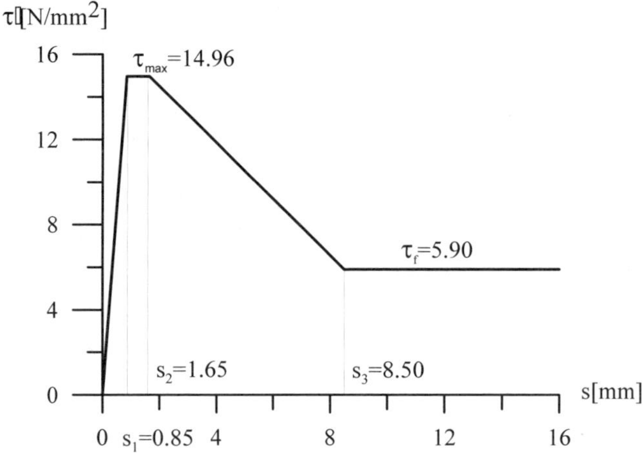

Figure 4. Bond-slip constitutive law

4.1 Damage caused by the corrosion of reinforcement

The predicted damage (cracks) caused by corrosion of reinforcement at t = one year, three years and seven years, respectively, are shown in Figure 5. It is assumed that the critical crack width is equal to $w_c = 0.1$ mm. Note that t is measured starting from the beginning of depassivation of steel, i.e. it represents duration of corrosion. On the left hand side of the Figure 5 are shown crack patterns for case without accounting for transport of rust through cracks and on the right hand side with the transport of rust. As expected, with accounting for the transport of rust there is less damage. The first visible crack at the surface of concrete ($w = 0.05$ mm) is observed after $t = 170$ and 280 days, respectively. The maximal crack width as a consequenece of corrosion are summarized in Table 1.

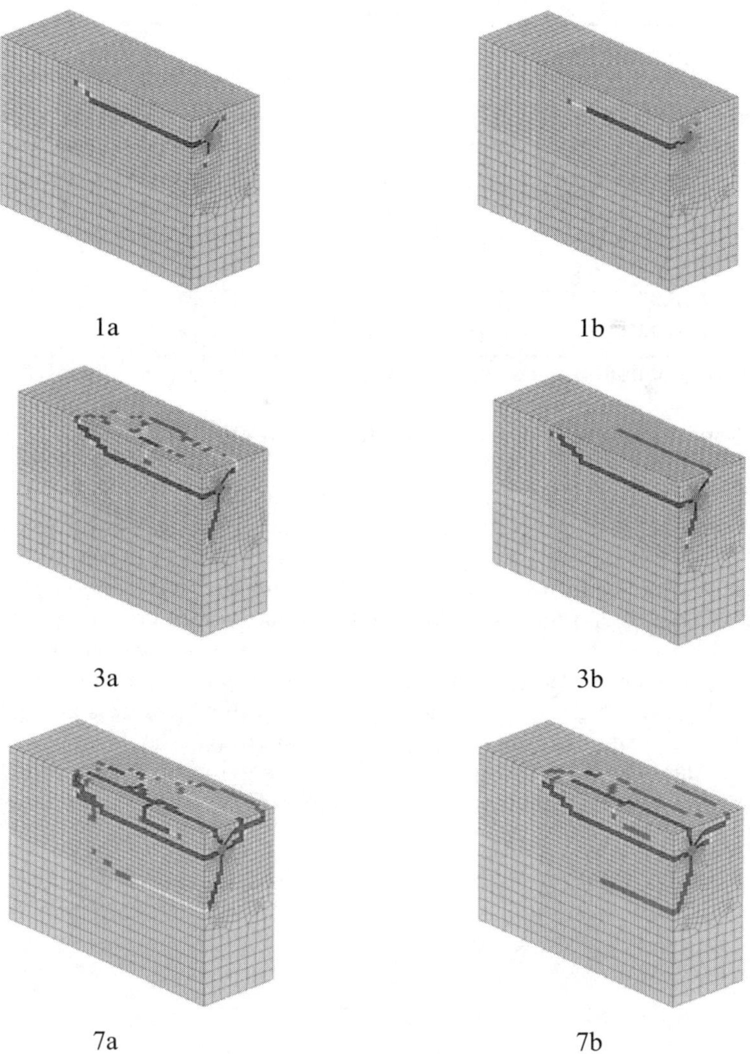

Figure 5. Crack patterns without (a) and with rust transport (b) 1 year, 3 years and 7 years after depassivation.

Similar crack patterns were observed in the experimental tests of Fischer [22], however, in the tests the corrosion was accelerated with the rate that is approximately 20 times higher than natural corrosion rate. Therefore development of corrosion induced damage in time cannot be directly compared with numerical prediction in which the natural corrosion conditions are assumed (aggressive, splash zone). Table 1 shows summary of predicted average and maximal thicknesses of the rust layer.

Tabel 1. Thickness of the rust and the maximum crack width

Time after depass. [year]	Rust thickness a [mm]				Max. crack width [mm]	
	WOT*		WT*		WOT	WT
	Aver.	Max.	Aver.	Max.		
1	0.09	0.14	0.05	0.07	0.34	0.15
2	0.20	0.33	0.10	0.17	0.76	0.39
3	0.31	0.49	0.16	0.25	1.18	0.63
4	0.41	0.66	0.21	0.33	1.55	0.89
5	0.51	0.83	0.26	0.42	1.80	1.17
7	0.72	1.16	0.37	0.59	2.30	1.49

*WOT= without transport of rust, WT= with transport of rust

4.2 Pull-out resistance of corroded reinforcement bar

To study the influence of corrosion induced damage on the bond resistance, steel reinforcement bar is pulled out from the concrete specimen at $t=0$ (reference), 1, 2, 3, 4, 5 and 7 years, respectively. The predicted and experimentally measured (average) pull-out capacities are summarized in Table 2. It can be seen that there is good agreement between calculated and measured data. With the increase of corrosion rate the pull-out capacity decreases. The decrease is higher if no transport of corrosion products is assumed. The relative decrease of pull-out capacity is as a function of corrosion rate plotted in Figure 6. There is a nice agreement between experiments and calculations. It should be noted that numerical results with transport of rust should be actually compared with test data. Namely, in experiments [22] the significant transport of rust through cracks was observed, i.e. approximately 50% of generated rust was transported through cracks.

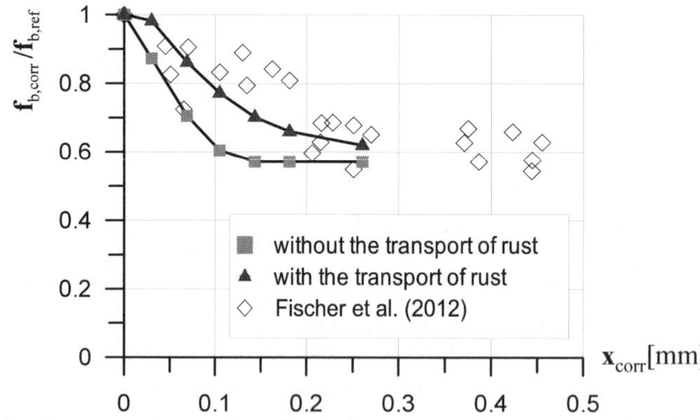

Figure 6. Relation between loss of steel reinforcement due to corrosion in mm and pull-out capacity.

Table 2. Numerical and experimental results of the pullout resistance

Time after depass. [year]	x_{corr} [mm]	Pull-out resistance [MPa]			Fischer (2012) *	
		WOT	WT	Ref. model	x_{corr} [mm]	Pull.r. [MPa]
0	-	-	-	6.22	-	6.29
1	0.029	5.43	6.11	-	0.045	5.70
2	0.068	4.39	5.36	-	0.070	5.72
3	0.105	3.76	4.80	-	0.105	5.24
4	0.143	3.56	4.37	-	0.135	5.00
5	0.181	3.56	4.11	-	0.182	5.09
7	0.260	3.56	3.90	-	0.270	4.10

*Time development cannot be directly compared with experiments in which the corrosion rate was accelerated approximately by factor of 20

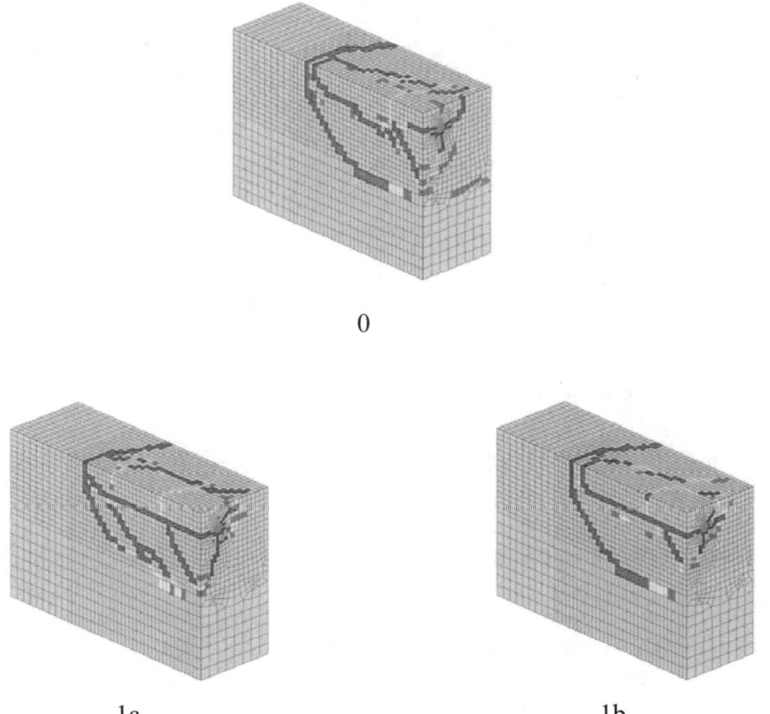

Figure 7. Pull-out failure modes of the model without (0) and with corrosion, where the transport of rust hasn't (a) and has been accounted for (b), 1 year, 3 years and 7 years after depassivation.

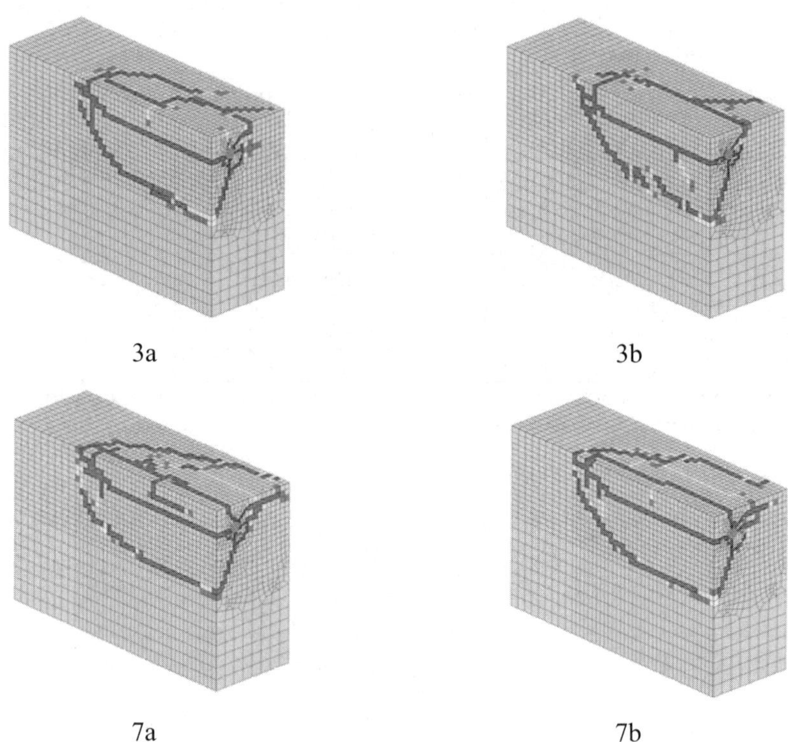

3a   3b

7a   7b

Figure 7 ctd. Pull-out failure modes of the model without (0) and with corrosion, where the transport of rust hasn't (a) and has been accounted for (b), 1 year, 3 years and 7 years after depassivation.

Typical crack patterns after pull-out failure are for $t = 0$ (reference), 1, 3 and 7 years shown in Figure 7. As can be seen the failure is due to the splitting of concrete cover. The same failure mode and similar crack patterns for different corrosion rates were observed in experimental tests of Fischer [22].

5. Summary and conclusions

The fully coupled 3D chemo-hygro-thermo-mechanical model for analysis of non-mechanical and mechanical processes related to the corrosion of steel reinforcement is discused. The model is employed in the 3D transient numerical study of the corrosion induced damage of steel reinforced bar. The study is performed on the beam-end specimen assuming aggressive environmental condition (splash zone). In the first part of the study the corrosion induced damage is predicted for different levels of corrosion. It is shown that already 1 year after depasivation of reinforcement there is cracking of concrete cover. Damage of concrete cover is less pronounced if the transport of rust through cracks is accounted for. Subsequently, to study the influence of the corrosion on the pull-out capacity of reinforcement, for different corrosion levels reinforcement bar is pulled out from the specimen. It is shown that the pull-out capacity after 7 years of corrosion is decreased by 37% and 43% for the case with and without transport of rust, respectively. The failure is due to the failure of concrete cover (splitting) and not to the pull-out of the bar from the concrete. Numerical results show very good agreement with experimental tests in which, for assumed environmental conditions, approximately 50 % of corrosion products were transported into cracks. As numerical analysis shows, this significantly reduces corrosion induced damage of concrete cover and contributes to higher pull-out capacity of corroded steel reinforcement.

References

1.   Tuutti, K., 'Corrosion of steel in concrete', Technical report, Stockholm, 1993 (Swedish Cement and Concrete Research Institute)

2.   Cairns, J., 'State of the art report on bond of corroded reinforcement', Tech. Report No. CEB-TG-2/5,1998 (CEB).

3.   Apostolopoulos, C.A. and Papadakis, V.G, 'Consequences of steel corrosion on the ductility properties of reinforcement bar', *Const. and Build. Mat.* **22** (2008) 2316-2324

4.   Cairns, J., Plizzari, G.A., Du, Y., Law, D.W. and Franzoni, C., 'Mechanical properties of corrosion-damaged reinforcement', *ACI Mat. Jour.* **102** (2005) 256-264

5.   Bažant, Z.P., 'Physical model for steel corrosion in concrete sea structures – theory', *Jour. of Struct. Div., ASCE* **105** (1979) 1137-1153

6.   Andrade, C., Diez, J.M. and Alonso, C., 'Mathematical modeling of a concrete surface "skin effect" on diffusion in chloride contaminated media', *Adv. Cement-Based Mat.* **6** (1997) 39-44

7.   Balabanić, G., Bićanić, N. and Đureković, A., 'The influence of w/c ratio, concrete cover thickness and degree of water saturation on the corrosion rate of reinforcing steel in concrete', *Cem. and Concr. Res.* **26** (1996) 761-769

8.   Balabanić, G., Bićanić, N. and Đureković, A, 'Mathematical modelling of electrochemical steel corrosion in concrete', *Journ. of Eng. Mech.* **122** (1996) 1113-1122

9.   Martín – Pérez, B.,'Service life modelling of RC highway structures exposed to chlorides', Dissertation,1999 (University of Toronto)

10.   Glass, G.K. and Buenfeld, N.R., 'The infuence of chloride binding on the chloride induced corrosion risk in reinforced concrete', *Corr. Scien.* **42** (2000) 329-344

11. Ožbolt, J., Balabanić, G., Periškić and G., Kušter, M., 'Modelling the effect of damage on transport processes in concrete', *Con. and Build. Mat.* **24** (2010) 1638-1648

12. Ožbolt, J., Balabanić, G. and Kušter, M., '3D Numerical modelling of steel corrosion in concrete structures', *Corr. Scien.* **53** (2011) 4166-4177

13. Glasstone, S., 'An introduction to electrochemical behaviour of steel in concrete', *Amer.-Concr. Insit. Jour.* **61** (1964) 177-188

14. Bear. J and Bachmat, Y., 'Introduction to modelling of transport phenomena in porous media' (Kluwer Academic Publishers, Dordrecth, 1991)

15. Leech, C., Lockington, D. and Dux, P., 'Unsaturated diffusivity functions for concrete derived from NMR images', *Mat. and Str.* **36** (2003) 413-418

16. Saetta, A., Scotta, R. and Vitaliani, R., 'Analysis of chloride diffusion into partially saturated concrete', *ACI Mat. Jour.* **90** (5) (1993) 441-451

17. Wong, H.S., Zhao Y.X., Karimi A.R., Buenfeld N.R. and Jin W.L., 'On the penetration of corrosion products from reinforcing steel into concrete due to chloride-induced corrosion', *Corr. Scien.* **52** (2010) 2469-2480

18. Ožbolt, J., Li Y.-J. and Kožar I., 'Microplane model for concrete with relaxed kinematic constraint', *Int. Jour. of Solids and Struct.* **38** (2001) 2683-2711

19. Bažant, Z.P.and Oh, B.H., 'Crack band theory for fracture of concrete', *RILEM* **93** (1983) 155-177

20. Belytschko. T, Liu, W.K. and Moran, B. 'Nonlinear finite elements for continua and structures' (New York, John Wiley & Sons Ltd., 2001)

21. Chana, P.S., 'A test method to establish realistic bond stresses', *Mag. of Conc. Resear.* **42** (1990) 83-90

22. Fischer, C., 'Beitrag zu den Auswirkungen der Bewehrungsstahlkorrosion auf den Verbund zwischen Stahl und Beton', PhD thesis, 2012 (University of Stuttgart, Institute of Construction Materials)

STAHLBETONBAU

WAKE-UP CALL FOR CREEP, MYTH ABOUT SIZE EFFECT AND BLACK HOLES IN SAFETY: WHAT TO IMPROVE IN *fib* MODEL CODE DRAFT[*]

Zdeněk P. Bažant, Qiang Yu, Mija Hubler, Vladimír Křístek and Zdeněk Bittnar
Department of Civil and Environmental Engineering, Northwestern University Evanston

Abstract

Although the 2010 Draft of *fib* Model Code is overall an excellent document, it has some weaknesses which could, and should, be corrected. One is the material model for creep and shrinkage prediction, which not only is theoretically obsolete but also is indefensible in view of the wake-up call provided by recently collected long-term deflections of 56 bridges. The second is a size effect formulation for shear strength whose justification is tantamount to a myth rather than reason. The third consists of the probability distribution of structural strength for failures occurring at macro-crack initiation. The distribution tail that matters, in the probability range of 10^{-6}, is directly unobservable, just like a black hole. But indirect evidence from the size effect indicates that the distribution transits from Gaussian to Weibulian as the structure size increases. This transition may have a major effect on the safety factor. Moreover, dubious uses of the lognormal distribution and another black hole in the covert safety factors implied in the design formulas render a meaningful calculation of failure probability impossible. Some remedies are offered.

*This paper is an authorized republication of the paper with the same title and the same authors, presented as the Topic 3 Keynote Lecture at the *fib* Symposium in Prague in June 2011 and published in the proceedings volume entitled "Concrete Engineering for Excellence and Efficiency" (ISBN 978-87158-26-7), pp. 731--746.

1. Wake-up call from excessive long-term deflections of 56 bridges

In two recent studies [1, 2], the data on the collapse in 1996 of the Koror-Babeldaob (KB) Bridge in Palau, released in 2008, were analyzed. Built in 1977, this prestressed segmentally erected box girder had the world-record span of 241 m. Within 18 years, it deflected by 1.61 m, compared to the design camber, and the average prestress loss in the tendons (bonded bars) was measured as 49% (Fig. 1). Remedial prestressing undertaken in 1996 caused, with a 3-month delay, a sudden collapse (with fatalities). This spectacular collapse was what triggered attention to the earlier huge creep deflections and to their similarities with other bridges.

A resolution of the 3rd Structural Engineers' World Congress in 2007 (proposed by Bažant) labeled an engineer's consent to the sealing of technical data from legal litigation of structural collapses and damages as a violation of engineering ethics [1]. Two months later (in 2008), the technical data from the collapse investigation and litigation were released to Northwestern University (by Gary Klein of Wiss, Janney and Elstner, Highland Park, Illinois); also [3, 4, 5, 6, 7]. This made possible a three-dimensional (3D) finite-element step-by-step creep analysis, taking into account the effects of cracking, segmental erection, sequential prestressing, concrete aging, age differences, shear lags in slabs and walls, non-uniform shrinkage, nonuniform drying creep properties, temperature and gradual stress relaxation in prestressing steel.

The results have shown that the excessive deflections and prestress loss can be explained and closely matched if the theoretically based model B3 [8, 9] (which became a 1995 RILEM Recommendation [8]) is used to characterize the creep and shrinkage properties, provided that this model is recalibrated by the 30-year laboratory creep tests of Brooks [10]; see the Set 2 curves in Fig. 1. Models other than RILEM-B3, which include the current ACI-209, CEB-fib, GL and JSCE models for creep and shrinkage prediction [11, 12, 13, 14, 15, 16, 17, 18], have a form that does not allow recalibration by laboratory data. The same finite element program for 3D creep analysis was also run for these models (Fig. 1) as well as for model RILEM-B3 as originally calibrated by a worldwide laboratory database (see Set 1 curves in Fig. 1). The 18-year mid-span deflections computed from the CEB-fib, ACI-209, and GL models and the non-recalibrated model RILEM-B3 (Set 1) were, respectively, 34%, 31%, 43% and 57% of the measured deflection, and the computed 18-year prestress losses were 48%, 44%, 54% and 80% of the mean measured loss.

Through the courtesy of Yasumitsu Watanabe, chief engineer of Shimizu Co., Tokyo, detailed data have subsequently been received on four of the excessively deflecting segmental bridges of that company. Their analysis [1, 2] led to the same conclusions, which were as follows:

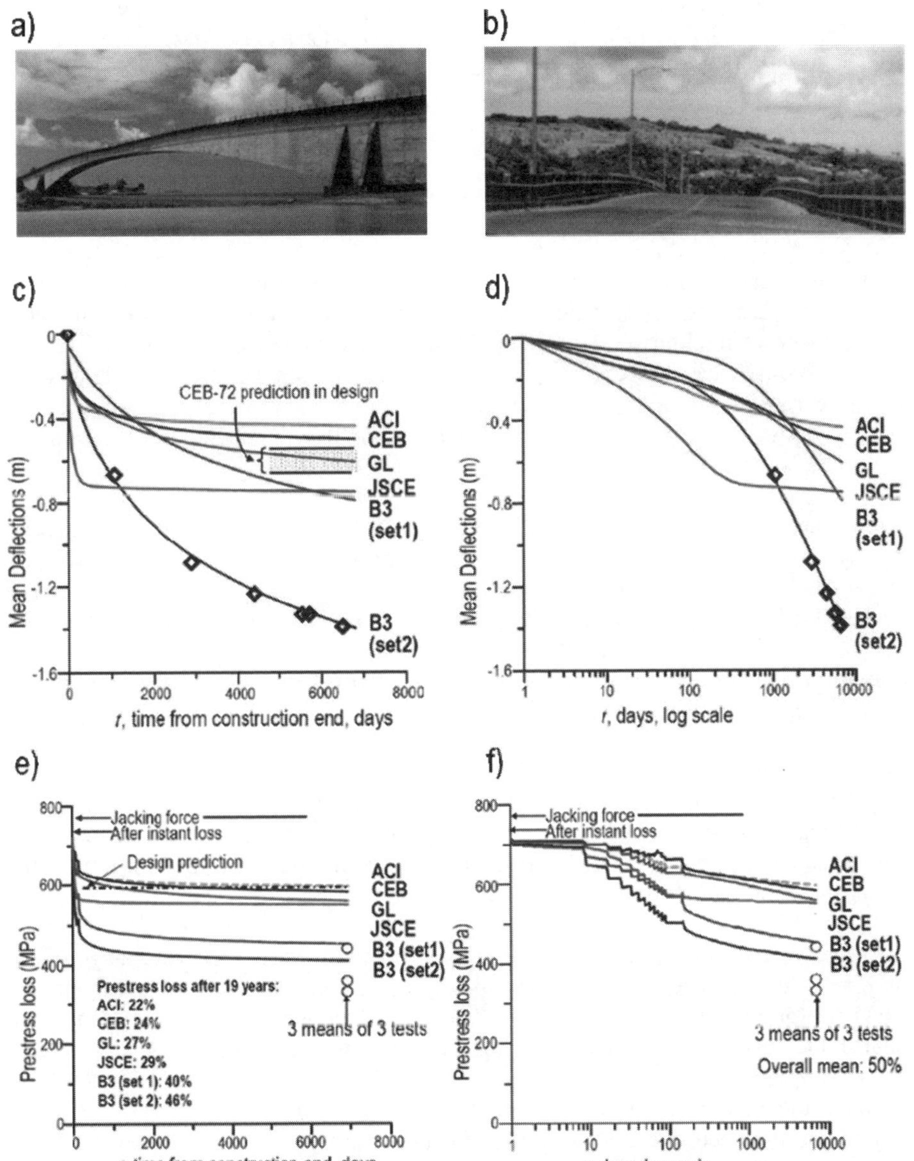

Figure 1. a,b) Creep sag of 1.61 m at mid-span of KB Bridge in Palau in 1996; b) ACI authorized reprint of photo from the cover of ACI SP-194 (2000) taken by Adam Neville before retrofit. c,d) Deflections calculated by 3D finite elements using models CEB-*fib*, ACI-209, GL, JSCE and RILEM-B3 in linear (c) and logarithmic (d) time scales, compared to measurements (data points). d,e) Similar comparisons for prestress loss.

1) The main cause of error lies in the creep and shrinkage model. All of the existing creep and shrinkage prediction models are unsatisfactory. Nonetheless, model RILEM-B3 gives significantly better predictions than the others and, if adjusted to fit the recently released 30-year laboratory data of Brooks [10], fits the measurements in Palau closely [1, 2].

2) Hence, the creep specifications of *fib* [13, 14] (as well as ACI-209 [11, 12]) need to be revised.

3) Secondary contributing causes are the use of obsolete beam-type creep analysis programs, neglect of differences in shrinkage and drying creep rates in slabs of different thicknesses and different thermal exposures, disregard of nonlinear response due to cracking, gross underestimation of prestress losses, poor representation of segmental erection, of sequential prestressing and of concrete age differences and, as a minor contribution, also the cyclic creep due to traffic loads [2].

Are the excessive deflections rare? They are not. A subsequent search of various papers, company reports and society reports under the auspices of the newly founded RILEM Committee TC-MDC led to a wake-up call—see Fig. 2 documenting the deflection histories of 56 large-span bridge spans [19, 20, 21, 22, 23], most of them excessive (all are segmental box girders except for one arch, and the horizontal dashed lines show the maximum acceptable deflection, 1/800 of the span). Hard to obtain though such examples are, hundreds more probably exist.

Of course, segmental bridges that have not deflected excessively (such as the Pine Valley Creek Bridge in California built in 1975) exist, too, but appear to be a minority. Even if a poor creep model is used, the deflections can be low if one adopts various precautionary measures listed at the end of [1, 2]. Some of them, though, are costly or span-limiting and detract from esthetic slenderness.

The logarithmic time plots in Fig. 2 also give no hint of an approach to an asymptotic bound, a feature incorrectly implied by all the society recommendations except model RILEM-B3 (and its predecessors since 1978). They document that the long-term creep is a logarithmic curve (as observed on the basis of laboratory data in [24].

Why have the recommendations on creep been misleading, for decades? Aside from disregard of the theoretical basis and lax interpretation of the laboratory tests, the problem has also been the inevitable statistical bias of the world-wide laboratory database [25, 26]. In the latest and largest database, assembled at Northwestern in 2011, only 8% of creep test curves exceed 6 years, and only 5% 12 years. Also, the data readings are heavily biased for short times and ages. Even if the statistical bias is filtered by proper weighting [26], the multi-decade trend is not quite clear.

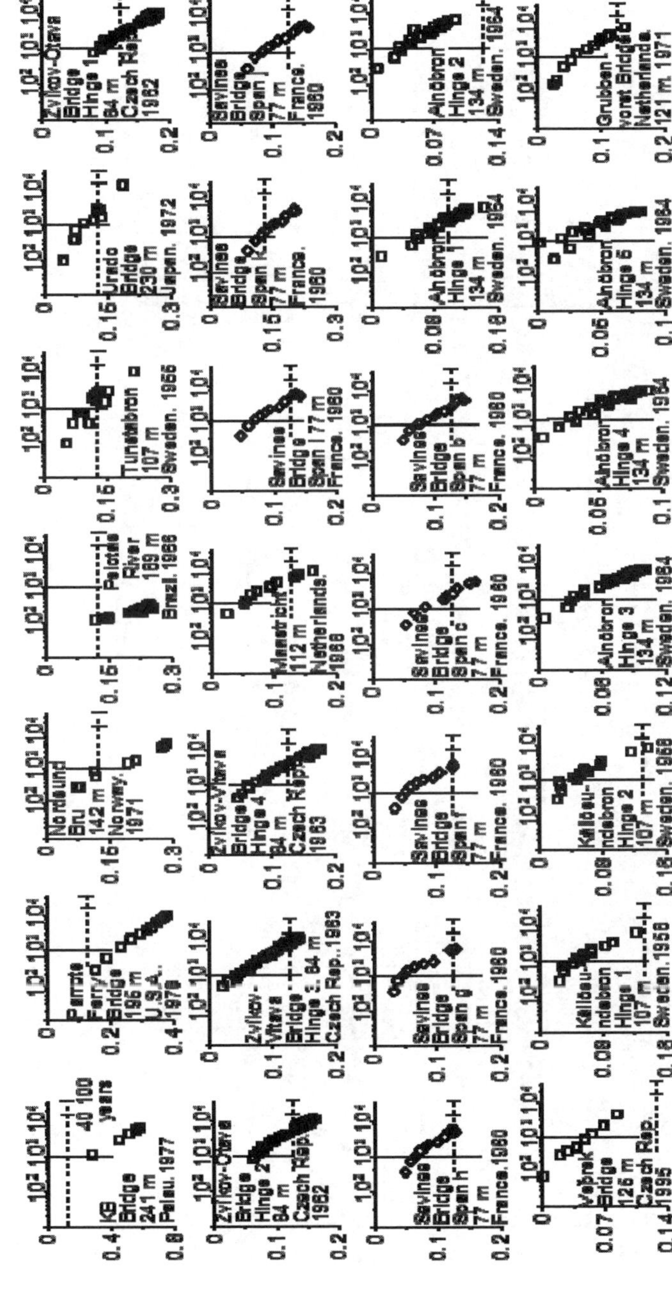

Figure 2 Deflection records on 56 prestressed segmentally built box girder bridges (as a function of time t_c after span closing, in logarithmic scale). Note that the creep compliance curves show no sign of a horizontal asymptote implied by CEB-*fib*, ACI, GL and JSCE creep models. The horizontal lines shows allowable deflection (span / 800) (for further figures, see the short paper by Bažant et al. on the CD of the present proceedings volume).

361

Excessive Deflections of 56 Segmental Bridge Spans [(deflection/span)% vs. time in days] ctd.

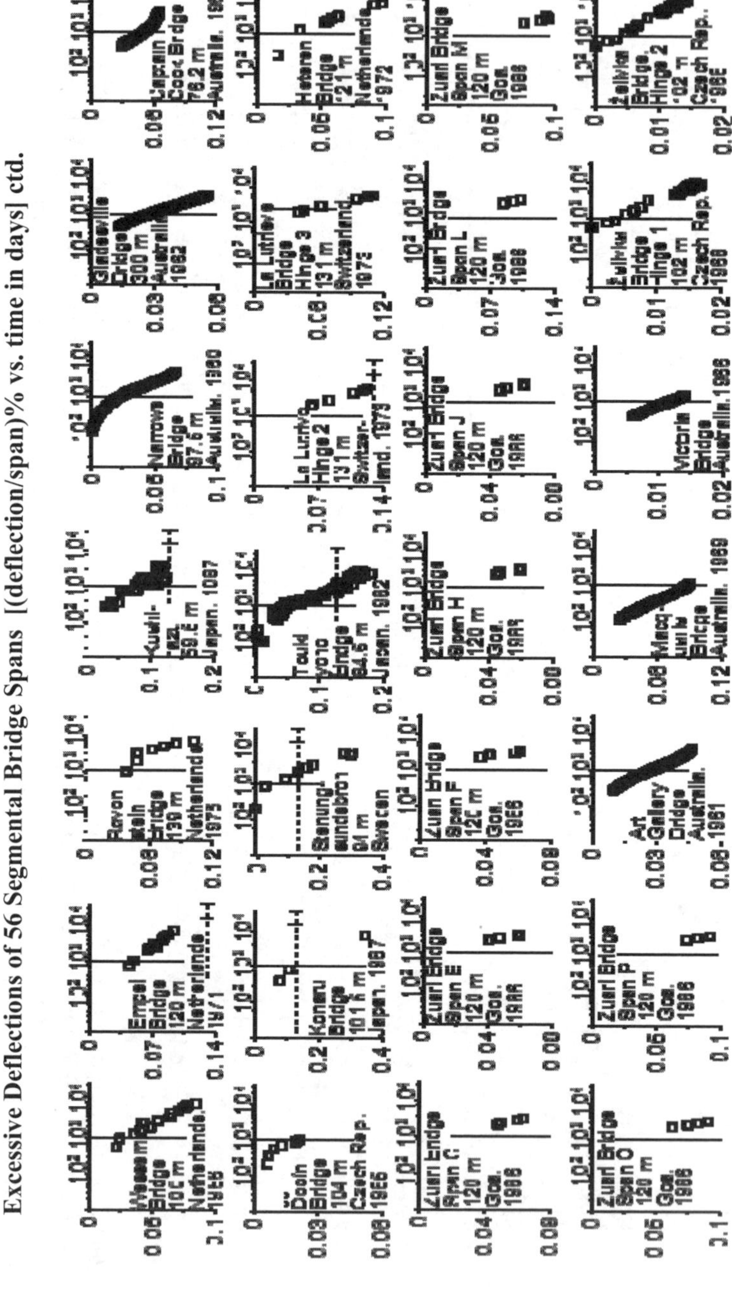

Figure 2 continued

In this light, inverse interpretation of the bridge deflection histories in Fig. 2 appears to be essential. Ideally, one should conduct statistical inverse 3D finite element creep analysis of these bridges. But it has appeared impossible to obtain data that would suffice for finite element analysis of these 56 bridges, except for 6 of them.

Nonetheless, examination of the accurate solutions of the bridge in Palau and a few others showed that, for times t > tm (where tm = tc + 1000 days, tc = span closing time), the complex effects of nonuniform drying, segmental erection, sequential prestressing, concrete age differences and changes of structural system nearly die out. By comparisons with the accurate solutions for the KB Bridge it was thus shown that the subsequent deflection $w(t)$ can be extrapolated from the measured 1000-day deflection w_{1000} with a surprisingly good accuracy by means of the formula:

$$w = w_{1000} \left[J(t, t_a) - J(t_c, t_a) \right] / \left[J(t_m, t_a) - J(t_c, t_a) \right] \tag{1}$$

derived in 2010 by Bažant and verified in [27]; t_a = average age of concrete at permanent load application; $t_m = t_c + 1000$ days, t_c = time at span closing. Deflection w_{1000} at 1000 days after span closing cannot be predicted without detailed three-dimensional finite element creep analysis.

Although it turned out to be impossible to obtain the concrete strength and composition data for the 56 bridges (except 6) in Fig. 2, the average concrete properties for 36 of them (Fig. 3) could be estimated and statistical analysis conducted [27]. As a result, it was concluded that the long-time creep parameters q_3 and q_4 determined from concrete composition by the empirical formulas of model RILEM-B3 should be multiplied by correction factor $r = 1.6$. With this factor, the mean prediction of model RILEM-B3 for the terminal slopes becomes correct (Fig. 3) and the coefficient of variation of errors in the terminal slope gets greatly reduced [27].

For the creep and shrinkage model of *fib* (as well as ACI-209), similar corrections cannot be implemented because many of its aspects are theoretically incorrect. Aside from the incorrect form of Eq. 5.1-69, which implies an asymptotic bound and gives a time curve with a shape disagreeing with individual long-time creep tests (a fact that gets obfuscated when comparisons are made with the entire database), there are in Sec. 5.1.9.4 of the 2010 *fib* Model Code Draft further weak points which need to be corrected.

E.g., the effect of drying on creep (Eq. 5.1-64) should not be represented by multiplicative factor φ_{RH} on the entire creep strain [28, 29]. Like model RILEM-B3, the drying creep should rather be a term additive to the basic creep, multiplicatively scaled according to the RH and shifted horizontally on top of the basic creep curve in log-time by a distance proportional to the square of thickness $h = 2 A_c/u$ [28, 9].

Another problem is that the compliance function, $J(t,t')$, of CEB-*fib* (as well as ACI-209) does not satisfy the condition of non-divergence of creep, $\partial^2 J(t,t')/\partial t\partial t' \geq 0$ [28], which causes that the principle of superposition can yield non-monotonic creep recovery curves (i.e., curves with recovery reversal). This is thermodynamically impossible according to Kelvin chain model [30].

Also, the creep should not be defined by the creep coefficient φ (Eqs. 5.1-60 to 5.1-63), for two reasons: First, it tempts engineers to use the standard elastic modulus E, whose definition and measurement is incompatible with the way the initial deformation (compliance) was measured. This typically causes an error that can be precluded by specifying the compliance function from which the creep coefficient can be calculated as $\varphi = E(t_0)J(t,t_0) - 1$. Second, the use of the conventional short-time modulus (rather than the asymptotic modulus in model RILEM-B3) forces the exponent in Eq. 5.1-69 to be too high, namely 0.3 (for short-time creep it should be about 0.1).

The alleged asymptotic bound of *fib* creep formula is approached within 98% only after 70 years. The bound was much lower for the early models of Whitney, Glanville, Ross, Dischinger, Ulickii and Arutyunyan in the 1940s and 50s [28], and was approached closely in about 3 years. Accumulation of data over the years led to a gradual increase of the bound (a historical phenomenon that may be regarded as "creep inflation"). The engineers should finally abandon wishful thinking and admit that there is no evidence of a bound.

The simplest remedy for *fib* would be to replace the creep formulation with model RILEM-B3 [8, 9]. A still better remedy would be the improved model B3.1 under development in the Northwestern Infrastructure Technology Institute and in RILEM TC-MDC.

A problem related to creep is that the steel relaxation in prestressing tendons is generally defined only for a constant strain in steel. Analysis of the KB Bridge in Palau showed that the strain in steel can change by as much as 30% during lifetime, which has a significant effect on the stress relaxation in steel as well as prestress losses. An incremental viscoplastic model for prestressing steel, which is easy to use in time steps of finite element creep analysis, has been developed [31] and should be introduced into the code.

Extrapolated Deflections of 36 Bridges [(deflection/span)% vs. time in days]

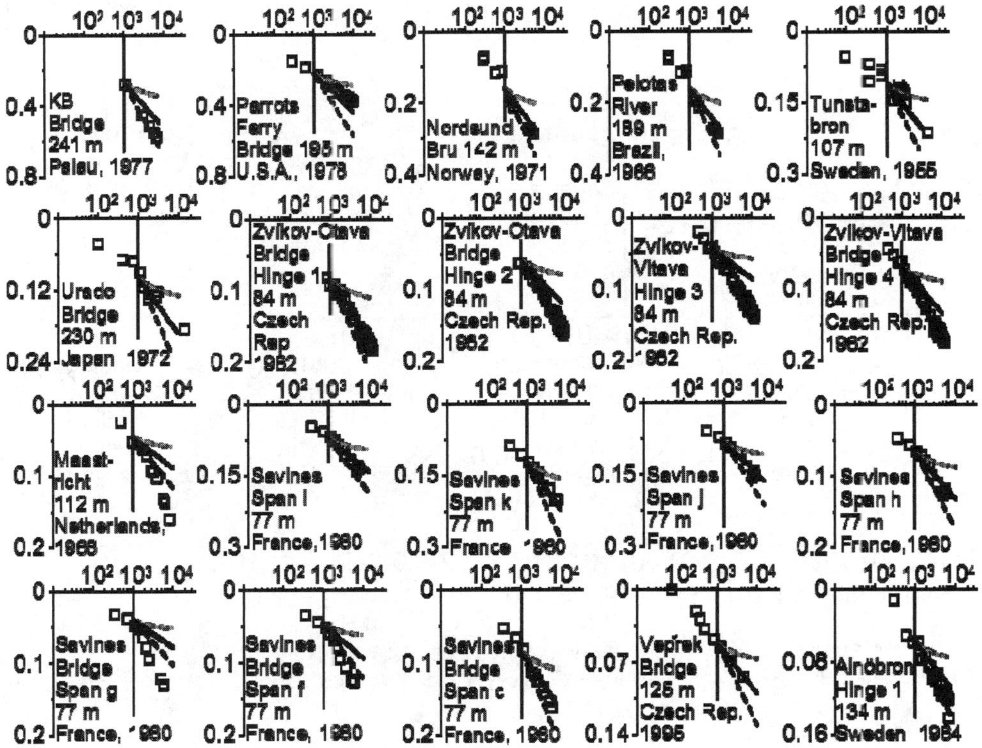

Figure 3   Extrapolations $w = C[J(t, t_a) - J(t_c, t_a)]$ from measured 1000-day deflection w_{1000} for 36 sets of bridge deflection records for average concrete properties, obtained using models CEB-*fib* (— ∙), ACI-209 (—), RILEM-B3 (—), and RILEM-B3 model (— —) with terminal slope adjusted by $r = 1.6$.

Extrapolated Deflections of 36 Bridges [(deflection/span)% vs. time in days] ctd.

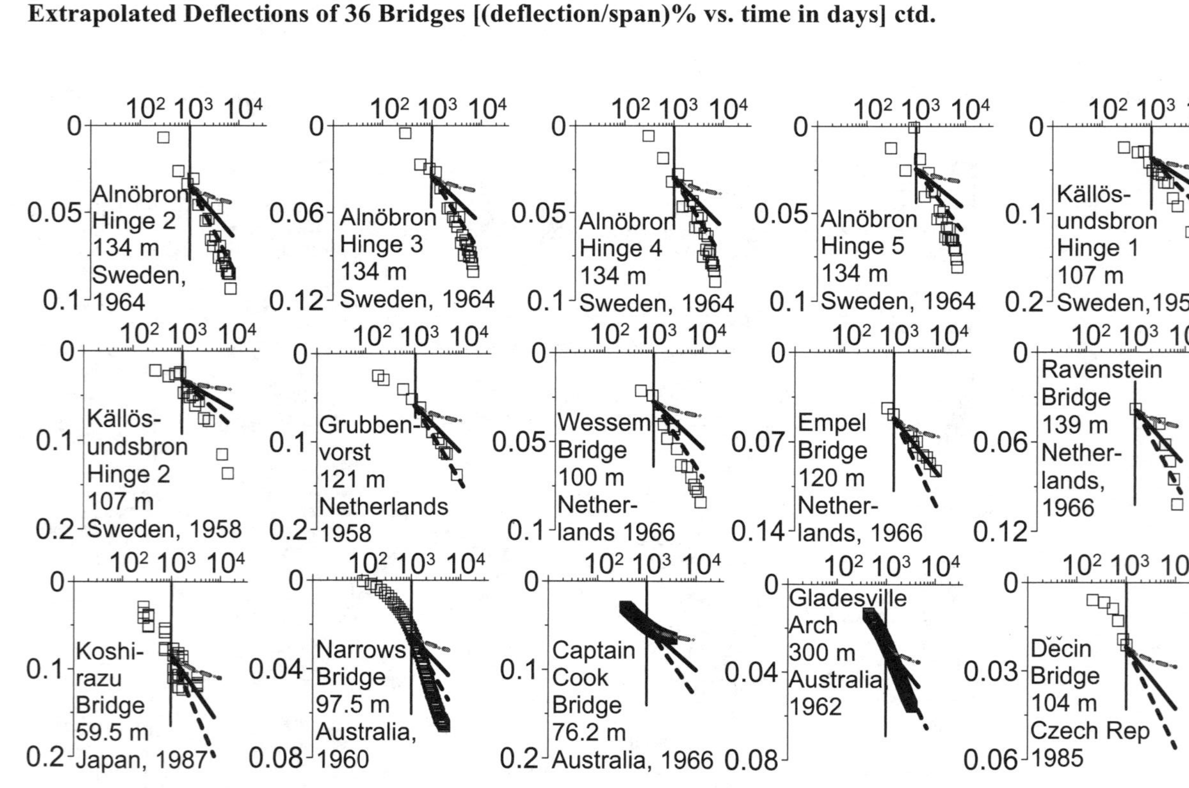

Figure 3 continued

2. Myth and reason in size effect

The size effect has been a contentious subject ever since the pioneering large beam tests of Kani in the 1960s [32], and the design codes have greatly lagged behind the theory. The 2010 *fib* Model Code Draft now proposes in Eqs. 7.3-18, 21, and 25 the beam shear model stemming from the work of Collins et al. in Toronto [33, 34, 35]. Although this model is a progress compared to the previous empirical one in the 1990 CEB Model Code [13], it is a dubious choice since there exists a better model, with a deeper and broader theoretical justification. This model, developed at Northwestern (Eq. 4 in [36, 37]), was unanimously endorsed by ACI Committee 446, Fracture Mechanics (Eq. 2 in [38]).

In comparison to the ACI-445F database of 398 tests of shear failure of RC beams (Fig. 4a, [36]), both models look about equally good (or equally bad), but this is deceptive. The quality of model cannot be judged because of a limited size range of the database, and because of a huge scatter band width when tests from different labs, made with different concretes, different steel ratios ρ and different shear spans a/h, are combined in one database. If extrapolated to real structure sizes larger than those in the database, the difference between the two models becomes significant.

One cannot validate a code equation solely by comparisons with a database that covers only a part of the size range of interest and has various kinds of statistical bias. A sound theoretical basis is required, too. But from the theoretical point of view, the procedure of derivation of the proposed *fib* Eqs. 7.3-18, 21, 25 is more a myth than logic. Briefly, note the following (and for a deeper critique, see pages 1892-1894 of [36]):

1) The average ultimate shear stress of the cross section is assumed to decrease with the beam depth (or size) h as $(1 + ch)^{-1}$ where $c = $ constant. This kind of size effect means that the large size asymptote is proportional to h^{-1}, which is the Leonardo (da Vinci [39]) size effect law (contested by Galileo Galiei [40]). But this asymptote, which is also incorrectly exhibited by *fib* Eq. 7.3-40 for punching shear, is thermodynamically impossible. The strongest possible size effect on nominal strength is proportional to $h^{-1/2}$.
2) The model in *fib* Eqs. 7.3-18, 21, 25 was derived [33, 34] under the tacit hypothesis that the diagonal shear crack would open along its entire length simultaneously, as for a limit load in plasticity. But this is impossible in a quasibrittle material (the crack front actually propagates, and finite element simulations document that).
3) An additional tacit hypothesis in the derivation [33, 34] was that the cohesive stress transmitted across the diagonal shear crack would soften as $(1 + kw)^{-1}$ where w is the crack opening displacement and $k = $ constant. This hypothesis, which is what led to $(1 + ch)^{-1}$, has not been justified. It conflicts, in fact, with the cohesive softening law generally used in concrete fracture community, which is a bilinear law with a steep initial decline and a long tail [41]. If the line of

reasoning in [33, 34] were accepted, this realistic cohesive softening law would lead to a very different size effect.

4) If, instead of $(1 + kw)^{-1}$, the cohesive stress across the diagonal shear cracks were assumed to soften as $(1 + kw)^{-1/2}$ (which would be less unrealistic because the softening tail would be relatively longer), the same (dubious) method of derivation [33, 34] of *fib* Eqs. 7.3-18, 21, 25 would indicate that the average ultimate shear stress of the cross section decreases with the beam depth h as $(1 + ch)^{-1/2}$, which is the (Bažant) Size Effect Law (SEL) [42], first proposed for beam shear in 1984 [43] and used in the recommendation unanimously adopted by ACI Committee 446, Fracture Mechanics.

5) The model in *fib* Eqs. 7.3-18, 21, 25 was derived [33] by incorporating the crack softening law $(1 + kw)^{-1}$ in the earlier 'Modified Compression Field Theory' (MCFT). This is, however, a stress-based (non-energetic) plasticity-type theory. The undeclared hypothesis in this derivation, which is almost true for small beam sizes (as in the laboratory), is that the concrete cracking remains distributed, non-localized, that the failure is almost simultaneous, non-propagating, and that the material strength is, at maximum load, almost mobilized along the entire failure surface. But this derivation is incorrect for large beam sizes beyond the laboratory scale, in which the cracking localizes, the failure propagates. This means that while, in one part of the failure surface and at maximum load, the peak stress point has already been passed and the stress has already softened below the material strength limit, in another part of the failure surface the material strength limit has not yet been reached at maximum load (Fig. 4). In other words, the material strength along the failure surface in large structures cannot get mobilized simultaneously (Fig. 4), but in small structures can. This aspect is best handled by considering the energy release rate, as in fracture mechanics [41] and in the derivation of SEL. However, the derivation of *fib* Eqs. 7.3-18, 21, 25 involves no energy-based consideration, as well as no fracture-related characteristic length, while the presence of a material characteristic length is in the mechanics community generally accepted as the ultimate cause of all non-statistical size effects.

6) The model in *fib* Eqs. 7.3-18, 21, 25 [33] may be applied to the diagonal crack initiation which, however, occurs long before the ultimate load is reached.

7) The implied assumption that the shear transmission across the developing diagonal crack controls the shear force capacity of the beam is an old, and false, myth. Detailed finite element analyses with an experimentally calibrated finite element fracture program [37] showed that the diagonal shear crack (Fig. 4) transmits 40% of the total shear force when the beam depth h is 0.3m, 17% when it is 2.0 m, and only 9% when it is 6.0 m. What controls the maximum load is the propagation of compression-shear crushing across the ligament above the diagonal crack tip (Fig. 4). And what explains the size effect is that, at maximum load, the compressive stress distribution across this ligament is in small beams nearly uniform, equal to concrete compression strength fcm,, whereas in large beams it is highly localized (Fig. 4). While one portion of the ligament in large

beams has not yet reached the concrete strength, another portion has already entered the post-peak regime and has softened to small stress (Fig. 8c,d [36]).

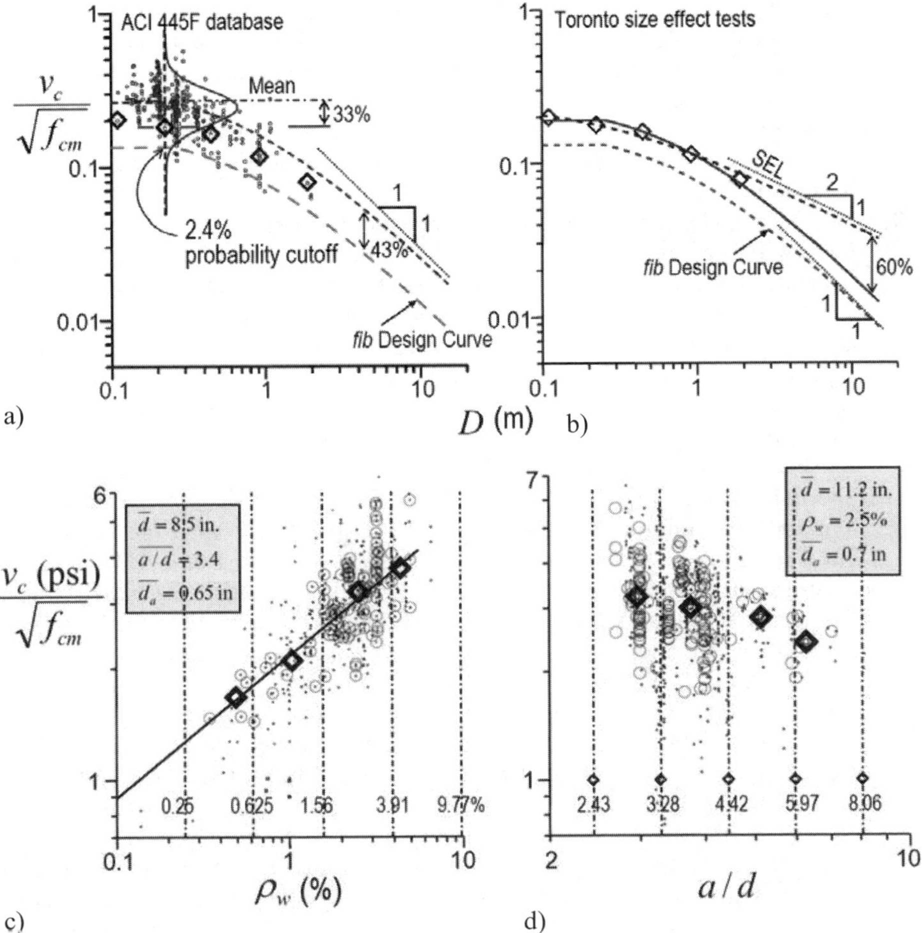

Fig. 4 a,b) Size effect curve for beam shear strength v_c based draft *fib* Eqs. 7.3-18, 21, 25 (long dashes), and the same curve shifted up by 43 % (in log-scale) to represent the mean fit (short dashes), a) compared to (biased and unfiltered) ACI-445F database, and b) to Toronto size effect tests made for one concrete, one beam shape (bold diamonds). c,d) trends of v_c dependence on longitudinal reinforcement ratio ρ_w and relative shear span a/h (where $d=h$), experimentally revealed by the centroids of database strips that were filtered so as to make other influencing variables the same in all the intervals (f_{cm} = mean cylindrical strength in psi (6895 Pa)).

8) The aggregate interlock stresses sketched in *fib* Fig. 7.3-4 may characterize the situation at diagonal crack initiation and, if the beam is small, partly also the situation at maximum load. But this traditional sketch, featured in old textbooks, is in the case of maximum load in large beams misleading because the stress along the diagonal crack does not get mobilized simultaneously along the entire crack length. Fig. 3e,f shows localized tensile and shear stress distribution along the diagonal crack and localized compressive stress distribution across the ligament above the tip of the diagonal crack, computed by a finite element program with the microplane model and crack band model for nonlocal damage [37].

9) The SEL [42] for structures reaching the maximum load only after the formation of a large crack has been validated for all kinds of quasibrittle failure of concrete structures, including anchors, beam torsion, slab punching, pipes and, in reduced-scale tests and in a slightly modified form, slender columns, and serves as standard fracture test basis. It has also been validated and widely accepted for all other quasibrittle materials, including sea ice, fiber composites, coarse-grained or toughened ceramics, wood, inhomogeneous rocks, stiff soils, bones, rigid foams, dry snow slabs, carton, etc. Why should then the size effect for shear of concrete beams be different?

10) The model in *fib* Eqs. 7.3-18, 21, 25 (as well as ACI) ignores the effects of longitudinal reinforcement ratio ρ and of relative shear span a/h, which are quite significant; see Fig. 3 c,d (and also Fig. 4c,d and Eq. 4 in [37]). The existing worldwide database of 398 tests (Fig. 3a) is statistically biased in that the means of ρ and of a/h in subsequent size intervals vary with the beam size (or depth) h. Vice versa, the mean of size h in subsequent intervals varies with ρ and a/h (Fig. 4c,d). To extract the trends, the database must be filtered. A computer program has been developed to filter the worldwide database by progressively deleting marginal points from the database such that the means of h and of a/d be very nearly the same in all the intervals, as shown by the values in Fig. 4c (and likewise in Fig. 4d) [44]. The data points deleted from the margins by the filtering program are shown in Fig. 4c as the tiny dots, and the data retained as the circles. Fig. 4c shows the centroids of the data remaining in each interval of ρ by the bold diamonds (and likewise Fig. 4d for the intervals of a/d. Fig. 4c documents that the beam shear strength v_c depends strongly on reinforcement ratio ρ (e.g., for $\rho > 3.9$ the v_c value is 2.9 times larger than it is for $\rho < 0.63$ if h and a/d are kept constant). Fig. 4d documents similarly that the dependence of v_c on a/d is significant, too. Both these effects are included in the beam shear equation in [38], calibrated by nonlinear regression, but are not revealed by the way of argument in MCFT. They should not be ignored in the future *fib* Model Code (as well as ACI Code).

11) Finally, it is not correct for *fib* (as well as ACI) to assume that minimum stirrups, or any stirrups, eliminate the size effect [45]. They merely mitigate it, pushing it into much larger beam sizes; see [46] and Fig. 5. Although the database with 183 data in Fig. 5 is too scattered to show a clear trend (mainly

because it combines many different concretes), the size effect trend is clearly revealed by computations with the crack band model [46] and is experimentally evidenced by the data of Bhal [47] for one and the same concrete, shown by bold diamonds in Fig. 5. In the presence of stirrups, the size effect can be ignored only for beam depths up to about 1 m, but for the depth of 6 m, typical, e.g., of the outriggers of modern super-tall buildings, the size effect reduces the shear capacity by roughly 40%, and for the depth of KB Bridge girder (14.2m) by roughly 50% [46]. As shown in Fig. 5, the failure probability is 10^{-6} for beam depth 0.3 m, as required, but increases to the unacceptable value of 10^{-3} for beam depth 6 m (the strength distribution is here assumed to be lognormal, rather than Gauss-Weibull, because the database compares many different concretes, which means that this is the strength probability when no tests for the given concrete have been made).

The simplest remedy to the size effect formulation in [14] would be to adopt the size effect equations adopted by ACI Committee 446, Fracture Mechanics [38], although they could be refined further.

There are other claims about the size effect, which are myth or fib (cf., e.g., [48]). They can be left aside.

3   Black holes in safety specifications

3.1   Black hole in probability distributions tails

In the mostly excellent chapters 4.5 and 4.6 on the safety formats [14], a glaring weakness is that all the probability density functions (pdf) of strength are tacitly assumed to be Gaussian (or normal). This is correct for ductile (or plastic) failures (because the Central Limit Theorem applies). But it is incorrect for brittle or quasi-brittle failures occurring at macro-fracture initiation from a small representative volume element (RVE) of material, which is what occurs in unreinforced structures (arch dams, foundation plinths, retaining walls, etc.), though not in most reinforced ones. For brittle failures, the pdf cannot be anything but Weibullian because the weakest link model for a chain with an infinite number of links [49] applies [50, 51]. It is well established that, for small sizes, the cracking remains distributed, which leads to a ductile (or quasi-plastic) failure, whereas for large sizes the cracking localizes, which leads to brittle failure. So it is logical to expect, and has been proven in various ways [50, 51, 52], that the pdf must gradually change from Gaussian to Weibullian as the structure size increases. And that is where the black hole resides.

It is generally agreed [53, 54, 55] that engineering structures must be designed for failure probability $P_f < 10^{-6}$, and so the tail of the pdf of strength needs to be known within the range 10^{-5}—10^{-6} (which is what matters for the convolution integral with the pdf of load). Now, for the Weibull pdf, the distance from the mean to the tail point of 10^{-6} is almost twice as large, in terms of standard deviations, as it is for the Gaussian pdf (Fig. 4), and this has a big effect on the required (partial) safety factor. But such a far out-tail is like a black hole—it is not directly observable by histogram testing (since $>10^8$ structure test repetitions would be needed!). Yet, like a black hole, the tail can be observed indirectly — through the size effect (of type 1 [56]), which is dominated by the tail [51].

This scaling behavior has recently been researched and experimentally demonstrated in theoretical literature [50, 51, 52], but it will take some effort to build it into the system of partial safety factors for concrete structures. Until this is done, it is an illusion to think that the failure probability could be calculated for large concrete structures failing at macro-crack initiation.

Another problem with a black hole in the tail arises from the use of lognormal distribution in Eq. 4.5-9b [14] for the updated design value x_d of structural resistance X .The lognormal distribution is appropriate to characterize the statistical variability arising when different concretes are considered [44] (Fig. 5). This variability is huge and overrides the statistical variability of one concrete *per se*. However, to characterize the randomness of resistance of a structure made from one and the same concrete, or the material strength of one and the same concrete, the lognormal distribution is incorrect, physically inconceivable.

In ductile failure, the resistance X is a sum of weighted random contributions from many simultaneously failing material elements along the failure surface, with weights that can be determined, e.g., by a finite element code. Hence, according to the Central Limit Theorem, the structure strength distribution must be Gaussian — except, of course, the tail, including the far-left tail reaching into negative values, which is always beyond the range of validity of the Gaussian pdf (note that even the sum of n positive independent identically distributed random variables, which can never be negative, converges to the Gaussian distribution as $n\rightarrow\infty$).

The only way a lognormal distribution for one given material (i.e., one concrete) could physically arise is if the failure were a product, rather than a sum, of the random strength contributions of the material elements along the failure surface [52]. But such a product, which is implied by the lognormal distribution, is of course physically inconceivable, for both structure strength and material strength. Thus, provided that one given concrete is considered, the lognormal distribution in fib Eq. 4.5-9a should be replaced by the Gaussian pdf if the failure is ductile, by the Gauss-Weibull graft [52, 51] (which corresponds to a finite weakest-link model) if it is quasibrittle, and by the Weibull pdf (which corresponds to an infinite weakest-link model) if it is perfectly brittle.

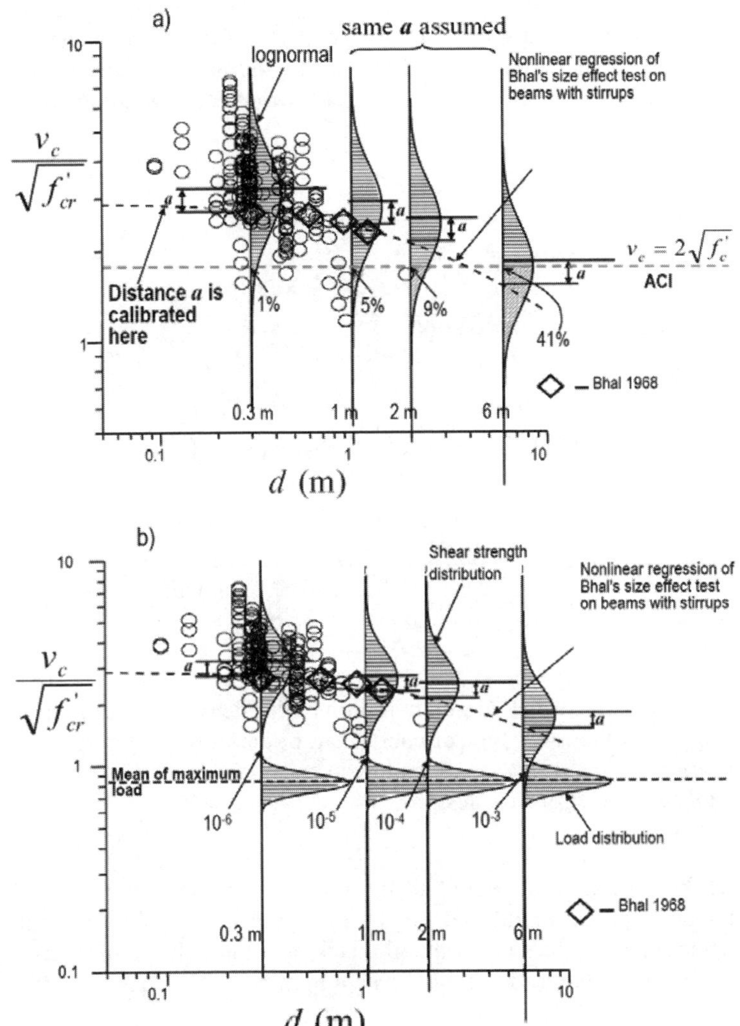

Fig. 5   Size effect on shear strength of RC beams with stirrups, compared to the database of 183 tests [46] for many different concretes, and lognormal strength distributions assumed to be, for all the sizes d ($d=h$), the same as in the small size interval with many data. The bold diamonds represent the tests of Bhal on one and the same concrete a) The increasing probability cutoff indicates the decrease of safety margin with increasing size. b) Comparison with typical maximum design load distributions, and failure probabilities for various sizes obtained by convolution with strength distribution according to Freudenthal reliability integral.

373

Note also that since the lognormal distribution has the opposite skewness than the Weibull distribution, it represents, for the variability of strength of one given concrete, the worst possible guess [52] for someone who is bothered by the infinite Gaussian tail reaching into negative values. The difference in the safety factor corresponding to the tail at Pf =10-6 is huge (Fig. 6).

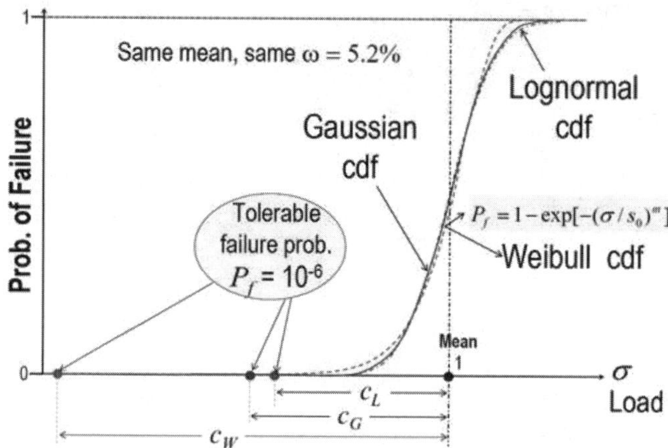

Fig. 6 Gaussian, Weibull, and Lognormal cumulative probability density functions with the same mean, equal to 1, and the same typical coefficient of variation. Note the huge differences among the distances c_G, c_W and c_L from the mean to the tail point with probability 10^{-6} (a point that matters for safe design).

The problem of a black hole in the tail extends to the use of reliability index β in *fib* subclause 3.2.5. That index, too, is predicated on the Gaussian distribution and thus cannot be applied if the structural failure is not ductile, lacking a long plastic plateau on the load-deflection diagram. This limitation should be kept in mind.

3.2   Black holes in design formulas set at the margin of data

Another aspect that confounds the calculation of failure probability on the basis of design formulas is the presence of the so-called covert safety factors [57]. In the *fib* Model Code Draft (as well as in ACI code), for example, the design equation (*fib* Eq. 7.3-8) for beam shear has not been set so as to represent the mean trend of the data, i.e., the regression curve. Rather, it has been set at about 43% below the regression curve. Because this fact is kept invisible in the code, the code formula is often taken as the mean prediction, which obviously leads to wrong estimates of failure probability.

Again, this is a sort of a black hole, though an easier one. It would suffice for the designer to plot the *fib* Eq. 7.3-8 against the database, carry out the nonlinear regression, and determine the probability cut-off for the offset of the design equation from the regression curve in the interval of interest. However, this is not what the designers are expected to do. The code should make it easy: Declare in the code the probability cutoff of the recommended design equation, the coefficient of variation, and the type of distribution. Otherwise all the failure probability estimates are meaningless.

This black hole, as well as that in tails, can, in principle, be avoided if the failure probability is calculated by a stochastic nonlocal (fracture-based) finite element code into which the Gauss-Weibull transition of pdf is incorporated. But this is a complex task, still in the research realm, and a practical way to deal with these black holes in the pdf tails does not yet exist.

3.3 False size effect hidden in excessive partial safety factor imposed on self-weight

For permanent actions, which include the self-weight, Section 4.5.2 of the *fib* Model Code Draft specifies the load factors of 1.05 – 1.1 in Table 4.5-4, 1.35 in section 4.5-5 for the case of "non-particular" actions, not involving geotechnical actions, and either 1.35 or 0.85 – 1.35 in Table 4.5-6 for alternative combination. Although the application is not completely clear from this Draft, it is clear, upon rigorous appraisal, that 1.1, and especially 1.35, are irrational. The same could be said of the ACI Standard 318, which specifies for dead load, including the self-weight, the factor of 1.4 when acting alone and 1.2 when in combination.

In a small bridge, the self-weight may represent only a few percent of the total load. But in a large bridge, more than 95% of the total load can be the self-weight of concrete. Errors larger than about 3% in the weight of concrete and reinforcement are inconceivable (except as carelessness or sabotage). Thus the factors of 1.1 and 1.35 represent a penalty on large structures, which represents a hidden size effect [58]. This size effect is invisible to the designer, like a black hole.

However, the self-weight factor is not a rational way to introduce the size effect. The shape of the size effect curve implied by these factors is incorrect [58]. Besides, prestressed structures, or structures made with high strength concrete, are lighter than the unprestressed ones or those made with normal strength concretes, and thus the size effect hidden in excessive self-weight factor is weaker, yet in reality the size effect is stronger because such structures are more brittle. For large cable-stayed bridges, this hidden size effect also works the wrong way.

4.   Closing comment

Although a perfect design code is unattainable, and too much perfection would make the code too complex to use, some corrections outlined here are simple and easy to implement. They would improve the *fib* Model Code Draft substantially.

Financial supports from the U.S. Department of Transportation through Grant 23120 from the Infrastructure Technology Institute of Northwestern University, and the US National Science Grant CMS-0556323 are gratefully appreciated. Thanks are due to Y. Watanabe, G. Klein, V. Šmilauer, L. Vráblík, M. Lepš, J. Vítek, M. Zich, J. Navrátil, M. Jirásek, B. Teplý, V. Červenka, D. Novák and M. Vořechovský for valuable help in obtaining various data and for many helpful comments.

References

[1] Bažant, Z.P., Yu, Q., Li, G.-H., Klein, G.J., and Křístek, V. (2010), "Excessive deflections of record-span prestressed box girder: Lessons learned from the collapse of the Koror-Babeldaob Bridge in Palau." *ACI Concrete International* 32 (6), June, 44-52.

[2] Bažant, Z.P., and Yu. Q. (2011). "Excessive Long-Time Deflections of Prestressed Box Girders: I.Record-Span Bridge in Palau and Other Paradigms, II. Numerical Analysis and Lessons Learned." *ASCE J. of Engrg. Mechanics*, in press.

[3] Berger/ABAM Engineers Inc. (1995b). "Koror-Babeldaob Bridge Repair Project Report on Evaluation of VECP," presented by Black Construction Corporation, June. *KB Bridge modifications and repairs.*

[4] Berger/ABAM Engineers Inc. (1995a). "Koror-Babeldaob Bridge modifications and repairs", October.

[5] Japan International Cooperation Agency. (1990) "Present Condition Survey of the Koror-Babelthuap Bridge", Feburary.

[6] Shawwaf, Khaled (Dir., Dywidag Systems International USA, Bollingbrook, Illinois; former structural analyst on KB bridge design team), *Private communication*, September 18, 2008, Chicago.

[7] Zelinski, Raymond (former Bridge Engineer, Caltrans, California), *Private communication*, Dec. 12, 2010.

[8] Bažant, Z.P. and Baweja, S. (1995). "Creep and shrinkage prediction model for analysis and design of concrete structures: Model B3" (RILEM Recommendation) *Materials and Structures* 28, pp. 357--367 (Errata, Vol. 29, p. 126).

[9] Bažant, Z.P. and Baweja, S. (2000). "Creep and shrinkage prediction model for analysis and design of concrete structures: Model B3." *Adam Neville Symposium: Creep and Shrinkage---Structural Design Effects*, ACI SP--194, A. Al-Manaseer, ed., pp. 1--83 (update of 1995 RILEM Recommendation).

[10] Brooks, J.J., (2005) "30-year creep and shrinkage of concrete," *Magazine of concrete research* 57, pg. 545-556.

[11] ACI Committee 209 (1972, 2008) "Prediction of creep, shrinkage and temperature effects in concrete structures" *ACI-SP27, Designing for Effects of Creep, Shrinkage and Temperature*, Detroit, pp. 51—93 (reapproved 2008).

[12] ACI Committee 209 (2008). "Guide for Modeling and Calculating Shrinkage and Creep in Hardened Concrete." *ACI Report 209.2R-08*, Farmington Hills.

[13] CEB-FIP Model Code 1990. Model Code for Concrete Structures. Thomas Telford Services Ltd., London, Great Britain; also published by Committee euro-international du béton (CEB), Bulletins d'Information No. 213 and 214, Lausanne, Switzerland.

[14] Draft of fib Model Code 2010. "Fédération internationale de béton (fib)." Lausanne.

[15] FIB (1999). "Structural Concrete: Textbook on Behaviour, Design and Performance, Updated Knowledge of the CEB/FIP Model Code 1990." Bulletin No. 2, Fédération internationale du béton (FIB), Lausanne, Vol. 1, pp. 35--52.

[16] Gardner, N.J., and Lockman, M.J. (2001) "Design provisions for drying and creep of normal-strength concrete." *ACI Materials Journal*, 98 (2): 159-167.

[17] "Standard Specifications for Design and Construction of Concrete Structures. Part I, Design." Japan Soc. of Civil Engrs. (JSCE), 1996 (in Japanese).

[18] "Specifications for Highway Bridges with Commentary. Part III. Concrete." Japan Road Association (JRA), 2002 (in Japanese).

[19] Vítek, J.L., (1997) "Long-Term Deflections of Large Prestressed Concrete Bridges," CEB Bulletin d'Information No. 235, "Serviceability Models" Behaviour and Modeling in Serviceability Limit States Including Repeated and Sustained Load, CEB, Lousanne, pp. 215-227 and 245-265.

[20] Burdet, O., Muttoni, A., (2006) "Evaluation of existing measurement systems for the long-term monitoring of bridge deflections," Confederation Suisse, Dec.

[21] Fernie, G. N., Leslie, J. A., (1975) "Vertical and Longitudinal Deflections of Major Prestressed Concrete Bridges," Institution of Engineers, Australia n7516, *Symposium of Serv. Of Concrete*, Melbourne, Aug 19.

[22] Pfeil, W., (1981) "Twelve Years Monitoring of Long Span Prestressed Concrete Bridge," *Concrete International.* Vol . 3 No. 8, pg. 79-84, Aug. 1.

[23] Manjure, P. Y., (2001-2002) "Rehabilitation/Strengthening of Zuari Bridge on NH-15 in Goa," Paper No.490, Indian Roads Congress, pp. 471.

[24] Bažant, Z.P., Carreira, D., and Walser, A. (1975). "Creep and shrinkage in reactor containment shells." *Jour. Struct. Div.*, Am. Soc. Civil Engrs., 101, 2117--2131.

[25] Bažant, Z.P., and Li, Guang-Hua (2008). "Comprehensive database on concrete creep and shrinkage." *ACI Materials Journal.* 106 (6, Nov.-Dec.), 635--638.

[26] Bažant, Z.P. and Li, G.-H. (2008). "Unbiased Statistical Comparison of Creep and Shrinkage Prediction Models." *ACI Materials Journal.* 105 (6): 610-621.

[27] Bažant, Z.P., Hubler, M.H., Yu, Q. (2010) "Pervasiveness of Excessive Deflections of Segmental Bridges: Wake-Up Cal for Creepl" Structural Egrg.Report, Northwestern University, submitted to ACI J.

[28] RILEM Committee TC-69 (1988). "State of the art in mathematical modeling of creep and shrinkage of concrete" in *Mathematical Modeling of Creep and Shrinkage of Concrete.*, ed. by Z.P. Bažant, J. Wiley, Chichester and New York, 1988, 57--215.

[29] Bažant, Z.P. (2000) "Criteria for Rational Prediction of Creep and Shrinkage of Concrete." *Adam Neville Symposium: Creep and Shrinkage - Structural Design Effects*, ACI SP-194, A. Al-Manaseer, ed., Am. Concrete Institute, Farmington Hills, Michigan, pg. 237-260.

[30] Bažant, Z.P., and Huet, C. (1999). "Thermodynamic functions for ageing viscoelasticity: integral form without internal variables." *Int. J. of Solids and Structures.* 36, 3993--4016.

[31] Bažant, Z.P. and Yu, Q. (2011) "Constitutive Equation for Stress Relaxation in Prestressing Steel at Varying Strain," submitted.

[32] Kani, G.N.J. (1967). "How safe are our large reinforced concrete beams?" *ACI J.*, 58(5), 591--610.

[33] Vecchio, F.J., and Collins, M.P. (1986). "The modified compression field theory for reinforced concrete elements subjected to shear." *ACI J.. Proc.* 83 (2), 219--231.

[34] Collins, M.P., and Mitchell, D. (1991). *Prestressed concrete structures.* Prentice Hall, Englewood Cliffs, New Jersey 1991 (section 7.10).

[35] Bentz, E.C. and Collins, M.P. (2006) "Development of the 2004 Canadian Standards Association (CSA) A23.3 shear provisions for reinforced concrete." *Canadian Journal of Civil Engineering.* 33 (5) pg. 521-534.

[36] Bažant, Z.P., and Yu, Q. (2005). "Designing against size effect on shear strength of reinforced concrete beams without stirrups: I. Formulation" *ASCE J. of Structural Engineering.* 131 (12), 1877--1885.

[37] Bažant, Z. P. and Yu, Q. (2005) "Designing Against Size Effect on Shear Strength of Reinforced Concrete Beams without Stirrups: II. Verification and Calibration." *ASCE J. of Structural Engineering.* 131 (12) 1886-1897.

[38] Bažant, Z. P., Yu, Q., Gerstle, W., Hanson, J. and Ju, J.W. (2007) "Justification of ACI 446 Proposal for Updating ACI Code Provisions for Shear Design of Reinforced Concrete Beams." *ACI Structural Journal.* 104 (5) pg. 601-610 (Errata, Nov.-Dec., p. 767).

[39] da Vinci, L. (1500s) – see *The Notebooks of Leonardo da Vinci.* (1945), Edward McCurdy, London (p. 546); and *Les Manuscrits de Léonard de Vinci*, transl. in French by C. Ravaisson-Mollien, Institut de France (1881-91), Vol. 3.

[40] Galileo Galilei Linceo (1638) *Discorsi i Demostrazioni Matematiche intorno à due Nuove Scienze*, Elsevirii, Leiden. (English transl. by T. Weston, London (1730), pp. 178--181)

[41] Bažant, Z.P., and Planas, J. (1998). *Fracture and Size Effect in Concrete and Other Quasibrittle Materials.* CRC Press, Boca Raton and London.

[42] Bažant, Z.P. (1984). "Size effect in blunt fracture: Concrete, rock, metal." *J. of Engrg. Mechanics*, ASCE, 110 (4), 518–535.

[43] Bažant, Z.P., and Kim, Jenn-Keun (1984). "Size effect in shear failure of longitudinally reinforced beams." *Am. Concrete Institute Journal*, 81, 456–468; Disc. & Closure 82 (1985), 579–583.

[44] Bažant, Z.P. and Yu, Q. (2009) "Does Strength Test Satisfying Code Requirement for Nominal Strength Justify Ignoring Size Effect in Shear?" *ACI Structural Journal.* 106 (1) pg. 14-19.

[45] Bažant, Z.P., and Sun, H-H. (1987). "Size effect in diagonal shear failure: Influence of aggregate size and stirrups." *ACI Materials Journal.* 84 (4), 259-272.

[46] Bažant, Z.P., and Yu, Q. (2011). "Can Stirrups Suppress Size Effect on Shear Strength of RC Beams?" *ASCE J. of Structural Engineering*, in press

[47] Bhal, N.S. (1968). *Über den Einfluss der Balkenhöhe auf Schubtragfähighkeit von einfeldrigen Stalbetonbalken mit und ohne Schubbewehrung.* Dissertation, Universität Stuttgart.

[48] Bažant, Z.P., and Yavari, A. (2005). "Is the cause of size effect on structural strength fractal or energetic-statistical?" *Engrg. Fracture Mechanics.* 72, 1-31.

[49] Weibull, W. (1939). "A statistical theory of the strength of materials." *Proc. Royal Swedish Academy of Eng. Sci.*151, 1-45.

[50] Le, J.-L., Bažant, Z.P., and Bazant, M.Z. (2011). "Unified Nano-Mechanics Based Probabilistic Theory of Quasibrittle and Brittle Structures: I. Strength, Static Crack Growth, Lifetime and Scaling." *J. of the Mechanics and Physics of Solids.* in press.

[51] Bažant, Z.P., Le, J.-L., and Bazant, M.Z. (2009), "Scaling of strength and lifetime probability distributions of quasibrittle structures based on atomistic fracture mechanics," *Proc. of the National Academy of Sciences.* 106 (28), 11484--11489.

[52] Bažant, Z. P., and Pang, S.-D. (2007) "Activation energy based extreme value statistics and size effect in brittle and quasibrittle fracture." *J. Mech. Phys. Solids.* 55, pp. 91-134.

[53] Duckett, K. (2005). "Risk analysis and the acceptable probability of failure." *The Structural Engineering.* 83 (15), pp 25-26.

[54] NKB (Nordic Committee for Building Structures) (1978). *Recommendation for loading and safety regulations for structural design.* NKB Report, No. 36.

[55] Melchers, R. E. (1987) *Structural Reliability, Analysis & Prediction.* Wiley, New York.

[56] Bažant, Z.P. (2004). "Scaling theory for quasibrittle structural failure." *Proc., National Academy of Sciences.* 101 (37), 13400--13407.

[57] Bažant, Z.P., and Yu, Q. (2003), "Reliability, brittleness and fringe formulas in concrete design codes," Infrastructure Technology Institute Report No. 03-12/A466r, Northwestern University; also *J. of Structural Engrg. ASCE*, submitted.

[58] Bažant, Z.P., and Frangopol, D.M. (2002). "Size effect hidden in excessive dead load factor." *J. of Structural Engrg. ASCE* 128 (1), 80–86.

PLASTIC ROTATIONAL CAPACITY IN DIFFERENT TYPES OF STEEL. RESEARCH CONDUCTED BY PROFESSOR R. ELIGEHAUSEN

José Calavera
Intemac, Spain

I first met Professor Eligehausen in former Comité européen du Béton (CEB) Commission IV, "Steel, bond, anchorage", which he attended with his mentor, Prof. Gallus Rehm. Commission IV was presided by Vienna's Dr Soretz, Technical Director of the Tor Steel Corporation.

In the nineteen eighties it became Commission VII, "Steel Reinforcement", some of whose members, including Prof. Gallus Rehm, Prof. Eligehausen and I, had served on Commission IV.

The intense activity carried out by Commission VII over the next ten years culminated in the drafting of many of the sections of Model Code 1990.

Prof. Eligehausen did such a vast amount of research and in such a wide variety of areas that it is no easy task to choose just one, but for this paper I decided to narrow the field down to his work on plastic hinges in different types of steel, which contributed largely to the understanding of the question.

Prof. Eligehausen spent some time at the University of California at Berkeley in close contact with Professors Bertero and Popov (see references (1) and (2)). That association marked the beginning of the research that clarified the mechanism governing plastic hinges; indeed, reference (1) deals with an analytical model for anchoring bars in concrete, while reference (2) is a study of the relationships between ribbed bars and bonding stress and creep.

The state of the art in 1978 was reflected in Model Code 1978, published by CEB and FIP, in which the relationship between neutral axis depths and plastic hinges was taken to be as shown in Figure 1. This figure was plotted assuming that rotation intensifies as the depth of the block and therefore the steel ratio declines and that no difference exists between ductile and scantly ductile steel.

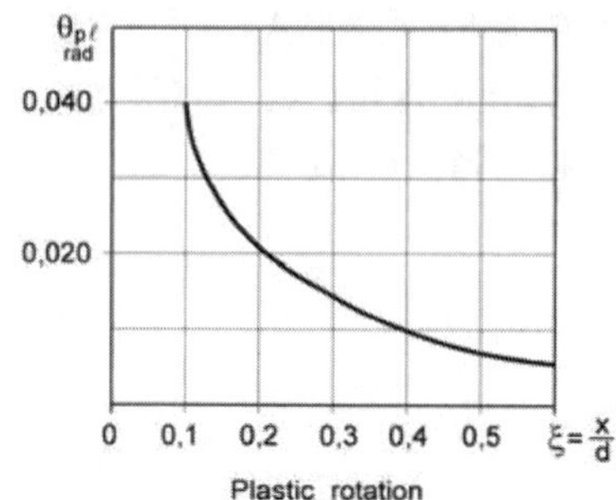

Figure 1

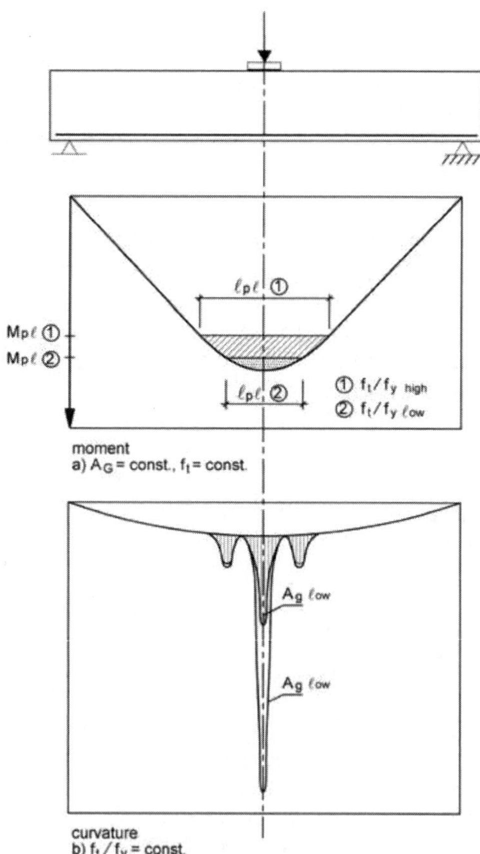

Figure 2

In late 1986 Prof. Eligehausen, in conjunction with P. Langer, submitted a paper to CEB Commission VII entitled "Rotation capacity of plastic hinges and allowable degree of moment distribution" (3), from which Figures 2 and 3 below were drawn.

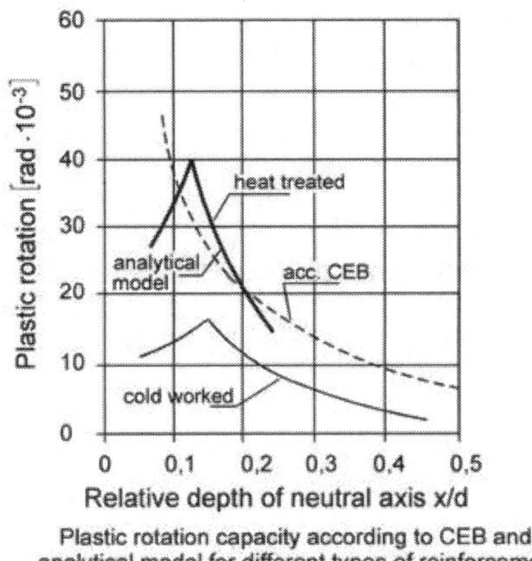

Plastic rotation capacity according to CEB and analytical model for different types of reinforcement

Figure 3

Here the problem was broached in a radically different manner. This paper proved to be not only a milestone in Prof. Eligehausen's career, but an essential contribution to the solution to the problem of the ratio - plastic hinge relationship.

The theory described in the aforementioned paper was applied to draft the respective section of Model Code 90 (see Figure 4 and compare to Figure 1): Prof. Eligehausen's studies showed both that small block depths and ratios generated a downward arm, and that steel had to be classified by its ductility.

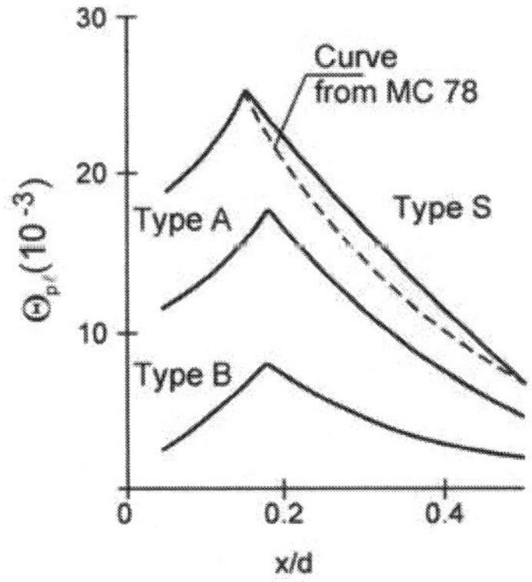

Plastic rotation capacity as a functon of the relative depth of the compression zone for deformed non-prestressed bars

Figure 4

The foregoing led to the use of ribbed bars rather than drawn wires for welded-wire mesh reinforcement in most countries. Basic research seldom has such widespread practical consequences.

In 1995 Prof. Eligehausen, in conjunction with Dr R. Zhao and engineer E. Fabritius, published the results of experimental research in a paper entitled "Test report on continuous slabs reinforced with welded wire mesh" (4). Simultaneous research was planned at the Madrid School of Civil Engineering, with the trials to be conducted at the INTEMAC Central Laboratory as part of a PhD. dissertation. Those trials were delayed, however, due to its author's heavy work load, for engineer H. Ortega was Technical Director of a major Spanish steel manufacturer with subsidiaries in southern England and Poland.

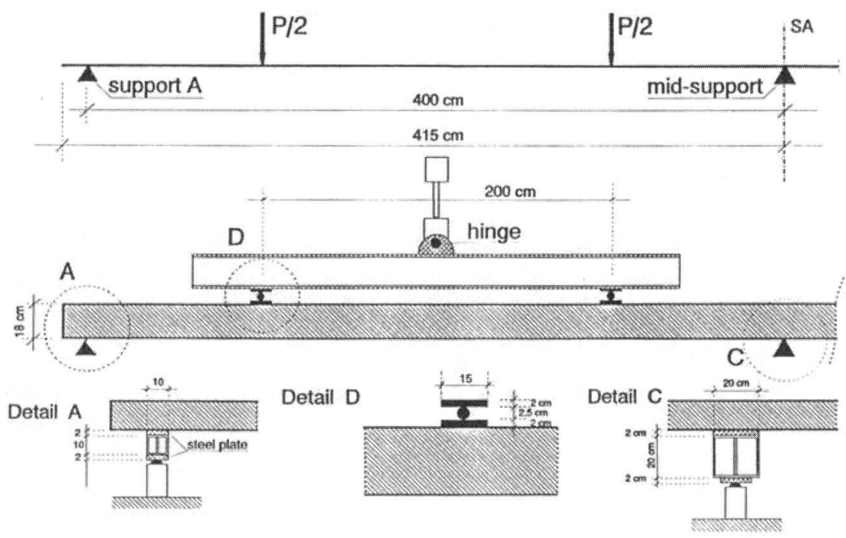

Test set-up for DMR1 and DMR2

Figure 5

Coming back to reference (4), the respective test set-up is depicted in Figure 5. The findings concurred with the pattern observed in Figure 4. H. Even though Ortega's tests, conducted years later, differed in minor details from the trials described in reference (4), and despite the substantial differences between the mesh used for the Spanish trials and the product manufactured in Germany, the findings were essentially the same as published by Prof. Eligehausen et al (5) (Figure 6).

384

General test set-up

Figure 6

Prof. Eligehausen's proof of the greater plastic rotational capacity of extra ductile steel, then, brought about a change in the steel industry in most countries.

References

1. Ciampi, V.; Eligehausen, R.; Bertero, V.V.; Popov, E.P., "Analytical Model for Concrete Anchorages of Reinforcing Bars Under Generalized Excitations. Earthquake Engineering Research Center, Report No. UCB/EERC 82/23, University of California, Berkeley, 1982.
2. Eligehausen, R.; Popov, E.P.; Bertero, V.V., "Local Bond Stress-Slip Relationship of Deformed Bars Under Generalized Excitations". Earthquake Engineering Research Center, Report No. UCB/EERC 83/23, University of California, Berkeley, 1983.
3. Eligehausen, R.; Langer, P., "Rotation capacity of plastic hinges and allowable degree of moment redistribution". Universitat Stuttgart. 1986.
4. Eligehausen, R., "Continuous Slabs Reinforced With Welded Wire Mesh".
5. Calavera, J.; Ortega, H., "Influence of the type of steel on the redistribution capacity in reinforced concrete slabs". INTEMAC Quarterly. N° 39. 2000.

REPAIR OF BRIDGE PIERS BY USE OF SELF-COMPACTING CONCRETE

L. Giordano*, G. Mancini*
* Dipartimento di Ingegneria Strutturale, Edile e Geotecnica, Politecnico di Torino, Italy

Abstract

Self-compacting concrete (SCC) is a very suitable material for the repair and the strengthening of concrete structures. In particular, when the repair interests the cover reconstruction and the addition of reinforcement in structures deteriorated by corrosion, SCC rheological and mechanical properties allow for its use also in very thin layers, with high concentration of reinforcement. Of course, coupling SCC with old concrete, some interface problems should be solved. Those phenomena require detailed analysis for the evaluation of the actual repair efficiency, in particular when repeated actions are applied to the structures. In the paper detailed numerical analysis and experimental on site tests are presented and discussed in relation to the use of SCC in bridge repair and strengthening.

1. Foreword

The repair of concrete structures, like bridge piers, with hydrodemolition of external layer, addition of reinforcement and reconstruction of cover with a relatively small thickness of SCC, asks for the solution of some interface problems, like the ones listed below:

-   the evaluation of the effect of different mechanical (strength and elastic modulus) and rheological (shrinkage and creep) parameters of new concrete with respect to the old one;
-   the effectiveness of contact surface between new and old concrete, with regard to the establishing of a shear-friction mechanism for the transmission of internal mutual actions;

-   the evaluation of connectors entity between new and old concrete, so that a monolithical structure can be considered in the ultimate and serviceability verifications;
-   the contribution of concrete to concrete adhesion in the definition of monolithicity of repaired structure.

The definition of those interface problems and their consideration in the design allow for a reliable evaluation of structure safety level after the repair.
In the following those phenomena and their consequences on the overall structural behavior will be analyzed in detail.

2. Effectiveness of contact surface and related connectors

The effectiveness of interface surface with regard to the interlock may be surely taken into account because the selective hydrodemolition, with an injection pressure of the order of $900 \div 1000$ bar, exposes the aggregate and removes the old concrete with a strength not greater than $15 \div 25$ MPa.

The maximum aggregate diameter ($12 \div 14$ mm) used for SCC in very thin layers is enough to develop interlock, when the adhesion is lost; of course a proper amount of reinforcement between the two concretes should be provided, in agreement with Model Code 1990 [1].

3. Adhesion between new and old concrete

Due to the lack of exhaustive information on this parameter within the available references, an extensive experimental program on site has been performed during the reparation of the piers of a viaduct.

The adhesion has been evaluated by means of a specific pull-out test consisting in the following steps:

-   perforation on the repaired surface, like as for the extraction of a core, for a depth of about 15 cm, when the SCC new layer was 10 cm;
-   avoiding the extraction of the core and sticking of a steel plate on the external surface of the core;
-   extraction of the core, by clamping the steel plate, and measure of related maximum force.

Having in mind that the characteristic strengths of old concrete and SCC are respectively 20 and 30 MPa, the adhesion resistances evaluated with such tests are listed in Table 1. Looking at the adhesion resistances so evaluated one can observe that:

- in 44/98 cases (failure mode A) the test was interrupted due to the unsticking of metal plate by the SCC surface, but with a very high strength (mean 1.75 MPa and coefficient of variation 0.43); that means that we have to expect in those cases an adhesion strength greater than the corresponding maximum value reached during the test;

Table 1: Adhesion strength

Pier num.	Adhesion [MPa]	Modes of failure	Pier num.	Adhesion [MPa]	Modes of failure	Pier num.	Adhesion [MPa]	Modes of failure
2	2.06	A	8	1.60	A	5	2.30	C
2	0.25	A	8	1.50	A	5	1.50	C
2	0.61	A	9	1.50	A	6	1.90	C
2	2.06	A	9	2.50	A	6	1.40	C
2	0.25	A	9	2.50	A	6	1.20	C
2	0.61	A	9	2.50	A	6	2.00	C
2	2.09	A	10	1.00	A	8	0.80	C
2	2.14	A	10	2.10	A	8	1.70	C
2	2.09	A	12	1.00	A	8	0.80	C
2	2.14	A	12	1.50	A	8	0.80	C
3	2.55	A	12	1.40	A	10	1.90	C
3	2.55	A	2	2.34	B	10	1.90	C
3	2.55	A	2	2.34	B	3	2.14	D
3	0.82	A	2	2.14	B	3	0.31	D
3	0.23	A	2	1.83	B	3	0.31	D
3	2.55	A	2	1.48	B	4	1.63	D
3	1.94	A	2	2.34	B	4	2.04	D
3	2.55	A	2	2.14	B	5	2.10	D
3	2.55	A	2	1.83	B	5	1.60	D
3	1.94	A	2	1.48	B	6	1.10	D
3	0.81	A	2	2.34	B	6	0.50	D
3	0.23	A	5	2.50	B	6	2.20	D
4	1.94	A	5	0.70	B	6	0.50	D
4	2.55	A	5	1.60	B	6	1.20	D
4	1.63	A	6	0.50	B	6	1.00	D
4	2.55	A	7	1.70	B	8	0.80	D
4	2.55	A	8	1.00	B	10	1.60	D
4	2.55	A	8	2.50	B	12	1.80	D
6	2.30	A	10	2.00	B	12	2.00	D
7	1.20	A	10	2.40	B	12	1.90	D
7	1.50	A	10	2.00	B	12	2.20	D
8	1.60	A	12	2.10	B	12	1.50	D
8	1.80	A	5	2.20	C			

-    in 20/98   cases (failure mode D) the failure was reached at the interface SCC-old concrete, with a significant mean value (mean strength 1.42 MPa) and a significant scattering (coefficient of variation 0.46);
-    in 21/98 cases (failure mode B) the failure was reached in tension within the thickness of SCC (mean strength 1.87 MPa coefficient of variation 0.31);
-    in 13/98 cases (failure mode C) the failure was reached in tension within the old concrete (mean strength 1.57 MPa and coefficient of variation 0.34);

The overall representation of all adhesion strengths (Fig. 1) puts in evidence a significant scattering of results, but the sequence of mean values evaluated for mechanisms B/C/D is in agreement with the forecast one. A second consideration is that in 34/54 cases the adhesion strength between SCC and old concrete resulted smaller than the tensile strength of SCC and old concrete, as it is logical to be expected.

Any case for the adhesion strength, considering only the mode D failure, a characteristic value of 0.60 MPa may be expected and a corresponding design value of 0.40 MPa. If, on the opposite, one attribute the failure strength of modes A/B/C as incipient failure also in mode D, the characteristic and design resistances became respectively 0.74 and 0.49 MPa. Any case, it is clear that the large scattering of experimental data suggests to introduce connectors between SCC and old concrete, also if the tangential stresses are smaller than the corresponding resistances evaluated by means of on-site tests.

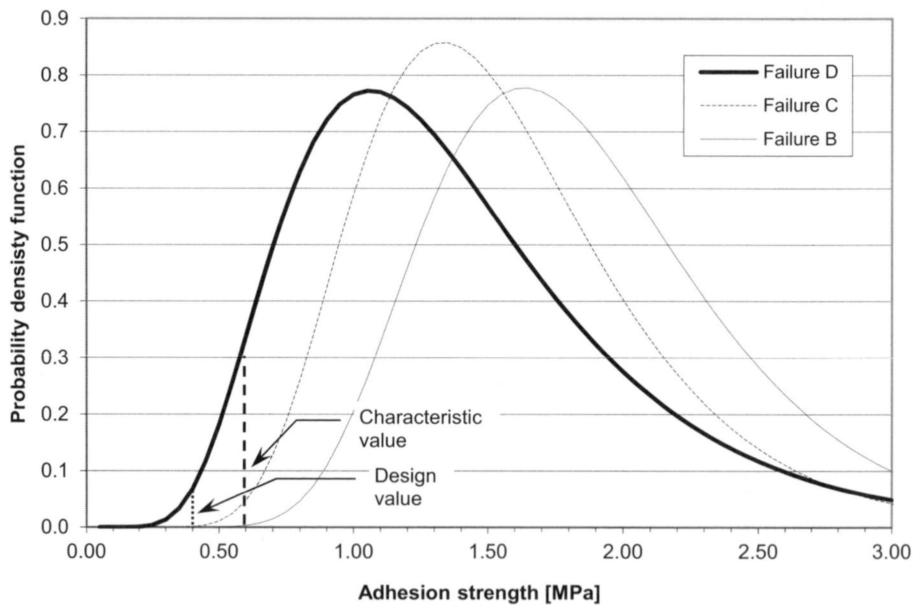

Figure 1 – Distribution of adhesion strength

4. Differences in mechanical and rheological parameters of SCC and old concrete

To simplify the problem and on the safety sake one can assume that, within the old concrete, shrinkage and creep effects are exhausted. In addition, generally, for such kind of applications, the composition of SCC is formulated so that a small expansion is expected, to compensate the effect of shrinkage. Then only the creep effect in SCC and the different elastic modulus between SCC and old concrete are the variables that should be managed to evaluate the skill of SCC and added reinforcement to attract, in serviceability condition, a significant percentage of the applied load. On the other side it is of course accepted that the plastic resources of both materials allow for their complete collaboration at the ultimate limit state (paragraph 6).

The actual contribution of new casting can be evaluated with a comprehensive approach in agreement to some literature procedures, able to consider also the effect of the added reinforcement.

Of course, when also the deck is subjected to maintenance works, the repair of deck and pier should be coordinated so that the maximum value of permanent action can affect the repaired structure. Being then clear that the variable actions will be carried by the composite material, one have to solve the interaction problem in presence of permanent actions, considering that a significant percentage of which cannot be removed from the hydrodemolished existing structure.

The problem of analysis of non-homogeneous structures composed by linearly viscoelastic materials may be solved by use of an algebraic approach, to avoid the solution of integral equations. In agreement with [2], being in our case in double symmetry condition, the parameters λ, μ governing respectively the axial and flexural deformation in presence of axial load N and bending moment M, may be evaluated as:

$$\lambda = \overline{\lambda}_e + \lambda_{e0}\,\varphi(1-\chi)\frac{A_c}{A'^{*}_c} \tag{1}$$

$$\mu = \overline{\mu}_e + \mu_{e0}\,\varphi(1-\chi)\frac{J_c}{J'^{*}_c} \tag{2}$$

where the various coefficients are evaluated using equations given in Table 2.
Then the materials stresses (for concrete positive in compression, for steel positive in tension) are:

$$\sigma_c = E'_c\left[\lambda + \mu y - \overline{\varepsilon}_c + \frac{\sigma_{c0}}{E_c}\varphi(1-\chi)\right] \tag{3}$$

$$\sigma_s = E_s\left(-\lambda - \mu y - \overline{\varepsilon}_s\right) \tag{4}$$

where σ_{c0} is the concrete stress at the initial time.

Table 2: Definition of coefficients used in Equations 1 and 2.

Expression	Description
$$\bar{\lambda}_e = \left(\lambda_{e0} + \lambda_{es} + \lambda_{ec} \frac{E'_c}{E_c} \right) \frac{E_c A^*_c}{E'_c A'^*_c}$$ $$\bar{\mu}_e = \left(\mu_{e0} + \mu_{es} + \mu_{ec} \frac{E'_c}{E_c} \right) \frac{E_c J^*_c}{E'_c J'^*_c}$$	Centroid strain and curvature
$$\lambda_{e0} = \frac{N}{E_c A^*_c}, \quad \mu_{e0} = -\frac{M}{E_c J^*_c}$$	Centroid strain and curvature due to applied actions
$$\lambda_{ec} = \frac{1}{A^*_c} \int_{A_c} \bar{\varepsilon}_c \, dA_c, \quad \mu_{ec} = \frac{1}{J^*_c} \int_{A_c} \bar{\varepsilon}_c \, y \, dA_c$$	Centroid strain and curvature due to imposed strain in concrete $\bar{\varepsilon}_c$
$$\lambda_{es} = -\frac{E_s/E_c}{A^*_c} \int_{A_s} \bar{\varepsilon}_s \, dA_s, \quad \mu_{es} = -\frac{E_s/E_c}{J^*_c} \int_{A_s} \bar{\varepsilon}_s \, y \, dA_s$$	Centroid strain and curvature due to imposed deformation in steel $\bar{\varepsilon}_s$
$$A^*_c = \int_{A_c} dA_c + \frac{E_s}{E_c} \int_{A_s} dA_s$$ $$J^*_c = \int_{A_c} y^2 \, dA_c + \frac{E_s}{E_c} \int_{A_s} y^2 \, dA_s$$	Geometric properties homogenized to actual concrete elastic modulus E_c
$$A'^*_c = \int_{A_c} dA_c + \frac{E_s}{E'_c} \int_{A_s} dA_s$$ $$J'^*_c = \int_{A_c} y^2 \, dA_c + \frac{E_s}{E'_c} \int_{A_s} y^2 \, dA_s$$	Geometric properties homogenized to fictitious concrete elastic modulus $E'_c = E_c/1 + \chi \varphi$
χ, φ	Aging and creep coefficient

5. Case study: Gordana bridge

The Gordana bridge, built during 70's along the Parma-La Spezia highway, is characterized by box shaped piers and prestressed beam girder deck with spans length variable between 44.60 m and 48.00 m. The piers (Fig. 2 and Fig. 3), with a maximum depth of about 60 m, have been built with self-launching scaffolding and, by effect of inadequate mix design, their surface resulted from the beginning very permeable and showed also a horizontal crack pattern.

At the bottom of the pier the longitudinal reinforcement is made up of $1\phi20/25$ cm all along the perimeter (in both external and internal layers).

The axial force at the pier base in the permanent combination of actions is of 36065 kN; assuming a non-intentional eccentricity of h/200 (0.30 m), it's also present a bending moment of 10820 kNm. Considering the cross section of Figure 2 and assuming f_{ck} = 20 MPa, the expressions suggested in Model Code 1990 lead to:

$$\varphi = 3.03 \qquad \chi = 0.73 \qquad \varepsilon_{sh} = \overline{\varepsilon}_c = 0.31\text{‰}$$

Applying the now equations (1) and (2), the stresses listed in Table 3 can be obtained, where 'y' is the coordinate, from the centroid, of the pier fiber in which the stress has been evaluated.

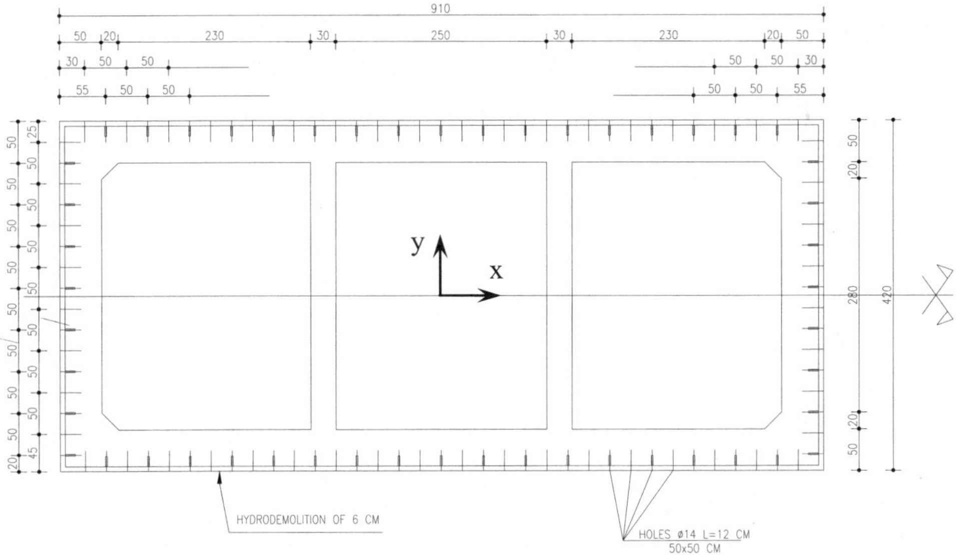

Figure 2 – Hydrodemolition and drilling of the holes: cross section

Table 3: Concrete and reinforcement stresses.

	End of construction	Sound (t = 30 years)	Damaged (t = 30 years)
$\sigma_{c,min}$ [MPa] $\sigma_{c,max}$ [MPa]	1.84 (y=-2.10 m) 3.07 (y=2.10 m)	1.32 (y=-2.10 m) 2.41 (y=2.10 m)	1.56 (y=-2.04 m) 2.84 (y=2.04 m)
$\sigma_{s,max}$ [MPa] $\sigma_{s,min}$ [MPa]	-12.28 (y=-2.05 m) -20.23 (y=2.05 m)	-100.30 (y=-2.05 m) -129.54 (y=2.05 m)	– –

The hydrodemolition is extended to the overall depth of the pier on a mean thickness of 6 cm; as a consequence, the resultant of the stresses existing in this concrete layer and in the relative reinforcement is transferred to the sound portion of the pier. In particular the increments of axial force and bending moment within the remaining sound pier are of 4321 kN and 1650 kNm respectively. At the same time the permanent actions on the deck are reduced due to the effect of finishing demolition and partial hydrodemolition of deck (the reduction is assumed equal to 10% of the axial force at the pier top) and there is also a decrease of the pier weight; the corresponding axial forces and bending moment variation are of 4628 kN (tension) and -670 kNm. As a consequence the maximum and minimum stresses in concrete become respectively equal to 1.25 MPa (at y=-2.04 m) and 2.44 MPa (at y=2.04 m).

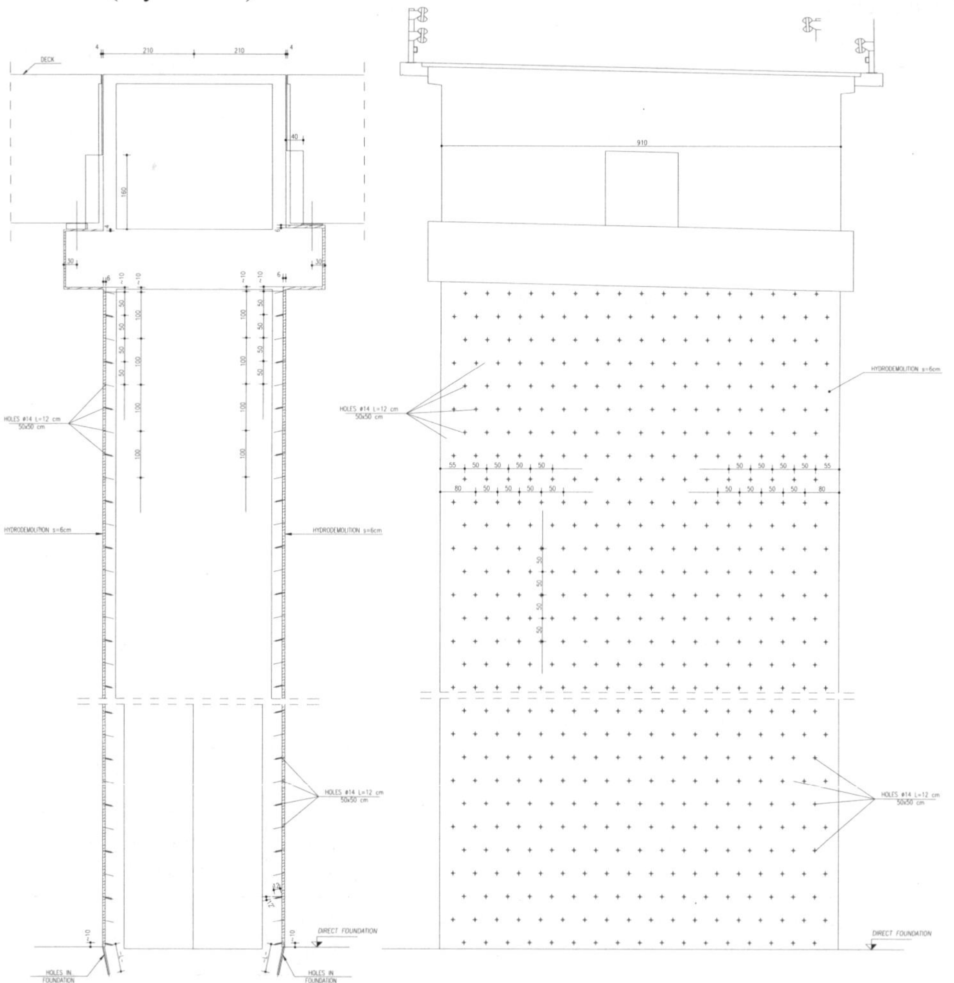

Figure 3 – Hydrodemolition and drilling of the holes: lateral views

Table 4: Definition of coefficients used in Equations 3 and 4.

Expression	Description
$$\bar{\lambda}_e = \left(\lambda_{e0} + \lambda_{es} + \lambda_{ec} \frac{E'_{scc}}{E_{scc}} \right) \frac{E_{scc} A^*_{scc}}{E'_{scc} A'^*_{scc}}$$ $$\bar{\mu}_e = \left(\mu_{e0} + \mu_{es} + \mu_{ec} \frac{E'_{scc}}{E_{scc}} \right) \frac{E_{scc} J^*_{scc}}{E'_{scc} J'^*_{scc}}$$	Centroid strain and curvature
$$\lambda_{e0} = \frac{N}{E_{scc} A^*_{scc}} \; , \; \mu_{e0} = -\frac{M}{E_{scc} J^*_{scc}}$$	Centroid strain and curvature due to applied actions
$$\lambda_{ec} = \frac{1}{A^*_{scc}} \int_{A_{scc}} \bar{\varepsilon}_{scc} \, dA_{scc} \; , \; \mu_{ec} = \frac{1}{J^*_{scc}} \int_{A_{scc}} \bar{\varepsilon}_{scc} \, y \, dA_{scc}$$	Centroid strain and curvature due to imposed strain in SCC $\bar{\varepsilon}_{scc}$
$$\lambda_{es} = -\frac{E_s / E_{scc}}{A^*_{scc}} \int_{A_s} \bar{\varepsilon}_s \, dA_s \; , \; \mu_{es} = -\frac{E_s / E_{scc}}{J^*_{scc}} \int_{A_s} \bar{\varepsilon}_s \, y \, dA_s$$	Centroid strain and curvature due to imposed deformation in steel $\bar{\varepsilon}_s$
$$A^*_{scc} = \int_{A_{scc}} dA_{scc} + \frac{E_c}{E_{scc}} \int_{A_c} dA_c + \frac{E_s}{E_{scc}} \int_{A_s} dA_s$$ $$J^*_{scc} = \int_{A_{scc}} y^2 dA_{scc} + \frac{E_c}{E_{scc}} \int_{A_c} y^2 dA_c + \frac{E_s}{E_{scc}} \int_{A_s} y^2 dA_s$$	Geometric properties homogenized to actual SCC elastic modulus E_{scc}
$$A'^*_{scc} = \int_{A_{scc}} dA_{scc} + \frac{E_c}{E'_{scc}} \int_{A_c} dA_c + \frac{E_s}{E'_{scc}} \int_{A_s} dA_s$$ $$J'^*_{scc} = \int_{A_{scc}} y^2 dA_{scc} + \frac{E_c}{E'_{scc}} \int_{A_c} y^2 dA_c + \frac{E_s}{E'_{scc}} \int_{A_s} y^2 dA_s$$	Geometric properties homogenized to fictitious SCC elastic modulus $E'_{scc} = E_{scc} / 1 + \chi \varphi$
$$\chi \, , \, \varphi$$	Aging and creep coefficient of SCC

The pier repair consists of a casting of a 10 cm thickness SCC layer, with an additional reinforcement of $1\phi20+1\phi25/25$ cm necessary for the seismic strengthening. The permanent actions that now interest the composite section are the pier weight increment, as well as the permanent load portion subtracted before; after all, the axial forces and bending moment increment are respectively equal to 6224 kN (compression) and 670 kNm. In this phase the residual portion of old concrete shrinkage (0.08 ‰) is neglected.

The equations (1) and (2) became:

$$\lambda = \bar{\lambda}_e + \lambda_{e0} \, \varphi(1 - \chi) \frac{A_{scc}}{A'^*_{scc}} \tag{3}$$

$$\mu = \overline{\mu}_e + \mu_{e0}\,\varphi(1-\chi)\frac{J_{scc}}{J'^*_{scc}} \tag{4}$$

where the various coefficients are evaluated using equations given in Table 4.

Applying then the equations (3) and (4) the stress increment and the total stress (listed respectively in Table 5 and Table 6) are obtained.

It can be remarked that, by use of shrinkage compensator in the mix design of SCC, it is possible to obtain a permanent compressive stress distribution in the additional layer of concrete, so avoiding harmful horizontal cracks, under permanent actions.

Table 5: Stress increment [MPa] on composite section.

	End of repair (30 years)	$t = \infty$
$\Delta\sigma_{c,min}$ (y=-2.14 m)	0.373	0.026
$\Delta\sigma_{c,max}$ (y=2.14 m)	0.445	0.038
$\Delta\sigma_c$ (y=-2.04 m)	0.347	0.359
$\Delta\sigma_c$ (y=2.04 m)	0.411	0.445
$\Delta\sigma_{s,max}$ (y=-2.09 m)	-2.300	-2.374
$\Delta\sigma_{s,min}$ (y=2.09 m)	-2.724	-2.951

Table 6: Total stress [MPa] on composite section.

	End of repair (30 years)	$t = \infty$
$\Delta\sigma_{c,min}$ (y=-2.14 m)	0.373	0.026
$\Delta\sigma_{c,max}$ (y=2.14 m)	0.445	0.038
$\Delta\sigma_c$ (y=-2.04 m)	1.595	1.606
$\Delta\sigma_c$ (y=2.04 m)	2.850	2.884
$\Delta\sigma_{s,max}$ (y=-2.09 m)	-2.300	-2.374
$\Delta\sigma_{s,min}$ (y=2.09 m)	-2.724	-2.951

6. Safety evaluation of tallest pier

The safety evaluation of the tallest pier should been performed in three different situations:

- sound pier;
- pier without the external hydrodemolished layer and with the external reinforcement completely inactive;
- pier strengthened at the end of repair operations.

For the safety evaluation the general method, like presented in Model Code 1990 has been used adopting the safety format included, as suggested method, in EN1992-2 [3] and described in [4]. In Figures 4, 5, 6 the moment-curvature diagrams are pictured, respectively related to sound, hydrodemolished and strengthened pier, for the three different section characterizing the pier geometry. One can clearly appreciate the effect of hydrodemolition and the consequent temporary bearing capacity reduction; on the opposite, also the increase in bearing capacity due to the strengthening can be appreciated.

Figures 7, 8, 9 show respectively the safety format application procedure for the three different cases. One can appreciate that:

- for the sound pier the materials mechanical properties declared in the original design (f_{ck}=20 MPa, f_{yk}=430 MPa) has been considered. Concrete has been modeled with Sargin law as prescribed in EN 1992-1-1 [5] while steel was described as an elastic-plastic material with Young modulus of 200'000 MPa, characteristic ultimate strength of 1.1f_{yk} and ultimate strain of 7.5%. The safety verification can be considered as positive, even if with very low margin (point D in comparison with point C), by effect of second order internal actions, forgotten in the former design;
- for the hydrodemolished pier the safety verification is of course negative, but considering that the actual strength of concrete is greater of that adopted for the design (f_{ck}=25 MPa instead of f_{ck}=20 MPa), the safety level during the strengthening may be considered as acceptable (γ_G=1.1, γ_Q=1.18), consideration taken to the short duration of this temporary situation;
- in the strengthened pier, the added external layer is made of a f_{ck}=30 MPa concrete and the additional reinforcement provided in the three pier segments is ϕ25/25 cm at the base, ϕ22/25 cm at the intermediate zone and ϕ12/25 cm at the top. In this case, also with the seismic combination, the safety margin is correct, being point C and D practically coincident.

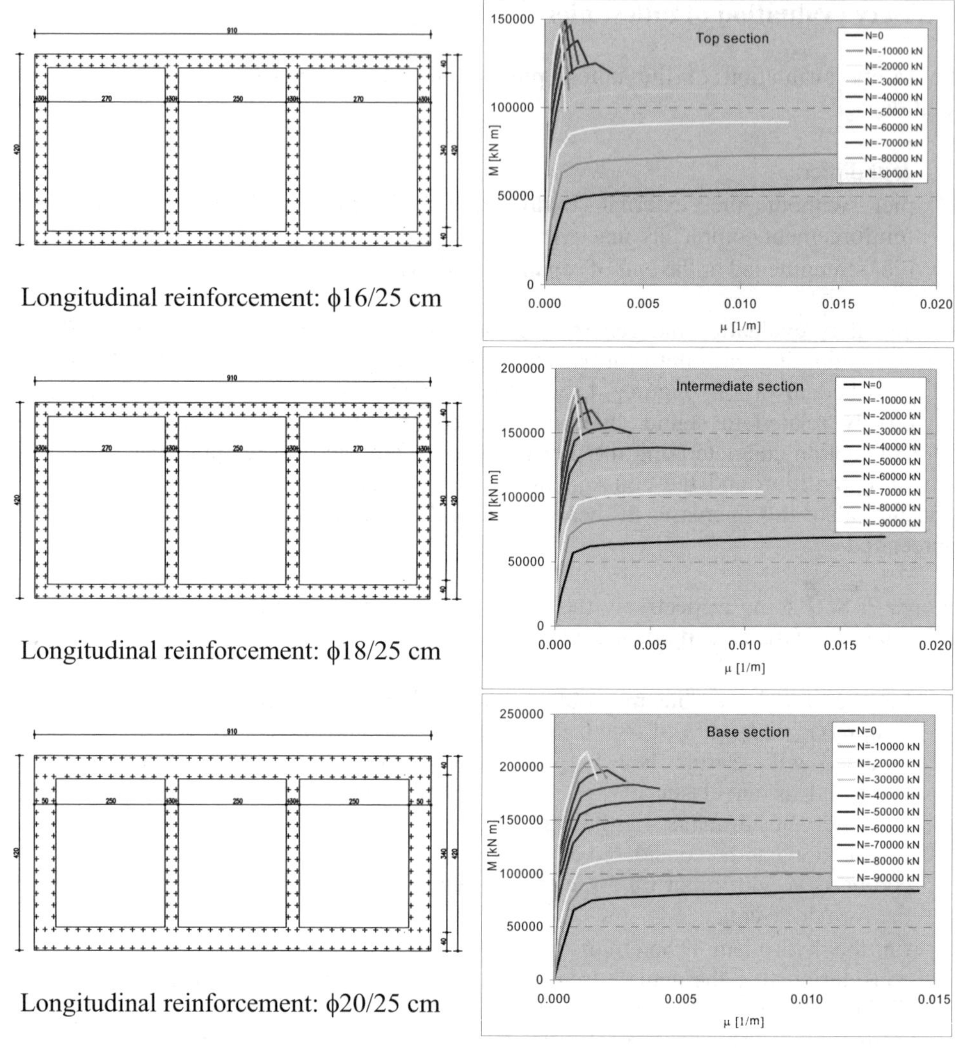

Figure 4 – Section geometry and related moment-curvature diagrams for sound pier.

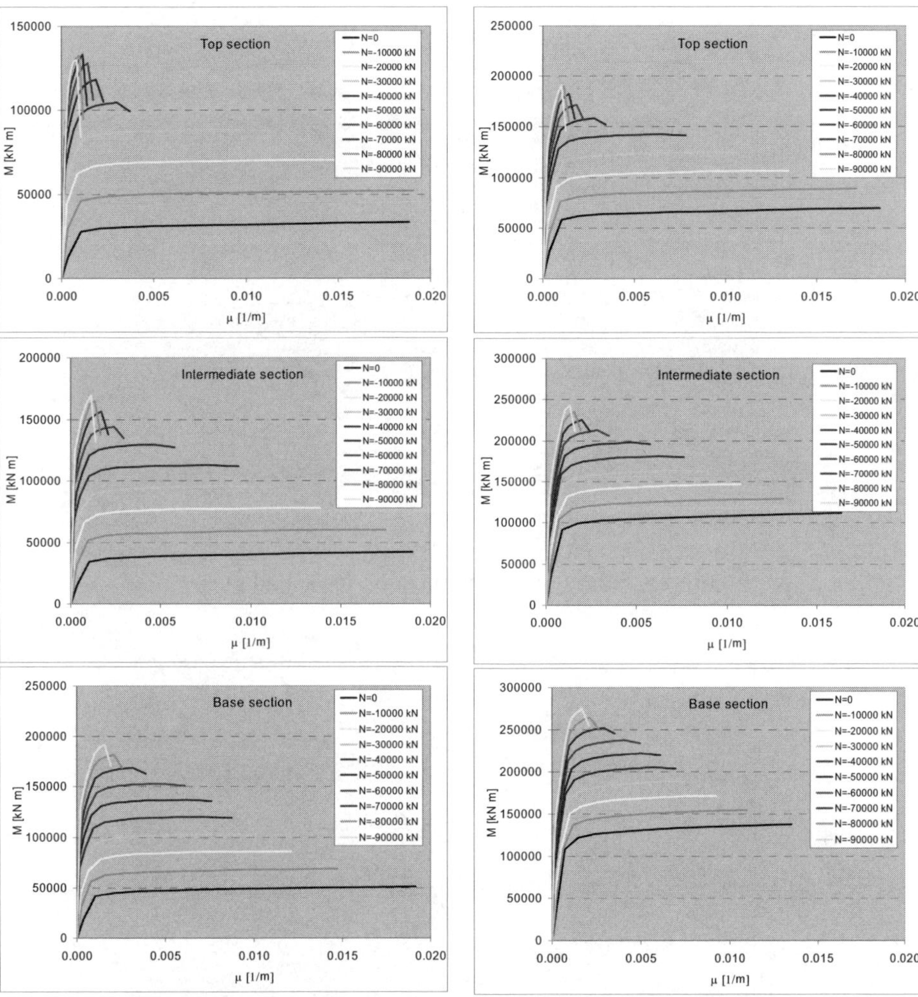

Figure 5 – Moment-curvature diagrams for hydrodemolished pier

Figure 6 – Moment-curvature diagrams for strengthened pier

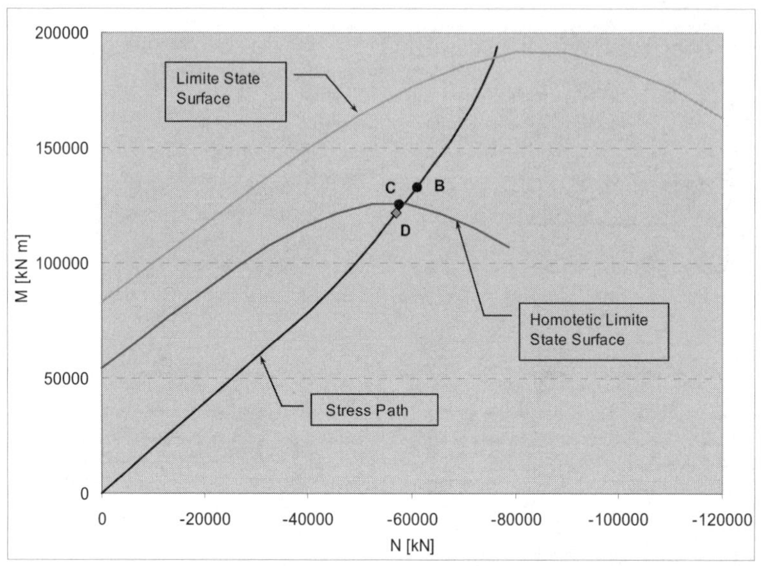

Figure 7 – Safety format application for sound pier

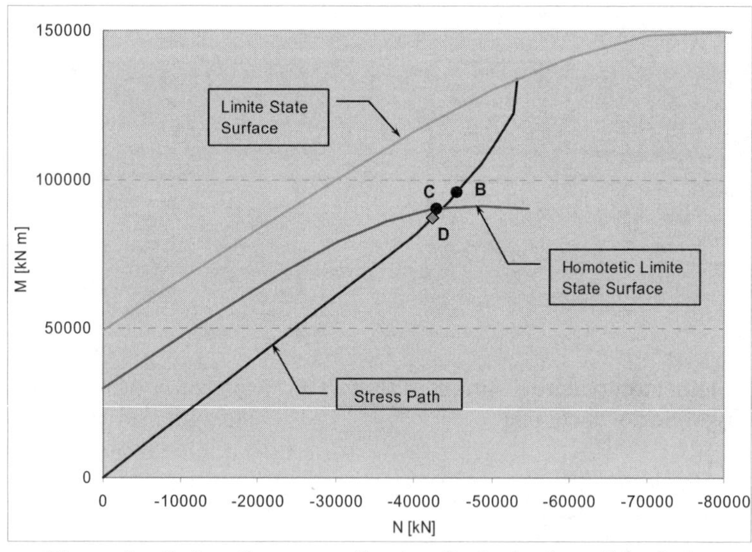

Figure 8 – Safety format application for hydrodemolished pier

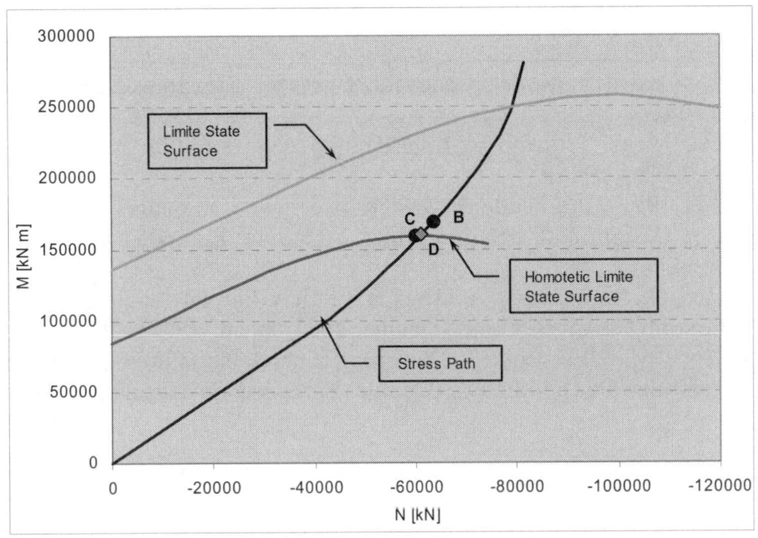

Figure 9 – Safety format application for strengthened pier

7. Conclusion

The precedent issues allows to resume that self-compacting concrete can be considered a very good material for repair and strengthening of reinforced concrete structures, in particular when small thickness layers are to be casted.

Needless to say that a proper reinforcement across the joint between old and new concrete should be provided to consider the structure as a single whole, as the adhesion tests between the two casting show a rather high scattering, even if the mean value is quite high.

The evaluation of the actual stress state after the repair asks for the consideration of different mechanical and rheological properties of the two concretes.

In particular, to avoid tensile stresses in the new casting, it's mandatory the use of self-compacting concretes with shrinkage compensator.

Even in this situation, it is necessary a reduction of the permanent actions on the deck during the strengthening operation in order to shift the loads on the new composite section, that is to load as much as possible the new added external layer.

References

1. CEB-FI, 'CEB-FIP Model Code for Concrete Structures', (Thomas Telford, London, 1993)
2. Migliacci, Mola, 'Progetto agli stati limite delle strutture in cemento armato', (Masson, Milan, 1996)
3. CEN, 'EN 1992-2 Eurocode 2: Design of concrete structures - Part 2: Concrete bridges - Design and detailing rules', (Comité Européen de Normalisation, Bruxelles, 2004)
4. MANCINI G., 'Non Linear Analysis and Safety Format for Practice', Proceeding of the First fib Congress, Osaka, October 2002, Japan, pp. 53-58
5. CEN, 'EN 1992-1 Eurocode 2: Design of concrete structures – Part 1-1: General rules and rules for buildings', (Comité Européen de Normalisation, Bruxelles, 2003)

EXPERIMENTELLE UNTERSUCHUNGEN ZUM DURCHSTANZEN VON EINZELFUNDAMENTEN

Josef Hegger*, Carsten Siburg*, Marcus Ricker**, Frank Häusler**
*RWTH Aachen University, Lehrstuhl und Institut für Massivbau
**Halfen GmbH, Langenfeld

Zusammenfassung

Es wurden zehn Durchstanzversuche an Einzelfundamenten mit einer gleichmäßigen Sohlpressung durchgeführt. Die Versuche wurden in Anlehnung an ein bereits abgeschlossenes DFG-Forschungsvorhaben systematisch geplant, sodass direkte Vergleiche mit bereits durchgeführten Versuchen möglich sind. Dabei wurden insbesondere die Einflüsse aus Betondruckfestigkeit, unterschiedlicher Längsbewehrungsgrade, größerer Plattendicken und einer Durchstanzbewehrung in Einzelfundamenten untersucht. Die Versuchsergebnisse belegen, dass die Neigung des Versagensrisses von der Schubschlankheit beeinflusst ist. Der Einfluss der statischen Nutzhöhe auf die Durchstanztragfähigkeit von Fundamenten scheint bei den Versuchen ohne Durchstanzbewehrung deutlicher ausgeprägt als bei den Einzelfundamenten mit Durchstanzbewehrung. Zudem belegen die Versuche, dass sich der Einfluss der Betondruckfestigkeit gut mit einer Wurzelfunktion zweiten Grades beschreiben lässt.

1. Einleitung

Das Durchstanzen wurde bisher überwiegend an kleineren Versuchskörpern mit geringen Plattendicken untersucht. Als Ergebnis wurden theoretische und empirische Modelle abgeleitet, welche die wesentlichen Einflussparameter auf das Durchstanztragverhalten von Flachdecken und Fundamenten zutreffend beschreiben [1]-[4]. Versuche an Fundamenten zeigen jedoch, dass sich das Durchstanztragverhalten von Flachdecken und Fundamenten unterscheidet und insbesondere dem Einfluss der Schubschlankheit eine größere Bedeutung beizumessen ist [5]-[6][7]. Um den Einfluss der Schubschlankheit bei variierender Betondruckfestigkeit, statischer Nutzhöhe, mit Durchstanzbewehrung, Sandlagerung oder Gleichlast zu untersuchen, wurden am

Lehrstuhl und Institut für Massivbau (IMB) und dem Institut für Grundbau, Bodenmechanik, Felsmechanik und Verkehrswasserbau (GIB) der RWTH Aachen im Rahmen zweier Forschungsvorhaben 22 Durchstanzversuche bis 2009 durchgeführt [8]-[11].

Zur Erweiterung der Untersuchungsparameter wurden im Rahmen eines Folgevorhabens weitere Durchstanzversuche an Einzelfundamenten unter Gleichlast, insbesondere auch mit größeren Plattendicken von 45 cm und 65 cm, getestet.

2. Experimentelle Untersuchungen

Allgemeines

Das aktuelle Versuchsprogramm umfasst insgesamt zehn Durchstanzversuche an quadratischen Fundamenten mit Schubschlankheiten zwischen $a_\lambda/d = 1{,}25$ und $2{,}00$ bei Fundamentbreiten zwischen $b = 1{,}20$ und $2{,}70$ m (Bild 1). Um den Einfluss der Schubschlankheit systematisch zu untersuchen, wurden die Haupteinflussparameter ausgehend von einer Betondruckfestigkeit $f_{c,cyl} = 20$ N/mm² und einem Längsbewehrungsgrad $\rho_l = 0{,}85$ % variiert (Tabelle 1).

Als Anschlussversuch an die vorangegangenen Versuchsserien wurde ein Versuch (DF20N) mit einer Zylinderdruckfestigkeit $f_{c,cyl} = 35$ N/mm², jedoch in einem neu aufgebautem Versuchsstand wiederholt. Zur Erweiterung der Untersuchungen zum Einfluss der Betondruckfestigkeit wurden die Durchstanzversuche DF38 mit einer Schubschlankheit von $a_\lambda/d = 1{,}25$ und DF39 mit $a_\lambda/d = 2{,}00$ mit einer Zylinderdruckfestigkeit von $f_{c,cyl} = 50$ N/mm² ergänzt. Zur Überprüfung der Rotationseigenschaften wurden die Versuche DF41 ($a_\lambda/d = 1{,}25$) und DF42 ($a_\lambda/d = 2{,}00$) mit einem geringem Längsbewehrungsgrad $\rho_l = 0{,}30$ % durchgeführt. Der Einfluss einer größeren statischen Nutzhöhe (Maßstabseffekt) bei einer Schubschlankheit von $a_\lambda/d = 2{,}00$ kann mit den Versuchen DF28 (ohne Durchstanzbewehrung) und DF35 (mit Durchstanzbewehrung) überprüft werden. Zusätzlich wurden drei weitere Versuche mit Durchstanzbewehrung durchgeführt. In Versuch DF29 ($a_\lambda/d = 1{,}25$) wurde der Einfluss einer stützennahen Bügelbewehrung mit einem Abstand zwischen dem Stützenanschnitt und der ersten Bügelreihe von $s_0 = 0{,}1d$ überprüft. Die Versuche DF31 und DF32 wurden mit einem Abstand von $s_0 = 0{,}2d$ bei einer Schubschlankheit von $a_\lambda/d = 2{,}00$ ausgeführt. Bei Versuch DF32 wurde im Vergleich zu Versuch DF31 die Querkraftbewehrungsmenge um 25 % reduziert. Die systematische Planung der Versuche ermöglicht direkte Vergleiche mit den in [8]-[11] vorgestellten Versuchen.

Materialkennwerte

Für alle Versuchskörper wurde Transportbeton mit einem Größtkorndurchmesser des Zuschlags von 16 mm verwendet. Dabei kamen Betonfestigkeitsklassen C20/25 bis

C50/60 zum Einsatz. Die Stützenabschnitte wurden in der eigenen Versuchshalle vorab aus einem hochfesten Beton hergestellt und waren zusätzlich mit einem Stahlkragen aus 10 mm dickem Stahlblech ummantelt, um ein vorzeitiges Versagen des Stützenabschnittes auszuschließen. Als Betonstahl wurde in allen Versuchen BSt 500S eingesetzt. Die Streckgrenze f_y der Betonstahlstäbe variierte zwischen 506 MPa und 566 MPa und die Zugfestigkeit f_t zwischen 585 MPa und 704 MPa. Der Elastizitätsmodul lag zwischen 195.000 und 200.000 MPa. Die Materialkennwerte sind in Tabelle 1 zusammengefasst.

Tabelle 1: Übersicht über die Versuchsparameter

Versuchs-bezeichnung	Durchstanz-bewehrung	d	c	b	a_λ/d	$f_{c,cyl}$	$\varnothing$	f_y	f_t	ρ_l	A_{sw}	s_0	V_{Flex}	V_{Test}
		[m]	[m]	[m]	[-]	[MPa]	[mm]	[MPa]	[MPa]	[%]	[cm²]	[mm]	[kN]	[kN]
DF20N		0,400	0,20	1,20	1,25	34,5	20	541	637	0,85	-	-	7434	2851
DF28		0,590	0,30	2,70	2,03	21,6	25	515	627	0,86	-	-	13264	3428
DF29	X	0,400	0,20	1,20	1,25	18,4	20	541	637	0,85	81,4	40	6612	3620
DF31	X	0,400	0,20	1,80	2,00	21,2	20	541	637	0,83	72,4	80	6009	3286
DF32	X	0,400	0,20	1,80	2,00	19,3	20	541	637	0,83	54,3	80	5935	3156
DF35	X	0,590	0,30	2,70	2,03	19,4	25	515	624	0,86	135,5	180	12650	5856
DF38		0,400	0,20	1,20	1,25	51,7	20	541	637	0,85	-	-	8079	4168
DF39		0,400	0,20	1,80	2,00	53,3	20	541	637	0,83	-	-	6380	3039
DF41		0,405	0,20	1,20	1,23	19,6	12	627	704	0,30	-	-	3401	1853
DF42		0,405	0,20	1,80	1,98	22,2	12	627	704	0,29	-	-	2697	1548

d: statische Nutzhöhe; c: Kantenlänge quadr. Stütze; b: Fundamentabmessung; a_λ/d: Schubschlankheit; $f_{c,cyl}$: mittlere Zylinderdruckfestigkeit;

$\varnothing$: Durchmesser der Längsbewehrung; f_y und f_t Streckgrenze und Zugfestigkeit der Biegezugbewehrung; ρ_l: Längsbewehrungsgrad;

A_{sw}: Querschnittsfläche der Durchstanzbewehrung bis 0,8d; s_0: Abstand der ersten Bewehrungsreihe zur Stütze; weitere Reihen mit

einem Abstand von 0,5d; V_{Flex}: Biegetragfähigkeit nach Gesund [12]; V_{Test}: Bruchlast

Versuchskörper

Die Versuchskörper wurden unter Berücksichtigung der Ergebnisse der vorangegangenen Versuche [8]-[11] geplant und hergestellt. Die Aufstandsflächen der Versuchskörper variierten zwischen 120 cm × 120 cm und 270 cm × 270 cm. Die Kantenlänge der quadratischen Stützen betrug 20 cm bzw. 30 cm und die untersuchten statischen Nutzhöhen deckten den Bereich zwischen 40 cm und 59 cm ab, sodass sich für alle Versuche ein einheitliches Verhältnis von $u_0/d = 2,0$ ergab. Die Betondeckung der Biegezugbewehrung entsprach mindestens 30 mm. Die Bewehrung war orthogonal angeordnet und der Längsbewehrungsgrad wurde zu $\rho_l = 0,85\,\%$ festgelegt, sodass auch für die Versuche mit Durchstanzbewehrung oder höheren Betondruckfestigkeiten ein Biegeversagen ausgeschlossen werden konnte. Bei den Versuchen DF41 und DF42 waren zur Untersuchung des Einflusses aus der Rotation höhere Dehnungen im Betonstahl erwünscht, daher wurden die Versuche mit einem geringeren Längsbewehrungsgrad von 0,30 % ausgeführt. Die Abmessungen und die Bewehrung eines typischen Versuchskörpers sind in Bild 1 dargestellt. Die Versuche ohne Durchstanzbewehrung wurden ohne Druckbewehrung hergestellt. Vier Versuchskörper waren mit vertikalen Bügeln als Durchstanzbewehrung versehen und sollten bis auf Versuch DF32 zur Überprüfung der maximalen Durchstanztragfähigkeit verwendet werden. Versuch DF32 wurde mit einer kleineren Bügelbewehrung ausgeführt. Der

Stabdurchmesser der Bügel betrug in Versuch DF29, DF31 und DF32 12 mm ($f_y = 506$ MPa) und 14 mm ($f_y = 529$ MPa) in Versuch DF35. Die Abmessungen der Bügel und der Abstand der Längsstäbe waren so aufeinander abgestimmt, dass in jeder Ecke der Bügel jeweils ein Stab der Zug bzw. Druckbewehrung vorhanden war. Dadurch wurde eine gute Verankerung der Bügel erreicht

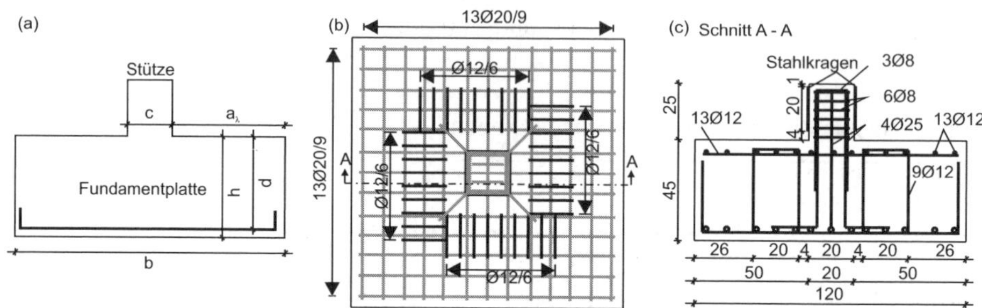

Bild 1: (a) Bezeichnungen und Geometrie der Versuchskörper, (b) Grundriss, (c) Schnitt der Bewehrung von Versuch DF29

Versuchsaufbau

Zur Überprüfung der Einflüsse aus Maßstabseffekt und statische Nutzhöhe besonders bei dickeren Fundamentplatten war die Herstellung von Versuchskörpern mit vergrößerten statischen Nutzhöhen notwendig. Um mit der Schubschlankheit nicht gleichzeitig einen weiteren Einflussparameter zu variieren, war eine Vergrößerung der Fundamentbreite erforderlich. Der Versuchsstand aus [8]-[11] war für diese Abmessungen und berechneten Bruchlasten teilweise unterdimensioniert, sodass ein geschlossener Rahmen als neuer Versuchsstand entwickelt wurde.

Die Versuchskörper wurden auf dem Kopf stehend mit der Sohlfläche nach oben getestet. Die gleichmäßige Sohlpressung wurde durch 16, bzw. ab Fundamentabmessungen von 180 cm × 180 cm mit 25 Lastpunkten erzeugt. Zwölf Pressen gaben über Traversen ihre Belastung auf je zwei Lastpunkte ab. Eine 13. Presse mit halbierter Kolbenfläche vervollständigte die Belastungsanordnung über der Stütze. Da alle Zylinder über denselben Ölkreislauf gesteuert wurden, war eine gleichmäßige Aufteilung der Pressenkräfte sichergestellt. Zwischen dem Fundament und den Traversen wurden Gleit- und Verformungslager der Callenberg-Ingenieure auf Lastplatten aus Stahl und Lastverteilungsplatten aus Holz angeordnet. Dadurch wurde die Ausbildung von Membrankräften im Prüfkörper verhindert und die Belastung auf eine größere Fläche gleichmäßig verteilt.

Die aufgebrachte Kraft wurde manuell hydraulisch geregelt und über eine Öldruckmessdose gemessen.

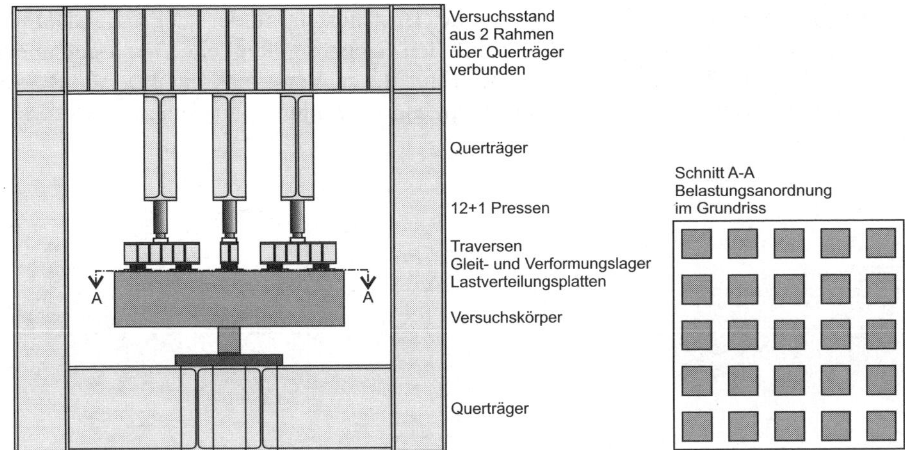

Bild 2: Rahmenversuchsstand für Durchstanzversuche

Messtechnik

In den Versuchen wurde die Plattenverschiebung jeweils an den Außenecken der Fundamentplatte und den Stützenecken mit induktiven Wegaufnehmern gemessen. Zusätzlich wurde die Relativverschiebung zwischen Stütze und Platte und die Änderung der Plattendicke aufgenommen. Die Betonstauchungen auf der Biegedruckseite der Platte sowie die Dehnungen der Biegezugbewehrung und der Bügel wurden mit Dehnungsmessstreifen (DMS) gemessen. Bei der Messung der Stahldehnungen wurden je Messstelle zwei DMS gegenüberliegend angeordnet, deren Messwerte zur Eliminierung von Biegeeinflüssen gemittelt wurden.

Versuchsdurchführung

Die Belastung wurde abhängig von der erwarteten Bruchlast mit Lastinkrementen zwischen 100 kN und 400 kN aufgebracht. Nach Erreichen der einzelnen Laststufen wurde das Biegerissbild nachgezeichnet und dokumentiert. Zwischen der vollen und halben Gebrauchslast wurden zehn Lastwechsel durchgeführt. Das Gebrauchslastniveau wurde aus der erwarteten Bruchlast geteilt durch die Teilsicherheitsbeiwerte $\gamma_C \times \gamma_F = 2{,}1$ bestimmt. Anschließend wurden zwei bis drei weitere Laststufen angefahren und danach die Pressenkraft bis zum Versagen kontinuierlich gesteigert.

3. Versuchsergebnisse

Bruchtragverhalten und Rissbildung

Bei allen Versuchen war ein Durchstanzversagen zu beobachten, das sich stets am Anschnitt Stütze-Platte lokalisierte. Die Bruchlasten der Durchstanzversuche sind in

Tabelle 1 zusammengestellt. Der Vergleich der Bruchlasten mit der nach GESUND [12] auf Grundlage der Bruchlinientheorie ermittelten Biegetragfähigkeiten der Fundamente V_{flex} zeigt, dass die Biegetragfähigkeit bei Eintritt des Versagens nicht erschöpft war. Das bestätigten auch die Versuchsbeobachtungen, die eindeutig ein Durchstanzversagen erkennen ließen.

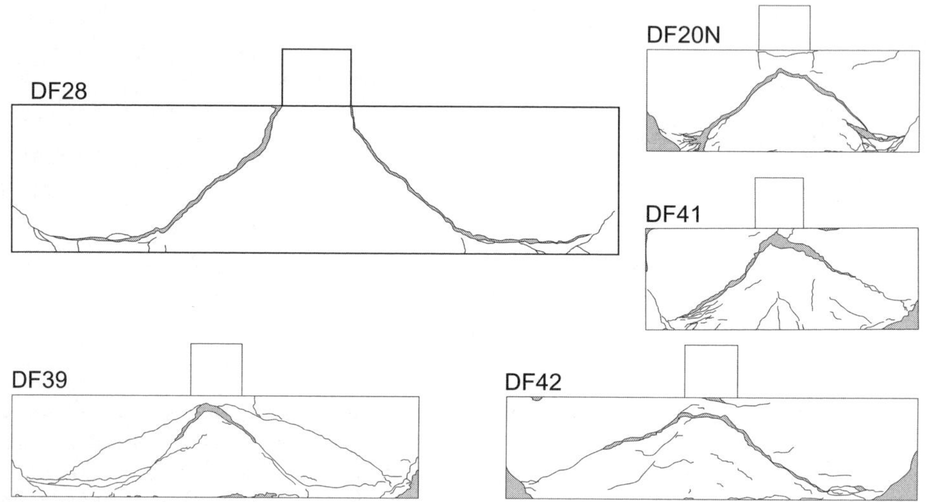

Bild 3: Sägeschnitte aus den Versuchen ohne Durchstanzbewehrung

Die Rissbilder im Platteninnern wurden durch Sägeschnitte in Nähe des Stützenanschnitts dokumentiert (Bilder 3 und 4). In allen Versuchen bildete sich ein geneigter, diskreter Versagensriss aus, der die Oberfläche des Durchstanzkegels bestimmte. Bei den Versuchskörpern ohne Durchstanzbewehrung betrug die Neigung des Versagensrisses etwa 40° bis 50°, bei Versuchskörper DF41 und DF42, die mit einem geringeren Längsbewehrungsgrad hergestellt wurden, waren die diskreten Risse auffällig unsymmetrisch und mit 25° bis 45° auch flacher geneigt. Es kann die Tendenz bestätigt werden, dass die Rissneigung mit zunehmender Schlankheit flacher wird und die Neigung des Versagensrisses somit hauptsächlich durch das a_λ/d-Verhältnis beeinflusst wird. Die Betondruckfestigkeit scheint dagegen keinen signifikanten Einfluss auf die Neigung des Versagensrisses zu besitzen.

Bei den durchstanzbewehrten Fundamenten bildeten sich innen im Bereich der Durchstanzbewehrung steile, fein verteilte Risse mit Neigungen bis zu 60° aus, die nach außen hin bis auf etwa 30° abflachen. Die Messung der Bügeldehnungen bestätigt eine Aktivierung der Durchstanzbewehrung. Die Schrägrissneigung scheint jedoch im Gegensatz zu den Fundamenten ohne Durchstanzbewehrung nicht vom a_λ/d-Verhältnis beeinflusst zu werden. Das Rissbild des Versuchs DF35 mit einem Abstand von 0,3d zur ersten Bügelreihe ist durch eine ausgeprägte Schrägrissbildung unter der Stütze gekennzeichnet. Innerhalb der zweiten Bügelreihe konnten nur vereinzelte, feine Risse lokalisiert werden. Der Versagensriss war mit etwa 68° sehr steil geneigt und verläuft zwischen der ersten Bügelecke in Richtung Stützenanschnitt.

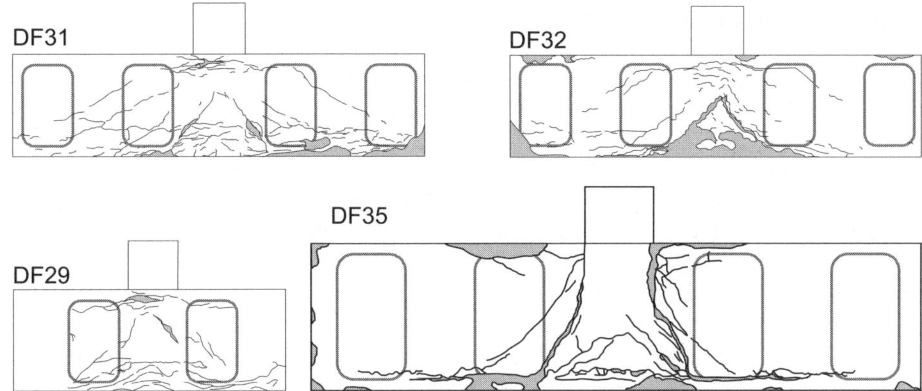

Bild 4: Sägeschnitte aus den Versuchen mit Durchstanzbewehrung

Stahldehnungen

Die Dehnungsverteilung in der Biegezugbewehrung wurde bei allen Versuchen auf den beiden Hauptachsen in radialer und tangentialer Richtung gemessen, wobei für die tangential angeordneten Stäbe größere Dehnungswerte als in radialer Richtung gemessen wurden. Bei den nicht durchstanzbewehrten Fundamenten konnte nur im Versuch DF41 (mit geringerem Längsbewehrungsgrad) eine Überschreitung der Streckgrenze an einem Messpunkt beobachtet werden (Bild 5).

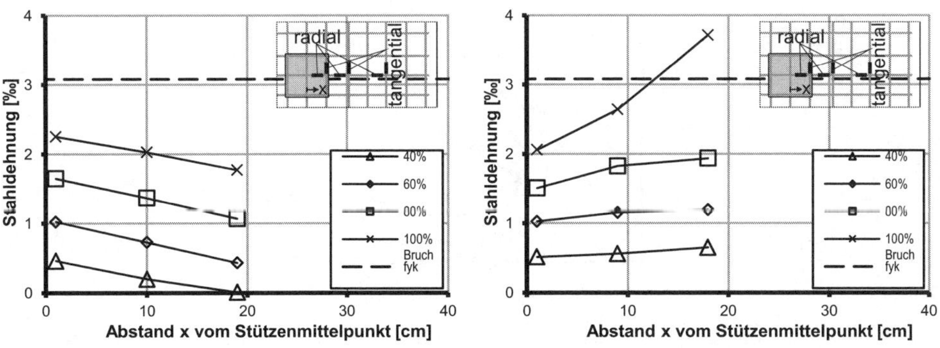

Bild 5: Stahldehnungen in der Biegezugbewehrung für ausgewählte Laststufen von Versuch DF41

Für die Fundamente mit Durchstanzbewehrung wurde die Streckgrenze jeweils nur an einzelnen Messstellen überschritten, sodass ein Fließen der Bewehrungsstäbe lokal begrenzt war.

Es kann somit davon ausgegangen werden, dass beim Eintreten des Versagens die Biegetragfähigkeit der vorgestellten Fundamentversuche noch nicht erreicht war.

Einfluss unterschiedlicher Versuchsstände

Um den Einfluss unterschiedlicher Versuchsstände aus den Versuchen von [8]-[11] zu überprüfen, wurde der Versuch DF20 ([10]) mit dem Versuch DF20N wiederholt. Der Vergleich der Versuchsergebnisse lässt keinen Einfluss aus den unterschiedlichen Versuchsständen erkennen. Daher können die durchgeführten Durchstanzversuche zusammen mit den Ergebnissen aus [8]-[11] zur Überprüfung des Einflusses der variierten Parameter herangezogen werden.

Einfluss der statischen Nutzhöhe

Im Rahmen der vorgestellten Untersuchungen sind zwei Versuchsserien zur Überprüfung des Einflusses der statischen Nutzhöhe geeignet. In den Versuchen DF13 und DF28 ohne Durchstanzbewehrung wurde ausschließlich die statische Nutzhöhe variiert. Im Versuch DF35 wurde gegenüber Versuch DF18 zusätzlich die Durchstanzbewehrungsmenge vergrößert, um größere Bruchlasten aufnehmen zu können. In Bild 6 sind die Bruchlasten der beiden Versuchsserien über der statischen Nutzhöhe aufgetragen. Aus dem Vergleich der Bruchlasten ist zu erkennen, dass in den Versuchen mit Durchstanzbewehrung eine größere Traglaststeigerung möglich war als in den vergleichbaren Versuchen ohne Durchstanzbewehrung. Dies könnte auf einen vergrößerten Maßstabseffekt bei Fundamenten ohne Durchstanzbewehrung hindeuten, sollte jedoch durch weitere Untersuchungen bestätigt werden.

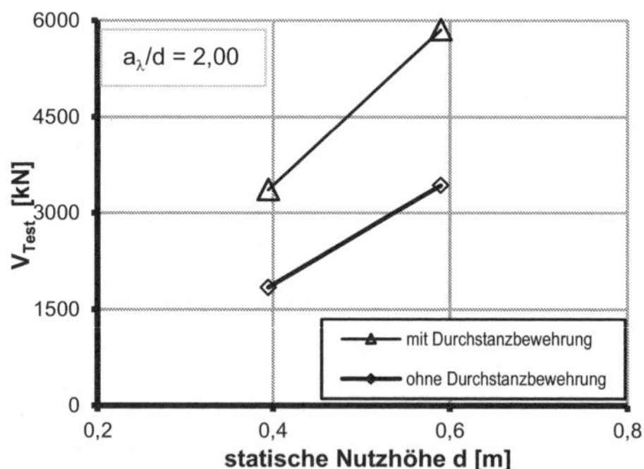

Bild 6: Bruchlasten der Versuche DF13 und DF28 (ohne Durchstanzbewehrung) und DF18 und DF35 (mit Durchstanzbewehrung)

Einfluss der Betondruckfestigkeit

Der Einfluss der Betondruckfestigkeit auf die Durchstanztragfähigkeit konnte mit drei Versuchsreihen untersucht werden. Es wurden Betondruckfestigkeiten $f_{c,cyl} = 20$, 35 und

410

50 MPa und Schubschlankheiten $a_\lambda/d = 1{,}25$, 1,50 und 2,00 getestet. In Bild 7 sind die Bruchlasten mit der Quadratwurzel der Zylinderdruckfestigkeit normiert und über der Betondruckfestigkeit aufgetragen. Die gedrungenen Fundamentversuche mit $a_\lambda/d = 1{,}25$ erreichen bei mittleren Betondruckfestigkeiten ($f_{c,cyl} = 35$ MPa) deutlich kleinere normierte Bruchlasten als bei kleineren oder größeren Betondruckfestigkeiten. Der Versuch DF20N, der wegen der identischen Ausbildung zur Überprüfung des Versuchsergebnisses herangezogen werden kann, bestätigt dieses Ergebnis. Für die geprüften Fundamenten mit $a_\lambda/d \geq 1{,}50$ ergeben sich durch die Normierung mit der Quadratwurzel nahezu trendfreie Verläufe.

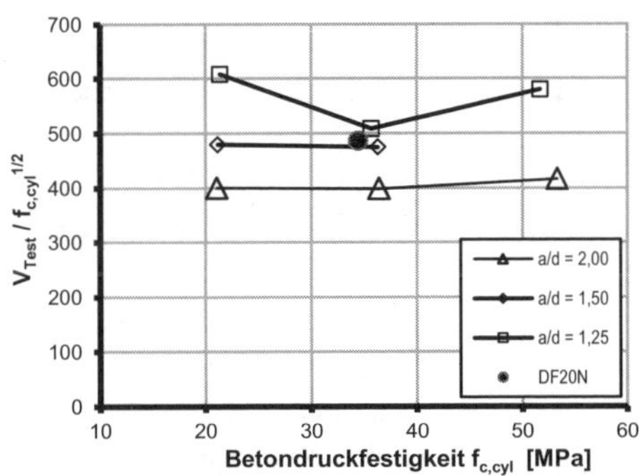

Bild 7: Einfluss der Betondruckfestigkeit $f_{c,cyl}$ auf die Durchstanztragfähigkeit von Einzelfundamenten

Einfluss der Schubschlankheit a_λ/d

Die Versuchskörper DF11, DF12 und DF13 aus [8]-[11] unterscheiden sich nur hinsichtlich ihrer Schubschlankheit und können somit zur Untersuchung des Einflusses des a_λ/d-Verhältnisses herangezogen werden. Ebenso die Versuche DF20, DF21 und DF22, die mit einer größeren Betondruckfestigkeit ($f_{c,cyl} = 35$ N/mm²) geprüft wurden. Um eine Überlagerung mit einem gegebenenfalls vorhandenen Maßstabsfaktor zu vermeiden, wurde die unterschiedliche Schubschlankheit über eine Anpassung der Fundamentbreite realisiert. Alle anderen Parameter wurden bei den verglichenen Versuchsreihen konstant gehalten. In Bild 8 sind die Bruchlasten über der Schubschlankheit a_λ/d aufgetragen. Um den Einfluss der Betondruckfestigkeit auf die Bruchlast zu reduzieren, wurden die erreichten Tragfähigkeiten mit der Quadratwurzel der Betondruckfestigkeit normiert. Für die vier untersuchten Versuchsreihen kann festgestellt werden, dass mit zunehmendem a_λ/d-Verhältnis die aufnehmbare Querkraft abnimmt. Bei den Durchstanzversuchen mit hoher Betondruckfestigkeit (DF38 und DF39 mit $f_{c,cyl} = 50$ MPa) können erwartungsgemäß größere, bei den Versuchen mit geringerem Längsbewehrungsgrad (DF41 und DF42 mit $\rho_l = 0{,}30$ %) kleinere normierte Bruchlasten beobachtet werden. Die Abnahme der Traglast infolge einer größeren

Schubschlankheit scheint jedoch für die untersuchten Parameterkonstellationen nahezu gleich.

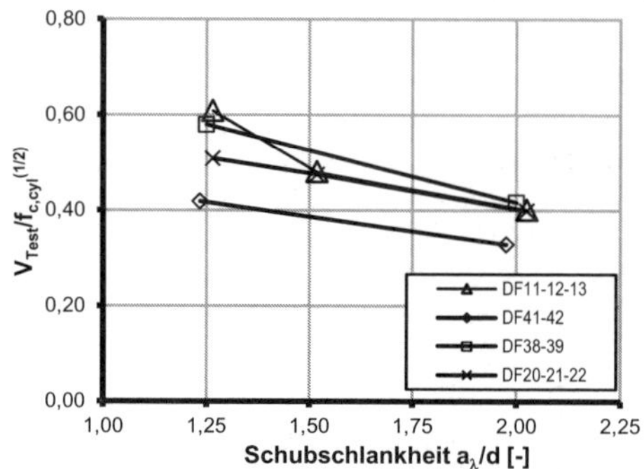

Bild 8: Einfluss der Schubschlankheit a_λ/d auf die Durchstanztragfähigkeit von Fundamenten mit gleicher statischer Nutzhöhe

Einfluss einer Durchstanzbewehrung

In Bild 9 wurde der Quotient aus der Bruchlast von Versuchen mit Durchstanzbewehrung zur Bruchlast vergleichbarer Versuche ohne Durchstanzbewehrung über der Schubschlankheit aufgetragen. Für sieben Versuche mit Durchstanzbewehrung lässt sich die Traglaststeigerung gegenüber einem Versuch ohne Durchstanzbewehrung direkt ablesen.

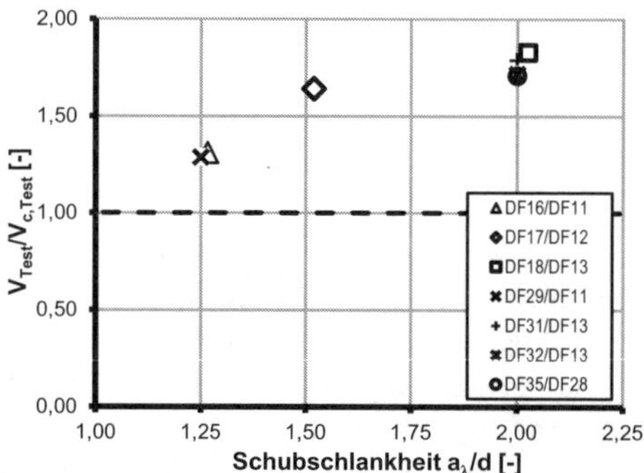

Bild 9: Durchstanztragfähigkeit mit Durchstanzbewehrung V_{Test} im Vergleich zur Tragfähigkeit ohne Durchstanzbewehrung $V_{c,Test}$ eines vergleichbaren Versuchs ohne Durchstanzbewehrung

Durch die Anordnung einer Durchstanzbewehrung kann die Durchstanztragfähigkeit gesteigert werden. Dabei ist die Traglaststeigerung scheinbar durch die Schubschlankheit beeinflusst. In schlanken Fundamenten lassen sich deutlich höhere Traglaststeigerungen als in Fundamenten mit kleiner Schubschlankheit erzielen, da die Tragfähigkeit ohne Durchstanzbewehrung mit zunehmender Schubschlankheit kleiner wird.

In Versuch DF32 wurde gegenüber Versuch DF31 bei gleicher Schubschlankheit $a_\lambda/d = 2{,}00$ der Bügelquerschnitt der ersten beiden Reihen um 25 % reduziert. Wird der Einfluss gering unterschiedlicher Betondruckfestigkeiten berücksichtigt, ergeben sich für beide Versuche nahezu identische Durchstanzlasten, sodass ein Einfluss eines reduzierten Bügelquerschnitts in den ersten beiden Reihen nicht erkennbar ist.

In Bild 10, links werden die Bügeldehnungen der ersten drei Bewehrungsreihen für ausgewählte Laststufen dargestellt. In Versuch DF32 (mit d = 40 cm) wurde der erste Bügel in einem Abstand von 0,2d von der Stütze angeordnet, die weiteren Bügel im Abstand von 0,5d untereinander. Die Auswertungen der Bügeldehnungen der ersten beiden Reihen belegt, dass trotz der Reduzierung des Bügelquerschnitts die Streckgrenze nicht erreicht wurde. Die Bügelbewehrung der dritten Reihe entsprach etwa 26 % des Querschnitts aus den ersten beiden Reihen. Die Messungen belegen, dass sich auch die Bügel der dritten Reihe am Querkraftabtrag beteiligen. Im Versuch DF31 mit größerer Bügelbewehrung wurden bei den Bügeln der ersten drei Reihen kleinere Dehnungswerte gemessen.

In Bild 10, rechts sind die Bügeldehnungen in ausgewählten Laststufen des Versuchs DF35 (mit d = 59 cm) dargestellt, dessen erste Bügelreihe einen Abstand zum Stützenrand von 0,3d besaß. Die Auswertung der Dehnungsmessungen der Bügel belegt, dass die Beanspruchung der ersten Bügelreihe deutlich über der zweiten Bügelreihe lag. In der dritten Reihe im Abstand 1,3d konnten keine Dehnungen an der Bügelbewehrung gemessenen werden.

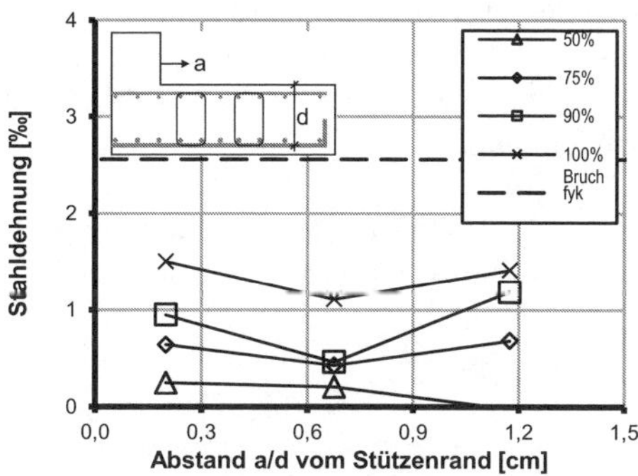

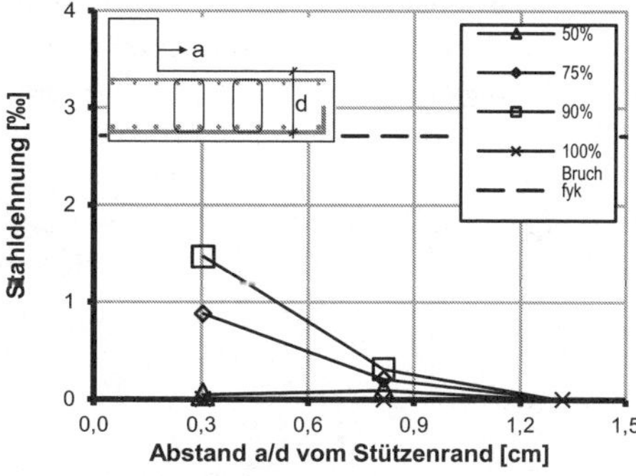

Bild 10: Dehnung der Bügelbewehrung für ausgewählte Laststufen in Abhängigkeit des Abstands zum Stützenrand für Versuch DF32 (links) und DF35 (rechts)

Die unterschiedlichen Bügeldehnungen in den Versuchen DF32 und DF35 werden durch die Rissbilder der Sägeschnitte (Bild 4) bestätigt. Für Versuch DF32 wurden im gesamten Sägeschnitt fein verteilte Schrägrisse festgestellt, die sich bis in die äußerste

Reihe der Bügelbewehrung fortsetzen. In Versuch DF35 konnte dagegen ein feiner Riss von der zweiten Bügelreihe bis zum Stützenanschnitt beobachtet werden, der Versagensriss bildete sich von der ersten Bügelreihe zur Stütze hin aus. Ob dieses unterschiedliche Riss- und Dehnungsverhalten durch die Plattendicke oder dem Abstand der ersten Bügelreihe zur Stütze beeinflusst wurde, ist Gegenstand weiterer Untersuchungen.

4. Zusammenfassung

Aus den Ergebnissen der experimentellen Untersuchungen zum Durchstanzen an Einzelfundamenten können folgende Schlussfolgerungen gezogen werden:

- Der Durchstanzwiderstand wird signifikant von der Schubschlankheit a_λ/d beeinflusst. Die aufnehmbare Querkraft nimmt mit zunehmendem a_λ/d-Verhältnis ab. Dies gilt auch für höhere Betondruckfestigkeiten oder geringere Längsbewehrungsgrade.
- Der Einfluss der Betondruckfestigkeit auf die Durchstanztragfähigkeit kann bei Einzelfundamenten mit einer Schubschlankheit a_λ/d zwischen 1,50 und 2,00 sehr gut mit der Quadratwurzel beschrieben werden.
- Der Einfluss der statischen Nutzhöhe scheint bei nicht durchstanzbewehrten Fundamenten stärker ausgeprägt zu sein, als in den bekannten Bemessungsansätzen berücksichtigt ist. Allerdings ist die Beobachtung durch weitere Untersuchungen zu bestätigen.
- Durch die Anordnung einer Durchstanzbewehrung lässt sich die aufnehmbare Querkraft erheblich steigern. Die Effektivität der Durchstanzbewehrung wird jedoch von der Schubschlankheit a_λ/d beeinflusst. Die Wirksamkeit der Durchstanzbewehrung wird mit abnehmendem a_λ/d-Verhältnis reduziert.
- Der Einfluss der statischen Nutzhöhe insbesondere bei dickeren Platten und der Abstand der ersten Bügelreihe von der Stütze ist noch nicht abschließend geklärt und Gegenstand weiterer Untersuchungen.

Die vorgestellten Untersuchungen wurden von der Deutschen Forschungsgemeinschaft DFG (DFG-GZ HE 2637/11-2) gefördert, der an dieser Stelle herzlichst gedankt sei.

Literatur

[1] Andrä, H.-P.: Zum Tragverhalten des Auflagerbereichs von Flachdecken. Dissertation Universität Stuttgart, Fakultät Bauingenieur- und Vermessungswesen, 1982
[2] Broms, C.E.: Concrete flat slabs and footings – Design method for punching and detailing for ductility. Royal Institute of Technology, 2005

[3] Muttoni, A.: Punching shear strength of reinforced concrete slabs without transverse reinforcement. In: ACI Structural Journal 105, July-August, S. 440-450

[4] Ricker, M.: Zur Zuverlässigkeit der Bemessung gegen Durchstanzen bei Einzelfundamenten. Dissertation RWTH Aachen, Institut für Massivbau. 2009

[5] Dieterle, H.; Rostásy, F. S.: Tragverhalten quadratischer Einzelfundamente aus Stahlbeton. In: Schriftenreihe des DAfStb, Heft 387. Berlin : Ernst & Sohn, 1987, S. 5–91

[6] Hallgren, M.; Kinnunen, S.; Nylander, B.: Punching Shear Tests on Column Footings. In: Nordic Concrete Research 21 (1998), Nr. 3, S. 1–22

[7] Timm, M.: Durchstanzen von Bodenplatten unter rotationssymmetrischer Belastung. Dissertation Technische Universität Carolo-Wilhelmina, Braunschweig, Fachbereich Bauingenieurwesen, 2003

[8] Hegger, J.; Ricker, M.; Ulke, B.; Ziegler, M.: Untersuchungen zum Durchstanzverhalten von Stahlbetonfundamenten. In: Beton- und Stahlbetonbau 101 (2006), H. 4, S. 233-243

[9] Hegger, J.; Sherif, A.G.; Ricker, M.: Experimental Investigations on Punching Behavior of Reinforced Concrete Footings. In: ACI Structural Journal 103 (2006), July-August, S. 604–613

[10] Hegger, J.; Ziegler, M.; Ricker, M.; Kürten, S.: Experimentelle Untersuchungen zum Durchstanzen von gedrungenen Fundamenten unter Berücksichtigung der Boden-Bauwerk-Interaktion. In: Bauingenieur, Februar 2010, S. 87-96

[11] Hegger, J.; Ricker, M.; Sherif, A.G.: Punching Strength of Reinforced Concrete Footings. In: ACI Structural Journal 106 (2009), September-October, S. 706–716

[12] Gesund, H.: Flexural Limit Analysis of Concentrically Loaded Column Footings. In: ACI Journal, Proceedings 80 (1983), Nr. 3, S. 223–228

ORDINARY AND HIGH-PERFORMANCE CONCRETE: HOT STRENGTH AND RESIDUAL STRENGTH AFTER COLLING FROM HIGH TEMPERATURES

Eike Klingsch, Andrea Frangi, Mario Fontana *
*Institute of Structural Engineering (IBK), ETH Zurich, 8093 Zurich, Switzerland

Abstract
Concrete material properties change significantly at elevated temperatures. Apart from losses in compressive strength at high temperatures, additional losses in strength during the cooling phase are observed. Furthermore, spalling of the concrete surface and cracking can reduce the resistance of elements and fasteners in case of fire.

This paper first focusses on the strength development of concrete for a full thermal cycle, including the cooling phase. As concrete specimens different concrete mixtures are analyzed, with compressive strength grades between 25-150 MPa. The concrete mixtures started from ordinary performance concrete (OPC) to high- (HPC) and ultrahigh performance concrete (UHPC). For OPC, the influence of the type of cement and an applied preload onto the test specimens were studied. Additional tests on the strength development of unloaded HPC and UHPC focus on the influence of Polypropylene-fibers (PP-fibers).

Temperature dependent deterioration processes inside the concrete were displayed using magnetic resonance imaging (MRI) scans. In addition, further test series on long term effects of fires on the strength of concrete are presented.

1. Introduction
Concrete neither burns nor does it release harmful gases at high temperatures, however mechanical properties of concrete change at elevated temperatures and during cooling. This change influences the strength and deformation behavior of concrete structures in case of fire [1]. Further eventual spalling (falling off of parts of the concrete during heating) reduces the resistance of concrete sections during fire.

Due to the low thermal conductivity of concrete the temperature increase in a concrete section is relatively slow, protecting the inner zones against the heat. Therefore, reinforced concrete structures made of ordinary concrete with adequate structural detailing [2] (i.e. respecting certain minimum values like the section size and the clear cover of the reinforcement) usually behave well in case of fire.

However after the fire has been extinguished the heat penetration into the cross section may continue for hours and is inversed during the cooling phase with the possible formation of thermal stresses and cracks, as shown by the numerical simulations carried out by Frangi et al. [3]. Additionally chemical reactions like the reformation of calcium hydroxide [4] and the re-hydration of the cement during the cooling phase can widen up micro cracks. The combination of these two phenomena may lead to a significant reduction of the compressive strength of concrete after fire [5]. Investigations carried out by Felicetti and Gambarova [6] find that the minimum strength is reached after the concrete has cooled down to normal temperature.

In general, little data is available with regard to the evolution of the residual strength during and after the cooling process. According to Eurocode 4 [7], the residual concrete strength is generally given as 90% of the hot strength, independent from the maximum temperature reached by the concrete for design purposes. Any effects which may increase concrete residual strength above the hot strength shall not be considered. During the mid 90's, many tests on concrete residual strength were carried out. Unfortunately, little information was published [1]. Tests carried out by Li and Franssen [8] suggest a larger reduction factor close to 20% for temperatures around 500°C. New tests [1] studied systematically the strength evolution during the cooling process, including cooling from different maximum temperature levels during the heating process.

For fasteners in concrete structures, losses in compressive concrete strength at high temperatures have to be considered with regard to required fire resistance and residual strength for their strength after a fire. Failure mechanisms of fasterners in concrete in fire are studied by Eligehausen [9] and Reick [10].

Eligehausen concludes in [9] that only cast-in-place anchors, bonded expansion anchors or well-designed torque controlled expansion anchors should be applied to transfer tensile forces into cracked concrete. This was confirmed for high temperatures by Hashimoto and Takiguchi [11]. Basic pullout tests of cast-in-place anchor bolts in concrete at high temperatures up to 500°C were carried out. It was noticed from these tests, that the pull out strength decreased significantly with increasing temperatures. In addition, the heating rate has significant influence on the strength development. An overall decrease of 20% and 50% was observed, when the cast-in-place anchor bolt was heated with 10 K/min and 0.75 K/min, respectively.

This paper first focusses on the strength development of concrete for a full thermal cycle, including the cooling phase. As concrete specimens different concrete mixtures are analyzed, with compressive strength grades between 25-150 MPa. The concrete mixtures started from ordinary performance concrete (OPC) to high- (HPC above strength class C55/67) and ultrahigh performance concrete (UHPC above strength class C100/115) [12].

For the ordinary performance concrete (OPC), the influence of the type of cement and an applied preload onto the test specimens was studied. Additional tests on the strength development of unloaded HPC and UHPC focus on the influence of Polypropylene-Fibers (PP-fibers).

Temperature dependent deterioration processes inside the concrete were displayed using magnetic resonance imaging (MRI) scans.
A further test series studied long term effects of fires on the strength of concrete.

2. Test parameters

2.1 Full thermal cycle

The main objective of the tests is to study on the strength development of concrete for a full thermal cycle, including the cooling phase. Figure 1 shows the full thermal cycle used for the tests on hot and residual strength of concrete. At first, the initial cold strength at ambient temperature (20°C) is determined. New specimens are then heated to three different temperature levels of 300°C, 500°C and 700°C with a constant heating rate of 1.5 K/min to these three reference temperatures and conditioned for two hours to ensure a constant temperature distribution throughout the concrete specimen. The hot strength is determined after this conditioning phase.

The residual strength during or after cooling is determined by heating the specimens to the target temperatures, conditioning for two hours and cooling with a constant rate of 0.9 K/min. The residual strength during cooling is determined after another conditioning phase of 30 min or after completely cooling to ambient temperature of 20°C.

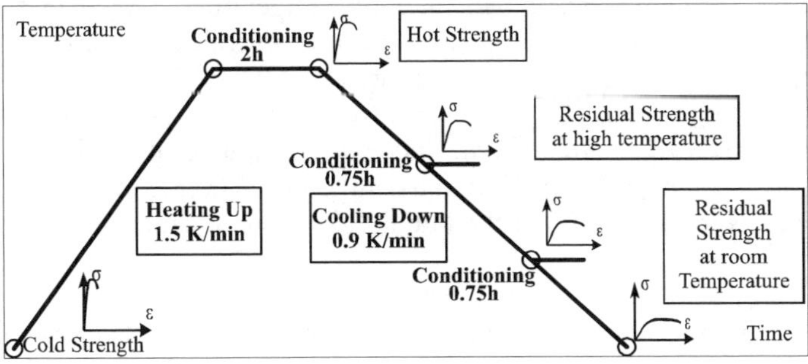

Figure 1:   Full thermal cycle

2.2 Test overview

To study the strength development of OPC, HPC and UHPC several tests on the concrete's compressive strength at different temperature levels are performed, as well as additional test on temperature induced deterioration processes. Table 1 gives a general overview on all tests with no distinction made between HPC and UHPC.

Table 1: Test overview

Test	Objective	Temperature Level	Concrete
1	Cold Strength	20°C	OPC + HPC
2	Hot Strength	300°C ; 500°C; 700°C	OPC + HPC
3	Residual Strength at 20°C	cooling to 20°C from: 300°C; 500°C; 700°C	OPC + HPC
4	Residual Strength at High Temperature	500°C (cooling from 700°C); 300°C (cooling from 700°C); 300°C (cooling from 500°C)	OPC
5	Magnetic Resonance Imaging	cooling to 20°C from the three temperature levels	OPC
6	Spalling	rapid heating to 700°C	OPC + (HPC)

3. Materials

3.1 Aggregate

Concrete is a highly complex material. Its different components as well as the mix design, influence the concrete's main characteristics and can be adjusted according to the design requirements.

For ordinary performance concrete (OPC), Eurocode 2 [2] distinguish only between the types of aggregates in terms strength development at high temperatures. A concrete mixed with a minimum of 80% limestone aggregates shows an overall good strength development at higher temperatures. At 700°C, a hot strength of 43% of the initial cold strength can be assumed according to Eurocode 2. In contrast, siliceous aggregates tends to breakup at high temperatures and in addition the increase in volume at the quartz inversion at 572°C leads to a significant deterioration and hence lower compressive strength at high temperatures. Here, only 30% of the initial cold strength can be used for design at 700°C.

For HPC (strength class > C55/67), does not distinguish between different aggregates and considers only compressive strength at room temperature as parameter for determining the hot strength.

A petrographic analysis of the aggregate was carried out for the tested OPC concretes. Since the quarry was located close to a glacial moraine, a little less than 2/3 consisted of limestone gravel (roughly 62%), while the remaining 1/3 (roughly 38%) came from siliceous rocks, hence the lower values for the hot strength development must be considered according to Eurocode 2. Table 2 shows the results from the petrographic analysis.

Table 2: Petrographic Analysis

Gravel constituents	%	Main element
Limestone	25	Carbonate
Pebble Limestone	32	Carbonate
Sandstone (from flysch)	28	Siliceous
Granite, Gneiss	6	Siliceous
Chert, Quartz	4	Siliceous
Molasse	<5	Carbonate

3.2 Cement

Current design guides, do not provide information on the strength development at high temperatures for concrete made with different types of cement.

For the tests on hot and residual strength of concrete three different types of cement are used. First, a common CEM I with a minimum of 95% ordinary portland clinker, second a CEM II-A-LL is studied. Apart from the portland clinker, up to 20% of limestone is added to the cement. This cement can be considered as more "environmental friendly", since less energy is required and CO_2 produced as for clinker cement. Furthermore, tests were carried out on concrete made with a special supersulfated slag cement (SSC) not classified according to EN 197.

4. Experimental tests on strength of a full thermal cycle

4.1 Test set-up

The experimental procedure is given in Table 3. All tests were carried out within a very short time-frame and the specimens were kept in controlled ambient conditions of 20°C and relative humidity of 50%, to reduce any influences of aging or moisture. The compressive strength at the reference temperature - hot strength -, as well as the strengths after full or partial cooling - residual strengths - were measured in displacement-controlled conditions. The typical thermal cycle is shown in Figure 1; the reference temperatures (hot and residual tests) are given in Table 3. The thermal cycles followed RILEM recommendations [13].

Table 3: Main testing procedure

Test Series	Max. Temperature	Reference temperatures			
1	300°C	HS – 300°C	-	-	RS – 20°C
2	500°C	HS – 500°C	-	RS – 300°C	RS – 20°C
3	700°C	HS – 700°C	RS – 500°C	RS – 300°C	RS – 20°C

HS = Hot Strength   RS = Residual Strength (after partial or full cooling)

In order to minimize the temperature gradients in the cross section and the ensuing thermal stresses, the heating and cooling rates were very low, and a "conditioning time" of 2 hours at the maximum temperature was adopted.

According to the tests presented in CEB-FIP Bulletin 46 [6], heating and cooling rates should not exceed 5.0 and 1.0°C/min, respectively to reduce the formation of calcium hydroxide, causing a higher residual strength, which however decreases within days after the cooling process.

At first, a simple finite-element thermal analysis was carried out to calculate the maximum thermal gradients during the heating and cooling phases. Based on the results to these temperature fields and data form preliminary tests, the heating rate at the concrete surface was set to 1.5°C/min and the cooling rate to 0.9°C/min respectively.

Apart from the type of cement, the influence of preload on the strength development was a testing parameter as well. All tests shown in table 3 were carried out on:
- unloaded specimens during the entire thermal cycle
- loaded specimens with 30% of the initial cold strength as preload during the thermal cycle

In both cases, the concrete's thermal expansion was not restrained. By preloading the specimen with a hydraulic jack, the load was kept constant and a thermal restraint was avoided. For unloaded concrete, free thermal expansion during the thermal cycles may lead to internal damage, reducing the hot and residual strengths, because of the thermal incompatibility between the cement paste and the medium-coarse aggregates.

At the end of each thermal cycle, after reaching the reference temperature the specimen was tested in compression and the concrete strength at high temperature was determined. The specimen were loaded in the closed furnace, therefore the concrete temperature was rather constant throughout each test. The loading process was displacement-controlled, with a constant rate of 0.005 mm/s measured between the press plates, as indicated in figure 2.

The stress-strain curve was continuously monitored and the test was stopped manually after the fracture of the specimen. Usually two specimens were tested individually at each reference temperature, with a total of over 100 tested cylinders. The concrete's cold strength was determined, with the same displacement rate.

The tests were performed using an electric furnace ($T_{max} = 1000°C$). The furnace consisted of two U-shaped vertical shells, allowing the specimen to be placed at mid-height inside the furnace; the specimens were surrounded by a steel cage to protect the furnace in case of concrete spalling.
Each concrete specimen was loaded by means of a hydraulic actuator, after being capped with thin layers of gypsum, to guarantee the uniform distribution and the centering of the axial load. The test set-up is shown in figure 2, including a concrete specimen inside the furnace.

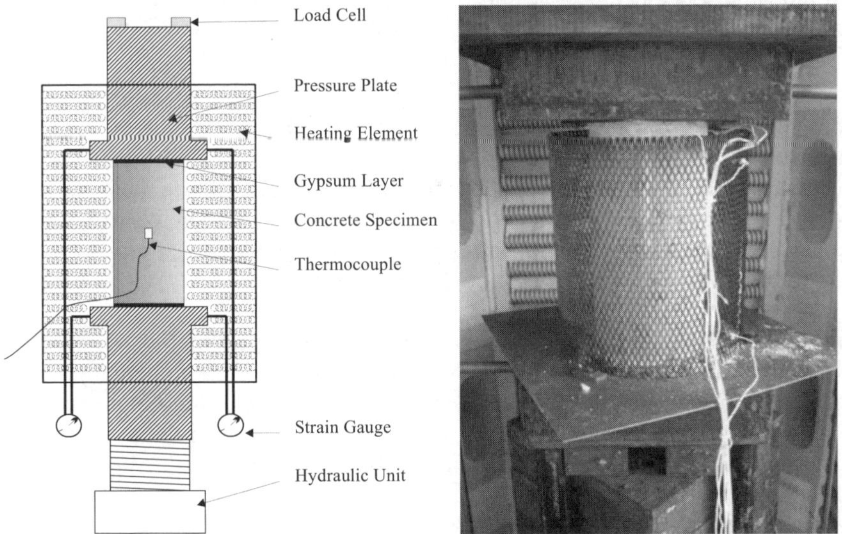

Figure 2:   Test set-up and concrete specimen inside the furnace

4.2 Test specimen

The tests were carried out using cylindrical specimens (ø = 150 mm; L = 300 mm) made of three different concrete mixes. The mix design of the concrete was the same, but using 3 different types of cement. M1 was made with a superfulfated slag cement (SSC) with a slag content of 95%, M2 with a portland-limestone cement (CEM II-A-LL) and M3 with an ordinary portland cement (CEM I). The cement content was 300 kg/m^3 with a water-cement ratio of 0.55 in all three mixes. As aggregates, siliceous and calcareous gravel with a maximum aggregate size of d = 32 mm was used. This corresponds to the aggregate size used in typical structures; hence the tests on the material behavior provide a direct link to practical applications.

The choice of the rather large aggregates for the concrete required bigger molds for concreting if compared to typical specimen size used for high-temperature tests ($\o = h/2 = 80\text{-}100$ mm). Table 4 shows the main concrete parameters.

Table 4: Mix designs and compressive strength

Concrete Mixture	-	M1	M2	M3
Cement type	-	SSC	CEM II-A-LL	CEM I
Cement content	kg/m^3		300	
Water content	kg/m^3		165	
Water cement ratio	-		0.55	
f_c (Batch of unloaded specimens)	MPa	33.1	34.3	40.3
f_c (Batch for loaded specimens)	MPa	25.9	33.2	38.5

Table 4 also shows the cold compressive strength of the batches of three concrete mixtures after 90 d. The CEM I concrete compressive strength is above the average due to the rapid hardening resulting from the high clinker content. A significant difference in strength was observed between the two batches for the SSC concrete specimens for tests on unloaded and loaded concrete cylinders. These cylinders were concreted with a long time interval in between. The SSC was produced in a pilot production process, which could explain for the higher variability of the compressive strength of the M1 concrete.

The specimens were cast under laboratory conditions (T = 20°C and R.H. = 65%). Non-absorbent plastic cylinders were used for the formwork. Before concreting, four thermocouples were placed inside each formwork, two close to the mid-height section, and two at 30 mm from one of the end sections. The distance between the axes of each couple of thermocouples was not less than 30 mm, to minimize any possible perturbation caused by the electric fields.

The thermocouples were fixed to a 2 mm welding wire to guarantee their mutual position during concreting and compacting. This set-up is in accordance with the guidelines published by the Institute for Material Research and Testing, BAM Berlin, 1990 [14].
The concrete was poured into the formworks in two stages, and after each stage the specimen was compacted on the vibrating table. After storage in humid conditions (20°C/95%) for three days the formwork was removed and the cylinders were kept in very humid conditions (20°C/95%) for another 28 days. At this age the specimens were stored in dry atmosphere (20°C/50%) for further 90 days prior to heating. The mass loss was monitored on a weekly basis until the specimens were heated in the furnace. At the time of testing, the specimens showed no significant mass loss.

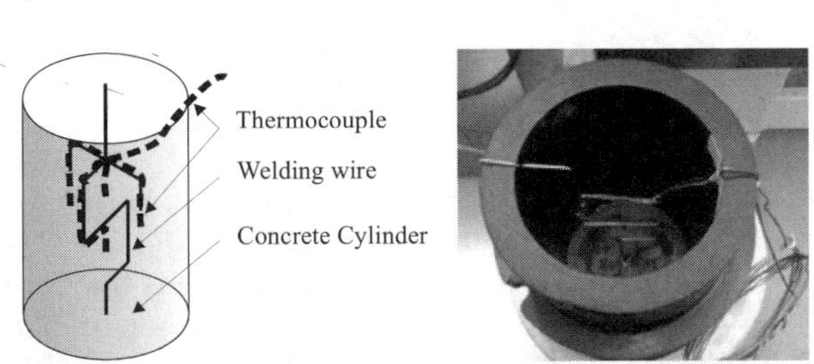

Figure 3:   Arrangement of the thermocouples inside the specimen
Concrete mold with thermocouples before concreting

All specimens were tested inside the closed furnace. Figure 4 shows unloaded SSC concrete specimens tested at each step of the full 500°C thermal cycle. It is interesting to notice the increase of large cracks and surface flaking after testing. The specimen used for testing the hot strength at 500°C remained nearly compact after the tests with minor cracks at its surface. In contrast, the specimens tested at ambient temperature after cooling from 500°C shows wide cracks and losses in the concrete cover caused by additional deterioration processes during cooling down.

The stress-strain curves during testing are not presented and discussed in this paper. A detailed description is given in [1].

Figure 4:   SSC concrete specimens tested at 500°C and after partial/full cooling:
(1) untested specimen, i.e. prior to testing; (2) Hot strength at 500°C;
(3) residual strength at 300°C after cooling from 500°C (partial cooling);
(4) residual strength test at 20°C after cooling from 500°C (full cooling)

4.3 Test results – Hot strength of concrete

Figure 5 shows the normalized results of both, the hot strength development of unloaded and preloaded concrete at high temperature. All results are normalized with reference to the corresponding strength before testing (cold strength = 1.0). In addition the results are compared to the Eurocode 2 design rules for concrete's compressive strength at high temperatures [2].

For the preloaded concrete cylinders, the CEM I and CEM II-A-LL concrete's hot strength is very similar for all temperature levels as shown in the left part of figure 5. It was noticed that the hot strength development always exceeds the strength according to the design rules given in Eurocode 2. The SSC concrete's hot strength is significantly different compared to normal concrete.

The right part of figure 5 shows the hot strength development for unloaded concrete specimens. Here, the SSC concrete shows slightly lower values for the hot strength compared to the concretes containing CEM II-A-LL and CEM I, at the 300°C and 500°C, while at 700°C, similar hot strengths were observed for all concretes.
The values of the hot strength for CEM I and CEM II-A-LL concretes fit quite well to those suggested by Eurocode 2.

The tests confirmed, that applying a preload onto the specimens leads to a higher hot strength. During heating, loss in bond between the cement matrix and the aggregates occur due to their different thermal expansion coefficients. With an applied preload the cement matrix and aggregates are always "pressed together" leading to a much stiffer and denser specimen. The significant losses in bond were also observed with MRI scans on unloaded concrete specimens (see chapter 6).

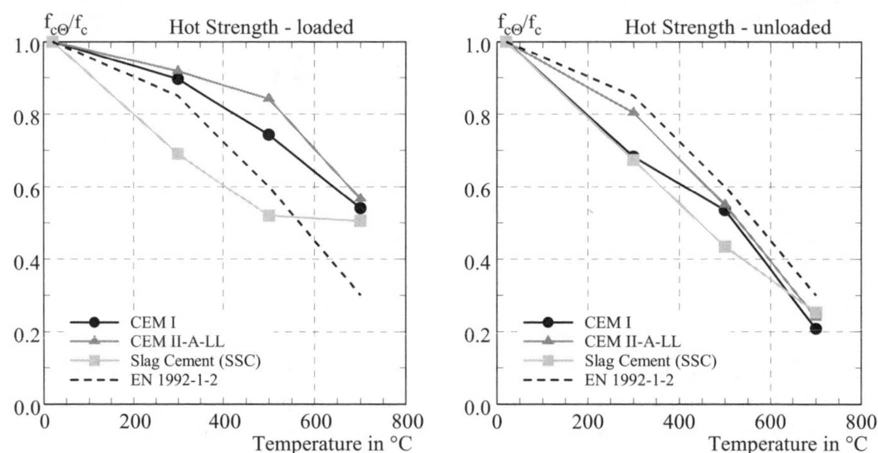

Figure 5:   Hot strength of loaded and unloaded concrete specimens compared to the Eurocode 2 design guidance

4.4 Test results – Residual strength of concrete

The residual strength of preloaded and unloaded concrete cylinders is shown in figure 6. In analogy to the results on hot strength the displayed residual strength is normalized according to the initial cold strength before testing. Figure 6 shows only the residual strength after the concrete has completely cooled down to ambient temperature of 20°C.

In Eurocode 4 [7], the residual compressive strength after cooling to ambient temperature is given as 90% of the corresponding hot strength. This constant reduction factor can be used for all temperature levels.
The left part of figure 6 shows the loss in strength of preloaded specimens during cooling. The test results of all three concrete mixtures are in good agreement with the Eurocode 4 design criteria.

The right part of figure 6 shows the residual strength for unloaded concrete cylinders. The test results of the three concrete mixes are below the Eurocode 4 criteria for the residual strength. At a temperature of 300°C an additional loss of 9% of the hot compressive strength after cooling to ambient temperature was observed. Thus, the measured strength reduction was in good agreement with the 10% proposed by Eurocode 4, however for temperatures of 500°C and 700°C the strength reduction during cooling down increased to 28% and 31%, respectively.
These additional reductions are average values for the three different types of cement; however, the observed relative loss in strength did not differ much between different types of cement.

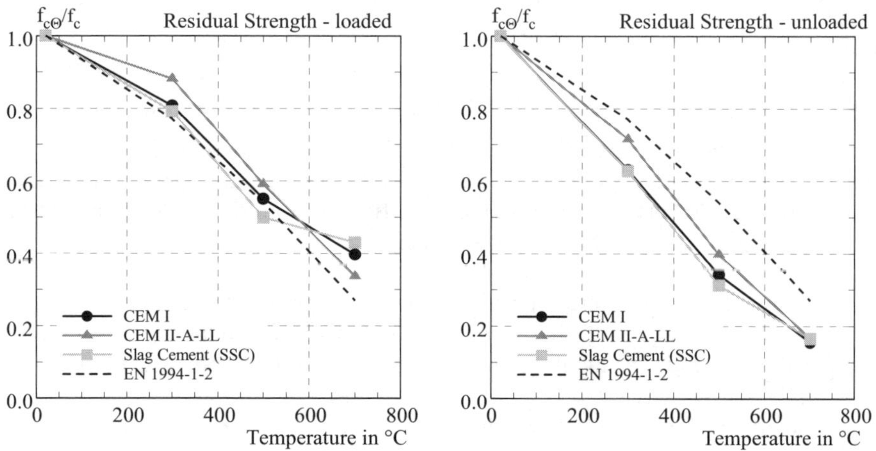

Figure 6:   Residual strength of loaded and unloaded concrete specimens compared to the Eurocode 4 design guidance

4.5 Long term performance of concrete after cooling from high temperatures

The objective of these tests was to study the long-term losses in compressive strength. Unloaded concrete cylinders (ø = 150 mm; L = 300 mm) were heated to a maximum of 500°C and cooled to ambient temperature in a full thermal cycle. After cooling to ambient temperature of 20°C, the specimens were stored at 20°C and 50% rel. humidity until testing. The long time performance of concrete was then determined after 1, 4, 7, 14, 28, 90, 180, 365 days. Another test will be carried out after 1000 d of storage. The tests after cooling down showed losses in strength up to a concrete age of about 14 d.

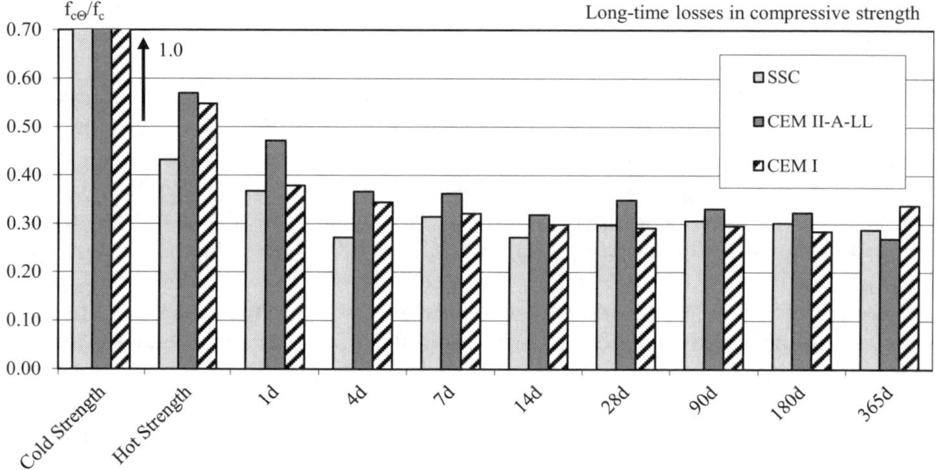

Figure 7:   Long term strength development

Additional preliminary tests on the possibility of re-alkalization and changes in bending strength of mortar prisms (40 · 40 · 160 mm) were carried out as well. After the full 500°C thermal cycle, prisms were stored at different conditions: 20°C and 50% rel. humidity, air-sealed with foil and stored in water.

Three point bending tests were carried out on these prisms to study their long term performance. After failure of the specimen, both fracture edges were sprayed with phenolphthalein to study the alkalinity of the mortar throughout the cross section.

Only one specimen was used per test, hence no general statement on these tests can be made. However, these first tests showed that water storage lead to a significant increase of bending strength and re-alkalization of the mortar.

5. Concrete spalling

5.1 Types of spalling

The main objective of these tests was to study spalling of the three different OPC mixes. Spalling is the loss of concrete fragments at the surface during heating. Among others, a distinction between six main categories of spalling is made:

- explosive spalling
- aggregate spalling
- surface spalling
- sloughing off spalling
- corner spalling
- post cooling spalling

The most violent type of spalling is explosive spalling. Here, concrete fragments exposed to the heat are fall off suddenly from the surface of the concrete. This causes a loss of concrete cover of the rebars and causes additional explosive spalling of deeper concrete sections, since they are then exposed to rapid heating. One of the governing factors leading to explosive spalling is high pore pressure. Explosive spalling mainly occurs at dense high (HPC) and ultra-high performance concrete (UHPC) due to its low permeability. Simplified the process may be described as follows: The water inside the concrete heats up and expands, but it cannot evaporate due to the low permeability of HPC and UHPC compared to ordinary concrete. At a certain temperature level, the vapor pressure exceeds the concrete's tensile strength, which causes a sudden release of the vapor by building cracks or by spalling. A detailed analysis on the spalling behavior of HPC and UHPC are presented in [15]. Explosive spalling can lead to severe damages to a structure, as observed e.g. during the Eurotunnel fire in 1996 and 2008.

It is assumed that 2-3 Vol.-% Polypropylene-fibers (PP-fibers) will reduce explosive spalling behavior of HPC and UHPC. At elevated temperatures it is assumed that these fibers melt increasing permeability and reducing vapor pressure. Application of PP fibers however reduce workability of the fresh concrete and the mechanical properties of the hardened concrete compared to concrete without PP-fibers. In some test spalling was observed even for concrete with PP-fibers.

The other types of spalling are usually les critical for the fire resistance of concrete structures. They can either be minimized by an optimized choice of aggregates (preferably limestone/calcareous aggregates) or design details like the cross section's dimensions or the reinforcement layout. In addition, these types of spalling usually occur after long fire duration.

Post cooling spalling of the concrete's surface occurs after the structure is cooled to ambient temperature and is not taken into account for the standard fire resistance design, which neglects the time after fire.

5.2 Tests on spalling

For the tests on the spalling behavior, one concrete cylinder (ø = 150 mm; l = 300 mm) of each mixture was tested unloaded inside the electric furnace. The specimens were heated linearly with a constant rate of 7.5 K/min at the concrete's surface to a maximum temperature of 700°C. After that the temperature was kept constant for additional 12 h to analyze the long term behavior. Then, the furnace was switched off and the specimens cooled slowly inside the closed furnace to ambient temperature of 20°C in approximately 12 hours.

After cooling to ambient temperature, the specimens showed no spalling and only some minor surface cracking, all specimens remained compact. The specimens were then stored at 20°C and 50% rel. humidity. After one week of storage, first post cooling spalling was noticed. Here, aggregates were split and released from the surface as well as flaking of the cement matrix was observed. This post-cooling spalling lasted for another month before it came to an end.

It was noticed, that the CEM I concrete cylinder was heavily affected by post cooling spalling including complete splitting of the aggregates. Here a total loss in concrete cover of up to 5 mm was measured. The CEM II concrete specimen showed some post cooling spalling as well, mostly by flaking of the cement paste.
In contrast to these observations, no post cooling spalling was noticed at the SSC concrete specimen. Here, the strong loss in strength of the concrete together with mechanical impacts during handling lead to falling off of the specimen's corners, but no flaking of the cement matrix was observed. Figure 8 shows the 3 concrete cylinders after one month storage.

Figure 8:   Post cooling spalling of concrete specimens
            SSC, CEM II-A-LL, CEM I concrete specimens (f. l. t. r.)

6. Magnetic resonance imaging –MRI

The main aim of these tests is to analyze the deterioration processes between the cement matrix and the aggregates as a function of the temperature levels. As test specimens, the concrete cylinders (ø = 150 mm; L = 300 mm) were used. They were heated conditioned and cooled according to the full thermal cycle to the three temperature levels of 300°C, 500°C and 700°C. All specimens remained unloaded during the thermal cycle.

After cooling to ambient temperature, the heated specimens were scanned with Magnetic Resonance Imaging (MRI) at University Hospital Zurich, including one unheated reference specimen. As output, several pictures were gained, showing the cross section slice by slice. Higher densities of any objects inside the concrete cylinder, like aggregates, are shown in brighter greyscales, while cracks, cavities and air pores are shown as black lines or dots in the image. Figure 9 shows the center image of the CEM I concrete cylinder at the different temperature levels.

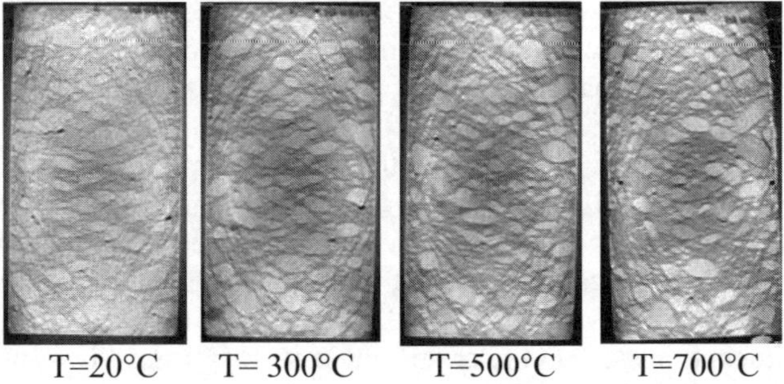

Figure 9:   MRI scan of the CEM I concrete mix at different temperatures

The unheated reference specimen shows a very dense cement matrix without significant air voids. The aggregates are usually completely embedded by the cement paste. In the center of the specimen, some minor voids are visible, probably as a result of insufficient compaction.

With increasing temperature, the dense arrangement of the aggregates and the cement paste decreases significantly. This can be seen in general by the darker grayscales. In addition, cracks and voids between the cement paste and the aggregates start to develop. After cooling from 700°C, the scanned specimen showed significant deterioration between the cement paste and the aggregates. Some of the aggregates are completely separated from the cement paste, which is indicated by the black lines around the larger aggregates.

These scans show significant deterioration of unloaded concrete after cooling from high temperatures. Most of the bond between the aggregates and the cement paste got lost and small gaps and voids developed. These gaps have to be pressed together before the concrete can actually carry any additional loads.

7. Residual strength of high- and ultrahigh performance concrete

7.1 Test specimen

The tests on loaded ordinary performance concrete (OPC) showed higher hot and residual strength compared to the general Eurocode design rules.

Apart from losses in compressive strength, HPC and UHPC have a strong tendency to explosive spalling when exposed to fire. As mentioned, moisture inside the concrete cannot migrate outwards due to the low permeability of HPC and UHPC. Therefore high pore pressure inside the concrete builds up with increasing temperatures and leads to explosive spalling of the concrete. According to Eurocode 2, a minimum of 2 kg/m^3 polypropylene fibers (PP-fibers) can be mixed to the fresh concrete to reduce spalling. These fibers melt at about 170°C, and is assumed that they increase the permeability significantly and reducing the pressure due to evaporation of the water.

The use of PP-fibers has become a common method to reduce the risk of explosive spalling. However, spalling may still occur.

Insulation layers can be applied onto the concrete's surface to keep concrete temperatures below a critical value. In the tests no spalling was observed for surface temperature below 250°C. However, general statements on possible critical temperature leading to explosive spalling cannot be made from the limited number of tests.

To study the influence tests, a cylinder specimen ($\text{ø} = 150$ mm; $L = 300$ mm) made of HPC and one made of UHPC were tested. Two basic concrete mixtures were used and remained the same for all tests; only the amount of PP-fibers added to the fresh concrete has been varied. For the HPC, a standard PP-fiber with a diameter of 32 μm and a length of 6 mm was used. The PP-fibers used for the UHPC were thinner with a diameter of just 18 μm and the same length. In addition, 2% in volume of not further specified steel fibers were added only to the UHPC mix. Table 5 shows the main concrete characteristic of both mixtures and gives an overview on all tests. Any additional details on the concrete's mix design are unknown. Losses in compressive strength due to the use of PP-fibers were observed.

Table 5: Test overview on hot and residual strength of HPC and UHPC

Concrete	HPC			UHPC		
Mixture	HC0	HC1	HC2	UC0	UC2	UC3
f_c in MPa	102.6	97.4	85.0	154.1	132.0	135.1
PP-fibers in kg/m³	0	1	2	0	2	3
strength developement	hot strength only			hot and residual strength		

7.2 Testing procedure

Since the stiffness of the testing frame used in the previous test is limited, smaller concrete cylinders with a diameter of ø = 50 mm and a length of l = 140 mm, drilled out of concrete cylinders (ø = 150 mm; l = 300 mm) were used for the tests. These cylinders were heated unloaded in a different electric furnace according to the full thermal cycle. After the thermal cycle, the specimens were taken out of the furnace and tested in an appropriate testing machine. To reduce thermal losses at the concrete's surface when testing the specimens, all concrete cylinders were covered with insulation layer at their surface.

When testing, the force was applied stress-controlled with a constant rate of $\sigma = 1.0$ MPa/s up to failure of the specimen.

7.3 Test results

Figures 10 and 11 shows the hot and residual strength development of HPC and UHPC mixtures. For the HPC mixture significant losses in hot strength can be observed with increasing amount of PP-fibers. At 300°C the hot strength almost no losses in compressive strength were observed at PP-fiber free concrete specimens, while only 70% of the initial strength was left at the concrete mixture with 2 kg PP-fibers per m^3. For higher temperatures, the reduction was less pronounced.

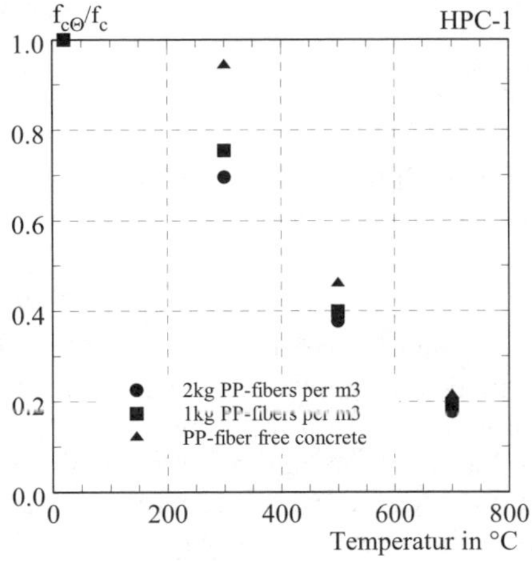

Figure 10:   Hot strength of the HPC concrete mixture with different amount of PP-fibers

Figure 11 shows the hot- and residual strength of the UHPC mixture. In contrast to the HPC mixture, an increase in both, hot- and residual strength, could be observed up to temperatures of 500°C. After cooling from 300°C, a residual strength of up to 200% of the original cold strength was monitored, which might have been caused by a pozzolanic reaction of at the high temperatures.

The influence of PP-fibers on the strength development was similar to the HPC mixture but less important.

However a marked influence of the PP fibers on spalling was observed. The UHPC specimens without any fibers could not be tested at high temperatures, since all cylinders spalled even with the very low heating rates of just 1.5 K/min.
The test shows that PP-fibers reduced explosive spalling but also the hot and residual strength of HPC and UHPC.

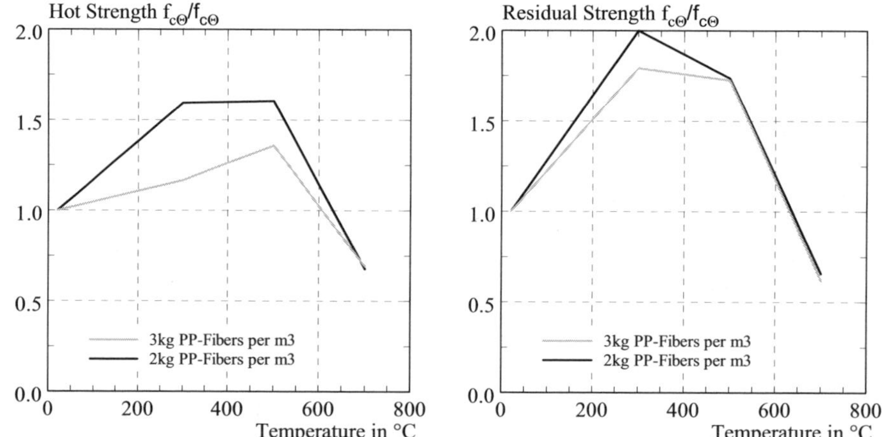

Figure 11:   Hot and residual strength of UHPC concrete mixture with different amount of PP-fibers

9. Conclusion

Tests on hot and residual strength of concrete after cooling are influenced by the type of cement used. Strength reduction of OPC is different than for HPC or UHPC. The residual strength after cooling showed further a long term reduction for more than one week. A preload applied to the specimen during the thermal cycle leads to higher hot and residual strength compared to unloaded specimen. Explosive spalling of HPC and UHPC was observed in many tests. PP-fiber had a beneficial effect but could not completely prevent spalling. Insulation of the surface of HPC and UHPC did avoid spalling if the surface temperature was kept low.

It is expected that high temperatures as well as spalling will also markedly influence the behavior of fasteners in concrete. Not only by reducing the strength during, but also after fire.

Literature

1.   Klingsch, E.W., A. Frangi, and M. Fontana, *Concrete residual strength in compression: blended cements versus ordinary portland cement.* Studies and Researches - Annual Review of Structural Concrete, 2009. **29**: p. 23.

2.   *DIN EN 1992-1-2 Eurocode 2: Bemessung und Konstruktion von Stahlbeton- und Spannbetontragwerken,* in *Teil 1-2: Allgemeine Regeln - Tragwerksbemessung für den Brandfall.* 2006, DIN Deutsches Institut für Normung e. V.

3.   Frangi, A., C. Tesar, and M. Fontana, *Tragwiderstand von Betonbauteilen nach dem Brand.* Bauphysik, 2006. **28**(3): p. 170-183.

4.   Khoury, G.A., *Compressive Strength of Concrete at High-Temperatures - a Reassessment.* Magazine of Concrete Research, 1992. **44**(161): p. 291-309.

5.   Hertz, K.D., *Concrete strength for fire safety design.* Magazine of Concrete Research, 2005. **57**(8): p. 445-453.

6.   International Federation for Structural Concrete Task Group 4.3 Fire Design of Concrete Structures, *Fire design of concrete structures structural behaviour and assessment.* 2008, Lausanne: Fédération Internationale du Béton (fib). 209 S.

7.   DIN Deutsches Institut für Normung e. V., D.G.I.f.S., *Eurocode 4: Bemessung und Konstruktion von Verbundtragwerken aus Stahl und Beton,* in *Teil 1-2: Allgemeine Regeln - Tragwerksbemessung für den Brandfall.* 2010.

8.   Li, Y.-H. and J.-M. Franssen, *Test Results and Model for the Residual Compressive Strength of Concrete After a Fire.* Journal of Structural Fire Engineering, 2011. **2**(1): p. 29-44.

9.   Eligehausen, R., W. Fuchs, and T.M. Sippel, *Anchorage to concrete.* Progress in Structural Engineering and Materials, 1998. **1**(4): p. 392-403.

10. Reick, M., *Brandverhalten von Befestigungen mit großem Randabstand in Beton bei zentrischer Zugbeanspruchung,* in *Institut für Werkstoffe im Bauwesen.* 2001, Universität Stuttgart - Fakultät Bau- und Umweltingenieurwissenschaften: Stuttgart.

11. Hashimoto, J. and K. Takiguchi, *Experimental study on pullout strength of anchor bolt with an embedment depth of 30 mm in concrete under high temperature.* Nuclear Engineering and Design, 2004. **229**(2–3): p. 151-163.

12. *EN 206-1 Concrete,* in *Part 1: Specification, performance, production and conformity.* 2001, DIN Deutsches Institut für Normung e. V.

13. Schneider, U., *Properties of materials at high temperatures-concrete.* 3rd RILEM Report. Kassel University, Kassel., 1986.

14. *ABM-Paper 2A internal communication by German Federal Institute for Materials Research and Testing, BAM Berlin.* 1990: Berlin.

15. Klingsch, E., A. Frangi, and M. Fontana, *High- and Ultrahigh- Performance Concrete: A systematic experimental analysis on spalling* ACI Materials Journal, 2011(SP 279).

EXPERIMENTAL AND NUMERICAL RESEARCH ON REINFORCED CONCRETE FLAT SLABS SUBJECTED TO PUNCHING SHEAR

Maria Anna Polak* and Anita Negele**
*Department of Civil and Environmental Engineering, University of Waterloo, Canada
** Ingenieurbüro Eligehausen und Asmus, Stuttgart, Germany

Abstract

Reinforced concrete flat slabs are naturally suited for monolithic concrete construction allowing ease of construction and additional story height. However, punching shear behaviour of flat concrete slabs supported on columns is a concern and it is a dominant issue to be resolved until today. Punching shear, behaviour and retrofit, has been studied in the last several years at the University of Waterloo in Canada and at the University of Stuttgart in Germany through experimental and numerical research. The paper provides a summary of the research in Waterloo and the collaborative work with Stuttgart, highlights experimental findings, and describes nonlinear finite element analyses, using shell and 3-D elements. The described 3-D finite element studies were done at the University of Stuttgart in Germany.

1.   Introduction

Flat concrete slabs supported on columns develop high transverse stresses, which result in inclined cracks in the slab around the column area. If these cracks are allowed to freely propagate, a major inclined crack is formed at an angle of approximately 30-35 degrees to the plane of the slab. This major crack eventually reaches the compression zone, and the failure occurs when a piece of concrete in the form of a cone around the column is punched out.

Punching shear has been investigated experimentally since the beginning of the twenties century, with the intensity of testing increasing in 1950's and in 1970s and 1980 for slabs with shear reinforcements. In most experiments, the phenomenon has been investigated by considering an isolated slab element. This element typically represents the surface of the slab surrounding a column and is limited by the line of contraflexure for radial moments, which are zero at a distance $r_s \approx 0.22L$ (according to a linear-elastic estimate), where L is the axis-to-axis spacing of the columns.

2. Punching Shear Experimental Research at the University of Waterloo

Experimental research on punching shear behaviour of flat concrete slabs has been conducted at the University of Waterloo since 1996. The research programme until now includes experiments on isolated slab-column interior and edge connections under static (gravity) and pseudo-seismic (lateral reversed cyclic displacements) loads. The specimens are full-scale and represent portions of a slab-column continuous system, bounded by the lines of contraflexure around the column. The support conditions are simulated by placing the slabs on neoprene pads around slabs' perimeters and by restraining corners from lifting (Figure 1). The dimensions of the slab specimens (1500x1500x120 mm for interior columns and 1540×1020×120 mm for edge columns) are equivalent to a portion of a typical floor system consisting of three 3.75 m bays in one direction and any number of 3.75 m bays in the other direction. All slabs have the same flexural reinforcement using 10M deformed bars (nominal yield strength 400MPa, measured yield strength approximately 450 MPa) provided in tension and compression layers.

The first tested specimens were done by El-Salakawy in 1996-1998 on slab column edge connections (Figure 2a) [1],[2],[3]. Edge specimens had an average tensile reinforcement ratio of 0.75% in both directions while the compression layer had an average reinforcement ratio of 0.45% in both directions. The edge connections were tested in the load control mode. The purpose of these tests was to study the effect of openings in the slab and the shear studs reinforcement. Fourteen specimens were tested; ten of them with unbalanced moment to shear force ratio of 0.3 and four with this ratio being 0.66. It was concluded that an opening (60% of the side length of the column) located in the line of the action of an unbalanced moment decreases the shear capacity of the connection more (by 10%) than the same size opening located at the side of the column (by 4%). Large opening (same size as the column side) decreased shear strength by 30%. Addition of shear studs increased the specimens' strength and ductility as compared to the control specimen, while increasing unbalanced moments decreased both of these properties.

El-Salakawy et al. [4], performed first tests on the new shear retrofit method called shear bolts. Shear bolts, which were developed at the University of Waterloo, consist of a stem with a head on one end and a washer with nut at the other threaded end (Fig. 3a). The retrofit method involves drilling small holes in a slab, around the column area, inserting bolts into them and tightening the nut at the threaded end. The comparisons of the load displacement curves for the specimens with shear bolts and shear studs, and the specimens without shear reinforcement provide evidence of a good performance of the shear bolts; comparable to the shear studs (Figure 4). (it should be noted that shear studs are for new construction while shear bolts were developed for structural retrofit).

Figure 1: Experimental programme at the University of Waterloo: laboratory setup

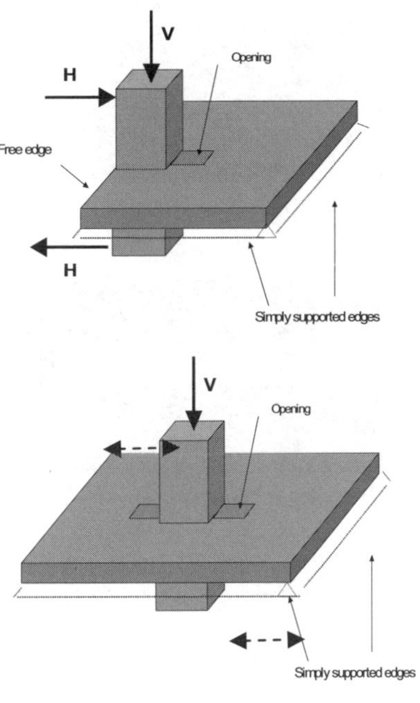

Figure 2: a) Edge connections experiments, b) interior connections experiments; either static load only or with reversed cyclic horizontal displacements.

In the subsequent 2005-2008 test series interior connection were tested, first by Adetifa and Polak [5] and then by Bu and Polak [6], [7] (Figure 2b). The interior specimens had the average tensile reinforcement ratio 1.2%, the compression reinforcement ratio 0.55%, and were tested in the displacement control mode. The slab specimens varied in the amount, type and placement of shear bolt reinforcement. Several slabs had openings next to columns. The tests by Adetifa and Polak showed that the first two concentric rows of shear bolts increase the capacity of the slab to the flexural failure strength level (unreinforced for shear slab SB1 failed in punching shear). However, in order to achieve higher ductility more rows are needed. Slab SB4 with 4 rows of bolts had much higher ductility than slab SB2 with only 2 rows of bolts. SB5 and SB6 had openings next to the column, which resulted in punching shear failure through the bolts. However, because the bolts were crossing the punching shear crack, the failure was gradual with high ductility.

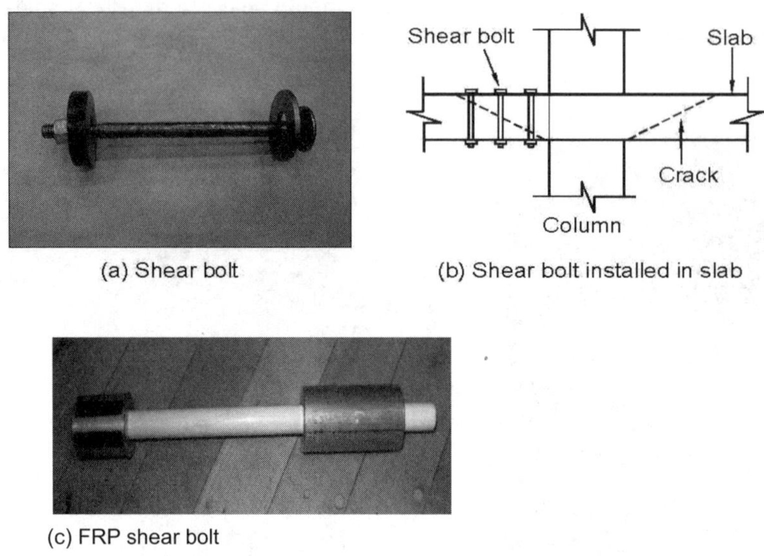

(a) Shear bolt

(b) Shear bolt installed in slab

(c) FRP shear bolt

Figure 3: Shear bolt and its installation in concrete slab

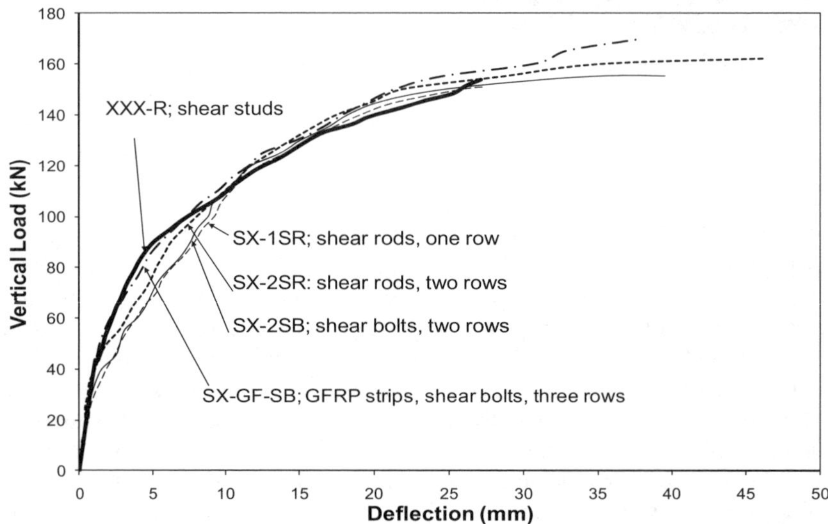

Figure 4:   Edge connections retrofitted with shear bolts. Specimen XXX-R is reinforced
with shear studs. All other specimens are with shear bolts.

440

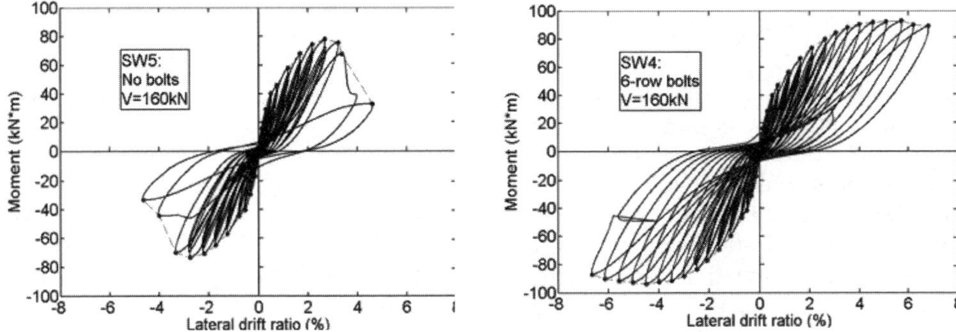

Figure 5: Moment versus horizontal drift ratio for specimens tested by
Bu and Polak [29].

The 2008 tests on the interior slab column connections included reversed cyclic (pseudo-seismic) loads. Bu and Polak [6], [7] tested nine specimens; three were subjected to a constant gravity load of 110kN and six to 160kN. Some slabs had openings next to their columns, two slabs had radial patterns of shear bolt reinforcing and four had orthogonal patterns of reinforcing. All slabs were tested using a lateral reversed cyclic displacement routine with increasing displacements every 3 cycles. Shear bolts worked very well, increasing connection strength by 50% and allowing for large lateral deformations (Figure 5).

Lawler and Polak [8] tested six slabs with shear bolts manufactured using FRP bars; to test a non-corrosive system for strengthening of flat slabs against punching. Two slabs were tested in the reversed cycling loading and four slabs were tested in the static loading. Several systems for FRP anchorage were investigated with crimping of bars with metal fitting to be the most effective.

3. Finite Element Modelling

Several of the tested slabs were analysed by nonlinear finite element analyses using detailed 3-D tetrahedral elements [9], and using shell elements specially formulated for reinforced concrete [10]. The first approach allows the analysis of the connections and small portions of real structures, where it can produce detailed information about initialisation, location and progression of cracking, straining and damage. The second approach, based on layered shell elements, is by its nature less detailed because it is usually based on smeared cracking approach and considers reinforcement as either a layer within the concrete material or as additional stiffness added to the concrete itself. Shell finite element analysis is however; faster and discretization is simpler allowing for the analysis of larger portions of the structure, while three-dimensional elements are more suited for local analyses of portions of structures.

3.1 Shell Finite Element Analysis

Shell finite elements based on the concepts similar to Mindlin theory for plates were adopted in order to be able to address transverse shear problems. The elements are degenerate quadratic 9-node Heterosis and Lagrangian elements, which allow transverse shear deformations and are derived from three-dimensional elasticity by adopting assumptions that lines normal to the midsurface before deformation remain straight but not necessarily normal after deformations, and the normal stress in the transverse direction (through shell thickness) is equal to zero. The in-plane (flexural) effects are not separated from transverse shear effects. The material model in this FE formulation is nonlinear elastic. It assumes orthotropic behaviour of the reinforced concrete after cracking. Tension is modelled including tension stiffening. In modelling compression, consideration is given to the reduced compressive strength in the presence of the transverse tension. The shear modulus for concrete after cracking is assumed to decrease linearly with the increase in principal tensile strains. The shear modulus represents the ability of concrete to carry shear in the compression and tension zones and, at the same time, accounts for the fact that the element assumes constant transverse strain and that in reality this strain changes through the thickness [10]. Dowel action of longitudinal reinforcement is included in the formulation by adding an appropriate term into the reinforcement material stiffness matrix in the local coordinate system. The effect of the transverse reinforcement is included as a property of the concrete layer in the transverse direction. Material parameters used for the analyses are as follows [32]: tension stiffening: $\alpha = 0.6$, $\varepsilon_m = 0.002$, $\alpha_0 = 0.005$, shear modulus, $\gamma = 0.25$, $\gamma_0 = 0.05$ and $\varepsilon_G = 0.004$, dowel action: $\kappa = 0.2$.

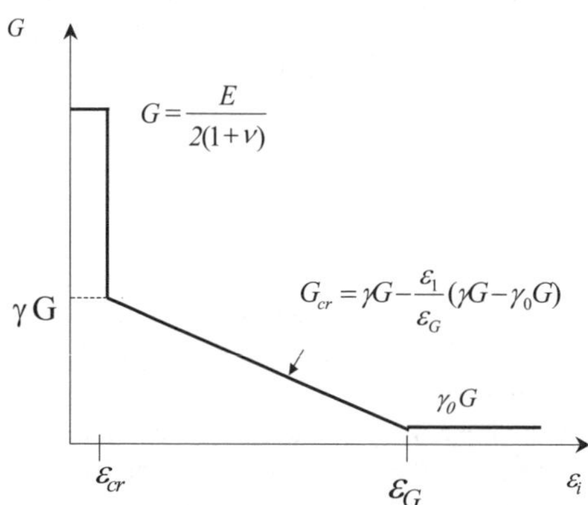

The adopted nonlinear solution algorithm is based on an iterative, secant-stiffness formulation where the final load is approached through intermediate load levels. The analysis accounts for geometric nonlinearities by adopting a total Lagrangian formulation. The failure of a structure is characterised by its stiffness approaching zero. Displacement-based convergence criteria are used [10],[11]. An example of the shell element FE predictions and comparison with test results is shown in Figure 7.

Figure 6: Model for shear modulus for cracked concrete

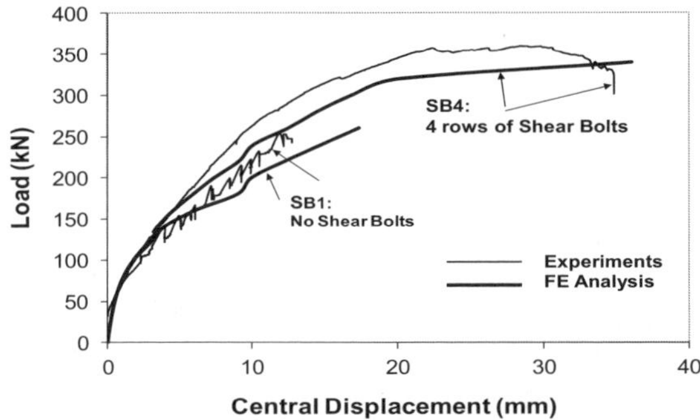

Figure 7: Comparison of the shell finite element predictions and the experimental results

3.2 Finite Element Analysis using 3-D elements

The 3-D finite-element simulations of the interior slab column connections (test SB1 to SB4) were performed with the three-dimensional nonlinear finite-element code MASA, which was developed at the Institute of Construction Materials at the Universitaet Stuttgart. It is designed for the nonlinear analysis of quasi-brittle materials such as concrete. The code is based on the microplane material model with relaxed kinematic constraint [12]. In numerous investigations it has been shown that MASA is able to predict the behavior of reinforced concrete structures and the punching failure of flat slabs realistically [13]. The program uses a smeared crack approach in combination with the crack band method as a localization limiter [14].

The modeling and simulation of the test SB1, not reinforced for punching, is presented below. The concrete slab was modelled with three-dimensional tetrahedra elements. In principle, bar reinforcement can also be modelled with three dimensional elements. However, in large scale structures the reinforcement needs to be simplified with one-dimensional truss elements. In the finite-element simulations, a symmetrical slab can be modelled by a quarter of a slab.

The slab is modelled with column stubs on both sides of the slab. The concrete is modelled with an element size of approximately 15mm to 25mm. The flexural reinforcement is modelled with bar elements; the layout is according to the reinforcement layout in the tests. The load is applied on the column stub, in displacement controlled mode. The vertical supports are realized by restraining the nodes at a support point or along a support line. In the following simulations the line support of the test is simplified to a radial point support.

The material properties for concrete and steel were derived from the material testing during the slab test as listed in Table 1. The stress-strain curve for steel was modelled as a trilinear function with yield at 2.3‰ strain, reaching ultimate stress at 5% strain.

Concrete				Steel		
$f_{c,cyl}$	E	f_t	G_f	f_y	$f_{y,t}$	E
MPa	MPa	MPa	Nmm/mm	MPa	MPa	MPa
41	32500	3.1	0.08	450	650	197000

Table 1: Material properties.

The ultimate load from the finite-element simulation was about 10% less than the tested load. However, the simplification of the support conditions was expected to slightly reduce the ultimate load. The crack pattern of the slab at ultimate load is shown in Figure 8. The cracks are numbered in the order of appearance. The tensile slab surface shows extensive radial cracking ②. Tangential cracking consists of a crack around the column stub ① and a crack which forms the punching cone ⑥. This complies to the observation in the test. The angle of the shear crack ④ on the x-axis is approximately 30°, on the slab diagonal a steeper crack developed at an angle of about 45°. The development of the internal shear crack began at about 65% of the ultimate load and was monitored by the cracking in the slab section and through the increase of the slab thickness. Between 70 and 75% of the ultimate load the slab thickness increases abruptly. At about 90% of the ultimate load the compression zone at the column face starts cracking, the internal shear cracks open rapidly. Failure occurs when the compression zone on the slab diagonal fails.

The influence of the reinforcement ratio was studied for a range between 0.36% and 2.0%. For low reinforcement ratios the yield strength of the reinforcement was increased to ensure a pure punching shear failure. The results from the finite element simulations comply well with the calculated punching shear resistance according to DIN 1045-1 [15].

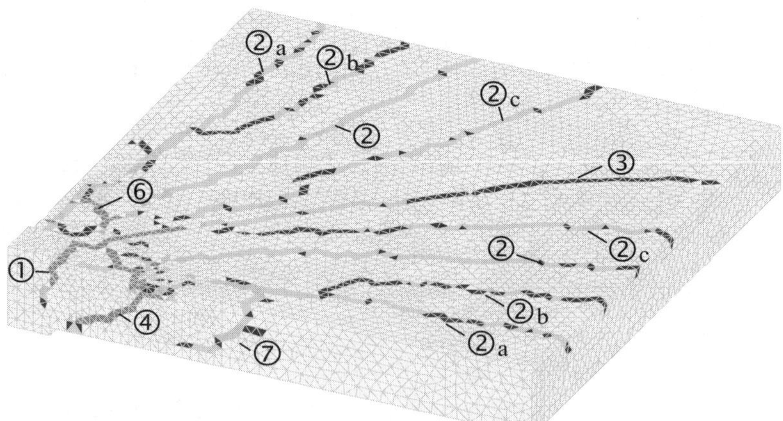

Figure 8: Crack pattern on tension side and x-axis at ultimate load

The next step was to run the simulations with the lowest reinforcement ratio with the original yield strength of the flexural reinforcement. Thus a flexural failure will occur. Figure 9 shows the load-displacement curves for the slab with a reinforcement ratio of 0.36%. It can be seen that for the flexural failure a load plateau occurs and the displacement at ultimate load is increased considerably. The final failure mode is brittle.

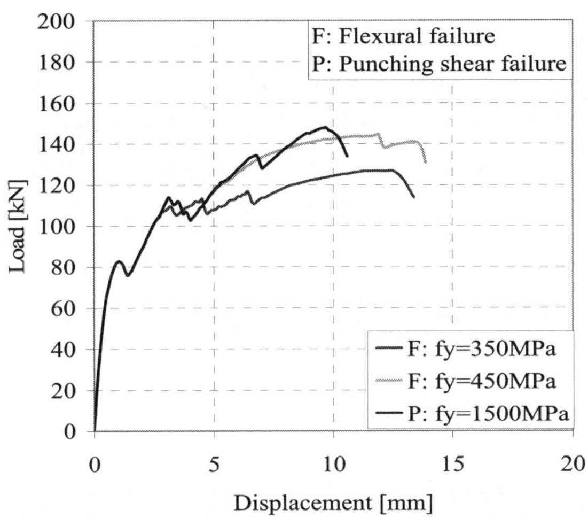

Figure 9: Load- displacement curves for a slab with low reinforcement ratio: ρ =0.36%.

This can be explained looking at the crack pattern in Figure 10. The radial cracking is extensive and the cracks have opened up widely due to the yielding of the flexural reinforcement. However, a shear crack has developed as well and the final failure is a secondary punching shear failure. Since the ultimate load of the flexural failure and the punching shear failure are almost identical, a further calculation with reduced yield strength of 350MPa was run. It shows the same flexural failure with a secondary punching shear failure as before. However, the ultimate load was reduced and the punching shear capacity was not reached.

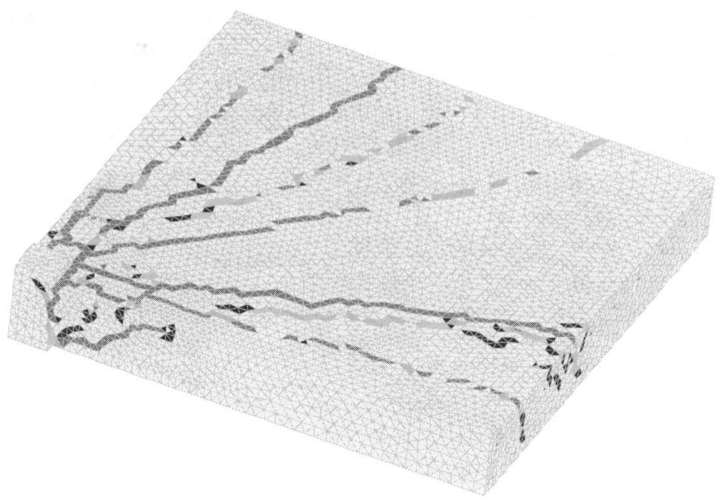

Figure 10: Crack pattern at ultimate load, flexural failure, ρ =0.36%, 450MPa

4.   Summary and Conclusions

This paper summarizes research on punching shear conducted at the University of Waterloo and in collaboration with the University of Stuttgart. Experimental investigations showed that properly reinforced concrete flat slabs can have high punching shear strength and ductility of the slab-column connections. Finite-element simulations on a flat slab-column connection were performed using shell and 3-D finite elements. Shell finite element analysis, based on a nonlinear elastic constitutive formulation was able to predict the slab behaviour with adequate accuracy. Detailed 3-D finite element studies were done using the program MASA developed at the University of Stuttgart. The results of a parametric study on the influence of the reinforcement ratio and the transition from punching shear failure to flexural failure were shown. It was demonstrated that the finite-element program MASA is able to predict the failure mechanism, crack pattern and ultimate load very well.

References

[1] El-SALAKAWY E.F., POLAK M.A. and SOLIMAN M.H. Reinforced Concrete Slab-Column Edge Connections Subjected to High Moments *Canadian Journal of Civil Engineering,* 25(3), 526-538, 1998.

[2] El-SALAKAWY E.F., POLAK M.A. and SOLIMAN M.H. Reinforced Concrete Slab-Column Edge Connections with Openings. *ACI Structural Journal,* 96(1), 79-87, 1999.

[3] El-SALAKAWY E.F., POLAK M.A. and SOLIMAN M.H. Reinforced Concrete Slab-Column Edge Connections with Shear Studs. *Canadian Journal of Civil Engineering,* 27, 338-348, 2000.

[4] El-SALAKAWY E.F., POLAK M.A. and SOUDKI K. New Shear Strengthening Technique for Concrete Slabs. *ACI Structural Journal,* 100 (3), 297-304, 2003.

[5] ADETIFA B. and POLAK M.A. Retrofit of Interior Slab Column Connections for Punching using Shear Bolts. *ACI Structural Journal,* 102(2), 268-274, 2005.

[6] BU W. and POLAK M.A. Seismic Retrofit of RC Slab-Column Connections using Shear Bolts. *ACI Structural Journal,* 106(4), 514-522, 2009.

[7] BU W. and POLAK M.A. Effect of Openings and Shear Bolt Pattern in Seismic Retrofit of Reinforced Concrete Slab-Column Connections. *Engineering Structures,* in print, 2011.

[8] LAWLER N. and POLAK M.A. Development of FRP Shear Bolts for Punching Shear Retrofit of Reinforced Concrete Slabs. *ASCE Journal of Composites in Construction,* in print, 2011.

[9] NEGELE A., POLAK M.A. and ELIGEHAUSEN R. Finite Element Simulations on the Influence of the Reinforcement Ratio on the Punching Shear Failure. *AMCM 2011,* Krakow Poland, 8 pages.

[10] POLAK M.A. Shell Finite Element Analysis of Reinforced Concrete Plates Supported on Columns. *Engineering Computations: International Journal of Computer Aided Engineering and Software,* 22(3/4), 409-429, 2005.

[11] POLAK M.A. Ductility of Reinforced Concrete Flat Slab-Column Connections. *Computer-Aided Civil and Infrastructure Engineering,* 20(3), 184-193, 2005.

[12] OŽBOLT, J.,LI, Y.-J., KOŽAR, I. Microplane model for concrete with relaxed kinematic constraint, *International Journal of Solids and Structures,* 38: 2683-2711, 2001.

[13] OŽBOLT, J., MAYER, U., VOCKE, H., ELIGEHAUSEN, R. Das FE-Programm MASA in Theorie und Anwendung, *Beton- und Stahlbetonbau,* Jg. 94, Nr. 10: 403-412, 1999.

[14] OŽBOLT, J., BAŽANT, Z. P. Numerical smeared fracture analysis: Nonlocal microcrack interaction approach, *International Journal for Numerical Methods in Engineering,* Jg. 39, Nr. 4: 635-661, 1996.

[15] DIN 1045-1. Tragwerke aus Beton, Stahlbeton und Spannbeton, Teil 1: Bemessung und Konstruktion, *Deutsche Norm,* Berlin, Beuth, 2001.

YIELD PENETRATION IN BAR ANCHORAGES AND THE EFFECT ON ROTATION CAPACITY

Souzana P. Tastani*, Georgia E. Thermou**, and Stavroula J. Pantazopoulou***
*Department of Civil Engineering, Democritus Univ. of Thrace (DUTH), Greece
**Department of Civil Engineering, Aristotle University, Greece
***Professor, University of Cyprus, (on unpaid leave from DUTH)

Abstract

Seismic retrofits with FRP-jacketing for confinement of plastic hinge zones ride on the spectacular improvements in strength and deformation capacity reported in lightly reinforced column tests after strengthening. In these tests damage is effectively suppressed in the wrapped region at the expense of increased pullout contribution from the anchorages. The fraction of drift capacity due to pullout is greater when reinforcement has undergone large inelastic strains at the critical section during the pre-repair phase. In these cases extensive yield penetration occurs into the anchorage, causing irreversible damage to the interface. Thus, repair with FRP-jacketing is more effective if, in the pre-repair phase, the columns had attained a premature brittle mode of failure rather than developed some limited ductility. A database of relevant tests is used to assess the intervention effectiveness by exploring the mechanics under lateral displacement. The effect of yield penetration on column stiffness and deformation capacity under cyclic loading is demonstrated. The strain capacity of the anchorage is evaluated by closed form solutions along an anchorage, accounting for several parameters known to influence the problem, such as bond plastification and debonding of the cover after yielding.

1. Introduction

The vast majority of published experimental studies which repeatedly document the effectiveness of FRP wraps as a jacketing means in the critical regions of reinforced concrete (r.c.) beams and columns have been carried out on brittle members with defective reinforcing details representative of old, substandard construction (1-17). For a variety of practical reasons most of this technology has been demonstrated in strengthening / retrofitting applications, but very little experimental evidence is available to support the method as an efficient repair intervention for initially damaged r.c. members. In response to the overwhelming evidence, design recommendations have been issued by Regulatory Technical Organizations (18-20) regarding detailing and application of FRP wraps in order to upgrade r.c. structural members in the framework of rehabilitation. These are often extended into the repair practice on the implicit but liberal assumption that what is good for strengthening might as well work for repair.

The success and popularity of FRP jackets emanates from the improved strength and deformation capacity of confined concrete which is reasonably expected to impact such mechanisms of strength resistance that depend directly or indirectly upon the compressive strength. For example, the increased compression strain capacity provided by jacketing on the compression zone of an encased member enables the cross section to sustain its flexural capacity for a longer range of imposed curvature; this is valid of course on the proviso that the tension reinforcement is adequately anchored so as to support the requisite inelastic strains at the critical section. Also, confinement through jacketing enhances the performance of lap splices (provided that the cover has not been previously cracked), and improves the strength of the truss action in shear (i.e. it secures sustained action of the diagonal compression stress field in the member's web.)

In order to trace the reasons why pre-damaged r.c. members jacketed with FRP wraps do not always perform as efficiently as in cases where jacketing was applied prior to damage accumulation, it is necessary to focus into the basic differences regarding the jacketing function in these two conditions. Emphasis is placed on the effects of previous damage on the inelastic strain capacity of reinforcement which often depends on its anchorage conditions either beyond the jacketed length or when the lap splice is developed in the jacketed region. The problem particularly concerns columns that have undergone flexural yielding and is owing to yield penetration in the anchorage and lap-splice region of primary reinforcement. A methodology is developed to estimate the reduced post-repair ductility and inelastic deformation capacity of the affected member even after jacketing. The necessity of attendant measures to recover the anchorages or lap-splices is highlighted. To establish the analysis framework, a review of observed modes of failure from the limited number of available published experiments of FRP-repaired columns tested under cyclic displacement reversals is assembled in the form of a small database.

2. Typical failure modes in repaired columns with prior damage

Figure 1 depicts images from representative modes of failure reported in tests on r.c. members with FRP jacketing with prior damage. A common example, particularly with old-type columns with inadequate reinforcing details, is the case where initial damage was perpetrated by shear failure (Fig. 1a). These are cases which, after FRP jacketing with or without replacement of cracked concrete, present an altered mode of failure upon

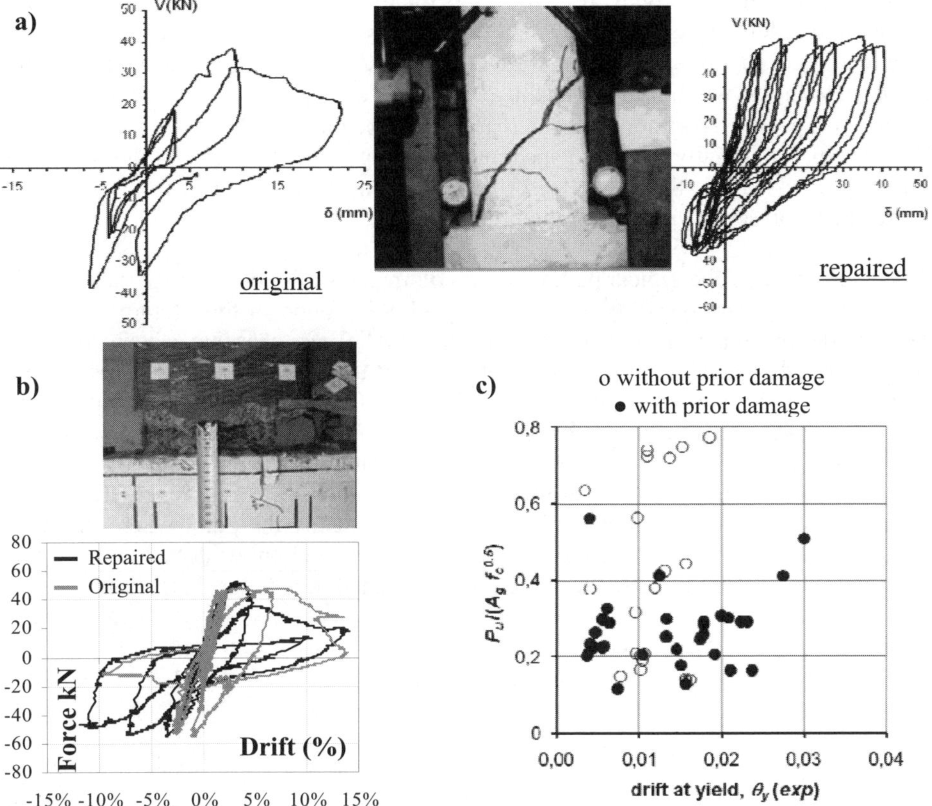

Figure 1. Modes of failure reported in r.c. members with prior damage retrofitted by FRP jacketing a) brittle failure in preload, Zdoumba[6] and b) ductile failure in preload, Thermou and Pantazopoulou[14]. c) Impact of prior damage on yield drift of the FRP-jacketed r.c. columns (1-17).

reloading, which is marked by flexural ductility and relatively full hysteresis loops with little pinching. The appearance of damage of the retrofitted specimens is marked by the formation of a single major flexural crack at the column interface with the footing and concrete compaction due to the development of very large compressive strains in the compression zone of the encased element. On the other hand, there are examples where FRP-jacketing repair followed an initial phase of post-yielding flexural response (Fig. 1b); the force-displacement hysteresis loops of such repaired columns is marked by bar sliding in the anchorage, and limited post-repair inelastic energy dissipation, as illustrated by severe pinching in the load displacement envelopes. Another important characteristic for their identification from the large inventory of tests is the relatively low initial stiffness and drift at yield well in excess of the benchmark value of 0.5%. This conclusion is affirmed by Figure 1c that depicts the ultimate load P_u normalized with the shear strength (defined as the product of gross cross section area A_g and the tensile concrete strength $\sqrt{f_c}$) plotted against the value of drift at yielding θ_y for FRP-jacketed specimens with or without prior damage before the application of the retrofitting scheme. The specimens without prior damage developed a θ_y in the range from 0.5% to 1.5% whereas the initially damaged specimens (damage being marked by the formation of splitting cracks along the lap splice or development of first yield of the longitudinal reinforcement) present a yield drift ranging from 1-2%.

For easy reference of the typical pathology of columns retrofitted with FRP jackets after repair of previous earthquake-type damage, specimens found in the literature that fall under this description were collected in Table 1. All specimens have been tested as cantilevers fixed at the base and displaced at the tip of the column under a predetermined history, where in each cycle the applied peak displacement was given as a multiple of the initial (pre-repair) theoretical yield displacement. The table lists the basic geometric properties, the loading envelope in terms of drift and lateral force as well as the reported mode of failure. It is noteworthy that many cases are marked by excessive reinforcement slip, large drift values at the onset of "yielding" (practically the point where the load-displacement envelope exhibits a sudden change of slope and onset of "hardening", Fig. 2a) and excessive ultimate drifts (in excess of 6% attained near failure, Fig. 2b).

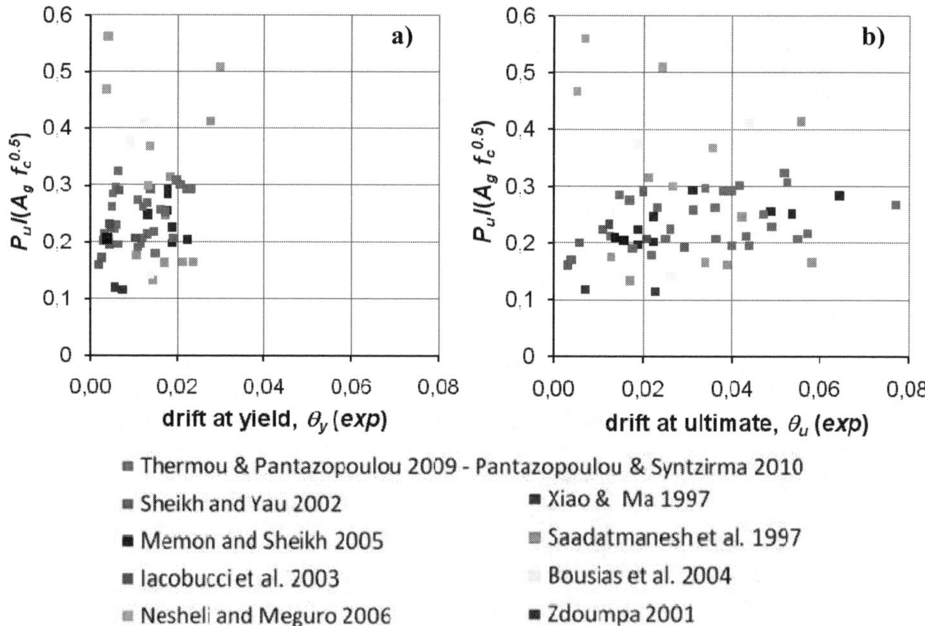

Figure 2. Normalized ultimate load versus the drift at a) yield and b) ultimate for FRP-jacketed specimens with prior damage (the as built specs. are also included).

Table 1. Experimental database of repaired specimens with FRP jacketing.

Authors - FRP (mm, GPA)	L_s/h	f'_c (MPa)	$v = N/(f'_c A_g)$	D_b (mm)	$\rho_{l,tot}$ (%)	f_{sy} (MPa)	$f_{st,y}$ (MPa)	$\rho_{st,v}$ (%)	layers	ρ_{fv} (%)	$\theta_{y\,exp}$ (%)	$\theta_{u,exp}$ (%)	$\theta_{80\%u}$ (%)	P_y (kN)	P_u (kN)	Failure mode
Saadatmanesh et al. '97 $t_f=0.8$ $E_f=17.76$ $\varepsilon_{f,u}=0.03$	6,2	37	0,17	13	2,43	358	301	0,16	as built	0,00	1,43	1,69	2,75	50	58	lap splice
	6,2	37	0,17	13	2,43	358	301	0,16	6-GFRP^L	6,30	2,11	3,38	5,02	65	73	Flexural
	6,2	37	0,17	13	2,43	358	301	0,16	as built	0,00	1,69	3,86	3,86	60	72	Buckling
	6,2	37	0,17	13	2,43	358	301	0,16	6-GFRP	6,30	2,38	5,81	5,81	62	73	Flexural
	5,1	35	0,14	16	2,72	359	301	0,14	as built	0,00	1,06	1,27	1,59	90	92	lap splice
	5,1	35	0,14	16	2,72	359	301	0,14	8-GFRP^L	8,79	1,74	4,23	5,29	105	129	Flexural
	5,1	33	0,15	16	5,44	359	301	0,14	as built	0,00	1,85	2,11	2,11	140	162	shear
	5,1	33	0,15	16	5,44	359	301	0,14	8-GFRP	8,79	2,75	5,55	5,55	190	211	Flexural
Bousias et al. '04 $t_f=0.13$ $E_f=230,$ $\varepsilon_{f,u}=0.015$	3,2	18	0,38	18	0,81	560	286	0,38	as built	0,00	0,88	1,88	2,50	175	200	buckling
	3,2	17	0,40	18	0,81	560	286	0,38	2-CFRP	0,31	1,25	4,38	4,69	175	210	buckling
	6,4	18	0,38	18	0,81	560	286	0,38	as built	0,00	1,38	2,63	3,94	65	75	shear
	6,4	18	0,37	18	0,81	560	286	0,38	2-CFRP	0,31	1,56	3,13	7,04	62	68	-
Zdoumpa '01 **C**: $t_f=0.13,$ $E_f=230$ $\varepsilon_{f,u}=0.015$ **G**: $t_f=0.17mm,$ $E_f=70GPA, \varepsilon_{f,u}=0.031$	2,3	27	0,00	12	1,26	500	220	0,31	as build	0,00	2,22	2,22	2,89	-	38	shear - torsion
	2,3	27	0,00	12	1,26	500	220	0,31	1-CFRP	0,27	1,78	3,11	3,56	50	55	Flexure
	2,3	27	0,00	12	1,26	500	220	0,31	as build	0,00	1,33	2,22	2,22	42	46	Shear
	2,3	27	0,00	12	1,26	500	220	0,31	2-GFRP	0,72	1,78	6,44	6,44	46	53	Flexure
	2,3	27	0,00	12	1,26	500	220	0,31	as build	0,00	1,89	1,89	2,89	-	42	Shear
	2,3	27	0,00	12	1,26	500	220	0,31	1-CFRP	0,27	1,78	4,89	4,89	44	48	Flexure
	2,3	27	0,00	12	1,26	500	220	0,31	as build	0,00	1,89	1,89	2,11	-	37	shear - torsion
	2,3	27	0,00	12	1,26	500	220	0,31	2-GFRP	0,72	1,33	5,33	5,33	44	47	Flexure
Xiao & Ma '97: $t_f=3.2$ $E_f=48, \varepsilon_{f,u}=0.01$	4,0	45	0,05	19	1,96	462	460	0,19	as build	0,00	0,53	0,70	1,43	200	230	lap splice
	4,0	45	0,05	19	1,96	462	460	0,19	4-GFRP	8,39	0,74	2,25	4,51	200	225	bond slip
Memon & Sheikh'05: $t_f=1.3, E_f=25 \varepsilon_{f,u}=0.02$	4,8	44	0,36	20	2,57	465	457	0,98	2-GFRP	3,28	0,38	1,58	2,00	115	126	shear - buckl.
	4,8	44	0,62	20	2,57	465	457	0,98	6-GFRP	9,84	0,38	1,35	1,99	110	129	Shear - buckl.
Iacobucci et al. '03 **C**: $t_f=1 E_f=76, \varepsilon_{f,u}=0.013$	4,8	37	0,38	20	2,57	465	457	0,98	1-CFRP	1,31	0,41	1,22	2,34	115	131	Flex.– buckling
	4,8	42	0,62	20	2,57	465	457	0,98	3-CFRP	3,93	1,04	2,08	2,08	110	125	Flex. -buckling
Nesheli & Meguro '06 **C**:$t_f=0.18$-$E_f=240$ $\varepsilon_{f,u}=0.016$ **A**:$t_f=0.61$- $E_f=120 \varepsilon_{f,u}=0.017$	2,5	25	0,20	12	0,77	380	333	0,20	As built	0,00	1,38	3,55	4,13	99	115	Shear
	2,5	25	0,20	12	0,77	380	333	0,20	2-CFRP	0,56	1,33	2,67	2,83	83	94	Shear
	1,5	26	0,20	13	0,86	359	333	0,19	As built	0,00	0,35	0,50	0,80	135	149	Shear
	1,5	23	0,20	13	0,86	359	333	0,19	2-AFRP	1,96	0,40	0,67	2,50	148	168	Shear
	1,5	23	0,20	13	0,86	359	333	0,19	2-AFRP	1,96	3,00	2,40	5,00	148	153	Shear

Table 1. (cont.) Experimental database of repaired specimens with FRP jacketing.

Authors - FRP (mm, GPA)	L_s/h	f_c' (MPa)	$v=N/(f_c'A_g)$	D_b (mm)	$\rho_{l,tot}$ (%)	f_{sy} (MPa)	$f_{st,y}$ (MPa)	$\rho_{st,v}$ (%)	layers	ρ_{fv} (%)	$\theta_{y\,exp}$ (%)	$\theta_{u,exp}$ (%)	$\theta_{80\%u}$ (%)	P_y (kN)	P_u (kN)	Failure mode
Thermou & Pantazopoulou '09 (FRP repaired specs.) - Pantazopoulou & Syntzirma '10 (as built specs.) **C:** $t_f=0.11$ $E_f=230$ $\varepsilon_{f,u}=0.015$ **G:** $t_f=0.36$ $E_f=76$ $\varepsilon_{f,u}=0.028$	4,5	20	0,08	12	2,26	500	220	0,64	as built	0,00	0,50	1,46	1,46	45	51	Shear
	4,5	20	0,08	12	2,26	500	220	0,64	1-CFRP	0,22	0,56	3,38	6,40	48	53	frp fract- buckl
	4,5	20	0,08	12	2,26	500	220	0,64	as built	0,00	1,30	7,70	9,50	46	48	Shear-buckl
	4,5	20	0,08	12	2,26	500	220	0,64	1-CFRP	0,22	2,23	3,92	4,61	47	52	FRP fracture
	4,5	20	0,08	12	2,26	500	220	1,01	as built	0,00	1,20	2,30	3,80	36	47	Shear
	4,5	20	0,08	12	2,26	500	220	1,01	2-GFRP	1,44	2,00	5,24	10,49	55	55	Pullout
	4,5	20	0,08	12	2,26	500	220	1,01	as built	0,00	0,30	1,25	2,70	38	38	Splicing failure
	4,5	20	0,08	12	2,26	500	220	1,01	5-GFRP	3,60	0,55	2,60	4,74	33	40	Pullout
	4,5	20	0,00	12	2,26	500	220	1,01	as built	0,00	1,10	1,70	2,00	39	49	Splicing failure
	4,5	20	0,08	12	2,26	500	220	1,01	3-GFRP	2,16	2,08	4,16	13,09	47	54	Pullout
	4,5	20	0,08	12	2,26	500	220	1,01	as built	0,00	1,40	4,00	4,00	46	52	Shear-buckl.
	4,5	20	0,08	12	2,26	500	220	1,01	2-CFRP	0,44	0,62	5,18	8,29	46	58	Pullout
	4,5	20	0,08	12	2,26	500	220	1,01	as built	0,00	1,10	1,76	3,50	27	34	Splicing failure
	4,5	20	0,08	12	2,26	500	220	1,01	5-CFRP	1,10	1,74	4,72	6,93	45	45	Pullout
	4,5	20	0,00	12	2,26	500	220	1,01	as built	0,00	1,60	3,10	4,20	41	46	Splicing failure
	4,5	20	0,08	12	2,26	500	220	1,01	3-CFRP	0,66	2,32	3,81	4,13	49	52	Pullout
	4,5	20	0,08	12	1,13	500	220	1,01	as built	0,00	1,15	4,00	8,40	31	35	Buckling
	4,5	20	0,08	12	1,13	500	220	1,01	1-GFRP	0,72	1,91	3,64	4,46	31	37	Pullout
	4,5	20	0,08	12	1,13	500	220	1,01	as built	0,00	0,63	4,37	13,51	30	35	Buckling
	4,5	20	0,08	12	1,13	500	220	1,01	1-GFRP	0,72	1,51	2,18	6,80	28	32	Pullout
	4,5	20	0,08	12	1,13	500	220	0,64	as built	0,00	0,40	2,50	6,00	30	37	Shear- buckl.
	4,5	20	0,08	12	1,13	500	220	0,64	1-GFRP	0,72	0,48	3,62	5,07	39	47	Pullout
	4,5	20	0,08	12	1,13	500	220	0,64	as built	0,00	1,20	5,50	10,50	33	37	Shear-buckl.
	4,5	20	0,08	12	1,13	500	220	0,64	1-GFRP	0,72	1,45	5,70	6,04	34	39	Pullout
	4,5	20	0,08	12	1,13	500	220	0,50	as built	0,00	1,30	4,30	14,50	33	38	Buckling
	4,5	20	0,08	12	1,13	500	220	0,50	1-GFRP	0,72	0,58	4,91	4,91	27	41	Pullout
Sheikh & Yau '02 - **C:** $t_f=1$, $E_f=73$, $\varepsilon_{f,u}=0.013$ **G:** $t_f=1.25$, $E_f=24.8$, $\varepsilon_{f,u}=0.02$	4,1	40	0,64	25	3,00	491	510	1,05	as built	0,00	0,17	0,30	0,75	86	100	Spiral buckling
	4,1	40	0,32	25	3,00	491	510	1,05	as built	0,00	0,41	2,91	3,56	106	121	Spiral buckling
	4,1	39	0,65	25	3,00	491	510	0,28	as built	0,00	0,24	0,39	0,67	92	106	Spiral buckling
	4,1	39	0,32	25	3,00	491	510	0,28	as built	0,00	0,28	0,58	0,58	109	125	Spiral buckling
	4,1	43	0,63	25	3,00	491	510	0,53	2-GFRP	1,40	0,65	1,98	3,30	158	188	Flexure
	4,1	44	0,63	25	3,00	491	510	0,53	1-CFRP	0,56	0,45	1,08	1,29	123	148	FRP fracture

3. Kinematic relationships during inelastic response

3.1 Basic bond assumptions for straight anchorages in the footing

The approach adopted for the derivation of the kinematic relationships presented below is based on the mechanics of bond and development capacity of reinforcement. In order to evaluate any strain level above the yield point or even the strain development capacity of a previously damaged anchorage, the solution of the basic field equations of bond, that is the force equilibrium applied to an elementary bar segment and compatibility between bar slip and axial bar strain, is required. Necessary assumptions are an elasto - plastic with hardening stress-strain relation for steel reinforcement and a simplified bilinear bond-slip law up to peak followed by a post-peak horizontal branch corresponding to the residual bond resistance (Fig. 3).

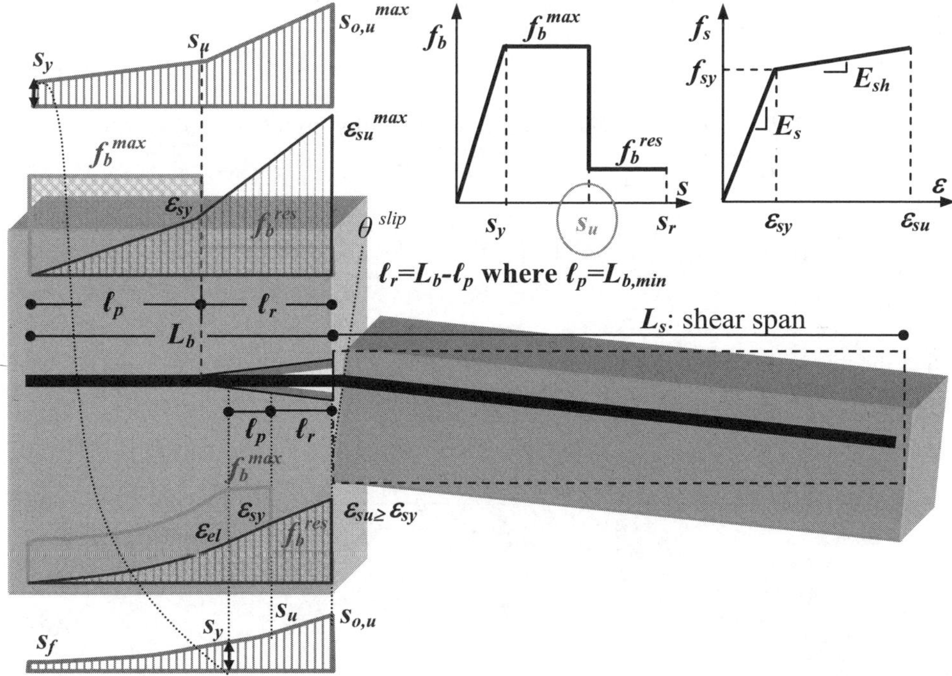

Figure 3. Based on the steel bond laws, the attenuations of bar strain, slip and bond along the anchorage are derived after bar yielding at a) an intermediate state (distributions illustrated bellow the anchorage) and b) at maximum strain capacity (distributions illustrated above the anchorage in the figure).

Note that the slip at the end of the horizontal branch of the local bond-slip law s_u, is not an intrinsic property of the bar-concrete interface but mainly depends on the anchorage length; it takes its maximum value for anchorage lengths greater that the minimum anchorage length, $L_{b,min}=D_b/4(f_{sy}/f_b^{max})$ ($D_b=$ bar diameter, $f_{sy}=$ steel yield stress and $f_b^{max}=$bond strength) and when the strain attains the capacity ε_{su}^{max}.

For strain ε_{su} greater than or equal to the yield strain ε_{sy} at the loaded end of the anchorage the solution of the field equations results to the following expressions (21) that define the strain, slip and bond distributions along the anchorage length, where bond takes its residual resistance f_b^{res}, strength f_b^{max} and attenuation (distributions are shown below the anchorage in Fig. 3).

- Over the yield penetration length ℓ_r (for $0 \le x \le \ell_r$):

$$\varepsilon(x) = \varepsilon_{su} - \frac{4 f_b^{res}}{E_{sh} D_b} x \tag{1a}$$

$$s(x) = s_u + 0.5(\ell_r - x)(\varepsilon(x) + \varepsilon_{sy}) \tag{1b}$$

$$f_b = f_b^{res} \tag{1c}$$

- Over the length ℓ_p where bond has exceeded the plasticity limit (for $\ell_r \le x \le \ell_r+\ell_p$):

$$\varepsilon(x) = \varepsilon_{sy} - \frac{4 f_b^{max}}{E_s D_b}(x - \ell_r) \tag{2a}$$

$$s(x) = s_y + 0.5(\ell_r + \ell_p - x)(\varepsilon(x) + \varepsilon_{el}) \tag{2b}$$

$$f_b(x) = f_b^{max} \tag{2c}$$

- Over the remaining bonded length $L_b-\ell_r-\ell_p$ (for $\ell_r+\ell_p \le x \le L_b$):

$$\varepsilon(x) = \frac{\varepsilon_{el}}{1 - e^{-2\omega(L_b-\ell_r-\ell_p)}} \left(e^{-\omega(x-\ell_r-\ell_p)} - e^{\omega(x-\ell_r-\ell_p)-2\omega(L_b-\ell_r-\ell_p)} \right) \tag{3a}$$

$$s(x) = \frac{\varepsilon_{el}}{\omega\left(1 - e^{-2\omega(L_b-\ell_r-\ell_p)}\right)} \left(e^{-\omega(x-\ell_r-\ell_p)} + e^{\omega(x-\ell_r-\ell_p)-2\omega(L_b-\ell_r-\ell_p)} \right) \tag{3b}$$

$$f_b(x) = \frac{f_b^{max}}{s_y} \cdot s(x) \tag{3c}$$

where $\omega = [4 f_b^{max}/(D_b E_s s_y)]^{0.5}$. Thus, given the strain at the loaded end of the anchorage ε_{su}, and assuming that after degradation, bond has diminished to its residual value f_b^{res}, the length ℓ_r over which yield penetration occurs may be found by substituting $\varepsilon(x=\ell_r)=\varepsilon_{sy}$ in Eq. (1a); thus,

$$\varepsilon_{su} = \varepsilon_{sy} + \frac{4 f_b^{res}}{D_b E_{sh}} \cdot \ell_r \tag{4}$$

E_{sh} is the bar hardening modulus. Assuming a slip value $s_{o,u}$ at the entrance of the anchorage the slip magnitude s_u at the end of the yield penetration length ℓ_r is calculated using Eq. (1b) where $s(x{=}0){=}s_{o,u}$:

$$s_u = s_{o,u} - 0.5 \ell_r \left(\varepsilon_{su} + \varepsilon_{sy} \right) \tag{5}$$

The plastification length ℓ_p over which bond attains its maximum (i.e. constant bond distribution with $f_b{=}f_b^{max}$) is calculated using Eq. (2a) for $\varepsilon(x{=}\ell_r{+}\ell_p){=}\varepsilon_{el}$ and Eq. (2b) for $s(x{=}\ell_r){=}s_u$ as: $\varepsilon_{el}{=}\varepsilon_{sy}{-}4f_b^{max}/(E_s D_b)\cdot\ell_p$ and $s_u{=}s_y{+}0.5\,\ell_p\cdot(\varepsilon_{el}{+}\varepsilon_{sy})$ respectively. The system of these two equations is solved as per the strain ε_{el} at the end of the ℓ_p resulting to the quadratic equation of ℓ_p: $2f_b^{max}/(E_s D_b)\cdot\ell_p^{2}{-}\varepsilon_{sy}\cdot\ell_p{+}(s_u{-}s_y){=}0$. The acceptable root is the one that also satisfies the requirement of $\ell_p{+}\ell_r{\leq}L_b$ and is given by Eq. (6).

$$\ell_p = \left(\varepsilon_{sy} - \sqrt{\varepsilon_{sy}^{2} - \frac{8 f_b^{max}}{D_b E_s}(s_u - s_y)} \right) \Bigg/ \frac{4 f_b^{max}}{D_b E_s} \tag{6}$$

Value s_y in Eq. (6) is a characteristic property of the local bond-slip law and is independent of the anchorage length. Solving Eq. (3b) for $s(x{=}\ell_r{+}\ell_p){=}s_y$ and substituting where $\varepsilon_{el}{=}\varepsilon_{sy}{-}4f_b^{max}\cdot\ell_p/(E_s D_b)$ the validity of the previous assumption for the $s_{o,u}$ value is checked through the resulting Eq. (7). If the Equation (7) is not satisfied then the $s_{o,u}$ assumption is redefined.

$$2\omega\left(L_b - \ell_r - \ell_p\right) = \ln\left(\left(s_y\omega + \varepsilon_{sy} - \frac{4\ell_p f_b^{max}}{D_b E_s} \right) \Bigg/ \left(s_y\omega - \varepsilon_{sy} + \frac{4\ell_p f_b^{max}}{D_b E_s} \right) \right) \tag{7}$$

Given that the previous algorithm converges to a unique solution the slip at the loaded end of the anchorage $s_{o,u}$ is rewritten by combining Eq. (5) and the quadratic equation above; also, for simplification of several terms, the definition of the $L_{b,min}$ as $(D_b/4)\cdot(E_s\varepsilon_{sy}/f_b^{max})$ is used. Thus,

$$s_{o,u} = s_y + \left(\ell_p + 0.5\ell_r - \frac{\ell_p^{2}}{2L_{b,min}} \right) \cdot \varepsilon_{sy} + \frac{\ell_r}{2} \cdot \varepsilon_{su} \tag{8}$$

Upon yielding (where bar is marginally elastic), which is a critical milestone for the definition of several deformation indices, the algorithm presented till now is simplified as: at $x{=}0$ is $\varepsilon_{su}{=}\varepsilon_{sy}$ and $s_{o,u}{=}s_{o,u}^{elastic}{=}s_u$ whereas from the Eqs. (6) and (7) the $\ell_p{=}\ell_p^{elastic}$ and $s_{o,u}^{elastic}$ are defined (note that $\ell_r{=}0$). The Equation (8) may be rewritten regarding the definition of the $s_{o,u}^{elastic}$ as:

$$s_{o,u}^{elastic} = s_y + \left(\ell_p^{elastic} - \frac{\ell_p^{elastic\,2}}{2L_{b,min}} \right) \varepsilon_{sy} \tag{9}$$

Thus, for certain values of the anchorage assembly (i.e., $D_b{=}16$mm, $L_b{=}30D_b{=}480$mm,

f_{sy}=400MPa, E_s=200GPa, f_b^{max}=4MPa -assumed equal to $\sqrt{f_c'}$ for f_c'=16MPa- and s_y=0.2mm) the slip at the anchorage entrance and the plastic length are respectively $s_o^{elastic}$ =0.53mm and $\ell_p^{elastic}\approx$231mm. This slip value is higher than that calculated from the usually proposed simplified expression $s_o^{elastic}$=$0.5L_b\varepsilon_{sy}$ that results in 0.48mm.

When bar axial strain attains its peak value ε_{su}^{max} at the critical section of the column, the associated flexural moment is maximized thereby imposing a commensurate demand in terms of stress and strain on the tension reinforcement. The bar strain attenuates to zero at the bar free end (in the end of the anchorage) whereas slip at that point approximates the characteristic value s_y of the bond – slip law. At imminent collapse of the anchorage, it is assumed that yielding has penetrated deep enough into the anchorage so that the remaining bonded length $L_{b,min}$ barely suffices to support the bar force (Fig. 3). In that extreme situation of maximum attainable yield penetration, the residual bonded length must mobilize the bond strength of the material (f_b=f_b^{max}), so that: $L_{b,min}$=$D_b/4(f_{sy}/f_b^{max}$); thus bond stress over $L_{b,min}$ is constant and equal to the strength and it follows from equilibrium that bar stresses attenuate linearly over that segment (since $f_b(x)$=$df_s(x)/dx$). Since the bar is elastic over this bonded part, bar strains are also linearly varying over the bonded length, whereas strains over the yielded portion, ℓ_r, are linearly distributed because bond stress is constant and equal to the residual resistance f_b^{res}, ranging from the value of ε_{sy} at the end of the $L_{b,min}$, to the value of ε_{su}^{max} at the critical section (Fig. 3). Clearly, higher strains than ε_{su}^{max} (the value is limited by the maximum attainable length of yield penetration) cannot be sustained in the critical section, as incipient bond failure of the bar along its anchorage will occur; for lower strain values at the critical section, (ε_{sy}<ε_{su}<ε_{su}^{max}) the corresponding length of yield penetration ℓ_r will be estimated from the set of Eqs. (4) to (7).

The strain capacity of the reinforcement ε_{su}^{max} and the corresponding slip designated at the entrance of the anchorage $s_{o,u}^{max}$ are given from Eqs. (10) and derived from the above group of equations by substituting where ℓ_p=$L_{b,min}$; here the region of yield penetration is highlighted by orange color in Fig. 3. Note that the control Eq. (7) in this case results to zero at both sides.

$$\varepsilon_{su}^{max} = \varepsilon_{sy} + \frac{4 f_b^{res}}{D_b E_{sh}} \cdot \left(L_b - L_{b,min}\right) \tag{10a}$$

$$s_{o,u}^{max} = \underbrace{s_y}_{tail} + \underbrace{\frac{1}{2} L_{b,min}\varepsilon_{sy}}_{bond\ plastification} + \underbrace{\left(\varepsilon_{sy} + \frac{2 f_b^{res}}{D_b E_{sh}}\left(L_b - L_{b,min}\right)\right) \cdot \left(L_b - L_{b,min}\right)}_{residual\ bond\ resis\,tan\,ce} \tag{10b}$$

Combining Eqs. (10a-10b) the ultimate slip may be rewritten as:

$$s_{o,u}^{max} = s_y + \frac{1}{2} L_b \varepsilon_{sy} + \frac{1}{2}\left(L_b - L_{b,min}\right) \cdot \varepsilon_{su}^{max} \tag{10c}$$

As previously noted, the slip at the end of the horizontal branch of the local bond-slip law s_u assumes its maximum value for anchorage lengths greater than $L_{b,min}$ and when the strain attains the capacity $\varepsilon_{su}{}^{max}$; thus the s_u comprises the first two parts of the Eq. (10b) as: $s_u = s_y + 0.5 L_{b,min} \varepsilon_{sy}$. This is also highlighted in Fig. 3 through the strain distribution plotted above the anchorage: the slip s_u is the sum of the tail value s_y and the result from integration of strain ε_{sy} over the $\ell_p = L_{b,min}$.

Exploring the several variables included in Eq. (10a) on can infer that the strain capacity of the anchorage apparently depends on how deep the yield penetration proceeds as expressed by the term $(L_b - L_{b,min})$ and is inversely affected by the steel hardening modulus; stiff stress-strain response of the reinforcement after yielding reduces the strain capacity of its anchorage for a given development length L_b. On the other hand good bond conditions (i.e. due to the presence of pressure exerted by stirrups) that would result to a considerable increase in residual bond strength, $f_b{}^{res}$, can support higher tensile stresses in the reinforcement. Regarding the terms of Eq. (10b) the accumulated ultimate slip at bar entrance $s_{o,u}{}^{max}$ is the result of three contributions; (i) the slip of the anchorage tail (that is usually omitted by several investigators for the calculation of the chord rotation of an r.c. column) that is equal to the slip at the end of the ascending branch of the bond law, (ii) the slip due to integration of the linearly varying bar strains - from zero at the anchorage tail, to the yield strain ε_{sy} along the minimum anchorage length $L_{b,min}$ and (iii) the slip due to yield penetration into the debonded length $(L_b - L_{b,min})$. Based on the previous example and for $f_b{}^{res} = 20\% f_b{}^{max} = 0.8 MPa$, $E_{sh} = 5\% E_s = 10 GPa$, the strain capacity is $\varepsilon_{su}{}^{max} = 0.0036$ and the ultimate slip at the critical section $s_{o,u}{}^{max} = 0.82mm$ ($s_u = 0.6mm$ at the end of $\ell_r = 80mm$ and $s_y = 0.2mm$ at the end of the L_b).

An important issue of the proposed algorithm is the definition of the bond – slip law, and specifically, important indices that determine bond strength: based on research done by the authors (22, 23) bond enters the state of plastification after bar translation by $s_y = 0.1$-$0.3mm$ (depending on the bar surface and concrete quality), whereas bond strength of anchorages confined with stirrups and/or FRP jackets is defined through Eq. (11) as:

$$f_b^{max} = \frac{2\mu}{\pi} \cdot \left(\underbrace{\zeta \frac{c}{D_b} f_t'}_{\text{cov}\,er} + 0.33 \underbrace{\frac{A_{st}\, f_{st,y}}{D_b\, N_b\, S}}_{\text{stirrups}} + \underbrace{\frac{2 t_j\, E_f\, \varepsilon_{f,eff}}{D_b\, N_b}}_{\text{FRP\,jacket}} \right) \tag{11}$$

where μ is the coefficient of friction along the splitting plane, ($=1.2$ for ribbed, and 0.3 for smooth reinforcement), $\zeta = 1$ or 2 either for fully elastic or fully plastic behavior of the concrete cover, f_t' is concrete's tensile strength ($0.35{\sim}0.5\sqrt{f_c'}$), c is the concrete cover thickness, N_b is the number of tension bars restrained by the stirrup legs included in A_{st} (where A_{st} is the cross sectional area of stirrups crossing the splitting plane), S is the stirrup spacing, $f_{st,y}$ the yield stress of stirrups, t_j, E_f and $\varepsilon_{f,eff}$ are the FRP jacket thickness the material modulus of elasticity and its effective strain (in the range of 0.0015) respectively in case of confined bar anchorages. The residual bond strength $f_b{}^{res}$ may be calculated using the Eq. (11) by assuming that the frictional coefficient μ reduces to a residual value in the order of μ^{res}=0.4~0.6 (23) as long as the ultimate slip $s_{o,u}{}^{max}$ of the critical section does not exceed the rib spacing s_r, otherwise it becomes zero.

In anchorages / lap splices that have been split lengthwise prior the FRP jacketing, the development capacity after the addition of the FRP is only marginally improved unless cover replacement has preceded the FRP jacketing. The lengthwise splitting may be assumed to have occurred when the concrete compressive axial strain in these lengths has exceeded the value of 0.002. Thus, prior cover longitudinal cracking eliminates the first of four terms in the Eq. (11), with commensurate implications on the strain development capacity of the anchorage / lap splice.

3.2 Drift components after flexural yielding

The local strain demand developing in the critical section of any column experiencing relative lateral drift as part of the lateral load resisting system of any structure is interpreted through the kinematics of the deformed member. Thus, if θ_u the total chord rotation of the member, then it may be easily shown from concrete mechanics that the inelastic curvature at the critical section is related with $\theta_u = \theta_u^{flex} + \theta_u^{slip}$ as follows:

$$\theta_u = \underbrace{H_s/6\,\varphi_y}_{\theta^{elastic}} + \underbrace{\ell_p^{span}\left(\varphi_u - \varphi_y\right)}_{\theta^{plastic}} + \overbrace{\left[s_y + \left(\ell_p + \frac{\ell_r}{2} - \frac{\ell_p^2}{2L_{b,min}} \right)\varepsilon_{sy} + \frac{\ell_r\varepsilon_{su}}{2} \right]}^{slip} / jd \quad \Rightarrow$$

$$\theta_u = \underbrace{H_s/6\,\varphi_y}_{\theta^{elastic}} + \underbrace{\ell_p^{span}\left(\varphi_u - \varphi_y\right)}_{\theta^{plastic}} + \overbrace{\frac{s_y}{jd} + \left(\ell_p - \frac{\ell_p^2}{2L_{b,min}} \right)\varphi_y + \frac{\ell_r}{2}\left(\varphi_y + \varphi_u\right)}^{slip} \quad (12a)$$

Whereas the chord rotation at yield is:

$$\theta_y = \theta_y^{flex} + \theta_y^{slip} \Rightarrow \theta_y = \overbrace{H_s/6\,\varphi_y}^{flexural} + \overbrace{\frac{s_y}{jd} + \left(\ell_p^{elastic} - \frac{\ell_p^{elastic\,2}}{2L_{b,min}} \right)\varphi_y}^{slip} \quad (12b)$$

Because the products $(\ell_p^{elastic} - (\ell_p^{elastic})^2/(2L_{b,min}))\varphi_y$ and $(\ell_p - \ell_p^2/(2L_{b,min}))\varphi_y$ are of approximately equal magnitude, Eq. (12a) is simplified when considering Eq. (12b),

$$\theta_u = \theta_y + \left(\ell_p^{span} + 0.5\ell_r\right)\cdot\left(\varphi_u - \varphi_y\right) + \ell_r\varphi_y \quad (12c)$$

In Eqs. (12) ℓ_p^{span} is the plastic hinge length (ℓ_p^{span}=0.5h for ribbed bars, ℓ_p^{span}=0.25h for smooth bars), φ_y, φ_u are the curvatures of the critical cross section at yielding

($\varphi_y = 2.14\varepsilon_{s,y}/h$ according to *Priestley* et al. (24) where h the cross section height), and at the inelastic state considered whereas, jd is the distance of the tension steel to the centroid of the compression zone (it is usually taken as $0.9d$, where d the cross section's effective depth) and H_s is the column free height (it has been assumed here that during lateral sway the moment becomes zero at the column mid-height).

Material strains at the critical cross section may be estimated from a first-order approximation assuming that for usual values of axial load (less than $0.4f_c'A_g$) the depth of compression zone c_u extends over 20-30% of the cross section's effective depth d; this along with the plane sections assumption enables estimation of strains on any point when either of the two materials has reached a milestone in its characteristics stress-strain relationship; thus, strain in the tension steel at the critical cross section, $\varepsilon_{s,t}$ and in the extreme compression fiber of concrete, $\varepsilon_{c,c}$, are related as per:

$$\varepsilon_{s,t} = (d-c)\cdot\varphi_u = \frac{d-c}{c}\varepsilon_{c,c} \tag{13}$$

Considering, as a simplifying approximation that the depth of compression zone does not change significantly after yielding (so that $c_y \approx c_u = c$), it follows (using also Eq. (12c) that:

$$\varepsilon_{s,plastic} = \varepsilon_{s,t} - \varepsilon_{sy} = (d-c)\cdot(\varphi_u - \varphi_y) = \frac{(d-c)}{\ell_p^{span} + 0.5\ell_r}\left(\overbrace{(\theta_u - \theta_y)}^{\theta_{pl}} - \ell_r\varphi_y\right) \tag{14}$$

The Equation (14) states that the plastic strain, $\varepsilon_{s,plastic}$, that occurs in the tension reinforcement is linearly related to the inelastic drift θ_{pl} experienced by the member. Another conclusion from the above analysis is that the larger the length of yield penetration ℓ_r, the larger the fraction of the total rotation θ_u that is owing to elastic strains φ_y, and the smaller the fraction that remains for inelastic rotation. The latter is also downsized by the length of the plastic hinge due to strain consumption in the shear span. So although the total rotation capacity may be high (i.e. in the order of 4-6%), in the presence of significant yield penetration response may be unacceptable owing to the very high compliance (flexibility) of the member to lateral displacement without toughness.

Therefore, if during the initial loading phase the imposed rotations have exceeded the yield limit, the tension strain will have experienced a commensurate plastic strain. Furthermore, there is a limiting $\varepsilon_{s,plastic}^{max}$ value that may be sustained by the anchorage before pullout failure. To evaluate this limit, the minimum anchorage length required to sustain the bar yielding force is estimated as $\alpha\cdot L_{b,min}$, where $\alpha=0.7$ if hooks are present, else $\alpha=1$ for straight anchorages. Thus from Eq. (10a) it follows that:

$$\varepsilon_{s,plastic}^{max} = \varepsilon_{su}^{max} - \varepsilon_{sy} = \left(L_b - a\cdot L_{b,min}\right)\frac{4f_b^{res}}{D_b E_{sh}} \tag{15}$$

Equations (1) to (15) are also valid with regards lap-splices developed within the plastic hinge region (where $L_b = \ell_o$ and $L_{b,min} = \ell_{o,min}$), whereas the plastic hinge length in the span ℓ_p^{span} in this case is equal to the length of yield penetration over the member's shear span

ℓ_r. Note that after the preloading phase (i.e., when the initial damage is inflicted), if the imposed drift has exceeded even once the yielding limit, then upon unloading the tension reinforcement has residual plastic strains at the critical section, their magnitude given by Eq. (14). But of far greater significance is that the residual strain capacity of the bar, which is available for inelastic response during the post-repair service-life of the member, is the difference of $\Delta\varepsilon_{s,plastic}=\varepsilon_{s,plastic}^{max}-\varepsilon_{s,plastic}$ (Fig. 4). Therefore, in the new phase of loading (after retrofit), the peak inelastic drift that may be imposed on the specimen before deterioration due to anchorage failure is only:

$$\Delta\varepsilon_{s,plastic} = \left(L_b - a\cdot L_{b,min}\right)\frac{4f_b^{res}}{D_b E_{sh}} - \frac{(d-c)}{\ell_p^{span}+0.5\ell_r}\left(\theta_{pl}-\ell_r\varphi_y\right) \qquad (16)$$

Or by combining the Eqs. (4) and (10a):

$$\Delta\varepsilon_{s,plastic} = \varepsilon_{su}^{max} - \varepsilon_{su} = \left(L_b - a\cdot L_{b,min} - \ell_r\right)\frac{4f_b^{res}}{D_b E_{sh}} \qquad (16a)$$

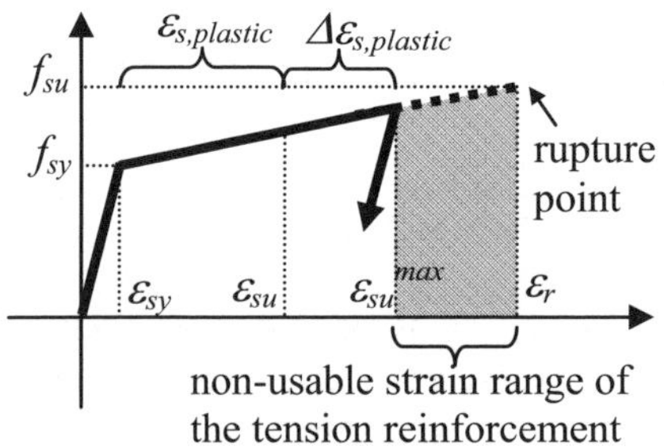

Figure 4. Stress–strain law of steel with several strain indices.

Equation (16) identifies the fundamental difference in FRP-jacketing of pre-damaged columns as compared to columns in pristine condition – for columns that have experienced excessive yielding prior to jacketing, the plastic rotation capacity after jacketing is limited by the dependable residual strain range of tension reinforcement, which depends on the extent of damage that has been sustained in the anchorage – i.e. over a part of the structure that lies outside the repaired region.

4. Strength condition for development of inelastic response

Necessary condition for the development of inelasticity during the pre-repair loading stage is the occurrence of flexural yielding. Thus, the use of the above kinematics is feasible provided that occurrence of premature modes of failure before yielding in flexure is precluded. Reversely, if the shear strength of the member is lower than the force required to support the flexural yielding moment then the column will not reach yielding and therefore the plastic components are eliminated in Eq. (12a) (only the third part of the slip contribution is plastic component), whereas Eqs. (12c) to (14) are not applicable. Similar are the implications of an inadequate anchorage/lap splice, i.e. conditions along the tension reinforcement which cannot support the development of flexural yielding prior to anchorage/lap-splice failure. In these cases of premature failure in the pre-repair loading phase the entire inelastic strain range that the anchorage could develop, is available for the post repair phase of loading: $\Delta\varepsilon_{s,plastic}=\varepsilon_{s,plastic}^{max}$ (Fig. 4). The prime conclusions of the preceding analysis are the following:

i) If detailing of the member in the initial phase of loading is adequate to support flexural yielding, and the applied load history enters into the inelastic range of response, then, in the post-repair condition the member will have a reduced rotation capacity as limited by Eq. (16) despite the repair. The only way to enhance the rotation capacity of the jacketed member would be by elimination of the implications of yield penetration (length over which bond is deteriorated and cannot support bar development); this can be achieved by epoxy injection inside the anchorages before proceeding to the application of the intervention method (i.e., wrapping with composite fabrics). This measure will enhance the rotation capacity of the jacketed member and lead to a different strength hierarchy. The objective is not to remove the plastic strain of the reinforcement, but rather, to reduce future demand for localized strain in that plasticized section. If the anchorage is healed, rotation capacity of the jacketed member will be owing to deformation occurring along its length. Otherwise, it will be due to slip from the already damaged anchorage. Hence, epoxy injection inside the anchorages should be established as a requirement necessarily accompanying the repair in field applications.

ii) If the member is detailed so poorly that premature failure by shear, cover separation, cracking along short or unconfined lap splices occurs prior to flexural yielding, then after the repair, the full range of dependable plastic strain capacity is available by the longitudinal bar anchorage, and thus, after wrapping with FRP a ductile behavior may be safely anticipated to the extent allowed by the available anchorage length.

Determining whether flexural yielding will precede or not the other modes of failure requires a dependable estimation of member strengths in terms of shear force carried by the member in the pre-repair loading phase. Here the state of stress referred to, is induced during earthquake response, so that shear force is constant over the member length, with a zero moment value near the member's mid-height. The shear force required to cause flexural yielding at the base of the column is (14):

$$V_{flex} = M/H_s = 2 \cdot [f_{sy} A_s^T (d - 0.4c) + N(0.5h - 0.4c)]/H_s \tag{17}$$

In the above, A_s^T is the area of tension reinforcement that is near or at yielding (here this is about half of the total available reinforcement) and N is the axial load. The shear force required to fail the web in shear is (25):

$$V_{shear} = \begin{bmatrix} [(h-c)/(H_s) \cdot \min(N;0.55 A_g f_c') + (1 - 0.05\min(5;\mu_\Delta^{pl})) \cdot \\ 0.16\max(0.5;100\rho_{\ell,tot})(1 - 0.16\min(5;H_s/2h))\sqrt{f_c'} bd + V_w^{st} \end{bmatrix} \tag{18}$$

where: $V_w^{st} = \beta \cdot A_{st} \cdot f_{st,y} \cdot d/S \quad for \quad d \geq S \quad else \quad 0 \quad for \quad d < S$

where, μ_Δ^{pl} is the plastic displacement ductility ($=\mu_{\Delta,u} - \mu_{\Delta,y} = \theta_u - \theta_y$), b is the cross section width and V_w^{st} corresponds to the contribution of the web reinforcement (26), whereas coefficient β accounts for the detailing of the stirrups (1 for new construction, but 0.7 for substandard construction to account for inadequately anchored stirrups).

5. Verification of the proposed algorithm through the database

Figure 5 depicts the correlation between the experimental (P_u, Table 1) and analytical components (V_{flex} and V_{shear}, Eqs. (17)-(18)) of strength for the database experiments that are marked by the label "as built". The aim is to identify the state of loading the specimens reached after the termination of the first loading stage. Hence, there are specimens that either approached flexural yielding or failed prematurely by shear or anchorage/lap splice deficiency or the loading was terminated at an early stage corresponding to a predefined damage state (for example, formation of splitting cracking along the lap

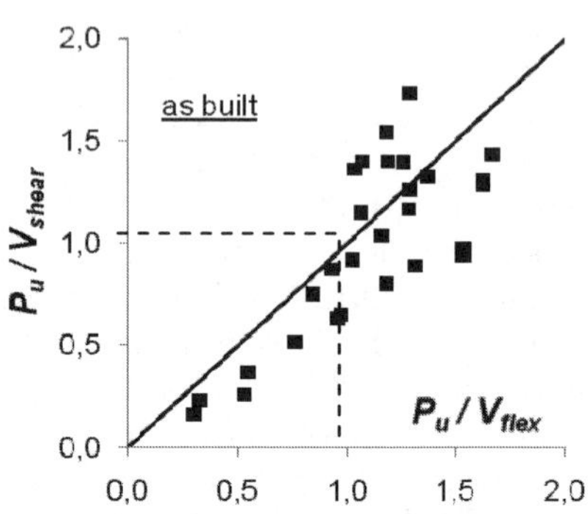

Figure 5. Initial loading of the "as built" specimens: damage identification.

splice). Thus, the specimens that are placed bellow and to the left of the dashed line in Fig. 5 developed either a predefined damage or failed prematurely by shear or anchorage/splice deficiency without yielding. So, these specimens are able to develop the entire inelastic strain $\varepsilon_{s,plastic}{}^{max}$ that the anchorage could develop in the post repair phase of loading. All other specimens were loaded up to yielding of the longitudinal reinforcement: the specimens that lie below the diagonal possessed a shear strength that exceeded the flexural strength demand whereas the specimens that lie above the diagonal developed combined flexural/shear failure. This group of specimens has already consumed a portion of the $\varepsilon_{s,plastic}{}^{max}$ during this phase of loading and thus the available plastic strain for the post-repair loading phase is only $\Delta\varepsilon_{s,plastic}$ (Eq. (16)).

For the "as built" specimens that are near of above yielding (conservatively chosen from the database when $P_u/V_{flex}\geq0.8$) the analytical estimation of the yield drift θ_y (Eq. 12b) as compared with the experimental estimate (point beyond which, a considerable reduction of secant flexural stiffness is observed) is shown in Fig. 6a. The corresponding correlation with the expression $\theta_y=\varphi_y\cdot(0.5\cdot H_s+0.022f_{sy}D_b)/3$ proposed by Priestley et al. (24) is depicted in Fig. 6b. Here the term $0.022f_{sy}D_b)/3$ that accounts for the yield penetration in the footing is replaced by the proposed $s_y/jd+(\ell_p{}^{elasti}-(\ell_p{}^{elastic})^2/(2L_{b,min}))\varphi_y$. For the calculations using the proposed model the chosen values for the several indices are: $\varepsilon_{sy}=f_{sy}/E_s$ where $E_s=200$GPa, $s_y=0.2$mm, whereas for the $f_b{}^{max}$: $\mu=1.2$, $\zeta=2$ and $f_t{}'=0.5\sqrt{f_c}$. It is obvious that using the anchorage properties (i.e. bond-slip law, anchorage length etc.) the estimating yield drift is closer to the experimental measurement.

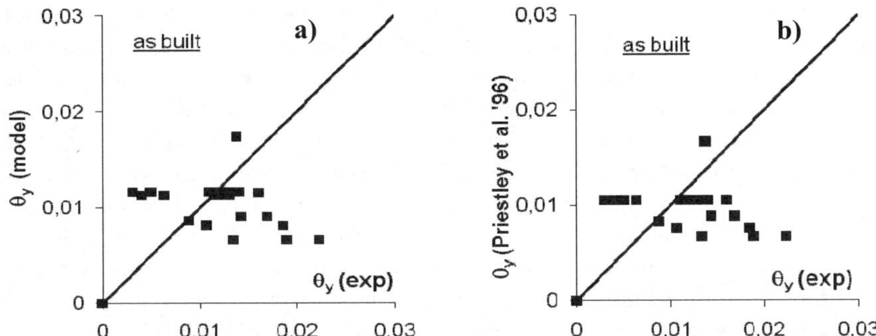

Figure 6. Estimation of drift at yield for the "as built" specimens that reached yielding based on a) the proposed model and b) the expression proposed by Priestley et al. (24).

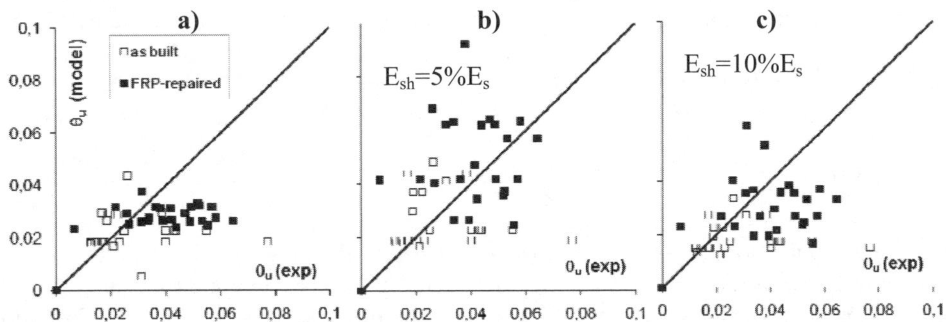

Figure 7. Estimation of drift at ultimate for both the "as built" and FRP-repaired specimens a) for $\varepsilon_{su}^{max} \leq \varepsilon_r$, b) for ε_{su}^{max} and $E_{sh}=5\%E_s$ and c) for ε_{su}^{max} and $E_{sh}=10\%E_s$.

For the definition of the analytical ultimate drift θ_u using the database specimens (both the "as built" that were loaded up to failure and the FRP-repaired) the chosen values for the several indices are: μ^{res}=0.6 and $E_{sh}=5\%E_s$=10GPa. Note that the value of the ultimate anchorage strain ε_{su}^{max} (Eq. 10a) is compared with the rupture strain of the steel ε_r that is set equal to 20‰; if $\varepsilon_{su}^{max} <\varepsilon_r$ then for the definition of the θ_u is used the ε_{su}^{max} else the limit of ε_r is used. The ultimate curvature is defined as $\varphi_u^{max}=\varepsilon_{su}^{max}/(0.7d)$ whereas the arm of the internal forces is $jd=0.9d$. From the assumptions listed above, it is apparent that the hardening branch of the steel stress-strain relationship is very critical in the inelastic response of the r.c. specimens. However, this information is not usually available in most of the reported experimental studies, particularly older ones (the common practice was the provide the yield f_{sy} and rupture stress f_{su} only). Figure 7 presents the analytical drift values versus the experimental estimates for those specimens that fulfill the requirement of yielding (i.e. $P_u/V_{flex}\geq0.8$); analyses for $\varepsilon_{su}^{max} \leq \varepsilon_r$ are plotted in Fig. 7a whereas Fig. 7b shows results from analyses using ε_{su}^{max} without any limitation in the strain capacity of the anchorage. In the first case (Fig. 7a) the proposed model gives a satisfactory prediction for the "as built" specimens whereas the values for the FRP-repaired specimens are underestimated as compared with the experimental estimates. Ignoring any limitation in the strain capacity of the anchorage (i.e. using ε_{su}^{max}) the resulting ultimate drift θ_u of the FRP-repaired specimens presents a notable scatter. The strain hardening modulus E_{sh} is also a variable that affects the analytical results; by only increasing the hardening modulus E_{sh} from 5% to $10\%E_s$ (i.e. 20GPa) the scatter is significantly reduced. Thus, the knowledge of the entire stress-strain law is very important because it impacts the accuracy of the analytical calculations of inelastic deformation capacity in r.c. members (repaired or in pristine condition).

6. Plastic chord rotation at ultimate: Comparison with EC8

According to the Eurocode 8 (25) the ultimate plastic chord rotation θ_{pl}^{max} of r.c. members without lapping in the vicinity of the end region where yielding is expected is:

$$\theta_{pl}^{max} = \theta_u^{max} - \theta_y = \frac{1}{\gamma_{el}} 0.0145 \cdot \left(0.25^v\right) \cdot \left[\frac{\max(0.01;\omega')}{\max(0.01;\omega)}\right]^{0.3} \cdot f_c^{0.2} \cdot$$

$$\left(\frac{0.5 H_s}{h}\right)^{0.35} 25^{\left(\alpha \cdot \rho_{sx} \frac{f_{st,y}}{f_c}\right)} \left(1.275^{100\rho_d}\right)$$

$$(19)$$

where $\gamma_{el}=1.8$ for primary seismic elements, $v=N/(bhf_c)$ the ratio of axial load, ω, ω'=the mechanical reinforcement ratios of the tension and compression longitudinal reinforcement, α=the confinement effectiveness factor of stirrups, $\rho_{sx}=A_{st}/(hS)$ the ratio of transverse steel parallel to the direction of loading and ρ_d the ratio of diagonal reinforcement (if any). In the case of straight lapped bars starting at the critical cross section (i) the value of the compression reinforcement ω' should be doubled over the value applying outside the splice and (ii) this expression (19) should be multiplied by $\ell_o/\ell_{ou,min}$ where $\ell_{ou,min}=D_{bl}f_{sy}/[(1.05+14.5\alpha_l\rho_{sx}f_{st,y}/f_c)\sqrt{f_c}]$ if $\ell_o<\ell_{ou,min}$. Parameter α_l is equal to $(1-s_h/(2b_o))(1-s_h/(2h_o))n_{sertr}/n_{tot}$ where n_{restr}= number of lapped bars laterally restrained by stirrup corner or cross-tie and n_{tot}= total number of lapped bars along the cross section perimeter. This code expression is compared with the Eq. (20) derived by combining the Eqs. (10c), (12a) and (12b) as:

$$\theta_{pl}^{max} = \ell_p^{span}\left(\varphi_u^{max} - \varphi_y\right) + \left(\frac{L_b}{2} - \ell_p^{elastic} + \frac{\ell_p^{elastic\,2}}{2L_{b,min}}\right)\varphi_y + \frac{1}{2}\left(L_b - L_{b,min}\right)\varphi_u^{max} \qquad (20)$$

Equation (19) does not account for both the anchorage length and the inelastic characteristics of the longitudinal steel (especially the hardening modulus E_{sh}). However, these two variables are involved in the Eq. (20) through the φ_u^{max}. To numerically compare the two expressions for the θ_{pl}^{max} the following values are assumed for the several parameters: element's free height H_s=3000mm, cross section (bxh) of

466

400x400mm symmetrically reinforced with 5 spliced bars of D_b=16mm at each side, with f_{sy}=400MPa (E_s=200GPa and E_{sh}=10GPa), stirrups of $D_{b,st}$=10mm spaced at S=100mm with $f_{st,y}$=220MPa, concrete strength f_c=16MPa, clear cover of c=30mm, anchorage length L_b=30D_b=480mm. For the characteristic values of the bond-slip law it is assumed that: s_y=0.2mm, and for the f_b^{max}: μ=1.2 (or 0.6 for the f_b^{res}), ζ=2 and $f_t'=0.5\sqrt{f_c}$. It is also assumed ℓ_p^{span}=0.5h. The solution using the proposed algorithm gives f_b^{max}=6.82MPa, f_b^{res}=3.41MPa, $L_{b,min}$=234.6mm, $\ell_p^{elastic}$=83mm, $\varphi_y=\varepsilon_{sy}/(0.7d)$ where d=350mm, ε_{su}^{max}=0.023, $\varphi_u^{max}=\varepsilon_{su}^{max}/(0.7d)$ and θ_{pl}^{max}=3%. The corresponding value using the code Eq. (19) is θ_{pl}^{max} =2.9% without applying the limitation of $\ell_o<\ell_{ou,min}$. Because $\ell_o=L_b$=480mm $<<\ell_{ou,min}$ =1257mm the corrected value according to the Eq. (19) is only θ_{pl}^{max} =2.9% $\cdot$(480/1257)=1.1%.

7. Conclusions

Through consistent review of the reported experimental evidence from tests on columns which were repaired with FRP jacketing after having sustained extensive earthquake induced damage, the effectiveness of this repair option as compared to strengthening is re-evaluated by exploring the mechanics of the strengthened and repaired members under lateral displacement (relative drift). From the derived models, the necessary conditions for this repair scheme to be a solution of choice in post-earthquake field applications are established. Furthermore, it is shown from first principles that the damage sustained in the anchorage and lap splice zones of such structural elements reduces the post-repair ductility and inelastic deformation capacity of the affected member even after jacketing. Critical for the as close as possible estimation of the anchorage inelastic response are the characteristics of the steel stress-strain law, especially the hardening branch up to rupture strain as well as the bond – slip law of the steel to concrete interface. Concrete cover replacement in lap splices and epoxy injections in anchorages are proposed as necessary measures accompanying the repair through FRP jacketing of seismically damaged structural members, in order to secure the development capacity of longitudinal reinforcement, which is pre-requisite for inelastic flexural rotation capacity of the columns after repair through FRP jacketing.

References

1. Saadatmanesh H., Ehsani M.R., Jin L. 'Repair of earthquake - damaged RC columns with FRP wraps', *ACI Struct. J.* **94** (2) (1997) 206-215.
2. Xiao Y., and Ma R. 'Seismic retrofit of RC circular columns using prefabricated composite jacketing', *ASCE J. of Struct. Eng.* **123** (10) (1997) 1357-1364.
3. Seible F., Priestley N., Hegemier G., Innamorato D. 'Seismic retrofit of r.c. columns with continuous CFRP jackets', *ASCE J. Comp. for Constr.* **1** (2) (1997) 52-62.

4. Fukuyama K., Higashibata Y., Miyauchi Y. 'Studies on repair and strengthening methods of damaged r.c. columns', *Cement & Concr. Comp.* **22** (2000) 81-88.

5. Zdoumpa T. 'Behavior of old-type R.C. members under cyclic loading - repair with FRP jacketing', MASc Thesis, Dept. Civil Engrg., Demokritus Univ. of Thrace, Greece (in greek), 2001.

6. Sheikh S. A., and Yau G. 'Seismic behavior of concrete columns confined with steel and fiber-reinforced polymers', *ACI Struct. J.* **99** (1) (2002) 72-80.

7. Iacobucci R.D., Sheikh S.A., Bayrak O. 'Retrofit of square concrete columns with carbon fiber-reinforced polymer for seismic resistance', *ACI Struct. J.*, **100** (6) (2003) 785-794.

8. Bousias S.N., Triantafillou T.C., Fardis M.N., Spathis L., O'Regan B.A. 'Fiber-reinforced polymer retrofitting of rectangular reinforced concrete columns with or without corrosion', *ACI Structural J.*, 101 (4) (2004) 512-520

9. Galal K., Arafa A., Ghobarah A. 'Retrofit of r.c. square short columns', *Elsevier Engineering Structures* **27** (2005) 801-813

10. Memon M.S., Sheikh S.A. 'Seismic resistance of square concrete columns retrofitted with glass fiber-reinforced polymer' *ACI Struct. J.*, **102** (5) (2005) 774-783

11. Nesheli K.N., Meguro K. 'Seismic retrofitting of earthquake-damaged concrete columns by lateral pre-tensioning of FRP belts', in 'Earthquake Engineering' Proceedings of 8th U.S. National Conference, San Francisco, USA, 2006, Paper 841.

12. Harries K. A., Ricles J. R., Pessiki S., Sause, R. 'Seismic retrofit of lap-splices in non-ductile square columns using carbon fiber-reinforced jackets', *ACI Struct. J.* **103** (6) (2006) 874-884.

13. Thermou G., Pantazopoulou S. 'Fiber reinforced polymer retrofitting of substandard r.c. prismatic members', *ASCE J. Comp. for Constr.* **13** (6) (2009) 535-546.

14. Pantazopoulou S. J. and Syntzirma D. V. 'Deformation capacity of lightly r.c. members - comparative evaluation', in 'Advances in Performance-Based Earthquake Engineering (ACES workshop)', Springer Pubs., (Ed.: M.N.Fardis) (2010).

15. Bousias S., Spathis A.L., Fardis M.N. 'Seismic retrofitting of columns with lap spliced smooth bars through FRP or concrete jackets', *J. of Earthq. Eng.* **11** (5) (2007) 653-674.

16. Ghosh K. K., Sheikh S. A. 'Seismic upgrade with carbon FRP of columns containing lap-spliced reinforcing bars', *ACI Structural J.* **104** (2) (2007) 227-236.

17. Youm K.S., Lee Y.H., Choi Y.M., Hwang Y.K., Kwon T.G. 'Seismic performance of lap-spliced columns with glass FRP', *Mag. of Concr. Res.* **59** (3) (2007) 189-198.

18. fédération internationale du béton (fib), TG9.3, http://fib.epfl.ch/.

19. American Concrete Institute (ACI), Tech.Com. 440, http://www.concrete.org.

20. Canadian Society of Civil Engineering (CSCE), http://www.csce.ca

21. Tastani S.P., Pantazopoulou S.J. 'Modelling reinforcement to concrete bond' *under review ASCE J. of Structural Engineering*, 2012.

22. Tastani S. P., Pantazopoulou S. J. 'Detailing procedures for seismic rehabilitation of reinforced concrete members with fiber reinforced polymers', *Elsevier Engineering Structures* **30** (2) (2007) 450-461.

23. Tastani S.P., Pantazopoulou S.J. 'Direct tension pullout bond test: experimental results', *ASCE J. of Structural Engineering* **136** (6) (2010) 731-743.
24. Priestley M.J.N., Seible F., and Calvi G..M. 'Seismic design and retrofit of bridges' (John Wiley & Sons, Inc., 1996).
25. Eurocode 8, 'Design of structures for earthquake resistance - Part 3: Assessment and retrofitting of buildings', EN1998-3-2005:E 2005, European Committee for Standardization (CEN), Brussels.
26. fib Bulletin 24, 'Seismic assessment and retrofit of reinforced concrete buildings' State of the art report 2003, federation international du béton (fib), Lausanne Switzerland, 312 pp.

MODELLING OF THE BEHAVIOUR OF INTERFACES IN REPAIRED / STRENGTHENED RC ELEMENTS SUBJECTED TO CYCLIC ACTIONS

Elizabeth Vintzileou*, Vasiliki Palieraki*
* Laboratory of RC Structures, National Technical University of Athens, Greece

Abstract

This paper presents selected experimental and analytical data regarding the behaviour of reinforced concrete interfaces subjected to cyclically imposed displacements. A systematic research program was carried out with the purpose of identifying the contribution of the two main load transfer mechanisms (namely, dowel action and friction) along reinforced interfaces in repaired/strengthened RC elements. Within the experimental program, the effect of fundamental parameters, (such as percentage of reinforcement, anchorage length, amplitude of displacement cycles, etc.) on the behaviour of interfaces was investigated. Moreover, a model, adequately calibrated was applied for the prediction of the experimental results.

1. Introduction

In various repair and/or strengthening techniques, in case that the intervention consists in adding a new concrete layer or new RC elements to the existing members of the structure (e.g. flexural strengthening of beams by adding a layer of reinforced concrete in the tensioned zone, stiffness and bearing capacity enhancement by filling spans of existing RC frames with RC shear walls), the connection between the new and the old concrete has to be adequately designed and detailed. Various techniques suggested and used in construction, aim to establish a better connection between the two different layers, so that the resulting, composite, element behaves as monolithic. Nevertheless, the shear load to be transferred along the interfaces, depends on the means of connecting the old and the added concrete (use of reinforcing bars or anchors, acting as dowels, roughening of the old concrete surface before casting the new layer) and it is a function of the shear slip along interfaces, a prerequisite for the mobilization of the resistance at the interface. In case of structures subjected to earthquakes, the behaviour of interfaces may become critical for the overall behaviour of the structure, due to substantial degradation of the resistance of the interface under cyclic actions. The amplitude of shear slips to be imposed to an interface is a function of the performance level adopted for the redesign of an existing structure. Actually, if a structure has to remain practically free of damage during the design earthquake at the interface, small shear slip values along interfaces have to be taken into account. On the contrary, in structures redesigned for the performance class of life protection, extensive damages are allowed and, hence, interfaces should be designed for shear slips of rather large amplitude.

On the other hand, in the design of an interface crossed by reinforcing bars or by anchors, one cannot additively superimpose the maximum resistance offered by the two main resisting mechanisms (shear friction and dowel action). The interaction between the two mechanisms has to be taken into account, along with the fact that their maximum resistance is not mobilized for the same value of shear slip.

Although, the behaviour of interfaces was experimentally investigated in numerous studies, the available information is not sufficient for the design of interfaces in the case of RC structures subjected to earthquake excitations. A series of research programs has been carried out at the Laboratory of RC Structures, NTUA, for the systematic investigation of RC interfaces within repaired or strengthened elements. These programs comprise several test series with the aim to investigate the effect of the principal parameters, namely the concrete strength, the percentage of reinforcement crossing the interface, the anchorage length of reinforcing bars both sides of the interface, the magnitude of the imposed cyclic slip, the level of normal load on the interface, etc.

In the present paper a summary of the experimental results is presented, as well as the results of an analytical study that was undertaken with the aim to model the behavior of the RC interfaces under imposed cyclic excitation. The ability of the model to predict experimental response is demonstrated.

2. Literature Survey

The results of numerous tests on (plain or reinforced) concrete interfaces are reported in the international literature, dating back to the 70's and 80's. Tests simulate various cases of interfaces, such as construction joints, connections between precast elements, natural cracks, etc. In most of the tests, interfaces were subjected to monotonically increasing load up to failure. Data regarding the behaviour of reinforced interfaces simulating the interfaces between old and new concrete in repaired/strengthened elements, subjected to cyclic shear slip are rather scarce.

The two main shear transfer mechanisms (namely, dowel action and concrete-to-concrete friction) have been investigated either separately or in joint action, whereas their interaction was also investigated, under primarily monotonic actions. Repeated or cyclic shear imposed to interfaces in tests until the 80's are reported in detail in

Vintzileou and Tassios (1987) and Tassios and Vintzeleou (1987). Tests on dowel action and friction were carried out, in most cases, under load-controlled conditions and, hence, cycling was limited to shear forces smaller than the maximum resistance of the interfaces. No data are available regarding the post-peak behaviour of the mechanisms.

In the research carried out in the last twenty years, experiments related to the cyclic behaviour of interfaces were conducted. Several parameters were studied, namely the percentage of reinforcement crossing the interface, its anchorage length, the preparation of the interface, as well as the compressive strength of the existing and the new concrete (Bass et al. 1989), the effect of the opening of pre-formed cracks, as well as mix design parameters, such as the aggregate size (Maksoud 2002). In Nakano's & Matsuzaki's work (2004), shear friction and dowel action were studied separately, for the case of interfaces between precast elements. The connections between precast elements have been the subject of an extensive experimental investigation carried out by Soudki et al. (1995). In order to evaluate the ACI 318-95 Shear-Friction Provisions, Valluvan et al. (1999), tested sixteen specimens, simulating the interface between old and new concrete. The dowels were set into the existing concrete into holes, using a quick-setting epoxy compound. Tassios & Vassilopoulou (2003) have modelled the shear resistance of pre-cracked interfaces in reinforced concrete, based on the experimental results of the studies by Vintzeleou & Tassios (1987) and Tassios & Vintzeleou (1987). The behavior of interfaces under monotonic and cyclic actions has been studied and modelled by Maekawa & Qureshi (1997), and Soltani & Maekawa (2008).

3. Specimens and Test setup

In the research program, the results of which, are briefly presented here, specimens consisting of two reinforced concrete blocks, separately cast into metal moulds, approximately 28 days apart, have been tested (Fig. 1). Three or five bars, 8mm in diameter cross the interface. The overall dimensions of the specimens were dictated (a) by the dimensions of the testing equipment used to impose shear slip along the interface (with zero eccentricity) and (b) by the need to effectively support the specimen in testing position, avoiding, however, reactions at supports to affect the behaviour of the interfaces. Furthermore, the two concrete blocks forming each specimen were adequately reinforced to avoid premature damage of the specimen outside the interface.

Seven (7) specimens with fully anchored bars of 8mm diameter, crossing the interface were tested (Vintzileou and Palieraki, 2007), as well as twelve (12) specimens in which the 8mm bars are of limited embedment length (Zeris et al., 2011). The results obtained from testing specimens with larger diameter bars are not reported here.

The interface is 500mm long and 100mm wide. The reinforcing bars are positioned in mid-width of the interface. Several parameters were investigated, namely the percentage of the reinforcement, the embedment length of bars crossing the interface, the compressive strength of concrete, the magnitude of compressive force normal to the interface and the applied shear slip, in the first cycle (see Tab. 1). Specimens with limited embedment length of bars simulate the (quite common) case of repair and/or strengthening techniques where the available thickness of the existing and/or the added concrete layer does not allow for sufficient anchorage of the bars across the interface.

The clear distance between consecutive bars varied, depending on the number of bars crossing the interface, given that the dimensions of the interface are fixed. S500 steel bars (mean yield strength equal to 560 N/mm^2) were used. After casting the first block, the interface was artificially roughened (chipped), using a pickaxe. The reinforcing bars were either (a) positioned in the first concrete block before casting of the concrete and they were protruding to a predetermined length, so that the bond with the second concrete block was also ensured, or (b) they have been positioned in the first block after drilling in the hardened concrete, using of epoxy resins.

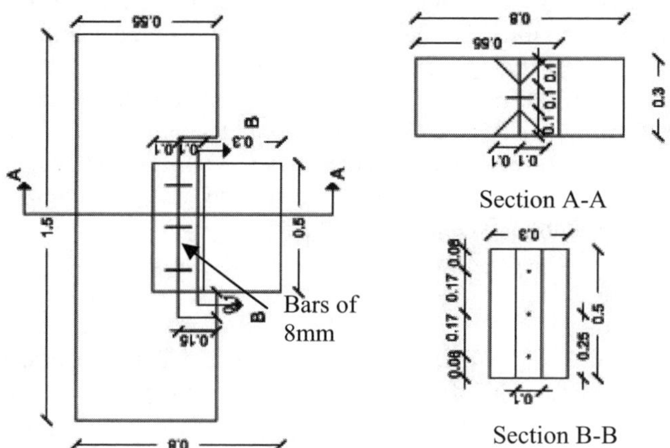

Figure 1: Geometry of the specimens with 8mm diameter bars; embedment depth of the reinforcement normalized to bar diameter equal to 6.25.

The specimens were kept wet for 2 to 3 days. Subsequently, they were stored in the Laboratory until the day of testing that took place one to two months after casting the second concrete block. Conventional concrete cylinders (150/300) taken during casting of each block were tested in compression the day of testing the respective specimens. The mean compressive strength of concrete per block is given in Table 1.

Figure 2 shows the test setup: A steel frame ("F") is anchored to the strong floor of the laboratory. An MTS actuator "A" (maximum capacity=±500kN) is placed vertically in the frame. The specimen "S" was attached to the actuator by means of four steel rods "R" in such a position that the axis of the piston coincides with the interface. Two steel columns "C" were used to keep the concrete block fixed during testing. Shear slips were imposed to the interface by the actuator, at low speed (approx. 0.02mm/min). Where relevant, the normal compressive stress was applied to the interface by means of additional steel rods "r" and actuator "a" (max. capacity=100kN).

As shown in Table 1, one of the main parameters investigated is the amplitude of the cyclically imposed shear slips. A set of slip amplitudes was selected, namely: ±0.10mm, ±0.20mm, ±0.50mm and ±2.00mm. These values roughly correspond to various performance levels adopted by the Code for Interventions to existing RC structures (2012). Three full reversals at the predetermined level of slip were imposed to the specimen. Subsequently, sets of three reversals at larger shear slip values are imposed, until the force response degradation became larger than 50% of the maximum response.

During testing, the shear slip along the interface was measured by means of four LVDTs on both faces of the specimen, along with the force response of the interface, whereas, four LVDTs, placed perpendicular to the interface, measured the width of the crack at the interface level. Electrical strain gauges (glued on steel bars crossing the interface before concreting) measure the strains developed in the bars in the course of the test. Electrical strain gauges were glued on the two end bars in both sides of the interface, on opposite sides of the bar. The strain gauges were positioned close to the interface (at a distance of approximately 10mm to 20mm). In the present paper are presented mainly the results regarding the resistance and the load- slip behavior of the interface.

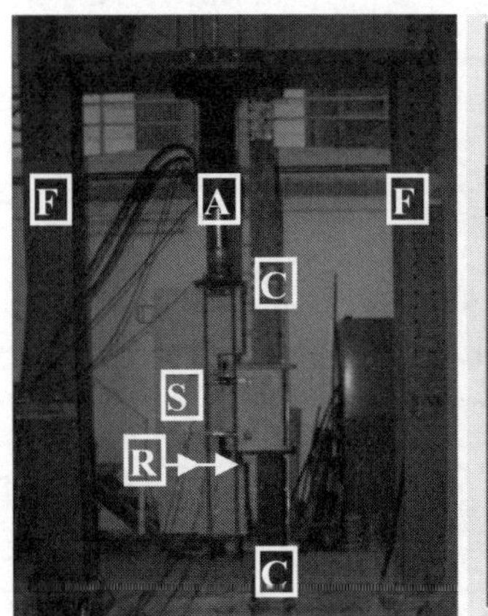

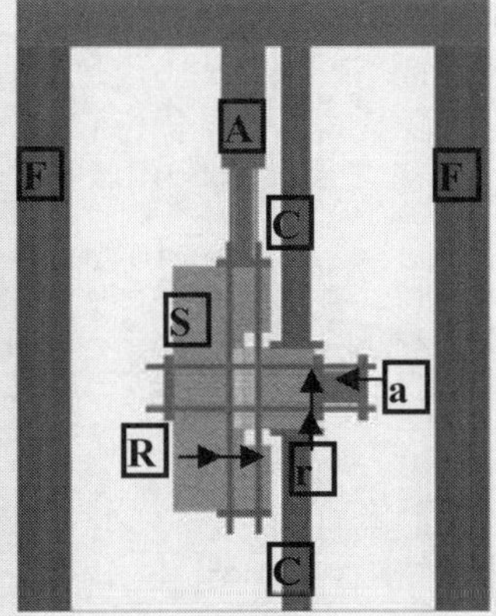

Figure 2: Test setup: (a) Photo (specimens without normal compressive stress), (b) Sketch applicable to specimens with normal compressive stress on the interface.

4. Test results

4.1 General observations

Tests have shown that the design of specimens was conservative enough to avoid any parasitic or premature cracking in places other than along the interface or in its vicinity. In all specimens a crack opened along the interface between the two concrete blocks, at a force response approximately equal to 50% of the maximum shear resistance. As expected, the behavior of specimens with larger embedment length of the bars, smooth interface, or stress acting normal to the interface, is characterized by significantly smaller lateral dilatancy (i.e. transverse separation of the two concrete blocks) than for specimens with smaller embedment length. In some specimens, diagonal cracks opened in the block exhibiting the lower compressive strength, at imposed shear slip values smaller than 0.5mm. The cracks initiated from the interface (at the position of one or all the bars) and propagated at an angle of approximately 450 within the less strong concrete block. In some cases, mainly in specimens where the embedment length of the bars was small, or the compressive strength of concrete was small, the opening of such cracks did not allow the continuation of testing.

4.2 Hysteresis loops and maximum shear resistance

Figure 3 shows typical hysteresis loops for the tested interfaces. All features that are typical for shear sensitive elements may be observed: Pronounced pinching effect associated with limited area of hysteresis loops and substantial force response degradation due to cycling. These characteristics become more pronounced as the embedment length of the bars decreases. Another feature, typical of specimens with insufficiently anchored bars, is the pronounced asymmetry of the hysteretic loops in the two loading directions. Actually, as shown in Figure 4 (specimen R-16/B/12/0.2), the resistance mobilized in the second loading direction may be as low as half the resistance mobilized in the first loading direction.

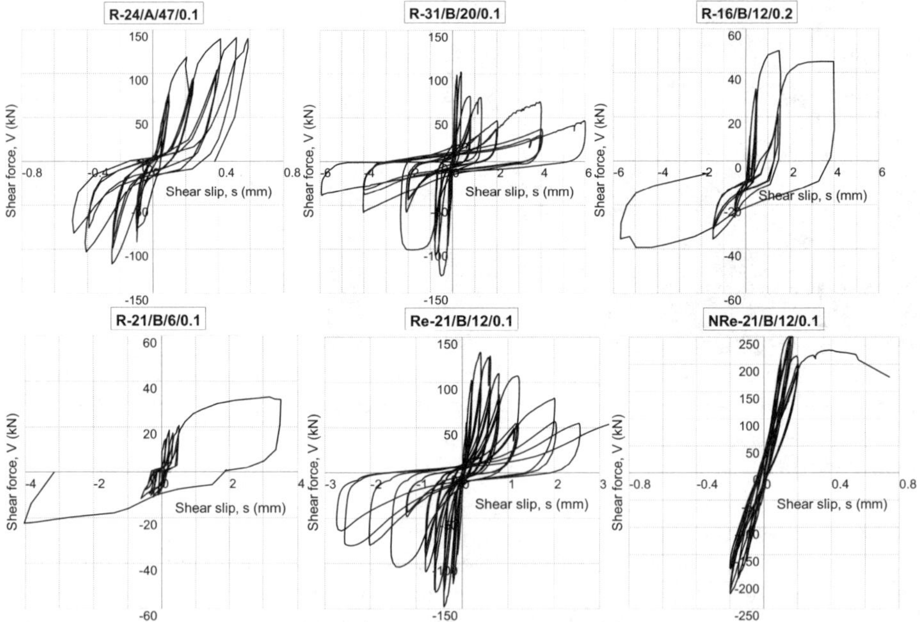

Figure 3: Typical hysteresis loops, for the tested specimens.

476

Table 1: Main characteristics of the specimens and experimental values of maximum shear resistance of the interfaces.

Specimen*	Mean compressive strength of concrete (N/mm^2)		τ_u (N/mm^2)	
	Block 1	Block 2	$\tau_{u,exp}$	$\tau_{u,corrected}$**
R-24/A/47/3.0	31.88	24.26	2.98	2.98
R1-24/A/47/0.5	31.88	24.26	3.06	3.06
R2-24/A/47/0.5	31.88	24.26	3.58	3.58
R-17/A/47/0.5	28.99	17.25	2.17	2.17
R-17/A/47/2.0	28.99	17.25	1.93	1.93
R-21/A/47/2.0	28.99	21.24	2.20	2.20
R-24/A/47/0.1	31.88	24.26	2.38	2.38
R-16/B/12/0.2	36.00	15.94	0.89	1.48
R-21/B/6/0.1	39.74	20.98	0.55	0.92
Re-26/B/6/0.1	49.14	26.04	1.28	2.13
Re-26/B/12/0.1	44.54	26.23	2.06	3.43
Re-27/B/12/2.0	36.21	27.03	1.82	3.03
NRe-27/B/6/0.1	36.21	27.03	4.25	7.08
NR-25/B/12/0.1	31.63	25.06	5.00	8.33
NR-25/A/12/0.1	31.63	25.06	4.89	8.15
NR-25/B/20/0.1	25.06	31.10	5.25	8.75
R-31/B/20/0.1	31.10	34.76	2.32	3.89
Re-21/B/12/0.1	25.57	21.38	2.81	4.68
NRe-21/B/12/0.1	25.57	21.38	4.72	7.89

* Specimens designation: R: rough interface, Re: reinforcement anchored by means of epoxy resin, N: Normal force on the interface (equivalent to initial uniform compressive stress of 1.5 MPa). The first number indicates the compressive strength of the weaker concrete block, A: specimens with five bars 8mm in diameter, B: specimens with three bars 8mm in diameter. The second number indicates the embedment depth normalized to bar diameter. The third number indicates the magnitude of the cyclic shear slip imposed during the first cycle.
** The measured maximum shear resistance is modified to account for the different number of reinforcing bars, crossing the interface. See Section 4.2.

In all specimens the maximum shear resistance was mobilized for slip values varying between 0.1mm and 1.00mm. The maximum shear stresses resisted by the tested specimens are listed in Table 1. In order to be able to compare the test results for all the specimens, where the interface is reinforced with 3 or 5 bars 8mm in diameter, the shear resistance of specimens with 3 bars was multiplied by a factor equal to 5/3 (τ_u, corrected last column, Table 1). The values of this last column of Table 1 allow for the negative effect of reduced embedment length of bars on the maximum shear resistance, as well as the positive effect of the normal stress on the interface to be assessed. For the specimens presented here, the initial normal stress is equal to 1.5MPa, and it is, for some of the specimens, reduced to half its value in each cycle of 0.2mm, given that the degradation of the force response is very small; in the first cycles it is even negligible. This small percentage of degradation could be attributed to the fact that the opening of the crack is prevented by the presence of the normal stress.

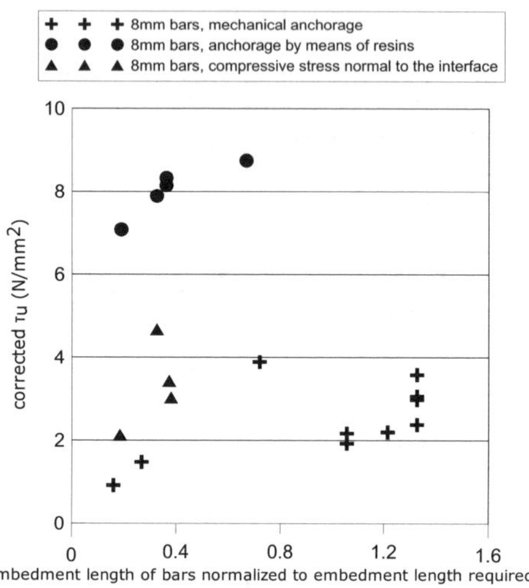

Figure 4: Maximum corrected mobilized shear stress against the embedment length of bars, normalized to the embedment depth required for full development of yield strength.

In Figure 4 the values of the mobilized shear resistance for all specimens-modified as described earlier in this section and listed in the last column of Table 1- are plotted against the normalized embedment length of bars. The embedment length is normalized to the anchorage length required for full development of the yield strength of bars (according to Eurocode 2, BS, 2004). One may observe the positive effect of increasing embedment length of bars on the shear resistance of interfaces. Although there are not sufficient experimental data available for normalized embedment lengths in the range of 0.70 to 1.0, it seems that the requirements of Eurocode 2 (BS, 2004) may be somehow conservative. As for specimens reinforced with bars anchored by means of resins, it can be observed that the "corrected" shear resistance values are higher than those for specimens with mechanical anchorage of the bars, because of the most efficient anchorage of the bars, and the development of higher tensile stresses. The positive effect of the compressive stress normal to the interface is also clearly depicted; the shear resistance values are much higher in this case.

The effect of cycling on the mobilized shear resistance is illustrated in Figure 5, where the hysteresis loops envelopes are shown for the first and the second loading cycles. The degradation of the force response depends, as expected, on the imposed shear slip amplitude; it also depends on the embedment length of bars crossing the interface and on

478

the way in which the bars are anchored. Furthermore, the favourable effect of the normal stress on the interface is obvious, and it leads to an almost elastic behaviour. The unfavourable behaviour of specimens with small embedment length of bars becomes obvious for larger imposed cyclic slips. Actually, cycling of specimens with normalized embedment length equal to 6.25 was not possible beyond a limit of 0.5mm, as resistance degradation was exceeding 60%, or the slip at the interface was increasing without an increase of the interface resistance.

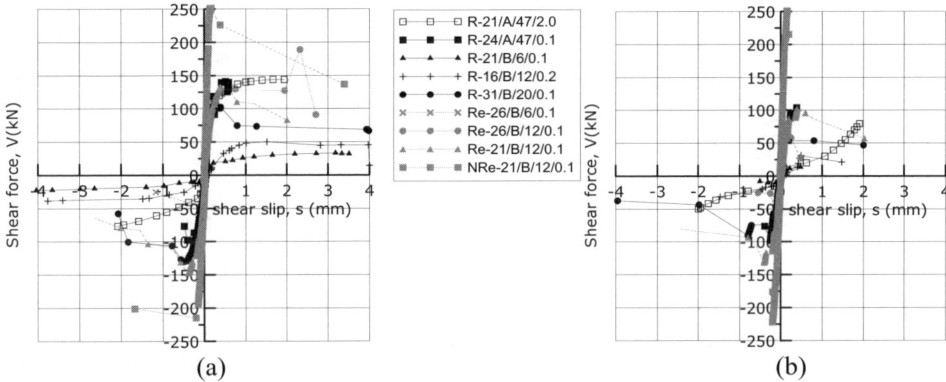

(a)   (b)

Figure 5: Hysteresis loops envelopes for specimens with 8mm diameter bars: (a) first cycle, (b) second cycle.

5. Modelling of the Interface

5.1 Contribution of individual mechanisms to the resistance of interfaces

As mentioned in the Introduction, part of the research program has been devoted to modelling of interfaces, in order to yield a sound model for the design of interfaces.

On the basis of numerical analyses carried out by Tassios & Vassilopoulou (2003), the contribution factors derived have been applied to predict the maximum shear resistance of the tested interfaces of the experimental program presented here, as well as the resistance of interfaces tested by other researchers (see Figures 6-8). The experimental results that have been used in order to check the accuracy of the proposed contribution factors consider mainly monotonic loading, and, therefore, only the maximum value of the resistance is calculated.

Tassios & Vassilopoulou (2003), on the basis of previous experimental results on the behaviour of each individual mechanism (Vintzeleou & Tassios, 1987 and Tassios & Vintzeleou, 1987) have found that for slip values not exceeding 0.4mm, the mechanism of friction contributes to the resistance of the interface with the 40% of its maximum value, whereas the contribution of dowel action is equal to 70% of the maximum resistance of this mechanism.

On the other hand, the maximum resistance of the friction mechanism can be calculated on the basis of equation (1) (Tassios & Vintzeleou, 1987):

$$\tau_f = 0.44\sqrt[3]{f_c^2 \sigma_c} \quad \text{[N, mm]} \tag{1}$$

where f_c denotes the compressive strength of the weak concrete and σ_c denotes the compressive stress on the interface generated from the tension in the reinforcing bars ($=f_y A_s / A_c$), f_y and A_s being the yield stress and the area of the reinforcement crossing the crack and A_c being the area of the interface.

The maximum resistance of the dowel mechanism, when sufficient cover is provided to the bars to prevent splitting of the concrete, is calculated by the well known formula (2) (Rasmussen, 1962):

$$\tau_d = (1.3 n d_b^2 \sqrt{f_c f_y})/A_c \quad \text{[N, mm]} \tag{2}$$

where n and d_b denote the number and the diameter of the bars crossing the interface.

Taking into account that, according to the experimental results presented in this paper, the maximum resistance of interfaces was in most cases mobilized for shear slip values not exceeding 0.5mm, the contribution factors proposed by Tassios et al. (2003) could be applied. Some additional corrections had to be taken into account, for the different cases, regarding interfaces with different characteristics.

In the case of bars with small embedment length, a smaller contribution had to be taken into account. In order to calculate σ_c, the compressive stress on the interface generated from the tension in the reinforcing bars ($=f_y A_s / A_c$), an additional factor was added to the relation. The compressive stress is now calculated according to the equation (3):

$$\sigma_c = \frac{l_{emb} f_y A_s}{A_c l_b} \quad \text{[N, mm]} \tag{3}$$

where l_{emb} denotes the embedment length of the reinforcing bars crossing the interface, and l_b denotes the anchorage length required for full development of the bars' yield strength (Eurocode 2, BS, 2004).

In the case of bars having an embedment length equal to 6.25 times the diameter of the bar, the contribution of the dowel mechanism is reduced. An additional reduction factor of 75% is accounted for.

In the case of a compressive stress acting normal to the interface, a higher contribution factor has to be taken into account for the friction mechanism, as in that case, the dilatation of the interface is restrained, and therefore the interface resistance is higher. For the interfaces on which an external compressive force is acting, the contribution factor for friction mechanism is taken equal to 80% of the maximum mechanism resistance. The contribution of the dowel action mechanism remains unmodified.

For the experiments of the literature, the value of the slip, for which the maximum resistance of the interface is mobilized, is generally not known. In that case, according to Tassios & Vassilopoulou (2003), the contribution factor for the friction mechanism is taken equal to 60% of the maximum resistance.

The resistance of the interface is calculated also according to the relationship proposed by the ACI (1995). In that relation, only the friction mechanism is taken into consideration, while the contribution of the dowel action is ignored. The resistance of the interface is calculated according to equation (4):

$$V_u = \mu A_s f_y \, / \, A_c \leq \min(0.2 f_c \text{ or } 5.515) \quad [\text{N, mm}] \tag{4}$$

where μ stands for the friction coefficient, μ= 1.4 for concrete placed monolithically, μ = 1.0 and μ = 0.6 for concrete placed against hardened concrete with surface intentionally roughened and with surface not intentionally roughened, respectively.

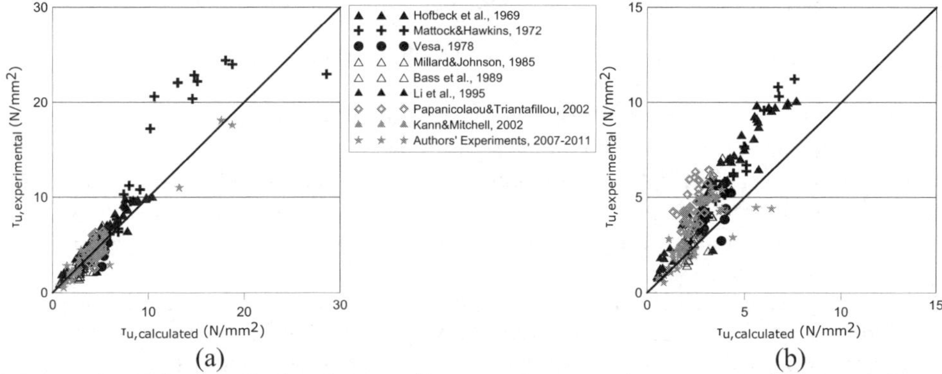

Figure 6: Values calculated according to the equation proposed by Tassios & Vassilopoulou (2003). In the calculation: (a) No safety factors are taken into account, (b) The safety factors of 1.50 and 1.15 for the concrete and steel respectively are taken into account.

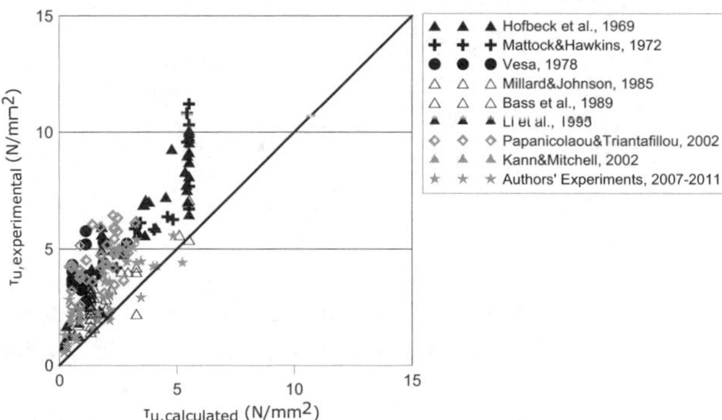

Figure 7: Values calculated according to the ACI equation for shear friction. In the calculation are taken into account the safety factors for the concrete and steel.

In Figure 6a, the experimental values of the literature are plotted against the values calculated according to the equation proposed by Tassios & Vassilopoulou (2003), modified in order to account for the different interface cases. The equation predicts with satisfactory accuracy the experimental values of the interface response. In Figures 6b and 7, the value of the interface resistance is calculated according to the two equations, taking into account the partial safety factors for concrete and steel. The accuracy of the values predicted according to the ACI shear friction equation (4) is rather scarce, and it is in many cases over conservative (Fig. 7).

5.2 Cyclic behavior of the interfaces

The algorithm proposed by Tassios & Vassilopoulou (2003) has been used in order to model the cyclic behavior of the interfaces tested in the current experimental program. In Figure 8 (a) - (d), the experimental as well as the analytical results are plotted, for specimens with full anchorage length of the bars, or with bars anchored by means of resins, exhibiting a behavior similar to that of specimens with bars of sufficient length.

The following modifications have been applied to the abovementioned model:

(a) Because of the interaction of the two mechanisms, the contribution of the friction mechanism has been taken reduced into account. The maximum resistance of the friction mechanism has been calculated on the basis of equation (1), in which the factor 0.44 factor has been replaced by 0.30. This modification leads to a reduction of the contribution of the friction mechanism by almost 30%.

(b) According to the experimental results, and given that for almost all the tests the maximum resistance has been mobilized for values of the shear slip not exceeding 1.00mm, the proposed value for su=2.00mm, has been replaced by su=1.00mm.

(c) The degradation of the friction mechanism is calculated using the following equation (5), which is also proposed by the Code for Interventions to existing RC structures (2012), instead of the previously proposed equation (6).

$$\frac{\Delta\tau_{fn}}{\tau_{f1}} = 0.05\left(\frac{f_c}{\sigma_c}\right)^{1/2}(n-1)^{1/2}\left(\frac{s_f}{s_{fu}}\right)^{1/3} \qquad \text{[N, mm]} \qquad (5)$$

$$\tau_{fn} = \tau_{f1}\left(1-\left[0.002(n-1)\left(\frac{s_f}{s_{fu}}\right):\left(\frac{\sigma_c}{f_c}\right)\right]^{1/3}\right) \qquad \text{[N, mm]} \qquad (6)$$

where τ_{f1} and τ_{fn} stand for the friction resistance during the first and the nth cycle, respectively, and s_f stands for the maximum imposed shear slip during that cycle.

(d) The proposed model should not be used to predict cycling only for increasing values of the imposed shear slip. In order to calculate the response under increase in the imposed slip, in case that the initial slip is smaller than s_{crit} ,the contribution of the friction mechanism increases as if no previous cycling had occurred, and the maximum value of the resistance is restricted only by the interaction between the pullout force and the dowel action. This interaction is defined by equation (7), which is adopted, until it becomes equal to unity (for $s=s_{crit}$).

$$\lambda = \left(\frac{\sigma_{so} - \sigma_{sN}}{f_{sy}} \right)^{1.5} + \left(\frac{D}{D_u} \right)^{1.5} \quad \text{[N, MPa]} \tag{7}$$

where D and D_u stand for the developed and the maximum dowel resistance, respectively.

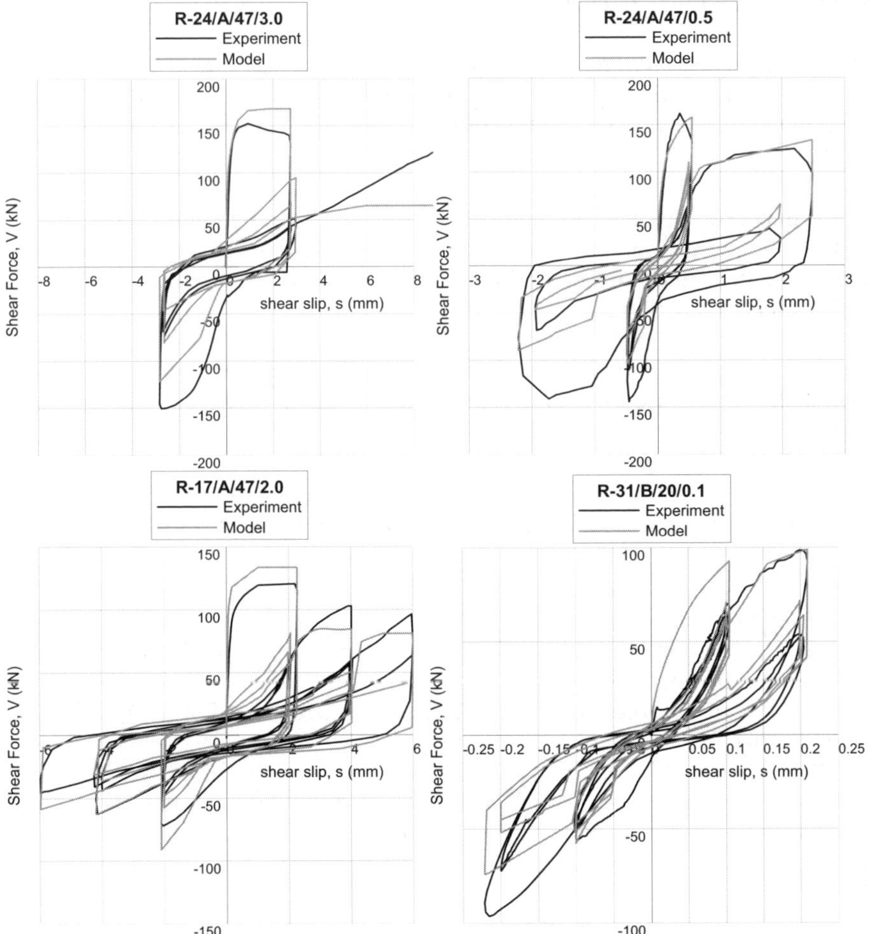

Figure 8: Typical hysteresis loops for specimens of the experimental program. Comparison between experimental results and model predictions.

The correlation between the experimental and the analytical results is satisfactory, and the whole cyclic behavior can be predicted. In the case of small values of the imposed shear slip, the predicted degradation in the first loading direction is smaller than the experimental one. On the other hand, the predicted degradation in the second loading direction is higher than the experimental value, which, finally, leads to a value of the average predicted degradation almost equal to the value of the average experimental degradation.

6. Conclusions

The experimental results, as well as the analytical modelling of the interface presented in this paper allow for the following conclusions to be drawn:

(1) Artificially roughened interfaces between concrete blocks cast one against the other respond to imposed shear slips by mobilizing resistance, which depends strongly on the embedment length of the bars. The positive effect of increasing embedment length of the bars on the shear resistance of interfaces has been observed.

(2) Cyclically imposed slips lead to significant degradation of the shear resistance of interfaces. The amount of response degradation is a function of the imposed cyclic slip, the anchorage length of the reinforcing bars and the presence of stress normal to the interface, with apparent positive effect.

(3) The experimental data can be predicted using a simple enough and physically sound model. This model can be used for the design of interfaces subjected to monotonic and cyclic actions.

Part of this research program is funded by the Earthquake Planning and Protection Organization, Greek Ministry of Public Works, and part of it by the funds of NTUA.

References

1. Vintzeleou, E.N. and Tassios, T.P., 'Behavior of Dowels under Cyclic Deformations', *ACI Struct. Jrnl.* **84** (1) (1987) 18-30.
2. Tassios, T.P. and Vintzeleou, E.N, 'Concrete-to-concrete friction'. *Jrnl of Struct. Engng.* **113** (4) (1987) 832-849.
3. Bass, R.A., Carraquillo, R.L. and Jirsa, J.O., 'Shear Transfer across New and Existing Concrete Interfaces'. *ACI Struct. Jrnl.* **86** (4) (1989) 383-393.
4. Maksoud, M.G.A, 'Factors affecting the mechanism of mobilized shear at crack or joint interface', *Proc. of 15th ASCE Eng. Mech. Conf., New York, USA* (2002).
5. Nakano, K. and Matsuzaki, Y., 'Design Method and Compound Effect considering deformation of shear transfer elements in precast concrete connections'. *Proc. of 13th World Conf. on Earthquake Engng, Vancouver, Canada,* (2004) Paper 631.

6.   Soudki, K.A., Rizkalla, S.H. and LeBlanc, B., 'Horizontal Connections for Precast Concrete Shear Walls Subjected to Cyclic Deformations. Part 1: Mild Steel Connections'. *PCI Jrnl.* **40** (4) (1995a) 78-96.

7.   Valluvan, R., Kreger, M.E. and Jirsa, J.O., 'Evaluation of ACI 318-95 Shear-Friction Provisions'. *ACI Struct. Jrnl.* **96** (4) (1999) 473-481.

8.   Tassios, T.P. and Vassilopoulou, I., 'Shear transfer capacity along a RC crack, under cyclic sliding'. *Proc. of fib Symp. Conc. Struct. in Seismic Regions, Athens* (2003).

9.   Maekawa, K. and Qureshi, J., 'Stress Transfer across Interfaces in Reinforced Concrete due to Aggregate Interlock and Dowel Action'. *Jnrl Materials, Conc. Struct., Pavements, JSCE.* **34** (1997) 159-172.

10.   Soltani, M. and Maekawa, K., 'Path-dependent mechanical model for deformed reinforcing bars at RC interface under coupled cyclic shear and pullout tension'. *Engng Struct., Elsevier.* **30** (2008) 1079-1091.

11.   Vintzileou, E. and Palieraki, V., 'Shear Transfer along Interfaces in Repaired/Strengthened RC Elements subjected to Cyclic Actions'. *Sp. Ed. of 'Beton- und Stahlbetonbau'.* **102** (2007) 60-65.

12.   Zeris, C., Palieraki, V. and Sfikas, I., 'Investigation of the Cyclic Behavior of Reinforced Concrete Interfaces in Repaired/ Strengthened Elements'. *Final Report for the Basic Research Program (PEVE), NTUA, Athens.* (2011) 290pp (in Greek).

13.   British Standards Institution. 'Eurocode 2: design of concrete structures – Part 1-1: General rules and rules for building'. *BS EN 1992-1-1* (2004).

14.   Rasmussen, B.H., 'Strength of transversely loaded bolts and dowels cast into concrete'. *Lab. for Bygningastatik, Denmark T.U., Meddelelse* **34** (2) (1962).

15.   ACI Committee 318. 'Building Code Requirements forStructural Concrete (ACI 318-95) and Commentary'. *ACI, Farmington Hills, Mich.* (1995) 369 pp.

16.   Hofbeck, J.A., Ibrahim, I.O. and Mattock, A.H., 'Shear Transfer in Reinforced Concrete'. *ACI Jrnl. Proceedings.* **66**(2) (1969) 119-128.

17.   Mattock, A.H. and Hawkins, N.M., 'Shear Transfer in Reinforced Concrete-Recent Research'. *PCI Jrnl.* **17**(2) (1972) 55-75.

18.   Vesa, M., 'Horizontal Shear Strength at the Interface in Composite Concrete Structures'. *FIP 8th Congress- Technical Contribution* (1978) 24 pp.

19.   Millard, S.G. and Johnson, R.P., 'Shear transfer in cracked reinforced concrete'. *Magazine of Conc. Research, Thomas Telford Ltd* **37**(130) (1985) 3-15.

20.   Li, W., Frosch, R.J., Jirsa, J.O. and Kreger, M.E., 'Behavior of Precast Wall Connections for Strengthening Reinforced Concrete Frames'. *Proc., IABSE Symp., Extending the Lifespan of Struct., San Francisco, CA,* **73**(1) (1995) 361-366.

21.   Papanicolaou, C.G and Triantafillou, T.C. 'Shear transfer capacity along pumice aggregate concrete and high-performance concrete interfaces'. *Mat. and Struct., RILEM* **35** (2002) 237-245.

22.   Kann, L.F. and Mitchell, A.D., 'Shear Friction Tests with High-Strength Concrete'. *ACI Struct. Jrnl* **99**(1) (2002) 98-103.

23.   EPPO (Earthquake Planning and Protection Organization), 'Code for Interventions to Existing RC buildings', *EPPO, Athens* (2012).

... UND

SCAFFOLD CONSTRUCTIONS – ENGINEERED BUILDINGS FOR A LIMITED PERIOD OF TIME

Helmut Kreller
Wilhelm Layher GmbH & Co. KG, Germany

Abstract

Modern, modular scaffolding systems offer a wide range of application possibilities that exceeds by far the originally intended purpose as working and protective scaffold. Especially for structures with short lifetime or frequent assembly and dismantling, modular scaffolds are clearly superior to conventional steel constructions due to their connection technology. Systems based on a modular design principle allow the construction of the most different structures without having to make any alterations on the individual components.

1. Introduction

Work and protective scaffolds in a constructional environment are often regarded as necessary evil. For building owners they represent an additional cost factor that should be avoided whenever possible. Passers-by often are bothered by scaffolds when they block the view to buildings in attractive or historic city centres. This negative impression is intensified by unprofessional scaffolds with nets or tarpaulins ripped to shreds by the wind dangling down. Of course, there are also exemplary scaffold constructions in the building sector. It is a little known fact that the field of scaffold application extends far beyond the building sector to almost all fields of the industry. They are required especially for maintenance work in the process industry (chemical industry, petroleum industry, power plants), but also in the shipbuilding sector, for the maintenance of aircrafts or for the plant construction of renewable energies. The range of scaffolding applications is correspondingly universal, and often represents a major challenge to construction and static calculation.

2. Historical overview

Scaffold constructions have existed as long as there were buildings. Historic sources are scarce, which is not surprising. After all, the builders of old – just like today – were striving for immortality by their finished buildings, not the various stages of construction surrounded by scaffolding. Nevertheless, mural reliefs from ancient Egypt show that already 1,500 years before Christ, construction workers have used rods connected by ropes and decked with wooden boards to access their work place. Similar depictions can be found with other early advanced cultures. In fact, the basic designs of scaffolds have changed only very little over the centuries and until today. Only the beginning of the 20th century saw a slow change to steel tube scaffolds.

3. Different scaffolding variants in the worldwide markets

Still, in many parts of the world simple rod scaffolds made of wood, bamboo or steel are used, which are interlinked by means of chains or ropes to framework structures. In the 1930s, the connection methods of steel tube scaffolds were improved in such a way that from now on sheet metal or solid material clamps, so-called scaffold couplers, were used to connect vertical, horizontal or diagonal tubes more efficiently. The standard dimensions were steel tubes with a diameter of 48.3 mm and a wall thickness of 4 mm, which were typically used as water pipes. The utilization of such scaffolds required the assembly staff to have extensive static expert knowledge about the load bearing capacities of the material, as with these scaffolds any structures can be erected without structural constraints.

Mid of the 20th century, the first modular scaffold systems appeared in the market. While tube-and-coupler scaffolds had two screws per connection that had to be tightened, the assembly and dismantling speed of system scaffolds was increased considerably by modular components with connection elements at regular intervals on the scaffold tubes – mostly at 50 cm intervals. Their function is for example based on a wedge lock principle.

Layher SpeedyScaf

For surface-oriented façade scaffolds, pre-fabricated frames and system decks proved to be particularly favourable. A frame scaffold that is widely used in Europe is the Layher SpeedyScaf which is available in aluminium and steel.

Birdcage scaffolds, which are mainly used in industrial plants or for complex building geometry, today implement on a large scale modular scaffolds, the components of which are formed longitudinally

Layher Allround Scaffold

oriented. With this, obstacles can be circumvented much easier than with frame scaffolds, and the transport is possible even through small openings (manholes). Market leader in modular scaffolds in Europe, even world-wide, is by far the Layher Allround Scaffolding.

System scaffolds or "scaffolds of special design", as they are often described in building regulations, due to the connection method used, often have the particularity that they are not solely accessible by way of analytical methods. The connections and the interaction of the components therefore in Germany and some other European countries require a building authority approval. Proof for this takes place by way of calculation and by means of component tests.

Usually, even today scaffolds are erected by hand. For the assembly speed, the weight of the individual components is crucial. Therefore, the manufacturers strive to keep the weight of the industrially produced components as low as possible by an optimal material utilisation. Calculations for approvals therefore require sophisticated calculation methods, FE calculations (finite element method), with regard to non-linear material properties.

In the context of the building authorities' approval process in Germany, the proof of adequate load bearing capacity for usually assumed loads has to be proved on the basis of standard designs with a design height of 24 m. This also includes the proof for low-rise structures or structures with insignificant deviations from the standard design. Scaffolds with larger deviations from the standard design require an individual static calculation, which can be furnished at reasonable effort on the basis of the load and stiffness values stated in the approval.

4. Examples for engineered scaffolds

Modular scaffolds in particular have proved themselves more and more as versatile access and supporting structures with a wide range of applications since their introduction to the market. The advantages predominate whenever the structure is temporarily erected and does not have a very long lifetime, and when the material after dismantling shall be used for other purposes. The following – rather unusual – application examples of the Layher Allround Scaffolding will demonstrate the current range of applications of utilizations of modular scaffolds.

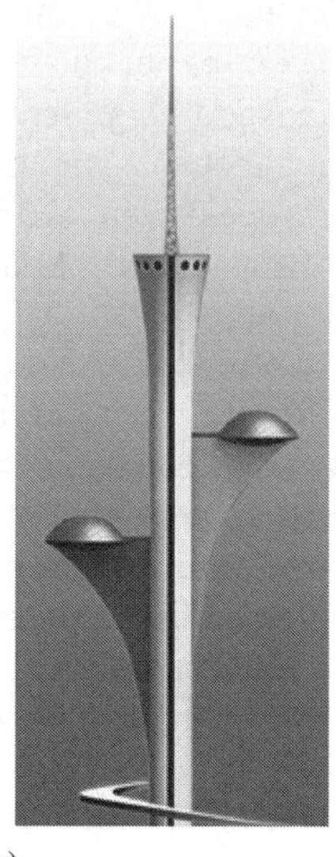

Digital TV-Tower Brazil (Pictures: Layher)

4.1 Digital TV-Tower in Brazil
There is still a world-wide need for the erection of new TV towers. Architects like Oscar Niemeyer in Brazil endeavour to give the towers a unique, distinctive appearance. Modelled on a desert flower, the tower shown shall be built with two lensoid platforms on projecting discs. Quite often creative architects' drafts result in extraordinary requirements to designers and contractors. In this case a conventional shoring scaffold was used to support the formwork and to transfer the loads during construction over a height of 70 m into the ground. More than 500 tons of steel scaffold were used, almost exclusively system scaffold elements which per- mitted a simple and safe assembly. The functional principle of the scaffold permits a cantilever construc- tion method of console-like extensions. This principle was used here for the upper section of the supporting structure in order to avoid having to support the entire ground plan of the large platforms all the way down to the ground. The result was a considerable material saving.

4.2. Temporary maintenance hall in Chile
The world-wide hunger for raw material leads to the development of raw material deposits (repositories) in inaccessible regions or on the high seas. Before the exploitation, however, extensive and cost-intensive infrastructural measures are necessary. Enormous distances to the nearest towns require a mostly autarkic exploitation and huge logistic efforts – like for example the open pit copper mining in the Atacama Desert in the north of Chile. To cover the high demand of water, desalination plants were built at the coast, and the water is being pumped over large distances and altitude differences into the heart of the dessert.

As is generally known, open pit mining requires stripping shovels and transport vehicles, so-called dump trucks, of gigantic dimensions. Economic considerations demand that such vehicles should be maintained as close as possible to their operating place in order to avoid loss of production due to large distances. Furthermore, it has to be considered that open pit mining fields keep moving on slowly and thus move away from permanently installed buildings. Given these aspects, the persons in charge at the

Temporary maintenance hall in Chile (Picture: Layher)

biggest open pit copper mining site in Chile decided upon the erection of temporary maintenance hangars for dump trucks using the Allround Scaffolding system as a supporting structure. To stabilize the hall against the wind loads which are very high at this altitude, the scaffold standards at the bottom of the construction foundations. The roof is a Layher cassette roof system adapted to the measurement grid of the scaffold. It consists of load bearing segments which can be sticked together and bridge large spans, as well as individual roof cassettes. The single modules are pre-assembled on the ground, lifted into position by crane and the infill-bays are subsequently closed with further roof cassettes. Moreover the walls are cladded with metal cassettes. This modular building technique permits the complete dismantling of the maintenance hangar according to schedule and to re-assemble it at a new location as soon as the open pit mining site has moved on.

4.3 Ski ramp in Moscow

In the run-up to the Winter Olympics 2014 in Sochi, the Russian Ski Federation wanted to raise the interest of the Russian people for winter sports. One idea was to organize a parallel slalom race involving famous top skiers. But what is to be done when such an event shall take place in Moscow and there is no suitable ski slope available? The Russian Ski Federation decided to erect an artificial mountain in the form of a ski ramp – with impressive dimensions: 37 m wide, so that two racers could comfortably go downhill next to each other, 56 m high and 150 m long in order to present an attractive contest.

The ramp was to be used several weeks during winter for a number of contests, and then to be dismantled, just to be used again in the following year. The Allround Scaffolding once again turned out to be the ideal supporting structure for this task. The loads the scaffold construction had to bear were extraordinarily high in comparison to other applications. Initially, provisions were made for the snow-layer with a supporting structure in the form of a closed, solid wood surface. Onto this up to 1 m of snow was applied and condensed by vibrating rollers. As it could not be ruled out that it might rain during the lifetime of the ramp, the snow load was eventually determined as 1,000 kg/m². For such free-standing scaffold constructions it is not so much the vertical loads,

Ski ramp in Moscow (Pictures: Layher)

but the horizontal loads in the form of wind that are decisive. It may also be a surprise that in this particular case of the ramp, the assumable wind load is lower for a ramp laterally closed by planes than for an open, wind-blown construction. The underlying reason for this is the effect of the wind load, which has to be assumed again and again each time, on all scaffolding tubes placed one behind the other. The remedy to lifting-off loads was offered in this case by anchoring ropes along the ramp.

Finally, the construction of the ramp consumed 1,300 t scaffolding material, supplied by 70 trucks from Germany. The construction was pre-assembled in sections on the ground and then lifted into position on the already finished supporting structure by means of a crane. This is only possible when the individual components have a high precision. The snow was brought by 100 trucks from the Siberian Kemero region over a distance of 3,500 km.

4.4 Temporary façade at the Juridicum – Petersbogen building in Leipzig

Already in 2002 a temporary façade was erected at the Juridicum, a shopping and cinema centre in the heart of Leipzig which was redesigned after the German reunification. This had become necessary after the withdrawal of an investor, who had originally planned to erect a second building right next to the Juridicum, connected only by a glass-roofed arcade. In order to be able to open the already existing centre, it was initially planned to erect an attractive façade for a period of two years, which should not affect the appearance of the cityscape. At the same time a supporting structure was required on which the planned glass roof should be supported until it could be braced on the second building.

The Allround Scaffolding was the choice, as on the one hand it could easily serve as support for the roof and façade, and on the other hand offered the possibility that all modular components could be used again after dismantling. In the end, a crucial argument was the availability of an – also modular – system of wall cassettes which corresponded to the grid dimensions of the scaffold and gave the scaffold the outside appearance of a futuristic façade. The so-called Protect System was originally developed for the more or less airtight sealing of construction sites for asbestos removal, in order to avoid the diffusion of fibres hazardous to health into the environment. The assembly of the Protect wall cassettes with aluminium frames and steel sheet cassettes also permitted the use of safety glass panels without any major problems, in order to fulfil the architectural requirements. In the static calculation the loads from roof support and especially the wind on the façade turned out quite considerable. In order to meet the requirements a limited space available for the supporting structure as well as the static requirements, the vertical standards were arranged in bundles of four which are stiffened by horizontal and diagonal elements. Other than the original plan had provided, the 19 m high and 65 m wide "temporary" façade is still in place today – after more than 10 years.

Juridicum –
Petersbogen building
in Leipzig
(Pictures: Layher)

PROBENSPEZIFISCHE EINFLUSSPARAMETER AUF DIE ABREISSFESTIGKEIT VON KLEBERN UND UNTERPUTZEN BEI WDV-SYSTEMEN

Juraj Meszaros
MPA Materialprüfungsanstalt, Otto-Graf-Institut, Universität Stuttgart

Vorwort

Um Energieverluste von Gebäuden zu minimieren, wird die Außenwand von Bauwerken mit Wärmedämmsystemen versehen. Die Wärmedämmung wird bei Neubauten sowie auch bei Altbausanierung angewandt. Durch eine fachgerechte Planung und Ausführung der Wärmedämmung wird außer Kostenersparnis ein Beitrag für den Umweltschutz geleistet.

Bei Wärmedämm-Verbundsystemen (WDVS) wird eine Dämmstoffschicht (z.B. Polystyrolplatten, Mineralwolleplatten/Lamellen, Holzweichfaserplatten, Mineralschaumplatten) an die Außenwand des Gebäudes angebracht und mit einem Putzsystem versehen. Die Befestigung der Dämmstoffplatten an der tragenden Wand erfolgt mittels Kleber, Dübel oder Schienen. Das Putzsystem besteht aus einem mit einem Glasfasergewebe bewehrten Unterputz, erforderlichenfalls einer zusätzlichen Grundierung und einem Oberputz. Auf den Oberputz darf ein mit dem System abgestimmter Schlussanstrich aufgebracht werden. Das Wärmedämm-Verbundsystem darf nur zur Wärmedämmung sowie als dauerhafter wirksamer Wetterschutz verwendet werden.

Die Anforderungen an die unterschiedlichen WDV-Systeme werden in den allgemeinen bauaufsichtlichen Zulassungen oder in Europäischen technischen Zulassungen (ETA) geregelt. Für die Kleber und Unterputze wird in den o.g. Zulassungen ein Nachweis der Abreißfestigkeit vom Dämmstoff gefordert. Mit einer Versuchsreihe soll der Einfluss von unterschiedlich hergestellten Prüfproben auf die Abreißfestigkeit beim Dämmstoff Polystyrol untersucht werden.

1. Überwachung der Produkteigenschaften bei WDV-Systemen

Die Einhaltung der geforderten Produkteigenschaften soll im Rahmen der werkseigenen Produktionskontrolle (WPK) der einzelnen Herstellwerke laufend überprüft werden. Die Ergebnisse der werkseigenen Produktionskontrolle sollen durch eine anerkannte Prüfstelle regelmäßig kontrolliert werden.

Bei WDV-Systemen nach einer (nationalen) allgemeinen bauaufsichtlichen Zulassung werden weiterhin von einer anerkannten Prüfstelle regelmäßig Materialproben für eine stichprobenartige Kontrolle der Produkteigenschaften entnommen.

Bei WDV-Systemen mit einer Europäischen technischen Zulassung sind die Anforderungen an die werkseigene Produktionskontrolle und an die Fremdüberwachung in einem dazugehörigem Prüf- und Überwachungsplan zusammengestellt. Durch eine externe anerkannte Prüfstelle wird die werkseigene Produktionskontrolle regelmäßig überprüft. Eine stichprobenartige Materialentnahme ist in der Regel nicht vorgesehen.

Im Rahmen der WPK sind bei mineralisch gebundenen Klebemörteln und Unterputzen (pulveriges Material) die Schüttdichte, Korngrößenverteilung (Trockensiebung) und die Frischmörtelrohdichte, bei organisch gebundenen Produkten der Trockenextrakt und Aschegehalt nach den entsprechenden Prüfnormen bzw. Prüfvorschriften zu prüfen. Diese Prüfungen dienen zur Identifikation und als Vergleichswerte im Rahmen der Fremd- und Eigenüberwachung für die verschiedenen Produkte. Direkte Anforderungen bestehen hierbei nicht.

Die mechanischen Eigenschaften (Haftzugfestigkeit) der Kleber und Unterputze am Dämmstoff werden mittels Abreißversuche ermittelt.

Weitere Prüfungen beziehen sich auf die Oberputze, Dämmstoffe, Befestigungsmittel und das Brandverhalten der WDV-Systeme.

2. Abreißfestigkeit am Dämmstoff

Für die Einzelwerte der Abreißfestigkeit der Unterputze und Kleber am Polystyrol-Dämmplatten, Mineralfaser-Lamellendämmplatten und Mineralschaumplatten wird in den entsprechenden bauaufsichtlichen Zulassungen als Mindestwert 80 kPa gefordert. Für die Prüfung der Haftzugfestigkeit zwischen Kleber bzw. Unterputz vom Polystyrol-Wärmedämmstoff wird auf ETAG 004 /1/ verwiesen.

Nach ETAG 004 sind für die Prüfung der Haftzugfestigkeit quadratische Proben mit einer Seitenlänge von 50 mm vorgesehen. Bei der Probenherstellung mittels Winkelschleifer soll durch den Kleber bzw. Unterputz hindurch bis leicht in den Wärmedämmstoff eingeschnitten werden.

Da die Probenherstellung von quadratischen Proben zeitlich relativ aufwendig ist, werden abweichend von ETAG 004 für die Abreißversuche auch runde Proben verwendet. Die runde Proben werden in Anlehnung an die DIN EN 1015-12 /2/ mit einem Kernbohrgerät mit einem Nenndurchmesser von D = 50 mm aus vollflächig beschichteten Dämmstoffplatte hergestellt. Dabei wird mit dem Kernbohrgerät durch den Kleber bzw. Unterputz hindurch bis leicht in den Wärmedämmstoff eingeschnitten.
Bei einer Probenherstellung mittels Aluminium-Schablonen mit mehreren runden Öffnungen kann auf die mehr oder weniger aufwendigen Bohrvorgänge verzichtet werden.

3. Versuchsprogramm

Der Einfluss von unterschiedlich hergestellten Zugproben auf die Höhe der Abreißfestigkeit von Klebern / Unterputze vom Dämmstoff (Polystyrol) soll experimentell untersucht werden.

Für die Versuche wurden zwei mineralisch gebundene Werktrockenmörtel (pulverige Produkte) und zwei organisch gebundene Mörtel (pastöse Produkte) ausgewählt. Als Dämmstoff wurden grau gefärbte 60 mm dicke EPS 032 WDV Platten des Formats 500 mm x 1000 mm verwendet.

Mit jedem der o.a. Materialien wurde jeweils eine ganze EPS Platte vollflächig beschichtet. Dabei wurde gleichzeitig ein Teil der Platte mit einer Schablone mit sechs 50 mm runden Öffnungen belegt. Nach einer längeren Lagerung (6 bzw. 8 Monate) der Platten beim Raumklima (ca. 23 °C und ca. 40% Luftfeuchtigkeit) wurden aus den beschichteten Platten die benötigten Proben hergestellt und die Abreißversuche durchgeführt.

Es wurden drei unterschiedliche Probenvarianten untersucht:

— Runde Zugproben hergestellt mit Hilfe einer Schablone mit runden Öffnungen d = 50 mm
— Runde Zugproben hergestellt mit Hilfe einer Bohrkernmaschine (D_{nenn} = 50 mm)
— Quadratische Proben mit einer Seitenlänge von ca. 50 mm (hergestellt mittels MultiMaster FMM 250 oszillierenden Maschine der Fa. Fein).

Als Adapter wurden 50 x 50 mm große Holz-Plattenabschnitte mit einer mittig angebrachten Schraube verwendet. Die Adapter und die Mörtelproben wurden mit einer Heißklebepistole verklebt.

Die Zugprüfungen wurden in einer 20 kN Prüfmaschine der Fa. Zwick durchgeführt. Die Belastungsgeschwindigkeit betrug 1 mm/min. Bei runden, mit Hilfe eines Bohrkerngeräts hergestellten Zugproben, wurde weiterhin der Einfluss der

Prüfgeschwindigkeit mit 1mm/min und 10 mm/min variiert. Das Versuchsprogramm ist in der Tabelle 1 zusammengestellt.

Tabelle 1: Versuchsprogramm

Mörtelart	Bez.	Anzahl der Zugversuche [7]		
-	-	Runde Proben (Schablone) [5] D_{nenn} = 50 mm	Runde Proben (Bohrkerngerät) [3] [6] D_{nenn} = 50 mm	Quadratische Proben, Anl. ETAG 004 [4] [5] a_{nenn} = 50 mm
Mineralisch [1]	Typ A1	5	5 + 5 [6]	5
Mineralisch [1]	Typ A2	5	5 + 5 [6]	5
Organisch [2]	Typ B1	5	5 + 5 [6]	5
Organisch [2]	Typ B2	5	5 + 5 [6]	5

1) Mineralisch gebundene Werktrockenmörtel (pulveriges Material)
2) Organisch gebundene Mörtel auf Dispersionsbasis (pastöses Material)
3) Hergestellt mit einem Bohrkerngerät; in Anl. an DIN EN 1015-12
4) Quadratische Proben; in Anl. an ETAG 004; Belastungsgeschw. 1 mm/min
5) Die Belastungsgeschwindigkeit betrug 1 mm/min
6) Die Belastungsgeschwindigkeit betrug 1 mm/min und 10 mm/min
7) EPS 032 WDV Platten, Dicke 60 mm, Plattenkennzeichnung: EPS-EN13163-T2-L2-W2-S2-P4BS50-DS(70/-)2-DS(N)2-TR100

4. Versuchsergebnisse

Es wurden 16 Versuchsserien mit jeweils n = 5 Einzelversuchen durchgeführt. Im Folgenden werden die Ergebnisse der Versuche zusammengefasst.

- Mineralisch gebundene Werktrockenmörtel

Mit etwa 119 kPa und 117 kPa lag die mittlere Abreißfestigkeit des Mörtels des Typs A1 bei quadratischen Proben und bei Bohrkernproben deutlich oberhalb der mittleren Abreißfestigkeit der mit Schablone hergestellten Proben (ca. 77 kPa). Der Unterschied ist vorwiegend auf die abweichende Einarbeitung des Mörtels während des Auftrags auf die Dämmstoffplatte zurückzuführen. Das Versagen bei den quadratischen Proben und Bohrkern-Proben erfolgte durch Kohäsionsversagen des Dämmstoffs. Bei den runden, mittels Schablone hergestellten Proben, erfolgte ein Mischversagen aus Kohäsionsbruch des Dämmstoffs und Adhäsionsversagen zwischen Mörtel und Dämmstoff.

Beim Mörtel des Typs A2 wurde tendenziell das gleiche Ergebnis erreicht. Die mittlere Abreißfestigkeit lag bei quadratischen Proben bzw. bei Bohrkernproben mit 94 kPa und 84 kPa um ca. 34% bzw. 20% höher als die mittlere Abreißfestigkeit der mit Schablone hergestellten Proben (ca. 70 kPa). Das Versagen erfolgte jeweils durch Adhäsionsbruch zwischen dem Mörtel und dem Dämmstoff. Die mittleren Abreißfestigkeiten der mineralisch gebundenen Werktrockenmörtel sind grafisch im Bild 1 dargestellt.

- Organisch gebundene Mörtel

Mit etwa 94 kPa und 112 kPa lag die mittlere Abreißfestigkeit des Mörtels des Typs B1 bei quadratischen Proben und bei Bohrkernproben ca. 33% bzw. 8% unterhalb der mittleren Abreißfestigkeit der mit Schablone hergestellten Proben (ca. 121 kPa).

Beim Mörtel des Typs B2 erreichte die mittlere Abreißfestigkeit bei quadratischen Proben bzw. bei Bohrkernproben mit 97 kPa bzw. 102 kPa und lag somit ca. 13% bzw. 9% unterhalb der mittleren Abreißfestigkeit der mit Schablone hergestellten Proben (ca. 112 kPa). Das Versagen erfolgte jeweils durch Kohäsionsbruch des Dämmstoffs. Die mittleren Abreißfestigkeiten der organisch gebundenen Mörtel sind grafisch im Bild 2 dargestellt.

Der Einfluss der Prüfgeschwindigkeit wurde bei den mit der Bohrkrone hergestellten Proben untersucht. Es wurden 4 Serien mit Mörtelproben mit einer Belastungsgeschwindigkeit von 1 mm/min und 4 Serien mit einer Belastungsgeschwindigkeit von 10 mm/min geprüft.

Wie oben bereits angegeben erfolgte das Versagen der mit einer Belastungsgeschwindigkeit von 1 mm/min belasteten mineralisch gebundenen Werktrockenmörteln A1 bzw. A2 bei einer mittleren Abreißfestigkeit von ca. 117 kPa bzw. 84 kPa durch Kohäsionsbruch des Dämmstoffs (A1) bzw. Adhäsionsbruch zwischen Kleber und Dämmstoff (A2). Die gleichen Mörtelproben erreichten bei der Belastungsgeschwindigkeit von 10 mm/min eine mittlere Bruchlast von 107 kPa und 123 kPa. Das Versagen erfolgte jeweils durch Kohäsionsbruch des Dämmstoffs.

Bei dem Mörtel Typ A1 wurden bei der höheren Belastungsgeschwindigkeit um ca. 8% niedrigere Abreißfestigkeiten ermittelt. Beim Kleber des Typs A2 lagen die Abreißfestigkeiten bei der höheren Belastungsgeschwindigkeit um etwa 46% höher. Der signifikante Unterschied hängt auch mit dem Versagen der Proben zusammen. Das Versagen der Proben A2 wechselte vom Adhäsionsversagen bei einer Belastungsgeschwindigkeit von 1 mm/min zum Kohäsionsversagen oder zum Mischversagen aus Adhäsionsbruch und Kohäsionsversagen bei einer Belastungsgeschwindigkeit von 10 mm/min.

Das Versagen der mit einer Belastungsgeschwindigkeit von 1 mm/min belasteten organisch gebundene Mörtel B1 bzw. B2 erfolgte bei einer mittleren Abreißfestigkeit von ca. 112 kPa bzw. 102 kPa durch Kohäsionsbruch des Dämmstoffs. Die gleichen Mörtelproben erreichten bei der Belastungsgeschwindigkeit von 10 mm/min eine mittlere Bruchlast von 111 kPa und 114 kPa. Das Versagen erfolgte jeweils durch Kohäsionsbruch des Dämmstoffs. Vergleicht man die jeweiligen Abreißfestigkeiten bei den zwei untersuchten Belastungsgeschwindigkeiten, ergibt sich beim Mörtel B1 nahezu keine Veränderung, beim Mörtel B2 ergaben sich bei der höheren Belastungsgeschwindigkeit um ca. 12% höhere Abreißfestigkeiten.

Bezogen auf die Abreißfestigkeit bei einer Belastungsgeschwindigkeit von 1 mm/min liegen die bei einer Belastungsgeschwindigkeit von 10 mm/min ermittelten Abreißfestigkeiten in einem Streuband von etwa ±10%. Beim Mörtel Typ A2 wurde signifikant höhere Abreißfestigkeiten ermittelt. Die Ergebnisse der Abreißfestigkeiten der Kleber vom Dämmstoff in Abhängigkeit von der Belastungsgeschwindigkeit sind graphisch in Bild 3 dargestellt. Das Verhältnis der Abreißfestigkeit bei der Belastungsgeschwindigkeit von 10 mm/min und 1 mm/min sind in Bild 4 dargestellt.

5. Zusammenfassung

In den allgemeinen bauaufsichtlichen Zulassungen für Wärmedämm-Verbundsysteme sowie in Europäischen technischen Zulassungen (ETA) wird für die Kleber und Unterputze ein Nachweis der Abreißfestigkeit vom Dämmstoff gefordert. Bei der Prüfnorm bzw. Prüfvorschrift bei der Versuchsdurchführung wird auf die ETAG 004 verwiesen.

In der ETAG 004 sind quadratische Proben für die Abreißfestigkeitsversuche vorgesehen. Abgesehen vom höheren zeitlichen Aufwand kann die Herstellung von quadratischen Proben mit gewissen praktischen Schwierigkeiten bei der Umsetzung verbunden sein. Hilfsweise werden deshalb bei der Ermittlung der Abreißfestigkeit auch runde Probekörper, die mit Kernbohrgerät oder mit einer Schablone hergestellt werden, verwendet.

Mit einer Studie sollte der Einfluss von unterschiedlich hergestellten Prüfproben auf die Abreißfestigkeit untersucht werden. Dazu wurden 16 Versuchserien mit insgesamt 80 Einzelversuchen durchgeführt. Für die Versuche wurden zwei mineralisch gebundene Werktrockenmörteln (pulverige Materialien) und zwei organisch gebundene Mörtel (pastöse Materialien) verwendet. Die Untersuchungen wurden mit drei unterschiedlichen Probenvarianten durchgeführt.

Bei den mit einem Kernbohrgerät hergestellten Rundproben (in Anlehnung an DIN EN 1015-12) und bei quadratischen Proben (in Anlehnung an ETAG 004) ergaben sich vergleichsweise kleine Unterschiede in den ermittelten Abreißfestigkeiten. Bei den mit einer Schablone hergestellten Rundproben wurden geringfügig höhere Abweichungen im Vergleich zu den o.a. zwei anderen Probenformen festgestellt.

Bei den mit einem Kernbohrgerät hergestellt Proben wurde außerdem der Einfluss der Belastungsgeschwindigkeit auf die Abreißfestigkeit untersucht. Die Belastungsgeschwindigkeit betrug 1 mm/min und 10 mm/min. Bei drei der geprüften Klebern / Unterputzen wurde kein oder vergleichsweise geringer Einfluss der Prüfgeschwindigkeit auf die Abreißfestigkeit festgestellt. Bei einem Material lag der Unterschied bei den Abreißfestigkeiten mit ca. 46% hoch. Ob dies nur mit der höheren Belastungsgeschwindigkeit zusammenhängt muss noch geprüft werden.

Literatur

/1/   ETAG 004, Edition 2011, Guideline for european technical approval of External thermal insulation, Composite systems with rendering, European Organisation of Technical Approvals, EOTA, 1040Brussels

/2/   DIN EN 1015-12, Prüfverfahren für Mörtel für Mauerwerk, Teil 12: Bestimmung der Haftfestigkeit von erhärteten Putzmörteln, Deutsche Fassung EN 1015-12:2000, DIN Deutsches Institut für Normung e.V., Juni 2000

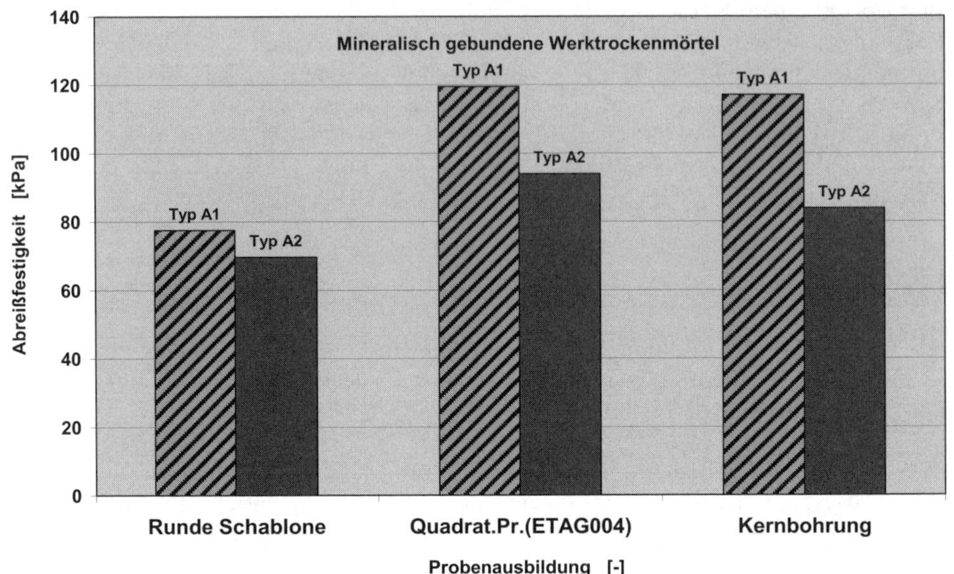

Bild 1: Abreißfestigkeit von mineralisch gebundenen Werktrockenmörteln in Abhängigkeit von der Prüfprobenausbildung

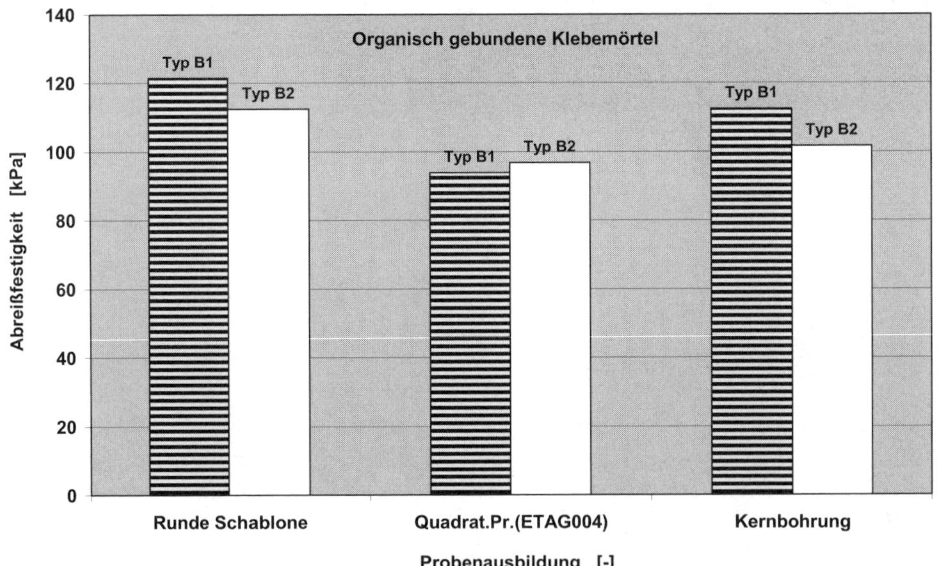

Bild 2: Abreißfestigkeit von organisch gebundenen Klebemörteln in Abhängigkeit von der Prüfprobenausbildung

504

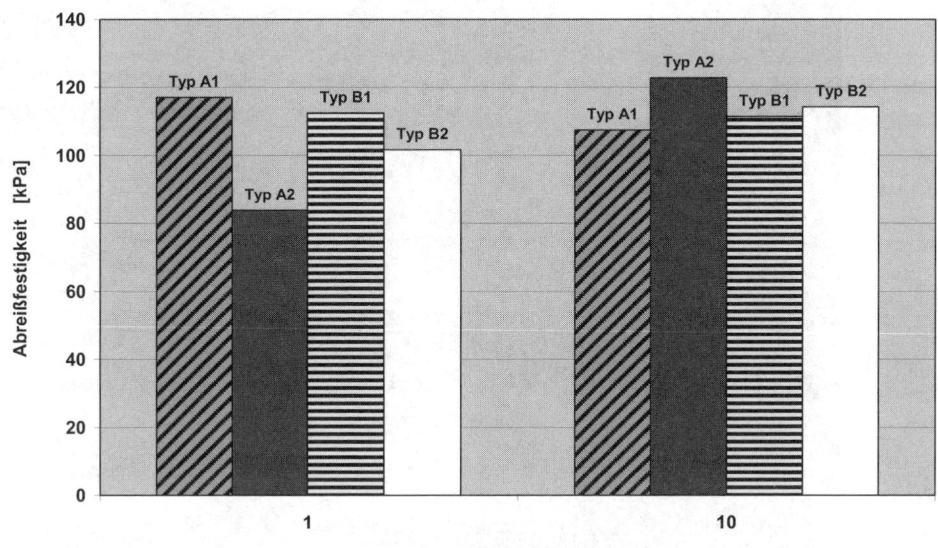

Bild 3: Abreißfestigkeit von mineralisch gebundenen Werktrockenmörteln und organisch gebundenen Klebemörteln in Abhängigkeit von der Belastungsgeschwindigkeit

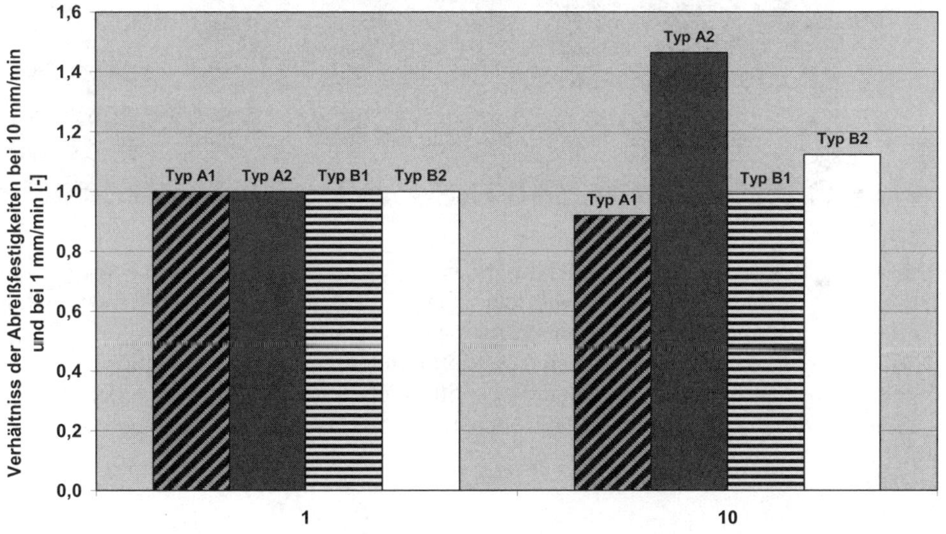

Bild 4: Relative Darstellung der Abreißfestigkeit (bezogen jeweils an die Abreißfestigkeit bei einer Belastungsgeschwindigkeit von 1 mm/min)

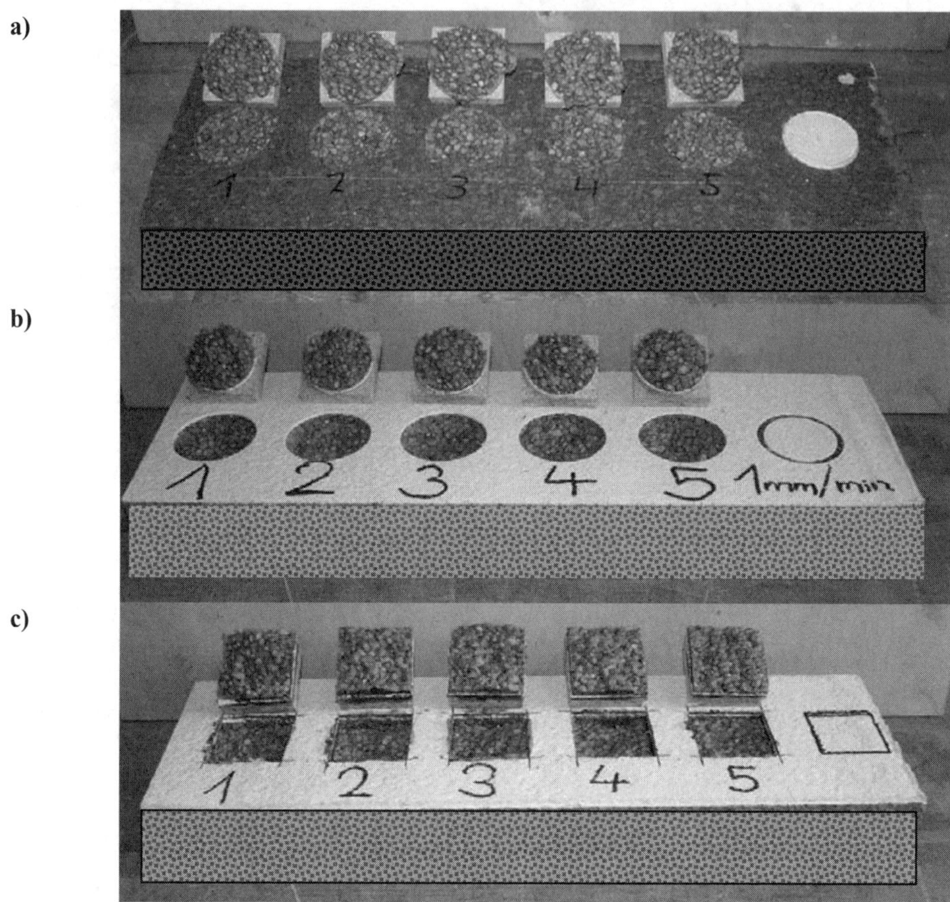

Bild 5: Beispiel der Probekörper nach den Abreißversuchen (organisch gebundener Klebemörteln Typ B1), Belastungsgeschwindigkeit 1mm/min, EPS-Dämmstoffplatte d = 60 mm.
a) Runde Proben d_{nenn} = 50 mm (Hergestellt mit Schablone)
b) Runde Proben d_{nenn} = 50 mm (Hergestellt mit Kernbohrgerät)
c) Quadratische Proben a_{nenn} = 50 mm (in Anl. an ETAG 004)

SICHERUNG DES TURMES VON SANKT MARTIN ZU LANDSHUT

Gallus Rehm

Zusammenfassung

Bild 1: Titelbild einer Broschüre mit
Berichten über alle konstruktiven
Maßnahmen, 1991

Dieser Beitrag behandelt eine 20 Jahre
zurückliegende Baumaßnahme an einem
im wahrsten Sinne des Wortes
herausragenden Bauwerk, dem mit 130 m
höchsten Backsteinturm der Welt; Teil der
Basilika St. Martin in Landshut (Bild 1).

Es wird das Verfahren beschrieben, nach
welchem die historische Pfahlgründung
durch ein Betonfundament ersetzt wurde.

1. Einleitung

St. Martin in seiner heutigen Form wurde zwischen 1385 und ca. 1500, also im Verlauf von etwas mehr als 110 Jahren, mit dem Chor beginnend, in mehreren Abschnitten als Ersatz für einen romanischen Hallenbau - der bereits Mitte des 1300 Jahrhunderts erbaut worden war - errichtet. Es war die Zeit der reichen bayerischen Herzöge, die Landshut zu einem Zentrum ihrer Machtentfaltung ausbauten (Bild 2). Davon zeugt unter anderem die Burg Trausnitz. Die Bürger stellten mit prächtigen Wohn- und Sakralbauten, unter anderem Sankt Martin, ihre Wirtschaftskraft unter Beweis. In diese Zeit fiel auch die Errichtung weltbekannter Türme; bereits 1330 war St. Marien in Lübeck mit einem Backsteinturm von 120 m Höhe fertig gestellt. Das Straßburger Münster erhielt seinen 142 m hohen Turm 1439, der Stephansdom in Wien 1433 einen mit 136 m. Die Türme von Ulm und Köln wurden zwar etwa zur gleichen Zeit begonnen, aber erst im 19. Jahrhundert fertiggestellt.

Bild 2: Burg Trausnitz und Sankt Martin

2. Beschreibung des Bauwerkes

Das ganze Bauwerk St. Martin einschließlich Turm steht, wie schon der Vorgängerbau, auf nicht tragfähigem Grund (Bild 3), welcher durch Holzpfähle überbrückt wurde. Im Turmbereich wur-den diese Pfahl an Pfahl (Pfahlbürste) mit Durchmessern zwischen 16 bis 26 cm und in Längen bis 1,6 m, mit ihrer Spitze bis in den tragfähigen Kies reichend eingetrieben (Bild 4). Dendro-chronologische Untersuchungen belegen als Fällungsjahr für das Holz 1441 und bestätigen damit diese Zeit als Baubeginn für die Gründung des Turmes. Über den zeitlichen Ablauf der Baumaßnahme gibt es zahlreiche Hinweise in der einschlägigen Literatur; als Fertigstellungstermin wird einvernehmlich etwa 1500 angenommen. Während der Bauzeit des Turmes waren von 1432 bis 1459 Hanns Stethaimer und ab 1459 Stefan Purghausen Leiter der Bauhütte von Sankt Martin.

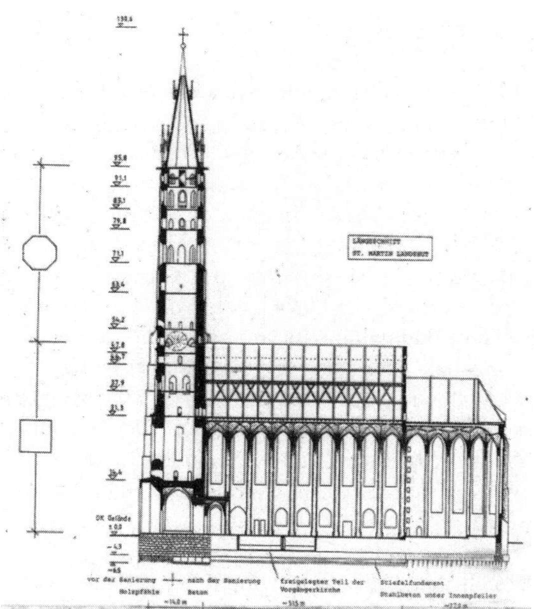

Bild 3: Längsschnitt Ost-West mit Turmfundamen

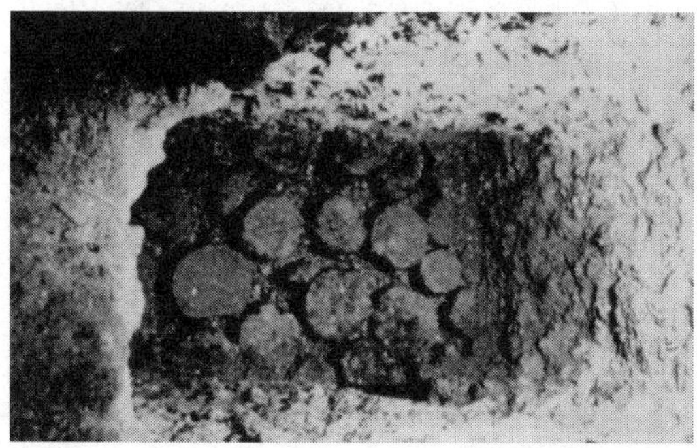

Bild 4: Ergebnis einer Grabung 1947 im Turmbereich

Der Turm weist am Fuß einen quadratischen Querschnitt von 14/14 m Seitenlänge und eine Mauerstärke von 3,4 bis 3,65 m auf (Vollziegelmauerwerk, altbayerisches Format 33/17/7 voll-flächig vermauert). Der quadratische Querschnitt wechselt in Höhe des Dachfirstes (ca. 50 m) in einen achteckigen mit Wandstärken von 2 bis 2,3 m (Bild 3) (Angaben nach eigenen Erhebungen und einem Plan von Schürmann 1857. Dieser war und ist nach wie vor Grundlage aller, auch neuerer Planzeichnungen. Das Aufmaß wurde vermutlich vor der bis 1875 dauernden Instandsetzung, vor allem des Dachgebälkes, angefertigt). Am Fuße des Turmhelmes wurden nach eigenen Messungen noch Wandstärken von 1,3 bis 1,7 m ermittelt.

2. Vorunteruntersuchungen und deren Ergebnisse

Aus Beiträgen von Zorn und Herzog [1] [2] und dem mir vorliegenden Schriftwechsel zwischen den für das Bauwerk zuständigen und diversen sachverständigen Stellen (Bayerisches Geologischen Landesamt, Bayerische Landesgewerbeanstalt BLGA, Bauamt Landshut) seit 1947 geht hervor, dass erste Bedenken bezüglich der Dauerhaftigkeit, der zwar im Detail damals noch nicht bekannten, aber doch als vorhanden angenommenen Pfahlgründung bei St. Martin, in den 1930er Jahren im Zusammenhang mit dem Bau eines Stauwehres (Max-Wehr) an der Isar, wegen der Änderung des Grundwasserspiegels geäußert wurden. Erst 1947 wurden, wie es in den Unterlagen heißt, "zufällig" im Zuge einer Baumaßnahme in einer an den Turm angrenzenden Seitenkapelle genauere Angaben über das Turmfundament und die Anordnung der Pfähle im Turmbereich gewonnen (Bild 4). In 1952 bis 1956 erfolgten weitere Erkundungen, die ab Anfang der 60er Jahre intensiviert wurden. Bis zum Jahre 1967 waren die zur Beurteilung der Gründungsverhältnisse aller tragenden Bauteile des Münsters notwendigen Angaben so weit gesichert, dass eine Aussage über die Standsicherheit des Bauwerkes erwartet werden konnte.

Für den Bereich des Turmes wurde festgestellt, dass dieser auf einem dem Wandverlauf folgen-den Kranzfundament aus vermörtelten "Nagelfluh-Brocken" in einer Mächtigkeit von bis zu 4,7 m und einer Dicke in Höhe der Pfahlköpfe von ca. 6 m steht (Bild 5).
Die Außenabmessungen wurden auf ca. 17m in Nord-Süd- und ca. 19 m in Ost-West-Richtung geschätzt. Die bereits genannte Pfahlgründung wurde bestätigt (Bild 4).

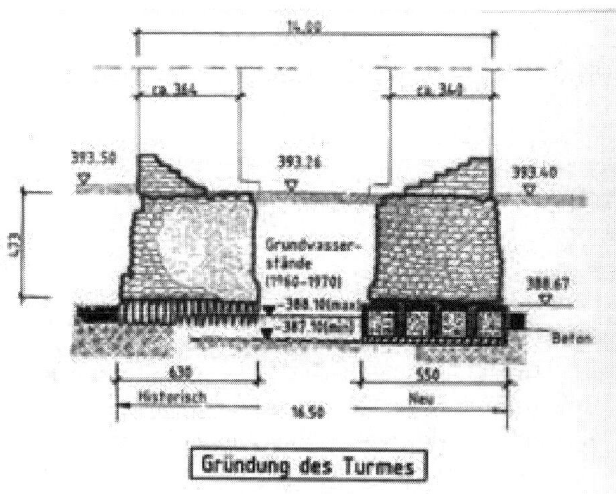

Bild 5: Abmessungen des Turmes am Fußpunkt und am Fundament

Im Zuge der Grabungen wurden Teile der Vorgängerkirche entdeckt, die genaue Lage der Umfassungswände und des frei stehenden Campanile konnten im Verlauf der

Unterfangungsmaßnahmen der Fundamente der Innenpfeiler ermittelt werden. Teile wurden freigelegt und dauerhaft zugänglich gemacht.

Endrös [3] hatte 1952 erste Bedenken bezüglich der Standfestigkeit des Turmes geäußert, vermutlich angeregt durch die im Westgiebel und am westlichen Ende des Langhauses vorhandenen Risse (Bilder 6 und 7), die mehrfach verschlossen worden waren, sich aber immer wieder öffneten und sicher auch wegen der Schwankungen des Grundwasserstandes.

Bild 6: Mehrfach verschlossener Riss im Westgiebel, sichtbar im Dachraum innen

Bild 7: Riss in der Ostwand der Taufkapelle mit Höhenversatz, links = Turm

Die Ostwand des Turmes ist mit dem Westgiebel des Langhauses im Verbund gemauert, und diese wiederum mit großer Wahrscheinlichkeit zusammen mit den letzten zwei westlichen Jochen des Langhauses hochgezogen worden (Baufuge). Dieser Umstand war der Grund dafür, dass sich der Turm nicht unabhängig von anderen Bauteilen setzen konnte. Die bis zum Abschluss der Sanierungsmaßnahmen nicht zu übersehenden, vorstehend beschriebenen und auch in den am Turm angrenzenden Kapellen deutlich sichtbaren Risse (Bild 7) waren die Folge.

Bodenerkundungen in den 1960er Jahren hatten einen tragfähigen, quartären Kies unter den Pfahlspitzen ergeben. Das Bauamt Landshut und die BLGA bestätigten mehrfach, dass der unterhalb der Pfähle anstehende Boden als ausreichend tragfähig angenommen werden kann.

4. Folgerungen

Um eine Beurteilung der Standsicherheit des gesamten Baukomplexes vornehmen zu können, wurde der Verfasser 1972 beauftragt, die zu verschiedenen Zeitpunkten und in einem unterschiedlichen Zustand befindlichen Pfähle (Bilder 8a / 8 b) auf ihre Tragfähigkeit bzw. die Auswirkungen ihres Zustandes auf die Standsicherheit der tragenden Teile des Bauwerkes zu untersuchen und schließlich eine verbindliche Aussage über den damals aktuellen Zustand des Gesamtbauwerkes zu machen. In eingehenden Untersuchungen (vom damaligen Assistenten, heute emeritierten Professor Dr. Lutz Franke betreut und ausgeführt) wurden die Druckfestigkeit und das Verformungsverhalten von gesunden und bereits durch Moderfäule angegriffenen Pfählen ermittelt. Unter der Annahme eines von Zorn [1] errechneten Turmgewichtes, einschließlich Fundament, von ca. 19.000 Tonnen und eines geschätzten Holzanteiles von 65 % unter dem Turmfundament ergab sich eine Beanspruchung am Pfahlkopf von ca. 0,8 N/mm², an den Pfahlspitzen von 10 N/mm². Insgesamt konnte festgestellt werden, dass für den Turm keine erhöhte Gefahr für einseitige oder zentrische Setzungen in einer kritischen Größenordnung bestand, vielmehr andere Bauteile - insbesondere die schlanken Pfeiler des Langhauses - einer vordringlichen Überprüfung bedurften.

Bild 8a: Schlechter Zustand der Pfahlköpfe. Übergang Turm - Langhaus

Bild 8b: Guter Zustand der Pfahlköpfe, Grabung 1967

Diese Aussage entsprach nicht den Vorstellungen und Erwartungen der Öffentlichkeit, weil diese nur den Turm als gefährdet ansah. Erst nach Abschluss der Instandsetzungsmaßnahmen an Pfeilern und Sicherung deren Gründung sollte eine Entscheidung über die Notwendigkeiten bzw. über Möglichkeiten, die Turmgründung "in Ordnung" zu bringen, herbeigeführt werden.

5. Vorschläge und Ausführung

Es wurden eine Reihe von Vorschlägen auf ihre Brauch- und Ausführbarkeit hin diskutiert; unter anderem der Einsatz des sogenannten Soilcrete-Verfahrens der Firma GKN Keller, das Verpressen des Zwischenraumes zwischen Unterkante Turmfundament und Oberkante Pfähle mit Zementmörtel (Bild 9), das Verpressen wie vor und Niederbringen einer, das Fundament einschließenden Spundwand zum Zwecke einer gesteuerten Wasserhaltung (Bild 10). Schließlich auch das Einbringen von Wurzelpfählen aus Beton (Bild 11). Der vom Verfasser 1987 unterbreitete Vorschlag, die Pfähle abschnittweise zu entfernen und durch Einschieben von Stahlbeton-Fertigteilen mit Verfüllen aller Hohlräume ein neues, dauerhaftes Betonfundament zu erstellen, wurde angenommen und 1990/91 zur Ausführung gebracht.

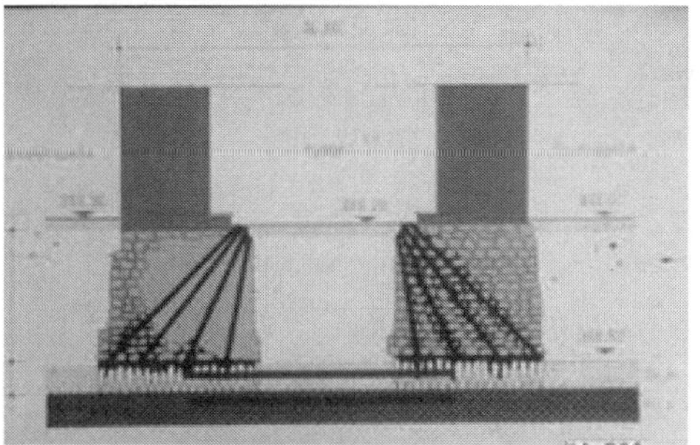

Bild 9:; Zementinjektion des Zwischenraumes Pfahlköpfe – Fundamentsohle

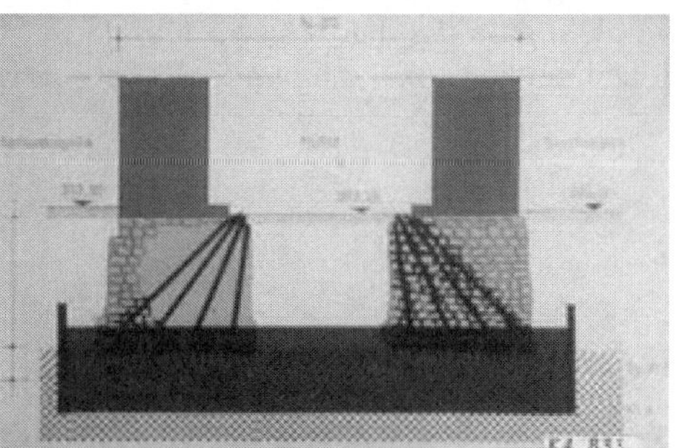

Bild 10: wie Bild 9, zusätzlich Spundwand mit Wasserhaltung

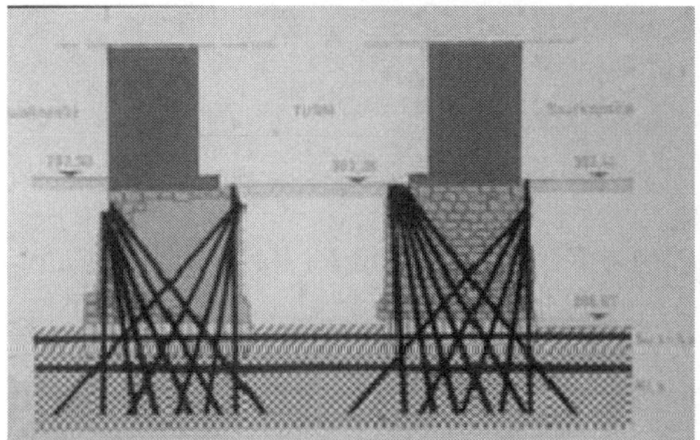

Bild 11: Umlastung auf Betonpfähle

Die 3 m langen Betonfertigteile waren zweiteilig, sie bestanden aus einem 1,5 m hohen trapezförmigen Ober- und einem 35 cm dicken plattenförmigen Unterteil (Bild 12). Sie waren so bemessen und bewehrt, dass sie die auf ihre Oberfläche entfallende anteilige Last des Turmes, mit vernachlässigbaren Verformungen zu übernehmen in der Lage waren. Die geneigt ausgebildeten Seiten-flächen des Oberteiles wiesen Aussparungen auf, in welche Pressen eingestellt und das Teil angehoben werden konnte.

Die Baugrube musste aus verkehrstechnischen Gründen auf die halbe Straßenbreite auf ca. 6 m begrenzt und wegen Anhäufung von Versorgungsleitungen im südlichen Teil des Turmes, Richtung Norden verschoben werden. Dadurch konnte das Unterfahren nicht wie vorgesehen parallel zum Langhaus, sondern musste unter 45 % verschwenkt ausgeführt werden (Bild 13). Der erste Strang wurde am südlichen, der zweite im nördlichen, die weiteren im Wechsel nördlicher/südlicher Außenbereich eingebracht. Bevor die Turmmitte mit Strang 8 angefahren wurde, lagen auf der Südseite bereits vier und auf der Nordseite drei fertige Stränge nebeneinander. Die Vorgehensweise hatte zwei Gründe: Zum einen handelte es sich um relativ kurze Stränge von 3 bis 4 Fertigteil-Elementen. Es konnte die geplante Vortriebstechnik und die allgemeine Vorgehensweise ohne großes Risiko auf ihre Brauchbarkeit hin überprüft werden. Zum zweiten: Es konnten die Befürchtungen vieler, auch selbsternannter "Sachverständiger" ausgeräumt werden, dass der Turm sich während der Unterfangungsarbeiten unkontrolliert einseitig setzen und in unzulässigem Maße neigen würde.

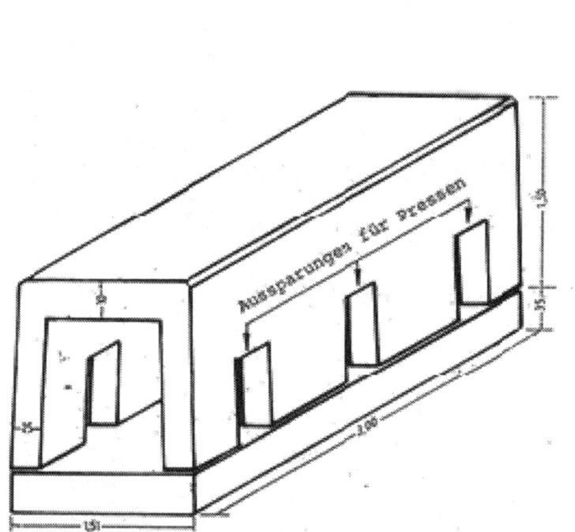

Bild 12: Form und Abmessungen der Stahlbetonfertigteile

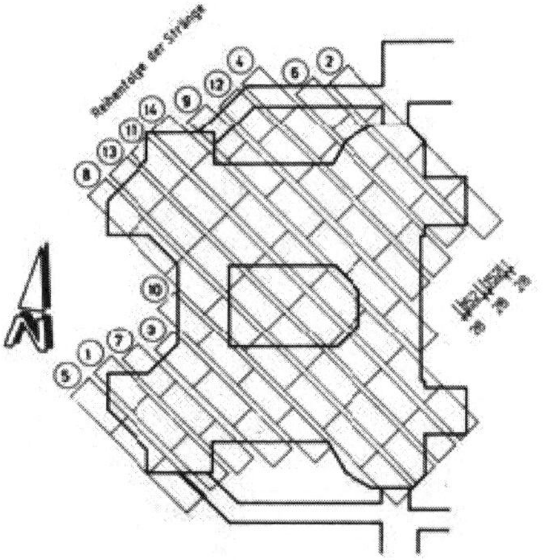

Bild 13: Lage und Reihenfolge der eingebrachten Stränge

Die Baugrube war durch eine hinterschnittene Bohrpfahlwand begrenzt (Bild 14) und über Stahlträger gegen das Turmfundament abgestützt, ihre Tiefe reichte bis Unterkante Nagelfluh-Fundament, also bis auf Höhe der Pfahlköpfe. Der Arbeitsablauf war wie folgt:

Im Bereich des jeweils einzubringenden Stranges wurde die Baugrube auf die endgültige Fundamentsohle, das waren ca. 2 m unterhalb des Steinfundamentes, vertieft. (Bild 15).

Der Ausbau der Pfähle (Bilder 16a und 16 b) und der Aushub des Bodens erfolgten händisch. Zum Schutz gegen möglicherweise herabfallende Teile des Nagelfluh-

Fundamentes war im jeweils ersten einzubringenden Fertigteil ein verschieblicher, stählerner Schutzschild vorgesehen. Darauf konnte aber verzichtet werden, weil die Vermörtelung der Nagelfluh-Brocken ausreichend tragfähig war. Der Ausbruch erfolgte jeweils auf die halbe Länge eines Fertigteiles, also auf 1,5 m, später auch auf die ganze Länge, in der Breite auf das Maß der Bodenplatte, zuzüglich 28 cm als Abstand zwischen den einzelnen Strängen.

Bild 14: Bohrpfahlwand als Umschließung der Baugrube mit Abstützung gegen das Turmfundament

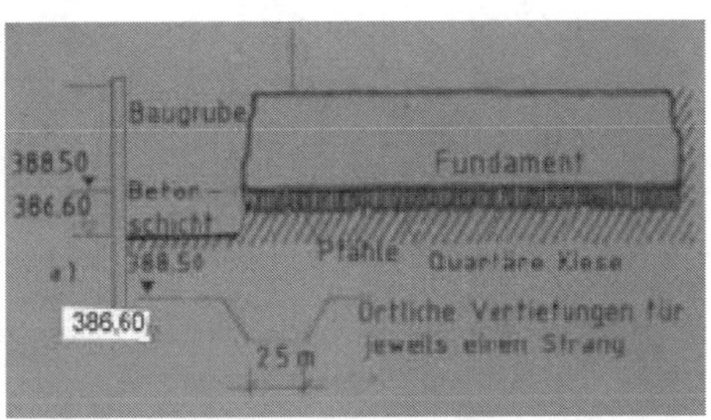

Bild 15: Situation vor Beginn der Aushubarbeiten

Bild 16a: Start eines Schachtes, stabiles Nagelfluhfundament. Holzpfähle erkennbar

Bild 16b: Transport des Aushubmaterials durch den sogenannten Tunnel der Fertigteile

Nach dem Aushub waren der im Untergrund anstehende Kies zu verdichten zu verfestigen und zwei Führungshölzer für den Vorschub einzusetzen (Bild 17) Auf diesen gleitend konnte das Fertigteil eingeschoben werden. Planmäßig waren jetzt, nach Anheben des oberen Fertigteiles um ca. 5 cm, Abschalen der seitlichen Öffnungen und gegebenenfalls Abschalen gegen seitliches Erdreich, die Räume außerhalb des Fertigteiles auszubetonieren, sodann das trapezförmige Teil über die eingesetzten Pressen mit einem Druck vom 1,4 fachen des anteiligen Lastanteiles aus dem Turm und Fundament gegen den über dem Oberteil liegenden Frischbeton, bis zum Erreichen einer ausreichend hohen Festigkeit, anzupressen.(Bild 18).

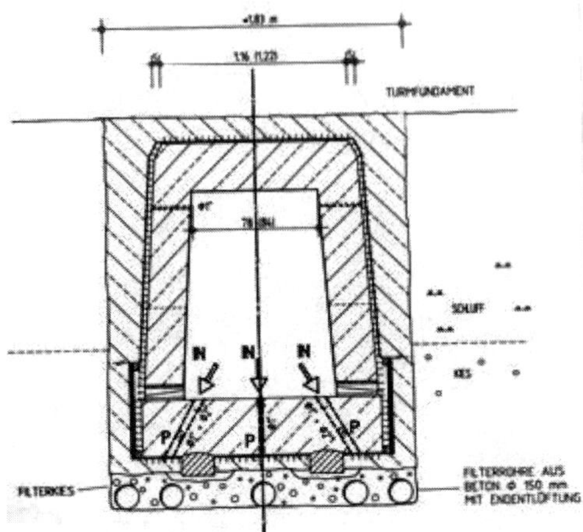

Bild 17: Ausführungszeichnung der
Fa. Kunz.

Bohrungen für Injektionen, Zustand vor
dem Verfüllen des Tunnels mit Beton.
Fertigteile verkeilt, alle Zwischenräume mit
Zement-suspension verfüllt. Führung der
Bodenplatte und seitliche Bohle als
Führung für Ober- und Unterteil erkennbar

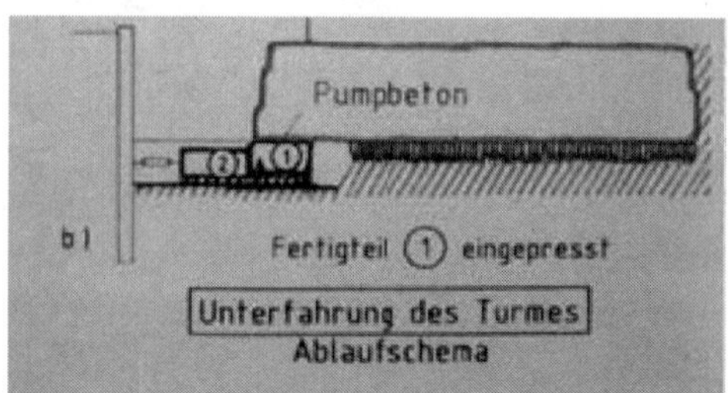

Bild 18: Erstes Fertigteil eingeschoben
Betonummantelung eingebracht

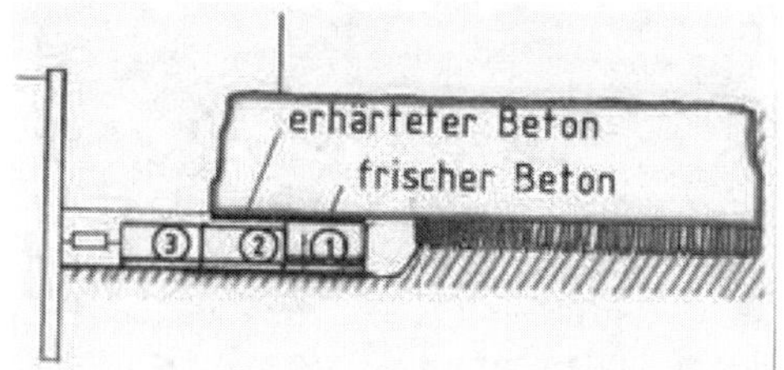

Bild 19: Nach Erhärten des Betons nach
Bild 18 Absenken von 1, Vorschub von
1 und 2, Betonummantelung für 1 und 2
anpressen

Während dieser Zeit konnte der nächste Arbeitsabschnitt vorbereitet werden. Das obere
Fertigteil wurde abgesenkt, es entstand ein ausreichend großer Spalt zwischen dem
eingebrachten Ortbeton und dem Fertigteil, sodass der Vorschub zusammen mit der
Bodenplatte erfolgen konnte. Nach Erreichen der vorgesehenen Position wurden das
obere Teil wieder angehoben, die Zwischen-räume ausbetoniert, das Oberteil angepresst
und der nächste Schritt vorbereitet. (Bild 19).

Eine Modifizierung der Vorbehandlung der Gründungsfläche machte der schon beim
ersten Strang gegenüber dem erwarteten deutlich erhöhte Wasseranfall von bis zu 55
ltr/sek (Quellwasser) notwendig. Die installierte Wasserhaltung war überfordert. Es
mussten neue Schluckbrunnen niedergebracht und eine erhöhte Pumpleistung installiert
werden. Trotzdem gelang es nicht immer, den Arbeitsbereich trocken zu halten. Das
wirkte sich ungünstig auf die Konsistenz und die Zusammensetzung des anstehenden
Bodens aus. Trotz der eingebrachten Filterrohre wurde ein Teil des Feinsandanteiles
ausgewaschen und musste durch Zementinjektionen ersetzt werden (Bild 20).

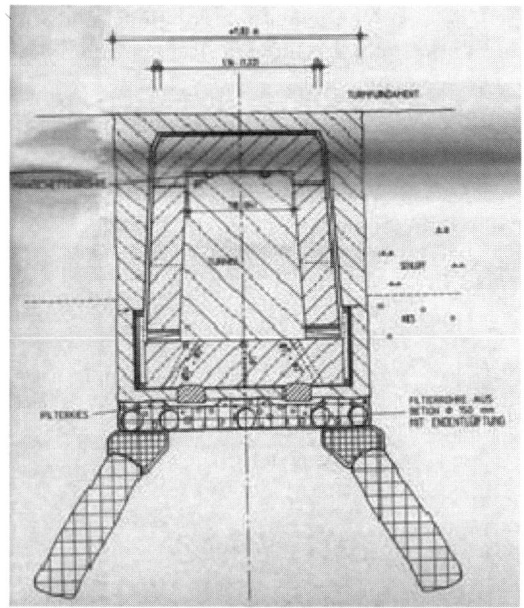

Bild 20: Ausführungsplan Fa. Kunz, Zustand nach Bodenverfestigung, Verfüllen des Tunnels Manschettenrohre zwecks Verpressen des Spaltes Ortbeton – Fertigteil

Eine weitere Abwandlung gegenüber der ursprünglichen Planung hat sich aus der Erfahrung mit den ersten Strängen ergeben. Für bis zu 3 Fertigelemente reichten die Führungshölzer unter der Bodenplatte aus, um den Vorschub allein über diese bewerkstelligen zu können. Für längere Stränge schien es jedoch besser, eine zusätzliche und zwar seitliche Führung auch für das obere Fertigteil vorzusehen. Eine auf beiden Seiten des Fertigteiles eingestellte Bohle mit Holzleisten am oberen und unteren Ende erfüllte diese Aufgabe (Bilder 17 und 20). Sie diente gleichzeitig als Abschalung für den Spalt zwischen Ober- und Unterteil und wurde durch hinterfüllen mit Beton in ihrer Lage gesichert. Gleichzeitig wurde die Vorschubplatte so geändert, dass beide Teile des Fertigteiles und nicht nur die Bodenplatte, beim Einschieben erfasst wurden (Bild 21).

Nach Fertigstellung eines Stranges wurden vom vordersten, d.h. am ersten eingeschobenen Fertigteil beginnend, das jeweilige Oberteil der Elemente mit Hilfe von Pressen gegen den erhärteten Beton gedrückt und durch Stahlkeile in dieser Lage fixiert (Bild 22).

Als letzter Arbeitsschritt wurde nach Fertigstellung aller Stränge der Hohlraum, vor Ort als Tunnel bezeichnet, mit Beton verfüllt. Nach Erhärten wurden die durch Absetzen des frischen und Schwinden des erhärteten Betons gebildeten Spalte mit Zementsuspension verpresst (Bild 20). Dazu waren Manschettenrohre beim Betonieren eingebracht worden. Mit dem Verpressen waren die Unterfangungsarbeiten abgeschlossen und der Turm stand auf einem sicheren Betonfundament. Die ursprüngliche Pfahlgründung und die neue Gründung können über einen Schacht beim Strang 2 (Bild 13) in einem räumlich begrenzten Bereich in Augenschein genommen werden.

Bild 21:Gleichzeitiger Einschub von Bodenplatte und Tunnelelement

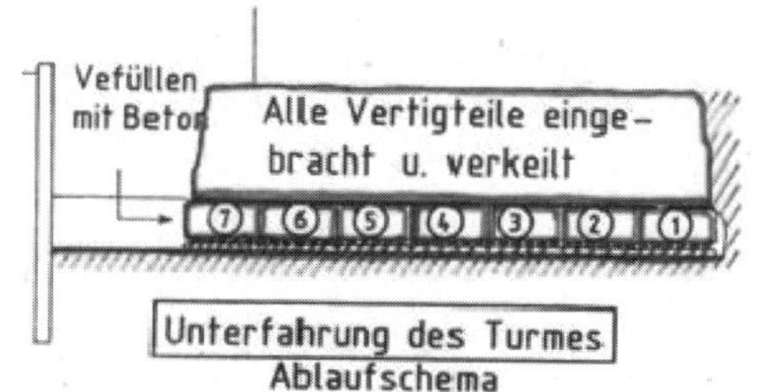

Bild 22

Die beschriebene Maßnahme konnte nur mit engagierten und erfahrenen Fachkräften ausgeführt werden. In der Person des Herrn Joseph von der Firma Brannekämper als Ober- und Herrn Habermeyer von der Firma Kunz als örtlichen Bauleiter, zusammen mit seinen Mitarbeitern, die unter extrem ungünstigen räumlichen Verhältnissen, zeitweise im Wasser stehend, harte körperliche Arbeit leisten mussten, waren diese Voraussetzungen erfüllt. Herr Dr. R. Mallée, damals Mitarbeiter im Ingenieurbüro Rehm, war eine wertvolle Stütze bei der Planung und Umsetzung des Vorhabens, welches, Gott sei Dank, ohne Unfall abgeschlossen werden konnte. Natürlich gab es kritische Situationen und schlaflose Nächte, z. B. beim ersten Wassereinbruch.

Gelegentlich kamen auch Bedenken auf, ob man nicht zu mutig gewesen und das Wagnis zu hoch war. Vor allem als in 95 m Höhe am Turm, zwar vernachlässigbar geringe aber doch Auslenkungen in der Größenordnung von 30 mm gemessen und publik gemacht worden waren, musste man standhaft bleiben (Bild 23).

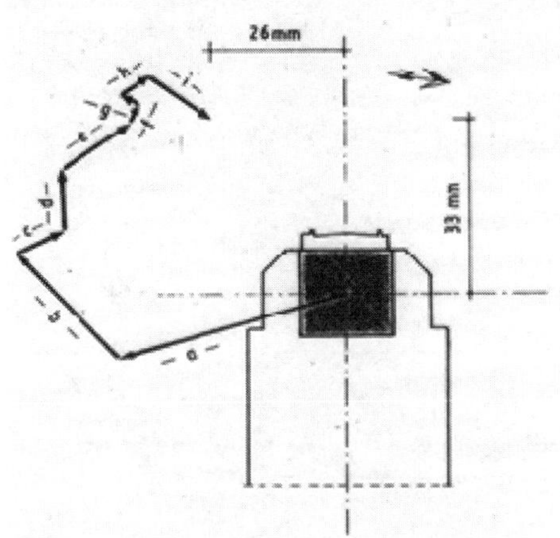

Bild 23: Auslenkung des Turmes während der Unterfangungsarbeiten

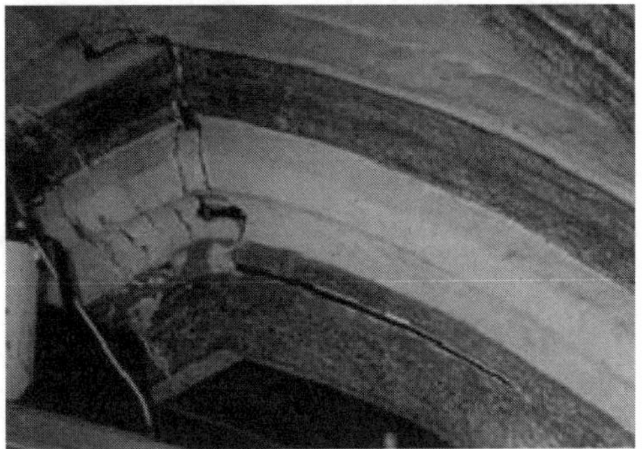

Bild 24: Gewölberippe im unmittelbar an den Turm angrenzenden Feld vor der Instandsetzung

Am Ende stand und steht auch heute noch die Freude über ein gelungenes Werk, auch wenn das gesteckte Ziel, die Umlastung des Turmes ohne nennenswerte Setzungen zu bewerkstelligen, nicht ganz erreicht wurde. Die Setzungen erreichten mit 12 mm einen, im Vergleich zu den früheren Beträgen zwar sehr geringen, aber doch höheren Wert als erwartet. Mit dem Verschließen der "alten" Risse im westlichen Giebel, in der nördlichen und südlichen Außenwand des Langhauses sowie in den Kapellen zu beiden Seiten des Turmes wurde 1997 zusammen mit der Sanierung der am Turm angrenzenden Gewölbefelder des Langhauses (Bild 24) eine mehrjährige Instandsetzungs- und Sanierungstätigkeit erfolgreich abgeschlossen. Die verschlossenen Risse haben sich bis heute nicht wieder geöffnet; es kann also davon ausgegangen werden, dass die Auswirkungen der Unterfangungsmaßnahmen abgeschlossen sind.

Literatur

[1]   Zorn, E.: Diss. "Statische Untersuchung der St.-Martins-Kirche in Landshut" 1933
[2]   Herzog, T.: Alt-St.-Martin in Landshut, 1969
[3]   Endrös, R.: Gutachten über die Standsicherheit der St.-Martins-Kirche in Landshut, 1953
[4]   Festschrift über die konstruktive Sanierung der Pfarr- und Stiftskirche Sankt Martin zu Landshut 1946, 1991

INNOVATIVE METHODEN ZUR ZERSTÖRUNGSFREIEN UNTERSUCHUNG VON KORROSIONSGEFÄHRDETEN STAHLBETONBAUTEILEN

Kenji Reichling*, Michael Raupach*
*Institut für Bauforschung der RWTH Aachen, Deutschland

Kurzfassung

Um den steigenden Anforderungen an eine Bauwerksdiagnose gerecht zu werden, müssen die Prüfmethoden stetig weiterentwickelt werden. Am Institut für Bauforschung werden derzeit zerstörungsfreie Verfahren entwickelt, um die Gefährdung von Stahlbetonbauteilen hinsichtlich Bewehrungskorrosion zu untersuchen. Mit der Delta-Sonde ist es möglich Bereiche mit erhöhter chloridinduzierter Korrosionsgefährdung auch ohne Bewehrungsanschluss zu lokalisieren. Zur Bestimmung des maßgeblichen spezifischen elektrischen Betonwiderstandes kann die Widerstandstomografie zum Einsatz kommen. Beide Verfahren werden kurz vorgestellt und deren Einsatz exemplarisch gezeigt.

1. Einführung

Verkehrs- und Küstenbauwerke aus Stahlbeton weisen aufgrund der Chloridbelastung ein erhöhtes Risiko für Bewehrungskorrosion auf. So spielt die Instandhaltung eine maßgebliche Rolle bei älteren Bauwerken. Die Planung der erforderlichen Maßnahmen basiert immer auf einer Bauwerksdiagnose, dessen Qualität sich monetär in den einzuplanenden Mitteln für die Instandhaltung widerspiegelt. Aus diesem Grund werden immer höhere Anforderungen an Untersuchungsverfahren gestellt, wie z.B. breitere Anwendungsgebiete und präzisere Aussagen.

Um den Forderungen gerecht zu werden, werden am Institut für Bauforschung (ibac) derzeit neue Verfahren entwickelt, die in den folgenden Abschnitten vorgestellt werden.

2. Kabellose Lokalisierung von korrosionsgefährdeten Bereichen

Ein maßgeblicher Anteil der Schädigungen an Verkehrs- und Küstenbauwerken aus Stahlbeton bildet die chloridinduzierte Korrosion der Bewehrung. Um eine Instandsetzung dauerhaft und wirtschaftlich effizient durchzuführen, müssen im Rahmen einer vollflächigen Bauwerksdiagnose alle maßgeblichen kritischen Bereiche lokalisiert werden. Bei chloridinduzierter Korrosion bietet sich hierfür u.a. die Potentialfeldmessung an. Hierbei werden mit Hilfe eines hochohmigen Voltmeters die Potentialdifferenzen zwischen einer an der Betonoberfläche elektrolytisch angekoppelten Referenzelektrode und der Betonoberfläche gemessen (siehe *Abbildung 1*). Nach einer rasterförmigen Aufnahme der Potentiale, können die Ergebnisse in Form eines Falschfarbenbildes dargestellt werden, wobei hohe Potentialgradienten und stark negative Messwerte auf kritische Bereiche hinweisen. Ein Vergleich mit absoluten Grenzwerten ist hierbei nicht zielführend. Bei dem konventionellen Verfahren wird eine durchgängige elektrische Verbindung der Bewehrung sowie ein Bewehrungsanschluss benötigt. In Fällen bei denen keine elektrische Kontinuität der Bewehrung sichergestellt werden kann (z.B. Fertigteilelemente oder ältere Bauwerke) oder die Betondeckung nicht zerstört werden darf, stößt man mit dem konventionellen Verfahren an die Anwendungsgrenzen.

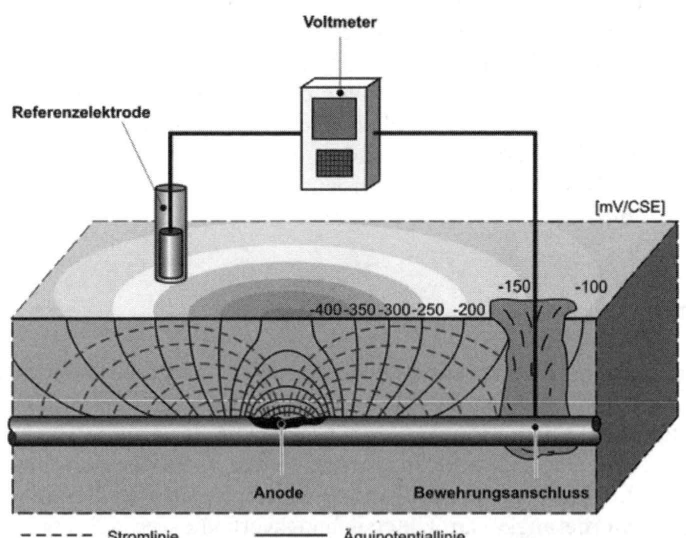

Abbildung 1:　Schematische Darstellung des Messaufbaus einer konventionellen Potentialmessung und eines Potentialverlaufs an einer Betonoberfläche

Alternativ zur Bewehrung kann jedoch ebenfalls eine zweite, extern auf die Betonoberfläche aufgesetzte Elektrode eingesetzt werden. Diese Messmethodik wurde bereits in z.B. [1]-[3] erwähnt. Die resultierende Potentialdifferenz zwischen zwei Messpunkten ist für beide Messmethoden gleich, wobei die Absolutwerte bei der Messung mit Bewehrungsanschluss um mehrere Hundert mV negativer sein können.

Der zwischen zwei Elektroden ermittelte Potentialunterschied ist ebenfalls abhängig von der relativen Position der gewählten Messpunkte zueinander. Das Ziel ist es eine Aussage zur Richtung des stärksten Potentialgradienten zu treffen, weswegen eine dritte Elektrode benötigt wird. Mit einem Aufbau von 3 Elektroden (siehe *Abbildung 2*) besteht die Möglichkeit, den maximalen Potentialgradienten weitestgehend unabhängig von der relativen Position der Elektroden zu bestimmen.

In [4] wurde die Methode zur Potentialmessung mit der „Delta-Sonde" bereits ausführlich beschrieben und soll hier nur kurz erläutert werden.

Zwischen drei externen, auf die Betonoberfläche aufgesetzten Elektroden werden zwei Potentialdifferenzen gemessen. Mit bekanntem Elektrodenabstand kann der dreidimensionale Potentialverlauf rechnerisch ermittelt werden (siehe *Abbildung 3*, oben). Die Kipprichtung sowie der Gradient der ermittelten Ersatzfläche korrelieren hierbei mit dem tatsächlich vorliegenden Potentialverlauf (siehe *Abbildung 3*, unten).

Abbildung 2:   Delta-Sonde, bestehend aus drei Referenzelektroden

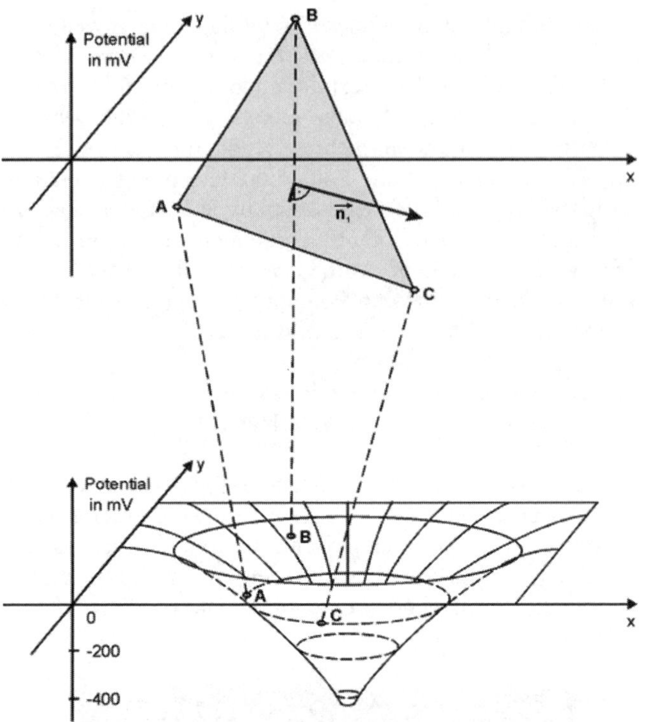

Abbildung 3:   Idealisierte Darstellung eines ermittelten (oben) und eines
tatsächlichen dreidimensionalen (unten) Potentialverlaufs

Aus diesen Informationen kann ein Vektor ermittelt werden, der parallel zur
Betonoberfläche verläuft (siehe *Abbildung 4*, links). Der Vektor liefert Informationen
über die jeweilige Richtung zu den negativsten Werten und zum jeweiligen
Potentialgradienten. Beide Parameter sind entscheidend für die Lokalisierung kritischer
Bereiche. Große Vektorlängen deuten auf einen großen Potentialgradienten hin.

524

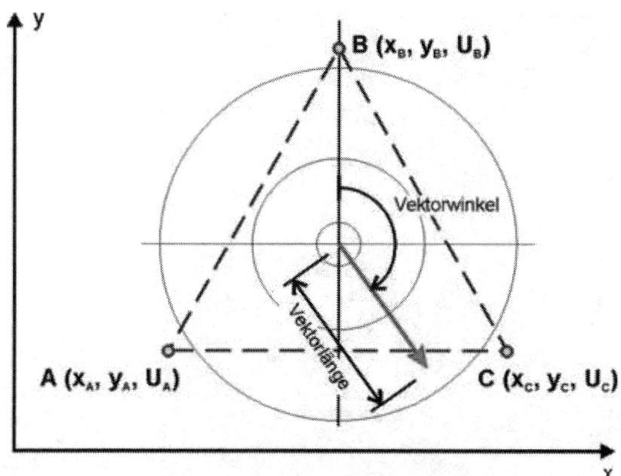

Abbildung 4:   Schematische Darstellung des Ergebnisvektors

In *Abbildung 5* sind die Ergebnisse einer konventionellen Potentialmessung denen mit der „Delta-Sonde" gegenübergestellt. Bei dem Messobjekt handelt es sich um eine Stahlbetonplatte mit einem mittig angeordneten Streifen mit aktiv korrodierender Bewehrung. Die Depassivierung der Bewehrung erfolgte durch Zugabe von Chloriden in den nachträglich eingebrachten Frischbeton. Anhand der konventionellen Potentialverteilung ist der Bereich aktiver Korrosion deutlich erkennbar. Die eng verlaufenden Äquipotentiallinien deuten auf große Potentialgradienten im Übergangsbereich zwischen depassivierter und passiver Bewehrung hin. Außerhalb des Bereichs mit chloridkontaminiertem Beton konnten weniger negative Potentialwerte und deutlich flachere Gradienten festgestellt werden.

Die mithilfe der Delta-Sonde ermittelten Potentialvektoren zeigen im Übergangsbereich zwischen aktiver und passiver Bewehrung große Längen auf. Dies korreliert gut mit den starken Potentialgradienten. Die Vektoren verlaufen grundsätzlich senkrecht zu den Potentiallinien und zeigen somit auf den kritischen Bereich. Somit kann festgehalten werden, dass das Verfahren der Delta-Sonde grundsätzlich geeignet ist, um ohne Bewehrungsanschluss auf die Lage und Gefährdung von Bereichen mit hohem Korrosionsrisiko zu schließen.

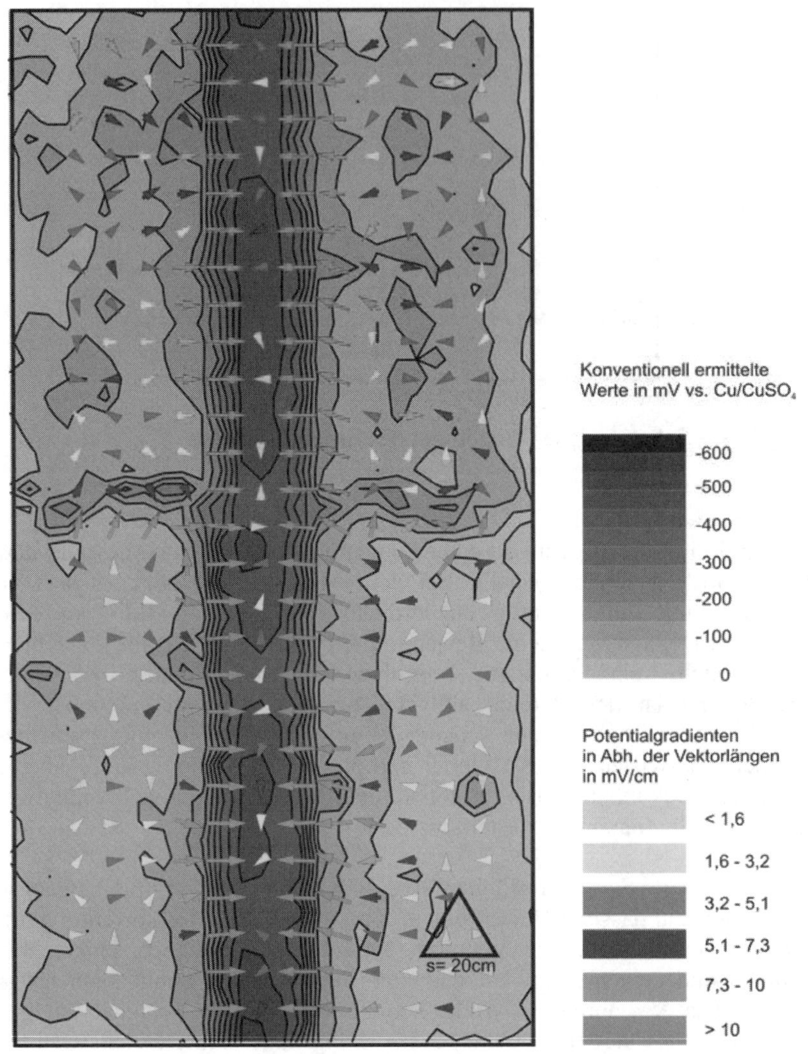

Abbildung 5:   Gegenüberstellung von konventionell ermittelten Potentialwerten mit Messergebnissen der Delta-Sonde

Neben der Erstellung der oben beschriebenen Vektorfelder ist ebenfalls der Einsatz als „Korrosionskompass" denkbar. Hierfür ist am Institut für Bauforschung eine Softwareanwendung programmiert worden, die während der Messung den aktuellen Vektor anzeigt.

3. Widerstandstomografie

Der elektrische Widerstand von Beton spielt im Bereich der Bauwerksdiagnostik eine immer wichtigere Rolle. So konnte bspw. im Rahmen der DFG geförderten Forschergruppe 537 die maßgebliche Abhängigkeit der Korrosionsgeschwindigkeit der Bewehrung vom Betonwiderstand bestätigt werden z.B. [5]. Verschiedene Autoren verweisen auf die Korrelation mit weiteren dauerhaftigkeitsrelevanten Parametern, wie z.B. dem Wassergehalt, der Porosität sowie dem Chloriddiffusionswiderstand z.B. [6]-[9]. Hierbei sind die genauen Zusammenhänge jedoch noch nicht abschließende geklärt, die grundsätzliche Relevanz des elektrischen Betonwiderstand kann hierdurch jedoch gezeigt werden.

Grundsätzlich erfolgt die Bestimmung des elektrischen Widerstandes (Ω) über das Ohm'sche Gesetz, wobei der Quotient aus einer resultierenden Spannung (V) zu einem induzierten Strom (I) gebildet wird. Der Widerstand ist jedoch maßgeblich von der Form des elektrischen Feldes und somit auch von der Elektrodenanordnung abhängig. Aus diesem Grund wird der spezifische Widerstand (Ωm) als materialspezifischer Parameter genutzt, der durch Multiplikation des Widerstandes mit einem Geometriefaktor (m^2/m) bestimmt werden kann.

Prinzipiell kann zwischen Zwei- oder Mehrelektrodenaufbauten sowie zwischen Gleich- oder Wechselstrommessverfahren unterschieden werden. Bei der Widerstandsmessung mit zwei Elektroden erfolgt die Induzierung des Stroms sowie Bestimmung der resultierenden Spannung an den gleichen Elektroden. Bei Mehrelektrodensystemen kommt im Bauwesen üblicherweise die Anordnung nach Wenner [10] zum Einsatz (siehe auch *Abbildung 6*). Hierbei sind vier Elektroden mit gleichem Abstand in einer Linie angeordnet. Der Strom wird über die äußeren Elektroden (C_1 und C_2) induziert, wobei die resultierende Spannung über die beiden inneren Elektroden (P_1 und P_2) gemessen wird. Wenner geht im Fall einer homogenen Verteilung des Widerstandes davon aus, dass sich der Strom ausgehend von den strominduzierenden Elektroden in Form einer Halbkugel ausbreitet. Auf Basis dieser Annahme kann der Geometriefaktor zu „2$\cdot\pi\cdot$Elektrodenabstand" gesetzt werden.

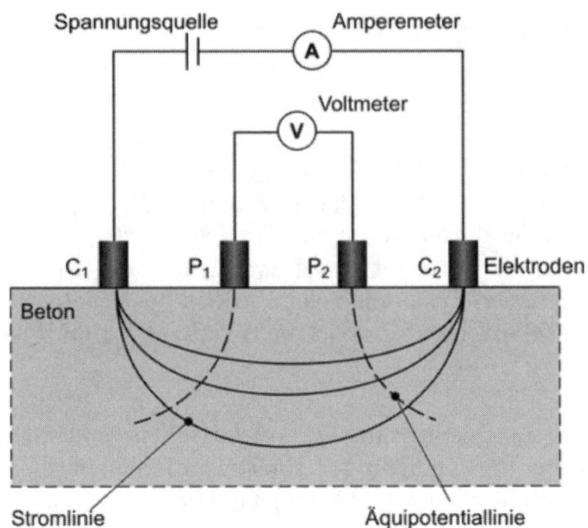

Abbildung 6:   Exemplarischer Vierelektrodenaufbau nach Wenner [10]

Wird der Widerstand mittels Gleichstrommessung bestimmt, können die Ergebnisse einfach über das Ohm´sche Gesetz bestimmt werden. Bei Zwei-Elektroden Anordnungen können die Polarisationseffekte an den Elektrodenoberflächen jedoch zu unbrauchbaren Ergebnissen führen. Um dies zu vermeiden, können Vier-Elektrodenanordnungen gewählt werden, wobei die Polarisationseffekte an den stromführenden Elektroden zu weiteren Einschränkungen bei der Messtechnik führen können. Um diesen Problemen entgegenzuwirken funktionieren Widerstandsmessgeräte üblicherweise mit Wechselstrom. Die so ermittelten Impedanzen werden weiterhin durch Polarisationseffekte beeinflusst, jedoch sind diese über Frequenzanalysen quantifizierbar.

Abgesehen vom Betonwiderstand hat der Aufbau eines Stahlbetonbauteils ebenfalls einen Einfluss auf die Messwerte. Bei einer Vier-Elektroden Messung kann das sich im Beton ausbreitende elektrische Feld stark von der Bewehrung oder heterogenen Widerstandsverteilungen (z.B. durch unterschiedliche Wassergehalte oder Karbonatisierung) beeinflusst werden. Dies wirkt sich in hohem Maße auf die Messwerte aus, was zu Fehlinterpretationen führen kann.

Am Institut für Bauforschung wird derzeit an einem Messverfahren geforscht, um diese Einflüsse zu untersuchen und visuell darzustellen. Hierzu kommt u.a. das aus der Geophysik bekannte Verfahren der Widerstandstomografie zum Einsatz, z.B. [11]. Hierbei werden an der Betonoberfläche mehrere Messungen auf Basis eines Vier-Elektroden Aufbaus durchgeführt. Durch seitliche Verschiebung der Elektrodenpositionen können horizontale Heterogenitäten lokalisiert werden. Vertikale Veränderungen werden durch Vergrößerung der Elektrodenabstände erfasst. In *Abbildung 7* ist der schematische Messaufbau exemplarisch für 20 Elektroden und dem

Aufbau nach Wenner dargestellt. Position 1 gibt die Anordnung für den ersten Messwert wieder. Die erste und vierte Elektrode dienen hierbei der Strominduzierung, wobei die zweite und dritte Elektrode zur Bestimmung des Potentialabfalls dienen. Bei Position 2 ist der Aufbau um eine Elektrode nach rechts verschoben. Diese Vorgehensweise wird wiederholt, bis die letzte Elektrode erreicht ist. Bis zu diesem Punkt sind 17 Messwerte aufgenommen worden. Anschließend wird die Prozedur mit doppeltem, dreifachen, etc. Elektrodenabstand wiederholt.

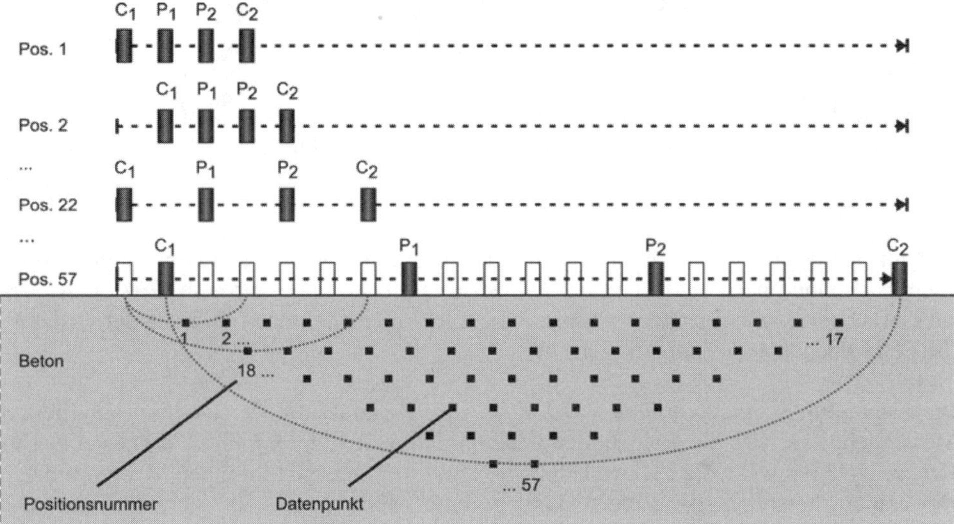

Abbildung 7:   Exemplarischer Messablauf bei der Widerstandstomografie

Im Folgenden werden rechnerisch ermittelte Ergebnisse für zwei typische Widerstandsverteilungen bei Stahlbeton vorgestellt. In *Abbildung 8* sind beide Fälle schematisch dargestellt. Beim ersten Fall handelt es sich um eine oberflächennahe Schicht mit geringem Widerstand (10 Ωm) und einer Schichtdicke von 5 mm. Diese Randbedingungen können gegeben sein, wenn ein zunächst mäßig feuchter Beton nach einem Regenereignis mit Wasser beaufschlagt oder der Beton vor der Messung angefeuchtet wurde. Im zweiten Fall handelt es sich um eine Stahlbewehrung mit einer Betondeckung sowie einem Durchmesser von je 10 mm. In beiden Fällen beträgt der Widerstand des Tiefenbetons 100 Ωm.

Zur Untersuchung der Anwendbarkeit des hier vorgestellten Verfahrens werden für die beiden beschriebenen Fälle zunächst Messergebnisse simuliert, um in einem weiteren Schritt wieder zurück auf die Widerstandsverteilung zu schließen und mit den Eingangsdaten zu vergleichen. Hierzu kommt die Simulationssoftware RES2DMOD von

Geotomo [12] zum Einsatz. Es wird davon ausgegangen, dass das Messverfahren mit der oben beschriebenen Elektrodenanordnung und einem Elektrodenabstand von 1 cm angewendet wird.

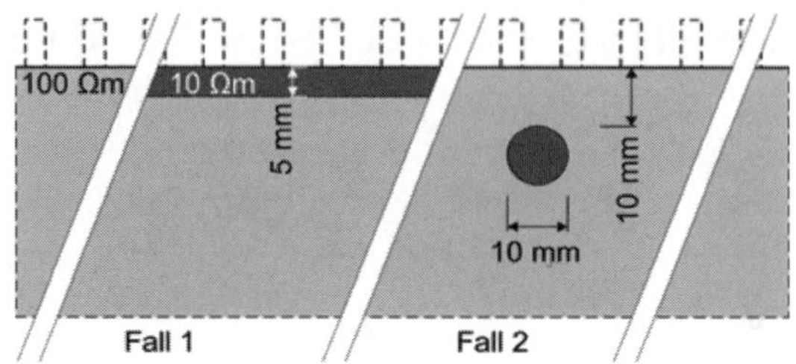

Abbildung 8:   Oberflächennahe Schicht mit geringerem Widerstand (Fall 1) und Vorhandensein eines Bewehrungseisens (Fall 2)

Die im vorliegenden Fall durch Simulation ermittelten Messergebnisse werden durch Pseudosektionen dargestellt. Hierbei handelt es sich um eine grafische Darstellung der Messergebnisse wobei auf der Abszisse die Elektrodenpositionen und auf der Ordinate die Elektrodenabstände aufgetragen sind.

In *Abbildung 9* und *Abbildung 10* sind die Pseudosektionen für die simulierten Messergebnisse, für die beiden betrachteten Fälle aus *Abbildung 8* dargestellt. Die Kreuze stellen jeweils die Elektrodenposition und den –abstand für einen Messwert dar. Bei einer heterogenen Widerstandsverteilung kommt es zu Verzerrungen des elektrischen Feldes während der Messung, wodurch der Geometriefaktor nach Wenner seine Gültigkeit verliert. Hierdurch ergebenen sich die im Folgenden diskutierten Abweichungen zwischen den Pseudosektionen und den zugrunde liegenden Widerstandsverteilungen.

Für Fall 1 kann festgestellt werden, dass mit einem Elektrodenabstand von 1 cm ein spezifischer Widerstand in der Schicht von ca. 20 Ωm bestimmt werden kann, was einem Faktor von 2, verglichen mit dem vorgegebenem Wert von 10 Ωm, entspricht. Der Einfluss des Widerstandes des tieferliegenden Betons steigt mit größer werdendem Elektrodenabstand. Bei einem Abstand von 6 cm kann der Widerstand des Tiefenbetons zu ca. 60 Ωm ermittelt werden, was einem Fakor von 0,6, verglichen mit dem vorgegebenen Wert von 100 Ωm, entspricht.

Fall 2 stellt sich hinsichtlich der Bewertung als noch schwieriger heraus. Hier können mit kleinen Elektrodenabständen von 1 cm die vorgegebenen Betonwiderstände bestimmt werden. Bei größeren Abständen werden die Messwerte jedoch maßgeblich durch die vorhandene Bewehrung beeinflusst.

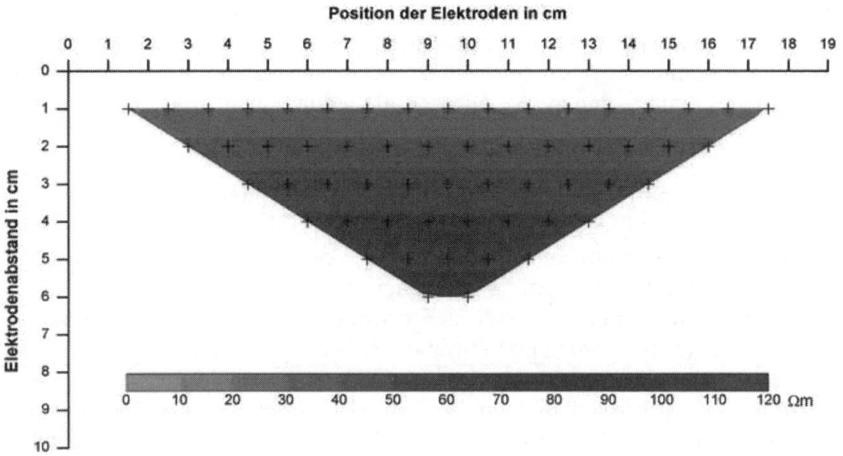

Abbildung 9:   Verteilung der scheinbaren Widerstände für Fall 1 in Abbildung 8

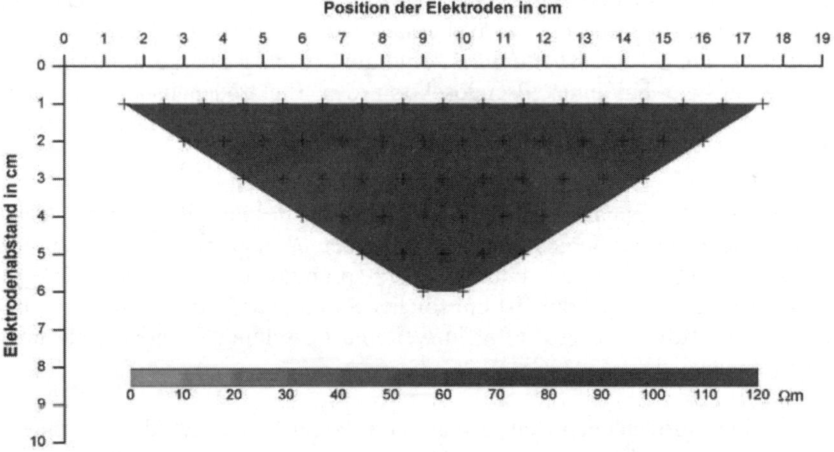

Abbildung 10:   Verteilung der scheinbaren Widerstände für Fall 2 in Abbildung 8

Es ist ersichtlich dass ein Rückschluss auf die tatsächliche Widerstandsverteilung und die geometrischen Randbedingungen auf Basis von Pseudosektionen nicht möglich ist. Die Elektrodenabstände korrelieren einerseits mit einer Betontiefe, jedoch können diese aufgrund der unbekannten Verzerrungen des elektrischen Feldes keinem Tiefenwert zugeordnet werden. Weiterhin unterliegen die Widerstandswerte dem Einfluss benachbarter Bereiche. Ebenfalls ist ersichtlich, dass mit einer im Bauwesen üblichen Vierelektrodenanordnung mit einem festen Elektrodenabstand die Bestimmung des Betonwiderstandes unter den gegebenen Randbedingungen nur mit signifikanten Abweichungen möglich ist.

Eine zielführende Ermittlung des Betonwiderstandes soll hier durch die rechnerische Berücksichtigung der vorliegenden Heterogenitäten erfolgen. Da diese während der Messung üblicherweise unbekannt sind, erfolgt die Ermittlung der tatsächlichen Widerstandswerte mittels eines iterativen Rechenverfahrens. Dieser Schritt wird in den nächsten Abschnitten erläutert, wobei die oben dargestellten Pseudosektionen wie Messergebnisse betrachtet werden und mit in die Berechnungen eingehen.

Zur Bestimmung der tiefenabhängigen Widerstandsverteilung kann auf eine iterative Inversionsberechnung zurückgegriffen werden. Hierbei wird eine erste Abschätzung der Widerstandsverteilung auf Basis der Pseudosektion und der verwendeten Elektrodenanordnung erstellt. In einem weiteren Schritt wird auf Basis der geschätzten Widerstandsverteilung eine theoretische Pseudosektion errechnet und mit der gemessenen verglichen. Hieraus ergibt sich eine Abweichung, auf dessen Basis die Widerstandsverteilung angepasst wird. Dieser Vorgang wird wiederholt, bis die Abweichung einen zuvor definierten Grenzwert unterschreitet. Für die Berechnung der vorliegenden Fälle aus *Abbildung 8* kam ebenfalls das Programm RES2DMOD [12] zum Einsatz. In *Abbildung 11* und *Abbildung 12* sind die Ergebnisse dargestellt. Die Ordinate weist hier nicht wie bei einer Pseudosektion den Elektrodenabstand, sondern die tatsächliche Betontiefe auf. Die Kreuze markieren die Position der berechneten Widerstandswerte.

Im Fall der oberflächennahen Feuchteschicht kann festgestellt werden, dass der spezifische Widerstand der Schicht und des Tiefenbetons mit einer Abweichung um den Faktor $< 0{,}1$ ermittelt werden konnte. Der sprunghafte Übergang wird jedoch verschmiert. An realen Bauwerken ist ein solcher Sprung der Widerstandswerte nicht zu erwarten. Dieser Effekt wird zukünftig in weiteren Forschungsarbeiten auch an realen Betonkörpern untersucht.

Für den Fall eines vorhandenen Bewehrungsstabes kann im Bereich der Bewehrung ein starker Widerstandsabfall festgestellt werden. Dies liegt an der hohen Leitfähigkeit von Stahl. Die zu niedrigen Widerstandswerte unterhalb der Bewehrung sind auf die geringe Sensitivität in diesem Bereich zurückzuführen. Das elektrische Feld ist hier zu schwach um eine ausreichende Beeinflussung der Messergebnisse zu gewährleisten. Seitlich des Bewehrungsbereiches konnten die Widerstandswerte mit einer Abweichung um den Faktor $< 0{,}2$ bestimmt werden.

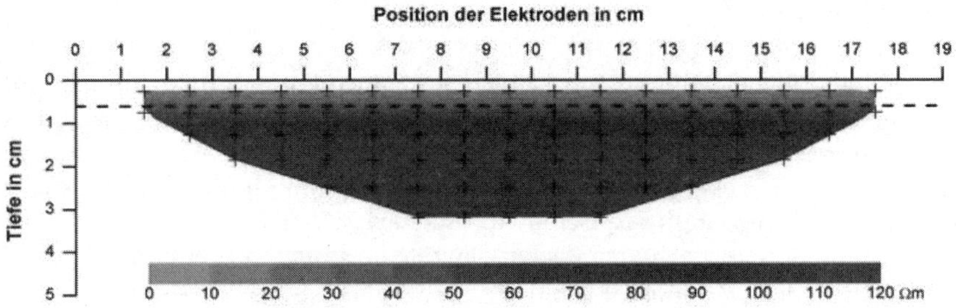

Abbildung 11:   Widerstandsverteilung für Fall 1 in Abbildung 8

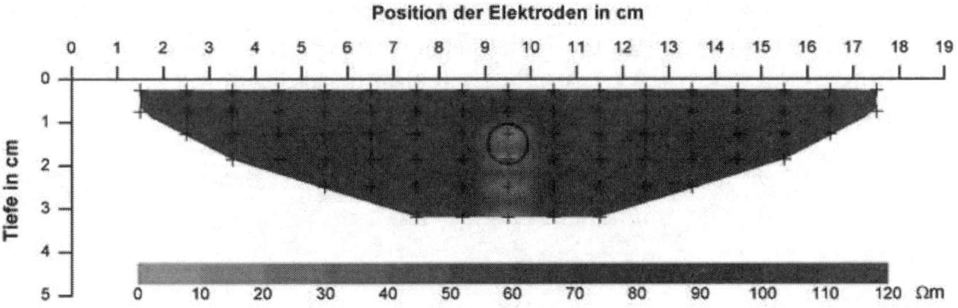

Abbildung 12:   Widerstandsverteilung für Fall 2 in Abbildung 8

Anhand der Inversionsberechnung kann in den vorliegenden theoretischen Fällen auf die tatsächliche Widerstandsverteilung im Prüfkörper geschlossen werden. Sollte sich das Verfahren an realen Bauteilen bewähren, können die maßgeblichen Widerstandswerte präzise ermittelt werden. Am Institut für Bauforschung werden derzeit Untersuchungen durchgeführt um praxisbezogene Messdaten an Betonprüfkörpern zu generieren. Hierbei werden u.a. die Auswirkungen unterschiedlicher Parameter (z.B. Zementart, w/z Wert, Chloride, Karbonatisierung, aktive Bewehrung) auf die Messergebnisse untersucht.

5. Schlussfolgerungen

Im Bereich der Instandhaltung von Ingenieurbauwerken werden immer größere Anforderungen an die Messverfahren gestellt. Dies führt zu innovativen Entwicklungen im Bereich der zerstörungsfreien Prüfverfahren. Im vorliegenden Aufsatz wurden zwei am Institut für Bauforschung entwickelte neue Verfahren für die Untersuchung von Stahlbetonbauteilen vorgestellt:

- Mit Hilfe der Delta-Sonde kann der Anwendungsbereich der Potentialmessung vergrößert werden. Bauwerke, die bspw. keine Bewehrung mit elektrischer Kontinuität aufweisen oder an denen kein Bewehrungsanschluss erstellt werden darf, können so hinsichtlich ihrer Korrosionsgefährdung zerstörungsfrei untersucht werden.

- die Widerstandstomografie ermöglicht eine ortsgenaue Bestimmung von Widerstandswerten an heterogenen Bauteilen quer zur Betonoberfläche. Die Einflüsse von signifikanten Widerstandsprüngen oder vorhandener Bewehrung können somit stark reduziert werden.

6. Literatur

[1] Isecke, B.: Potentialmessung zur Ermittlung von Bewehrungskorrosion. Darmstadt : Freunde des Instituts für Massivbau e.V., 1990. - In: Darmstädter Massivbau-Seminar 4 (1990), 10 Seiten

[2] Marquardt, H. ; Cziesielski, E.: Anwendung der elektrochemischen Potentialdifferenzmessung zum zerstörungsfreien Auffinden korrodierender Bewehrung im Hochbau. Berlin: Institut für Baukonstruktionen und Festigkeit Fachgebiet allgemeiner Ingenieurbau der Technischen Universität Berlin (1987)

[3] Menzel, K. ; Preusker, H.: Potentialmessung: Eine Methode zur zerstörungsfreien Feststellung von Korrosion an der Bewehrung. In: Bauingenieur 64 (1989), Nr. 4, S. 181-186

[4] Reichling, K. ; Raupach, M.: Wireless Localization of Areas with a High Corrosion Risk on Reinforced Concrete Structures. Boca Raton [u.a.] : CRC Press Taylor & Francis Group, 2011. - In: Concrete Solutions, Proceedings of the Fourth International Conference on Concrete Repair, Dresden, 26-28 September 2011, (Grantham, M. ; Mechtcherine, V. ; Schneck, U. (Ed.)), S. 391-396 ISBN 978-0-415-61622-5

[5] Warkus, J. ; Raupach, M.: Modelling of Reinforcement Corrosion - Geometrical Effects on Macrocell Corrosion : Modellierung der Bewehrungskorrosion - Geometrische Effekte auf die Makrozellen Korrosion. In: Materials and Corrosion 61 (2010), Nr. 6, S. 494-504 ISSN 0947-5117

[6] Raupach, M.: Models for the Propagation Phase of Reinforcement Corrosion - an Overview. In: Materials and Corrosion 57 (2006), Nr. 8, S. 605-613

[7] Andrade, C. ; D'Andrea, R. ; Castillo, A. ; Castellote, M.: The Use of Electrical Resistivity as NDT Method for the Specification of the Durability of Reinforced Concrete. Paris : LCPC, 2009. - In: 7th International Symposium on Non Destructive Testing in Civil Engineering : Nantes, France, June 30th to July 3rd 2009, (Abraham, O. ; Derobert, X. (Eds.)), S. 497-502

[8] Weydert, R. ; Gehlen, C.: Electrolytic Resistivity of Cover Concrete: Relevance, Measurement and Interpretation. Ottowa ; NRC Research Press, 1999. - In: Durability of Building Materials and Components, Proceedings of the Eight International Conference, Vancouver, May 30 - June 3,1999, (Lacasse, M.A. ; Vanier, D.J. (Ed.)), Vol 1, S. 409-419

[9] Castellote, M. ; Andrade, C.: Round-Robin Test on Methods for Determining Chloride Transport Parameters in Concrete. In: Materials and Structures (RILEM) 39 (2006), Nr. 10, S. 955-990

[10] Wenner, F.: A Method of Measuring Earth Resistivity. In: Bulletin of the Bureau of Standards 12 (1915), S. 469-478

[11] Dahlin, T. (2001): The development of DC resistivity imaging techniques. In: Geological Applications of Digital Imaging. Nr. 9, S. 1019-1029

[12] Geotomo Software Sdn. Bhd. (2011): RES2DINV v.3.5, www.geoelectrical.com

ANALYSE EINES SCHADHAFTEN ANODENBACKOFENS

Hans W. Reinhardt
Institut für Werkstoffe im Bauwesen, Universität Stuttgart

Zusammenfassung

Der Beitrag berichtet über einen nicht alltäglichen Schadensfall, der durch thermische Verformungen verursacht wurde. Da die freien Wärmedehnungen der Stahlbetonkonstruktion behindert wurden, entstand Zwang, der zu beträchtlicher Rissbildung führte. Die Ursachen des Zwangs werden erläutert. Trotz mannigfacher Schäden konnte der Anodenbackofen mehrere Jahre weiter betrieben werden unter der Voraussetzung, dass ein festgelegtes Inspektionsprogramm eingehalten wurde.

1. Situation

Zum Erschmelzen von Aluminium werden Elektroden benötigt. Die Anoden sind Graphitblöcke von ca. 750 mm Durchmesser und 1600 mm Länge [1]. Die Grünlinge werden aus Petrolkoks und Steinkohlenteerpech geformt und gepresst. Danach werden sie bei ca. 1050°C geglüht („gebacken") [2, 3]. Je nach Größe der Anoden dauert ein Zyklus mit Aufwärmen, Halten der Temperatur und Abkühlen mehrere Tage. Der Backofen, der hier näher behandelt werden soll, besteht aus einer Stahlbetonkonstruktion mit thermischer Isolierung und feuerfesten Heizkanälen.

2. Backofen

Der Ofen ist als Trog ausgebildet mit einer Länge von ca. 120 m, einer Breite von 9 m und einer Höhe von 5 m. Die Wände sind 0,3 m dick, der Boden 0,45 m. Der Trog musste wegen des wenig tragfähigen Untergrunds auf Pfählen gegründet werden. Die feuerfeste Ausmauerung ist durch eine Wärmeisolierung von der Stahlbetonkonstruktion getrennt. Im Innern des Trogs befinden sich längs verlaufende Heizkanäle und in Abständen von 5 m Querwände aus feuerfesten Steinen. Bild 1 zeigt einen Schnitt durch die Hälfte des Ofengebäudes. Das ganze Gebäude enthält zwei Ofenreihen, die symmetrisch angeordnet sind (sog. Ringofen).

An der Innenseite der Wände und des Bodens ist eine mineralische Wärmedämmung angebracht. Darüber befindet sich eine Schicht aus feuerfesten Steinen. Trotz thermischer Isolierung werden die Innenseiten des Stahlbetontrogs 200°C warm. Die Außenseiten unterliegen den Schwankungen der Lufttemperatur, wodurch ein beträchtliches Temperaturgefälle entsteht.

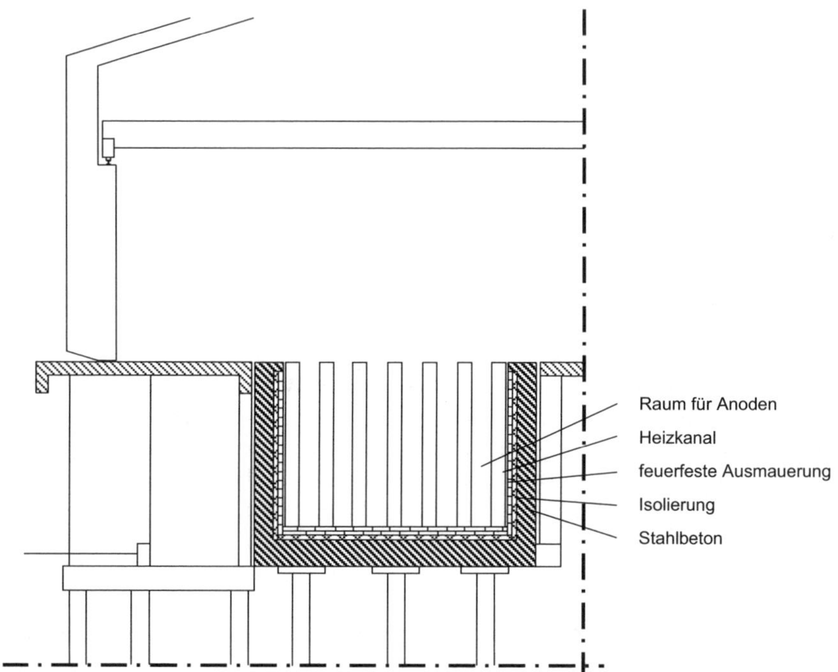

Bild 1: Schematischer Querschnitt des Anodenbackofens

Die Hauptstützen des Ofengebäudes bestehen im unteren Teil aus Beton. Neben den Stützen verläuft ein Arbeitssteg, auch aus Beton. Zwischen den zwei Öfen befindet sich ebenfalls ein Arbeitssteg. Die Stege sind so entworfen, dass die Oberseite mit der Oberkante des Trogs zusammenfällt. Der mittlere Steg steht auf Betonstützen, die vom Trogbauwerk getrennt sind, allerdings stehen sie auf Konsolen, die mit dem Boden des Trogs monolithisch verbunden sind. Die äußeren Stege sind mit den Hauptstützen des Tragwerks verbunden. Die Stege haben im Ausgangszustand keinen Kontakt zum Trog. Das Dach und die Kranbahn werden von einer Stahlkonstruktion getragen.

Das Backen der Anoden geschieht kontinuierlich, indem ein Teil des Ofens befeuert wird, während ein anderer Teil abkühlt und wieder aus einem anschließenden Teil die gebackenen Anoden entnommen und neue Grünlinge eingesetzt werden. Der Zwischenraum zwischen den Anoden und den Heizkanälen wird mit Koks verfüllt, der beim Backen verbrennt. Auf diese Weise entsteht eine Temperaturwelle, die sich entlang des Ofens fortpflanzt. Jeder Ofenabschnitt wird dadurch zyklisch beansprucht.

3. Thermische Verformungen

3.1 Boden des Ofens

Theoretisch könnte sich der Trog spannungslos verformen, wenn der Temperaturgradient linear verläuft und keine Hindernisse vorhanden wären [4]. Die erste Bedingung ist bei längerer Temperatureinwirkung näherungsweise erfüllt, die zweite jedoch nicht. Die Wände des Trogs und der Boden müssen getrennt betrachtet werden. Unter einem Temperaturgefälle von innen nach außen möchte sich der Boden nach oben wölben. Die Pfähle verhindern jedoch die Verwölbung zumindest teilweise und es entsteht ein Zwang, der zu Spannungen führt. Außerdem lastet auf dem Boden das Gewicht der Ausmauerung, der Feuergänge und, im Betriebsfall, auch das Gewicht der Anoden. Wären die Pfahlköpfe unverschieblich, würden durch die Temperaturerhöhung nur Druckspannungen entstehen. Die Pfähle sind jedoch nicht starr in dem sehr weichen Boden gehalten, sondern können sich verschieben. Der resultierende Zwangsspannungszustand verursacht somit Druckspannungen an der Oberseite (durch Erwärmung) und Zugspannungen an der Unterseite (durch Biegung). Die visuelle Inspektion zeigte deutliche Risse an der Unterseite, die in Längsrichtung des Ofens verliefen.

3.2 Wände des Ofens

Die Wände des Ofens werden durch zwei Wirkungen nach außen verformt. Einmal ist es die Verwölbung des Bodens, wodurch sich die monolithisch daran verbundene Wand nach außen verdreht (Bild 2).

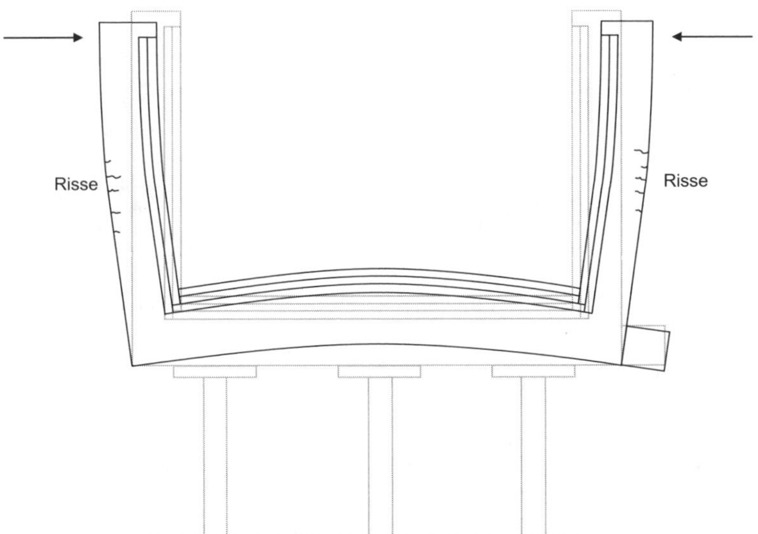

Bild 2: Verformung des Ofens, schematisch

Zum zweiten ist es das Temperaturgefälle in der Wand, wodurch sich die Wand nach außen verkrümmt. Da die Lücke zwischen den Arbeitsstegen und dem Ofen nur gering war, ließ sie die Verschiebung der Wände nicht zu und es kam zum unplanmäßigen Kontakt. Dadurch entstand eine Druckkraft durch die Wand, die auf den äußeren Arbeitssteg wirkte. Durch die Reaktionskraft erfuhr die Wand nun eine Biegebeanspruchung, wodurch Biegerisse an der Außenseite entstanden.

3.3 Innerer Arbeitssteg

Der innere Arbeitssteg wird von Stahlbetonstützen getragen, die auf Konsolen stehen. Durch die Verwölbung des Bodens des Ofens verdrehen sich die Konsolen nach unten. Die Stützen, die oben durch den Arbeitssteg gehalten sind, werden auf unplanmäßige Biegung beansprucht mit der Folge sehr starker Rissbildung (Bild 3). Die Risse hatten eine Breite von einigen Zentimetern. Auch die daneben stehende Wand war ähnlich belastet wie die Wand an den Außenstegen und zeigte Biegerisse.

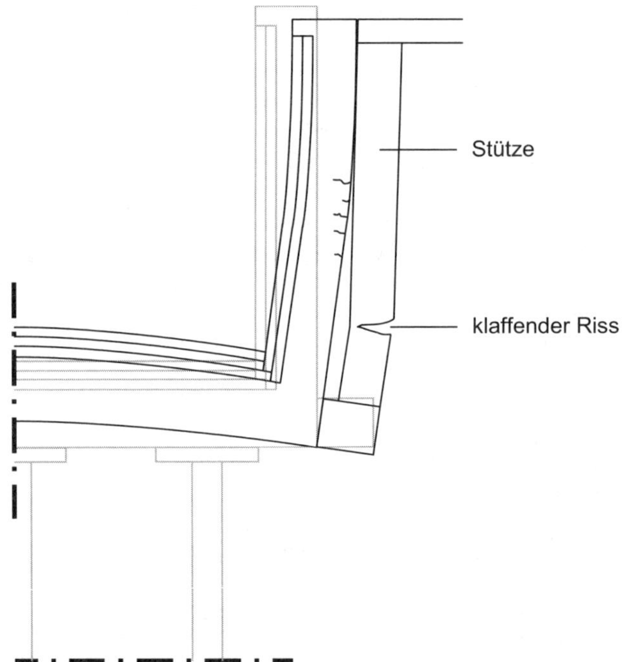

Bild 3: Verformung der Ofenwand und klaffender Riss in der Stütze, schematisch

3.4 Stütze des Haupttragwerks

Durch die thermische Verformung der Ofenwand, die in Kontakt zum äußeren Arbeitssteg kam, entstand eine Druckkraft auf die Stütze. Die Folge war eine Biegebeanspruchung der Stütze, wofür sie nicht ausgelegt war. Es entstanden Risse an der Innenseite der Stütze. Außerdem verschob sich der Kopf der Betonstütze nach außen und damit auch der Fußpunkt des darauf ruhenden Stahlrahmens. Es wurde befürchtet, dass dadurch die Kranbahn in Mitleidenschaft gezogen werden könnte und der Kran entgleiste.

3.5 Ausmauerung

Die Ausmauerung besteht an den Wänden aus einer einsteinstarken Vormauerung und am Boden aus zwei Lagen feuerfester Steine. Hinter den Steinen befindet sich die Wärmedämmung (Bild 4a). Da die Steine der direkten Hitze von 1050°C ausgesetzt sind, dehnen sie sich mehr aus als der Stahlbetontrog. Die Folge ist, dass sie die Wärmedämmschicht zusammen drücken, wodurch die Wärmedämmwirkung abnimmt und die Temperatur an der Innenseite des Trogs zunimmt. Dazu kommt noch die Irreversibilität der Wärmedehnung des Mauerwerks. Während des Backens tritt aus den Anoden Teerpech aus, das in die Fugen des Mauerwerks eindringen kann. Bei der Abkühlung wird das Pech hart und verhindert die Rückverformung der Wand.

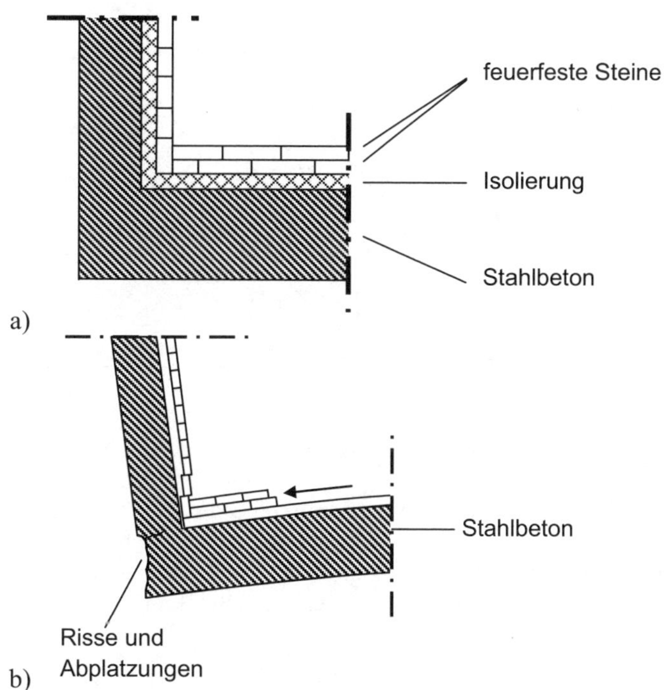

Bild 4: Ofenquerschnitt, Detail Ecke. a) Sollzustand, b) Verformter Zustand

Dies bedeutet, dass die feuerfeste Ausmauerung bei jedem Zyklus länger wird mit der Folge, dass die Isolationsschicht weiter zusammen gedrückt wird. Wenn die Querwände länger werden, drücken sie stets mehr auf die Wände und erzeugen dort Biegemomente und Schubkräfte im Wandfuß. Der Schub wird besonders verstärkt durch die Ausdehnung der Steinlagen auf dem Boden des Ofens. Die Folge war ein Abreißen der Wand vom Boden zufolge Schub (Bild 4b).

4. Beurteilung

Der Schadensfall hat mehrere beachtenswerte Aspekte, die man in Primär-und Sekundärwirkungen unterscheiden kann. Die Primärwirkung ist die Wärmedehnung der Stahlbetonkonstruktion mit den dadurch verursachten Verformungen. Diese wären im Idealfall reversibel und würden bei jedem neuen Wärmezyklus auftreten und zurückgehen. Die Reversibilität wird jedoch ver- bzw. stark behindert durch das Auftreten von Rissen im Stahlbeton und durch die allmähliche Größenzunahme der Mauerschichten (Bild 5). Der Schaden wächst mit der Betriebsdauer der Öfen an.

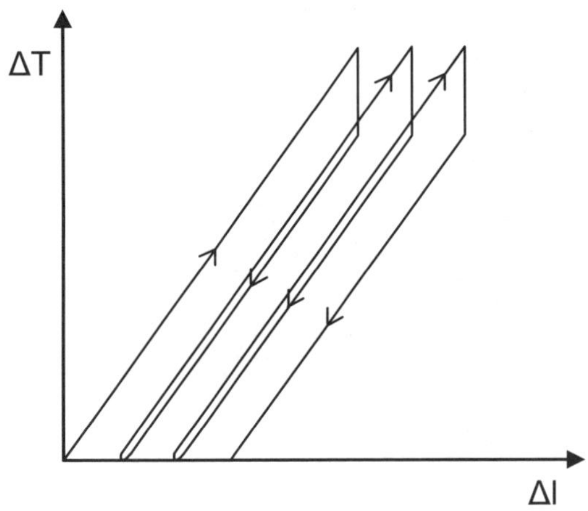

Bild 5: Temperatur und zyklische Zunahme der Verschiebungen, schematisch

Die Sekundärwirkungen entstehen dadurch, dass die freie Temperaturverformung durch andere Bauwerksteile behindert wird und dadurch Zwang entsteht. Dies betrifft zum einen die Stützen unter dem mittigen Arbeitssteg, zum anderen die Hauptstützen des Tragwerks mit der Gefahr der Entgleisung des Hallenkrans.

5. Maßnahmen

Da die Konstruktion große Verformungen und Risse aufwies, wurde dem Betreiber von einem Ingenieurbüro angeraten, den Anodenbackofen still zu legen und dann zu ersetzen. Dies hätte einen großen finanziellen Verlust verursacht, da die Anoden essentiell für die Aluminiumherstellung sind und nicht sofort von anderen Werken hätten geliefert werden können. Daher wurde der Konstruktionszustand sorgfältig analysiert. Es wurde gefolgert, dass der schadhafte Zustand auf einem Verformungsproblem beruht und nicht auf einem Überlastungsproblem. Es bestand also kein akutes Versagensrisiko. Die Kräfte, die auf die Hauptstützen ausgeübt werden, hängen von der Steifigkeit der Ofenwand, der Ausmauerung und der Isolationsschicht ab. Die Steifigkeiten können zusammen als Federn aufgefasst werden, deren Kraftwirkung von der Größe der Verschiebung abhängt. Die Steifigkeit der Ofenwand ist umso geringer, je stärker die Wand gerissen ist. Die Isolierung hat einen geringen Elastizitätsmodul, der allerdings mit der Zusammendrückung zunimmt. Die Steifigkeit der Ausmauerung nimmt mit der Zeit eher geringfügig ab. Nach gründlichen Abschätzungen wurde beschlossen, den Ofen weiter zu betreiben.

Dafür wurde ein genaues Inspektionsprogramm entworfen und umgesetzt. Es beinhaltete die regelmäßige Vermessung der Schiefstellung der Stützen des Haupttragwerks und deren Rissbildung. Außerdem wurde die Verformung der Wände des Ofens dokumentiert. Zudem wurden kleinere Instandsetzungsarbeiten am Übergang Wand/Boden ausgeführt und in einem Teilabschnitt wurde eine Stützkonstruktion für eine Ofenwand installiert. Mit diesen Maßnahmen konnte der Betrieb mehrere Jahre aufrecht erhalten werden.

6. Dank

Der Autor dankt Herrn Prof. Dr.-Ing. Rolf Eligehausen für die langjährige kollegiale Zusammenarbeit im IWB und wünscht ihm noch viele Jahre in guter Gesundheit, die ihm die gewünschten Aktivitäten ermöglicht.
Dank gebührt auch Herrn Dipl.-Ing. Sören Sippel für die Herstellung der Illustrationen.

7. Literatur

1. Keller, F. and Sulger, P.O., 'Baking of anodes for the aluminum industry', R&D Carbon Ltd., Sierre (CH), 2nd Edition 2008
2. Burkin, A.R (Ed.), 'Production of aluminium and alumina'. Soc. Chem. Ind., John Wiley, Chichester, 1987
3. Lumley, R. (Ed.), 'Fundamentals of aluminium metallurgy', Woodhead Publ., Great Albington, 2011
4. Reinhardt, H.W., 'Imposed deformation and cracking'. IABSE Colloquium "Structural Concrete", Stuttgart, April 1991, IABSE Report V. 62, pp. 101-110

MESSUNG DES MATERIALKLIMAS (HYGROMETRISCHE FEUCHTEMESSUNG) ZUR BEWERTUNG VON BAUTEILEN

Günter Rieche, Dennis Ziegler
Institut für Bautenschutz, Baustoffe und Bauphysik,
Dr. Rieche und Dr. Schürger GmbH & Co. KG, Fellbach

Abstract

Die Messung des Materialklimas (Hygrometrische Feuchtemessung) wird in der Praxis bislang noch nicht sehr häufig durchgeführt, da noch nicht ausreichend Erfahrungswerte vorliegen und konkrete Messanweisungen noch nicht zur Verfügung stehen. Die aktuellen Untersuchungen und Erfahrungen im Institut für Bautenschutz, Fellbach, zeigen, dass dieses Messverfahren aber mittlerweile in der Praxis sicher einsetzbar ist. In den nachfolgenden Abschnitten wird das Messverfahren vorgestellt und dessen Anwendungsgebiete beleuchtet. Außerdem wird aufgezeigt, wie das Messverfahren im Institut für Bautenschutz optimiert und auf seine Richtigkeit überprüft wurde. Die Anwendungsmöglichkeiten für das Messverfahren sind vielfältig. Die vom Institut für Bautenschutz in der Praxis bereits durchgeführten Messungen werden nachfolgend aufgezeigt und ein Ausblick in die Zukunft gibt die weiteren Potentiale hinsichtlich der Anwendungsgebiete des Messverfahrens wider.

1. Grußwort von Prof. Rieche

Mit Prof. Eligehausen verbindet mich nun 43 Jahre gemeinsamer technischer und wissenschaftlicher Arbeit. Von 1969 bis 1973 waren wir Kollegen an der TU Braunschweig. Von 1974 bis 1980 war ich wissenschaftlicher Mitarbeiter an der Universität Stuttgart, Otto-Graf-Institut, (MPA), wie auch Prof. Eligehausen. Aus dieser Zeit (1969-1980) und auch danach gibt es viele gemeinsame Erlebnisse beruflicher und privater Art, an die ich mich gern erinnere.

Herrn Prof. Eligehausen wünsche ich zum 70. Geburtstag viel Glück, weiterhin beruflichen Erfolg, eine robuste Gesundheit und Zufriedenheit mit den Situationen, welche uns in Zukunft erwarten.

2. Einleitung

Die Messung der Feuchtigkeit in Bauteilen und Baustoffen hat im Bauwesen eine große Bedeutung. Sie ist erforderlich bei der Schadensdiagnose, zur Beurteilung der Belegreife von Estrichen und Beton oder zur Überwachung des Verhaltens von Bauteilen (Monitoring).

Die einzige physikalisch korrekte Feuchtemessmethode, die Darr-Prüfung im Labor, kann jedoch vor Ort meist schlecht angewendet werden, da hierfür ein hoher Zeitaufwand erforderlich ist und weil die Messung nicht zerstörungsfrei ist. Deshalb wurden in den vergangenen Jahrzehnten stets neue Messmethoden entwickelt [1], um auf der Baustelle schnell und zerstörungsfrei Materialfeuchten bestimmen zu können. Überwiegend werden solche Messverfahren in der Fachwelt aber immer wieder kontrovers diskutiert.

Zu einem solchen kontrovers diskutierten Messverfahren zählt auch die Messung des Materialklimas (hygrometrische Feuchtemessung). Bislang gibt es in Deutschland für die Messung des Materialklimas weder ein genormtes noch ein allgemein anerkanntes Verfahren. Außerdem sind unterschiedliche Messgeräte auf dem Markt erhältlich. So gibt es daher in der Praxis sehr unterschiedliche Erfahrungen und Vorbehalte. In den vergangenen Jahren hat es nun eine Anzahl entsprechender Untersuchungen im Institut für Bautenschutz gegeben, durch hygrometrische Feuchtemessungen der Frage der Messung der relativen Luftfeuchte in den Baustoffporen und deren Bewertung nachzugehen [2 bis 6]. Unsere Forschungsarbeiten haben ergeben, dass die hygrometrische Feuchtemessung mit PC-gestützten Messungen unter Einsatz von Datenloggern für die Praxis anwendbar ist und dass zuverlässige Ergebnisse zu erzielen sind. – Aus diesem Grund wird in vielen Fällen im Institut für Bautenschutz dieses Messverfahren erfolgreich angewendet.

3. Messung des Materialklimas (Hygrometrische Feuchtemessung)

3.1 Physikalische Grundlagen

3.1.1 Feuchtigkeit in feinporigen Baustoffen, Sorption

Mit einer hygrometrischen Feuchtemessung bestimmt man die relative Luftfeuchtigkeit φ in den Poren eines Baustoffes. Die relative Luftfeuchtigkeit φ_a bestimmt im Gleichgewichtszustand den Wassergehalt u_m eines Baustoffes, welcher von der Luft umhüllt wird. Im Innern des Baustoffes stellt sich in luftgefüllten Hohlräumen eine relative Luftfeuchtigkeit φ_i ein, welche durch den Wassergehalt u_m des Baustoffes bestimmt wird. Diese wechselseitige Beziehungen zwischen φ_a, u_m und φ_i sind in Abbildung 1 dargestellt und werden beschrieben durch die Gleichungen:

$$u_m = f(\varphi_a) \qquad\qquad (1)$$

$$\varphi_i = g(u_m) \qquad\qquad (2)$$

Von der relativen Luftfeuchtigkeit φ ist der absolute Wassergehalt c der Luft zu unterscheiden, welcher in g/m³ angegeben wird. Die Luft hat ein begrenztes Aufnahmevermögen für Wasser- dampf. Wenn die Luft an Wasserdampf gesättigt ist, so spricht man von der Wasserdampf- sättigungskonzentration c_s der Luft. Dieser ordnet man die relative Luftfeuchte φ = 100 % oder die Aktivität des Wasser a_w = 1,0 zu. Die Sättigungsfeuchte c_s der Luft ist von der Temperatur abhängig und wird durch das sog. Carrier Diagramm beschrieben. Ist der Wassergehalt c der Luft kleiner als die Sättigungsfeuchte, so ergibt sich die relative Luftfeuchte wie folgt (Gleichung 3):

$$\varphi = \frac{c}{c_s} = \frac{p}{p_s} = a_w \qquad (3)$$

φ : relative Luftfeuchte in %
c : Wassergehalt der Luft in g/m³
c_s : Wasserdampfsättigungs-
konzentration der Luft in g/m³
p : Wasserdampfpartialdruck in Pa
p_s : Sättigungspartialdampfdruck in Pa
a_w : Aktivität des Wassers [-]

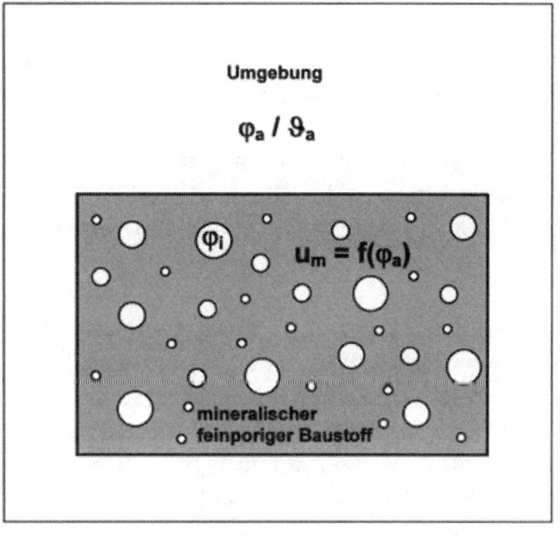

Abb.1: Wassergehalt u_m (Masse-%) des Bau- stoffes, relative Luftfeuchte φ_a der Umgebung und relative Luftfeuchte φ_i in einer Baustoffpore

Den Wassergehalt der Luft gibt man auch als den Partialdruck des Wasserdampfes p in der Luft an. Bei gesättigter Luft spricht man dann von dem Sättigungspartialdampfdruck des Wasserdampfes, auch Sattdampfdruck genannt.

Das Verhältnis der Wasserdampfkonzentration in der Luft zu der Sättigungskonzentration stellt ein Maß für die Intensität der Einwirkung der wasserhaltigen Luft auf die von dieser Luft berührten Baustoffe und Bauteile dar. Deshalb bezeichnet man dieses Verhältnis auch als die Aktivität des Wassers mit der Bezeichnung a_w (Gleichung 3). Die Aktivität des Wassers a_w mit ihrem Wertebereich von 0 bis 1,0 ist also die kennzeichnende Größe für die Wirkung der wasserdampfhaltigen Luft auf die Baustoffe.

Für die hier maßgeblichen Betrachtungen kann Luft in physikalischem Sinne als „ideales Gas" angesehen werden. Zwischen Partialdruck und Partialkonzentration des Wasserdampfes gilt dann die folgende Beziehung (Gleichung 4):

$$p = c \cdot R_{H_2O} \cdot T \qquad (4)$$

R_{H2O} : spezifische Gaskonstante für Wasserdampf = 426 J/(kg·K)
T : absolute Temperatur in K

Die Sättigungskonzentration c_s für Wasserdampf in Luft beträgt 17,3 g/m^3 bei 20° C. Der Sattdampfdruck p_s des Wasserdampfes beträgt 2340 Pa bei 20° C. Bei einem Luftdruck von 1 bar = 100 000 Pa beträgt also der Wasserdampfpartialdruck maximal 2,3 % des Gesamtluftdruckes.

Wegen der Temperaturabhängigkeit der Sättigungskonzentration c_s ergeben sich für einen konstanten Wert c der Wasserdampfkonzentration der Luft unterschiedliche Werte für die relative Luftfeuchte φ, wenn man die Luft erwärmt oder abkühlt.
Lagert man einen Baustoff in Luft mit relativer Luftfeuchte φ_a, so nimmt der Baustoff eine gewisse Wassermenge u_m durch Sorption in sein Inneres auf (Abbildung 1). Mit steigender relativer Luftfeuchte φ_a nimmt der Wassergehalt u_m des Baustoffs zu. Im Gleichgewichtszustand ergibt sich daraus die so genannte Sorptionsisotherme $u_m = f(\varphi_a)$ für den Baustoff bei der Temperatur ϑ_a (Abbildung 2). Diese Funktion beschreibt also den Wassergehalt des Baustoffes als Funktion der relativen Luftfeuchte der umgebenden Luft. So besteht im Gleichgewichtszustand ein Zusammenhang zwischen der äußeren relativen Luftfeuchte und dem durch Sorption entstehenden Wassergehalt u_m in einem feinporigen Baustoff und umgekehrt (Abbildung 1). Deshalb besteht derselbe Zusammenhang in umgekehrter Weise auch für die Luft in einem Hohlraum innerhalb des feinporigen Baustoffs, dort ist die relative Luftfeuchte φ_i bestimmt durch den Wassergehalt u_m des Baustoffes: $\varphi_i = g(u_m)$. Obwohl man die Sorptionskurve eines Baustoffes bei konstanter Temperatur als Sorptionsisotherme ermittelt, ist der Einfluss der Temperatur auf den Verlauf der Sorptionsisotherme bei mineralischen Baustoffen relativ gering.

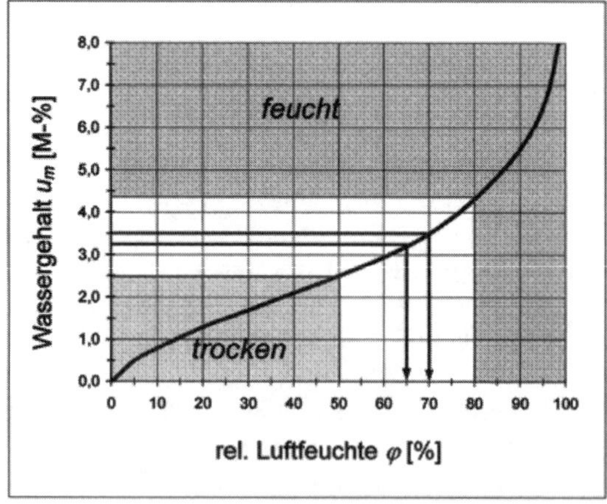

Abb.2: Sorptionsisotherme für Zementestriche

548

3.1.2 Messung der relativen Luftfeuchte φ_i, hygrometrische Feuchtemessung

Wegen der vorher beschriebenen Zusammenhänge lässt sich der Feuchtigkeitszustand eines Baustoffes durch hygrometrische Verfahren erfassen [1 bis 3]. Mehrere experimentelle Untersuchungen an Beton [7] und Laboruntersuchungen an Estrichproben [2, 5, 6] haben gezeigt, dass sich durch hygrometrische Feuchtigkeitsmessungen im Grundsatz die relative Luftfeuchte φ_i im Innern des Betons/Estrich in der Tiefe x ermitteln lässt, so dass Feuchtigkeitsprofile über den Querschnitt $\varphi_i(x)$ gemessen werden können.

3.2 Messverfahren

Bei der Messung des Materialklimas (auch hygrometrische Feuchtemessung oder Luftfeuchteausgleichsverfahren genannt) wird die relative Luftfeuchte im oder am Baustoff gemessen. Hierzu muss sich die Luftfeuchte in einer Messkammer mit der Baustofffeuchte im Gleichgewicht befinden.

1. Messung am Baustoff

Bei der Messung der relativen Luftfeuchte am Baustoff, beispielsweise an der Oberfläche eines Estrichs, wird eine Messkammer auf den Baustoff aufgesetzt, die Oberfläche des Baustoffes dient als letzte abschließende Wandung der Messkammer, über die der Ausgleich der Luftfeuchte in der Messkammer mit der Luftfeuchte im Baustoff stattfindet. In dieser Messkammer ist der Messfühler angebracht mit dem die relative Luftfeuchte gemessen wird.

Eine Weiterentwicklung dieser Messmethode wird im Institut für Bautenschutz bereits erfolgreich angewendet (Folie-Datenlogger-Methode, Abschnitt 5.1).

2. Messung im Baustoff

Bei der Messung im Baustoff wird in das zu prüfende Bauteil ein Loch gebohrt. In diesem Bohrloch entsteht ein Feuchtegleichgewicht mit den umgebenden Bereichen des Baustoffes (Bohrlochwandungen). In dieses Bohrloch wird ein Feuchtefühler eingebracht, das Bohrloch wird abgedichtet und es wird gewartet bis sich ein Feuchtegleichgewicht einstellt. Somit wird die relative Luftfeuchte im Baustoff gemessen. Durch Messung in verschiedenen Tiefen kann auch ein Feuchteprofil über den Estrich- oder Betonquerschnitt gemessen werden. Dies wurde von Bluhm [2] erfolgreich getestet.

4. Forschungsarbeiten im Institut für Bautenschutz

4.1 Optimierung des Messverfahrens

Erste Untersuchungen im Institut für Bautenschutz, Fellbach, wurden von Bluhm [2] durchgeführt. Bluhm untersuchte die Anwendbarkeit dieses Messverfahrens in Zementestrichproben. Bei den Messungen der relativen Luftfeuchte im Bohrloch konnte gezeigt werden, dass die relative Luftfeuchte im Baustoff $\varphi_{i,x}$ in der Tiefe x im Bohrloch gemessen werden konnte. Die Abbildung 3 zeigt die prinzipielle Messanordnung von

Bluhm, die bei den damaligen Untersuchungen die besten Messergebnisse lieferte. Die Messergebnisse der relativen Luftfeuchte wurden von Bluhm über die Ermittlung des Wassergehaltes verifiziert, indem Darrprüfungen durchgeführt wurden und die Ergebnisse anhand einer materialspezifischen Sorptionsisotherme verglichen wurden.

Vielfach wurde diese Methode dann im Institut für Bautenschutz weiterentwickelt, z. B. über die Veränderung der Bohrlochdurchmesser und der Kunststoffzylinder, die Art der Abdichtung, die Verlängerung von Wartezeiten nach dem Bohren und natürlich die Verwendung unterschiedlicher Feuchtefühler.

Einer der größten Problempunkte bei der Messung in der Praxis war stets die Frage, wann der Wert der relativen Luftfeuchte im Bohrloch als konstant gelten kann, d. h. wann die Ausgleichsfeuchte zum Baustoff im Bohrloch erreicht ist. Je nach Art und Weise des Messverfahrens variierten die Zeiten von 0,5 Stunden bis 24 Stunden. Eine weitere Problematik stellte die Auswahl der Messgeräte dar. Manche Feuchtefühler brachten nicht nachvollziehbare Ergebnisse mit sich, z. B. ständig ansteigende Luftfeuchte im Bohrloch bis zu unrealistischen Werten größer 100 % r. F..

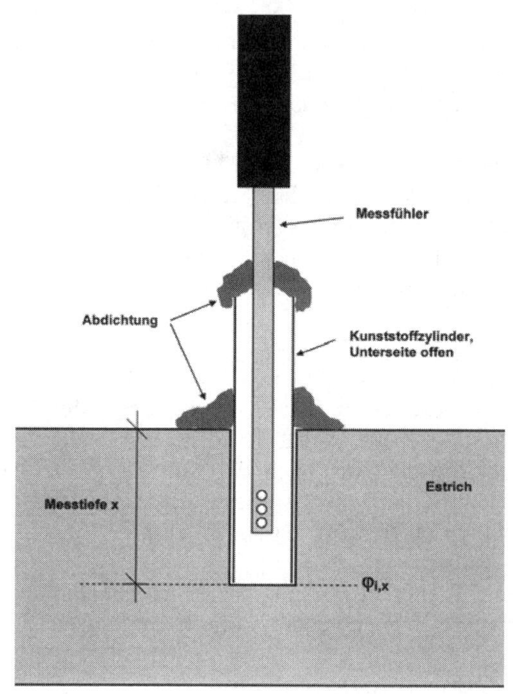

Abb.3: Messanordnung für die Hygrometrische Feuchtemessung im Bohrloch nach Bluhm [2].

Erst mit dem Einsatz von Datenloggern mit eingebauten Messsensoren (Sensor-Logger) und Langzeitaufnahmen im Baustoff konnte ein Gefühl für den zeitlichen Verlauf der relativen Feuchte im Bohrloch entwickelt werden.

Die Anfänge hierzu machte Ziegler [5] mit der Aufzeichnung der relativen Luftfeuchte in Estrichproben (Einbau von Datenloggern in den frischen Estrichmörtel). Hierbei entstanden Langzeitaufnahmen der relativen Luftfeuchte im Estrich über einen Zeitraum von ca. 110 Tagen (Abbildung 4). Anhand dieser Abbildung wird deutlich, dass unter Umständen 5 bis 10 Tage gewartet werden müsste, bis die Luftfeuchte konstant ist. Diesen Zeitraum konnte Blatt [6] mittels einer Weiterentwicklung der Messung im Bohrloch mit Datenlogger-Sensoren verkürzen. Die Abbildung 5 zeigt eine Skizze einer solchen nochmals optimierten Messanordnung. Aufgrund des verkleinerten Luftvolumens um den Sensor herum kann sich die zu messende relative Luftfeuchte $\varphi_{i,x}$ sehr schnell einstellen. Die Genauigkeit der Messsensoren beträgt für die relative Luftfeuchte ± 1,8 %.

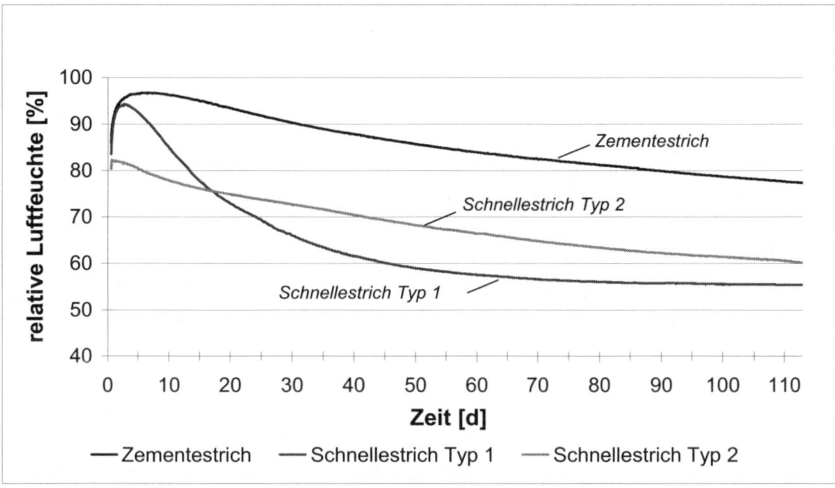

Abb.4: Austrocknungsverlauf der relativen Luftfeuchte φ_i in verschiedenen Estrichen bei einem Raumklima von 20°C / 50 % r. F.

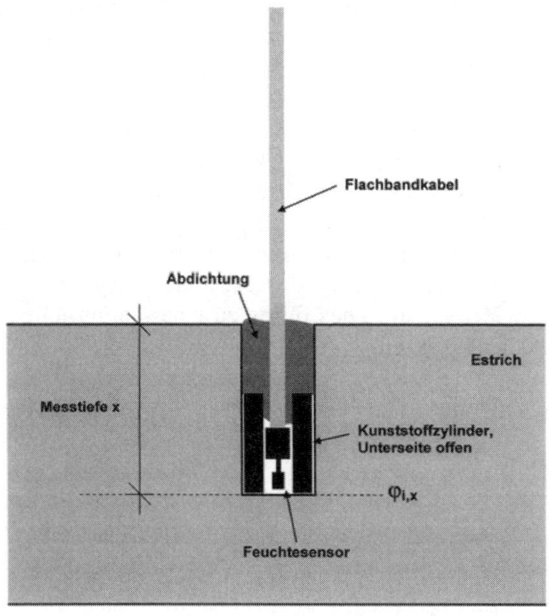

Abb. 5: Hygrometrische Feuchtemessung mit Feuchtesensor in möglichst kleinem Luftvolumen. Der Feuchtesensor ist mit einem Datenlogger verbunden, der die Feuchtemessung aufzeichnet.

4.2 Überprüfung des Messverfahrens

Zur Überprüfung des zuvor beschriebenen Verfahrens von Blatt [6] wurden Estrich-Probekörper mit definierten Wassergehalten hergestellt. Vier Proben eines CA-Estrichs und vier Proben eines CT-Estrichs wurden direkt nach der Herstellung in vier verschiedene Klimakammern eingebracht und mehrere Monate bei folgenden konstanten Klimaten (ϑ_a, φ_a) bis zur Massenkonstanz gelagert:

- Klima 1: $23 \pm 0,5°C$ / 66 ± 2 % r. F.
- Klima 2: $23 \pm 0,5°C$ / 76 ± 2 % r. F.
- Klima 3: $23 \pm 0,5°C$ / 86 ± 2 % r. F.
- Klima 4: $23 \pm 0,5°C$ / 97 ± 3 % r. F.

Die Klimate wurden mittels gesättigten Salzlösungen und Salzmischungen hergestellt. Das Klima ist von Datenloggern während der Lagerung aufgezeichnet worden. Der o. g. Schwankungsbereich ergab sich aus den entsprechenden Messkurven.

Da die Probekörper bis zur Massenkonstanz in den Klimaten eingelagert waren, hatte sich in den Probekörpern jeweils die Ausgleichsfeuchte zum entsprechenden Klima eingestellt. Das bedeutet, die relative Luftfeuchte φ_i in den Poren der Estrichproben war gleich der relativen Luftfeuchte der Umgebung φ_a. Die Probeköper wurden mit der Nummer 1 bis 4 entsprechend o. g. Klimaten sowie mit CT und CA für die jeweilige Estrichsorte bezeichnet.

In die Probekörper wurden Bohrlöcher (Durchmesser 14 mm, Tiefe 2,5 cm) eingebracht. Die Bohrlöcher ließ man 24 Stunden offen, bevor die Messung durchgeführt wurde. Vor jeder Messung wurde die Luft im Bohrloch mittels einer Luftpumpe ausgeblasen und somit zunächst mit der Raumluft des Labors (ca. 23 °C / 50 % r. F.) ausgetauscht. Anschließend wurde gemäß Abbildung 5 die relative Luftfeuchte φ_i im Bohrloch ermittelt. Die Datenlogger waren so programmiert worden, dass bereits vor Einbringen des Sensors die relative Luftfeuchte gemessen wurde. Damit konnte der Messvorgang vom Zeitpunkt des Einbringens des Sensors bis zum Erreichen einer konstanten Luftfeuchte im Bohrloch festgehalten werden. Weitere Messungen im selben Bohrloch waren zu späteren Zeitpunkten ebenfalls möglich, indem das Bohrloch vor jeder Messung mit der Luftpumpe ausgeblasen wurde. Während der Messzeit lagerten die Probekörper bei Raumklima (ca. 23 °C / 50 % r. F.). Dies führte zu einer geringfügigen Austrocknung der Probekörper während der Messzeit.

Die Abbildungen 6a bis 6d zeigen die Ergebnisse dieser hygrometrischen Feuchtemessungen.

Betrachtet man alle acht Probekörper der vier Klimate, so stellt man fest, dass die Zeit bis zum Erreichen eines Endwertes der relativen Luftfeuchte φ_i im Estrich zwischen 20 Minuten und bis zu 14 Stunden betrug.

Bei allen Messergebnissen wurden Werte von φ_i nahe der Luftfeuchte φ_a der jeweiligen Klimakammer erzielt. Die Abweichungen lagen stets innerhalb der Genauigkeit der Messfühler ($\pm$ 1,8 % r. F.).

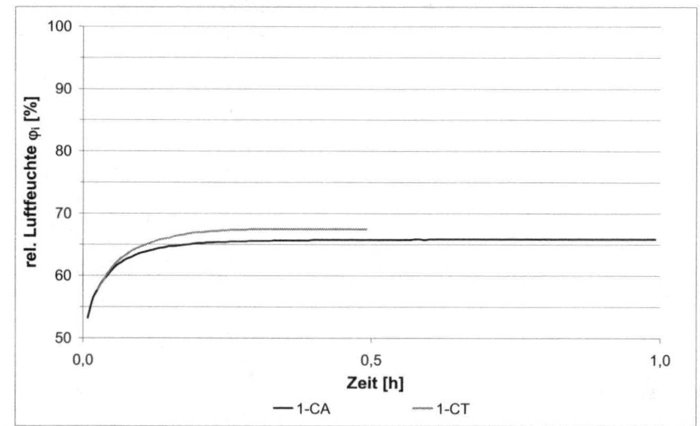

Abb.6a: Hygrometrische Feuchtemessung in den Probekörpern des Klimas 1 (66 $\pm$ 2 % r. F.) bis zum Endwert.

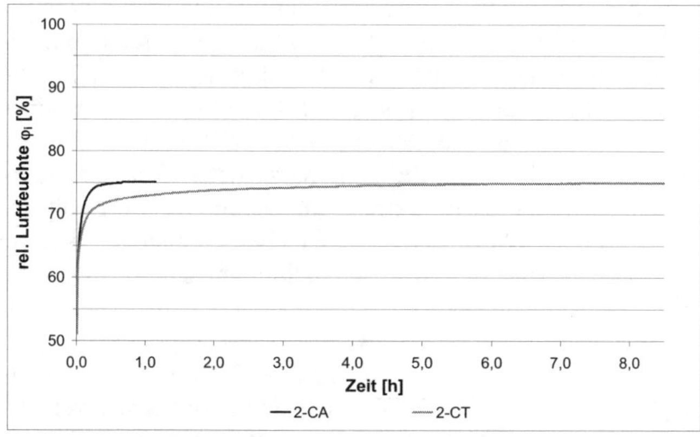

Abb.6b: Hygrometrische Feuchtemessung in den Probekörpern des Klimas 2 (76 $\pm$ 2 % r. F.) bis zum Endwert.

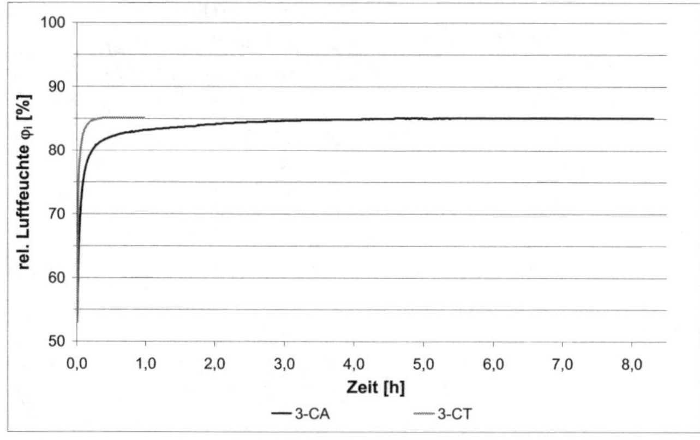

Abb.6c: Hygrometrische Feuchtemessung in den Probekörpern des Klimas 3 (86 $\pm$ 2 % r. F.) bis zum Endwert.

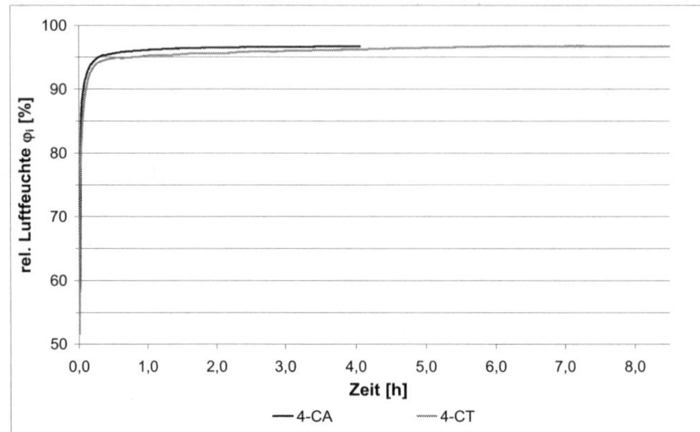

Abb.6d: Hygrometrische Feuchtemessung in den Probekörpern des Klimas 4 (97 ± 3 % r. F.) bis zum Endwert.

4.3 Reproduzierbarkeit der Messungen

Während der Untersuchungen gemäß Abschnitt 4.2 wurden Messungen im selben Bohrloch wiederholt, um die Reproduzierbarkeit zu überprüfen. Dabei zeigte sich, dass stets die gleichen Endwerte der relativen Luftfeuchte erzielt werden konnten (Abweichungen ca. ± 0,2 % r. F.). Allerdings variierte die Zeit bis zum Erreichen eines konstanten Wertes sehr stark. In Abbildung 7 sind zwei Messkurven dargestellt, die jeweils eine Messung in demselben Bohrloch zeigen. Die Zeit bis zum Erreichen eines konstanten Wertes variiert hier von ca. 3 Stunden bis ca. 14 Stunden. Weitere Messungen im selben Bohrloch ergaben Zeiten, die innerhalb dieser Spanne lagen. Tendenziell waren bei niedrigeren Luftfeuchten im Estrich auch schneller die Endwerte erreicht (z. T. innerhalb von 20 Minuten). Warum diese Unterschiede entstehen, konnte aber bislang nicht geklärt werden. Hierzu sind weitere Untersuchungen erforderlich.

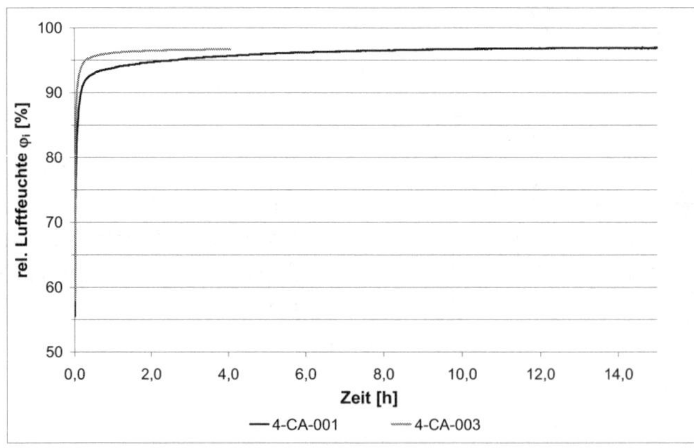

Abb.7: Zeitliche Unterschiede bis zum Erreichen einer konstanten relativen Luftfeuchte φi im Innern des Estrichs (Messung im selben Bohrloch).

554

5. Anwendung in der Praxis

5.1 Folie-Datenlogger-Methode

Im Institut für Bautenschutz wird seit einigen Jahren erfolgreich die Folie-Datenlogger-Methode angewendet, um Betonböden auf nachstoßende Feuchtigkeit aus dem Untergrund zu überprüfen.

Bei dieser Messmethode wird im Prinzip die in Abschnitt 3.2 unter Ziffer 1. beschriebene "Messung am Baustoff" durchgeführt. Der Betonboden wird mit einer ca. 1 m² großen diffusionshemmenden Folie abgedeckt, die Ränder luftdicht mit dem Boden verklebt. Unter der Folie ist ein Datenlogger installiert, welcher dann nach mehreren Tagen ausgelesen wird. Steigt die relative Luftfeuchte zwischen Betonboden und Folie gegen 100 % an, ist dies ein Zeichen für nachstoßende Feuchte aus dem Untergrund. Vergleichsmessungen an Geschossdecken, an denen nachstoßende Feuchte ausgeschlossen werden konnte, brachten Endwerte zwischen 50 % und 60 % r. F. hervor, die dann gedämpft den Schwankungen des Raumklimas folgten, oder die relative Feuchte nahm über lange Zeit gemessen ab, was eine Austrocknung bedeutet (analog zu Abbildung 4).

5.2 Bestimmung der Belegreife von Estrichen und Betonböden

5.2.1 Aktueller Stand

In Deutschland wird die Messung der relativen Luftfeuchte im Bohrloch zurzeit noch wenig vorgenommen, um die Belegreife von Estrichen und Betonböden zu bewerten. In anderen Ländern (Skandinavien, Großbritannien, USA) wird die Messung der relativen Luftfeuchte jedoch häufig bei der Bewertung der Feuchtigkeit in Betonbauteilen und Betonböden angewendet. Als Beispiel hierfür sei die USA aufgeführt, hier existiert sogar eine Norm, die ASTM F2170 [8]. Die Norm regelt Messanweisungen wie z. B. die Genauigkeit der Messfühler, die Messtiefe, die Zeitdauer bis zum Erreichen eines Endwertes in der Messkammer (mind. 72 Stunden) oder die Anzahl von Messstellen für eine Messfläche. Einen Grenzwert nennt die ASTM F710 [9]. Für Betonböden, die mit elastischen Bodenbelägen belegt werden sollen, beträgt der obere Grenzwert der relativen Luftfeuchte 75 %. – In Deutschland fehlen solche Grenzwerte bislang in den einschlägigen Regelwerken. Die Belegreife von Estrichen wird hierzulande noch mittels der CM-Messung bestimmt [10]. In den nachfolgenden Abschnitten ist erläutert, wie Grenzwerte für die hygrometrische Feuchtemessung (φ_{zul}) ermittelt werden können.

5.2.2 Möglichkeiten für die Festlegung

Für die quantitative Festlegung von Grenzwerten φ_{zul} gibt es mehrere Möglichkeiten [3, 4]:

<u>Empirische Festlegung</u>
Hierfür liegen momentan noch keine Erfahrungen vor. Deshalb wird dieser Möglichkeit im Folgenden nicht weiter nachgegangen.

<u>Direkte Methode</u>
Festlegungen entsprechend der Bauweise der Fußbodenkonstruktion. Dabei geht es um die Frage, welche Luftfeuchte φ_i im Unterboden (Estrich/Beton) die betroffene Bauweise als Verbundkörper mit ihrem Oberboden in ihrer Dauerhaftigkeit nicht beeinträchtigt. Die Grenzwerte werden maßgeblich von der Art des Oberbodens und dessen Beständigkeit gegenüber φ_i bestimmt.

<u>Indirekte Methode</u>
Umrechnung der bisherigen Grenzwerte u_{zul}, welche in CM-% oder in Masse-% für die Unterböden (Estrich/Beton) vorliegen, in Grenzwerte φ_{zul} anhand der Sorptionsisothermen. Dabei tritt das Problem auf, dass die betroffenen Baustoffe eine große Bandbreite möglicher Sorptionsisothermen aufweisen, die auch von der Rohdichte bestimmt wird. Ein repräsentatives Spektrum solcher Sorptionsisothermen für alle Baustoffe, die als Unterboden verwendet werden, liegt derzeit nicht vor.

5.2.3 Direkte Methode

Technisch und physikalisch sinnvoll ist allein die Möglichkeit der direkten Methode. Für die Festlegung der Grenzwerte stehen allerdings entsprechende Forschungsergebnisse noch aus. Nach Erfahrungen der Autoren sind die folgenden Festlegungen für bestimmte Verbundkörper aus Unter- plus Oberboden zutreffend:

- Für einen wasserbeständigen Zementestrich (CT) bzw. Zementbeton mit diffusionsdichten Oberböden / Beschichtungen (Kunststoffbeläge / Kunststoffbeschichtungen)
  $$\varphi_{zul} = 75 \ \% \ [3]$$
- Für einen Magnesiaestrich (MA) oder einen Calciumsulfatestrich (CA) unter Beschichtungen und Oberböden mit einem Diffusionswiderstand für Wasserdampf (diffusionsäquivalente Luftschichtdicke s_d) von größer 2 m:
  $$\varphi_{zul} = 65 \ \% \ [3]$$

Für <u>Parkett</u> ergeben sich die Grenzwerte aus theoretischen Überlegungen, die aus dem TKB-Merkblatt 1 [11] hergeleitet werden können.

Parkett ist einer der feuchteempfindlichsten Oberböden. Schon die Einbaufeuchte richtet sich nach dem späteren Raumklima während der Nutzung. Gemäß [11] ist mit einer mittleren relativen Luftfeuchte von 50 % ± 20 % zu rechnen (Ausnahme Sonderbauwerke wie z. B. Kirchen). Dies entspricht auch den typischen Werten gemäß [12], nämlich für das Sommerhalbjahr zwischen 50 % und 70 % und im Winterhalbjahr zwischen 30 % und 55 %. Das bedeutet, dass Parkett gegen eine Raumluftfeuchtigkeit φ_a bis 70 % beständig sein müsste. Betrachtet man die im TKB-Merkblatt 1 [11] genannten klimatischen Bedingungen der Raumluft für den Zeitpunkt des Klebens von Parkett, so bestätigt sich dies. Hier werden nämlich maximal 75 %, vorzugsweise 65 % genannt. Daraus resultiert, dass auch die relative Luftfeuchte im Estrich diese Werte zum

Zeitpunkt des Belegens unterschritten haben muss. Damit ergibt sich für <u>Parkett</u> ein theoretischer Grenzwert von:

$$\varphi_{zul} = 65\ \%\ \text{bis}\ 75\ \%$$

Auch für andere Oberböden und Zwischenschichten ergeben sich aus diversen TKB-Merkblättern [13] folgende theoretische Grenzwerte:

<u>Dispersionsspachtelmassen</u>: Verarbeitung bei maximal 75 % relativer Luftfeuchte, vorzugsweise 65 % (TKB-Merkblatt 9);
$$\varphi_{zul} = 65\ \%\ -\ 75\ \%$$

<u>Elastomer-Bodenbeläge</u>: Lagerung bei maximal 75 %, Verlegung vorzugsweise bei 40 % - 65 %, maximal 75 % (TKB-Merkblatt 3);
$$\varphi_{zul} = 65\ \%\ -\ 75\ \%$$

<u>Linoleum-Bodenbeläge</u>: Lagerung und Verlegung bei 40 % bis 65 % relativer Luftfeuchte (TKB-Merkblatt 4);
$$\varphi_{zul} = 65\ \%$$

<u>Kork-Bodenbeläge</u>: Lagerung bei 50 % bis 75 %, Verlegung vorzugsweise 40 % bis 65 %, maximal 75 % (TKB-Merkblatt 5);
$$\varphi_{zul} = 65\ \%\ -\ 75\ \%$$

<u>PVC-Bodenbeläge</u>: Lagerung und Verlegung bei 40 % bis 65 % relativer Luftfeuchte, maximal 75 % (TKB-Merkblatt 7);
$$\varphi_{zul} = 65\ \%\ -\ 75\ \%$$

<u>Laminatböden</u>: Raumklima während der Vorlagerung und Verlegung: maximal 75 % relative Luftfeuchte (TKB-Merkblatt 2); Hierbei ist aber anzumerken, dass das TKB-Merkblatt 2 noch nicht in der Art aktualisiert wurde, wie die anderen Merkblätter. Bei vielen anderen Merkblättern hat sich die Lagerungs- und Verarbeitungs-Luftfeuchte von 75 % auf 65 % verringert. Dies könnte auch hier mit der nächsten Aktualisierung noch geschehen. Deshalb erachten wir auch hier eher eine Spanne für den Grenzwert von 65 % bis 75 % als sinnvoll;
$$\varphi_{zul} = 65\ \%\ -\ 75\ \%$$

Für alle anderen Oberböden müssen noch Grenzwerte aus theoretischen Überlegungen oder aus Erfahrungen gewonnen werden. Solche Erfahrungswerte müssten überwiegend von den Herstellern der verschiedenen Oberböden und Klebstoffe geliefert werden, da diese Baustoffe die Grenzwerte φ_{zul} bestimmen.

Aus den vorangegangenen Ausführungen bleibt festzuhalten, dass die übliche Spannweite für Grenzwerte für φ_{zul} in den Unterböden **zwischen 65 % und 75 %** liegen muss.

5.2.4 Indirekte Methode

Bei dieser Methode werden die momentan als anerkannte Regel der Technik angesehenen Grenzwerte für u_m mittels Sorptionsisothermen in φ_i übertragen. Es folgen also aus Werten für u_{zul} die Werte für φ_{zul}.

Wenn man diese Möglichkeit für die Festlegung von Grenzwerten betrachtet, so wird man feststellen, dass die zugehörigen Grenzwerte φ_{zul} in einem Bereich **zwischen 60 % und 80 %** relativer Luftfeuchte liegen.

Die <u>obere Bereichsgrenze</u> entspricht der Ausgleichsfeuchte eines Baustoffes, der den so genannten "praktischen Wassergehalt" aufweist [1, 12]. Weist ein Baustoff einen höheren Wassergehalt als den "praktischen Wassergehalt" auf, so ist der Baustoff als feucht anzusehen. Neuerdings spricht man auch von dem Bezugsfeuchtegehalt, welcher mit der Ausgleichsfeuchte zu 80 % relativer Luftfeuchte (u_{80}) identisch ist. Deshalb sollte die obere Bereichsgrenze für φ_{zul} den Wert von 80 % nicht überschreiten.
Die <u>untere Bereichsgrenze</u> ergibt sich folgendermaßen:

Für <u>Zementestriche (CT)</u> ergibt die Umrechnung aus der Sorptionsisotherme folgende Einschränkung für φ_{zul}. Dazu kann man eine für Zementestriche oft verwendete Sorptionsisotherme (Abbildung 2) zu Grunde legen. Näherungsweise entspricht der Wert der maximalen Estrichfeuchte von 2,0 CM-% einer Darrfeuchte von 3,5 Masse-%. Wendet man diese Beziehung auf die in dem „Merkblatt Schnittstellenkoordination" [10, 14] angegebenen Werte für die maximale Feuchte (1,8 CM-% bzw. 2,0 CM-%) an und benutzt die Sorptionsisotherme nach Abbildung 2, so ergeben sich die Werte für φ_{zul} von 65 % r. L. bzw. 70 % r. L..

In einer neueren Arbeit hat Blatt [6] experimentelle Untersuchungen zur Frage der Belegreife von <u>Calciumsulfatestrichen (CA)</u> durchgeführt. Für fünf handelsübliche Calciumsulfatfließestriche sind die Sorptionsisothermen ermittelt worden. Unter Anwendung der Anforderungen nach dem "Merkblatt Schnittstellenkoordination" und dem BEB-Merkblatt CM-Messung [10, 14] mit den Grenzwerten u_m:

    0,5 CM-% (unbeheizt)
    0,3 CM-% (beheizt)

ergaben sich gemäß den Sorptionsisothermen von Blatt [6] die folgenden zugehörigen Werte für φ_i

0,5 CM-%	→	77 % r. L.
0,3 CM-%	→	64 % r. L.

Blatt schlug vor, unter Berücksichtigung der Messgenauigkeit, die Grenzwerte für φ_{zul} wie folgt festzulegen:

0,5 CM-%   →   75 % r. L.

0,3 CM-%   →   60 % r. L.

Problematisch bei dieser Methode ist die hohe Bandbreite von Sorptionsisothermen. Bei Betrachtung einer von Bischoff [15] experimentell ermittelten Sorptionsisotherme für Zementestriche zeigt sich, dass hier 3,3 M-% einer relativen Luftfeuchte $\varphi_i = 85$ % entsprechen und für 3,5 M-% sind $\varphi_i = 90$ % abzulesen. Die Werte überschreiten also die o. g. obere Bereichsgrenze. Daraus ergeben sich zwei Möglichkeiten:

-   Für die Grenzwerte φ_{zul} können möglicherweise auch höhere relative Luftfeuchten als 80 % angesetzt werden.
-   Der von Bischoff [15] untersuchte Zementestrich hätte möglicherweise auch bei Einhaltung der Grenzwerte u_m (3,3 M-% bzw. 3,5 M-%) zu Schäden geführt.

Dieses Beispiel zeigt, dass die bisher geltenden Grenzwerte keine physikalische Begründung haben sondern aus Langzeiterfahrungen resultieren und unter Umständen nicht für jede Baustoffzusammensetzung anwendbar sind.

Bei der Diskussion über die aus der indirekten Methode ermittelten Grenzwerte kommt es immer wieder zu Missverständnissen. Dabei muss man sich bewusst machen, dass die schädigende Wirkung auf die Fußbodenkonstruktion von der relativen Luftfeuchte φ_i in den Estrichporen oder den Betonporen ausgeht (Materialklima im Estrich oder Beton). Während der Reifezeit eines Estrichs/Betons bis zum Zeitpunkt der Belegreife soll der Estrich soweit austrocknen, dass die Belegreife erreicht wird und der Estrich ausreichend trocken ist. Für eine Festlegung von Grenzwerten der Materialfeuchte zum Nachweis der Belegreife bedarf es entsprechender wissenschaftlicher Untersuchungen (siehe direkte Methode). Solche Untersuchungen liegen bislang nicht vor. Deshalb ist das in diesem Abschnitt vorgestellte Vorgehen eine grobe Abschätzung für den zulässigen Feuchtigkeitszustand eines Estrichs zum Nachweis der Belegreife. Wir empfehlen die Messung und Beurteilung des Materialklimas umfangreich in der Praxis einzusetzen, um die Erfahrungen zu erweitern.

5.2.5 Kunststoffbeschichtungen auf Zementestrich und Beton

Aus [3] und [16] hat sich der oben bereits erwähnte Vorschlag von $\varphi_{zul} = 75$ % ergeben als Grenzwert für einen Verbundkörper aus Zementbeton plus Kunststoffbeschichtungen. Dieser Grenzwert liegt über den beschriebenen Grenzwerten für Zementestriche unter Oberböden im Sinne des "Merkblattes Schnittstellenkoordination". Reaktionsharzbeschichtungen weisen eine höhere Wasserbeständigkeit auf als die üblichen o. g. Oberböden bzw. die Verbundkörper aus Zementestrich plus Oberböden. Dieser Grenzwert erscheint auch für die Anwendung im Freien geeignet, auch für Oberflächenschutzsysteme, welche nicht aus Reaktionsharzen bestehen. Dieser Wert kann also ein Grenzwert für die Anwendung im Bereich der Instandsetzungsrichtlinie [17] sein, die in Ihrer aktuellen Fassung keine Grenzwerte für φ_{zul} nennt.

Möglicherweise wären für feuchtigkeitsunempfindliche Reaktionsharze (Epoxidharze) sogar noch höhere Grenzwerte möglich. Gemäß dem TKB-Merkblatt 8 [18] besteht bei Zementestrichen die Möglichkeit, ab einem Wassergehalt u_m von 5,0 CM-% eine diffusionshemmende Grundierung aus Reaktionsharzen (entspricht einer Kunststoffbeschichtung mit geringer Schichtdicke) aufzubringen. Diese Bauweise (Absperren des Estrichs) wird in der Praxis seit einigen Jahren häufig und erfolgreich ausgeführt. Dieser Grenzwert von 5,0 CM-% entspricht ca. 6,5 M-%. Über die Sorptionsisotherme in Abbildung 2 ergibt sich daraus die relative Luftfeuchte φ_i von 95 %. Auch bei Herstellern von Fußbodenbeschichtungen kursieren Werte zwischen 4 % und 6 % (teilweise keine Angabe darüber, ob CM-% oder M-%). Dies alles spricht dafür, dass bei feuchtigkeitsunempfindlichen Reaktionsharzen auf feuchtigkeitsbeständigen Unterböden der Grenzwert φ_{zul} deutlich größer als 75 % sein kann. Entsprechende Untersuchungen müssen hier Gewissheit bringen.

5.2.6 Vorläufige Grenzwerte des Materialklimas für Estriche

Nach unserem momentanen Kenntnisstand plädieren wir dafür, zunächst die indirekte Methode dazu zu verwenden, vorläufige Grenzwerte festzuschreiben. Um auf der sicheren Seite zu liegen, schlagen wir vor, jeweils die unterste Grenze der Werte für φ_{zul} anzusetzen. Damit ergeben sich die in den Tabellen der Abbildungen 8 und 9 aufgeführten Grenzwerte für CT- und CA-Estriche in Abhängigkeit der Art des Oberbodens in Anlehnung an das "Merkblatt Schnittstellenkoordination" [14].

Oberboden auf <u>Zementestrichen</u>		Grenzwert rel. Luftfeuchte φ_{zul} in %	
		beheizt	nicht beheizt
ObBo 1	Textile und elastische Beläge	65	70
ObBo 2	Parkett	65	70
ObBo 3	Laminatboden	65	70
ObBo 4	Keramische Fliesen bzw. Natur-/Betonwerksteine	70	70

Abb.8: Vorschläge für die maximale relative Luftfeuchte φ_{zul} von Zementestrichen in Anlehnung an das "Merkblatt Schnittstellenkoordination" [14].

| Oberboden auf Calciumsulfatestrichen | | Grenzwert rel. Luftfeuchte φ_{zul} in % | |
		beheizt	nicht beheizt
ObBo 1	Textile und elastische Beläge	60	75
ObBo 2	Parkett	60	75
ObBo 3	Laminatboden	60	75
ObBo 4	Keramische Fliesen bzw. Natur-/Betonwerksteine	60	75

Abb.9: Vorschläge für die maximale relative Luftfeuchte φ_{zul} von Calciumsulfatestrichen in Anlehnung an das "Merkblatt Schnittstellenkoordination" [14].

Weitergehende Untersuchungen (empirische Untersuchungen) müssen dann zeigen, ob auch höhere Grenzwerte erlaubt werden können.

Die bessere Methode ist jedoch die Festlegung von Grenzwerten nach der direkten Methode. Der Vorteil dieser Methode liegt nämlich darin, dass dann für <u>alle</u> <u>Estrichsorten</u> der Grenzwert für φ_{zul} gleich ist. Auch für Schnellestriche, Estriche mit Trocknungsbeschleunigern und Magnesiaestrichen gilt dieser Grenzwert, da <u>er vom</u> <u>Oberboden bestimmt wird</u> und nicht vom Unterboden (Estrich).
Betrachtet man die im Abschnitt 5.2.3 angegebenen Wertebereiche, so wird ersichtlich, dass möglicherweise ein einziger Grenzwert für alle Estricharten und Oberböden gelten kann, nämlich wie in Abbildung 10 ausgewiesen:

$$\varphi_{zul} = 65\ \%$$

| Oberboden auf <u>Zementestrichen</u> oder <u>Calciumsulfatestrichen</u> | | Grenzwert rel. Luftfeuchte φ_{zul} in % | |
		beheizt	nicht beheizt
ObBo 1	Textile und elastische Beläge	65	65
ObBo 2	Parkett	65	65
ObBo 3	Laminatboden	65	65
ObBo 4	Keramische Fliesen bzw. Natur-/Betonwerksteine	65	65

Abb.10: Unser vorläufiger Vorschlag für die maximale relative Luftfeuchte φ_{zul} für Zementestriche und Calciumsulfatestriche und möglicherweise weitere Estrichsorten.

Auch hier müssten empirische Untersuchungen zeigen, ob möglicherweise höhere Grenzwerte erlaubt werden können, insbesondere bei feuchteunempfindlichen Oberböden (z. B. keramische Fliesen, Epoxidharze etc).

Damit ergibt sich nun der an die Hersteller von Oberböden und Klebstoffen gerichtete Wunsch, solche Grenzwerte anzugeben, ab welcher relativen Luftfeuchte im Unterboden (Materialklima) ihre Produkte nicht mehr eingesetzt werden sollen. Liegen solche Grenzwerte für φ_{zul} vor, kann mittels der hygrometrischen Feuchtemessung im Bohrloch überprüft werden, ob der Zeitpunkt der Belegreife erreicht ist oder ob der Estrich noch weiter austrocknen muss.

5.2.7 Erarbeitung einer Messanweisung

Analog zu der in den USA verwendeten ASTM F2170 [8] muss, sobald Grenzwerte für die Belegreife vorliegen, eine Messanweisung für die hygrometrische Feuchtemessung erstellt werden (analog zur Messanweisung CM-Messung in [10, 14]). Unsere Erfahrungen und Untersuchungen zeigen, dass folgende Punkte beachtet werden müssen:

- Herstellen eines Bohrloches oder Einbringen einer Aussparung bei der Herstellung des Estrichs.
- Bei der Herstellung eines Bohrloches muss bei CT-Estrichen auf jeden Fall eine gewisse Zeit gewartet werden, bis der Messfühler eingebracht werden kann. Da hierfür noch Untersuchungen ausstehen, empfiehlt es sich, bei allen Estrichen das Bohrloch einen Tag vor der Messung einzubringen (sichere Seite).
- Ausblasen des Bohrloches vor der Messung.
- Einbringen eines Zylinders zum Abdichten der Bohrlochwandung. Lediglich der Boden des Bohrloches darf mit der Messkapsel in Verbindung stehen.
- Die Messung erfolgt in einer Tiefe von 40 % der Dicke von oben bei einseitig austrocknenden Estrichen und Betonen (siehe nachfolgende Ausführungen, Abbildung 11).
- Einbringen einer Messkapsel gemäß Abbildung 5 mit Sensor zur Aufzeichnung von Temperatur und relativer Luftfeuchte als Funktion der Zeit.
- Minimierung des Luftvolumens innerhalb der Messkapsel.
- Durchführung einer 24h-Aufzeichnung der Messwerte (relative Luftfeuchte und Temperatur).
- Auswertung und Überprüfung der Aufzeichnung mit Angabe des Endwertes der relativen Luftfeuchte.
- Ggf. Anwendung eines Korrekturfaktors für den Grenzwert aufgrund der Estrichtemperatur.

<u>Einfluss der Messtiefe</u>

Optimierungsbedarf gibt es noch in der Festlegung der Messtiefe für die Bestimmung der relativen Luftfeuchte im Estrich. Aufgrund der Feuchteprofile in einem über die Oberfläche austrocknenden Estrich lässt sich derzeit nicht exakt sagen, in welcher Tiefe die Grenzwerte für die relative Luftfeuchte φ_{zul} unterschritten werden müssen.

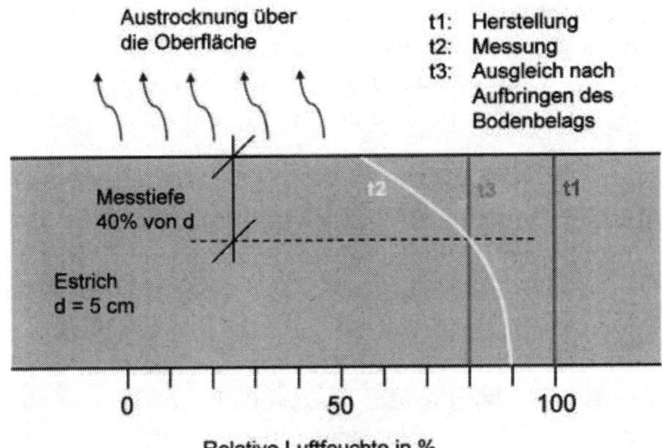

Abb.11: Schematische Darstellung des Feuchteprofils eines Estriches zu drei verschiedenen Zeitpunkten nach Vorstellung der amerikanischen Normung [8, 9].

Lehnt man sich an die amerikanische Norm an [8], so wäre eine Messtiefe von 40 % der Dicke bei einem einseitig austrocknenden Bauteil ausreichend (z. B. 2 cm Tiefe bei einem 5 cm dicken Estrich). Erklärt wird diese Festlegung anhand des Feuchteausgleiches des Estrichs nach dem Belegen mit einem wenig wasserdampfdurchlässigen Bodenbelag. Die Abbildung 11 verdeutlicht diesen Zusammenhang. Der Zeitpunkt t1 gibt die Luftfeuchte von 100 % über den gesamten Querschnitt bei der Herstellung an. Zum Zeitpunkt t2 ist ein Feuchteprofil im Estrich vorhanden, wenn der Estrich über die Oberfläche austrocknen kann. Wird in 40 % der Tiefe ein Wert des Feuchteprofiles abgegriffen (z. B. 80 %), so soll dieser Wert auch dann vorliegen, wenn der Estrich dampfdicht belegt werden würde und sich das Feuchteprofil dadurch auflöst, dass sich die Feuchtigkeit innerhalb des Querschnittes des Estrichs ausgleicht (Zeitpunkt t3). Nach Auflösung des Feuchteprofils liegt dann im gesamten Estrichquerschnitt ein Wert von 80 % r. F. vor.

Auf der sicheren Seite liegt man dann, wenn an der tiefsten Messstelle die Luftfeuchte kleiner φ_{zul} ist (z. B. 4,5 cm bei einem 5 cm dicken Estrich), dann ist natürlich bei allen Messstellen oberhalb dieser Messstelle die Luftfeuchte auch kleiner φ_{zul} bei einem über die Oberfläche austrocknenden Estrich. Unter Umständen kann es aber sehr lange dauern, bis auch in dieser Tiefe die Grenzwerte unterschritten sind und möglicherweise hätte der Estrich aber bereits deutlich früher belegt werden können.

Im Institut für Bautenschutz wurden zu diesem Thema breit angelegte simulationsgestützte Untersuchungen des oben beschriebenen Zusammenhanges durchgeführt. Erste Ergebnisse dieser Untersuchungen zeigen, dass bei einseitig austrocknenden Betonen und Zementestrichen mit dem Abgreifen des Feuchteprofils in einer Tiefe von 40 % der Dicke in etwa die Ausgleichsfeuchte nach dem Belegen mit einem dampfdichten Belag gemessen wird. Bei Calciumsulfatestrichen ergeben sich leichte Abweichungen von den 40 %. Hier muss noch eine genauere Auswertung der Untersuchungsergebnisse erfolgen.

<u>Einfluss der Temperatur des Baustoffes auf die rel. Luftfeuchte im Baustoff</u>
Die im Institut für Bautenschutz durchgeführten Untersuchungen haben gezeigt, dass die Temperatur des zu messenden Baustoffes nur wenig Einfluss auf die relative Luftfeuchte im Baustoff auswirkt. Bei einem Temperaturwechsel von bis zu ± 20 K ausgehend von 25 °C im Baustoff änderte sich die relative Luftfeuchte im Baustoff gerade einmal um ca. ± 4 % bei einem Anfangswert von φ_i = 85 %. Für die Messvorschrift bietet es sich also an, ggf. sehr niedrige (Winterbaustelle) oder sehr hohe (Aufheizen mit Fußbodenheizung) Baustofftemperaturen zu berücksichtigen. Um einen Korrekturfaktor oder Tabellenwerte hierfür zu entwickeln, sind aber noch weitere Untersuchungen erforderlich. – Die Luft in den Poren verhält sich aber <u>keinesfalls</u> wie ein abgeschlossenes Luftvolumen, bei dem eine Zu- bzw. Abnahme der relativen Luftfeuchte von über 50 % bzw. Tauwasserausfall zu erwarten gewesen wäre bei einem Temperaturwechsel von ± 20 K ausgehend von 25 °C / 85 % r. F..

<u>Messfehlern vorbeugen</u>
In der Fachwelt wird die Messung des Materialklimas (hygrometrische Feuchtemessung) häufig in Frage gestellt bzw. es wurde über Messungen "nachgewiesen", dass mit der hygrometrischen Feuchtemessung nur falsche Ergebnisse erzielt werden können [19]. In dieser Veröffentlichung wird aber die Messmethode völlig andersartig beschrieben im Vergleich zu unseren nachweislich erfolgreichen Messungen. Dies zeigt, dass eine Messanweisung oder sehr viel Erfahrung mit der hygrometrischen Feuchtemessung erforderlich ist, um das Verfahren sicher anwenden zu können.

5.3 Messung von Feuchteprofilen in Bauteilen

Dass die Messung von Feuchteprofilen mittels hygrometrischer Feuchtemessung möglicht ist, hat bereits Bluhm [2] bewiesen. In einer aktuellen Untersuchung im Institut für Bautenschutz wurde dies erneut bestätigt. Hierzu wurde eine CA-Estrich-Platte (Dicke 5 cm) über einem feuchten Klima (ca. 100 % r. F.) gelagert (kein direkter Kontakt, so dass kein Saugen stattfinden konnte). Die Seitenflächen waren abgedichtet. An der Oberseite der Platte lag Raumklima (ca. 50 % r. F.) vor. Mittels hygrometrischer Feuchtemessungen in drei verschiedenen Tiefen (1 cm, 2,5 cm, 4 cm) wurde das in Abbildung 12 dargestellte Feuchteprofil ermittelt. Da die Messwerte konstant blieben, bedeutet dies, dass Feuchtigkeit über Diffusion von der Unterseite zur Oberseite transportiert wird (konstanter Diffusionsstrom). Mit dieser Messmethode lässt sich nachstoßende Feuchtigkeit aus dem Untergrund nachweisen (siehe auch Abschnitt 5.4), weil in diesem Fall auch 100 % r. F. oder flüssiges Wasser an der Bauteilrückseite vorliegen.

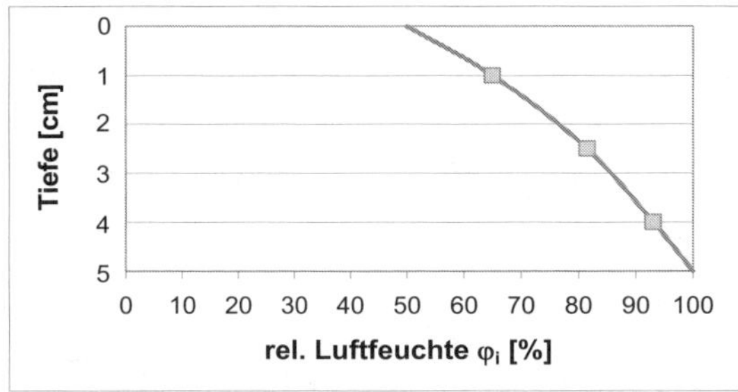

Abb.12: Feuchteprofil eines CA-Estrichs bei nachstoßender Feuchte aus dem Untergrund und Austrocknung über die Oberfläche.

Die Messmethode bietet sich auch an, dicke Mauerwerkswände in unterschiedlichen Tiefen auf deren Feuchtegehalt zu überprüfen, um Rückschlüsse zu ziehen, ob die Feuchtebelastung von innen (Oberflächenkondensat), außen (Schlagregen) oder unten (aufsteigende Feuchte) stammt. Mit der Aufzeichnung der Messwerte können hier sogar jahreszeitliche oder witterungsabhängige Ergebnisse festgehalten und entsprechend beurteilt werden.

5.4 Überprüfung auf nachstoßende Feuchte aus dem Untergrund mittels Messung im Bohrloch

Analog zu der in Abschnitt 5.1 beschriebenen Folien-Datenlogger-Methode können Unterböden auch mit der hygrometrischen Feuchtemessung im Bohrloch auf nachstoßende Feuchte überprüft werden. Mit den Messfühlern in Verbindung mit Datenloggern kann auch hier eine Langzeitmessung erfolgen. Im Vergleich zur Folien-Datenlogger-Methode liegt die Messdauer hier aber deutlich niedriger. Bei der Messung müssen Feuchteprofile gemessen werden (analog zu Abschnitt 5.3), die dann folgende Beurteilung zulassen:

a.) Trocknet der Unterboden aus, so ändert sich das Feuchteprofil dahingehend, dass die relative Luftfeuchte im unteren Bereich sich dem oberen (trockeneren) Bereich angleicht.

b.) Bleiben die Feuchteprofile konstant, bedeutet dies, dass Feuchtigkeit aus dem Untergrund nachstößt und vom Untergrund in den Raum abgegeben wird.

c.) Gleicht sich der obere Bereich dem unteren (feuchteren) Bereich an, liegt eine Auffeuchtung des Unterbodens vor.

d.) Folgt die relative Luftfeuchte über dem gesamten Querschnitt gedämpft dem Raumklima, so weist der Unterboden seine Ausgleichsfeuchte zum Raumklima auf.

5.5 Überprüfung feuchter Betonbauteile

Für das Aufbringen von gipshaltigen Innenputzen auf Betonflächen muss gemäß DIN 18550 der Wassergehalt von 3 Masse-% in den oberflächennahen 3 cm eingehalten werden (Grenzwert also $\leq$ 3,4 Masse-%). Betrachtet man die Sorptionsisotherme von Beton (Abbildung 13), so korrelieren diese 3,4 Masse-% mit 90 % relativer Luftfeuchte. Dies bedeutet im übertragenen Sinne gemäß Abschnitt 5.2.7, dass bei einseitig austrocknenden Betonbauteilen in einer Tiefe von 1,2 cm (40 % von 3 cm Tiefe) die relative Luftfeuchte φ_i im Beton $\leq$ 90 % betragen muss, damit die Anforderung erfüllt ist.

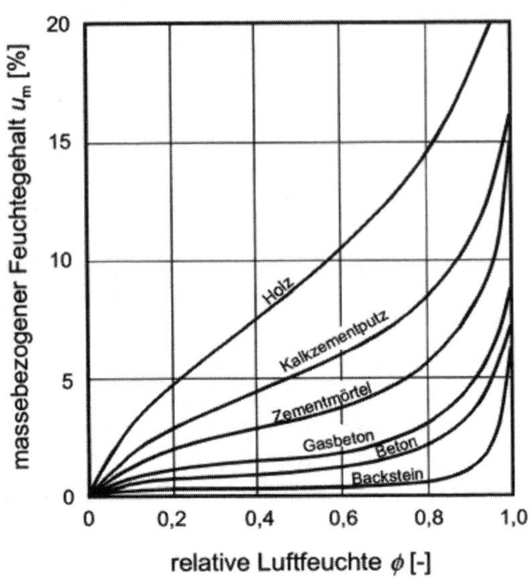

Abb.13: Sorptionsisothermen ausgewählter Baustoffe. Quelle: [23]

Eine solche Überprüfung mittels der Hygrometrischen Feuchtemessung gemäß Abbildung 5 führt auf der Baustelle zu schnellen Ergebnissen. Zudem ist das Messverfahren als zerstörungsarm anzusehen im Vergleich zur Entnahme von Darrproben (zerstörend).

5.6 Kontrolle von Bauteil-Trocknungen

Bei Wasserschäden (z. B. defekte Rohrleitungen, undichte Außenbauteile) ist es oftmals erforderlich, feuchte Bauteile zu trocknen. Solche Bautrocknungen bedürfen einer Kontrolle durch ständige Feuchtemessungen, um nachweisen zu können, dass eine Austrocknung stattfindet. Vielfach können solche Messungen mittels elektronischen Feuchtemessverfahren durchgeführt werden, da keine absoluten Werte des Wassergehaltes ermittelt werden müssen, sondern lediglich die Änderung der Materialfeuchte φ_i erfasst werden muss.

Eine einfache Möglichkeit, den Trocknungsfortschritt zu erfassen, besteht darin, in Bauteile oder Baustoffe entsprechende Feuchtemessfühler einzubringen. Durch die Anbindung an Datenlogger werden die Messwerte kontinuierlich aufgezeichnet. Beim Auslesen der Werte ist somit die zeitliche Änderung der Feuchte sofort ersichtlich. Um unabhängig von Materialeigenschaften zu sein, bietet es sich hier an, das Materialklima im Baustoff mit der hygrometrischen Feuchtemessung zu erfassen, zumal auch der Grenzwert für die Durchfeuchtung (praktischer Wassergehalt = Bezugsfeuchtegehalt, welcher mit der Ausgleichsfeuchte zu 80 % relativer Luftfeuchte (u_{80}) korrespondiert) anhand der relativen Luftfeuchte von 80 % bewertet wird. Im Institut für Bautenschutz wird diese Messmethode auch bereits erfolgreich z. B. bei der Trocknung von Holzbauteilen angewendet.

<u>Beispiel Dämmschichttrocknung</u>
Als konkretes Beispiel für die Kontrolle und Überprüfung von Bautrocknungen sei hier die Dämmschichttrocknung von Estrichen aufgeführt. Bislang bestand die einzige Messmethode zum Nachweis des Erfolges einer Dämmschichttrocknung darin, Proben aus der Wärmedämmung zu entnehmen und deren Wassergehalt gemäß der Darr-Prüfung zu ermitteln.

Beim Einsatz der hygrometrischen Feuchtemessung im Bohrloch mit einer Bohrtiefe in die Grenze zwischen Untergrund und Wärmedämmung oder zwischen Wärmedämmung und Folie zum Estrich kann nun die relative Luftfeuchte in der Dämmschicht gemessen werden (Bauteilklima in der Wärmedämmung), die vom Wassergehalt der Wärmedämmung und von flüssigem Wasser in der Dämmschicht bestimmt wird. Dadurch wird sehr schnell ersichtlich, welche Feuchte in der Dämmschicht vorliegt und ob diese unter dem geforderten Wert von 80 % r. L. liegt.

Auch die Funktion einer Dämmschichttrocknung kann mit dieser Messung geprüft werden. Wird die relative Luftfeuchte in der Dämmschicht ständig erfasst, so ist eine Durchströmung der Dämmschicht mit trockener Luft aufgrund der Dämmschichttrocknung sofort ersichtlich.

5.7 Risiko Schimmelgefahr
Auf durchfeuchteten Baustoffen können sich Schimmelpilze bilden. Die Grenze für die noch tolerierbare Feuchtigkeit ist i. d. R. 80 % r. L. in den Baustoffporen. Lag bereits einmal ein Schimmelbefall vor, können die Schimmelpilze auch ab 75 % r. L. wieder aktiv werden. Im Holz können ggf. auch holz zerstörende Pilze entstehen.

Um zu kontrollieren, ob ein ehemals durchfeuchtetes Bauteil erneut der Gefahr einer Schimmelpilzbildung unterliegt, kann dies mit der Messung des Materialklimas überprüft werden.

5.8 Frühwarnsystem für Undichtigkeiten und Leckagen (Monitoring)
Um Wassereintritte frühzeitig zu bemerken, werden heute bereits beim Neubau von Gebäuden vielfach sogenannte Monitoring-Systeme in Bauteile eingebaut, z. B. in Flachdächer. Die Komponenten dieser Monitoring-Systeme bestehen aus Messfühler, Speicher- und Auslesesystemen sowie einer entsprechenden Hard- und Software, die es ermöglicht, drahtlos auf die Daten zuzugreifen oder Alarm zu geben, wenn erhöhte Feuchtewerte vorliegen. Durch solche Monitoring-Systeme können Undichtigkeiten frühzeitig erkannt und lokalisiert werden.

Der Anwendungsbereich von Monitoring-Systemen ist vermutlich noch lange nicht ausgeschöpft. Auch Wasser- und Heizleitungen oder Fußbodenheizungen könnten so überwacht werden. Insbesondere in sensiblen Bereichen (z. B. Krankenhäuser) bieten sich solche System an.

Lässt sich das Materialklima von Estrichen in naher Zukunft mit der hygrometrischen Feuchtemessung bestimmen, besteht auch die Möglichkeit einen frisch verlegten Estrich einem Monitoring zu unterziehen, welches den Zeitpunkt der Belegreife mitteilt [6].

5.9 Untersuchung auf Korrosionsbedingungen
Für metallische Werkstoffe ist die relative Luftfeuchte in der direkten Umgebung maßgeblich für deren Dauerhaftigkeit. Der Wert der relativen Luftfeuchte φ_{zul} wird dabei von der Art des Korrosionsschutzsystems bestimmt.
Werden metallische Werkstoffe in Bauteilen und Baustoffen eingesetzt, so ist folglich das Materialklima maßgeblich für deren Dauerhaftigkeit.
Mit der Messung des Materialklimas kann das Bauteil darauf untersucht werden, welche Korrosionsbedingungen für den jeweiligen metallischen Werkstoff vorliegen. Dies kann bei der Auswahl des geeigneten Korrosionsschutzsystems wichtige Erkenntnisse bringen oder aber man kann mittels Langzeitmessungen das Bauteil überwachen, ob schädigende Korrosionsbedingungen im Bauteil auftreten (Monitoring) [20].

Literatur

[1] WTA Referat 4 Mauerwerk, WTA Arbeitsgruppe 4.11, Leiter Günter Rieche: Sachstandsbericht zur Messung der Feuchte von mineralischen Baustoffen, Fraunhofer IRB Verlag, Stuttgart 2002

[2] S. Bluhm: Entwicklung und Untersuchung einer Methode für die hygrometrische Bestimmung der Feuchte in Zementestrichen, Diplomarbeit Hochschule für Technik Stuttgart, Stuttgart 2002

[3] G. Rieche: Neue Wege der Feuchtemessung und Beurteilung von Estrichen und Betonen, Beton und Stahlbetonbau 99 (2004), Seiten 794-797

[4] G. Rieche: Bewertung der Belegreife von Estrichen mit hygrometrischen Verfahren, EstrichTechnik & Fußbodenbau 24 (2008) Heft 143, Seiten 10-15

[5] D. Ziegler: Untersuchungen zur Austrocknung und zum Schwinden von Schnellestrichen im Hinblick auf die Belegreife, Diplomarbeit Hochschule für Technik Stuttgart, Stuttgart 2007

[6] C. Blatt: Untersuchungen zur Belegreife von Calciumsulfatestrichen unter besonderer Berücksichtigung der Austrocknung und Erhärtung, Bachelor-Thesis Hochschule für Technik, Stuttgart 2010

[7] P. Jumme: Moisture Control in Concrete; 5. Internationales Kolloquium Industrieböden 2003, Technische Akademie Esslingen, S. 243-247

[8] ASTM F2170 – 09: Standard Test Method for Determining Relative Humidity in Concrete Floor Slabs Using in situ Probes

[9] ASTM F710 – 08: Practice for Preparing Concrete Floors to Receive Resilient Flooring

[10] BEB-Merkblatt: CM-Messung, Ausgabe Januar 2007, Bundesverband Estrich und Belag e. V., Troisdorf

[11] TKB-Merkblatt 1: Kleben von Parkett; Stand März 2007; Technische Kommission Bauklebstoffe (TKB) im Industrieverband Klebstoffe e. V., Düsseldorf

[12] Fischer, Jenisch, Stohrer, Homann, Freymuth, Richter, Häupl: Lehrbuch der Bauphysik, Schall – Wärme – Feuchte – Licht – Brand – Klima, 6., aktualisierte und erweiterte Auflage; Vieweg+Teubner Verlag; Wiesbaden 2008

[13] TKB-Merkblätter 2 bis 7, 9; verschiedene Ausgaben; Technische Kommission Bauklebstoffe (TKB) im Industrieverband Klebstoffe e. V., Düsseldorf

[14] Informationsdienst Flächenheizung: Schnittstellenkoordination bei beheizten Fußbodenkonstruktionen, Ausgabe Februar 2005, Bundesverband Flächenheizungen und Flächenkühlungen e. V., Hagen

[15] U. Bischoff: Bestimmung von Sorptionsisothermen von Baustoffen; Diplomarbeit Hochschule für Technik Stuttgart, Stuttgart 1994

[16] G. Rieche, E. Fischer: Einfluss von rückseitiger Feuchtigkeit auf Estriche und Beschichtungen, Kunststoffe 78 (1988) H.2, Seiten 161-164

[17] Deutscher Ausschuss für Stahlbeton (DAfStb) im DIN Deutsches Institut für Normung e. V.: Schutz und Instandsetzung von Betonbauteilen (Instand-setzungs-Richtlinie); Teil 1 bis 4; Beuth Verlag; Berlin 2001

[18] TKB-Merkblatt 8: Beurteilen und Vorbereiten von Untergründen für Bodenbelag- und Parkettarbeiten; Stand Juni 2004; Technische Kommission Bauklebstoffe (TKB) im Industrieverband Klebstoffe e. V., Düsseldorf

[19] O. Erning, P. Kunert: Praxisgerechte Messung der Belegreife von Estrichen - Luftfeuchtemessung im Bohrloch kann CM-Messung nicht ersetzen, Fußbodentechnik Ausgabe 4/2006

[20] G. Rieche, U. Weißmann, S. Wehrle: Galvanisch verzinkte Stahlschrauben in Kunststoffdübeln zur Verankerung der Unterkonstruktion für Fassadenbekleidungen in Porenbeton, Materials and Corrosion 49, 1998, Seiten 585-590

[21] G. Rieche, D. Ziegler: Belegreife von Estrichen – Grenzwerte für die hygrometrische Feuchtemessung, 7. Internationales Kolloquium Industrieböden 2010, Technische Akademie Esslingen

[22] D. Ziegler: Hygrometrische Feuchtemessung – Anwendung in der Praxis, 7. Internationales Kolloquium Industrieböden 2010, Technische Akademie Esslingen

[23] Hohmann, Setzer, Wehling: Bauphysikalische Formeln und Tabellen, 4. Auflage, Werner-Verlag, Darmstadt 2004

CONCRETE TECHNOLOGY – POROSITY IS DECISIVE

Ralejs Tepfers
Department of Civil and Environmental Engineering, Structural Engineering,
Concrete Structures, Chalmers University of Technology, Göteborg

Abstract

Porosity is the number of pores in a material for instance pores in certain concrete. Porosity is usually expelled in volume percent. The porosity of concrete has influence on the properties in many aspects. Composition of concrete, casting in practice, maturing and hardening, cement reactions and risks at freezing, all are influenced by porosity. The possibilities to influence the type of porosity are important.

1. Composition of concrete

Concrete technology deals in very great extent about the porosity of concrete. Concrete consists of gravel, sand and cement, all particles, and water plus air and eventual additives. The firm substances give the concrete strength. Aggregates are cheap and therefore should fill up the space as much as possible. Therefore the particle size grading should be such that this is possible. The fine cement particles find room in spaces between the aggregate particles. More cement means that the spaces between aggregates are better filled. Consequently, more cement added, stronger concrete. Water fills the rest of the spaces.

2. Casting, hardening hydration

Water is added in such amount that the concrete becomes possible to cast using vibrations. It usually means that more water is added than the chemical reactions require. The excessive water evaporates from cement glue and leaves pores behind, which weaken the concrete. More excess water, it means higher water/cement ratio, results in weaker concrete. Porous concrete is also more exposed to the environmental influence, because the surface exposed for environmental attack increases.

During hardening the concrete should be watered, because the exothermic cement hydration increase the temperature of the concrete, so water evaporates in such an extent that there is not enough water left for the reactions. A wet concrete surface prevents the evaporation.

At Water/Cement ratio 0.3 to 0.4 all water is used up in hydration of cement. Concrete with so low Water/Cement ration has a consistency as moist sand and cannot be cast and compacted. Adding plasticizing additive the concrete can be made possible to cast.

3. Cement reactions, plasticizing additives

Cement is an ionic material. It means the cement particles have electrical charges. Cement is manufactured by grinding, which result in particles with edges where the positive and negative electrical charges are concentrated, figure 1. The charges have only short distance influence. When cement particles come into water particle corners with opposite charges orientate against each other and the particles flocculate, which results in stiff voluminous structure obstructing flow. Increased amount of water can break up flocks, but the Water/Cement ratio is increased. The alternative is to use plasticizing additive – super plasticizer. When the super plasticizer is added to concrete having a consistency as moist sand and the mixing goes on, the concrete mix suddenly starts to flow and splash in the mixer.

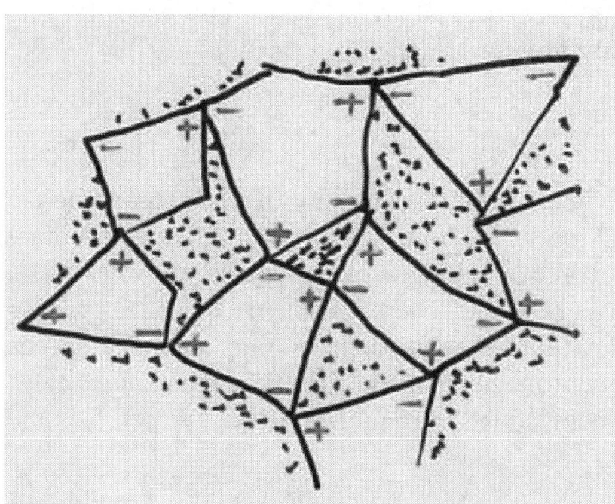

Figure 1: Flocculated cement particles.

The plasticizer chain molecules wind around the cement particles and screen the cement particles electrical charges. In cooperation with water they create particles with equal electrical charge repelling each other. In spite of the repulsion the particles comes closer to each other in comparison with the situation when they were flocculated. More over, the repulsive forces make that the particles can easy slide along each other.

Another effect can be obtained by chain molecules fixing themselves on cement particles with their molecule tails protruding from the surface of the particles and obstruct them to come close to each other, however closer than what the flocculation allow for. The result is that the cement particles leave less space between them, which are better field with hydration products. The space can also partly be filled with micro silica particles. Result is that the concrete has fewer pores and we get a stronger and environmentally more resistant concrete.

The flow of the fresh concrete is obstructed by aggregates creating arches of stones. The forming of arches can be hindered by increased amount of cement glue. It is not possible to only increase the amount of cement, because this glue will get shrinkage cracks due to contraction shrinkage. In concrete the aggregate hinders the formed micro cracks to become visible cracks. In stead the amount of cement glue can be completed with lime stone filler, also granite filler has been used. The self-compacting concrete has so much cement glues that creation of aggregate arches is prevented and the concrete can flow freely.

4. Freezing, frost resistance

The water in the pores of concrete may freeze and then it expands 9%. The freezing happens successively. From a developing ice crystal the solved salts leave for rest of the water, which gets lower freezing temperature due to increased concentration of solved salts. The increased volume of the ice crystal creates water pressure. The water pressure can be released by water pressing into empty pores and freezing will not damage concrete. Air entraining agent creates small dense positioned pores in cement glue, where the water can be pressed and the pressure released by this. Water molecules have electrical poles and are hold together by hydrogen binds, figure 2. If an atomic structure has electrical charges water molecules are attracted to it – the surface is wetted, is hydrophilic. The air pores have no electrical charges on its surface. If the surface has no electrical charges, the water molecules are kept together by hydrogen binding to water

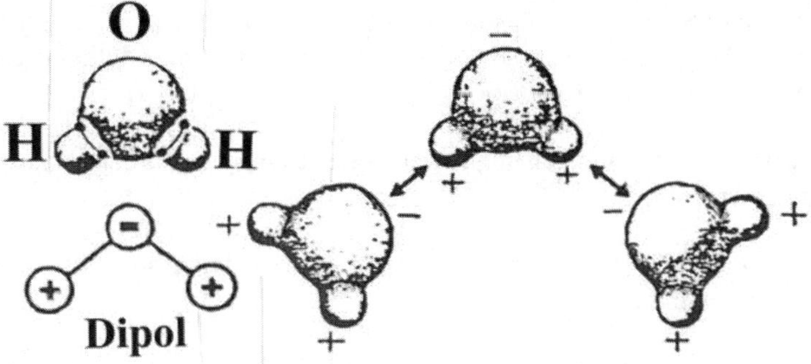

Figure 2: Water molecules with electrical charges – hydrogen binding.

drops and the water avoids the surface – the surface is water repellent, hydrophobic. Water does not by itself go into these pores, but is pressed in by active pressure from volume increase of freezing water. When the pressure is released at thaw, the water does not like to stay in these air pores and returns to the porosity where it was before. Therefore the air entraining created porosity functions also at repeated freezing.

5. Different types of pores in concrete

In figure 3 different types of pores characterized by their diameter are shown along a scaling of length. The scaling goes from right hand side to left and covers diameters from 10mm to 1Å.

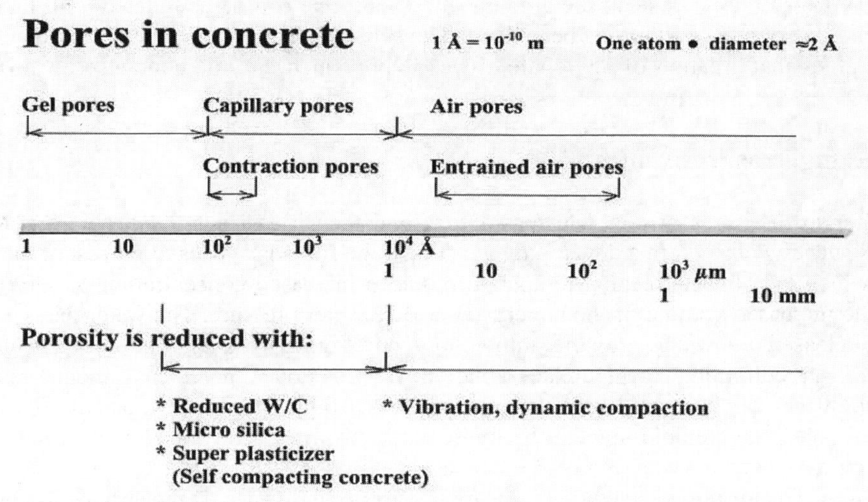

Figure 3: Pores in concrete.

Air pores are closed by vibration. Cement glue gets local pressure increase from the vibrating device. The pressure parts the aggregate particles so the friction is reduced and they can slide along each other.

The capillary porosity is reduced using lower Water/Cement relation and plasticizing additives plus micro silica.

Gel pores are in principle atom vacancies and the space between atoms is for time being difficult to do something about.

Contraction pores appear during hydration, because the volume of the hydration products is less than that of the constituents cement plus water and this is very difficult to do something about.

The pores created by the air entraining agent are deliberately created pores to prevent the concrete suffer from freezing. This concrete should not be vibrated too much.

6. The concrete can be made stronger

Today it is possible in production to reach concrete compressive strength up to 150 MPa. In laboratory Aalborg Cement AS, Denmark they have reached 300 MPa and French researchers have reached 800 MPa. In that case they have hardened the concrete at 200oC and under pressure. It can be supposed that they have succeeded to reduce the gel and contraction porosity by pressing atoms with thermo vibrations into the micro pores of the structure. Basically they have applied nanotechnology for achieving this.

Summing up, the concrete technology is about to reduce the porosity of the concrete. In this way the concrete becomes both stronger and more environment resistant.

7. The relation problem of civil engineers

Many people have mixed sand, stone, cement with water, cast it and the mix became hard concrete, so now they know concrete technology. This fact leads to the relation problem of civil engineers, which the civil engineer Andrejs Muzikants has commented in a laconic way:

Everybody « *knows everything* » about this « *simple* » branch and if there are problems, for sure, « *there is lacking competence* » - finally « *construction engineering is an old and well tested branch* ».

8. What should the civil engineers tell people?

In civil engineering the built and final object is the first prototype, therefore no wonder there will be problems. In car industry certainly there will be fifty prototypes before the car model is commercialized.

We civil engineers have to be aware, the way other people understand construction industry and therefore we have to tell them that construction industry is different from other branches and always repeatedly underline that *construction industry is high tech comprising also nanotechnology*, as in concrete technology moving molecules.

ERWEITERUNG DER VERBUNDMODELLE AUF EINGESCHLITZTE CFK-BEWEHRUNG

EXTENSION OF THE BOND MODELS FOR NEAR SURFACE MOUNTED REINFORCEMENT

Konrad Zilch* und Wolfgang Finckh*
*Lehrstuhl für Massivbau, Technische Universität München

Zusammenfassung

Das Verstärken von Betonbauteilen mit eingeschlitzter CFK-Bewehrung hat sich seit mehr als 10 Jahren in der Baupraxis etabliert. Im Gegensatz zur aufgeklebten CFK-Lamellen kann bei eingeschlitzten CFK-Lamellen im Regelfall die volle Zugfestigkeit am Einzelriss verankert werden. Das Verbundverhalten der in Schlitze verklebten CFK-Lamellen weist somit viele Gemeinsamkeiten mit der einbetonierten gerippten Betonstahlbewehrung auf. Aus diesem Grund können die Verbundmodelle aus dem Stahlbetonbau erweitert werden. In diesem Aufsatz wird das Verbundverhalten und die zugehörigen Modelle für die eingeschlitzte CFK-Bewehrung dargestellt und die Parallelen zur Betonstahlbewehrung aufgezeigt, wobei neben der Kurzzeitfestigkeit auch auf das Verbundkriechen eingegangen wird.

Abstract

Strengthening of concrete structures with near surface mounted reinforcement has been established for more than 10 years in the construction practice. In contrast to the externally bonded CFRP strips the near surface mounted CFRP-strips can usually anchor their full strength at one single crack. The bond behavior of near surface mounted CFRP thus has many similarities with the embedded ribbed steel reinforcement. For this reason the bond models of reinforced concrete can be extended. In this paper, the bond behavior and the corresponding models of near surface mounted reinforcement are presented and the parallels to the steel reinforcement are demonstrated. In addition to the short-term strength also bond creep is discussed.

1. Einleitung

Das nachträgliche Verstärken von bestehenden Bauteilen ist eine häufig auftretende Problemstellung, die durch das Verkleben von zusätzlicher Bewehrung gelöst werden kann. Ein Überblick über verschiedenen Möglichkeiten zum Einsatz der geklebten Bewehrung zum Verstärken von Betonbauteile ist in [1] enthalten. Zur Erhöhung der Biegetragfähigkeit, welche in Deutschland das Hauptanwendungsgebiet bildet, können Kohlenstofffasergelege und CFK-Lamellen direkt auf die vorbehandelte Oberfläche des Betons verklebt werden. Bei ausreichender Betondeckung ist das Verkleben der Lamellen in Schlitze eine wirtschaftliche Alternative. Die beiden unterschiedlichen Applizierungsarten sind in Bild 1 dargestellt.

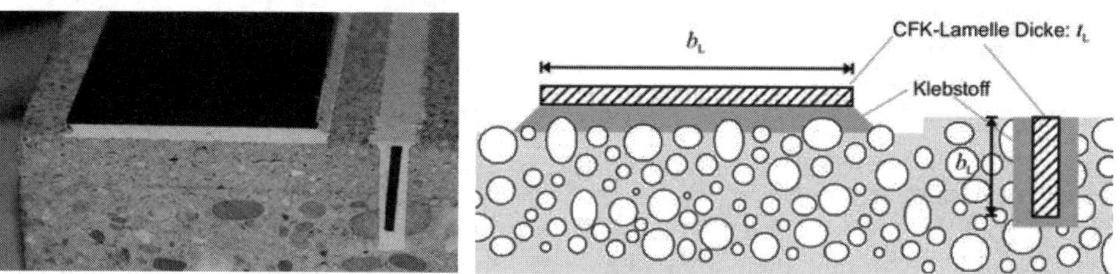

Bild 1: CFK- Lamelle aufgeklebt und eingeschlitzt

Bei der in Schlitze verklebten Bewehrung werden Bewehrungselemente mit einem Klebstoff in einen eingeschnittenen oder eingefrästen Schlitz in den Beton eingeklebt. Prinzipiell können hier alle denkbaren Bewehrungselemente aus den unterschiedlichsten Materialien mit mineralischen und nicht mineralischen Klebstoffen in die Schlitze verklebt werden. So wir zum Beispiel in [2] die Verstärkung durch mithilfe von Spritzbeton in Schlitzen eingemörtelte Betonstählen beschrieben.

Da jedoch im Regelfall die Fläche, die für das Einschlitzen der Bewehrung zur Verfügung steht, relativ knapp ist, haben sich als Materialien die CFK-Werkstoffe aufgrund ihrer hohen Zugfestigkeit durchgesetzt, welche im Regelfall mit Epoxidharzklebstoff eingeklebt werden. Des Weiteren ist die Sicherstellung des Korrosionsschutzes bei den mithilfe Spritzbetons eingemörtelten Betonstählen nur mit einer entsprechend dicken Betondeckung und damit verbundenen tiefen Schlitzen möglich. Bei der Verwendung von CFK-Werkstoffen kann aufgrund des Wegfallens der Korrosionsproblematik auf die Betondeckung verzichtet werden und es sind geringere Schlitztiefen möglich.

Weltweit erstmalig wurde das in Schlitze Verkleben von CFK-Werkstoffen von Zilch und Blaschko [3] anhand von CFK-Lamellen durchgeführt und umfangreich untersucht. In Deutschland hat sich die CFK-Lamelle bei der Verwendung von in Schlitze verklebter Bewehrung durchgesetzt und ist bauaufsichtlich zugelassen. Im Ausland werden jedoch auch häufig CFK-Rundprofile in Schlitze verklebt, da hierfür im Regelfall eine geringe Schlitztiefe notwendig ist. In Bild 2 sind eine CFK-Lamelle und ein Rundprofil mit gleicher Querschnittsfläche dargestellt. Allerdings stellt sich bei den CFK-Lamellen aufgrund des günstigen Spannungszustandes und der größeren Oberfläche, wie es Bild 2 zeigt, eine deutlich bessere Verbundwirkung ein.

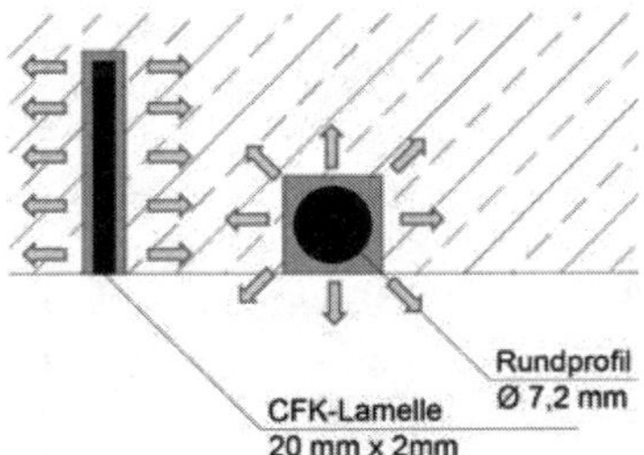

Bild 2: Darstellung einer in Schlitze verklebten CFK-Lamelle und eines eingeklebten Rundprofil mit gleicher Querschnittsfläche

2. Verbundverhalten unter statischer Kurzeitbelastung

2.1 Allgemein

Zur Untersuchung sowohl des Verbundverhaltens eingeschlitzt verklebter CFK-Lamellen als auch des Tragverhaltens verstärkter Bauteile wurden an der Technischen Universität München (vgl. [4]) umfangreiche Versuchsserien durchgeführt. In Verbundversuchen hat sich gezeigt, dass durch die Anordnung der Lamelle in einem Schlitz und damit verbunden durch die flächige Einleitung der Zugkraft in den Bauteilbeton ohne die selbst bei Betonstabstahl auftretenden Ringzugspannungen ein sehr günstiges, robustes Verbundverhalten erzielt wird. Im Gegensatz zur oberflächigen Applikation der Bewehrung erfolgt ein Verbundversagen nicht in der oberflächennahen Betonschicht, sondern im hochfesten Kleber. Da somit nicht die geringe Zugfestigkeit des Betons Traglastbestimmend ist, können weitaus größere Verbundspannungen, wie es das Bild 3 zeigt, übertragen werden.

Ein Vergleich der rechnerischen charakteristischen Verbundtragfähigkeit am Einzelriss bei Voraussetzung eines annähernd gleichen wirksamen Verbundumfangs, wie er in Bild 4 dargestellt ist, macht die effiziente Verbundwirkung der eingeschlitzt verklebten CFK-Lamellen deutlich. Über kurze Einleitungslängen kann bei diesem Verfahren die Zugfestigkeit der Lamellen erreicht werden. Gegenüber der oberflächig applizierten Bewehrung sind Risse in einem verstärkten Bauteil keine Voraussetzung für den Aufbau der Zugkraft (vgl. [5]).

Als Ergebnis der umfangreichen Versuchsreihen an der Technischen Universität München konnten mit Verbundversuchen an Ausziehkörpern die wesentlichen Einflussparameter auf die Verbundtragfähigkeit der CFK-Lamellen identifiziert werden.

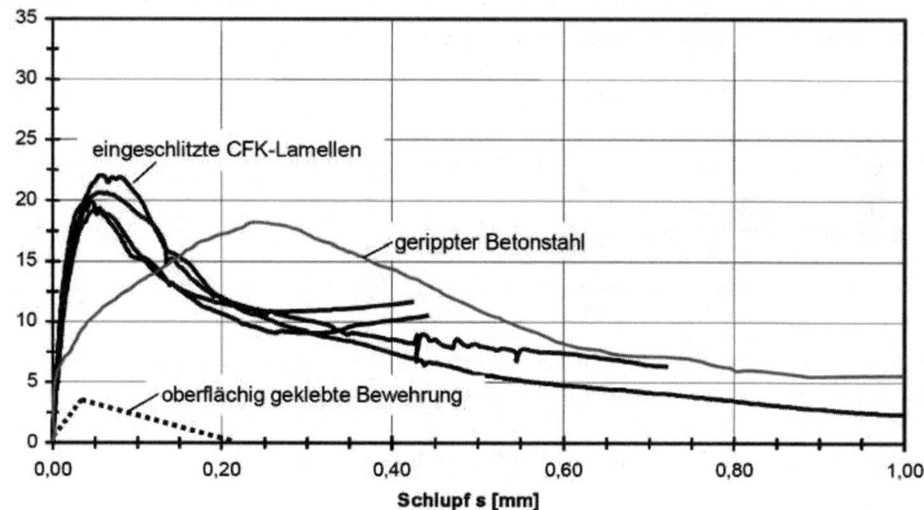

Bild 3: Verbundspannungs-Relativverschiebungs-Beziehungen verschiedener Bewehrungsarten im Vergleich, entnommen aus Blaschko [4]

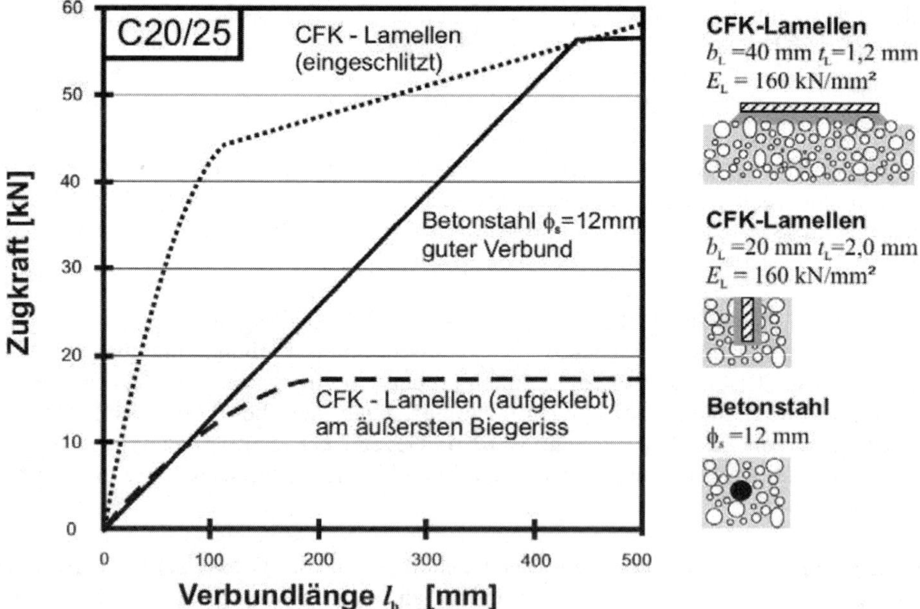

Bild 4: Verbundtragfähigkeit oberflächig geklebter und eingeschlitzt verklebter CFK-Lamellen im Vergleich mit geripptem Betonstahl (Einzelriss)

2.2 Einflüsse auf das Verbundverhalten

Ähnlich wie bei dem Verbundverhalten der aufgeklebten CFK-Lamellen und der einbetonierten Bewehrung haben zahlreiche Faktoren bzw. Eigenschaften Einfluss auf den Verbund in Schlitze verklebter Bewehrung.

Mechanische Eigenschaften des Klebstoffes:
- Abstand der CFK-Lamellen vom Rand
- Klebstoffdicke
- Betonfestigkeit
- Lamellenbreiten/ -dickenverhältnis
- Oberflächengestaltung der Lamelle
- Beschaffenheit der Oberfläche des Betons im Schlitz

Nachfolgend werden die genannten Einflussfaktoren kurz beschrieben:

Mechanische Eigenschaften des Klebstoffes
Da es bei den hier betrachteten in Schlitze verklebten CFK-Lamellen ab einer Betonfestigkeit von circa C20/25 bei einem Verbundversagen zu einem Versagen des Klebstoffes kommt, sind die mechanischen Eigenschaften des Klebstoffes von zentraler Bedeutung. Von Blaschko [4] wird die Scherfestigkeit des Klebstoffes als zentralen Parameter für die maximale Verbundfestigkeit der in Schlitze verklebten CFK-Lamellen identifiziert. Diese Scherfestigkeit bestimmt er sich über den Mohr-Coulombschen Spannungskreis aus zentrischer Zugfestigkeit und der zentrischen Druckfestigkeit. Neben den Festigkeiten des Klebstoffes sind auch die Haftung des Klebstoffes auf der CFK-Lamelle sowie das Verformungsverhalten des Klebstoffes für das Verbundverhalten von Bedeutung.

Abstand der CFK-Lamellen vom Rand
Falls die CFK-Lamellen keinen ausreichenden Abstand zum Rand des Querschnitts haben, kann es, ähnlich wie beim Betonstahl, zu einer Sprengrissbildung im Beton kommen, was bis zu einem Abplatzen der Randleiste führen kann. Blaschko [4] führt hierzu umfangreiche Versuche durch und berücksichtigt auf Grundlage der Versuchsergebnisse den Randabstand der CFK-Lamelle in seinem Ansatz für die Verbundtragfähigkeit.

Klebstoffdicke
Da die Verformungseigenschaften des Klebstoffes für das Verbundverhalten von Bedeutung sind führt eine dickere Klebschicht bei gleicher Kraft zu einer größeren Verformung bzw. zu einem größeren Schlupf. Im Verbundansatz von Borchert [6] sind deshalb die Verformungsgrößen / Schlupfgrößen abhängig von der einseitigen Klebstoffdicke der in Schlitze verklebten CFK-Lamellen beschrieben.

Betonfestigkeit

Bei sehr geringen Betonfestigkeiten, welche circa unterhalb eines C20/25 liegen, kommt es zu einem Versagen im Beton. Dabei bricht im Bereich der Lamelle ein- oder beidseitig ein Betonkeil entlang der Lamelle heraus, dessen Wurzel im Betonkörper in einer Tiefe entsprechend des Schlitzgrundes liegt (siehe Bild 5).

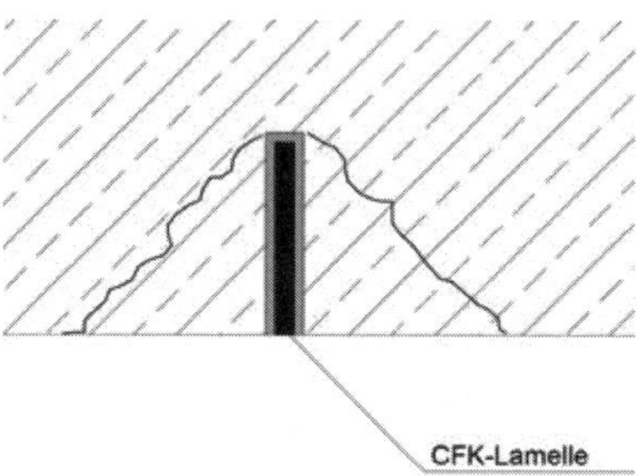

Bild 5: Darstellung einer in Schlitze verklebten CFK-Lamelle und eines eingeklebten Rundprofil mit gleicher Querschnittsfläche

Diese Versagensart ist bei anhand von Versuchen an der Technischen Universität München untersucht wurden. Ein Problem stellt jedoch bei allen Versuchen der für die Erstellung des niedrigfesten Betons benötigte hohe w/z Wert dar. Durch diesen unüblich hohen w/z Wert erhält man ein porenreiches Betongefüge und dies führt zu einer insbesondere im maßgebenden oberflächennahen Bereich signifikant reduzierten Betonqualität. Dies entspricht im Regelfall jedoch nicht den Altbetonen, welche im Bestand vorhanden sind, da diese mit niedrigen Zementfestigkeitsklassen hergestellt wurden, welche jedoch nicht mehr produziert werden. Die Versuche haben auch gezeigt, dass die Ergebnisse wie bei den aufgeklebten CFK-Lamellen abhängig von der Seitenfläche des Betons sind. So führt die Betonieroberseite mit den geringeren Oberflächenzugfestigkeiten zu geringeren Verbundfestigkeiten als die Betonierunterseite mit den höheren Oberflächenzugfestigkeiten.

Lamellenbreiten / -dickenverhältnis

Mit geringerem Verhältnis zwischen Lamellenbreite und -dicke verändert sich der günstige Spannungszustand bei der in Schlitze verklebten CFK-Lamelle. So erreichen quadratische und Rundprofile mit einem deutlich geringeren Lamellendicken / -breitenverhältnis von $b_L / t_L = 1/1$ deutlich geringere Verbundfestigkeiten als die in Schlitze verklebten CFK-Lamellen, welche üblicherweise ein Verhältnis von $b_L / t_L = 10/1$ besitzen (vgl. auch [7]). Dies zeigt auch das Verbundmodell von Seracino et al. [8], welches einen Übergang von in Schlitze geklebter zur aufgeklebter Bewehrung beschreibt. Die in der Praxis in Deutschland und im Folgenden verwendeten Ansätze sind bis zu einem Lamellendicken / -breitenverhältnis von $b_L / t_L = 6/1$ experimentell bestätigt.

Oberflächengestaltung der Lamelle
Die Oberflächengestaltung der CFK-Lamellen wird teilweise (vgl. z.B. [9]) als Einflussfaktor auf das Verbundverhalten von in Schlitze verklebten CFK-Lamellen angegeben. Auf die reine Adhäsion zwischen Klebstoff und Lamelle scheint jedoch eine Aufrauhung oder andere Oberflächengestaltung der Lamelle, wie die Untersuchungen an der Technischen Universität Braunschweig zeigen keinen Einfluss zu haben. Eine Verbesserung könnte deshalb nur auf eine bessere Verzahnung zwischen dem Klebstoff und der CFK-Lamelle zurückzuführen sein. Da es beim Verbundversagen jedoch im Regelfall zu einem Kohäsionsversagen des Klebstoffes im Schlitz kommt und nur selten zu einem Adhäsionsversagen auf der Lamelle, scheint dieser Effekt von untergeordneter Bedeutung zu sein.

2.3 Verbundmodell für eingeschlitzte Bewehrung

Nach Blaschko [4] kann das Verbundverhalten der in Schlitze verklebten CFK-Lamellen mit der Differentialgeleichung des verschieblichen Verbundes modelliert werden.

$$s_L'' - 2 \cdot b_L \cdot \left(\frac{EA_L + EA_C}{EA_L \cdot EA_C} \right) \cdot \tau(s_L) = 0 \tag{1}$$

Unter Vernachlässigung der Betonverformung ergibt sich als Vereinfachung Gleichung (2)

$$s_L'' - \frac{2}{E_L \cdot t_L} \cdot \tau(s_L) = 0 \tag{2}$$

Als Beziehung zwischen Verbundspannung und Schlupf setzt Blaschko [4] in die Differentialgleichung eine Parabel mit anschließendem konstanten Ast ein. Diese Verbundspannungsschlupfbeziehung wird von Borchert [6] modifiziert. Dazu nähert er die Verbundspannungsschlupfbeziehung von in Schlitze verklebten CFK-Lamellen mit einem von Eligehausen et al. [10] für gerippten Betonstahl entwickelten, abschnittsweise definierten Verbundmodell, das den fülligen, ansteigenden Ast bis hin zum Reibungsplateau nach Zerstörung des Klebstoffgefüges umfasst, an. Die Parameter des Ansatzes bestimmt er unter Vernachlässigung der Betonverformungen aus den Versuchen von Blaschko [4] sowie weiterer Versuche aus der Literatur.
Die Verbundspannungsschlupfbeziehung beschreibt er wie Eligehausen et al. [10] mit Gleichung (3), welche schematisch in Bild 6 dargestellt ist.

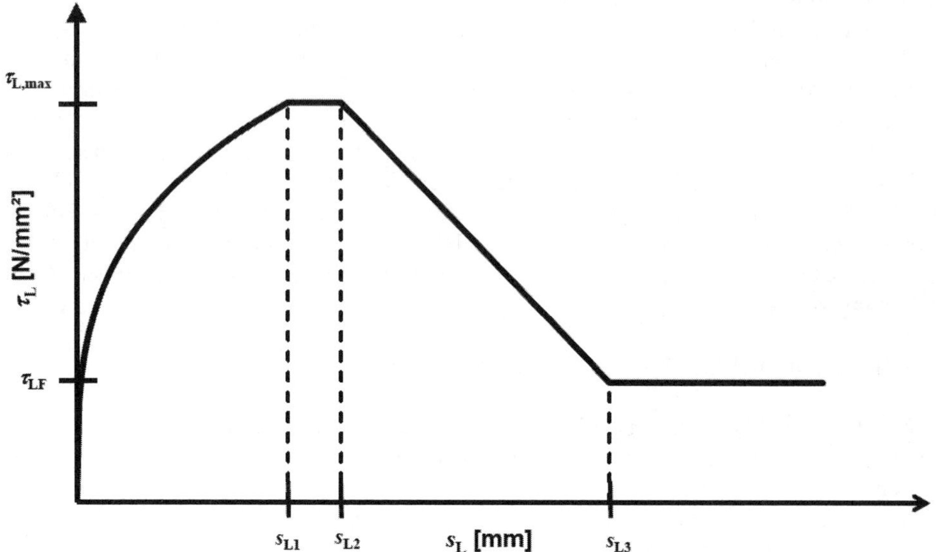

Bild 6: Verbundspannungsschlupfbeziehung nach Eligehausen et al. [10], welche Borchert [6] auf in Schlitze verklebte CFK-Lamellen adaptiert

$$\tau_{L}(s_{L}) = \begin{cases} \tau_{L,max} \cdot \left(\dfrac{s_{L}}{s_{L1}}\right)^{\alpha_{L}} & 0 \leq s_{L} \leq s_{L1} \\[2mm] \tau_{L,max} & 0 < s_{L} \leq s_{L2} \\[2mm] \tau_{L,max} - \dfrac{\tau_{L,max} - \tau_{Lf}}{s_{L3} - s_{L2}} \cdot (s_{L} - s_{L2}) & 0 < s_{L} \leq s_{L3} \\[2mm] \tau_{Lf} & s_{L} > s_{L3} \end{cases} \qquad (3)$$

Die maximale Verbundspannung unter Annahme eines Klebstoffversagens wird danach über die Klebstofffestigkeit mit Gleichung (4) bestimmt. Zusätzlich führt er noch einen Faktor k_{sys} zur Beschreibung systemspezifischer Effekte ein.

$$\tau_{L,max} = k_{sys} \cdot \sqrt{\left(2 \cdot f_{Gt} - 2 \cdot \sqrt{\left(f_{Gt}^{2} + f_{Gc} \cdot f_{Gt}\right)} + f_{Gc}\right) \cdot f_{Gt}} \qquad (4)$$

Bei Betonfestigkeiten, welche kleiner als ein C20/25 sind, kann es wie im vorherigen Abschnitt dargestellt ist, zu einem Ausbruch der Betonoberfläche bis zum Schlitzgrund kommen. Dies ist vergleichbar mit der Sprengrissbildung bei Betonstahlverbund (vgl. z.B. [11]). Für Betonfestigkeiten kleiner C20/25 ergibt sich eine maximale Verbundspannung in Abhängigkeit der Betonfestigkeit, wie sie in Gleichung (5) angeben ist. Der Faktor k_{C} ist dabei ein systemspezifischer Wert.

$$\tau_{L,max} = k_{C} \cdot \sqrt{f_{cm}} \qquad (5)$$

Die Reibverbundspannung beschreibt Borchert [6] in Abhängigkeit der maximalen Verbundspannung mit Gleichung (6).

$$\tau_{Lf} = 0{,}416 \cdot \eta_{ar} \cdot \tau_{L,max} \tag{6}$$

In Gleichung (6) beschreibt η_{ar} den Einfluss randnaher CFK-Lamellen. Dieser Faktor wird mit Gleichung (7) in Abhängigkeit des Randabstandes a_r bestimmt.

$$\eta_{ar} = \begin{cases} 1{,}0 & a_r \geq 150 \text{ mm} \\ \tanh\left(\dfrac{a_r}{80}\right) & a_r < 150 \text{ mm} \end{cases} \tag{7}$$

Die Völligkeit des ansteigenden Astes bildet Borchert [6] in Abhängigkeit von der Klebschichtdicke t_G mit Gleichung (8) ab.

$$\alpha_L = 0{,}38 \cdot t_G - 0{,}11 \leq 0{,}31 \tag{8}$$

Den Verschiebungswert s_{L2}, ab dem die Verbundspannung abnimmt, beschreibt Borchert [6] in Abhängigkeit der Dicke der Klebstoffschicht t_G und der Klebstoffsteifigkeit sowie der maximalen Verbundspannung mit Gleichung (9).

$$s_{L2} = \frac{2 \cdot \tau_{L,max} \cdot \eta_{ar} \cdot t_G}{G_G \cdot (0{,}076 \cdot t_G - 0{,}008)} = \frac{4 \cdot \tau_{L,max} \cdot \eta_{ar} \cdot t_G \cdot (1 - 0{,}38)}{E_G \cdot (0{,}076 \cdot t_G - 0{,}008)} \tag{9}$$

Den Verschiebungswert s_{L1}, ab welcher die Verbundspannung nicht mehr ansteigt, wählt Borchert [6] zu 80% der Verschiebung s_{L2}.

$$s_{L1} = 0{,}8 \cdot s_{L2} \tag{10}$$

Die Verschiebung, ab welchem nur noch die konstante Reibverbundspannung wirkt, wird nach Borchert [6] wieder über die Klebstoffschicht und Klebstoffsteifigkeit bestimmt.

$$s_{L3} = s_{L2} + \frac{(\tau_{L,max} - \tau_{Lf}) \cdot t_G}{G_G \cdot (0{,}025 \cdot t_G - 0{,}01)} = s_{L2} + \frac{(\tau_{L,max} - \tau_{Lf}) \cdot t_G \cdot 2 \cdot (1 - 0{,}38)}{E_G \cdot (0{,}025 \cdot t_G - 0{,}01)} \tag{11}$$

3. Verbundverhalten unter Langezeitbelastung

3.1 Eigenschaften der Epoxidharze unter Langzeitbelastung

Durch die Zeit wird die Spannungs-Dehnungs-Linie der Epoxidharze sowohl durch den Einfluss auf die Festigkeit (Dauer- bzw. Zeitstandsfestigkeit) wie auch durch den Einfluss auf die Verformungen (Kriech- und Relaxationseigenschaften) beeinflusst. Im

Folgenden wird der Einfluss der Zeit auf die Festigkeiten und Verformungen kurz erläutert.

Festigkeit

Als Dauerfestigkeit für Beton und Epoxidharzverklebungen werden von Rehm und Franke [12] bei Prüfungen knapp unter der Glasübergangstemperatur ca. 60% der Kurzzeitfestigkeit bei Raumtemperatur angegeben. Franke und Deckelmann [13] schlagen aufgrund der Ergebnisse aus [12] und weiteren Versuchen vor, die festigkeitsmindernden Langzeit- und Umwelteinflüsse (Feuchte, Temperatur, Dauerlast) multiplikativ miteinander zu verknüpfen und kommen somit auf die Beziehung in Gleichung (12) und (13).

$$\sigma_{G,Dauer} = \sigma_{G,Kurz} \cdot f_{Temp} \cdot f_{Feuchte} \cdot f_{Dauer} \tag{12}$$

$$\sigma_{G,Dauer} = \sigma_{G,Kurz} \cdot 0,7 \cdot 0,8 \cdot 0,5 = 0,28 \cdot \sigma_{G,Kurz} \tag{13}$$

Im Vergleich dazu ergeben sich unter ebenso ungünstiger Annahme für den Beton in Anlehnung an [14] die folgenden Abmindungsbeiwerte.

$$\sigma_{G,Dauer} = \sigma_{G,Kurz} \cdot f_{Temp,Feuchte} \cdot f_{Dauer} \tag{14}$$

$$\sigma_{C,Dauer} = \sigma_{C,Kurz} \cdot 0,6 \cdot 0,65 = 0,39 \cdot \sigma_{G,Kurz} \tag{15}$$

Würde man ähnlich wie im Betonbau für den Grenzzustand der Tragfähigkeit, wie in der DIN EN 1992-1-1/NA [15] einen Dauerstandsfaktor $\alpha_{cc}= \alpha_{ct}=0,85$ festlegen, so würden man für den Klebstoff auf $\alpha_{Gc}= \alpha_{Gt}=0,6$ kommen.

Verformung

Epoxidharze weisen ausgeprägte Kriecheigenschaften auf. Die Größe und die Geschwindigkeit der zeitabhängigen Verformungszunahme sind von vielen Einflüssen abhängig. Hier sind vor allem neben der Zusammensetzung - Harz, Härter, Füllgrad - der Aushärtegrad (Vernetzungsgrad), das Lastniveau und die Temperatur zu nennen. (vgl. [16]). Wie beim Beton ist bei den Klebstoffen zwischen linearen und nicht-linearen Kriechen zu unterscheiden, welches sich in Abhängigkeit des Belastungsniveaus einstellt. Bei Epoxidharzen setzt das nichtlineare Kriechen ab einer Lastniveau von 20 bis 30% ein. Gemäß Borchert [6] setzt das nichtlineare Kriechen bei den, für die Verklebung der in eingeschlitzten Lamellen verwendeten Klebstoffen aufgrund der hohen Füllgrade bei einen Belastungsniveau von 20% relativ früh ein. In Bild 7 ist die Kriechzahl eines Epoxidharzklebstoffes in Abhängigkeit der Zeit, des Lastniveaus sowie der Temperatur dargestellt.

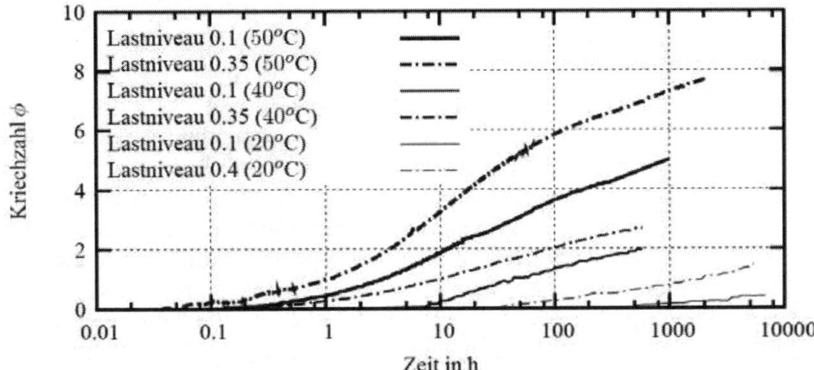

Bild 7: Kriechzahl ϕ über Zeit t (Lastniveau 10-40%, Aushärtedauer $t_c = 7 - 9$d, Klebschichtdicke $t_G = 5$ mm, Temperatur $T = 20 - 50°$C), entnommen aus Borchert [6]

3.2 Einfluss auf das Verbundverhalten

Anhand von Kriechversuchen unter verschiedenen Temperaturen stellt Borchert [6] auf Basis des Verbundmodells in Abschnitt 2.3,ein Verbundmodell auf, welches das Kriech- und Temperaturverhalten berücksichtigt. Das Modell für die Verbundspannungsschlupf-Beziehung wird Bild 8 in für verschiedene Belastungsalter und Temperaturen dargestellt.

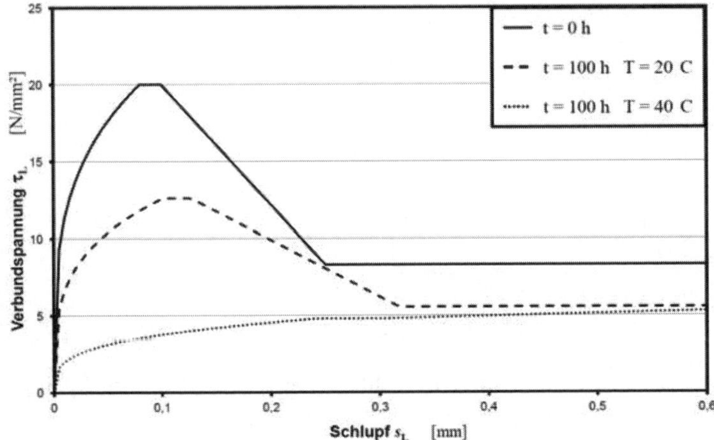

Bild 8: Einfluss des Kriechens und der Temperatur auf das Verbundverhalten von in Schlitze verklebten CFK-Lamellen nach Borchert [6]

Wie auch beim Betonstahlverbund kann das Verbundkriechen gemäß Franke [17] über Gleichung (16) dargestellt werden.

$$\phi = (1 + 10 \cdot t)^{\beta_L} \tag{16}$$

Das Verbundkriechen der in Schlitze verklebten CFK-Lamellen ist im Gegensatz zu dem der einbetonierten Bewehrung jedoch stark von der Temperatur und der Last abhängig. Gemäß Borchert [6] ergibt sich für den Faktor β_L in Gleichung (16) bei einem Lastniveau von 40% der Kurzzeitfestigkeit und einer Temperatur von 20°C zu $\beta_L = 0{,}11$ und für 40°C zu $\beta_L = 0{,}17$. Das Verbundkriechen unter Raumtemperatur ist damit etwas größer als des Betonstahles, bei welchem sich der Werte nach Franke [17] bei Normalbeton zu $\beta_L = 0{,}08$ ergibt. Jedoch ist der Verbund der in Schlitz verklebten CFK-Lamellen unter Kurzzeitbelastung deutlich steifer als der Verbund der einbetonierten Bewehrung. So beträgt der Verschiebungswert s_1, ab welcher die Verbundspannung nach dem Verbundgesetzt gemäß [10] bzw. Abschnitt 2.3 nicht mehr ansteigt für die in Schlitze verklebten CFK-Lamellen gemäß Abschnitt 2.3 circa $s_{L1}=0{,}05$ mm und für die einbetonierte Bewehrung gemäß [18] $s_{s1}=0{,}25$ mm. Die Veränderung des Schlupfes kann gemäß Franke [17] über die Kriechfunktion mit Gleichung (17) berechnet werden.

$$s_i(t) = s_i(t_0) \cdot (1 + \phi(t,t_0))$$

(17)

Das Verbundkriechen unter Raumtemperatur sowie dessen Einfluss auf den Schlupf der einbetonierten und in Schlitze verklebten Bewehrung ist in Bild 9 dargestellt.

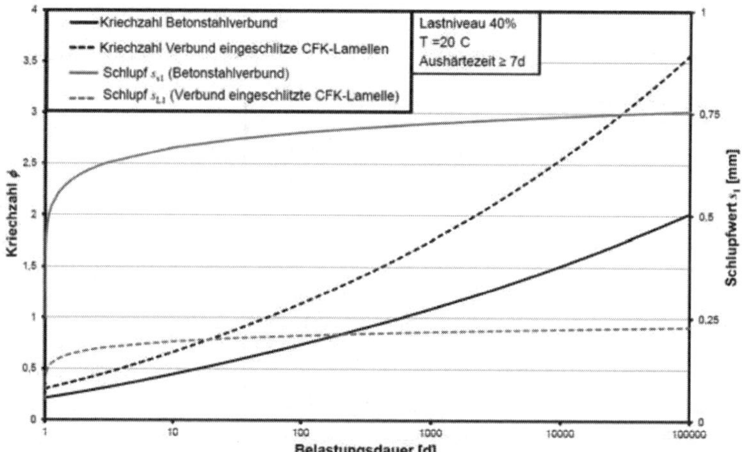

Bild 9: Kriechfunktion für einbetonierte und in Schlitze verklebte Bewehrung sowie deren Einfluss auf den Bewehrungsschlupf

4. Rissbreitenbeschränkung

Aufgrund des effektiven uns relativ steifen Verbundverhaltes (vgl. Bild 3 und 4) sind in Schlitze verklebten CFK-Lamellen gut für die nachträgliche Rissbreitenbeschränkung geeignet (vgl. [9]). In Zehetmaier und Zilch [19] wird für die Berechnung der Rissbreiten bei in Schlitze verklebten CFK-Lamellen ein Modell angegeben. Aufbauend auf dem hier dargestellten Verbundansatz und der verbundbedingten Kräfteumlagerung wird sowohl ein Modell für die Einzelrissbildung sowie für das abgeschlossene Rissbild dargestellt. In diesem Modell wird auch das zeitabhängige Verhalten der eingeschlitzten und einbetonierten Bewehrung berücksichtigt.

5. Zusammenfassung

Zwischen dem Verbundverhalten der eingeschlitzten CFK-Bewehrung und der einbetonierten gerippten Betonstahlbewehrung existieren viele Parallelen. Aus diesem Grund können viele der aus den Untersuchungen am gerippten Betonstahl bekannten Modelle für die in Schlitze verklebten Bewehrungen nach entsprechenden Erweiterungen und Modifikationen angewendete werden.

Die in Schlitze verklebten CFK-Lamellen sind seit über 10 Jahren bauaufsichtlich in Deutschland zugelassen. Durch intensive Forschung an der Technischen Universität München wurde diese Verfahren geschaffen und fortlaufend weiterentwickelt. Mit der Einführung einer neuen Bemessungsrichtlinie des Deutschen Ausschuss für Stahlbeton [20] wurden die Ansätze der Zulassung an den aktuellen Stand des Wissens, wie es in diesem Aufsatz dargestellt ist angepasst.

Literatur

1. Zilch, K., Niedermeier, R. und Finckh, W.: Sachstandbericht „Geklebte Bewehrung". Berlin, Beuth, 2011 (DAfStb Heft 591)
2. Iványi, G.: Verstärken mit eingeschlitzter Bewehrung, In: Verstärken von Betonbauteilen. In: Schäfer, H. (Hrsg.): Verstärken von Betonbauteilen - Sachstandsbericht : Beuth, 1996 (DAfStb Heft 467).
3. Zilch, K. und Blaschko, M.: Verstärken mit eingeschlitzten CFK-Lamellen. In: Schnellenbach-Held, M.; Wörner, J.-D; Bergmeister, K. (Hrsg.): Kreative Ingenieurleistungen: Innovative Bauwerke - Zukunftsweisende Bewehrungs- und Verstärkungsmöglichkeiten, Darmstadt und Wien, 1998
4. Blaschko, M.: Zum Tragverhalten von Betonbauteilen mit in Schlitze eingeklebten CFK Lamellen. Dissertation. Technische Universität München, Lehrstuhl für Massivbau, München. 2001
5. Zilch, K. und Finckh, W.: Mechanischer Hintergrund der Wirkungsweise der aufgeklebten Bewehrung, Festschrift zum 60. Geburtstag von Professor Budelmann, 2012
6. Borchert, K.: Verbundverhalten von Klebebewehrung unter Betriebsbedingungen. Berlin, Beuth, 2009 (DAfStb Heft 575)
7. Bilotta, A., Ceroni, F., Di Ludovico, M., Nigro, E., Pecce, M., Manfredi, G.: Bond Efficiency of EBR and NSM FRP Systems for Strengthening Concrete Members. In: Journal of Composites for Construction 15 (2011), Nr. 5, S. 757-772

8. Seracino, R., Raizal Saifulnaz, M. R., Oehlers, D. J.: Generic Debonding Resistance of EB and NSM Plate-to-Concrete Joints. In: Journal of Composites for Construction (2007), Nr. 11, S. 62–70

9. Kleist, A., Krams J.: Nachträgliche Rißbreitenbeschränkung mit CFK-Lamellen. In: Beton- und Stahlbetonbau 101 (2006), Nr. 3, S. 205–206

10. Eligehausen, R., Popov, E., Beretero, V.: Local Bond stress slip relationship of deformed bars under generalized excitations. Forschungsbericht. Berkley, 1982

11. Eligehausen, R., Bigaj-van Vliet, A.: Bond behavior and models. In: Structural Concrete, Textbook on behavior, design and performance, second edition, fédération internationale du béton, Lausanne, 2009 (fib-bulletin 51)

12. Rehm, G., Franke, L.: Kleben im Konstruktiven Betonbau, DAfStb Heft 331, Ernst und Sohn, Berlin, 1982

13. Franke, L. und Deckelmann G.: Die Biegebemessung von Stahlbetonbauteilen mit nachträglich aufgeklebter Bewehrung unter Gesichtspunkten einer ausreichenden Dauerhaftigkeit. In: Festschrift zum 60. Geburtstag von Prof. Dr.-Ing. Peter Schießl. München, 2003 (Schriftenreihe Baustoffe, Heft 2), S. 181–187

14. Grübel, P, Weigler, H., Sieghart, P.: Beton. Kupfer, H. (Hrsg.), Ernst und Sohn, 2001

15. DIN EN 1992-1-1/NA: Nationaler Anhang - National festgelegte Parameter - Eurocode 2: Bemessung und Konstruktion von Stahlbeton- und Spannbetontragwerken - Teil 1-1: Allgemeine Bemessungsregeln und Regeln für den Hochbau. Deutsches Institut für Normung, 2011

16. Borchert, K.: Epoxidharze im konstruktiven Einsatz. In: Massivbau in ganzer Breite, Festschrift zum 60. Geburtstag von Univ.-Prof. Dr.-Ing. Konrad Zilch, Springer Verlag, 2005

17. Franke, L.: Einfluss der Belastungsdauer auf das Verbundverhalten von Stahl in Beton (Verbundkriechen). Berlin, Ernst und Sohn, 1976 (DAfStb Heft 268)

18 Eligehausen, R., Mayer, U.: Untersuchungen zum Einfluss der bezogenen Rippenfläche von Bewehrungsstäben auf das Tragverhalten von Stahlbetonbauteilen im Gebrauchs- und Bruchzustand. Berlin, Beuth, 2000 (DAfStb Heft 503)

19. Zehetmaier, G., Zilch, K.: Rissbildung und Rissbreitenbeschränkung bei Verstärkung mit CFK-Lamellen. In: Bauingenieur 83 (2008), S. 19–26

20. DAfStb: Richtlinie „Verstärken von Betonbauteilen mit geklebter Bewehrung", Deutscher Ausschuss für Stahlbeton, 2012

***ibidem*-Verlag

Melchiorstr. 15

D-70439 Stuttgart

info@ibidem-verlag.de

www.ibidem-verlag.de
www.ibidem.eu
www.edition-noema.de
www.autorenbetreuung.de